Modern Optical Engineering
Fourth Edition

现代光学工程

(原著第四版)

[美] 沃伦 J . 史密斯 (Warren J. Smith) 著
周海宪　程云芳　译
周华君　程　林　校

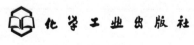

北京

《现代光学工程》(原著第四版)内容丰富,实用性强,是世界著名光学专家 Warren J. Smith 先生 60 多年丰富工作经验的总结。本书内容不仅有成熟的光学工程理论基础、计算公式和分析方法,而且包括对光学工程问题的讨论和解决方案;不仅考虑到光学技术问题,而且还有经济成本的分析。该书全面考虑到设计、制造和测量技术,尤其体现在对系统总体布局的经典案例分析(第 14 章)、对光学工程中存在的实际问题的分析(第 20 章)、最有效地利用现有"库存"透镜(第 21 章),以及 62 种光学系统的设计实例(第 19 章)。既阐述了普通的球面透镜系统、棱镜系统、反射及折反系统,同时又讨论了非球面和衍射系统。

本书可供光电子学领域从事光学仪器设计、光学系统和光机结构设计的设计师、光学零件制造工艺师和工程师阅读,也可以作为相关专业本科生、研究生和教师的参考书。

图书在版编目(CIP)数据

现代光学工程:第 4 版/[美]史密斯(Smith, W.J.)著;周海宪,程云芳译. —北京:化学工业出版社,2011.7(2020.1重印)

书名原文:Modern Optical Engineering

ISBN 978-7-122-11077-0

Ⅰ. 现… Ⅱ. ①史…②周…③程… Ⅲ. 工程光学 Ⅳ. TB133

中国版本图书馆 CIP 数据核字(2011)第 068814 号

Modern Optical Engineering/4th Edition/by Warren J. Smith
ISBN 978-0-07-14768-4
Copyright© 2008,2000,1990,1966 by The McGraw-Hill Companies,Inc.
Original language published by The McGraw-Hill Companies,Inc. All Rights reserved. No part of this publication may be reproduced or distributed by any means, or stored in a database or retrieval system, without the prior written permission of the publisher.
Simplified Chinese translation edition jointly published by McGraw-Hill Education (Asia) Co. and Chemical Industry Press.

本书中文简体字版由化学工业出版社和美国麦格劳-希尔教育(亚洲)出版公司合作出版。未经出版者预先书面许可,不得以任何方式复制或抄袭本书的任何部分。

本书封面贴有 McGraw-Hill 公司防伪标签,无标签者不得销售。

北京市版权局著作权合同登记号:01-2010-8023

责任编辑:吴 刚 文字编辑:丁建华
责任校对:蒋 宇 装帧设计:韩 飞

出版发行:化学工业出版社(北京市东城区青年湖南街 13 号 邮政编码 100011)
印 装:北京虎彩文化传播有限公司
710mm×1000mm 1/16 印张 40½ 字数 748 千字 2020 年 1 月北京第 1 版第 8 次印刷

购书咨询:010-64518888 售后服务:010-64518899
网   址:http://www.cip.com.cn
凡购买本书,如有缺损质量问题,本社销售中心负责调换。

定 价:198.00元 版权所有 违者必究

译者序

近几年，光学技术发展非常快，特别是现代光学技术与光电子技术的紧密结合，使光电子元器件、光学系统和仪器发生了很大变化，应用于当代各种高科技领域（如航空航天技术、信息传输和通信技术、生化和材料技术等），设计了诸多新型光电子装置，创立了新的光学原理和方法，开辟了更多、更新的应用领域，其在国民经济中的作用显得愈加重要和不可缺少。

光学技术的快速发展有几个显著特征：在经典光学基础上创立了新的光学技术，最熟悉和实用的是二元光学（或衍射光学）和全息光学；在传统光学元件基础上创造出新的光学元件，最为典型的是非球面透镜、全息透镜（或衍射透镜）、二元光学元件和微光学阵列透镜；在一般光学研磨技术基础上发展和采用光学和计算全息加工、衍射光学元件和微光学元件加工以及精密模压成型等现代高新制造技术。

促使光学技术迅速发展的重要因素是：利用大容量、高运算速度的计算机及功能强大的光机设计软件可以设计出更为完善的光学系统、光机系统和光电子系统；工业领域不断研制出新的光学材料，使光学零件和光电子元件的选材不会局限于玻璃和光学晶体，光学塑料、光学乳胶、金属、陶瓷及半导体材料都得到了广泛应用。

光学技术的快速发展，使越来越多的科技人员从事光学及其相关专业，光学工程的研究领域也逐渐扩大，包括许多新的、无法预料的应用。随着对新型光学仪器可应用性的认识，人们会更迫切需要熟悉光学技术，尤其是现代光学工程方面的知识。由 SPIE 出版社和 McGraw-Hill 出版公司联合出版、Warren J. Smith 教授（美国）编写的《现代光学工程》（原著第四版）[Modern Optical Engineering (Fourth Edition)] 一书，就是献给特别需要光学系统与设计技术信息、从事实际工作的工程师和科学家的一本好书。正如该书"前言"所述：国际上普遍认为，《现代光学工程》是光学工程技术人员的"必备书"。

Warren J. Smith 先生毕业于罗彻斯特（Rochester）大学光学工程学院，在光学领域有 60 多年的工作经验，是世界上非常有声望的科学家。先后在田纳西州（TN）Oakridge 的柯达（Eastman Kodak）公司、伊利诺伊州（IL）芝加哥市 Simpson 光学制造公司（光学总工程师）、加州（CA）Santa Barbara 市的 Raytheon 公司（光学部经理）、Santa Barbara 红外公司（研究和发展部主任）和 Santa Barbara 应用光学研究开发部（副总经理）工作。Warren J. Smith 先生是美国光学协会（OSA）芝加哥分部的创始人和主席，先后担任过南加州（OSSC）光学协会主席、美国光学协会主席、国际工程师协会（SPIE）美国协会主席，是美国光学协会（OSA）、SPIE 和南加州光学协会资深会员，获得 SPIE 颁发的终身金奖。著有《现代光学工程——光学系统设计（Modern optical engineering—The design of optical systems）》、《现代光学系统设计手册（Modern lens design—A resource manual）》和《实用光学系统总体布局（Practical optical systems layout）》等著作。Warren J. Smith 先生是一位资深教育家，在威斯康星（Wisconsin）大学教授光学课程，并为 SPIE、OSA 和世界各地的公司和政府机构传授光学知识。

《现代光学工程》一书内容丰富，不仅有成熟的光学工程理论基础、计算公式和分析方法，而且包括对光学工程问题的讨论和解决方案；不仅考虑到光学技术问题，而且还有经济成本的分析。与其他同类书籍相比，该书全面考虑到设计、制造和测量技术，首次介绍使用"库存"透镜，从而"变废为宝"。既阐述了普通的球面透镜系统、棱镜系统、反射及折反系统，同时又讨论了非球面和衍射系统。为使读者全面了解现代光学工程的含义，书中还介绍了光学材料、光学镀膜、人眼特性和光度学技术。一经出版，此书便受到国内外读者好评，已连续出了四版。

阅读《现代光学工程》一书，使人感觉到就像正在阅读一个光学工程师的工作札记，通俗易懂，提纲挈领，方法扎实，结果实用。该书的重点不在纯理论阐述和像差分析，而是在工程应用上，是 Smith 先生 60 年呕心沥血工作的总结，其集中代表就是第 14 章对系统总体布局的经典案例分析、第 20 章对光学工程中存在的实际问题的分析以及第 21 章最有效地利用现有"库存"透镜。第 19 章给出了 62 种光学系统的设计实例，不仅提供了常规的结构布局和像差曲线图，还以列表形式给出系统的结构参数［表面曲率半径、透镜厚度、空气间隔、光阑位置、透镜（反射镜）直径和光学材料］，尤其是对同一结构类型给出了不同的结构形式，并分析不同形式的元件对光学性能的影响，如何采用简单可行的测量方法评估"库存"透镜的性能，怎样确定透镜和系统的公差范围，这些都是光学工程人员迫切需要的。

在中文《现代光学工程》（原著第四版）的出版过程中，由于原书存在一些参数新旧单位混用，若换算成国际法定计量单位则会对原书产生较大改动。为保持与原书的一致性，本中文版保留了原书的物理量单位。同时，对书中一些印刷错误进行了修订，并增加了"译者注"。为使读者更准确地理解和使用该书，保留了英文参考文献和专业术语一节中术语名称的英文形式。

周海宪翻译了第 1～20 章，程云芳翻译了第 21 章、附录和术语。在美国工作的周华君和程林先生对全书进行了认真校对，高级工程师王希军、张良、曾威和程云芳对该书做了专业校对和最终审核。

该书的出版得到了清华大学教授、中国工程院院士金国藩先生、北京理工大学王涌天教授和浙江大学现代光学仪器国家重点实验室刘旭教授的极大支持，刘永祥、郭世勇、鲁保启、金朝瀚、翟文军等高级工程师，孙维国和刘凤玉研究员从不同方面给予了关注，在此表示衷心的感谢！

本书可供光电子学领域中从事光学仪器设计、光学系统和光机结构设计的设计师、光学零件制造工艺师和工程师阅读，也可以作为相关专业本科生、研究生和教师的参考书。希望本书提供的材料和例子能够对军事、航空航天和民用光学仪器的设计提供有益指导。

译者

前言

非常高兴《现代光学工程》一书第四次再版,许多读者都知道该书("Modern Optical Engineering")的缩写是 MOE。与第三版明显不同,该版进行了许多修订,内容经过重新组织,并额外增加了 6 章,因此,是一本内容更为丰富的书。新版《现代光学工程》有许多小的改动和增减,由于太多而无法在此一一列出。

新版《现代光学工程》共 21 章,两个附录和一个术语表。该书的第一版和第二版只有 14 章,第三版 15 章。近些年来,《现代光学工程》的内容越来越多,初始的第一版仅仅 476 页,第二版 524 页,第三版 617 页,而该版增加到 768 页(译者注:原英文版的页码)。早期版本对该领域的内容阐述得非常恰当,我希望该版本同样能够做到这一点。第一版前言是以下面一段话开始的:

将本书献给那些特别需要光学系统与设计方面比较实用技术信息、从事实际工作的工程师或科学家。最近,随着对光学装置在诸如对准、计量、自动控制和空间(国防)领域可应用性的认识提高,迫切需要熟悉光学知识的技术人员,随之,电子、机械、物理或数学方面的许多人才都找到了比较高级的、与光学工程有关的位置。作者希望该书能够使他们增强信心,有助于非常好地完成其所承担的光学任务。

近些年,从事光学技术的人员数量增加了许多倍,光学工程的研究领域也逐渐扩大了,包括许多新的、无法预料的应用,而上面引证的需求仍在继续。已经普遍认为,《现代光学工程》是一本"必备书"。希望该书新版同样是这种结果。

该书新版的明显变化是其组织编排有修改:旧版的第 2 章被分为 3 章,即高斯光学、近轴计算和光学元件组合;有关像差的内容更加丰富,增加了三级像差理论和计算一章;旧版中光线追迹的大部分内容放到附录 A 中描述。增加了全新的一章：初级系统布局图研究，包括大量的、已经使用的设计例子，其中有变焦距物镜和红外制冷探测器系统的结构布局图。早期版本中阐述透镜设计的2章修改为3章（光学设计的基础知识，目镜、显微镜和照相物镜的设计，反射镜和折反式系统的设计）。旧版第14章中给出了"44种透镜设计实例"，而新版扩充至"62种"，对像差的描述不仅给出光线交点曲线图和纵向球差（表示出三种波长）、单色畸变和场曲，而且还给出纵向和横向色差（三种波长）。全书以相同的表示方式，替代旧版中对单色纵向球差和场曲的表示。在"光学工程中的实际问题"一章之后，增加了全新的一章："库存"透镜的应用。现在，已经全部完成了旧版中各章之后的大量练习，而非简单地给出正确答案。有一个新的术语表，力图做成光学系统设计文献中最好、最完整、最权威和最准确的术语表。有两个新的附录：光线追迹和标准尺寸。将一个公差预估的演示实例增加到"光学工程中的实际问题"（第20章）中。在"人眼特性"一章，还包括一些有趣的"自己动手做"的目视实验。

  按照我的观点，单个人或比较小规模的小组是不可能编写出光学工程和光学系统设计"整本书"的，任何一本书首先是阐述作者个人的经验（没有人会亲身去做每一件事），所以，借此机会强烈建议，凡对《现代光学工程》一书感兴趣，认为该书有使用价值的读者应当同时阅读 Kingslake 编著的"Optical System Design"（Academic，1983）以及由 Fischer 和 Tadic 编著的"Optical System Design"（McGraw-Hill，2000）之书，对其所研究的项目会有更全面的观察。

  最后，我要对许多朋友和同事表示感谢，在60年的光学研究生涯中，让我分享了他们的许多知识，在他们的帮助下，每天我都会有所收获。特别要感谢位于 Carlsbad 市的 Rockwell Collins Optronics 公司中与我同办公室工作的 Jerry Carollo 和 Greg Newbold，以及为我提供光学设计程序 OSLO（每天都要使用）的 Lambda Research 公司的 Leo Gardner 先生。

  祝大家一切都好！

Warren J. Smith

目录

第1章　光学基础知识 ·· 1
 1.1　电磁光谱 ··· 1
 1.2　光波的传播 ·· 2
 1.3　Snell 折射定律 ··· 4
 1.4　简单透镜和棱镜对波前的作用 ··· 6
 1.5　干涉和衍射 ·· 8
 1.6　光电效应 ··· 12
 练习 ·· 13
 参考文献 ··· 14

第2章　高斯光学：基点 ·· 15
 2.1　概述 ··· 15
 2.2　光学系统的基点 ··· 16
 2.3　像的位置和大小 ··· 17
 2.4　成像公式汇总 ·· 22
 2.5　不在空气中的光学系统 ·· 23
 练习 ·· 23
 参考文献 ··· 25

第3章　近轴光学和计算 ·· 26
 3.1　光线在一个表面上的折射 ·· 26
 3.2　近轴区域 ··· 28
 3.3　通过几个表面的近轴光线追迹 ··· 29
 3.4　焦点和主点的计算 ··· 33

3.5 "薄透镜" ……………………………………………………………… 36
3.6 反射镜 …………………………………………………………………… 37
练习 ………………………………………………………………………… 39
参考文献 …………………………………………………………………… 40

第 4 章 光学系统方面的考虑 …………………………………………… 41
4.1 分离透镜系统 …………………………………………………………… 41
4.2 光学不变量 ……………………………………………………………… 45
4.3 矩阵光学 ………………………………………………………………… 49
4.4 y-ybar 图 ………………………………………………………………… 50
4.5 Scheimpflug 条件 ……………………………………………………… 51
4.6 符号规则总结 …………………………………………………………… 52
练习 ………………………………………………………………………… 53
参考文献 …………………………………………………………………… 54

第 5 章 初级像差 …………………………………………………………… 55
5.1 概述 ……………………………………………………………………… 55
5.2 像差多项式和赛德像差 ………………………………………………… 55
5.3 色差 ……………………………………………………………………… 64
5.4 透镜形状和光阑位置对像差的影响 …………………………………… 66
5.5 像差随孔径和视场的变化 ……………………………………………… 69
5.6 光程差（波前像差）…………………………………………………… 70
5.7 像差校正和剩余像差 …………………………………………………… 71
5.8 光线交点曲线和像差的"级"………………………………………… 74
5.9 纵向像差、横向像差、波前像差（OPD）和角像差之间的关系 …… 78
练习 ………………………………………………………………………… 80
参考文献 …………………………………………………………………… 82

第 6 章 三级像差理论和计算 …………………………………………… 83
6.1 概述 ……………………………………………………………………… 83
6.2 近轴光线追迹 …………………………………………………………… 84
6.3 三级像差：表面贡献量 ………………………………………………… 86
6.4 三级像差：薄透镜，光阑移动公式 …………………………………… 89
6.5 计算实例 ………………………………………………………………… 93
参考文献 …………………………………………………………………… 97

第 7 章 棱镜和反射镜系统 ········· 98

- 7.1 概述 ········· 98
- 7.2 色散棱镜 ········· 98
- 7.3 "薄"棱镜 ········· 99
- 7.4 最小偏折量 ········· 100
- 7.5 消色差棱镜和直视棱镜 ········· 101
- 7.6 全内反射 ········· 102
- 7.7 一个平面的反射 ········· 103
- 7.8 平面平行板 ········· 105
- 7.9 直角棱镜 ········· 108
- 7.10 屋脊棱镜 ········· 110
- 7.11 正像棱镜系统 ········· 112
- 7.12 倒像棱镜 ········· 116
- 7.13 五(角)棱镜 ········· 117
- 7.14 菱形棱镜和分束镜 ········· 117
- 7.15 平面反射镜 ········· 119
- 7.16 棱镜和反射镜系统的设计 ········· 120
- 7.17 制造误差分析 ········· 124
- 参考文献 ········· 124

第 8 章 人眼特性 ········· 125

- 8.1 概述 ········· 125
- 8.2 眼睛的构造 ········· 126
- 8.3 眼睛的特性 ········· 127
- 8.4 眼睛的缺陷 ········· 134
- 实验 ········· 137
- 练习 ········· 138
- 参考文献 ········· 139

第 9 章 光阑,孔径,光瞳和衍射 ········· 140

- 9.1 概述 ········· 140
- 9.2 孔径光阑和光瞳 ········· 141
- 9.3 视场光阑 ········· 141
- 9.4 渐晕 ········· 142
- 9.5 消杂散光光阑、冷光阑和挡光板 ········· 143

9.6　远心光阑 ··· 146
9.7　孔径和像的照度——f 数和余弦四次方定律 ······················· 147
9.8　焦深 ··· 149
9.9　孔径的衍射效应 ··· 150
9.10　光学系统的分辨率 ·· 154
9.11　高斯（激光）光束的衍射 ··· 156
9.12　傅里叶变换透镜和空间滤波 ·· 160
练习 ·· 160
参考文献 ·· 163

第 10 章　光学材料 ·· 165
10.1　反射、吸收和色散 ·· 165
10.2　光学玻璃 ··· 170
10.3　特种玻璃 ··· 175
10.4　晶体材料 ··· 177
10.5　光学塑料 ··· 179
10.6　吸收滤光片 ·· 181
10.7　散射材料和投影屏 ·· 185
10.8　偏振材料 ··· 187
10.9　光学胶和溶剂 ··· 188
练习 ·· 189
参考文献 ·· 190

第 11 章　光学镀膜 ·· 192
11.1　介电质反射和干涉滤光片 ··· 192
11.2　反射膜 ··· 200
11.3　分划板 ··· 203
练习 ·· 204
参考文献 ·· 205

第 12 章　辐射度学和光度学原理 ·· 206
12.1　概述 ·· 206
12.2　逆平方定律；光强度 ··· 207
12.3　辐射率和朗伯（Lambert）定律 ······································ 208
12.4　半球内的辐射 ··· 208

- 12.5 散射光源产生的辐照度 ………………………… 209
- 12.6 像的辐射度学 ………………………… 211
- 12.7 光谱辐射度学 ………………………… 214
- 12.8 黑体辐射 ………………………… 215
- 12.9 光度学 ………………………… 219
- 12.10 照明装置 ………………………… 224
- 练习 ………………………… 227
- 参考文献 ………………………… 230

第 13 章 光学系统总体布局 ………………………… 231
- 13.1 望远镜和无焦系统 ………………………… 231
- 13.2 场镜和中继系统 ………………………… 234
- 13.3 出瞳、眼睛和分辨率 ………………………… 236
- 13.4 简单显微镜和放大镜 ………………………… 244
- 13.5 复式显微镜 ………………………… 245
- 13.6 测距机 ………………………… 247
- 13.7 辐射计和医用光学 ………………………… 251
- 13.8 光纤光学 ………………………… 255
- 13.9 变形系统 ………………………… 260
- 13.10 变光焦度（变焦）系统 ………………………… 264
- 13.11 衍射表面 ………………………… 268
- 练习 ………………………… 269
- 参考文献 ………………………… 271

第 14 章 系统总体布局中的案例分析（经典案例） ………………………… 273
- 14.1 概述 ………………………… 273
- 14.2 摄远物镜 ………………………… 274
- 14.3 反摄远透镜 ………………………… 275
- 14.4 转像系统（中继系统） ………………………… 276
- 14.5 转像系统（14.4 节中）的孔径光阑 ………………………… 277
- 14.6 短距离望远镜 ………………………… 278
- 14.7 14.6 节的场镜 ………………………… 281
- 14.8 14.7 节的光线追迹 ………………………… 282
- 14.9 125 倍显微镜 ………………………… 283
- 14.10 Brueke 125×放大镜 ………………………… 284

14.11　4×机械补偿变焦物镜……285
　14.12　计算机绘制系统布局图……289
　14.13　设计有外部冷光阑的消色差中红外系统……290

第15章　波前像差和调制传递函数（MTF）……297
　15.1　概述……297
　15.2　光程差：焦点漂移……297
　15.3　光程差：球差……299
　15.4　像差（容限）公差……304
　15.5　像的能量分布（几何）……309
　15.6　点和线扩散函数……310
　15.7　由于球差造成光斑的几何尺寸……311
　15.8　调制传递函数……314
　15.9　方波与正弦波靶标……319
　15.10　特殊调制传递函数：衍射受限系统……320
　15.11　径向能量分布……328
　15.12　具有初级像差光学系统的点扩散函数……329
　练习……334
　参考文献……335

第16章　光学设计的基础知识……336
　16.1　概述……336
　16.2　简单的弯月形照相物镜……337
　16.3　对称原理……342
　16.4　消色差望远物镜（薄透镜理论）……344
　16.5　消色差望远物镜（设计形式）……346
　16.6　光学设计中的衍射表面……353
　16.7　库克（Cooke）三分离消像散物镜：三级理论……358
　16.8　自动设计……367
　16.9　对一些实际问题的考虑……371
　练习……372
　参考文献……373

第17章　目镜、显微镜和照相物镜的设计……374
　17.1　望远系统和目镜……374

- 17.2 显微物镜……381
- 17.3 照相物镜……388
- 17.4 聚光镜系统……406
- 17.5 简单透镜的像差特性……409
- 练习……412
- 参考文献……412

第18章 反射镜和折反式系统的设计……413

- 18.1 反射系统……413
- 18.2 球面反射镜……413
- 18.3 抛物面反射镜……415
- 18.4 椭球面和双曲面反射镜……416
- 18.5 双反射镜系统的公式……417
- 18.6 过原点的锥形截面……421
- 18.7 施密特（Schmidt）系统……422
- 18.8 Margin反射镜（内表面镀膜反射镜）……424
- 18.9 Bouwers[或马克苏托夫（Maksutov）]系统……425
- 18.10 对简单光学系统弥散斑尺寸的快速计算……428
- 练习……432
- 参考文献……432

第19章 物镜设计实例集、分析和说明……433

- 19.1 概述……433
- 19.2 物镜的数据表……433
- 19.3 光线追迹图……434
- 19.4 关于调制传递函数的注释……436
- 19.5 物镜目录……437
- 19.6 物镜设计实例……439
- 参考文献……500

第20章 光学工程中的实际问题……501

- 20.1 光学加工……501
- 20.2 光学技术要求和公差……511
- 20.3 光学装配技术……524
- 20.4 光学实验室中的实际问题……529

20.5 公差预算实例……………………………………………………… 545
参考文献 ……………………………………………………………… 549

第 21 章　最有效地利用"库存"透镜 ……………………………… 551
21.1 概述 …………………………………………………………… 551
21.2 库存透镜 ……………………………………………………… 551
21.3 一些简单的测量 ……………………………………………… 553
21.4 系统原理样机和测试 ………………………………………… 556
21.5 像差方面的考虑 ……………………………………………… 559
21.6 如何利用单透镜（单块零件）………………………………… 562
21.7 如何使用双胶合物镜 ………………………………………… 566
21.8 库存透镜的组合 ……………………………………………… 566
21.9 库存透镜的供应商 …………………………………………… 574

附录 A　光线追迹和像差计算 ……………………………………… 577

附录 B　一些器件的标准尺寸 ……………………………………… 592

专业术语表 …………………………………………………………… 594

第1章

光学基础知识

1.1 电磁光谱

本书要讨论的是与较窄电磁光谱（电磁波谱）有关的一些现象。光学常常被定义为与人眼可以观察到的辐射有关的研究范畴，然而，随着其在可见光光谱两侧的广泛应用，光学的定义似乎不仅仅局限于先前所述，因此，本书讨论中必须包括红外和紫外方面的内容。

众所周知的电磁波谱图如图 1.1 所示，波谱范围从宇宙射线到无线电波。所有的电磁辐射都传输能量，真空中常用的速度是 $c = 2.998 \times 10^{10}$ cm/s。另一方面，波长范围非常宽，辐射特性的范围也非常广。在短波波谱区，有波长小于亿分之一微米（$1\mu m = 10^{-6}$ m）的 γ 辐射，在长波波谱区，无线电波的波长则以英里计量。在短波波谱区，电磁辐射特性倾向于粒子性，而在长波波谱区，倾向于波动性。由于光学光谱位于电磁波谱的中间位置，所以，光学辐射同时具有波动性和粒子性便不足为奇了。

电磁波谱的可见光光谱区（图 1.2）只是其中很小一部分，波长范围从 $0.4\mu m$ 的紫光到 $0.76\mu m$ 的红光。可见光光谱红光之外是红外光谱区，与红外光谱区相邻的是微波波谱区，波长约为 1mm。可见光光谱短波长之外是紫外光谱区，光谱范围一直到波长约为 $0.01\mu m$ 的 X 射线波谱区为止。人眼观察到的颜色与波长有关，如图 1.2 所示。

光学波谱范围内波长的单位通常是埃（Å）、毫微米（mμ）、纳米（nm）、

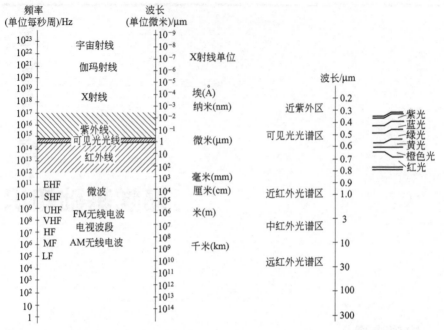

图 1.1 电磁波谱　　　　图 1.2 电磁波谱的光学波谱区域

微米（μm 或者 μ）。1μm 等于 1m 的百万分之一，1mμ 是 1μm 的千分之一（即 1nm），1Å 是 1μm 的万分之一（参见表 1.1）。因此，1.0Å=0.1nm=10^{-4}μm；频率等于速度 c 除以波长，波数等于波长的倒数，量纲通常是 cm^{-1}。

表 1.1 经常使用的波长单位

厘米(cm)=10^{-2}m	毫微米(mμ)=10^{-3}μm=1.0nm=10^{-6}mm=10^{-9}m
毫米(mm)=10^{-3}m	纳米(nm)=10^{-9}m=1.0mμ
微米(μm)①=10^{-6}m=10^{-3}mm	埃(Å)=10^{-10}m=0.1nm

① 译者注：微米的英文是 Micrometer 或 Micron。

1.2　光波的传播

图 1.3 所示是真空中一个点光源发出的光波，很明显，任一时刻的波前形状都是球面，随着波前传播远离点源，其曲率（半径的倒数）在减小。在一个足够远的距离上，波前半径可以看作无穷大，这种波前被认作是平面波。

当然，两个连续波之间的距离是辐射波长。光波在真空中的传播速度近似为 $3×10^{10}$cm/s，其他介质中的速度小于真空中的速度，例如，普通玻璃中的速度大约是真空中速度的 2/3。真空中与某种介质中的速度之比定义为该介

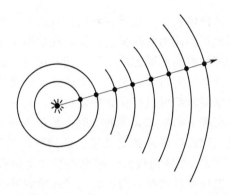

图 1.3 真空中一个点光源发出的光波

均匀介质中一个点光源发出的光波是球面波形，波前曲率半径等于到点光源的距离。波前上一个点的传播路程称为光线，均匀介质中的光线是直线。注意，光线垂直于波前

质的折射率，用字母 n 表示。

$$折射率\ n = \frac{真空中的速度}{介质中的速度}$$

$$= \frac{真空中的波长}{介质中的波长} \qquad (1.1)$$

其他介质中的波长和速度要比真空中小一个折射率倍数，但频率不变。

普通空气的折射率约为 1.000277。由于几乎所有的光学工作（包括折射率的测量）都要在普通的大气环境中进行，所以，一种非常方便的传统方法是将某种材料的折射率表示为相对于空气（不是真空）的折射率，并假定空气的折射率是 1.0。

空气在温度 15℃ 时的实际折射率是：

$$(n-1) \times 10^8 = 8342.1 + \frac{2406030}{(130-\nu^2)} + \frac{15996}{(38.9-\nu^2)}$$

式中，$\nu = 1/\lambda$（λ 代表波长，单位 μm）。根据下面公式可以计算其他温度下的折射率：

$$(n_t - 1) = \frac{1.0549(n_{15°} - 1)}{(1 + 0.00366t)}$$

折射率随压力的变化量是每 15lbf/in² 变化 0.0003，或者 0.00002/psi（1lbf/in² = 1psi = 6894.76Pa）。

追迹波前表面上一个假设点在空间中的传播光路会看到，该点沿直线传播，因此，其传播的光路称为光线。光线是一种非常方便的假设，对理解和分析光学系统非常有用，本书的大部分篇幅用于研究光线。一定要注意，光线是垂直于波前的，反之亦然。

前面对波前的讨论已经假设光波是在各向同性的真空中传播，即各个方向的折射率一样。一些光学晶体为各向异性介质，在如图 1.3 所示这些介质中的波前不再是球面波，其波前在不同方向上以不同的速度传播，因此，在同一时刻，某方向上的一束波会比折射率较大方向上的光波传播得更远。

虽然绝大部分光学材料都可以假设为匀质材料，具有均匀的折射率，但仍然有一些例外。某一高度上的地球大气的折射率是相当均匀的，但是，当考虑的高度范围变化很大，则其折射率的变化就会从海平面处的 1.0003 变化到高度非常高时的 1.0，所以，光线通过大气时也不会完全是直线传播，而被折射成曲线投向地球，即投向高折射率方向。为使光线沿着受控弯曲光路传播，已经特意制造出梯度折射率光学玻璃。除非另有说明，否则本书都将假设介质是均匀材料，并假设透镜零件位于空气中。

1.3 Snell 折射定律

现在讨论一束平面波，入射在一个平的表面上，平面两侧是两种不同的介质，如图 1.4 所示。光从上向下传播，并以某一角度到达界面。平行线代表在规定时间间隔内的波前位置。令上侧介质的折射率是 n_1，下侧介质的折射率是 n_2。根据 $v_1 = c/n_1$ 和 $v_2 = c/n_2$，由公式 (1.1) 可以分别得到在上侧和下侧介质中的速度（真空中速度 $c \approx 3 \times 10^{10}$ cm/s），因此，上侧介质中的速度是下侧介质中速度的 n_2/n_1 倍，在给定的时间间隔内，波前在上侧介质中的传播距离也是下侧介质中传播距离的 n_2/n_1 倍。在图 1.4 中，假设下侧介质的折射率较大，光线在下侧介质中的速度要比上侧介质中的速度小。

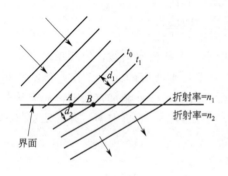

图 1.4 一束平面波前通过界面传播，界面两侧介质具有不同的折射率（$n_2 > n_1$）

在时刻 t_0，波前与界面交于 A 点，在 $t_1 = t_0 + \Delta t$ 时刻，与界面交于 B 点。在这段时间内，光线在上侧介质中传播的距离是：

$$d_1 = v_1 \Delta t = \frac{c}{n_1} \Delta t \tag{1.2a}$$

在下侧介质中传播的距离是：

$$d_2 = v_2 \Delta t = \frac{c}{n_2} \Delta t \tag{1.2b}$$

在图 1.5 的波前传播中增加了一条光线，该光线是波前面上一个点的光路，即通过界面上的 B 点且垂直于波前。如果这些线代表相等时间间隔内的波面位置，那么，交点之间的距离 AB 和 BC 一定是相等的。波前与表面间的夹角（I_1 或 I_2）等于光线（垂直于波面）与表面法线 XX' 之间的角度，因此，由图 1.5 可以得出：

$$AB = \frac{d_1}{\sin I_1} = BC = \frac{d_2}{\sin I_2}$$

将公式（1.2a）和公式（1.2b）中的 d_1 和 d_2 代入，就得到下式：

$$\frac{c\Delta t}{n_1 \sin I_1} = \frac{c\Delta t}{n_2 \sin I_2}$$

整理后得到：

$$n_1 \sin I_1 = n_2 \sin I_2 \qquad (1.3)$$

该公式是通过光学系统追迹光线的基本关系式，称为 Snell 定律。

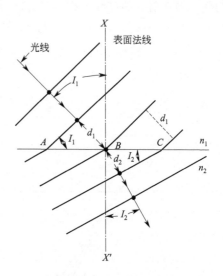

图 1.5 表示两种不同介质界面处的光线折射关系和 Snell 定律〔公式(1.3)〕的几何图

由于 Snell 定律是将一条光线与表面法线间夹角的正弦联系起来，所以，完全适用于任意表面，而不仅是上例中的平面。因此，可以计算出光线通过任意表面的光路，确定光线的交点及该点的表面法线。

通常，入射光线与表面法线的夹角 I_1 称为入射角，I_2 称为折射角。

所有光学介质的折射率都是随光波波长变化。一般来说，波长短的折射率比波长长的折射率高。在前面的讨论中，已经不言而喻地假设入射到折射表面上的光是单色光，即只包含一种波长的光。图 1.6 显示，表面的折射作用将白光分成各种波长成分的光。注意到，蓝光要比红光有更大的折射角或转折角，原因在于蓝光的 n_2 要比红光的 n_2 大。由于 $n_2 \sin I_2 = n_1 \sin I_1 =$ 常数，很明显，在这种情况下，蓝光的 n_2 比红光的大，所以，蓝光的 I_2 一定比红光的小。折射率随波长的这种变化称为色散。当用作微分时，写作 dn，否则，色散表示为 $\Delta n = n_{\lambda 1} - n_{\lambda 2}$，其中 λ_1 和 λ_2 是与色散相关的两种色光的波长。相对色散表示为 $\Delta n/(n-1)$，实际上，是将不同颜色光的"扩散"表示为某一中间波长的光发生偏折量的分数。

入射（incident）到界面的光不会全部透过界面，一部分经反射后（reflected）返回到入射介质中。利用类似图 1.5 所示的装置可以证明，表面法线与反射光线之间的夹角（反射角）等于入射角，反射光线和入射光线位于法线两侧（与折射后的光线一样），因此，Snell 定律的反射形式是：

$$I_{incident} = -I_{reflected} \tag{1.4}$$

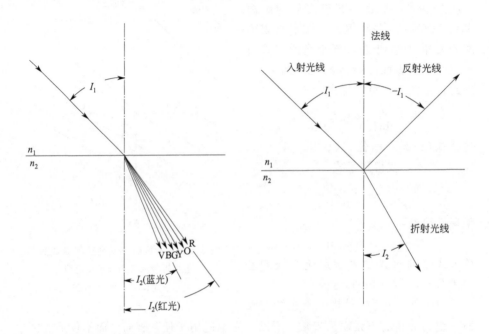

图 1.6 折射使白光色散成不同的原色（为了清楚起见，该图有些夸张）

图 1.7 一条入射在平面上的光线、反射光线和折射光线之间的关系

图 1.7 表示一条入射在一个平面上的光线、反射光线和折射光线之间的关系。

在此强调，入射光线、表面法线、反射光线和折射光线位于同一个称为入射面的平面内，图 1.7 中的入射面即纸面。

1.4 简单透镜和棱镜对波前的作用

在图 1.8 中，点光源 P 在发光，如前所述，以 P 为中心的弧线代表一定时间间隔内波前的连续位置。波前入射到一个双凸透镜上，该透镜由两个旋转对称表面组成，（在该例子中）表面间介质的折射率比光源所在空间介质的折射率高。假设，在每一个时间间隔内，波前的传播距离都是 d_1，在透镜介质中，将会传播较小的距离 d_2（正如前面的讨论，根据公式 $n_1 d_1 = n_2 d_2$ 可以分析和计算这些距离）。在某一时刻，波前的顶点将恰巧在 A 点与透镜表面顶点相切。在后续的间隔中，透镜内的那部分波前移动距离为 d_2，而同一波前但位于透镜外的那部分光波将移动 d_1。波前通过透镜传播时，这种效应在第二表面处将以相反形式重复进行。可以看到，透镜介质使波前的传播放缓，在透镜中心较厚的部分，其传播被放缓的作用就更强，造成波前曲率倒置。在透镜左侧，P 点发出的光是发散的，而在右侧，光沿着 P' 点的中心方向会聚。如果在 P' 点放置一个屏幕或一张纸，在该点可以观察到光的会聚。可以说，透镜已经将 P 点成像在 P' 点。这类透镜称为会聚透镜或正透镜，物和像是共轭的。

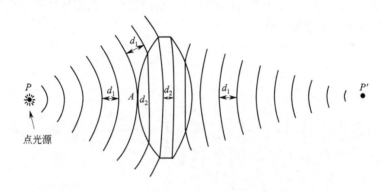

图 1.8　一束波前通过一个会聚透镜或正透镜的传播

　　图 1.8 说明了一块凸透镜（即其中心比边缘更厚）的作用。其折射率高于周围介质折射率的凸透镜是一块会聚透镜，能够增大（通过透镜传播的）一束波前的会聚度（或减小发散度）。

　　图 1.9 说明一块凹透镜的作用。在这种情况中，透镜边缘较厚，波前在边缘的传播要比中心慢，而增强了光的发散。光线通过透镜之后，波前似乎是从 P' 点附近发出，P' 点就是透镜形成的 P 点的像。这种情况中，若在 P' 点放置一个屏幕并希望得到聚光点是不可能的，所能够观察到的应当是 P 点发出的光形成的均匀照明。为了与图 1.8 所形成的像相区别，将这类像定义为虚像，图 1.8 形成的像定义为实像。虚像可以直接观察或者作为光源被后续透镜系统再次成像，但不能成像在一个屏幕上。术语"实"和"虚"也可以应用于光线，"虚"表示一条真实光线的延长部分。

　　光线通过图 1.8 和图 1.9 所示透镜传播的光路是由波前上一个点追迹出的光路。在图 1.10 中，已经给出几条光线

图 1.9　一束波前通过一块发散透镜或负透镜元件的传播

通过会聚透镜的光路。注意到，这些光线都从 P 点发出，以直线形式（因介质为各向同性）到达透镜表面，并按照 Snell 定律［公式(1.3)］发生折射，在第二表面折射后，会聚在像点 P'（实际上，只有正确地选择旋转对称表面作为透镜表面，通常是非球面，其轴线重合并通过 P 点，光线才会准确地会聚在 P' 点），从而有希望使 P' 点处的光点成为一个理想的点。然而，当光波通过有限孔径的透镜时，光波特性会使其产生衍射，即使是一个"理想"透镜，也是如此，因此，所形成的像被扩散成一个小的光斑，周围环绕着一些模糊圆环，详细内容请参考第 9 章。

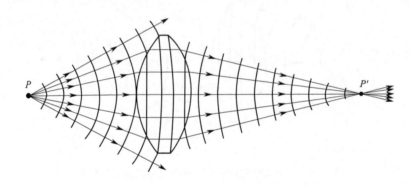

图 1.10　通过正透镜元件传播的光线与波前之间的关系

图 1.11 表示一个距离相当远的光源所发出的波前（该波前的曲率可以忽略不计）到达一个棱镜，棱镜有两个抛光平面。波前通过棱镜的每个抛光面时，光线向下折射，因此，传播方向发生偏折。棱镜的偏折角是入射光线和出射光线之间的夹角。注意到，该波前通过棱镜后，仍然保持平面波前不变。

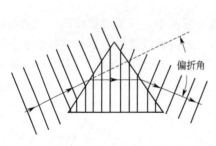

图 1.11　平面波前通过折射棱镜的传播

如果入射在棱镜上的辐射由多种波长组成，棱镜介质会使短波长辐射偏折得更多，有更大的偏折角，这是用来将不同波长的光波分隔开来的方法之一，也是 Isaac Newton 传统方法演示验证光谱的基础。

1.5　干涉和衍射

如果一块石头坠入平静的水中，会产生一系列同心波纹或者波，并在水面上向外扩散。若相隔一定距离的两块石头同时落入水中，细心的观察者会注意到，在两个波源发出的波相遇的地方，有些区域的波形是原波纹的两倍，而另一些区域，几乎没有波纹。原因在于这些波的作用彼此增强或取消，如果两个波纹的波峰（或波谷）同时到达某一位置，形成的波峰就是两个波纹作用之和，然而，若一个波纹的波峰与另一波纹的波谷相遇，其结果是相互抵消。在海堤经常可以观察到波纹增强的壮观情景，海浪撞击堤坝，然后返回海中与下一轮到来的海浪相遇，形成浪尖。

光波干涉会出现类似现象。一般来说，为了产生光波干涉，由光源同一点发出的光必须沿两条不同的光路传播，然后会合。在肥皂泡或潮湿马路上油膜中观察到的彩色都是由干涉形成的。

杨氏实验

图 1.12 示意性地图解杨氏实验，同时解释衍射和干涉。图左边的光源发出的光通过不透明屏幕上的一条狭缝或针孔 s。根据惠更斯（Huygens）原理，波前上的每个点都可以看作是新球面子波的光源，形成波前传播。这些新子波的包络面就是该波前的新位置。当 s 的尺寸足够小，就可以把 s 看作是新球面波或柱面波（取决于 s 是针孔还是狭缝）的中心，由 s 衍射后的波前传播到第二块有两条狭缝 A 和 B（或针孔）的不透明屏幕，形成新的波前。由于衍射

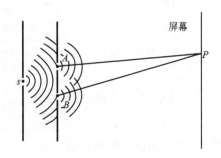

图 1.12　杨氏衍射实验

作用，这些波前再次扩散开来，并投射到一定距离之外的观察屏上。

现在，讨论屏幕上的一个特定点 P。如果这些波前同时（或同相）到达，它们会彼此增强，P 点被照亮。然而，若距离 AP 和 BP 使波前完全是异相到达，就会形成相消干涉，P 点为暗点。

假设 s、A 和 B 如下安排：由 s 发出的一束波前同时到达 A 和 B（即距离 sA 精确等于 sB），然后，新的子波同时从 A 和 B 向外传播到屏幕。如果距离 AP 和 BP 完全相等，或二者精确地相差一个波长的整数倍，这些波前就会同相到达 P 点，并相互增强。若 AP 和 BP 相差 $1/2$ 个波长，则两个光源的波动作用将彼此抵消。

如果照明光源是单色光源，即发射单一波长的光，其结果是在屏幕上形成一系列光强度逐渐变化、亮暗交替的带（假设 s、A 和 B 都是狭缝），仔细测量狭缝的几何尺寸和带间间隔，可以计算出辐射光的波长（为完成该实验，距

离 AB 应小于 1mm，狭缝至屏幕的距离应是米的数量级）。

参考图 1.13，可以看到，如果取一级近似，AP 与 BP 之间的路程差（用 Δ 表示）由下式给出：

$$\Delta = \frac{AB \cdot OP}{D}$$

整理后得到：

$$OP = \frac{\Delta \cdot D}{AB} \tag{1.5}$$

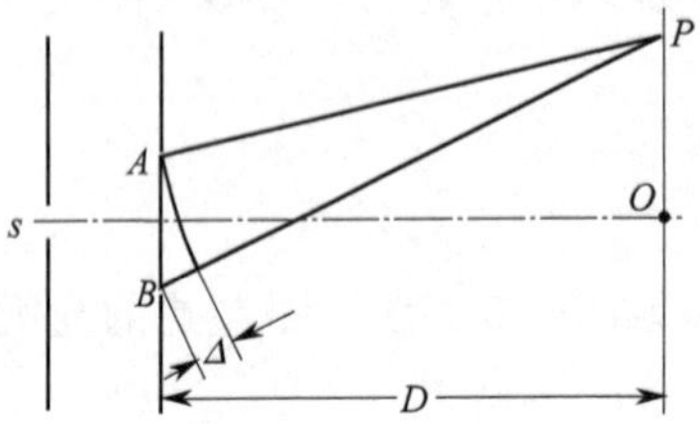

如图 1.13 所示，光路 AO 和 BO 是相等的，所以，在 O 点的这些波彼此增强，并形成亮带。如果令公式 1.5 中的 Δ 等于（正或负）1/2 波长，便得到第一个暗带的 OP 值：

$$OP(\text{第一个暗带}) = \frac{\pm \lambda D}{2AB} \tag{1.6}$$

假设狭缝至屏幕 D 的距离是 1m，狭缝间的间隔是十分之一毫米，用波长 $0.64\mu m$ 的红光照明，将这些值代入公式(1.6)就得到下面结果：

图 1.13　杨氏实验几何学示意图

$$OP(\text{第一个暗带}) = \frac{\pm \lambda \times 10^3}{2 \times 10^{-1}} = \frac{\pm 10^4 \lambda}{2} = \frac{\pm 10^4 \times 0.64 \times 10^{-3}}{2}$$

$$= \pm 3.2\text{mm}$$

因此，第一条暗带出现在轴线上下 3.2mm 处。同样，令 Δ 等于一个波长可以确定下一个亮带在 6.4mm 位置处，可以以此类推继续计算。

如果试验中使用 $0.4\mu m$ 波长的蓝光照明，会发现，第一个暗带位于 ±2mm 处，相邻亮带在 ±4mm 处。

当照明光源发出非单色光，而是白光，且包含所有波长，可以看到，每种波长都会形成自己的亮暗带系列，并具有自己特定的间隔。在这种情况下，屏幕中心受到所有波长照射，呈现白色。从中心向外，眼睛首先感受的是蓝光形成的暗带，该暗带出现在其他波长仍在照明的地方。同样，红光形成的暗带也出现在蓝光和其他波长照明的地方。因此，产生一系列彩色带，从轴心处开始是白色，随着光程差的增大，逐渐变成红色、蓝色、绿色、橙色、红色、紫色、绿色和紫色。然而，进一步远离轴线，由各种可见光波长形成的亮暗带就变成所谓"混乱图形"，亮暗带结构混杂在一起，最终没有亮暗带结构。

两个紧靠在一起的表面所反射光的干涉会产生牛顿环。图 1.14 表示一束平行光入射在一对半透半反的表面上。在某一时刻，波前 AA' 投射到第一表面 A 点处。波前上在 A 点处的传播通过两个表面之间的空间，并投射到具有半反射特性的第二个表面的 B 点。反射后的光波向上传播，在 C 点再次通过第一表面。在此期间，在 A' 处的波前已经在 C 点被反射，两条光路在该处重新相遇叠加。

到达 C 点的波前若是同相，将得到增强；若相差 1/2 波长，是异相，就会相互抵消。为确定 C 点处的相位关系，必须考虑光波通过的材料的折射率及反射造成的相位变化。当光波通过低折射率材料后又被具有高折射率的介质表面反射就会有相位变化，相位会突变 $180°$，或者 1/2 个波长。如果情况相反，就没有相位变化。因

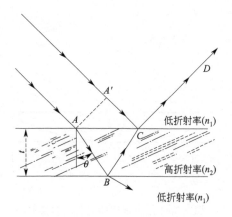

图 1.14　相对折射率会引起相位变化

此，在图 1.14 所示情况中，沿 $A'CD$ 光路传播的光波在 C 点有相位变化，而由下表面反射的光波在 B 点就没有相位变化。

正如前面阐述的杨氏实验，光路 ABC 与 $A'C$ 之间的差决定着相位关系。由于折射率与介质中的速度是反比关系，所以，波前通过折射率为 n 和厚度为 d 的材料传播所需要的时间是 $t=nd/c$（$c\approx 3\times 10^{10}$ cm/s＝光速）。电磁辐射的固定频率是 c/λ，所以，在 $t=nd/c$ 时间间隔内的周期数是 $(c/\lambda)(nd/c)$ 或者 nd/λ。如果两光路传播过程中周期数一样或相差整数倍，两束光将以相同的相位到达。

在图 1.14 中，$A'C$ 光路的周期数是 $1/2+n_1A'C/\lambda$（由于反射有相位变化，所以有一个半周期数），光路 ABC 的周期数是 n_2ABC/λ。若两周期数相差整数倍，则两束波彼此增强，相差是整数加 1/2，将是相互抵消。

在这类应用中使用周期数是不方便的，习惯使用光程这个术语，它是实际距离乘以折射率，并且是"光传播时间"的一种计量。很明显，如果讨论两个传播路程之差（将上述周期数乘以波长 λ 得到），那么，当路程差是波长的整数倍（对相长干涉）或者一个整数加上 1/2 波长（对相消干涉）时，可以得到完全等效的结果。在图 1.14 的情况中，光程差（OPD）是：

$$\text{OPD}=\frac{\lambda}{2}+n_1A'C-n_2ABC \tag{1.7}$$

或者

$$\text{OPD}=\frac{\lambda}{2}+2n_2t\cos\theta$$

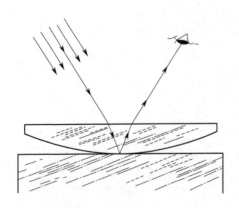

图 1.15 两个密切接触表面的反射
光干涉形成牛顿环
如果两个表面是球面，干涉环
就是一系列亮暗交替的圆环

考虑相位变化，有一个 $\lambda/2$ 项。

通常，术语"牛顿环"意指两个球形表面密切接触时形成的干涉带图形。图 1.15 表示一块透镜的凸表面放置在一个平面上。很明显，在接触点处上下表面反射形成的光程差是零。下表面反射产生的相位变化使光束处于异相状态，形成干涉相消，在中心出现"牛顿暗环"，在远离中心的某一位置，两表面精确相距 1/4 波长，半个波长的光程差加上相位变化就形成相长干涉，产生亮环；更远离中心的某处，两表面间隔是半个波长，就会得到一个暗环，等等。

像杨氏实验一样，不同波长的亮暗带会出现在离中心的不同位置处，在接触点附近产生彩色圆环，靠近边缘，会慢慢淡化和模糊。

如果已知透镜的曲率半径，并仔细测量亮暗圆环的直径，利用类似图 1.15 的装置就可以测量出光波波长。两表面之间的间隔是半径为 R 的弦高（SH），由下式给出：

$$\mathrm{SH} = R - (R^2 - Y^2)^{1/2} \approx \frac{Y^2}{2R} \tag{1.8}$$

式中，Y 是被测干涉环直径的一半。对第一个亮环，SH 等于 $\lambda/4$，对第一个暗环，是 $\lambda/2$，对第二个亮环，是 $3\lambda/4$，以此类推。

公式(1.8) 有用的另外两种形式是：

$$R = \frac{(Y^2 + \mathrm{SH}^2)}{2\mathrm{SH}} \tag{1.8a}$$

$$Y = \sqrt{2R \cdot \mathrm{SH} - \mathrm{SH}^2} \tag{1.8b}$$

1.6 光电效应

前一节的讨论是基于下面假设：光具有波动性。这种假设对光的反射、折射、干涉、衍射和色散及其他效应都给出了合理解释。然而，光电效应似乎需要用光的粒子性来解释。

简单地说，当短波光入射到一种光电材料上，它可以将电子轰击出材料外。如前所述，该效应可以做如下解释：光波能量足以激发一个电子使之得到释放，改变入射光波的性质，激发出的电子的性质会以未曾料想到的方式变化，增大光强度，电子数目可以按照预期的结果增加。如果增大波长，激发出电子的最大速度反而减小；当波长增大超出一定值（该值是所使用的某种特定光电材料的一种性质），最大速度会降到零，无论光强度多大，都不能激发出电子。用1.24除以波长（单位微米）可以得到一个光子的能量（电子伏特）。

释放一个电子所必需的能量并非存储起来直到足以释放电子（像光的波动性那样），此处的情况更类似于一簇粒子，其中一些具有足够的能量使电子脱离其约束力，因此，短波长粒子有足够的能量释放电子。如果增大光强度，会增加释放的电子数，而其速度保持不变。长波长粒子没有足够的能量轰击电子使其释放，若增大长波长光束的强度，其效果是增加了轰击表面的粒子数目，每个粒子仍然没有足够的能量使电子脱离其约束。

假设，每个"粒子"所具有的波长反比于其动量，就可以解决光的波动性与粒子性之间明显存在的矛盾，实验证明，这对于电子、质子、离子、原子和分子都是正确的。例如，一个由几百伏电场加速的电子具有的波长是几埃（$10^{-4}\mu m$），参考图1.1，该波长属于X射线范畴，事实上，该波长的电子与X射线具有一样的衍射图（晶格图）。

练 习

1. 光速为 2×10^{10} cm/s 的介质折射率是多少？

答案：由公式(1.1)　$n =$ (真空中的速度)/(介质中的速度)
$$= 3 \times 10^{10} / 2 \times 10^{10}$$
$$= 1.5$$

2. 光在水（$n=1.33$）中的速度是多少？

答案：由公式(1.1)　$1.33 = 3 \times 10^{10}$/(水中的速度)

水中的速度 $= 3 \times 10^{10} / 1.33$
$$= 2.26 \times 10^{10} \text{ cm/s}$$

3. 一条光线与表面的法线成30°角，如果光线在下列环境中，确定光线折射后与法线的夹角？

(a) 空气和 $n=1.5$ 的另一种材料；

(b) $n=1.33$ 的水和另外一种材料——空气；

(c) 水和 $n=1.5$ 的另外一种材料。

答案：由公式(1.3)，$n_1 \sin I_1 = n_2 \sin I_2$，得到：
$$I_2 = \arcsin[(n_1/n_2) \sin I_1]$$

(a) $I_2 = \arcsin[(1.0/1.5) \times 0.5] = 19.47°$；

(b) $I_2 = \arcsin[(1.33/1.0) \times 0.5] = 41.68°$；

(c) $I_2 = \arcsin[(1.33/1.5) \times 0.5] = 26.32°$。

4. 两块直径6in的光学平晶一端接触，另一端垫一张纸（厚0.003in）。若使用波长0.000020in的光照明，会观察到多少条纹？假设垂直入射。

答案：空气间隙是0.003in，或者0.003/0.000020＝150个波长。每半个波长形成一条条纹，则在接触点与纸之间将有300条条纹（或每英寸约50条条纹）。

5. 在练习4中，如果平晶之间填充以水（$n=1.333$），会观察到多少条纹？

答案：光路（$=nd$）是$1.333\times0.003\text{in}=0.004\text{in}$或者200个波长。每半个波长一条条纹，会观察到400条条纹。

6. 一块透镜的凸面与一块玻璃平板相接触。如果透镜表面的半径是20in，会在直径的何处观察到第一、第二和第三条暗干涉带/条纹？若表面半径是200in，干涉环带的直径是多少？

答案：由于在较低表面上的反射会使相位发生变化，所以，第一个暗斑出现在中心接触点（牛顿暗点）。第一个暗环出现在空气间隔为半个波长处，或者0.000010in。当然，计算出透镜的弦高是比较简单的。由公式(1.8)：

$$SH = R - (R^2 - Y^2)^{1/2} = 0.000010\text{in} = 20 - (400 - Y^2)^{1/2}$$

平方后得到：$Y^2 = 400 - 19.99999^2 = 0.0004$，和$Y = 0.02\text{in}$，所以，环的直径是0.040in。

第二条暗环位于空气间隔等于一个波长处（0.000020in），其直径是0.05657in。第三条暗环在1.5个波长间隔处，其直径是0.06928in。值得注意的是，环的直径与环数的平方根有关：2#环的直径等于1#环的直径乘以$\sqrt{2}$，3#环的直径等于1#环直径乘以$\sqrt{3}$。

当透镜表面半径是200in时，环带直径分别是0.1265in、0.1789in和0.2191in。表面半径小于20in时，相差一个约为3.162的因子，即$\sqrt{10}$或$\sqrt{200/20}$。该比例因子仅对小直径情况是准确的。

参考文献

Born, M., and E. Wolf, *Principles of Optics,* Cambridge, England, Cambridge University Press, 1997.
Brown, E., *Modern Optics,* New York, Reinhold, 1965.
Ditchburn, R., *Light,* New York, Wiley-Interscience, 1963.
Drude, P., *Theory of Optics,* New York, Dover, 1959.
Greivenkamp, J. E., "Interference," in *Handbook of Optics,* Vol. 1, New York, McGraw-Hill, 1995, Chap. 2.
Hardy, A., and P. Perrin, *The Principles of Optics,* New York, McGraw-Hill, 1932.
Hecht, E., and A. Zajac, *Optics,* Reading, MA, Addison-Wesley, 1974.
Jacobs, D. *Fundamentals of Optical Engineering,* New York, McGraw-Hill, 1943.
Jenkins, F., and H. White, *Fundamentals of Optics,* New York, McGraw-Hill, 1976.
Kingslake, R., *Optical System Design,* New York, Academic, 1983.
Levi, L., *Applied Optics,* New York, Wiley, 1968.
Marathay, A. S., "Diffraction," in *Handbook of Optics,* Vol. 1, New York, McGraw-Hill, 1995, Chap. 3.
Strong, J., *Concepts of Classical Optics,* New York, Freeman, 1958.
Walker, B. H., *Optical Engineering Fundamentals,* New York, McGraw-Hill, 1995.
Wood, R., *Physical Optics,* New York, Macmillan, 1934.

第 2 章

高斯光学：基点

2.1 概述

在 1.4 节中，简单讨论了一块透镜对一束波前的作用。图 1.8 和 1.9 说明了一块透镜如何改变一束波前而成像。很难以数学方式控制一束波前，绝大多数情况下，利用光线（波前上一个点所传播的路程）的概念更为方便。在各向同性的均匀介质中，光线是垂直于波前的直线，并且，一个点光源被成像在光线会聚（或发散）或聚焦的地方，对一个"理想"透镜，光线会聚到像面的一点。

为便于计算，可以把一个扩展物体看作是点源阵列，通过确定物体上不同点源的像来确定一个光学系统成像的大小和位置。计算每个物点发出的、通过光学系统的大量光线的光路，依次对各个光线-表面交点应用 Snell 定律 [公式 (1.3)] 可以达到上述目的。然而，借助于光线三角追迹法（所包含的角度接近于零）推导出的特定情况下的简单公式，有可能以非常少的工作量就可以确定光学像。这些公式会给出一个理想光学系统的成像位置和大小，称为近轴公式或一阶近似公式。

术语"初级"关系到一个幂级数展开式，利用该展开式可以确定一条光线在像平面内的交点，是光线在物平面内的位置 h 及光学系统孔径内的位置 y 的函数。如果光学系统是以一条轴（称为光轴）为对称的，幂级数展开式就只有奇次幂项（h 和 y 分量之和相加，直到 1、3、5 等），该展开式的初级项可以有效地表述像的位置和大小［参考公式(5.1)和公式(5.2)］。

初级光学（高斯光学或近轴光学）常常意味着理想光学系统。使相关角度和光线高度趋于零，将精确计算光路的三角公式进行简化可以推导出初级公式。正如第3章所述，在光轴附近非常小的范围，即近轴区域内，这些公式是相当精确的。初级表达式的价值在于，一个经过良好矫正的光学系统的性质几乎能精确地与初级表达式相一致，并且，由初级表达式得到的像的位置和大小可以提供一个非常方便的基准，便于测量对理想像的偏离。此外，近轴表达式是线性的，比三角公式更容易使用。

首先研究"理想"光学系统的成像方式，讨论在已知光学系统基本性能条件下确定成像位置和大小的表达式。在后面章节中，将根据光学系统的结构参数确定其基本性质，最后阐述近轴光线追迹以及计算组合光学系统成像的方法。

2.2 光学系统的基点

数学家高斯（Gauss）发现，知道光学系统光轴上几个点的位置可以很容易地计算出该系统的成像（即像的位置、像的大小及方位）。自此以后，除假设介质是各向同性外，还将假设光学系统是一个轴对称系统，所有表面都以一条公共轴线即光轴旋转对称。

一个成像质量校正得非常好的光学系统可以认为是"一个黑盒子"，其性质由其基点确定，即第一和第二焦点，第一和第二主点，第一和第二节点。焦点定义为平行于"光轴"❶的光线（来自于无限远距离的轴上物点）会聚在轴上的一个公共点。如果将进入光学系统和从光学系统出射的光线延长，直至相交，则交点将会确定一个常常称为主平面的表面。一个经过良好校正的光学系统，主平面是球面，中心位于物点和像点。在距离光轴非常小的近轴范围内，可以将这些表面看作是平面，因此，称为主平面。主平面与光轴的交点是主点。"第二"焦点和"第二"主点就是从左侧进入系统的光线所确定的那些基点，"第一"焦点和"第一"主点是从右侧进入系统的光线所确定的那些基点。

一个光学系统的有效焦距（efl）（译者注：或称焦距）是从主点到焦点的距离。后截距（bfl）是光学系统最后一个表面到第二个焦点的距离；前焦距（ffl）是光学系统最前面的一个表面至第一个焦点的距离。这些参量都表示在图2.1中。

---

❶ 光轴定义为通过光学系统所有表面曲率中心的一条线。若是轴对称光学系统，光轴是公共的旋转轴。注意到，在实际情况中，多于两个表面的光学系统都不会只有一条轴，因为三个或者更多实点很难完全排列在同一条直线上。

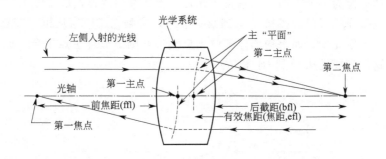

图 2.1 一个普通光学系统的焦点和主点位置

节点是两个轴上点。入射到第一节点的光线通过该系统后从第二节点出射,并平行于原入射方向,图 2.2 表示一个普通厚透镜元件的节点。当光学系统两侧介质都是空气时(大多数应用都是这种情况),节点与主点重合。

除另有说明外,本书中讨论的光学系统都将假定是轴对称系统,并且周围介质都是空气。公式(2.11)~公式(2.15)涵盖着周围介质不是空气的情况。

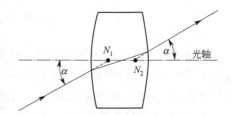

图 2.2 入射到光学系统第一节点(N_1)的光线从第二节点(N_2)出射,并且没有角度偏离

一块透镜或一个光学系统的光焦度是焦距的倒数。通常用希腊字母(ϕ)表示光焦度。如果焦距的单位是米,光焦度(米的倒数)的单位就是屈光度。光焦度的量纲是距离的倒数,即 in^{-1},mm^{-1},cm^{-1} 等。

2.3 像的位置和大小

如果已知一个光学系统的基点,光学系统成像的位置和大小就被确定。图 2.3 给出了光学系统的焦点 F_1 和 F_2 以及主点 P_1 和 P_2,被系统成像的物体表示为箭头 AO。平行于系统光轴的光线 OB 通过第二焦点 F_2,在第二主平面处一定会发生折射,通过第一焦点的光线 OF_1C 将平行于光轴从系统出射(由于光路是可逆的,所以,对于右侧 O' 点处平行于光轴出射的光线来说,是一样的。根据 2.2 节第一焦点的定义,该光线折射通过 F_1 点)。

这两条光线相交在 O' 点就确定了 O 点的像。采用类似方法可以确定物体上其他点各自的像点,应当位于图中标明的箭头 $O'A'$ 上。垂直于光轴的一个平面物体成像为一个平面，也垂直于光轴。更详细的内容，请参考 4.5 节。

第三条光线可以选择从 O 点到第一节点。这条光线应当从第二节点出射，并平行于入射光线。如果物和像都位于空气中，则节点与主点重合，如图 2.3 所示，这条光线是从 O 到 P_1 和 P_2 到 O'。

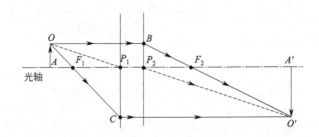

图 2.3 表示光线通过焦点和主点的光路

讨论至此，必须对各种距离给出符号约定。光学领域的绝大部分研究人员都使用下面约定。这些约定并非神圣不可侵犯，许多光学研究人员都采用自己的符号约定，但在实际中，采用一致的符号约定是必要的。

① 光轴之上的高度是正（OA 和 P_2B），光轴之下的高度为负（P_1C 和 $A'O'$）；

② 到一个参考点左边的距离是负，右边的距离为正，因此，P_1A 是负，而 P_2A' 是正；

③ 会聚透镜的焦距是正，发散透镜的焦距为负。

像的位置

除了以单字母表示距离外，图 2.4 与图 2.3 是一样的。用 h 和 h' 表示物高和像高，f 和 f' 表示焦距，s 和 s' 表示（离开主平面的）物距和像距，x 和 x' 分别表示从焦点到物体和像的距离。根据符号规则，h，f，f'，x' 和 s' 是正，如图所示；x，s 和 h' 是负。注意到，带撇的符号是与像相关的量，不带撇的符号是与物体有关的量。

根据相似三角形，可以得到：

$$\frac{h}{(-h')}=\frac{(-x)}{f} \text{ 和 } \frac{h}{(-h')}=\frac{f'}{x'} \tag{2.1}$$

令方程式的右端相等，经整理后得到：

$$ff'=-xx' \tag{2.2}$$

假设光学系统位于空气中，则 f 和 f' 相等，并且，

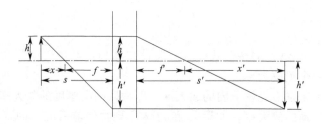

图 2.4　图 2.3 的光线图，已经标示出焦距、物距和像距

$$x' = \frac{-f^2}{x} \tag{2.3}$$

这就是成像公式的牛顿形式。在已知焦点位置时，是一个非常有用的计算公式。

将 $x=s+f$ 和 $x'=s'-f$ 代入到公式(2.3)中，可以推导出称为高斯形式的计算成像位置的另一公式：

$$\begin{aligned} f^2 &= -xx' = -(s+f)(s'-f) \\ &= -ss' + sf - s'f + f^2 \end{aligned}$$

消掉 f^2 项，并除以 $ss'f$，得到：

$$\frac{1}{s'} = \frac{1}{f} + \frac{1}{s} \tag{2.4}$$

或另外的形式：

$$s' = \frac{sf}{(s+f)} \text{ 或 } f = \frac{ss'}{(s-s')} \tag{2.5}$$

像的大小

像与物体的大小之比 h/h' 可以确定一个光学系统的横向放大率。重新整理公式(2.1)，得到放大率 m：

$$m = \frac{h'}{h} = \frac{f}{x} = \frac{-x'}{f} \tag{2.6}$$

将 $x=s+f$ 代入上述公式，得到：

$$m = \frac{h'}{h} = \frac{f}{(s+f)}$$

由公式(2.5)可知，$f/(s+f)$ 等于 s'/s，所以：

$$m = \frac{h'}{h} = \frac{s'}{s} \tag{2.7a}$$

其他有用的关系式是：

$$s' = f(1-m) \tag{2.7b}$$

$$s = f\left(\frac{1}{m}-1\right) \tag{2.7c}$$

要注意的是，公式(2.3)～公式(2.7)假设物体和像都位于空气中，图 2.3 和图 2.4 表示一个负放大率。

纵向放大率是沿光轴方向的放大率，即物体纵向厚度的放大率，或者沿轴向完成纵向运动的放大率。如果 s_1 和 s_2 表示到物体前后端面的距离，s_1' 和 s_2' 表示到像面对应端面的距离，则纵向放大率定义为：

$$\bar{m} = \frac{s_2' - s_1'}{s_2 - s_1}$$

将公式(2.7b)和公式(2.7c)代替带撇的距离，整理后得到：

$$\bar{m} = \frac{s_1'}{s_1} \times \frac{s_2'}{s_2} = m_1 m_2 \tag{2.8}$$

注意，$m = s'/s$。由于 $(s_2' - s_1')$ 和 $(s_2 - s_1)$ 趋于零，所以，m_1 趋于 m_2，并且

$$\bar{m} = m^2 \tag{2.9}$$

这表明，纵向放大率是正数，物和像总是沿相同方向移动。

例 2.1

已知一个光学系统具有 10in 的正焦距，如图 2.5(a)所示，一个 5in 高的物体位于系统第一焦点左侧 40in 远，求解成像位置和大小。

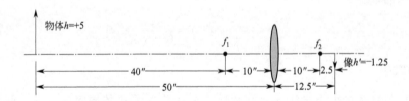

图 2.5(a) 一个实像的形成，参考例 2.1

利用牛顿公式，将数据代入公式(2.3)，得到：

$$x' = \frac{-f^2}{x} = \frac{-10^2}{-40} = +2.5\text{in}$$

所以，成像位置在第二焦点右侧 2.5in 处。为确定像高，利用公式(2.6)：

$$m = \frac{h'}{h} = \frac{f}{x} = \frac{10}{-40} = -0.25$$

$$h' = mh = (-0.25) \times 5 = -1.25\text{in}$$

由此，如果物体的基底位于光轴上，高 5in，那么，像的基底也在光轴上，物

体顶端的像位于光轴下方 1.25in。

也可以利用高斯公式完成该计算，注意到，从第一主平面到物体的距离是 $s=x-f=-40-10=-50$，由公式(2.4)：

$$\frac{1}{s'}=\frac{1}{f}+\frac{1}{s}=\frac{1}{10}+\frac{1}{(-50)}=0.1-0.02=0.08$$

$$s'=\frac{1}{0.08}=12.5\text{in}$$

因此，求得的像位于第二主平面右侧，距离是 12.5in（或第二焦点右侧 2.5in，与前面结果一致）。

现在，可以根据公式(2.7a) 确定像高：

$$m=\frac{h'}{h}=\frac{s'}{s}=+\frac{12.5}{-50}=-0.25$$

$$h'=mh=(-0.25)\times 5=-1.25\text{in}$$

例 2.2

例 2.1 中的物体位于第一焦点右侧 2in 处，如图 2.5(b) 所示，确定像的位置和像高？

利用公式(2.3)：

$$x'=\frac{-f^2}{x}=\frac{-10^2}{+2}=-50\text{in}$$

需要注意，该像成在第二焦点左边。实际上，如果光学系统不是太厚，该像会位于光学系统的左边，也在物体的左边。由公式(2.6)，得到下面的放大率：

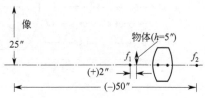

图 2.5(b)　形成的虚像，参考例 2.2

$$m=\frac{h'}{h}=\frac{f}{x}=\frac{10}{2}=+5$$

$$h'=mh=5\times 5=+25\text{in}$$

放大率和像高都是正的。在这种情况中，所成的是虚像。若在像面处放置一块屏幕，屏幕上不会看到像，但在右面用透镜可以观察到该像。一块单透镜横向放大率前面的正号表示所成像是虚像，负号表示实像。图 2.5 说明这两个例子之间的关系。

例 2.3

如果例 2.2 中的物体厚 0.1in，像的表观厚度是多少？

在例 2.2 中已经求得横向放大率是 5，根据公式(2.9)，纵向放大率约为

25，因此，像的表观厚度约为 0.1in×25 倍，或者 2.5in。为求得表观厚度的确切值，必须计算物体每个表面的像面位置。假设，如例 2.2 所示，物体前表面位于第一焦点右侧 2in 处，那么，其后表面一定位于 f_1 右侧 1.9in 处，其像则位于第二焦点左侧，距离是：

$$x' = \frac{-f^2}{x} = \frac{-100}{1.9} = -52.63 \text{in}$$

前后表面像面位置间的距离是 2.63in，与近似结果 2.5in 相当一致。倘若已经计算出该情况下物体前后表面（的厚度）到焦点的距离是 1.95in 和 2.05in，那么，精确计算和近似计算的结果是相当一致的，得到像的厚度是 2.502in。

2.4 成像公式汇总

下列公式是本章中根据牛顿公式和高斯公式推导出的，参考图 2.6。

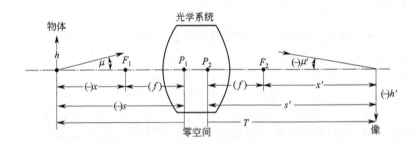

图 2.6 2.4 节中各种符号的意义

牛顿公式：

$$x' = f^2/x \qquad x = -f^2/x' \qquad f = \sqrt{-xx'}$$

$$x' = -mf \qquad x = f/m \qquad m = f/x = -x'/f$$

高斯公式：

$$(1/s') = (1/f) + (1/s)$$

$$s' = sf/(s+f) \qquad s = s'f/(f-s') \qquad f = ss'/(s-s')$$

$$s' = f(1-m) \qquad s = f(m-1)/m$$

$$T = s' - s \qquad T = -f(m-1)^2/m$$

$$f = -Tm/(m-1)^2 \qquad s = [-T \pm \sqrt{(T^2 - 4fT)}]/2$$

$$f/\# = -1/[2(u-u')] = 1/[2(m-1)\text{NA}'] = m/[2(m-1)\text{NA}]$$

$$u' = 1/[2(f/\#)(m-1)] = u/m \qquad m = u/u'$$

$$u = m/[2(f/\#)(m-1)] = mu'$$

NA=$m/[2(m-1)(f/\#)]$ NA′=$1/[2(m-1)(f/\#)]$ NA′=NA/m

式中，f 是焦距（efl）；s 和 s' 是到主点的物距和像距；x 和 x' 是到焦点的物距和像距；$T=(s-s')=$ 追迹长度（物像距）；$f/\#=$ 相对孔径$=f/$ 直径；$m=h'/h=$ 横向放大率；u 和 u' 是光线在物方和像方的斜率；NA 和 NA′ 是物方和像方的数值孔径（$=u$ 和 u'）。

2.5 不在空气中的光学系统

如果物体和像都不位于空气中（如前面章节所假设），就应当应用下面公式而不是通用公式(2.2)~公式(2.9)。

假设一个光学系统的物方介质折射率是 n，像方介质折射率为 n'。第一和第二焦距不同，分别是 f 和 f'，并由下面公式联系在一起：

$$\frac{f}{n}=\frac{f'}{n'} \tag{2.10}$$

应当注意

$$\phi=\frac{nu}{y'}=\frac{n'u'}{y} \tag{2.10a}$$

与光学系统位于空气中一样，通过光线追迹计算可以确定焦距，例如，$f'=-y_1/u'_k$ [参考公式(3.19)]。

物距和像距

$$\frac{n'}{s'}=\frac{n}{s}+\frac{n}{f}=\frac{n}{s}+\frac{n'}{f'} \tag{2.11}$$

$$x'=\frac{-ff'}{x} \tag{2.12}$$

放大率

$$m=\frac{h'}{h}=\frac{ns'}{n's}=\frac{f}{x}=\frac{-x'}{f'} \tag{2.13}$$

对于无穷远物体：

$$h'=fu_p=f'u_p n/n' \tag{2.14}$$

$$\bar{m}=\frac{\Delta s'}{\Delta s}=\frac{ff'}{x^2} \quad （注意, \bar{m}\neq m^2） \tag{2.15}$$

焦点至节点的距离等于另一个焦距。

练 习

1. 一个焦距为 10in 的透镜对（到第一主点）200ft（1ft=12in，下同）远的电线杆成像。请问：

(a) 相对于透镜第二焦点，像位于何处？

(b) 相对于第二主点，像位于何处？

答案：

(a) 利用公式 2.3，$x' = -f^2/x = -10^2/(-200 \times 12 + 10)$
$$= -100/(-2390)$$
$$= +0.041841 \text{in}$$

(b) 利用公式 2.5，$s' = sf/(s+f) = -2400 \times 10/(-2400 + 10)$
$$= -24000/-2390$$
$$= +10.41841 \text{in}$$

2. (a) 如果（练习 1 中的）电线杆高 50ft，所成像有多高？

(b) 放大率多大？

答案：

(a) 利用公式 (2.6) 求解 h'，得到：
$$h' = -hx'/f = -50 \times 12 \times 0.041841/10$$
$$= -2.510460 \text{in}$$

(b) 再次应用公式 (2.6)，得到：
$$m = h'/h = -2.510460/(12 \times 50)$$
$$= -0.00418 \times$$

或者

(a) 利用公式 (2.7a)：$m = s'/s = 10.041841/(-200 \times 12)$
$$= -0.004184 \times$$
和 $h' = mh = -0.004184 \times 12 \times 50$
$$= -2.510460 \text{in}$$

3. 一个 1in 的立方体到焦距为 5in 的负透镜第一主点的距离是 20in，像成在什么位置？尺寸多大（高度、宽度和厚度）？

答案：

利用公式 (2.5)[或公式 (2.4)]得到：$s' = sf/(s+f)$
$$= -20(-5)/(-20-5) = -4.0 \text{in}$$

因此，横向放大率是 $m = s'/s = -4/(-20) = +0.2$，纵向放大率约为[由公式 (2.9)]：$\bar{m} = m^2 = +0.04 \times$。像的高度和宽度都是 0.20in，厚度约为 0.04in。

值得提醒的是，对于两个物距计算出 s'，就可以得到更为精确的像的厚度和纵向放大率。如果物距分别是 -20in 和 -21in，其像距之差（像的厚度）是 0.038462in。物距是 -19in 和 -20in，得到的像距之差是 0.041667in。物距是 -19.5in 和 -20.5in，像的厚度是 0.040016in。

4. 焦距为 2in 的透镜的第一主点到物面的距离是 1in，像成在何处？放大率是多少？

答案：

利用公式 2.5，得到像的位置：

$$s' = sf/(s+f)$$
$$= -1 \times 2/(-1+2) = -2/1 = -2\text{in}$$

像位于透镜左侧 2in 处，放大率 $m = s'/s = -2/(-1) = +2\times$

参考文献

Bass, M., *Handbook of Optics,* Vol. 1, New York, McGraw-Hill, 1995.
Fischer, R. E., and B. Tadic-Galeb, *Optical System Design,* New York, McGraw-Hill, 2000.
Greivenkamp, J., *Field Guide to Geometrical Optics,* Bellingham, WA, SPIE, 2004.
Kingslake, R., *Optical System Design,* Orlando, Academic, 1983.
Smith, W. J., *Modern Lens Design,* New York, McGraw-Hill, 2002.
Smith, W. J., *Practical Optical System Layout,* New York, McGraw-Hill, 1997.

第3章 近轴光学和计算

3.1 光线在一个表面上的折射

正如第1章所述，根据Snell定律[公式(1.3)]，利用适当数量的几何图形和三角法可以计算一条子午光线通过光学系统的光路。图3.1表示一条光线(GQP)入射在球面上的Q点并指向P点。如果将光线延长，光线会与光轴相交，交点到表面的距离是L。光线在表面Q点折射，并与光轴相交于P'点，P'到表面的距离为L'。表面半径是R，曲率中心在C，左侧介质的折射率为n，

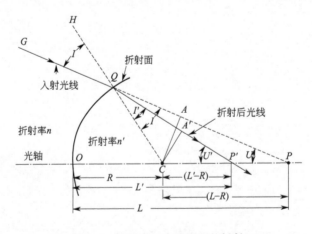

图3.1 光线在一个球面上的折射

右侧介质的折射率为 n'。在折射前光线与光轴的夹角是 U，折射后是 U'。角度 I 是入射光线与 Q 点处表面法线（HQC）的夹角，I' 是折射后光线与法线的夹角。应当注意，不带撇符号表示折射前的量，带撇符号表示折射后的量。

符号规则如下：

① 曲率中心位于表面左侧，则半径为正值；

② 如前所述，表面右侧的距离为正值，左侧的距离为负值；

③ 光线顺时针旋转到法线，则入射角和折射角（I 和 I'）为正值；

④ 光线顺时针旋转到光轴，则倾斜角（U 和 U'）为正值（注释：直到 20 世纪后期，光学历史上沿用的倾斜角的符号规则均与目前约定相反，图 3.1 是一个"全部正值"的图）；

⑤ 光线自左向右传播。

（在图 3.1 中，除 U 和 U' 是负值外，其他量均为正值）

下面推导一组光线追迹公式。由直角三角形 PAC，

$$CA = (R-L)\sin U \tag{3.1}$$

由直角三角形 QAC

$$\sin I = \frac{CA}{R} \tag{3.2}$$

应用 Snell 定律［公式(1.3)］，得到折射角的正弦值：

$$\sin I' = \frac{n}{n'}\sin I \tag{3.3}$$

三角形 PQC 的外角 QCO 等于 $-U+I$，与三角形 $P'QC$ 的外角相等，也等于 $-U'+I'$，因此，$-U+I=-U'+I'$，并且

$$U' = U - I + I' \tag{3.4}$$

由三角形 $QA'C$ 得到

$$\sin I' = \frac{CA'}{R} \tag{3.5}$$

将公式(3.2) 和公式(3.5) 代入到公式(3.3) 中，得到

$$CA' = \frac{n}{n'}CA \tag{3.6}$$

最后，由三角形 $P'A'C$，将 $CA' = (R-L')\sin U'$ 整理成下面形式

$$L' = R - \frac{CA'}{\sin U'} \tag{3.7}$$

就可以求得 P' 的位置。因此，如果已知一条光线的倾斜角 U 及到光轴焦点的距离 L，由此开始就可以确定光线在表面上折射后的相应数据 U' 和 L'。很明显，该过程可以逐面应用，从而追迹一条光线通过光学系统的光路。

3.2 近轴区域

光学系统的近轴区域是光轴附近一个非常小的区域，以致光线所形成的所有角度（倾斜角、入射角和折射角）都可以认定等于其正弦或正切值。初看起来，这种概念似乎完全无用，显然该区域是无限小，并且，表面上看，其价值仅仅是一种极限情况。然而，以近轴关系为基础对光学系统性能的计算特别有用，其简单性使得计算和控制既迅速又容易。由于绝大部分具有实用价值的光学系统都有良好的像质，很明显，由一个物点发出的大部分光线必须通过或相当靠近近轴像点。近轴关系式是前面章节推导出的精确三角关系式的极限情况（角度趋于零），因此，给出的像点位置可以视作一个经过良好校正的光学系统成像的最佳近似。

然而矛盾的是，近轴公式常常用于较大角度和光线高度。正如后面章节将要验证的，扩大近轴区域对于确定光学元件必需的直径以及近似评价一个光学系统的像差是非常有用的。原因在于近轴公式是线性的，而非三角关系，并可以按比例缩放。

尽管近轴计算经常应用于光学系统的初始结构设计及近似计算工作中（会经常使用术语"近轴近似"），但读者应当记住，近轴公式对近轴区域是非常精确的，并且，作为一种精确的极限情况，在确定像差时可以作为一种比对基础，从而表明用三角法计算出的光线离其理想状态究竟有多大距离。

推导一组近轴区域计算公式的最简单方法就是用角度直接替换前面章节推导出的公式中的正弦。因此，有下面公式：

由公式(3.1)	$ca = (R-1)u$	(3.8)
由公式(3.2)	$i = ca/R$	(3.9)
由公式(3.3)	$i' = ni/n'$	(3.10)
由公式(3.4)	$u' = u - i + i'$	(3.11)
由公式(3.6)	$ca' = nca/n'$	(3.12)
由公式(3.7)	$l' = R - ca'/u'$	(3.13)

应当注意，小写字母表示用近轴公式得到的近轴值，以区别三角公式的结果。这是一种普遍采用的习惯，并贯穿于本书的全部内容。还要提醒的是，角度单位是弧度而不是度。

公式(3.8)~公式(3.13) 可以进一步简化。的确，由于它们只是精确地应用于角度和高度非常小的区域，所以，完全可以从表达式中删除 i、u 和 ca 而不会影响公式的正确性。如果替换公式(3.13) 和公式(3.12) 中的 ca' 和公式(3.11) 中的 u'，并继续用公式(3.8)、公式(3.9) 和公式(3.10) 替换，就可以推导出下面简单的表示 l' 的表达式：

$$l' = \frac{n'lR}{(n'-n)l+nR} \left[如果\ l=\infty, = \frac{n'R}{(n'-n)} \right] \quad (3.14)$$

重新整理，可以得到非常类似于公式(2.4)和公式(2.11)（将一个透镜系统的物像距联系在一起）的表达式：

$$\frac{n'}{l'} = \frac{(n'-n)}{R} + \frac{n}{l} \quad (3.15a)$$

当研究的量是距离 l' 时，这两个公式是非常有用的。如果物和像在轴上的交点距离是 l 和 l'，放大率就是：

$$m = \frac{h'}{h} = \frac{nl'}{n'l} \quad (3.15b)$$

在 2.2 节中已经定义，一个光学系统的光焦度是其焦距的倒数。在公式 (3.15a) 中，$(n'-n)/R$ 项是表面的光焦度。一个具有正光焦度的表面会使光线弯向（会聚）光轴，负光焦度表面使光线弯离（发散）光轴。如果 R 的单位为米，则光焦度的单位是屈光度。

3.3 通过几个表面的近轴光线追迹

ynu 光线追迹法

当连续通过几个表面计算时，应用另一形式的近轴公式更为方便。图 3.2 是一条近轴光线入射在一个表面上，入射点到光轴的高度是 y，在折射前后光线与光轴的交点距离是 l 和 l'。正如前面特别提醒的，由于近轴区域是光轴附近一个非常小的区域，所以，该情况下的高度 y 是近轴区域的假设延伸。然而，对交点距离（如前面所示），因为所有高度和角度都从近轴表达式中删

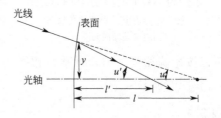

图 3.2 近轴光线的关系：$y=-lu=-l'u'$

除，所以，使用有限大小的高度和角度不会影响表达式的精度。对中等孔径的光学系统，这些虚设的高度和角度是对利用精确的三角计算法得到的相应值的合理近似。

在近轴区域，每一个表面都接近于平面，就像所有角度值都近似等于其正弦或正切值一样。因此，可以用 $u=-y/l$ 和 $u'=-y/l'$ 或者 $l=-y/u$ 和 $l'=-y/u'$ 表示图 3.2 所示的倾斜角。如果将 l 和 l' 的这些值代入公式(3.15a)中，就得到：

$$\frac{n'u'}{y} = \frac{-(n'-n)}{R} + \frac{nu}{y}$$

公式两侧同时乘以 y，可以求得折射后的倾斜角：

$$n'u' = nu - y\frac{(n'-n)}{R} \tag{3.16}$$

用该公式表示一个表面的曲率（半径的倒数，$C=1/R$）是非常方便的，进行替换，得到：

$$n'u' = nu - y(n'-n)C \tag{3.16a}$$

为继续对系统下一表面进行计算，需要一组转换公式。图 3.3 表示一个光学系统由两个表面组成，轴向间隔是 t。经 1# 表面折射后光线的倾斜角是 u_1'，光线在表面上的交点高度分别是 y_1 和 y_2。由于是近轴计算，所以，两个高度差是 tu_1'。因此，得到下面表达式：

$$y_2 = y_1 + tu_1' = y_1 + t\frac{n_1'u_1'}{n_1'} \tag{3.17}$$

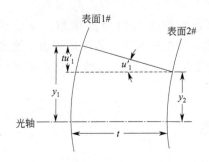

图 3.3 根据公式 $y_2 = y_1 + tu_1'$ 对近轴光线进行逐面转换

请注意，尽管图中表面画成曲面，但是，在数学上仍然处理为平面，因此假设该光线从 1# 表面到 2# 表面传播的距离是轴向间隔

考虑到下述条件：入射在 2# 表面上光线的倾斜角与 1# 表面折射后光线的倾斜角相同，就可以推导出第二个转换公式：

$$u_2 = u_1' \quad \text{或者} \quad n_2 u_2 = n_1' u_1' \tag{3.18}$$

现在，可以利用这些公式确定一个光学系统的成像位置和大小，参考下面例子。需要提醒的是，近轴光线的高度和角度可以按比例缩放（即，可乘以相同的因子），缩放结果是另一条光线的数据（有相同的轴上交点）。

例 3.1

图 3.4 表述的是一个典型问题。该光学系统由三个表面组成，是一个"双胶合"透镜，曲率半径、厚度和折射率如图中所示。物体位于第一表面左侧 300mm，高度在光轴上方 20mm，透镜位于空气中，所以，物和像都位于折射率 $n=1.0$ 的介质中。

第一步，以列表形式列出与该问题有关的参数，并带有正确符号。根据前面给出的符号规则，有下面参数：

$h = +20\text{mm}$

$l_1 = -300\text{mm}$　　　　　　　　　　　　　　　　　　$n_1 = 1.0$

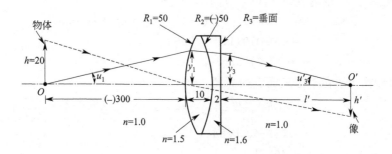

图 3.4 例 3.1 追迹的光线

$R_1 = +50$mm　　　　$C_1 = +0.02$　　　$t_1 = 10$mm　　　$n_1' = n_2 = 1.5$
$R_2 = -50$mm　　　　$C_2 = -0.02$　　　$t_2 = 2$mm　　　　$n_2' = n_3 = 1.6$
$R_3 = $平面　　　　　$C_3 = 0$　　　　　　　　　　　　　　　$n_3' = 1.0$

从物体与光轴的交点（图中的 O 点）开始追迹一条光线就可以确定像的位置。所成的像位于该光线再次与光轴相交的地方，即图中的 O' 点。可以以任何合适的值作为该光线的初始数据。现在，假设追迹一条光线，从 O 点开始，入射在第一表面上的高度（在光轴上方）为 10mm。因此，$y_1 = +10$，光线的初始倾斜角是：

$$u_1 = \frac{-y_1}{l_1} = \frac{-10}{-300} = +0.0333$$

由于 $n_1 = 1.0$，所以，$n_1 u_1 = +0.0333$。根据公式（3.16a），折射后的倾斜角是：

$$\begin{aligned}
n_1' u_1' &= -y_1(n_1' - n_1)C_1 + n_1 u_1 \\
&= -10 \times (1.5 - 1.0) \times (+0.02) + 0.0333 \\
&= -0.1 + 0.0333 \\
n_1' u_1' &= -0.0666 \quad \text{（译者注：原文错，应为} -0.0667\text{）}
\end{aligned}$$

根据公式（3.17），确定光线在 2#表面上的高度：

$$\begin{aligned}
y_2 &= y_1 + \frac{t_1(n_1' u_1')}{n_1'} \\
&= 10 + \frac{10 \times (-0.0666)}{1.5} \\
&= 10 - 0.444
\end{aligned}$$

$y_2 = 9.555$　（译者注：原文错，应为 9.556，以下计算数据均按原文）

应当注意，$n_2 u_2 = n_1' u_1'$，所以，由下面计算完成第二表面的折射：

$$n_2'u_2' = -y_2(n_2'-n_2)C_2 + n_2u_2$$
$$= -9.555 \times (1.6-1.5) \times (-0.02) - 0.0666$$
$$= +0.019111 - 0.0666$$
$$= -0.047555$$

由下式计算光线在第三表面上的高度：
$$y_3 = y_2 + \frac{t_2(n_2'u_2')}{n_2'} = 9.555 + \frac{2\times(-0.04755)}{1.6}$$
$$= 9.555 - 0.059444$$
$$= 9.496111$$

该系统最后一个表面是平面，即半径无穷大，所以曲率为零，在该表面上的乘积 nu 不变。

$$n_3'u_3' = -y_3(n_3'-n_3)C_3 + n_3u_3$$
$$= -9.496111 \times (1.0-1.6) \times 0 - 0.047555$$
$$= -0.047555$$

和

$$u_3' = \frac{n_3'u_3'}{n_3'}$$
$$= -0.047555$$

现在，根据下式可以确定光线最后的交点距离 l'，从而得到像面的位置：

$$l_3' = \frac{-y_3}{u_3'} = \frac{-9.496111}{-0.047555}$$
$$= +199.6846$$

需要提醒的是，y_1 和 u_1 的选择是任意的，可以将 y 和 u 按比例缩放，但 l 和 l' 保持不变。

如果以一种非常方便的表格形式完成上面的一长串计算，会要简单得多。将计算纸分成许多小方格，纸的上端一行简单列出结构参数，下方给出光线数据，有助于加快计算和避免出错。图 3.5 给出的表格前三栏首先列出了透镜的曲率、厚度和折射率，中间两栏是前面计算出的光线高度和折射率-倾斜角的乘积。

	表面 1#		表面 2#		表面 3#	
曲率		+0.02		−0.02		0.0
厚度			10		2	
折射率	1.0		1.5		1.6		1.0
光线高度（y）		10		9.555		9.496111	
nu		+0.0333		−0.0666		−0.047555		−0.047555
y			0.0		−0.444		−0.52888
nu		−0.0666		−0.0666		−0.067555		−0.067555

图 3.5 一张按序排列的光线追迹计算表

现在，从物体顶端追迹一条光线并确定与计算出的像平面的交点，从而求得像高，图 3.4 中用虚线表示这样一条光线。当选择的光线恰好投射到第一表面的顶点，则 y_1 是零，初始倾斜角由下式给出：

$$u_1 = \frac{-(y_1-h)}{l_1} = \frac{-(0-20)}{-300} = -0.0666$$

这条光线的计算结果与图 3.5 中第 6 和第 7 栏的值一样，并得到 $y_3 = -0.52888\cdots$ 和 $n_3'u_3' = -0.067555$。

图 3.4 中的像高 h' 可以看作光线在 3#表面上的高度与该光线传播到像面处升高或下降的量之和：

$$h' = y_3 + l_3' \frac{n_3'u_3'}{n_3'} = -0.52888 + 199.6846 \times \frac{-0.067555}{1.0}$$
$$= -14.0187$$

需要说明的是，用来计算 h' 的表达式类似于公式（3.17）。如果把像平面看作 4#表面，像距 $l_3' = 199.6846$ 视作 3#表面与 4#间的间隔，就可以利用公式（3.17）计算 y_4，也就是 h'。

同样，若把物平面看作 0#表面，并使 $u_0' = u_1$，对公式重新整理，就可以应用公式（3.17）确定初始倾斜角 u_1：

$$y_1 = y_0 + t_0 \frac{n_0'u_0'}{n_0'}$$

$$u_0' = u_1 = \frac{y_1 - y_0}{t_0} = \frac{h - y_1}{l_1}$$

在此需要说明的是，一个物点发出的所有近轴光线都将精确地相交于近轴像平面上的同一像点。

3.4 焦点和主点的计算

一般来说，通过整个光学系统追迹一条平行于光轴的光线（初始倾斜角 u 等于零）可以很容易地计算出该光学系统的焦距。光线在第一表面上的高度除以从最后一个表面出射后的倾斜角 u_k' 就得到焦距，是负值。同样，光线在最后一个表面上的高度除以倾斜角 u_k' 可以得到后截距，也是负值。采用约定俗成的规则，系统最后表面上的数据都用脚标 k，因此有下面形式：

$$\text{efl（焦距）} = \frac{-y_1}{u_k'} \tag{3.19}$$

$$\text{bfl（后截距）} = \frac{-y_k}{u_k'} \tag{3.20}$$

利用前节给出的光线追迹公式可以很容易地确定一个单透镜的基点。焦点是无穷远轴上物点发出的光线与光轴相交的公共点。如此所述，通过透镜追迹一条初始倾斜角（u_1）为零的光线，确定其与光轴的交点，就可以找到焦点。

读者可能希望通过计算图 3.4 中双胶合透镜的焦距测试一下自己对光线追迹的理解和技巧，其结果是：

$$\text{efl}(焦距) = +122.950820$$
$$\text{bfl}(后截距) = +113.504098$$
$$\text{ffl}(前截距) = -124.590164$$

从前截距（右到左）计算得到的焦距值应当与由后截距（从左到右）计算得到的焦距值完全一样。

图 3.6 表示的就是这样一条光线通过单透镜的光路。由入射和出射光线延长线的交点确定主平面（P_2）。有效焦距（efl）或焦距（通常用符号 f）定义为从 P_2 到 f_2 的距离，在近轴范围内，由下式给出：

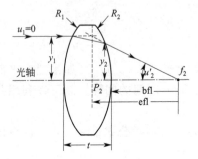

$$\text{efl} = f = \frac{-y_1}{u_2'}$$

图 3.6 通过一块透镜追迹一条平行于光轴的光线以确定焦距和后截距

后截距（bfl）是：

$$\text{bfl} = \frac{-y_2}{u_2'}$$

由于经常使用这些参量，所以，对单透镜讨论和分析其中的每一个参量还是值得的。如果透镜的折射率是 n，周围空气的折射率是 1.0，则 $n_1 = n_2' = 1.0$ 和 $n_1' = n_2 = n$。表面半径是 R_1 和 R_2，表面曲率是 c_1 和 c_2，厚度是 t。对第一表面，利用公式(3.16a)，则有：

$$n_1' u_1' = n_1 u_1 - (n_1' - n_1) y_1 c_1 = 0 - (n-1) y_1 c_1$$

由公式(3.17)，第二表面的高度是：

$$y_2 = y_1 + \frac{t n_1' u_1'}{n_1'} = y_1 - \frac{t(n-1) y_1 c_1}{n} = y_1 \left[1 - \frac{(n-1)}{n} t c_1\right]$$

根据公式(3.16a)（译者注：原文错印为 2.31a）确定最终的倾斜角：

$$n_2' u_2' = n_1' u_1' - y_2 (n_2' - n_2) c_2$$
$$= -(n-1) y_1 c_1 - y_1 \left[1 - \frac{(n-1)}{n} t c_1\right](1-n) c_2$$
$$(1.0) u_2' = u_2' = -y_1 (n-1) \left[c_1 - c_2 + t c_1 c_2 \frac{(n-1)}{n}\right]$$

因此，透镜的光焦度 ϕ（焦距倒数）可以表示为：

$$\phi = \frac{1}{f} = \frac{-u_2'}{y_1} = (n-1)\left[c_1 - c_2 + tc_1c_2\frac{(n-1)}{n}\right] \quad (3.21)$$

代入 $c=1/R$，可以表示为：

$$\phi = \frac{1}{f} = (n-1)\left[\frac{1}{R_1} - \frac{1}{R_2} + \frac{t(n-1)}{R_1R_2n}\right] \quad (3.21a)$$

用 y_2 除以 u_2' 得到后截距的表达式：

$$\text{bfl} = \frac{-y_2}{u_2'} = f - \frac{ft(n-1)}{nR_1} \quad (3.22)$$

第二表面到第二主点的距离恰好等于后截距与焦距之差（参考图3.6），显然，就是公式(3.22)中的最后一项。

上述方法已经确定了透镜的第二主点和第二焦点。简单地用 R_1 代替 R_2 可以确定"第一"基点，反之亦然。

图 3.7 给出了不同形状透镜的焦点和主点。需要注意的是，一个等凸面或等凹面透镜的主点甚至可以位于透镜之内。对一个表面是平面的透镜形状，一个主点总是位于曲面上，另一个主点在透镜内 1/3 处。对于弯月形透镜，一个主点完全位于透镜之外；强弯月形透镜的两个主点都位于透镜之外，并且，主点的顺序与图中所示的顺序可能会是颠倒的。需要提醒的是，与正透镜相比，负透镜的焦点顺序也是颠倒的。

如果透镜不是位于空气中，也可以推导出类似的表达式。假设，物空间的

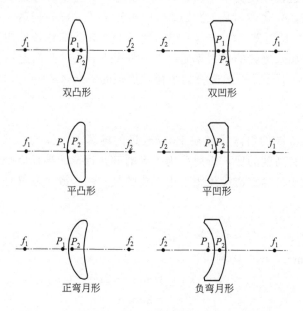

图 3.7 不同形状会聚和发散透镜的焦点和主点位置

折射率是 n_1，透镜的折射率是 n_2，像空间的折射率是 n_3，由下面公式就可以计算出两个焦距和后截距：

$$\frac{n_1}{f}=\frac{n_3}{f'}=\frac{(n_2-n_1)}{R_1}-\frac{(n_2-n_3)}{R_2}+\frac{(n_2-n_3)(n_2-n_1)t}{n_2 R_1 R_2} \qquad (3.23)$$

$$\mathrm{bfl}=f'-\frac{f't(n_2-n_1)}{n_2 R_1} \qquad (3.24)$$

需要注意，若 n_1 和 n_3 都等于 1.0（空气折射率），这些公式就还原为公式(3.21)和公式(3.22)。

3.5 "薄透镜"

当透镜厚度足够小，以致对计算精度的影响可以忽略不计时，该透镜就称为薄透镜。作为一种设计工具，"薄透镜"的概念对加快初始计算和分析特别有用。

由公式(3.21)，令厚度等于零，可以推导出薄透镜的焦距公式：

$$\frac{1}{f}=(n-1)(c_1-c_2) \qquad (3.25)$$

$$\frac{1}{f}=(n-1)\left(\frac{1}{R_1}-\frac{1}{R_2}\right) \qquad (3.25\mathrm{a})$$

由于假设透镜厚度为零，所以，"薄透镜"的主点与透镜本身重合，在计算物像位置时，公式(2.4)、公式(2.5) 和公式(2.7) 等表达式中的距离 s 和 s' 都要从透镜本身测量。(c_1-c_2) 常称为总曲率，或简称透镜曲率。

注意到，如果透镜的折射率是 1.5，则等凸面或等凹面透镜的半径等于焦距（$R=\pm f$），平凸或平凹透镜的半径是焦距的一半（$R=\pm f/2$）。

例 3.2

一个 10mm 高的物体成像在 120mm 远的屏幕上，像高 50mm。为了形成具有正确位置和高度的像，折射率为 1.5 的等凸透镜的半径应是多少？

计算第一步是确定透镜焦距。由于成的是实像，放大率符号是负。由公式(2.7a)：

$$m=\frac{h'}{h}=(-)\frac{50}{10}=\frac{s'}{s} \quad \text{或} \quad s'=-5s$$

物像距是 120mm，由此得到：

$$120=-s+s'=-s-5s=-6s$$

$$s=-20\mathrm{mm}$$

和

$$s'=-5s=+100\mathrm{mm}$$

代入到公式(2.4)中，求解 f，得到：

$$\frac{1}{100} = \frac{1}{f} + \frac{1}{-20}$$

$$f = 16.67 \text{mm}$$

对于等凸透镜，$R_1 = -R_2$，利用公式(3.25a)就可以得到两个半径：

$$\frac{1}{f} = +0.06 = (n-1)\left(\frac{1}{R_1} - \frac{1}{R_2}\right) = 0.5 \frac{2}{R_1}$$

$$R_1 = \frac{1}{0.06} = 16.67 \text{mm}$$

$$R_2 = -R_1 = -16.67 \text{mm}$$

3.6 反射镜

像透镜一样，一个弯曲的反射镜面也有焦距，并能够成像。如果约定两个额外的符号规则，就可以将近轴光线的追迹公式［公式(2.31)和公式(2.32)］应用于反射表面。在第1章，已经将材料的折射率定义为真空中光速与材料中光速之比。由于反射后光的传播方向反转，所以，符合逻辑的是：速度的符号应当反转，折射率的符号也要反转，因而，符号规则约定如下：

① 反射后折射率的符号反转，所以，当光线从右向左传播时，折射率是负的；

② 如果后续表面在左侧，则反射后间隔的符号反转。

显然，如果系统中有两个反射面，折射率和间隔的符号要改变两次，并且，由于传播方向重新恢复到自左向右，在第二次变化之后，又恢复到原来的正号。图3.8给出了凹面和凸面反射镜的焦点和主点位置。为确定焦距，按照下面步骤追迹一条由无穷远光源发出的光线。令 $n=1.0$ 和 $n'=-1.0$

$$nu = 0 \text{（光线平行于光轴）}$$

$$n'u' = nu - y\frac{(n'-n)}{R} = 0 - y\frac{(-1-1)}{R} = \frac{2y}{R}$$

因此

$$u' = \frac{n'u'}{n'} = \frac{n'u'}{-1} = \frac{-2y}{R}$$

得到最后的交点距离是：

$$l' = \frac{-y}{u'} = \frac{yR}{2y} = \frac{R}{2}$$

并且发现，反射镜焦点位于反射镜与曲率中心之间一半的位置。

凹面反射镜等效于一个正会聚透镜，对远距离物体成实像。凸面反射镜形成虚像，等效于负透镜。由于反射后改变折射率符号，所以，焦距的符号也会反转，并且，单反射镜的焦距是：

$$f = -\frac{R}{2}$$

所以，该符号符合符号规则：会聚元件符号为正，发散元件符号为负。

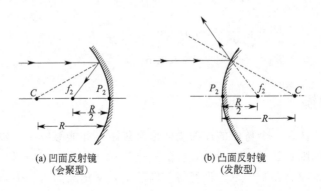

(a) 凹面反射镜　　　　(b) 凸面反射镜
　（会聚型）　　　　　　（发散型）

图 3.8　反射面焦点的位置

例 3.3

计算图 3.9 所示的卡塞格林反射镜系统的焦距，其中，主镜半径是 200mm，次镜半径是 50mm，反射镜之间的间隔是 80mm。

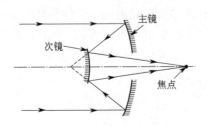

图 3.9　卡塞格林反射镜系统
主镜所成的像是次镜的虚物体

根据符号规则，两个半径都是负的，由于光线在两个反射镜之间是从右向左传播，所以，主镜到次镜的间隔也是负值。主镜之前和次镜之后的空气折射率取作 +1.0，两者之间的折射率是 -1.0，至此，与问题相关的计算数据准备完毕，如图 3.10 所示。为避免错误，计算中要特别注意符号。

计算 $-y_1/u_2' = -1.0/-0.002 = 500$mm，得到系统的焦距。最终的交点距离（从 R_2 到焦点）等于 $-y_2/u_2' = -0.2/-0.002 = 100$mm，焦点位于主镜右侧 20mm 处。值得注意的是，（第二）主平面完全位于系统之外，在次镜左侧 400mm 处。该类型的光学系统为小型紧凑系统提供了长的焦距和大尺寸的图像。

半径（R）		−200	−50	
厚度（t）			−80	
折射率 n		+1.0	−1.0	+1.0
光线高度 y		1.0	+0.2	
光线斜率×折射率 nu	0	−0.01	−0.002	

图 3.10　通过两个反射镜组成的光学系统的光线追迹

练　习

1. 一个边长 1mm 的探测器"油浸在"一个平凸透镜的平面侧，透镜折射率是 1.50，凸面半径是 10.0mm。如果油浸透镜是下面情况，通过凸透镜表面观察时，像成在何处？像的尺寸是多大？

(a) 7.0mm 厚；

(b) 10.0mm 厚；

(c) 16.666…mm 厚。

答案：

应用公式(3.16)，从平面与光轴交点开始通过弯曲曲面追迹一条光线。光线在曲面上的高度是 1mm，对于情况 (a) 光线在玻璃内的斜率是 $1/7 = +0.142857$，折射率-斜率的积 nu 是 $+0.214286$；折射后（空气中，$n=1.0$）的斜率是：$n'u' = u' = nu - y(n'-n)/R = +0.214286 - 1.0(0.5)/(-10) = +0.164286$；按照下面计算得到像的位置：$l' = -y/u' = -1/0.164286 = -6.086961$。追迹由物体顶端 1mm 高处发出的一条斜光线，或者根据公式 (3.15b)，即 $m = h'/h = nl'/n'l$ 可以得到放大率 $m = 1.5 \times (-6.086961)/(1.0 \times 7) = -1.304349$，所以，像的尺寸是 1.304349mm。

下面列出三种厚度时的计算结果：

(a) 厚度=7.0mm　　$u' = +0.164286$　　$l' = -6.08961$　　$h' = 1.304349$mm

(b) 厚度=10.0mm　　$u' = +0.100000$　　$l' = -10.00000$　　$h' = 1.500000$mm

(c) 厚度=16.66…mm　　$u' = +0.090000$　　$l' = -11.11111$　　$h' = 1.000000$mm

值得注意，利用公式(4.16)，即 $m = nu/n'u'$ 也可以得到像的尺寸。

2. 已知一个等凸透镜的半径 $= \pm 100$，厚度=10，折射率=1.50。通过该透镜（平行于光轴）追迹一条光线，光线高度分别是 (a) 1.0 和 (b) 10.0。确定光线与光轴的交点。

答案：

	R	+100		−100	
	t		1.0		
	n	1.0	1.5	1.0	
(a)	y	1.0	0.9666…		$l' = -y/u' = +98.3051$
	nu	0.0	−0.005	−0.0098333…	
(b)	y	10.0	9.666…		$l' = -y/u' = +98.3051$
	nu	0.0	−0.050	−0.098333…	

3. 根据（a）光线追迹数据和（b）厚透镜公式，分别确定练习 2 中透镜的焦距和后截距

答案：

（a）根据公式(3.19)
$$\text{efl} = -y_1/u_k' = -1.0/(-0.0098333) = +101.6949$$

根据公式(3.20)
$$\text{bfl} = -y_k/u_k' = -0.9666/(-0.0098333) = +98.3051$$

（b）根据公式(3.21)
$$\phi = (1/f) = (n-1)[c_1 - c_2 + tc_1c_2(n-1)/n]$$
$$= 0.5[0.01 - (-0.01) + 10 \times 0.01 \times (-0.01) \times 0.5/1.5]$$
$$= 0.5[0.02 - 0.000333] = 0.0098333\cdots$$
$$\text{efl} = 101.6949$$

根据公式(3.22)
$$\text{bfl} = f - [ft(n-1)c_1/n]\quad(译者注：原文少一个 "[" 号)$$
$$= 101.6949 - 101.6949 \times 10 \times 0.5 \times 0.01/1.5$$
$$= 101.6949 - 3.3898$$
$$= 98.3051$$

4. 把练习 3 中的透镜作为薄透镜处理，透镜的焦距是多少？

答案：

根据公式(3.25)　　$\phi = (1/f) = (n-1)[c_1 - c_2]$
$$= 0.5 \times [0.01 - (-0.01)]$$
$$= 0.5 \times 0.02$$
$$= 0.01$$
$$\text{efl} = 1/\phi = 100.0$$

参考文献

Bass, M., *Handbook of Optics,* Vol. 1, New York, McGraw-Hill, 1995.
Fischer, R. E., and B. Tadic-Galeb, *Optical System Design,* New York, McGraw-Hill, 2000.
Greivenkamp, J., *Field Guide to Geometrical Optics,* Bellingham, WA, SPIE, 2004.
Kingslake, R., *Optical System Design,* Orlando, Academic, 1983.
Smith, W. J., *Modern Lens Design,* New York, McGraw-Hill, 2002.
Smith, W. J., *Practical Optical System Layout,* New York, McGraw-Hill, 1997.

第4章 光学系统方面的考虑

4.1 分离透镜系统

一个光学元件就是一个不能再简化的单光学透镜或反射镜。

一个光学部件可以是一个元件,或者组成一个装置的几个元件。

一个光学组件是一个系统(由光圈分成两部分)中的两部分之一:前组件和后组件。

一个光学系统是完整的一套光学元件,可以在所希望的位置形成希望尺寸的像,并具有所要求的方位。

为简化和组织光学系统设计,习惯上(尤其在设计的初期阶段)把一个光学系统看作是光学部件的一种排列,每个部件的厚度均为零。在初期设计阶段,可以将部件作为单件处理。一个光学部件可以由几个元件组成,但在设计光学系统草图时,可以简单地指定一个部件的光焦度(或者焦距)及其位置。完成初始设计后,零厚度的部件就被真实的、可能的部件替代。

该方法可以避免通过逐面计算才能确定系统的过程。至此,就能够像 3.3 节中那样,将近轴光线高度代入到 2.3 节的公式中。

图 4.1 中给出了一个光学部件(由几个光学元件组成)到第一主面的物距和到第二主面的像距。主平面是单位放大率的一组平面,入射和出射光线在第一和第二主平面上有相同的入射和出射高度。因此,图 4.1 中由物点发出的一条光线与第一主平面(如果延长的话)相交于光轴上方高度 y 处,在系统最后一面

出射,如同在第二主平面上以相同的高度 y 处出射。为此,可以写出下面的简单关系:

$$u = \frac{-y}{s} \quad 和 \quad u' = \frac{-y}{s'}$$

将 $s = -y/u$ 和 $s' = -y/u'$ 代入公式(2.4),得到:

$$\frac{1}{s'} = \frac{1}{s} + \frac{1}{f}$$

$$\frac{-u'}{y} = \frac{-u}{y} + \frac{1}{f}$$

$$u' = u - \frac{y}{f}$$

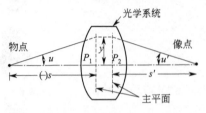

图 4.1 由一个光学部件组成的光学系统
主平面是放大率为 1 的平面,所以,一条离开第二主平面的光线与入射在第一主平面上的光线具有相同的高度

现在,用部件的光焦度 ϕ 代替焦距的倒数 $(1/f)$,便得到描述光线的第一个公式:

$$u' = u - y\phi \tag{4.1}$$

对系统下一个部件使用的转换公式与 3.3 节中近轴逐面追迹时使用的公式一样:

$$y_2 = y_1 + du_1' \tag{4.2}$$

$$u_1' = u_2 \tag{4.3}$$

式中,y_1 和 y_2 是光线在 1#和 2#部件主平面上的高度;u_1' 是光线通过 1#部件后的倾斜角;d 是 1#部件第二主平面到 2#部件第一主平面的轴向距离。

应当注意,这些公式完全可以应用于由厚透镜或"薄透镜"组成的系统。显然,应用于薄透镜时,d 变成光学元件之间的间隔,因为元件与其主面重合。

双部件系统的焦距

如果一个光学系统由两个分离的部件组成,利用前面公式可以推导出该系统焦距和后截距的复杂表达形式。假设,两个分离部件的光焦度分别是 ϕ_a 和 ϕ_b,中间间隔是 d ("薄透镜"情况;对厚透镜,d 是主平面间隔)。该系统图示在图 4.2 中。

从一条平行于光轴的光线开始追迹,在透镜 a 上的入射高度是 y_a,则有:

$$u_a = 0$$

根据公式(4.1) $\qquad u_a' = 0 - y_a\phi_a$

根据公式(4.2) $\qquad y_b = y_a - dy_a\phi_a = y_a(1 - d\phi_a)$

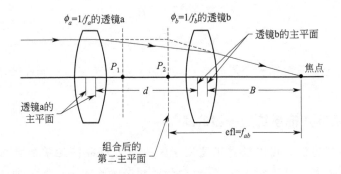

图 4.2 通过对两个分离部件的光线追迹确定其组合后的焦距和后截距

根据公式(4.1)　　$u'_b = -y_a\phi_a - y_a(1-d\phi_a)\phi_b$
$$= -y_a(\phi_a + \phi_b - d\phi_a\phi_b)$$

由下式给出系统的光焦度（焦距的倒数）

$$\phi_{ab} = \frac{-u'_b}{y_a} = \frac{1}{f_{ab}} = \phi_a + \phi_b - d\phi_a\phi_b$$
$$= \frac{1}{f_a} + \frac{1}{f_b} - \frac{d}{f_a f_b} \tag{4.4}$$

因此
$$f_{ab} = \frac{f_a f_b}{f_a + f_b - d} \tag{4.5}$$

后截距（从透镜 b 的第二主平面计量）是

$$B = \frac{-y_b}{u'_b} = \frac{y_a(1-d\phi_a)}{y_a(\phi_a + \phi_b - d\phi_a\phi_b)}$$
$$= \frac{(1-d/f_a)}{1/f_a + 1/f_b - d/f_a f_b} = \frac{f_b(f_a - d)}{f_a + f_b - d} \tag{4.6}$$

由公式(4.5)，代替 f_{ab}/f_a，得到

$$B = \frac{f_{ab}(f_a - d)}{f_a} \tag{4.6a}$$

反向追迹光线（从右到左追迹光线）或许更简单，用 f_a 代替 f_b，得到系统前焦点的距离（ffd）

$$(-)\text{ffd} = \frac{f_{ab}(f_b - d)}{f_b} \tag{4.6b}$$

反向求解

如果已知系统的焦距、后截距和部件间的间隔，就能够解出每个部件的焦距。联立公式(4.5)和公式(4.6a)，得到：

$$f_a = \frac{df_{ab}}{f_{ab} - B} \tag{4.7}$$

$$f_b = \frac{-dB}{f_{ab} - B - d} \tag{4.8}$$

在确定光学系统结构布局时,公式(4.7)和公式(4.8)或许是最广泛使用的公式。

双部件有限远共轭系统的一般公式

利用同样方法,可以推导出适用于解决所有双部件光学系统问题的表达式。有两类问题:参考图4.3,第一类是已知系统放大率、两个部件的位置和物像距(忽略部件主平面间的间隔),即知道 s、s' 和放大率 m,希望确定两部件的光焦度(或焦距)。可由下面公式给出:

$$\phi_A = \frac{(ms - md - s')}{msd} \tag{4.9}$$

$$\phi_B = \frac{(d - ms + s')}{ds'} \tag{4.10}$$

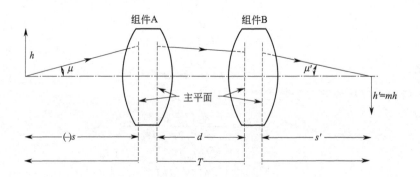

图 4.3 双部件有限远共轭系统

第二类问题恰巧相反:已知部件的光焦度、期望的物像距和放大率,需要确定两个部件的位置。在这些条件下,数学方法会出现一个二次方程式的关系,并可能有两个解,一个解或没有解(即虚解)。首先对下面二次方程式[公式(4.11)]中的 d 求解[用标准公式 $x = (-b \pm \sqrt{b^2 - 4ac})/2a$ 求解方程式 $0 = ax^2 + bx + c$]

$$0 = d^2 - dT + T(f_A + f_B) + \frac{(m-1)^2 f_A f_B}{m} \tag{4.11}$$

然后,很容易确定 s 和 s':

$$s = \frac{(m-1)d + T}{(m-1) - md\phi_A} \quad (4.12)$$

$$s' = T + s - d \quad (4.13)$$

公式(4.4)～公式(4.13)构成一组可以解决双部件系统任何问题的表达式。由于大部分光学系统由双部件组成，所以，这些公式特别有用。需要提醒的是，放大率 m 的符号从正变到负会形成两个完全不同的光学系统，两个系统产生同样放大（或缩小）的像，但一个是正像，另一个是倒像，对于某种具体应用，一种系统可能比另外一种系统更为适用。

4.2 光学不变量

对于一个给定的光学系统，光学不变量或拉格朗日（Lagrange）不变量是一个常数，并且是很有用的一个量。可以用几种方式计算拉格朗日不变量的数值，然后利用它得到其他量，而无需进行中间运算或光线追迹（使用其他方法是需要的）。

现在，应用公式(3.16a)，并通过光学系统追迹两条近轴光线。一条光线（"轴上"光线）从物体的轴上交点开始追迹，另一条光线（"斜"光线）从物体的轴外点出发。

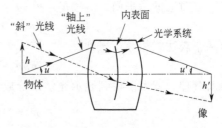

图 4.4 定义光学不变量 $hnu = h'n'u'$ 的轴上光线和斜光线

图 4.4 表示这两条光线通过一个广义的光学系统。

在系统的任何表面上，对每条光线都可以应用公式(3.16a)，以脚标 p 表示斜光线的数据。

对轴上光线

$$n'u' = nu - y(n' - n)c$$

对斜光线

$$n'u'_p = nu_p - y_p(n' - n)c$$

现在，从每个公式中提出公共项 $(n' - n)c$，然后使二者相等：

$$(n' - n)c = \frac{nu - n'u'}{y} = \frac{nu_p - n'u'_p}{y_p}$$

乘以 yy_p，重新整理后得到

$$y_p nu - y nu_p = y_p n'u' - y n'u'_p$$

注意到，公式左端表示表面左侧（折射前）的角度和折射率，右端是折射后的折射率和角度。因此，无论经过哪一个表面，$y_p nu - y n u_p$ 都是常数，是一个不变量。

以公式(3.17)为基础，经过一系列的类似运算，可以证明，一个已知表面的 $(y_p nu - y n u_p)$ 等于下一个表面的 $(y_p nu - y n u_p)$。该项不仅对某个表面是不变的，而且对表面之间的间隔也是恒定的。所以，对整个光学系统或系统的任何连续部分都是不变量。

不变量
$$\text{Inv} = y_p nu - y n u_p = n(y_p u - y u_p) \tag{4.14}$$

不变量和放大率

作为应用实例，现在写出公式(4.4)的物平面和像平面的不变量。在物平面，$y_p = h$，$n = n$，$y = 0$，得到：
$$\text{Inv} = hnu - 0 \times nu_p = hnu$$
在对应的像平面，$y_p = h'$，$n = n'$，$y = 0$，得到：
$$\text{Inv} = h'n'u' - 0 \times n'u'_p = h'n'u'$$
使两个表达式相等，得到：
$$hnu = h'n'u' \tag{4.15}$$
重新整理，就可以得到表示光学系统放大率的非常广义的公式：
$$m = \frac{h'}{h} = \frac{nu}{n'u'} \tag{4.16}$$

当然，公式(4.16)只适用于扩展的近轴区域。有时，该公式也应用于三角计算，在孔径的一部分区域，采用公式(4.17)表示放大率：
$$hn\sin u = h'n'\sin u' \tag{4.17}$$
或
$$m = \frac{n\sin u}{n'\sin u'}$$

焦光率

值得注意，辐射度学和辐射变换领域使用的术语焦光率（或输出）是光瞳的孔径面积乘以视场的立体角，或者物体/像的面积乘以接受/成像光锥的立体角，因此，与光学不变量的平方有关。

例 4.1

将不变量用于例3.1的计算。假设仅追迹轴上光线，物方轴上光线的倾斜角是 $+0.0333\cdots$，计算出的像方对应的倾斜角是 $-0.047555\cdots$，由于物像都位于折射率为1.0的空气中，由公式(4.16)，可以确定像高：
$$m = \frac{h'}{h} = \frac{h'}{20} = \frac{nu}{n'u'} = \frac{1.0 \times (+0.0333\cdots)}{1.0 \times (-0.047555)}$$

$$h' = \frac{20 \times (+0.0333)}{(-0.047555)}$$ （译者注：原文分母中少一个前括号"("）

$$h' = -14.0187$$

该值与例 3.1 通过追迹光线（从物体顶端到像顶端）得到的高度值一致。无需额外计算这条光线，从而节省了时间，同时证明不变量是有用的。

无穷远处物体的像高

如果研究一个透镜对无穷远物体成像，也可以推导出另外一个有用的公式。由于无穷远物体轴上光线的倾斜角 u 是零，因此，在第一表面，不变量是：

$$\text{Inv} = y_p n \times 0 - y_1 n u_p = -y_1 n u_p$$

在像平面，y_p 是像高 h'。"轴上光线"的 y 是零，所以

$$\text{Inv} = h' n' u' - 0 \times n' u'_p = h' n' u'$$

令两个 Inv 表达式相等，得到

$$h' n' u' = -y_1 n u_p \tag{4.18}$$

$$h' = -u_p \frac{n y_1}{n' u'}$$

该公式对物像不位于空气中的光学系统是很有用的。当物像均位于空气中，则 $n = n' = 1.0$，再次应用公式 $f = -y_1/u'$，得到

$$h' = u_p f \tag{4.19}$$

对非近轴光线 $\quad h' = \tan u_p \cdot f$

望远系统放大率

如果在系统的入瞳和出瞳处计算不变量，（根据定义）y_p 等于零，那么，不变量变为：

$$\text{Inv} = -y n u_p = -y' n' u'_p$$

式中，y 是瞳孔的半孔径；u_p 是半角视场。对无焦系统，可以使入瞳和出瞳处的不变量相等，然后求解无焦（或望远）系统的角放大率（MP）：

$$MP = \frac{u'_p}{u_p} = \frac{y n}{y' n'}$$

这表明，望远系统的放大率等于入瞳与出瞳直径之比（假设 $n = n'$）。该内容将在第 13 章进一步讨论。

由两条追迹过的光线得到第三条光线的数据

根据前面内容可能会觉得，一个光学系统完全可以由任意两条无关的光线（具有不同轴上交点的光线）进行近轴追迹得出数据而确定。

近轴追迹数据可以缩放。换句话说，光线的高度和倾斜角可以乘以或除以一个比例常数，结果是一次新的追迹。新光线与老光线仍然相交于光轴的同一点，但光线高度和倾斜角不一样。

如果把光线追迹数据作为一组公式或者参量来处理，显然，由于可以将这些量相加或相减得到另外一些量，因此，把两条光线缩放后的数据（光线高度或倾斜角）相加，能够得到第三条光线的数据。如果 A 和 B 是比例系数，就可以将第三条光线的数据表示为第一和第二条光线缩放后的数据之和。

$$y_3 = Ay_1 + By_2 \tag{4.20}$$

$$u_3 = Au_1 + Bu_2 \tag{4.21}$$

在系统某一位置，已知三条光线的所有数据，可以联解公式（4.20）和公式（4.21）以确定比例系数。

$$A = (y_3 u_2 - u_3 y_2)/(u_2 y_1 - y_2 u_1) \tag{4.22}$$

$$B = (u_3 y_1 - y_3 u_1)/(u_2 y_1 - y_2 u_1) \tag{4.23}$$

典型方法是，选择轴上光线和主光线作为第一和第二条光线。尽管第三条光线可以确定在系统的任何位置（只要该光线的所有数据都已知），但经常放置在物空间。根据公式（4.22）和公式（4.23）计算比例系数 A 和 B，将 A 和 B 值代入公式（4.20）和公式（4.21）中，再将第一和第二条光线的像空间数据代入到由此形成的公式中，就可以确定第三条光线在像空间的数据（假设第三条光线在像空间的数据正是所希望的结果）。

确定焦距

假如，已知轴上光线 1# 和斜光线 2# 的追迹数据，并将光线 3# 定义在物空间，$u_3 = 0$ 和 $y_3 = 1$，利用公式（4.20）和公式（4.21）就可以解出第三条光线在像空间的最终高度和倾斜角。用带撇的数据（y' 和 u'）表示像空间的值，得到：

$$\text{efl} = -1/u_3' = -(y_1 u_2 - u_1 y_2)/(u_1 u_2' - u_2 u_1') \tag{4.24}$$

$$\text{bfl} = -y_3'/u_3' = -(u_2 y_1' - u_1 y_2')/(u_1 u_2' - u_2 u_1') \tag{4.25}$$

将整个计算过程颠倒，并使 $u_3' = 0$ 和 $y_3' = 1$，得到前焦距（通常是负值）：

$$\text{ffl} = -y_3/u_3 = -(u_2' y_1)/(u_1 u_2' - u_2 u_1') \tag{4.26}$$

两条特殊光线的公式

上述公式是针对普通光线的。若选择一些特定的光线进行追迹，就可以推导出非常简单的公式。例如，OSLO（光学设计程序）参考手册给出了下面变量：1# 光线从物体与光轴交点出发，在第一表面上的高度 $y_1 \equiv y_3$；2# 光线从物体高度 h 处出发，并通过第一表面的中心，则光线在物空间（物体上）的坐标是：

对 1# 光线 $\qquad\qquad y_1 = 0$ 和 $u_1 = y_3/s$

对 2#光线 $\quad y_2 = h$ 和 $u_2 = -h/s$

式中，s 是物体到第一表面的距离（如果需要，该表面可以是入瞳）。

现在，代入到公式(4.24)中求解焦距：

$$\text{efl} = -y_3/u_3' = -y_3 h/(y_3 u_2' + h u_1')$$

式中，带撇的数据代表像空间的数据。

大部分光学计算程序都是利用公式(4.24)~公式(4.26)（或上面刚推出的公式）计算焦距，因为这些程序通常都将名义上无穷远距离的物体设置在非常远处，但实际上是在有限远距离上，因此，不可能直接利用轴上光线的公式 $f = -y_1/u_k'$ 精确计算焦距。

孔径光阑和入射光瞳

光学不变量原理在光学软件中的另外一种应用是：已知孔径光阑的位置，要求确定入瞳位置。假设，已经追迹了一条轴上光线（y 和 u）和一条主光线（y_p 和 u_p），确定公式(4.20)和公式(4.21)中使用的常数 B，移动主光线使其在所希望的光阑面上的高度为零。得到：

$$B = \frac{-y_p}{y}$$

式中，y_p 和 y 都位于光阑面上。新主光线在第一表面上的数据是：

$$\text{新 } y_p = \text{旧 } y_p + By$$
$$\text{新 } u_p = \text{旧 } u_p + Bu$$

与该光阑位置对应的入瞳位置是 $L_p = -y_p/u_p$，一条通过入瞳中心的主光线也将通过光阑中心。

4.3 矩阵光学

近轴光线追迹公式[公式(3.16)和公式(3.17)或公式(4.1)和公式(4.2)]的一般形式是 $A = B + CD$。例如，应用公式(4.1)和公式(4.2)并加上两个相似的等式，有：

$$u' = u - y\phi \text{（加上 } y = y\text{）}$$
$$y_2 = y_1 + du_1' \text{（加上 } u_2 = u_1'\text{）}$$

可以将第一组矩阵表达式写为：

$$\begin{bmatrix} u' \\ y \end{bmatrix} = \begin{bmatrix} 1 & -\phi \\ 0 & 1 \end{bmatrix} \begin{bmatrix} u \\ y \end{bmatrix} \tag{4.27}$$

第二组矩阵形式是：

$$\begin{bmatrix} u_2 \\ y_2 \end{bmatrix} = \begin{bmatrix} 1 & 0 \\ d & 1 \end{bmatrix} \begin{bmatrix} u_1' \\ y_1 \end{bmatrix} \tag{4.28}$$

将公式(4.27)左端代入到公式(4.28)中,并将两个内矩阵相乘,得到:

$$\begin{bmatrix} u_2 \\ y_2 \end{bmatrix} = \begin{bmatrix} 1 & -\phi \\ d & 1-d\phi \end{bmatrix} \begin{bmatrix} u_1 \\ y_1 \end{bmatrix}$$

这就是公式(4.1)和公式(4.2)的矩阵形式。

如果需要,可以将该过程推广应用于整个光学系统,所有内矩阵的最终乘积可以解释为形成系统的基点、焦距等。

需要说明的是,该过程绝对不是随意推导的。其所包含的计算量与对应的近轴光线追迹完全一样。本书作者还有更多运用矩阵法完成光线追迹的信息,但对了解近轴光线的高度和倾斜角的意义不大,然而,对矩阵运算非常熟悉的人,该公式是非常有用的。

4.4 *y*-*y*bar 图

y-*y*bar 图是由一条轴上光线的高度 *y* 及一条斜光线(即主光线)的高度 *y*bar 组成的一幅曲线图,曲线图上的每一点代表该系统的一个部件(或表面)。

图 4.5(a) 表示一个正像望远镜,图 4.5(b) 是对应的 *y*-*y*bar 图。*y*-*y*bar 图上的 A 点对应着部件 A,以此类推。一个有丰富经验的光学设计师可以非常迅速地以 *y*-*y*bar 形式给出光学系统草图,像利用零件和光线一样。

无论 *y*-*y*bar 图还是光线图,不管哪种情况,希望从中得到一组包括有部

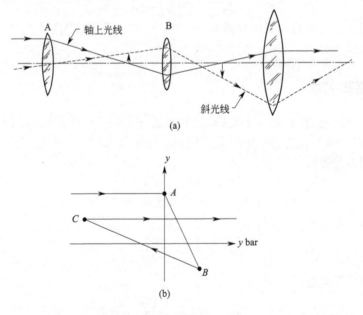

图 4.5 (a) 一个光学系统的示意图及 (b) 对应的 *y*-*y*bar 图

件光焦度和间隔等数值的计算量都是一样的。虽然,画一张 y-$y$bar 图要比画一张零件-光线图简单,但很明显,光线-零件图可以提供更多信息,并且,一个经验丰富的设计师可以很容易并足够精确地画出一张零件-光线图,甚至得出系统可行性、外形尺寸等结论,而 y-$y$bar 图是不可能实现的。

4.5 Scheimpflug 条件

至此,都是假定物体是一个平的表面,并垂直于光轴。然而,如果物面相对于垂直面是倾斜的,那么,像平面也是倾斜的。图 4.6(a) 中的 Scheimp-

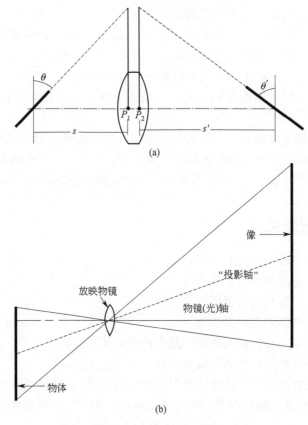

图 4.6 Scheimpflug 条件

(a) 当物面相对于光轴的垂直面倾斜时,利用 Scheimpflug 条件可以确定像面倾斜。该条件下的放大率随视场变化,产生"梯形"畸变。此处画图时,物体顶端的放大率要比底部的放大率大(与光线追迹得到的物像距之比相比较)

(b) 如果物像平面是平行的,可以避免拱形畸变。该图表示"投影轴"如何向上倾斜以避免拱形畸变

flug（沙伊姆弗勒）条件表示，倾斜的物像平面相交于透镜平面。或更精确地说，对于一个厚透镜，扩展物像面与各自的主平面相交于相同的高度。

在近轴范围，倾斜角很小，根据公式(4.6a)，很明显，由下式可以将物像倾斜角联系在一起：

$$\theta' = \theta \frac{s'}{s} = m\theta \tag{4.29}$$

式中，m 是放大率。对有限大小的角度（实角）：

$$\tan\theta' = \frac{s'}{s}\tan\theta = m\tan\theta \tag{4.30}$$

需要指出，一般来说，一个倾斜的物面或像面会产生拱形畸变，因为放大率随视场变化，上下视场的物像距不同。在吊挂式投影仪中，倾斜端部反射镜而将像投影在屏幕上时会观察到这种畸变，这也等效于倾斜屏幕。如图 4.6(b) 所示，使物平面完全平行于像平面可以避免产生拱形畸变。对于投影仪，这就意味着一定要使投影物镜在光轴一侧的视场更大些，从而让光束向水平线之上倾斜。

一个曲面仍然成像为一个曲面，与物面相比，像面有同样的曲率和符号。例如，一个半径为（−R）的球面被成像为半径为（−R）的球面，原因是表面上一点的高度 y 成像为 my，表面上一点的弦高成像为 m^2z。

4.6　符号规则总结

① 通常，光线从左向右传播；
② 会聚透镜的焦距为正值；
③ 光轴上方的高度为正值；
④ 基准点右侧的距离为正值；
⑤ 如果曲率中心在表面右侧，则半径或曲率为正值；
⑥ 若光线顺时针旋转到法线或光轴，则角度为正值；
⑦ 一次反射之后（光线传播方向反转），后续折射率和间隔改变符号，就是说，如果光线从右向左传播，折射率是负值；若下一个表面在左侧，则间隔是负值。

可能会注意到，尽管本章的讨论集中于球形表面，推导出的公式采用球面半径和曲率，但是，当使用密切表面半径（即表面在轴上的半径）时，近轴表达式对中心位于光轴上的所有连续旋转表面都是成立的，也包括锥面和广义非球面。

练 习

1. Gregorian 望远物镜由一个半径 200 的凹面主镜和一个半径为 50 的凹面次镜组成。反射镜之间的间隔是 130。确定焦距和像面位置。图 18.3 给出了该物镜的系统图。

答案：

有两种解法：其一是光线追迹，另一种是利用双部件计算公式。

利用光线追迹方法（注意半径、折射率和反射镜间隔的符号规则）：

R	-200	$+50$	
t		-130	
n	1.0	-1.0	$+1.0$
y	1.0	-0.30	efl$=1/(-0.002)=-500$
nu	0	$+0.01$	-0.002 bfl$=-0.3/(-0.002)=+150$

焦距是 $150-130=20$，位于主镜之后（即右侧）。

利用分离双部件公式：

一个反射镜的焦距是 $R/2$。凹面反射镜的作用相当于一个正焦距透镜，所以，$f_a=+100$ 和 $f_b=+25$。在光线追迹中，反射镜间隔 130 被认为是负值，再次，使用光学距离 $d \times n = -130 \times (-1.0) = +130$，该间隔的符号是正的。

由公式(4.5)　　$f_{ab}=f_a f_b/(f_a+f_b-d)$
　　　　　　　　$=100 \times 25/(100+25-130)$
　　　　　　　　$=-500$

由公式(4.6a)　　$B=f_{ab}(f_a-d)/f_a$
　　　　　　　　$=-500 \times (100-130)/100$
　　　　　　　　$=+150$

2. 一个双组件光学系统，其前组件的焦距是 $+10$in，后组件的焦距是 -10in，组件之间的间隔是 5in，请确定该系统的焦距、前截距和后截距？

答案：

由公式(4.5)　　　　$f_{ab}=f_a f_b/(f_a+f_b-d)$
　　　　　　　　　　$=10 \times (-10)/(10-10-5)$
　　　　　　　　　　$=+20$

由公式(4.6a)　　　　$B=f_{ab}(f_a-d)/f_a$
　　　　　　　　　　$=20 \times (10-5)/10$
　　　　　　　　　　$=+10$

由公式(4.6b)　　　　$(-\text{ffd})=f_{ab}(f_b-d)/f_b$
　　　　　　　　　　$=20 \times (-10-5)/(-10)$
　　　　　　　　　　$=+30$

3. 如果要求一个双部件系统的焦距是 20in，后截距是 10in，两部件之间的间隔是 5in，确定两个部件所必需的光焦度？

答案：

利用公式(4.7) 和公式(4.8):

$$f_a = df_{ab}/(f_{ab}-B)$$
$$= 5 \times 20/(20-10)$$
$$= +10$$
$$f_b = -dB/(f_{ab}-B-d)$$
$$= -5 \times 10/(20-10-5)$$
$$= -10$$

参考文献

Bass, M., *Handbook of Optics,* Vol. 1, New York, McGraw-Hill, 1995.
Fischer, R. E. and Tadic-Galeb, B., *Optical System Design,* New York, McGraw-Hill, 2000.
Greivenkamp, J., *Field Guide to Geometrical Optics,* Bellingham, WA, SPIE, 2004.
Kingslake, R., *Optical System Design,* Orlando, Academic, 1983.
Smith, W. J., *Modern Lens Design,* New York, McGraw-Hill, 2002.
Smith, W. J., *Practical Optical System Layout,* New York, McGraw-Hill, 1997.

第5章 初级像差

5.1 概述

前面章节已经讨论过光学系统的成像性质,但问题仅仅局限于光轴附近的很小范畴,称为近轴区域。本章将按照一般的方法讨论具有有限孔径和视场的透镜性质。前面已经指出,经过良好矫正的光学系统的性质几乎完全符合近轴成像规律,这是应用另外一种方式描述无像差透镜的成像,像的大小和位置也可以用近轴公式获得,并可以计算光线偏离近轴像点的量,即像差。

可以看到,通过计算物点的近轴像点位置,并(采用附录 A 给出的精确三角光线追迹公式)精确地追迹大量光线以确定光线偏离近轴像点的量,从而确定像差。简单地说,用数学方法确定一个具有真实孔径并覆盖一定视场的透镜所产生的像差是一个难于实现的任务,计算量几乎是无限大。然而,将各种类型的成像缺陷进行分类,理解每类缺陷的特性,这样评价每种像差就仅需要追迹很少几条光线,从而大大简化透镜系统的像差计算,因此,该问题就变成较容易处理的若干小问题了。

赛德(Seidel)研究和整理了初级像差,推导出确定像差的解析表达式。为此,初级像差通常又称为赛德像差。

5.2 像差多项式和赛德像差

参考图 5.1,假设光学系统以光轴旋转对称,每个表面都是绕光轴旋转而成。由于其对称性，可以将物点定义为位于 y 轴上，到光轴的距离是 $y=h$，而不会影响其一般性。将一条光线定义为从该物点开始，通过系统孔径内以极坐标 (s, θ) 表示的一点，该光线与像平面相交于 (x', y') 点。

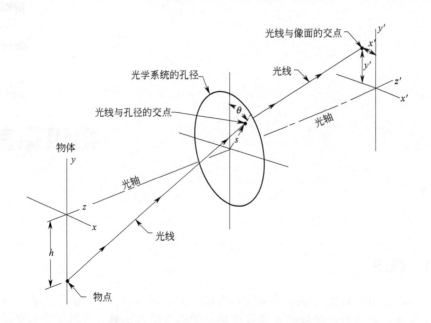

图 5.1 由物面上一点 $y=h$，$(x=0)$ 发出的光线，通过光学系统孔径内以极坐标 (s, θ) 确定的一点，并与像面相交于 (x', y') 点

一般地，希望知道用以描述像平面交点坐标（是 h，s 和 θ 的函数）的方程式形式。该方程式是幂级数的展开式。虽然，除了非常简单的系统或者要求很少几项幂级数外，要想推导一个精确的表达式是不实际的，但确定一般形式的公式是有可能的。简单地说，这是由于已经假设光学系统是一个轴对称系统。例如，一条在物空间与光轴相交的光线在像空间也一定与光轴相交。过物空间同一轴上点并同时经过孔径同一环区（即具有相同 s 值）的光线，一定通过像空间的同一个轴上点。在前子午面 (y, z) 内的一条光线，除 x' 和 θ 改变符号外，与后子午面内的镜像光线是一样的。同样，由物空间 $\pm h$ 点发出并通过孔径对应上下点的光线，一定有相同的交点 x' 和相反符号的 y' 值。按照该逻辑，可以推导出下面公式：

$$y' = A_1 s\cos\theta + A_2 h$$
$$+ B_1 s^3 \cos\theta + B_2 s^2 h(2+\cos 2\theta) + (3B_3+B_4)sh^2\cos\theta + B_5 h^3 +$$
$$+ C_1 s^5 \cos\theta + (C_2 + C_3\cos 2\theta)s^4 h + (C_4 + C_6\cos^2\theta)s^3 h^2\cos\theta$$

$$+(C_7+C_8\cos2\theta)s^2h^3+C_{10}sh^4\cos\theta+C_{12}h^5+D_1s^7\cos\theta+\cdots \quad (5.1)$$

$$x'=A_1s\sin\theta$$
$$+B_1s^3\sin\theta+B_2s^2h\sin2\theta+(B_3+B_4)sh^2\sin\theta$$
$$+C_1s^5\sin\theta+C_3s^4h\sin2\theta+(C_5+C_6\cos^2\theta)s^3h^2\sin\theta$$
$$+C_9s^2h^3\sin2\theta+C_{11}sh^4\sin\theta+D_1s^7\sin\theta+\cdots \quad (5.2)$$

式中，A_N、B_N 等是常数；h、s 和 θ 已经在上面及图 5.1 中定义过。

值得注意，在含有 A 的项中，s 和 h 的指数是 1；在 B 项中，指数之和是 3，例如 s^3，s^2h，sh^2 和 h^3；在 C 项中，指数之和是 5；在 D 项中，指数之和是 7。这些项就是初级项（或一级项）、三级项和五级项等。有两个初级项，5 个三级项，9 个五级项，14 个七级项，20 个九级项和

$$\frac{(n+3)(n+5)}{8}-1$$

个 n 级项。对轴对称系统，没有偶次幂项，只有奇次幂项（除非偏离对称性，例如，使一个表面倾斜，引入环面或其他非对称表面）。

很明显，A 项与前面章节讨论的近轴（或者初级）成像相关。简单理解，A_2 是放大率（h'/h），A_1 是从近轴焦点到"像平面"距离的横向计量。公式 (5.1) 和公式 (5.2) 中各项都称为横向像差，代表光线偏离由近轴成像公式计算出的理想像点的距离。

B 项称为三级像差或赛德（Saidel）像差：B_1 是球差，B_2 是慧差，B_3 是像散，B_4 是场曲（或 Petzval），B_5 是畸变。同样，C 项称为五级像差：C_1 是五级球差，C_2 和 C_3 是线性慧差，C_5 和 C_6 是斜球差，C_7、C_8 和 C_9 是椭球差，C_{10} 和 C_{11} 是 Petzval 场曲和像散，C_{12} 是畸变。

D 中的 14 项是七级像差：D_1 是七级球差。OPD（光程差）的一个类似表达式——波前像差在第 15 章介绍。

正如上面指出，一个系统的单色光赛德像差称为球差、慧差、像散、Petzval 场曲和畸变。本节将定义各种像差并讨论其性质、表达方式及对成像的影响，探讨每种像差单独存在时的情况。实际上，最经常遇到的是像差的组合形式而非单项像差。利用第 6 章介绍的方法可以计算三级像差。

球差

球差定义为焦点随孔径的变化。图 5.2 是一个稍有些夸张的光学图，一个简单透镜将轴上物点成像在一个很大的距离范围内。注意到，靠近光轴的光线焦点（与光轴的交点）非常接近近轴焦点。随着光线在透镜上的高度增加，光线与光轴的交点距离近轴焦点越来越远。光线与光轴交点至近轴焦点的距离称为纵向球差；沿"垂直"方向计量得到的像差称为横向球差。图 5.2 中 AB 是

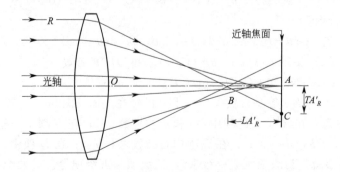

图 5.2 一个简单的未进行球差校正的会聚透镜
远离光轴的光线会聚点离透镜最近

光线 R 的纵向球差，AC 是横向球差。

由于像差大小明显依赖于光线高度，所以，通常会指定具有某种像差量的特定光线。例如，边缘球差是通过透镜孔径边缘的光线的球差，表示为 LA_m 或 TA_m。

追迹一条由轴上物点发出的近轴光线和一条三角光线，并确定其最终的交点距离 l' 和 L' 就可以确定球差。在图 5.2 中，l' 是光线 R 的距离 OA，L' 是距离 OB。像点的纵向球差用 LA' 表示：

$$LA' = L' - l' \tag{5.3}$$

用下面表达式将横向球差与 LA' 联系起来：

$$TA'_R = -LA' \tan U'_R = -(L' - l') \tan U'_R \tag{5.4}$$

式中，U'_R 是光线 R 与光轴的夹角。按照符号规则，带负号的球差称为欠校正球差，因为这种像差通常与未校正好的简单正透镜相关。同样，正球差称为过校正球差，一般与发散透镜有关。

一般地，用图示方法表示一个系统的球差。纵向球差相对于光线高度作图，如图 5.3(a) 所示；横向球差相对光线的最终斜率作图，如图 5.3(b) 所示，称为光线交点曲线。习惯上将通过透镜上部顶端的光线数据绘制在交点曲线的右侧，与光线倾斜角使用的符号规则无关。

如果已知简单透镜的孔径和焦距，则该透镜的球差量值是物体位置和透镜形状或弯曲度的函数，例如，一个物体位于无穷远的薄玻璃透镜，其最小球差时的形状几乎是一个平凸结构，凸面朝向物体。弯月形结构、凸-凹形状或凹-凸形状都有大得多的球差。若物体和像大小一样（即物和像到透镜的距离都是焦距的两倍），则透镜具有最小球差的形状是等凸面形。通常，令光线在每个表面上的"弯折"或偏折量均匀分布会使球差最小。

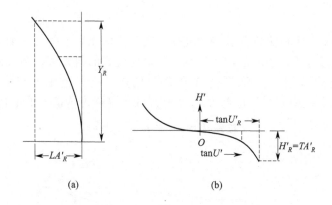

图 5.3 球差的图示法
(a) 纵向球差，纵向球差（LA'）与光线高度（y）的曲线；(b) 横向球差，光线在近轴基准像面上的交点高度与最终光线斜率（$\tan U'$）的曲线

具有球差的透镜对一个物点的成像是一个由光晕环绕的亮斑。球差对一个有限大小图像的影响是降低像的对比，使其细节模糊。

一般地，一个正会聚透镜或表面会对一个系统贡献未被校正的球差，而对于负透镜或发散表面，则情况恰恰相反（尽管也会有一些例外）。

图 5.3 阐述了表示球差的两种方式：纵向球差和横向球差。公式(5.4) 是二者之间的关系。同样的关系也适合于像散、场曲和轴向色散（参考 5.3 节）。注意到，慧差、畸变和横向色差并没有纵向表示。所有像差都可以表示为角像差，简单地解释，角像差就是横向像差对第二节点（在空气中是主点）的张角。因此有：

$$AA = \frac{TA}{s'} \tag{5.5}$$

表示像差的第四种方式是 OPD（光程差）法，即实际波前对理想参考球面的偏离量，参考球的中心在理想像点，如 5.6 节及第 15 章将要讨论的。

像差的横向计量法与图像的模糊程度直接相关。将其图示为一种光线交点曲线［图 5.3(b) 和图 5.24］可以使读者便于识别光学系统各类像差的影响。这对于光学设计师非常有意义，并且，横向像差的光线交点曲线几乎是通用的像差表示法。正如后面章节（15 章）将要讨论的，对已经校正得非常好的光学系统，用 OPD 或波前像差表示系统的成像质量是最好的选择，并且，OPD 通常会作为该领域的权威性表示。像差的纵向表示法对理解场曲和轴向色差（尤其是二级光谱）是最有用的。

慧差

慧差被定义为放大率随孔径的变化。当一束斜光束入射到一个有慧差的透镜上时，与通过透镜中心的斜光束相比，透镜边缘的斜光束将会成像在不同高度。在图 5.4 中，上下边缘光线 A 和 B 分别在光线 O 的上方与像平面相交，光线 P 通过透镜中心。P 点至 A 与 B 交点的距离称为透镜的子午慧差

$$（慧差）\text{Coma}_T = H'_{AB} - H'_P \tag{5.6}$$

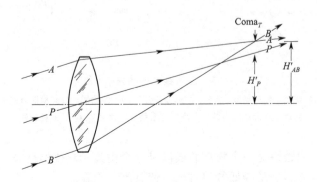

图 5.4　如果存在慧差，与通过透镜中心的光线相比，通过透镜较边缘的光线会聚焦在不同高度

式中，H'_{AB} 是上下边缘光线交点至光轴的高度；H'_P 是光线 P 与一个平面的交点至光轴的距离，其中，该平面垂直于光轴，并通过光线 A 和 B 的交点。

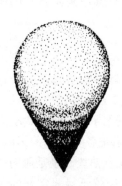

图 5.5　慧差斑
一个点光源的像扩散成一个彗星状光斑

图 5.5 表示，具有慧差的透镜对一个点的成像，很明显，该像差是以其具有彗星状图形而命名的。

图 5.6 给出了光线通过透镜孔径的位置及在慧差图中位置间的关系。图 5.6(a) 是透镜孔径的正面视图，用字母 $A \sim H$（外圈）以及带撇字母 $A' \sim D'$（内圈）表示光线位置，形成的慧差图表示在图 5.6(b) 中，光线位置标注有相应字母。注意到，在孔径上形成一个圆圈的光线在慧差图上也形成一个圆圈，但光线绕孔径圆转一圈，而在成像圆圈上转两圈，与公式 (5.1) 和公式 (5.2) 中的 B_2 项一致。孔径中小圈上带撇的光线在像面上也相应地形成一个小圆圈，并且中心光线 P 位于图形的顶点。因此，慧差像可以看作由一系列不同尺寸的圆圈组成，这些圆圈的切线形成 60°

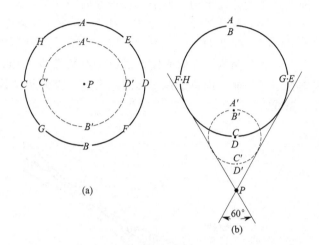

图 5.6 透镜孔径中光线的位置及其在慧差图中位置间的关系
(a) 透镜孔径的正面视图,字母表示光线;(b) 字母表示对应光线在像面图中的位置。
值得注意,像面上的圆圈直径正比于孔径中圆圈直径的平方

夹角。像圈大小与孔径圆圈直径的平方成正比。

在图 5.6(b) 中,P 到 AB 的距离就是公式(5.6)中的子午慧差,P 到 CD 的距离为弧矢慧差,并是子午慧差的 1/3。慧差图中约一半的能量会聚在 P 和 CD 之间小的子午区域。因此,与子午慧差相比,造成图像模糊的弧矢慧差的有效尺寸稍微小些。

由于慧差图是不对称的,因而是一种特别烦人的像差。与球差造成的模糊圆相比,存在慧差时,很难确定慧差图的重心位置,非常不利于确定像的精确位置。

慧差随透镜形状变化,与限制光束成像的孔径或光阑位置亦相关。在轴对称系统中,光轴上没有慧差。慧差大小与到光轴的距离呈线性关系。对违背阿贝(Abbe)正弦条件情况的论述将在第 6 章讨论。轴上慧差是零。

像散和场曲

在慧差一节,介绍过术语"子午"和"弧矢"。本节将更完整地讨论它们。当用透镜的轴向截面图表示一个透镜系统时,位于图面内的光线就称为子午光线,图 5.6 中的光线 A、P 和 B 就是子午光线。同样,过光轴的平面称为子午面,有多个平面都通过光轴。

没有位于子午面内的光线定义为斜光线。通过透镜系统孔径光阑中心的斜子午光线定义为主光线。如果设想一个平面包含有主光线,并垂直于子午面

（即弧矢面），那么，由物体发出的、位于该弧矢面内的（斜）光线定义为弧矢光线。因此，图 5.6 中，除光线 A、A′、P、B′ 和 B 外，其余光线都是斜光线，弧矢光线是 C、C′、D′ 和 D。

如图 5.7 所示，子午面内一束斜光线扇形成的点源像是一个线像，称为子午像的这条线垂直于子午面，即位于弧矢面内。反之，弧矢光扇形成的像是位于子午面内的一条线。

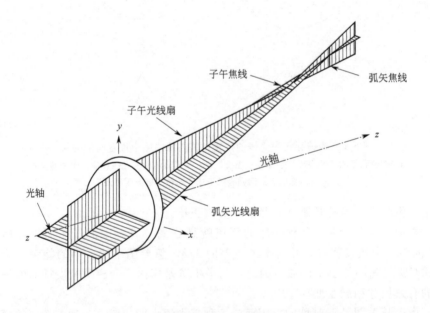

图 5.7　阐述像散（负的或向内弯的）的光线图

子午像与弧矢（有时称为径向）像不重合时会产生像差。如果存在像散，一个点光源的像就不是一个点，而是两条分离的线，如图 5.7 所示。像散焦点之间所成的像是一个模糊的椭圆或圆（注意，衍射效应很明显，由于该线像的有效作用相当于一个狭缝孔径，所以，该模糊像可能是一个方形或菱形）。

除非透镜的加工质量非常差，否则，对轴上点成像时没有像散（或慧差）。当物点逐渐移离光轴成为轴外点时，像散逐渐增大，轴外像很少完全位于一个真实的平面内，当透镜系统存在初级像散时，其像位于一个抛物面形状的曲面上。图 5.8 表示一个简单透镜所成像面的形状，该图按比例缩放，没有夸张或失真。

一个透镜的像散量是光焦度、透镜形状及至孔径或光阑距离的函数，其中后者限制了通过透镜的光束尺寸。对简单透镜或反射镜，其孔径本身就限制着光束尺寸，所以，像散就等于光轴至像距离（即像高）的平方除以透镜焦距，

即 $-h^2/f$。

各类光学系统的视场都有一种称为 Petzval 曲率的基本弯曲,这种像差是透镜折射率及表面曲率的函数。没有像散时,子午和弧矢像面彼此重合,并位于 Petzval 面上。若有初级像散,则子午像面到 Petzval 面的距离是弧矢像面的三倍。注意到,如图 5.8 所示,两种像面都在 Petzval 面的同一侧。

当子午像面在弧矢像面左侧(并且,两个像面都在 Petzval 面的左侧)时,像散称为负像散、欠校正像散或内弯曲(弯向透镜)像散;反之,则称为过校正像散或后向弯曲像散。图 5.8 中的像散是欠校正像散,所有三个像差面都向内弯曲。也有可能得到

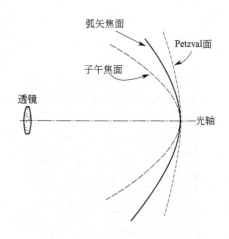

图 5.8 一个简单透镜的初级像散
子午像偏离 Petzval 面的距离是弧矢像的三倍
值得注意,该图是按比例制成的

过校正 Petzval 场曲(向后弯曲)和欠校正(向内弯曲)像散,或者反之。

正透镜使一个光学系统产生 Petzval 内弯曲面,负透镜产生 Petzval 后弯曲面。一个简单薄透镜的 Petzval 场曲(Petzval 面对理想像面的纵向偏离)等于像高的平方除以焦距和透镜折射率所得值的一半,即 $-h^2/2nf$。值得指出,"场曲"是聚焦面对理想像面(通常是平面)的纵向偏离,并非像面半径的倒数。一个简单透镜 Petzval 面的半径是 $\rho=-nf$。

畸变

如果轴外点所成像高大于或小于近轴公式给出的像高,就认为有限大小物体的像失真或者畸变。畸变是像偏离近轴位置的量值,可直接表示,或者表示成理想像高的百分比,对位于无穷远的物体,像高 $h'=f\tan\theta$。

通常,畸变量随像的尺寸增大而增大,畸变本身随像高的立方(相对畸变随平方)增大。因此,若一个具有畸变像差的光学系统对一个中心对称的方格式物体成像,可以看到,拐角处的像要比侧边处的像有更大位移(按比例)。图 5.9 显示具有畸变的透镜系统对正方形图所成的像。在图 5.9(a) 中,畸变使图像偏离正确位置,向外移动,使拐角处外扩变尖。图 5.9(b) 中的畸变是相反类型,正方形拐角比侧边向内拉得更多,是一种负畸变或者桶形畸变。

更多研究表明,如果将物和像交换一下,具有某种符号畸变的光学系统就会产生相反符号的畸变,因此,一个具有桶形畸变的照相物镜如果用作投影物

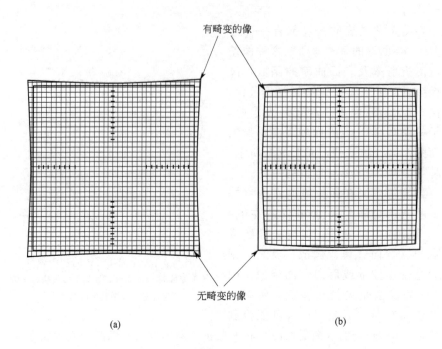

图 5.9 畸变
(a) 8%的正畸变，或者枕形畸变；(b) 6%的负畸变，或者桶形畸变
由于畸变量随至光轴距离的立方而变化，所以，像的四边是弯曲的。
对于正方形，拐角处的畸变量是各边中心变形量的 $2\sqrt{2}$ 倍。小于 1% 的
畸变量就是"好"的成像质量，通常认为 2% 或 3% 就可以了

镜（用一块幻灯片替代胶片），则产生枕形畸变。因为投影时抵消了幻灯片中的畸变，所以，投影出的像是标准的方格状（没有畸变）。

5.3 色差

由于折射率是光波波长的函数，所以，光学元件的性质会随波长变化。轴向色差是焦点（或成像位置）随波长的纵向变化。一般来说，光学材料对短波长的折射率要比长波长大，从而造成短波长在透镜的每个表面有更强的折射，所以，对一个简单透镜，例如，蓝光会比红光聚焦得更靠近透镜，两个焦点沿光轴的距离就是轴上纵向色差。图 5.10 显示一个简单正透镜的色差。当短波长光线聚焦在长波长光线左边时，色差称为欠校正色差或负色差。

存在色差时，一个轴上点所成的像是一个中心亮点，被一层光晕环绕，准确聚焦和近乎准确聚焦的光线形成亮点，没有准确聚焦的光线形成光晕。因

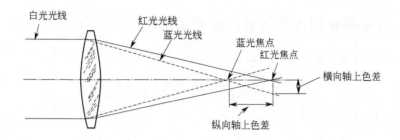

图 5.10 简单透镜的欠校正纵向色差是由于蓝光比红光有更强的折射

此,在一台欠校正色差的目视光学仪器中,所成像会有一个微黄色的光点(由橙色、黄色和绿色光线形成)和一层略带紫色的光晕(由红色和蓝色光线形成)。当把成像位置处的屏幕移向透镜时,中心光点变成蓝色,若移离透镜,中心光点变成红色。

一个透镜系统对不同波长的光线形成不同尺寸的像,或者将一个轴外点的像散射成彩虹色时,不同颜色像高之间的差称为横向色差,或放大率色差。图 5.11 是一个设计有可移动光阑的简单透镜对一个轴外物点的成像。由于光阑限制了入射到透镜上的光线,轴外物点发出的光束投射到光轴上部的透镜上,并向下折射,成像在焦点处。蓝光比红光向下折射得更强,因此,所成的像更靠近光轴。如果光阑位于透镜右边,则蓝光的像比红光的像距离光轴更远。

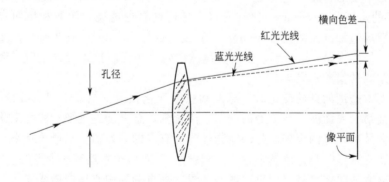

图 5.11 横向色差或放大率色差对不同波长形成不同尺寸的像

折射率随颜色变化也会使 5.2 节讨论的单色像差发生变化。由于所有像差都源自光线在光学系统各表面处的不同折射,所以,希望不同颜色的光线经过不同程度的折射后,其像差仅稍有不同。一般来说,这种情况意味着,当基本像差完全得以校正时,上述效果才特别重要。

5.4 透镜形状和光阑位置对像差的影响

计算厚透镜焦距的公式可以是下面形式：

$$\frac{1}{f}=(n-1)\left(\frac{1}{R_1}-\frac{1}{R_2}+\frac{n-1}{n}\times\frac{t}{R_1R_2}\right)$$

或者是薄透镜焦距计算公式：

$$\frac{1}{f}=(n-1)\left(\frac{1}{R_1}-\frac{1}{R_2}\right)=(n-1)(C_1-C_2)$$

二者都表示，已知折射率和厚度，R_1 和 R_2 的无数种组合都可以由公式得到所希望的焦距。因此，为使透镜具有所希望的光焦度，可以采用不同的形状或者"弯曲"。透镜像差随透镜形状有明显的变化，这种效应是光学设计的基本工具。

作为一个例子，现在讨论一个硼硅冕玻璃材料的薄正透镜的像差：透镜焦距是 100mm，通光孔径 10mm（速度或相对孔径是 $f/10$），对无穷远物体成像，视场 $\pm17°$。一种典型的硼硅冕玻璃是 517：642，氦的 d 谱线（$\lambda=0.5876\mu m$）的折射率 1.517，C 光（$\lambda=0.6563\mu m$）的折射率是 1.51432，F 光（$\lambda=0.4861\mu m$）的折射率是 1.52238。

（下一段给出的像差数据是应用第 6 章的薄透镜像差公式计算所得）

首先假设，光阑或约束孔径与透镜重合，会发现，透镜形状变化时，有几种像差是不变的：轴向色差是一个常数，其值为 -1.55mm（欠校正），蓝光（F 光）的焦距是 1.55mm，比红光（C 光）更靠近透镜，像散和场曲也是常数。在视场边缘（距离光轴 30mm），弧矢焦点是 16.5mm，比近轴焦点更靠近透镜。子午焦点是 16.5mm，在近轴焦点之内。当光阑位于透镜上时，畸变和横向色差两种像差都是零。

然而，透镜的形状变化时，球差和慧差变化很大。图 5.12 是这两种像差量随透镜第一表面曲率变化的曲线图。注意到，慧差随透镜形状线性变化，当透镜呈弯月形，且两个表面都凹向物体时，有大的慧差值。当透镜从平凸弯向凸平和凸弯月形时慧差值越来越负，假设凸-平面形状附近有一个零值。

该透镜的球差总是欠校正，球差曲线以垂直轴为中心呈抛物线形状。注意到，在慧差几乎为零的同一形状处，球差有最小值（确切地说是最大值）。若该透镜用作望远物镜，覆盖的视场相当小，适于选择此类形状。值得注意，如果物和像都是"实的"（不是虚的），则一个正透镜的球差总是负的（欠校正）。

现在，选择一种具体的透镜形状，例如 $C_1=-0.02$，讨论光阑至透镜距离造成的影响，如图 5.13 所示。无论光阑设置在何处，轴向光线总是以同样方式入射到透镜，所以，移动光阑不会改变球差和轴向色差。然而，光阑放置

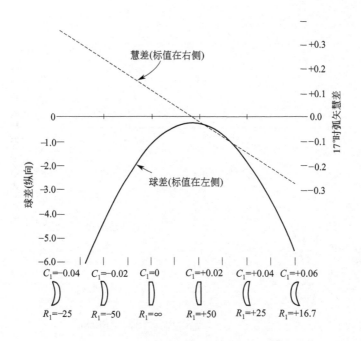

图 5.12　球差和慧差是透镜形状的函数

在此给出的数据基于下面条件：透镜焦距是 100mm，折射率是 1.517
（光阑在透镜上），相对孔径 $f/10$、视场 $\pm 17°$

在透镜之后，横向色差和畸变是正值；在透镜之前，是负值。图 5.14 是横向色差、畸变、慧差及子午场曲与光阑位置的函数关系图。移动光阑造成的最大影响是慧差和像散变化。当光阑移向物体时，慧差随光阑位置线性减少，并且，光阑位于透镜前约 18.5mm 时，慧差值为零。像散稍有负值，以便于子午像面接近近轴焦面。由于像散是光阑位置的二次方函数，所以，子午场曲（x_i）的曲线是一条抛物线。注意到，在慧差为零的透镜形状处抛物线有一个极大值，该位置称为光阑的自然位置。对所有具有欠校正初级球差的透镜，自然状态或无慧差状态

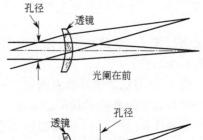
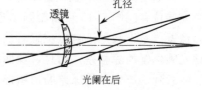

图 5.13　孔径光阑远离透镜
注意：当光阑放置在透镜前面或后面时，
斜光束完全通过透镜的不同部分

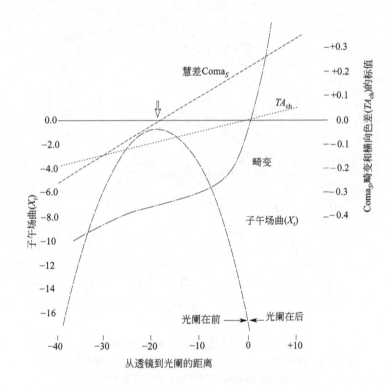

图 5.14 光阑位置移动对一个简单透镜像差的影响
箭头表示慧差为零时自然光阑的位置（efl=100，$C_1=-0.02$，
相对孔径=$f/10$，视场±17°）

的光阑位置所产生的场曲要比其他光阑位置时向后弯曲得更严重（或者向内弯曲得更少）。

图 5.12 显示透镜形状对固定（在透镜上）光阑的作用，图 5.14 给出了光阑位置与固定的透镜形状间的关系。对研究的每种透镜形状，都有一个"自然"光阑位置。图 5.15 重新绘制了透镜像差与透镜形状的关系曲线，在该图中，像差值是光阑处于自然位置时的数据，因此，对每种弯曲，都可以通过选择该光阑位置消除慧差，而且，像面应尽量向后弯曲。

注意到，产生最小球差的透镜形状会形成最大场曲，所以，能够得到轴上最佳成像的透镜形状不适合宽视场应用。图中两侧的弯月形透镜是宽视场应用的较好选择，尽管这些弯曲中球差较大，但成像面几乎是平面，这是廉价相机中经常使用的物镜类型，相对孔径是 $f/11$ 或 $f/16$。

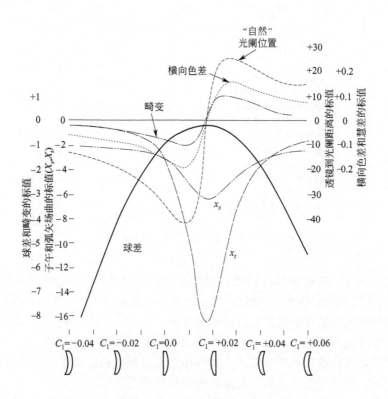

图 5.15 当每种透镜形状的光阑都处于"自然"位置
（无慧差）时，像差随透镜形状的变化

5.5 像差随孔径和视场的变化

在前面章节，讨论过简单透镜的形状和孔径位置对像差的影响，讨论中假设透镜的相对孔径固定在 $f/10$（光阑直径是 10mm），视场是 $\pm 17°$（视场直径 60mm）。知道视场和孔径变化时透镜像差如何变化，常常是非常有用的。

图 5.16 列出了初级像差与半孔径值 y（第一栏）以及像高 h（或视场角）（第二栏）之间的关系。为解释如何使用该表，假设已知透镜的像差，当孔径直径增大 50%，视场减小 50% 时，希望确定像差量的变化。新的 y 是原孔径的 1.5 倍，新的 h 是原视场的 0.5 倍。

由于纵向球差随 y^2 变化，所以，孔径变化 1.5 倍会使球差变化 $(1.5)^2$，或者 2.25 倍。同样，横向球差随 y^3 变化，将变化 $(1.5)^3$，即 3.375 倍（球差变大，像变模糊）。

像差	孔径	视场大小或角度
球差（纵向）	y^2	—
球差（横向）	y^3	—
慧差	y^2	h
Petzval 曲率（纵向）	—	h^2
Petzval 曲率（横向）	y	h^2
像散和场曲（纵向）	—	h^2
像散和场曲（横向）	y	h^2
畸变（线）	—	h^3
畸变（百分比）	—	h^2
轴上色差（纵向）	—	—
轴上色差（横向）	y	—
横向色差	—	h
横向色差（CDM）	—	—

图 5.16 初级像差随孔径和视场的变化

慧差随 y^2 和 h 变化，因此，慧差变化 $(1.5)^2 \times 0.5$，或者 1.125 倍。Petzval 场曲和像散都随 h^2 变化，将下降到原始值的 $(0.5)^2$ 或 0.25 倍，而由像散或场曲造成的弥散斑大小将是原尺寸的 $1.5 \times (0.5)^2$，或 0.375 倍。

一个透镜的像差还取决于物体和像面的位置。例如，一个对无穷远物体成像的物镜，其像差校正得非常好，如果用来对近距离物体成像，成像质量可能会非常差。原因在于光路和入射角都随物体位置而改变。

很明显，如果一个光学系统的所有尺寸都按照比例缩小或放大，则线性像差也随之精确地按照相同比例缩放。因此，当 5.4 节例子中简单透镜的焦距、孔径和视场分别增大到 200mm、20mm 和 120mm，则所有像差都要加倍。然而，注意到，透镜的速度或 $f/\#$ 数仍然是 $f/10$，视场保持 $\pm 17°$ 不变，相对畸变和放大率色差（CDM）也没有变化。

有时将像差表示为角像差。例如，一个光学系统的横向球差对于系统第二主点的张角。该角度就是角球差。值得注意，缩放光学系统的尺寸不会改变角像差。

5.6 光程差（波前像差）

可以根据光的波动性描述像差。在第 1 章已经指出，会聚形成一个"理想"像的光波是球面波。当透镜系统中有像差时，会聚于一个像点处的光波就对理想波形（中心在像点的球面）发生偏离。例如，如果是欠校正球差，则波前在透镜边缘会向内弯曲，如图 5.17 所示。如果还记得以前介绍过的内容，即一条光线是波前上一点的传播路径并垂直于波前，就能够理解上述解释。若光线与光轴相交于近轴焦点的左侧，那么，与该光线相关的波前部分一定会向内弯曲，图示中的波前比基准球面"超前"，超前的距离称为光程差或OPD，并习惯以波长为单位表示。与轴外像差，例如，慧差和像散相比较，与轴上像差相关的波前是旋转对称图形。例如，有像散的波前是环面（甜面圈形状的外表面）的一部分，在基准子午圈内有不同的半径。对轴外成像，选择基准球使其通过出瞳中心（有些计算中，为了方便，基准球的半径是无穷大）。

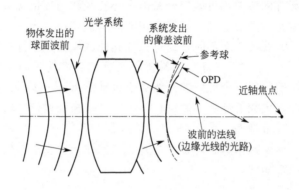

图 5.17　光程差

光程差（OPD）是出射波前与基准球面（中心在像平面）间的距离，基准球面在轴上与波前重合，因此，OPD是轴上点发出的光线通过光学系统后，边缘和轴上光路之间的差

5.7　像差校正和剩余像差

5.4节阐述了控制简单光学系统像差的两种方法，即透镜形状和光阑位置。在许多种应用中，需要完成更高精度的校正，必须将具有反号像差的光学元件相组合，以便于消除一个元件贡献给系统的像差，或者由其他元件校正。一个具有代表性的例子是在图5.18所表示的望远物镜中使用消色差双胶合透镜。单正透镜有欠校正球差和欠校正色差两种像差。而在负透镜中，这两种像差都是过校正像差。在双胶合透镜中，一个正透镜与一个弱光焦度的负透镜以这种方式组合，使每种像差相互抵消。正透镜是低色散（冕）玻璃材料，而负透镜是高色散（火石）玻璃材料，因此，由于有大的色散，负透镜在单位光焦度内比冕玻璃透镜有更大色差。适当选择两块透镜的相对光焦度，保

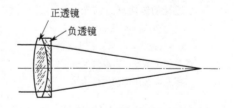

图 5.18　消色差双胶合望远物镜
适当设计两块透镜的光焦度和形状，从而用一块透镜消除另一块透镜的像差

证冕玻璃透镜具有足够聚焦能力的同时，使双胶合透镜的色差完全抵消。

分析球差的情况与色差十分类似，在色差分析中只考虑光焦度和色散，而在分析球差时还要涉及光焦度、形状和折射率。如果负透镜的折射率比正透镜高，那么，胶合后的内表面是发散表面，并且贡献过校正球差以平衡外表面产生的欠校正像差。

由于单个元件的像差不可能完全抵消全部孔径和角度的像差，所以，像差的精确校正通常是对透镜的某个孔径区域或某个视场角。当一个透镜的球差对通过孔径边缘的光线校正至零时，通过孔径其他区域的光线都不会会聚到近轴像点。图 5.19 是一个"校正好"的透镜所具有代表性的纵向球差曲线。注意到，只有通过透镜孔径一个位置的光线交于近轴焦点。一小部分光线会聚得比较靠近透镜，存在欠校正球差，通过校正部分光线呈现过校正球差。欠校正球差称为剩余像差或带像差，图 5.19 是一种欠校正带像差，对大部分光学系统，这是一种常见的像差校正状态。有时，有意地设计一个光学系统具有过校正球差带，但并非经常如此。

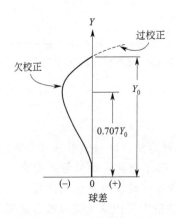

图 5.19 一个"过校正像差的"透镜的纵向球差与光线高度的关系曲线

对大多数透镜，如果孔径边缘的球差校正至零，则最大欠校正球差出现在 0.707 孔径处

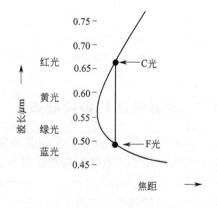

图 5.20 一个有代表性的双胶合消色差透镜的二级光谱

由于校正过像差，所以，C 和 F 光会聚到一个公共焦点。从 C 和 F 光的公共焦点到曲线最小值（在波长 $0.55\mu m$ 的黄绿光处）的距离称为二级光谱

剩余色差有两种不同形式。令两种不同波长的焦点重合可以实现色差校正，然而，由于大部分光学材料性质的原因，使消色差光学系统中正负透镜的非线性色散特性不"匹配"，因此，其他波长的焦点与这两种色光的公共焦点并不重合，焦点之间的这种差别称为二级光谱。图 5.20 表示典型消色差透镜

的后截距与波长间的关系曲线，C 光线（红光）和 F 光线（蓝光）会聚到公共焦点，黄光会聚到 C-F 焦点前约 1/2400 倍焦距处。

第二种主要的剩余色差可以看作色差随光线高度的变化，或者球差随波长的变化，称为色球差。在普通的色球差中，蓝光的球差是过校正，红光的球差是欠校正（黄光的球差完全校正过）。图 5.21 显示一个大孔径消色差双胶合物镜三种波长的纵向球差曲线图，该系统的像差校正已经使入射到 0.707 孔径高度的蓝光和红光聚焦在一个公共焦点。当然，该高度处黄光与红-蓝光公共焦点之间的距离就是上述的二级光谱。应当注意，大于 0.707 孔径高度的部分，其色差是过校正的，小于孔径高度的部分，色差是欠校正的，因此，通过透镜孔径面积一半的光线所形成的像差是过校正色差，另一半是欠校正色差。

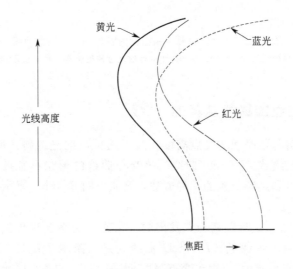

图 5.21　色球差

表示一个经过像差校正的透镜对三种波长形成的纵向像差。黄光的边缘球差得到校正，但蓝光的像差是过校正球差，红光的像差是欠校正球差。在 0.707 孔径高度处的色差得到校正，而在大于其高度部分是过校正像差，小于其高度部分是欠校正像差。这些像差的横向表达方式表示在图 5.24(k) 中

其他像差都有类似的剩余像差。在某一视场内完全可以校正慧差，但大于该视场产生的慧差常常是过校正像差，小于该视场产生的慧差是欠校正像差，慧差和颜色也随孔径而有正负号变化，在孔径中心部分产生过校正慧差，而在较外面部分形成欠校正像差。

通常，像散随视场会有明显变化。图 5.22 表示一个具有代表性的消像散照相物镜的弧矢和子午场曲曲线。在某一视场，像散为零，该点称为结点。比较典型的是，在结点之外，两个焦面相当快地分开。像散亦随波长变化。

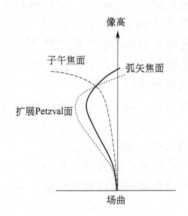

图 5.22　一个消像散照相物镜的弧矢和子午场曲曲线

已经校正了某一视场的像散，小于该视场产生的像散是过校正像差，大于该视场时是欠校正像差

5.8　光线交点曲线和像差的 "级"

子午光线扇与像平面的交点高度相对于透镜出射光线斜率所绘制的曲线，称为光线交点曲线或 H'-$\tan U'$ 曲线。该交点曲线的形状可直接显示像的模糊或弥散程度，也是判断像差的一种方法，例如，图 5.3(b) 表示简单的欠校正球差。

在图 5.23 中，由远距离物点发出的一束光线会聚在理想焦点 P。如果参考平面通过 P 点，很明显，H'-$\tan U'$ 曲线就是一条水平直线。若参考平面位于 P 点之后（如图所示），由于交点高度 H' 随 $\tan U'$ 的减小而减小，光线交点曲线就变成一条倾斜的直线。因此，移动参考平面（或令系统聚焦）等效于 H'-$\tan U'$ 的坐标旋转。这种像差表示法有一个非常有用的性质，即通过简单旋转图形的横坐标就能够立刻评价光学系统重新聚焦的效果。值得注意，直线的斜率（$\Delta H'/\Delta \tan U'$）完全等于参考平面到交点的距离（δ），因此，对于斜光线扇，子午场曲等于光线交点曲线的斜率。

绘制光线交点曲线的习惯方法是：①像的高度是正值；②通过透镜顶端的光线绘制在曲线右侧。对于包含有光学转像透镜（第二个部件）的复合光学系统，绘制在右侧的光线具有最大的负斜率值，就是说，是通过第一个部件底部的光线。这种表达效果在于，光线交点曲线表示的像差符号可以马上得以识别。例如，表示欠校正球差的曲线，在右端总是向下弯曲，在左端向上弯曲，并且，连接正慧差曲线两端的直线总是位于主光线点的上方。值得注意，对于

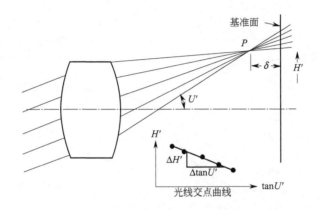

图 5.23 位于参考平面外的一个像点的光线交点曲线

位于参考平面外的一个像点的光线交点曲线（H'-$\tan U'$）是一条倾斜的直线。从数学角度，该直线的斜率（$\Delta H'/\Delta \tan U'$）等于参考平面至焦点 P 的距离 δ。注意，如果选择近轴焦平面作参考平面，则 δ 等于子午场曲 X_T

H'-$\tan U'$ 曲线，绘制该曲线的习惯违背了光线斜率的符号规则，这种表面上的矛盾是由几十年前采用的光线斜率符号规则演变而来的。

图 5.24 是一组光线交点曲线，各曲线图都以其代表的像差来标识。草拟出每种像差的光路，再根据曲线上的一点勾画出每条光线的交点高度和倾斜角，就可以马上理解这些曲线。图 5.24 中没有绘制出畸变，它是该曲线到近轴像高 h' 的偏离。由两种波长在垂直方向的相对位移绘制的曲线来表示横向色差。图 5.24 中的光线交点曲线是通过追迹一个物点发出的子午光扇，进而绘制出它们的交点高度相对于其斜率的曲线。追迹弧矢面（垂直于子午面）内的光线扇，并绘制出它们在 x 方向的光线交点与弧矢面内光线斜率（相对于子午面内主光线的斜率）的曲线，就可以检查其他子午面内的成像情况。注意，图 5.24(k) 的曲线与图 5.21 的纵向曲线是同一透镜的。

很明显，光线交点曲线是"奇"函数，即这些曲线是旋转对称的，或者以原点为点对称，在数学上，可以用下面公式表示：
$$y = a + bx + cx^3 + dx^5 + \cdots$$
或者
$$H' = a + b\tan U' + c\tan^3 U' + d\tan^5 U' + \cdots \tag{5.7}$$

轴上像点的所有光线交点曲线都属此种类型。由于 $U'=0$ 时，轴上像点的光线交点曲线一定有 $H'=0$，所以，常数 a 一定是零。同时，这种情况下的常数 b 代表参考平面至近轴像面的移动量，因此，相对于近轴焦点绘制的横向

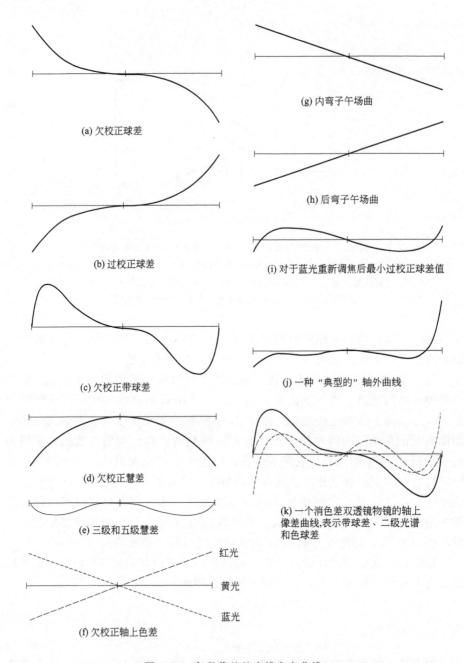

图 5.24　各种像差的光线交点曲线

曲线的纵坐标是 H，代表光线与（近轴）像面交点的高度。横坐标是 $\tan U$，代表光线相对于光轴的最终斜率。习惯上将通过透镜顶端的光线绘制在图的右侧，通常表示光轴之上的像点

球差曲线可以用下面公式表示：
$$TA' = c\tan^3 U' + d\tan^5 U' + e\tan^7 U' + \cdots \tag{5.8}$$

当然，根据最终的 U' 或 $\sin U'$，或者光线在透镜上的高度（Y），甚至光线的物方斜率（U_0）而非 $\tan U'$，用一种幂级数展开式表示该曲线也是可行的。显然，每个常数都不相同。

对简单的欠校正透镜，公式(5.8)的第一项就足以描述像差。对于绝大部分"校正过的"透镜，前两项起主要作用。对于很少几种情况，才使用前三项（和很少使用的第四项）表示像差。作为例子，图 5.3，图 5.24(a) 和图 5.24(b) 都可以用 $TA' = c\tan^3 U'$ 表示，并将这类像差称为三级球差。然而，在图 5.24(c) 中，必须用公式中的两项才能准确表达该像差，即 $TA' = c\tan^3 U' + d\tan^5 U'$，第二项表示的像差量称为五级像差。同样，公式(5.8) 第三项表示的像差称为七级像差。五级、七级、九级等各级像差统称为高级像差。

正如第 6 章将要阐述的，无需通过三角光线追迹，以近轴光线追迹所得数据就有可能计算初级或三级像差，这类像差分析称为三级像差理论。将几何光学中确定近轴像面位置的内容冠名以"初级光学"，也是来源于该幂级数表达式，因为，表达式的一级项只是描述参考面相对于近轴焦点的纵向位移。

关于光线交点曲线的进一步解释

光线交点曲线可以给出多种有意义的解释。可以明确看出，曲线上-下端高度是像弥散圆的尺寸。此外，旋转曲线图的水平线（横轴）等效于对像重新调焦，并能确定再调焦对弥散尺寸的影响。

图 5.23 显示一个离焦像的光线交点曲线是一条斜线。研究光线交点曲线 H-$\tan U$ 上任一点的曲线斜率，则斜率等于中心位于该点的小孔径光束的离焦量，换句话说，它代表通过一个针孔孔径的那部分光线的聚焦，仿佛是 H-$\tan U$ 曲线那部分光线的作用一样。同样地，对于斜光束光线，由于沿光轴移动孔径光阑等效于选择光线交点图上另外一部分光线，从而可以理解为什么移动光阑会改变场曲和慧差，如 5.4 节所述。

根据 H-$\tan U$ 光线交点曲线可以推导出 OPD（光程差）或波前像差。曲线下两点间的面积等于与两点对应的两条光线的光程差。通常，计算 OPD 采用的基准光线是光轴或主光线（对斜光束），因此，一条指定光线的 OPD 通常等于光线交点曲线之下中心点与该光线间的面积。

从数学角度，OPD 是 H-$\tan U$ 曲线的积分，离焦是斜率或一阶导数。慧差与曲线曲率或二阶导数有关，如 5.24(d) 所示。

显然，可以用下面的幂级数展开式表示一个物点的光线交点曲线：
$$H' = h + a + bx + cx^2 + dx^3 + ex^4 + fx^5 + \cdots \tag{5.9}$$

式中，h 是近轴像高；a 是畸变；x 是孔径变量（即 $\tan U'$）。由此，解释一条光线交点曲线就演变成将该曲线分解成各种不同的项，例如，cx^2 和 ex^4 代表三级和五级慧差，而 dx^3 和 fx^5 是三级和五级球差。bx 项是由偏离近轴焦点造成的，也可能是场曲的原因。注意到，对到光轴不同距离的物点，常数项 a、b 和 c 等都不相同。对于初级像差，这些常数的变化符合图 5.16 中所列数据，一般情况下，与公式（5.1）和公式（5.2）一致。

5.9 纵向像差、横向像差、波前像差（OPD）和角像差之间的关系

求得像差值的各种方法间存在着非常简单的关系。已知一种像差值，可以很快确定该像差其他计量方式的对应值。图 5.25 表示能够按照四种不同的方式确定球差：

① 纵向球差；
② 横向球差；
③ 波前像差；
④ 角像差。

离焦、球差、像散、Petzval 场曲和轴向色差都可以表示为 4 种形式。由于慧差、畸变和横向色差不能在纵向计量，对这些像差只使用横向、角度和波前的计量方式。

在图 5.25 中，边缘光线 M 与光轴相交于 M，位于近轴焦点 P 的左边，距离 $LA_M = L' - l'$，该距离是纵向球差。光线 M 与近轴焦平面交于 T 点，距离 TA_M 位于光轴之下，称为横向球差。角球差是横向球差相对于光学系统第二节点或第二主点的张角，若在空气中，很简单，等于横向像差除以 s'，其中 s' 是第二主点到近轴焦点的距离。波前像差（或 OPD）是波前和基准球间沿光线方向的距离，基准球中心在基准点（或"理想"像点）。在图 5.25 中，基准球的中心位于近轴焦点 P 处。OPD 与各种像差之间的关系将在 15 章做详细讨论。

OPD 是角像差在孔径范围内的积分，也是 $H\text{-}\tan U$ 曲线在两条光线间的积分。弧矢和子午场曲 x_s 和 x_t 是 $H\text{-}\tan U$ 曲线中主光线的斜率。

各种像差之间的关系如下：
纵向像差定义为沿光轴（或 z 轴）的位置差

对球差 $\qquad LA = L' - l'$,

对色差 $\qquad LA_{ch} = l'_F - l'_C$,

对场曲 $\qquad x_s = （弧矢焦点距离*）- l'$,

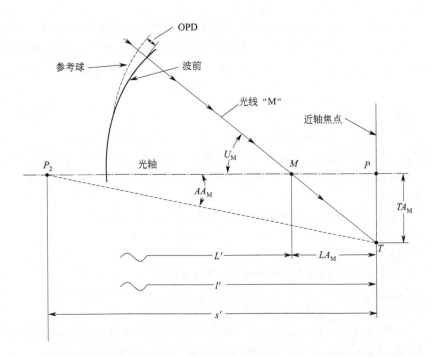

图 5.25 球差

$$x_t = (子午交点距离*) - l',$$
$$x_p = (3x_s - x_t)/2$$
$$像散 = x_t - x_s$$

※注释：平行于 z 轴测量，从最后一表面的顶点到像聚焦点（沿主光线确定）。

这些像差的横向形式简单表示为纵向像差和边缘光线斜率（的负值）的乘积。对于诸如场曲、轴向色差，一般是使用轴上边缘光线（近轴或三角法）的斜率。对于一条特定光线的像差（即存在渐晕、一条特定光线的球差或者横向场曲），使用该光线的斜率。因此，边缘光线的球差：

$$TA_M = LA_M \tan U_M$$

对带球差

$$TA_Z = LA_Z \tan U_Z$$

对像散（astigmatism），通常使用下述公式

$$T_{astig} = (x_t - x_s) \tan U_M$$

或者

$$T_{astig}=(x_t-x_s)U_M$$

孔径中任何一条光线的场曲都等于 H-$\tan U$ 曲线中该光线的斜率。对子午光线交点曲线，该斜率等于 x_t，对弧矢光线交点曲线，等于 x_s，如果在孔径光阑处放置一个合适的针孔，上述场曲可以对系统的成像质量作出有效评价。

练 习

1. 已经对一个光学系统追迹过两条轴上光线，得到的纵向球差是 -1.0 和 -0.5；光线斜率（$\tan U$）分别是 -0.5 和 -0.35。请问：(a) 近轴焦平面处的横向像差是多少？(b) 近轴焦平面前 0.2 处一个平面上的横向像差是多少？

答案：

(a) 在近轴焦平面处，横向像差等于纵向像差乘以（负）光线斜率：

对 1#光线　　　$TA=-LA\tan U=-(-1)\times(-0.5)=-0.5$

对 2#光线　　　$TA=-(-0.5)\times(-0.35)=-0.175$

(b) 近轴焦平面前 0.2 处一个平面上的横向球差是：

对 1#光线　$TA=-[LA-(-0.2)]=-(-1+0.2)\times(-0.5)=-0.4$

对 2#光线　　　$TA=-(-0.5+0.2)\times(-0.35)=-0.105$

2. 一个透镜的慧差 $\text{Coma}_T=+1.0$。请绘制下面情况下光线与焦平面的交点曲线：(a) 光线通过边缘区域；(b) 0.707 带区；(c) 0.5 带区。参考图 5.26。

答案：

由孔径一个环带发出的光线与焦平面相交是一个圆，其直径随孔径带尺寸的平方变化。对于初级慧差，该圆与 60°夹角的两条直线相切，两条线交点到圆上端部的距离是子午慧差。由图 5.26 可以看出，圆的半径 R 是 30°/60°直角三角形的短边，其斜边等于 $2R$。该斜边等于（Coma_T-R），所以，$2R=(\text{Coma}_T-R)$，由于慧差等于 1.0，所以，$R=1/3$。圆心到两条线交点的距离是 2/3。

可以得到其他带区类似的图。慧差随孔径的平方变化，所以，0.707 带区的慧差是 0.5，0.5 带区的慧差是 0.25。

3. 一种透镜的焦距是 100，孔径是 10，视场是 $\pm5°$，初级像差如下：纵向球差=$+1.0$，慧差=$+1.0$，并且 $X_T=+1.0$。请问在下列条件下，该透镜的像差是多少？

　　(a) $f=200$，孔径=10，视场=$\pm2.5°$；

　　(b) $f=50$，孔径=10，视场=$\pm10°$。

答案：

对于焦距 200 的透镜，所有尺寸都加倍，所有像差变为 $+2.0$。但孔径由 20 减小到 10，纵向球差减少 $(10/20)^2$ 倍，从 $+2.0$ 减小到 $+0.5$。慧差减少 $(10/20)^2$ 倍，从 $+2.0$ 减小到 $+0.5$。X_T 不变，仍然为 $+2.0$。视场减小到 $\pm2.5°$时，球差不变，仍是 0.5。慧差减少 $(2.5/5)$ 倍，由 0.5 减至 0.25。X_T 减小 $(2.5/5)^2$ 倍，从 2.0 减小到 0.5。

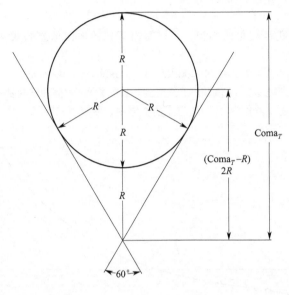

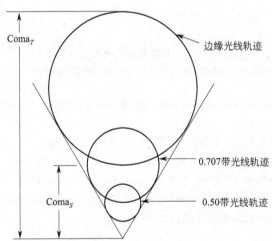

图 5.26 绘制三级慧差的光线图时,可以参考的光线布局图

因此,有下面结果:

	球差	慧差	视场正切
初始值	+1.0	+1.0	+1.0
(a)	+0.5	+0.25	+0.5
(b)	+2.0	+4.0	+2.0

4. 一个透镜的横向球差、横向慧差和横向 X_T 都等于 1.0,请绘出光线交点曲线。

假设是三级像差,并且 $\tan U'_M = 1.0$。

答案:

根据像差随孔径变化的知识,可以写出下列的横向像差公式(如同图 5.16 和图 5.24 所示):

$$\sum TA = 1.0 \times \tan^3 U + 1.0 \times \tan^2 U + 1.0 \times \tan U$$

现在可以很容易地绘制出 U 值从 -1.0 变到 $+1.0$ 时 $\sum TA$ 值的变化曲线,如图 5.27 所示(译者注:原文中有图 5.27,练习 4 的文字中,漏写了)。

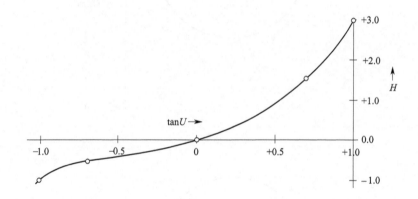

图 5.27　一个光学系统的光线交点曲线
该系统的横向球差、横向慧差 Coma_T 和横向 X_T 都等于 $+1.0$

作为另一种方法,也可以评价每种像差曲线,将它们相加,其结果如下:

$\tan U$	-1.0	-0.707	0.0	$+0.707$	$+1.0$
横向球差	-1.0	-0.35	0.0	$+0.35$	$+1.0$
慧差	$+100$	$+0.35$	0.0	$+0.35$	$+1.0$
横向 X_T	-1.0	-0.707	0.0	$+0.707$	$+1.0$
求和	-1.0	-0.557	0.0	$+1.557$	$+3.0$

注意:曲线在原点的斜率等于纵向 $X_T = +1.0$。

参考文献

Bass, M., *Handbook of Optics*, Vol. 1, New York, McGraw-Hill, 1995.
Fischer, R. E. and B. Tadic-Galeb, *Optical System Design*, New York, McGraw-Hill, 2000.
Greivenkamp, J., *Field Guide to Geometrical Optics*, Bellingham, WA, SPIE, 2004.
Kingslake, R., *Optical System Design*, Orlando, Academic, 1983.
Smith, W. J., *Modern Lens Design*, New York, McGraw-Hill, 2002.
Smith, W. J., *Practical Optical System Layout*, New York, McGraw-Hill, 1997.
Welford, W., *Aberrattions of Optical Systems*, London, Hilger, 1986.

第6章
三级像差理论和计算

6.1 概述

前一章阐述了各种像差,并且在公式(5.1)和公式(5.2)中给出了各级像差随光学系统孔径和视场的变化方式。对于轴对称光学系统,只有"奇数"级像差存在(一级、三级、五级、七级……)。将基准点设置在近轴像点位置,可以消除一级像差。因此,一级像差是焦点位置或像的尺寸(高度)不正确,随孔径或倾斜角线性变化,例如,简单的离焦或近轴色差(横向轴上色差,或者横向色差)。

首先讨论第一种"真正的"像差,即三级像差。在这种像差中,变量 y(孔径)和 h(视场角)的指数和是3;然后,确定五级像差、七级项差、九级像差等。如果局限于研究三级和五级像差,就有五种三级像差,五种对应的五级像差,再加上两种新的五级像差,即斜球差和椭圆形慧差。像差随孔径和视场的变化如下。

三级像差		五级像差	
幂级数	像差名	幂级数	像差名
y^3	球差	y^5	五级球差
y^2h	慧差	y^4h	线性慧差
yh^2	像散	yh^4	五级像散
yh^2	Petzval 场曲	yh^4	五级 Petzval 场曲

续表

三级像差		五级像差	
幂级数	像差名	幂级数	像差名
h^3	畸变	h^5	五级畸变
		$y^3 h^2$	斜球差
		$y^2 h^3$	椭圆慧差

查看公式(5.1)和公式(5.2)中的"C"项，就能说明五级像差的复杂性。与三级像差不同，每种像差都有多个系数，因此，像差模糊圆的形状会有很大变化。

可喜的是，根据两条近轴光线，即一条轴上光线和主光线的光线追迹数据能够计算三级像差表面贡献量，用同样的数据也可以计算五级像差，但是，一个表面的五级贡献量不仅取决于正在讨论的表面上的光线数据，还取决于光线在系统其他表面上的数据或像差贡献量（参考 Buchdahl 编写的资料）。在第 16 章讨论望远物镜的设计内容中可以找到这方面的解释。绝大部分全套版光学软件都可以计算三级和五级两种**像差贡献量**。

像差贡献量计算公式的主要价值在于，不仅可以计算像差量，而且能够计算每个单独表面对最终像差的贡献量，就是简单地对所有表面贡献量求和。三级贡献量不仅表明何处产生三级像差，而且表明高级像差的来源。这种关系不是一种简单关系，例如，如果一个系统具有五级球差，其问题完全可能是由具有特别大三级球差贡献量的表面所致。

三级贡献量公式的另外价值是，当通过改变输入的曲率、间隔或折射率等结构参数以较容易改变三级像差时，高级像差是比较稳定和难以改变的。因此，如果变化一种参数，并发现三级像差有一定变化，那么，使用三角光线精确追迹方法计算像差会发现变化量非常小。

6.2 近轴光线追迹

虽然在第 3 章已经给出了近轴光线追迹公式，但为了保证本章的完整性，再次（以稍有不同的形式）给出这些表达式。

开始：(1) 已知第一表面处的 y 和 u

或者 (2)
$$y = -lu \tag{6.1a}$$

或者 (3)
$$y = h - su \tag{6.1b}$$

折射：
$$u' = \frac{nu}{n'} + \frac{-cy(n'-n)}{n'} \tag{6.1c}$$

转换至下一表面：
$$y_{j+1} = y_j + tu'_j \tag{6.1d}$$
$$u_{j+1} = u'_j \tag{6.1e}$$

结束：
$$l'_k = \frac{-y_k}{u'_k} \tag{6.1f}$$

或
$$h' = y_k + s'_k u'_k \tag{6.1g}$$

各个符号的意义如下：

y	光线入射到表面上的高度，光轴上方为正，下方为负；
$u(u')$	光线在折射前（或后）的斜率；
$h(h')$	光线在物面（或像面）上的高度，光轴上方为正，下方为负；
$l(l')$	折射前（或后）光线交点到表面的距离。交点位于表面右（或左）侧，则为正（或负）；
$s(s')$	从第一（或最后）表面到物（或像）平面的距离，该平面位于表面右（或左）侧，则为正（或负）；
c	表面曲率（半径倒数），等于 $1/R$，曲率中心位于表面右侧，为正，位于左侧，为负值；
$n(n')$	前（或后）一个表面的折射率，光线从左向右传播为正，从右向左传播，为负值；
t_j	(j) 和 $(j+1)$ 表面顶点之间的间隔。表面 $(j+1)$ 若在表面 (j) 右边，为正值；
k	系统最后一个表面的脚标。

图 6.1 标明了这些符号的意义。

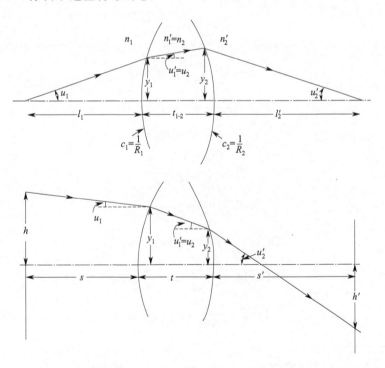

图 6.1 近轴光线追迹公式(6.1a)~公式(6.1g) 中所有符号意义的图示

6.3 三级像差：表面贡献量[1]

由两条近轴光线的追迹数据可以计算三级像差的表面贡献量：一条轴上光线（从轴上物平面的交点出射，并通过入瞳边缘）和一条（近轴）主光线（从轴外物点出射，通过入瞳中心）。根据公式(6.1a)～公式(6.1g)对这些光线进行追迹。下面，用不带脚标的字母（例如 y、u、i 等）表示轴上光线的数据，带有脚标"p"的字母（例如 y_p、u_p、i_p 等）表示近轴主光线的数据。

光学不变量 Inv 可以由第一表面上（或任一方便计算的表面）两条光线的数据确定：

$$\text{Inv} = y_p n u - y n u_p = h' n'_k u'_k \tag{6.2a}$$

式中，脚标 k 表示系统的最后一个表面。

最终的像高 h'（近轴主光线与像平面的交点）由主光线决定，或者由下式计算：

$$h' = \text{Inv}/n'_k u'_k \tag{6.2b}$$

式中，n'_k 和 u'_k 分别是轴上光线通过系统最后表面后的折射率和斜率。

下面公式适合系统的任一表面：

$$i = cy + u \tag{6.2c}$$

$$i_p = cy_p + u_p \tag{6.2d}$$

$$B = \frac{n(n'-n)}{2n'\text{Inv}} y(u'+i) \tag{6.2e}$$

$$B_p = \frac{2n(n'-n)}{2n'\text{Inv}} y_p(u'_p + i_p) \tag{6.2f}$$

$$\text{TSC} = Bi^2 h \tag{6.2g}$$

$$\text{CC} = Bii_p h \tag{6.2h}$$

$$\text{TAC} = Bi_p^2 h \tag{6.2i}$$

$$\text{TPC} = \frac{-(n-n')ch\text{Inv}}{2nn'} \tag{6.2j}$$

$$\text{DC} = h\left[B_p ii_p + \frac{1}{2}(u'^2_p - u^2_p)\right] \tag{6.2k}$$

$$\text{TAchC} = \frac{-yi}{n'_k u'_k}\left(\Delta n - \frac{n}{n'}\Delta n'\right) \tag{6.2l}$$

$$\text{TchC} = \frac{-yi_p}{n'_k u'_k}\left(\Delta n = \frac{n}{n'}\Delta n'\right) \tag{6.2m}$$

---

[1] 参考 D. Feder 的文章 "Optical Calculations with Automatic Computing Machines," J. Opt. Soc. Am., vol. 41, pp. 630-636 (1951)。

与前面规定相同,带撇的符号表示光线在一个表面上折射后的量。大部分符号(y, n, u, c)在 6.2 节或上面都定义过,还没有定义的符号是:

B 和 B_p	计算的中间步骤。
i	近轴入射角。
Δn	介质色散,等于短波长与长波长的折射率差。对于目视光学系统,$\Delta n = n_F - n_C$,或者 $\Delta n = (n-1)/V$。
Inv	光学不变量;$hnu = h'n'u'$。

单个表面的三级像差贡献量可以由公式(6.2g)~公式(6.2m)求得,其中:

TSC	横向三级球差贡献量。
CC	弧矢三级慧差贡献量。
3CC	子午三级慧差贡献量。
TAC	横向三级像散贡献量。
TPC	横向三级 Petzval 贡献量。
DC	三级畸变。
TAchC	近轴横向轴上色差贡献量。
TchC	近轴横向色差贡献量。

注意,TAchC 和 TchC 是一级像差。可以方便地与三级像差同时计算,所以,在此同时列出了该计算公式。

将横向像差值除以 $-u_k'$ 就可以得到纵向贡献量,因此,轴上光线的总斜率是:

$$SC = \frac{-TSC}{u_k'}$$

$$AC = \frac{-TAC}{u_k'}$$

$$PC = \frac{-TPC}{u_k'} \qquad (6.2n)$$

$$LAchC = \frac{-TAchC}{u_k'}$$

将横向三级像差贡献量或者其和乘以 ($-2n_k'u_k'$) 就可以得到赛德(Seidel)系数:

$$S1 = -TSC(2n_k'u_k')$$
$$S2 = -CC(2n_k'u_k')$$
$$S3 = -TAC(2n_k'u_k')$$
$$S4 = -TPC(2n_k'u_k')$$
$$S5 = -DC(2n_k'u_k')$$

将所有表面的贡献量相加得到 $\sum TSC$, $\sum CC$, $\sum TAC$ 之值,就可以得到最终像平面上的三级像差量。

$\sum$TSC	三级横向球差。
$\sum$SC	三级纵向球差。
$\sum$CC	三级弧矢慧差。
$3\sum$CC	三级子午慧差。
$\sum$TAC	三级横向像散。
$\sum$AC	三级纵向像散。
$\sum$TPC	三级横向 Petzval 和。
$\sum$PC	三级纵向 Petzval 和。
$\sum$DC	三级畸变。
$\sum$TAchC	一级横向轴上色差。
$\sum$LAchC	一级纵向轴上色差。
$\sum$TchC	一级横向色差。

在某种程度上，一级和三级像差近似等于完整的像差展开表达式，因此，下面关系式成立：

$$\sum SC \approx L' - l' \text{（球差）}$$

$$3\sum CC \approx \frac{1}{2}(H'_A + '_B) - H'_P \text{（子午慧差）}$$

$$z_s \approx \sum PC + \sum AC \text{（弧矢场曲, } x_s\text{）}$$

$$z_t \approx \sum PC + 3\sum AC \text{（子午场曲, } x_t\text{）}$$

$$\rho = \frac{h^2}{2\sum PC} = \frac{h^2 u'_p}{2\sum TPC} \text{（Petzval 曲率半径）}$$

$$\text{相对畸变} \approx \frac{100\sum DC}{h}$$

$$\sum LAchC \approx l'_F - l'_C \text{（轴上色差）}$$

$$\sum TchC \approx h'_F - h'_C \text{（横向色差）}$$

非球面的贡献量

从光线追迹的目的出发，可以利用下面公式描述旋转非球面：

$$z = f(x,y) = \frac{cs^2}{1 + \sqrt{1 - c^2 s^2}} + A_2 s^2 + A_4 s^4 + \cdots + A_j s^j \tag{6.2o}$$

式中，z 是非球面上一点的纵向坐标（横坐标轴），到 z 轴的距离是：

$$s^2 = y^2 + x^2$$

为计算三级像差，假设可以用 s^2 的幂级数表示非球面形状：

$$z = \frac{1}{2}C_e s^2 + \left(\frac{1}{8}C_e^3 + K\right)s^4 + \cdots \tag{6.2p}$$

表达式中，可以忽略含有 s^6 及更高次幂的项。公式(6.2o) 给出的非球面表面形式中，等效曲率 C_e 和等效四级变形系数 K 可由下式决定：

$$C_e = c + 2A_2 \tag{6.2q}$$

$$K = A_4 - \frac{A_2}{4}(4A_2^2 + 6cA_2 + 3c^2) \tag{6.2r}$$

式中，c、A_2 和 A_4 分别代表公式(6.2o)中的曲率、第二和第四级变形项。注意，如果 A_2 为零，则 $C_e = c$，$K = A_4$。对锥形表面，请参考第 18 章，其中，$A_4 = \kappa/8R^3$。

可以通过下面方法确定非球面的贡献量：首先，利用公式(6.2g)~公式(6.2m)计算等效球面 C_e 的贡献量，然后，用下面公式计算等效第四级变形常数 K 的贡献量，最后，与等效球面的贡献量相加，从而得到非球面整个三级像差的贡献量。

$$W = \frac{4K(n'-n)}{\text{Inv}} \tag{6.2s}$$

$$\text{TSC}_a = Wy^4 h \tag{6.2t}$$

$$\text{CC}_a = Wy^3 y_p h \tag{6.2u}$$

$$\text{TAC}_a = Wy^2 y_p^2 h \tag{6.2v}$$

$$\text{TPC}_a = 0 \tag{6.2w}$$

$$\text{DC}_a = Wy y_p^3 h \tag{6.2x}$$

$$\text{TAchC}_a = 0 \tag{6.2y}$$

$$\text{TchC}_a = 0 \tag{6.2z}$$

值得注意，如果非球面放置在孔径光阑处（或光瞳处），则 $y_p = 0$，并且，非球面产生的唯一三级像差是球差。施密特（Schmidt）照相机就是利用该性质，在光阑处放置一块非球面校正板，所以，只有球面反射镜的球差受到该校正板的影响。反之，如果希望利用非球面影响慧差、像散或畸变，就必须将其放置在至光阑有相当距离的位置。

6.4 三级像差：薄透镜，光阑移动公式

当光学系统的零件较薄时，常常假设其厚度为零。正如前面已经说明的，这种假设使透镜有一个简化的焦距近似计算公式，这对初期的粗略计算相当有用。该近似表达式可以应用于三级像差计算，在初期光学系统的解析设计中也是一种非常有用的工具。利用上节对零厚度透镜推导出的表面贡献量公式可以得到下面的公式。

用第 4 章给出的方法，通过一个薄透镜光学系统追迹一条轴上光线和一条主光线，就可以确定薄透镜的三级像差。使用公式是：

$$u' = u - y\phi \tag{6.3a}$$

$$y_2 = y_1 + du_1' \qquad (6.3b)$$

式中，u 和 u' 分别是透镜折射前后的斜率；ϕ 是透镜的光焦度（焦距倒数）；y 是光线入射到透镜上的高度；d 是相邻透镜的间隔。

根据 3.5 节的内容，可以得到薄透镜的光焦度公式：

$$\phi = \frac{1}{f}$$
$$= (n-1)(c_1 - c_2)$$
$$= (n-1)c \qquad (6.3c)$$

式中，$c = c_1 - c_2$，c_1 和 c_2 是透镜第一和第二表面的曲率（半径倒数）。

通过光学系统追迹轴上和主光线之后，对每个透镜都可以计算出以下的量：

$$v = \frac{u}{y} \text{（或者}, v' = \frac{u'}{y}\text{）} \qquad (6.3d)$$

$$Q = \frac{y_p}{y} \qquad (6.3e)$$

式中，u 和 y 是轴上光线的数据；y_p 是主光线的数据。

利用光阑位移公式确定像差贡献量：

$$TSC^* = TSC \qquad (6.3f)$$
$$CC^* = CC + QTSC \qquad (6.3g)$$
$$TAC^* = TAC + 2QCC + Q^2 TSC \qquad (6.3h)$$
$$TPC^* = TPC \qquad (6.3i)$$
$$DC^* = DC + Q(TPC + 3TAC) + 3Q^2 CC + Q^3 TSC \qquad (6.3j)$$
$$TAchC^* = TAchC \qquad (6.3k)$$
$$TchC^* = TchC + QTAchC \qquad (6.3l)$$

带星（＊）的项是没有位于光阑处的透镜元件的贡献量（$y_p \neq 0$），不带星的项是与光阑密切接触的透镜元件的贡献量（$y_p = 0$），并由下面公式给出：

$$TSC = \frac{y^4}{u_k}(G_1 c^3 - G_2 c^2 c_1 - G_3 c^2 v + G_4 cc_1^2 + G_5 cc_1 v + G_6 cv^2)$$
$$= \frac{y^4}{u_k}(G_1 c^3 + G_2 c^2 c_2 + G_3 c^2 v' + G_4 cc_2^2 + G_5 cc_2 v' + G_6 cv'^2) \qquad (6.3m)$$

$$CC = -hy^2(0.25G_5 cc_1 + G_7 cv - G_8 c^2)$$
$$= -hy^2(0.25G_5 cc_2 + G_7 cv' + G_8 c^2) \qquad (6.3n)$$

$$TAC = \frac{h^2 \phi u_k'}{2} \qquad (6.3o)$$

$$TPC = \frac{h^2 \phi u_k'}{2n} = \frac{TAC}{n} \qquad (6.3p)$$

$$DC = 0 \tag{6.3q}$$

$$TAchC = \frac{y^2 \phi}{V u'_k} \tag{6.3r}$$

$$TchC = 0 \tag{6.3s}$$

$$TSchC = \frac{y^2 \phi P}{V u'_k} \tag{6.3t}$$

公式中的符号意义如下：

u'_k	轴上光线(在像平面上)的最终斜率。
h	像高(主光线与像平面的交点高度)。
V	透镜材料的阿贝数 V，等于 $(n_d-1)/(n_F-n_C)$。
P	透镜材料的局部色散，等于 $(n_d-n_C)/(n_F-n_C)$。
$G_1 \sim G_8$	透镜材料折射率的函数，列于公式(6.3u)中。

TSC、CC、TAC、DC、TPC、TAchC 和 TchC 的定义与 6.3 节中一样。

TSchC 是横向二级光谱的贡献量，等于 $(l'_d - l'_C)(-u'_k)$。

根据公式(6.2n)，将横向像差除以 $(-u'_k)$ 可以转换为下面形式的纵向像差：

$$SC = \frac{-TSC}{u'_k}$$

$$AC = \frac{-TAC}{u'_k}$$

$$PC = \frac{-TPC}{u'_k}$$

$$LAchC = \frac{-TAchC}{u'_k}$$

$$SchCA = \frac{-TSchC}{u'_k}$$

薄透镜贡献量与各种形式像差的关系同 6.3 节的阐述一样。

$$G_1 = \frac{n^2(n-1)}{2}$$

$$G_2 = \frac{(2n+1)(n-1)}{2}$$

$$G_3 = \frac{(3n+1)(n-1)}{2}$$

$$G_4 = \frac{(n+2)(n-1)}{2n} \tag{6.3u}$$

$$G_5 = \frac{2(n+1)(n-1)}{n}$$

$$G_6 = \frac{(3n+2)(n-1)}{2n}$$

$$G_7 = \frac{(2n+1)(n-1)}{2n}$$

$$G_8 = \frac{n(n-1)}{2}$$

确定系统中每个透镜的贡献量 TSC^*、CC^* 等，然后将每个贡献量相加，得到 $\sum TSC^*$，$\sum CC^*$ 等。在某程度上，①薄透镜的假设是成立的，②三级像差足以代表系统的整个像差：

$$\sum SC \approx L' - l'$$

$$\sum CC^* \approx Coma_S \approx \frac{1}{3} Coma_T$$

$$\sum PC^* + \sum AC^* \approx x_s \text{（弧矢场曲）}$$

$$\sum PC^* + 3\sum AC^* \approx x_t \text{（子午场曲）}$$

$$\frac{1}{\sum \frac{\phi}{n}} = -\rho = \text{Petzval 半径}$$

$$\frac{100 \sum DC^*}{h} \approx \text{相对畸变}$$

$$\sum LAchC = l'_F - l'_C$$

$$\sum TchC = h_F - l_C$$

$$\sum SchC = l'_d - l'_C$$

薄透镜三级像差计算式（常称为 G-sums 或高斯求和公式）可以用来和光学系统的特定数据相结合用以确定（近似的）其像差值；另一个用途是，在确定透镜曲率、间隔和光焦度的设计阶段，用这种方式可以使像差等于某一组期望值，这在第 16 章将有详细阐述。如果是非球面透镜，利用公式(6.2r)~公式(6.2y) 计算非球面造成的贡献量，再与计算出的球面透镜贡献量相加。

公式(6.3f)~公式(6.3l) 称为光阑位移公式，也可用于表面贡献量计算。通过设置下面关系可以确定一个新的或光阑移动后新位置的三级像差：

$$Q = \frac{(y_p^* - y_p)}{y}$$

式中，y_p^* 是新主光线（光阑移动后）的高度；y_p 和 y 与 6.3 节的定义一样。

注意，Q 是不变量，因此，y_p^*、y_p 和 y 值可以方便地取在任意表面上。如果这些公式以该方式使用，则不带星的项（SC、CC 等）与光阑原始位置像差相关，带星的项（SC^*、CC^* 等）与新位置的像差相关。Q 不变性另一重要性在于，光阑移动既可以应用于单个表面的贡献量，也可以应用于整个系统的贡献量之和,或其他的任何部分。

光阑移动公式[公式(6.3f)～公式(6.3l)]的含义值得注意。如果所有的三级像差都针对一个给定的光阑位置进行校正,那么,移动光阑将不会改变像差。同样地,若没有球差,慧差也不会受光阑位移的影响。这就是抛物面反射镜的情况,在这种情况中没有球差,所以无论光阑放置在何处,慧差量不变。但由于有慧差,所以,像散是光阑位置的函数。

6.5 计算实例

由于对本章内容感兴趣的读者不太可能"亲手"完成像差计算,所以,以我们通常的一组练习作为计算机软件计算出的演示验证。演示的课题是一个非常普通的库克(Cooke)三片消像散物镜,焦距101mm,速度(相对孔径)$f/3.5$,全视场23.8°。请读者(用手算或计算机计算)复算以证实计算的正确性。

图 6.2 给出了该物镜完整的光线追迹分析,非常适合本作者使用软件程序(Lambda Research Corp. 的 OSLO 光学设计程序)的"一点就通"的应用特性。

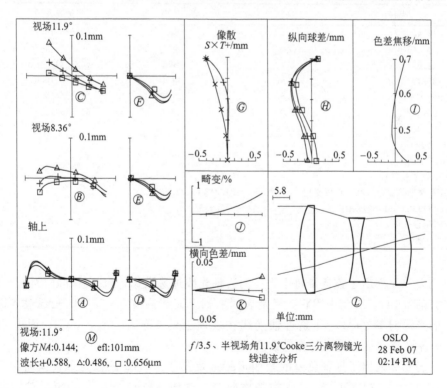

图 6.2 某物镜(结构参数列在下面的表格中)的像差曲线

- 曲线 A、B 和 C 是子午光线扇的光线交点曲线(分别对应轴上、0.7 视场和全视场)。
- 曲线 D、E 和 F 是弧矢光线扇的光线交点曲线(由于弧矢曲线是以原点为点对称,只需要知道曲线的一半)。
- 曲线 G 表示弧矢和子午场曲,即 x_s 和 x_t。
- 曲线 H 表示三种波长的纵向球差(注意,与表示横向像差的曲线 A 有相同数据)。
- 曲线 I 表示近轴纵向色差。
- 曲线 J 显示相对畸变与视场的关系。
- 曲线 K 是横向色差,分别表示为(F-D)和(C-D)的横向色差。全(F-C)横向色差是两条曲线间的距离。
- 曲线 L 是该物镜系统的横截面图,包含轴上边缘光线和主光线。
- M 框的内容包括半视场角、数值孔径、焦距和波长。

该物镜的有关数据如下:

半径	间隔	玻璃	半通光孔径
+37.40	5.90	SK4	(613586)14.7
−341.48	12.93	空气	14.7
−42.65	2.50	SF2	(648338)10.8
+36.40	2.00	空气	10.8
光阑	9.85	空气	10.3
+204.52	5.90	SK4	(613586)11.6
−37.05	77.405		11.6

efl(焦距)	=101.181
bfl(后截距)	=77.405
NA(数值孔径)	=0.1443(f/3.47)
GIH[高斯像高(半视场,单位度)]	=21.248 (±11.860°)
PZT/F(Petzval 半径/efl)	=−2.935
VL(镜头长度)	=39.08
OD(物距)	=无穷远(1.0e+8)

表 6.1 列出了该透镜每个表面的近轴光线追迹数据,包括物面、像面及孔径光阑(5#)。表头中 PY 一栏是表面上轴上光线高度(y),PU 是通过表面后的光线斜率(u'),PI 是近轴光线在表面上的入射角(i),PYC、PUC 和 PIC 各栏分别是主光线的相应数据。

表 6.2 列出了近轴色差的表面贡献量及其和。PAC 一栏是近轴横向轴上(初级)色差(F-C),SAC 一栏是横向二级光谱(F-d)。PLC 和 SLC 栏分别是横向色差的对应值。

表 6.1 Cooke 物镜近轴光线的追迹数据

编号	PY	PU	PI	PYC	PUC	PIC
0	—	1.4600e−07	1.4600e−07	−2.1000e+07	0.210000	0.210000
1	14.600000	−0.148315	0.390374	−6.411174	0.195343	0.038578
2	13.724943	−0.263817	−0.188507	−5.258650	0.324469	0.210743
3	10.313791	−0.065055	−0.505641	−1.063264	0.187124	0.349399
4	10.151154	0.073436	0.213823	−0.595454	0.297727	0.170765
5	10.298026	0.073436	0.073436	−3.3307e−15	0.297727	0.297727
6	11.021371	0.025062	0.127325	2.932611	0.179164	0.312066
7	11.169234	−0.144296	−0.276402	3.989677	0.222961	0.071480
8	—	−0.144296	−0.144296	21.248022	0.222961	0.222961

表 6.2 库克（Cooke）物镜的近轴色差表面贡献量

编号	PAC	SAC	PLC	SLC
1	−0.255960	−0.178181	−0.025295	−0.017608
2	−0.187385	−0.130444	0.209488	0.145831
3	0.419729	0.297051	−0.290034	−0.205263
4	0.287842	0.203711	0.229879	0.162690
5	—	—	—	—
6	−0.063021	−0.043871	−0.154461	−0.107525
7	−0.223595	−0.155651	0.057824	0.040253
求和	−0.022389	−0.007385	0.027401	0.018377

表 6.3 是三级像差（Seidal 像差）表面贡献量。SA3 栏是横向三级球差，CMA3 是弧矢慧差（子午慧差的 1/3），AST3 是横向像散（0.5NA $[x_t - x_s]$），PTZ3 是横向 Petzval 场曲，DIS3 是横向三级畸变。这些像差对应着公式(5.1)~公式(5.2) 中的系数 B_1~B_5。

虽然本章已经阐述了一级和三级像差的表面贡献量，但下面给出的五级像差计算也非常适合光学设计软件，所以，此处也有计算实例。为方便起见，再次给出上一章讨论过的像差幂级数展开式[公式(5.1) 和公式(5.2)]。h、s 和 θ 是物高的分数表达方式（$0<h<1$）和光瞳坐标的分数表达方式（$0<s<1$）。

表 6.3 三级像差的表面贡献量

编号	SA3	CMA3	AST3	PTZ3	DIS3
1	−0.709019	−0.070068	−0.006924	−0.330897	−0.033385
2	−0.755360	0.844458	−0.944066	−0.036241	1.095939
3	2.049816	−1.416428	0.978756	0.300215	−0.883772
4	0.493021	0.393733	0.314447	0.351763	0.532055
5	—	—	—	—	—
6	−0.035845	−0.087854	−0.215325	−0.060510	−0.676055
7	−1.229178	0.317877	−0.082206	−0.334022	0.107641
求和	−0.186575	−0.018282	0.044681	−0.109691	0.142422

$$\begin{aligned} y' = & A_1 s\cos\theta + A_2 h \\ & + B_1 s^3 \cos\theta + B_2 s^2 h(2+\cos2\theta) + (3B_3+B_4)sh^2\cos\theta + B_5 h^3 + \\ & + C_1 s^5 \cos\theta + (C_2+C_3\cos2\theta)s^4 h + (C_4+C_6\cos^2\theta)s^3 h^2 \cos\theta \\ & + (C_7+C_8\cos2\theta)s^2 h^3 + C_{10}sh^4\cos\theta + C_{12}h^5 + D_1 s^7 \cos\theta + \cdots \end{aligned} \quad (5.1)$$

$$\begin{aligned} x' = & A_1 s\sin\theta \\ & + B_1 s^3 \sin\theta + B_2 s^2 h \sin2\theta + (B_3+B_4)sh^2\sin\theta \\ & + C_1 s^5 \sin\theta + C_3 s^4 h \sin2\theta + (C_5+C_6\cos^2\theta)s^3 h^2 \sin\theta \\ & + C_9 s^2 h^3 \sin2\theta + C_{11}sh^4\sin\theta + D_1 s^7 \sin\theta + \cdots \end{aligned} \quad (5.2)$$

表 6.4 列出了 5 个类似于表 6.3 中赛德像差（5 个）的五级像差，并增加一个七级球差项。这些像差对应着公式(5.1)和公式(5.2)中的系数 C_1、C_3、$(C_{10}-C_{11})/4$、$(5C_{11}-C_{10})/4$、C_{12} 和 D_1。

表 6.4 Cooke 物镜的五级像差表面贡献量

编号	SA5	CMA5	AST5	PTZ5	DIS5	SA7
1	−0.061946	−0.001202	0.000323	−0.004476	0.000474	−0.006382
2	−0.154199	0.189546	−0.060252	−0.007701	0.056437	−0.028360
3	0.0394409	−0.354457	0.033863	0.007252	−0.026296	0.037525
4	0.110416	0.055693	0.021076	0.016469	0.025491	0.033928
5	—	—	—	—	—	—
6	−0.015016	−0.022169	−0.023359	−0.004057	−0.053149	−0.006118
7	−0.148238	0.092127	0.011081	0.008735	−0.014342	−0.017923
求和	0.125426	−0.040462	−0.017268	0.025173	0.015616	0.048670

表 6.5 是公式(5.1) 和公式(5.2) 中对应的 Buchdahl（布克达尔）五级像差的系数值（C_1，C_2，…）。

表 6.5 库克（Cooke）物镜五级 Buchdahl 像差表面贡献量

编号	$C_{1/2}$	$C_{3/4}$	$C_{5/6}$	$C_{7/8}$	$C_{9/10}$	$C_{11/12}$
1	−0.061946	−0.001202	−0.018301	0.006375	0.006542	0.004799
	−0.007324	−0.018538	0.033213	0.008183	0.006092	0.000474
2	−0.154199	0.189546	−0.169776	0.361953	0.134015	−0.067954
	0.314507	−0.468290	−0.243766	0.248751	−0.308963	0.056437
3	0.394409	−0.354457	0.226035	−0.313680	−0.109803	0.041115
	−0.574065	0.624135	0.280642	−0.193903	0.176565	−0.026296
4	0.110416	0.055693	0.049073	0.017082	0.025061	0.037545
	0.108491	0.094590	−0.066253	0.009050	0.121850	0.052491
5	—	—	—	—	—	—
6	−0.015016	−0.022169	−0.034561	0.026508	−0.008375	−0.027415
	−0.045089	−0.083140	0.024848	0.002542	−0.120850	−0.053149
7	−0.148238	0.092127	−0.008556	−0.076892	−0.043850	0.019815
	0.141897	−0.039780	0.047409	−0.055757	0.064138	−0.014342
求和	0.125426	−0.040462	0.043914	0.021346	0.003592	0.007905
	−0.061583	0.108976	0.076092	0.018867	−0.061167	0.015616

参考文献

Buchdahl, H., *Optical Aberration Coefficients*, London, Oxford, 1954.
Conrady, A., *Applied Optics and Optical Design*, New York, Oxford, 1929. (This and Vol. 2 also were published by Dover, New York.)
Herzberger, M., *Modern Geometrical Optics*, New York, Interscience, 1958.
Kingslake, R., *Optical System Design*, San Diego, Academic, 1983.
Rimmer, M., *Optical Aberration Coefficients*, Mastek Thesis, University of Rochester, NY, 1963.
Smith, W., *Modern Lens Design*, New York, McGraw-Hill, 2002.
Welford, W., *Aberrations of Optical Systems*, London, Hilger, 1986.

第 7 章 棱镜和反射镜系统

7.1 概述

在大多数光学系统中，棱镜承担着两种主要功能中的一种。在光谱仪器（光谱仪、分光仪、分光光度计等）中，棱镜的功能是使光发生散射，就是说，将不同波长的光分隔开来；在其他应用中，棱镜的作用是让光束或像位移、偏折或者改变方向，在后一类应用中，需要仔细地对准棱镜，以避免形成不同色彩。

7.2 色散棱镜

图 7.1 所示为一种典型的色散棱镜，一条光线入射到第一表面上，入射角 I_1，并向下折射，折射角是 I'_1。光线在第一表面偏折的角度是 $(I_1-I'_1)$，在第二表面的偏折角是 (I'_2-I_2)，所以，光线总的偏折角是：

$$D=(I_1-I'_1)+(I'_2-I_2) \quad (7.1)$$

由几何图形可以看出，角度 I_2 等于 $(A-I'_1)$，A 是棱镜顶角。代入公式(7.1)中，得到：

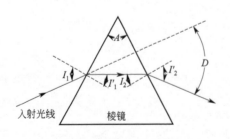

图 7.1 折射棱镜使光线发生偏折

$$D = I_1 + I'_2 - A \tag{7.2}$$

为计算棱镜产生的偏折角，根据 Snell 定律 [公式(1.3)]，按照下面方法确定公式(7.2)中的角度：

$$\sin I'_1 = \frac{1}{n}\sin I_1 \tag{7.3}$$

$$I_2 = A - I'_1 \tag{7.4}$$

$$\sin I'_2 = n\sin I_2 \tag{7.5}$$

用通常方法逐一应用上述公式非常方便地计算偏折角时，可以将上述公式组合成一个表达式 D，其中包含有参量 I_1、A 和 n：

$$D = I_1 - A + \arcsin[(n^2 - \sin^2 I_1)^{1/2}\sin A - \cos A \sin I_1] \tag{7.6}$$

很明显，偏折角是棱镜折射率的函数，并随折射率增大而增大。对于光学材料，短波长（蓝光）的折射率比长波长（红光）高，所以，蓝光的偏折角要比红光的大，如图 7.2 所示。偏折角随波长的变化称为棱镜的色散。令公式(7.6) 相对于折射率 n 微分就可以确定色散的表达式。假设 I_1 是常数，得到：

$$dD = \frac{\cos I_2 \tan I'_1 + \sin I_2}{\cos I'_2} dn \tag{7.7}$$

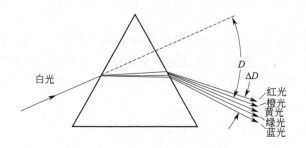

图 7.2 折射棱镜将白光色散成不同
成分的色光（此图有些高度夸张）

相对于波长的角色散是 $dD/d\lambda$，使公式(7.7) 两侧除以 $d\lambda$ 就可以得到。右侧产生的 $dn/d\lambda$ 就是棱镜材料的折射率色散。

7.3 "薄"棱镜

如果棱镜（公式）中的所有角度都非常小，如同透镜的近轴情况一样，那么，就可以用角度本身代替角度的正弦。当棱镜角 A 非常小，光线几乎沿棱镜表面法线方向入射时就会出现这种情况。如果满足这些条件，则有下面公式：

$$i_1' = \frac{i_1}{n}$$

$$i_1 = A - i_1' = A - \frac{i_1}{n}$$

$$i_2' = ni_2 = nA - i_1$$

$$D = i_1 + i_2' - A = i_1 + nA - i_1 - A$$

最后得到

$$D = A(n-1) \tag{7.8a}$$

虽然棱镜角 A 比较小，但入射角 I 并不小，就可以得到下面 D 的近似表达式（忽略 I 的幂级数大于 3 的情况）：

$$D = A(n-1)\left[1 + \frac{I^2(n+1)}{2n} + \cdots\right] \tag{7.8b}$$

用这些公式评价光学系统中小棱镜误差的影响非常有用，因为很容易确定由此产生的光束偏转。

令公式(7.8a) 相对于 n 进行微分，便得到"薄"棱镜的色散 $dD = Adn$，代入由公式(7.8a) 得到的 A，就有：

$$dD = D\frac{dn}{(n-1)} \tag{7.9}$$

分数 $(n-1)/dn$ 是表示光学材料特性的基本量之一，称为倒相对色散、阿贝 V 值或者 V 值。通常，n 是氦的 d 谱线（$0.5876\mu m$）的折射率，Δn 是氢的 F 谱线（$0.4861\mu m$）与 C 谱线（$0.6563\mu m$）的折射率之差，V 值由下式给出：

$$V = \frac{n_d - 1}{n_F - n_C} \tag{7.10}$$

用 $1/V$ 代替公式(7.9) 中的 $(n-1)/dn$，得到：

$$dD = \frac{D}{V} \tag{7.11}$$

利用该公式可以快速评价一块薄棱镜产生的色散。

7.4　最小偏折量

棱镜的偏折量是初始入射角 I_1 的函数。可以证明，当光线对称地通过一个棱镜时，其偏折角最小。在这种情况下，$I_1 = I_1' = \frac{1}{2}(A+D)$，$I_1' = I_2 = A/2$，所以，知道棱镜角 A 和最小偏折角 D_0，由下式计算棱镜的折射率就变得非常简单：

$$n = \frac{\sin I_1}{\sin I_1'} = \frac{\sin \frac{1}{2}(A+D_0)}{\sin \frac{A}{2}} \qquad (7.12)$$

对于一台分光仪，已经设置最小偏折角，所以，这就是广泛使用的精确测量折射率的方法。大部分光谱仪器中的棱镜近似于该设置，原因是该设置能够容许最大直径的光束通过给定棱镜，且产生最小量的表面反射。

7.5 消色差棱镜和直视棱镜

有时候，使一束光产生一定的角偏离而不引入色散是非常有用的。将两块棱镜组合在一起，可以实现这一目标，其中一块棱镜是高色散玻璃，另一块是低色散玻璃。希望该组合的角度偏离等于 $D_{1,2}$，色散等于零。应用"薄"棱镜公式［公式(7.8) 和公式(7.11)］，将这些要求表述如下：

偏离角 $D_{1,2} = D_1 + D_2 = A_1(n_1-1) + A_2(n_2-1)$

色散 $\mathrm{d}D_{1,2} = \mathrm{d}D_1 + \mathrm{d}D_2 = 0 = \dfrac{D_1}{V_1} + \dfrac{D_2}{V_2}$

$$= \frac{A_1(n_1-1)}{V_1} + \frac{A_2(n_2-1)}{V_2}$$

联解，得到两个棱镜的顶角是：

$$A_1 = \frac{D_{1,2}V_1}{(n_1-1)(V_1-V_2)}$$

$$A_2 = \frac{D_{1,2}V_2}{(n_2-1)(V_2-V_1)} \qquad (7.13)$$

显然，两个棱镜的顶角有相反的符号，并且具有较大 V 值（具有较小的相对色散）的棱镜有较大顶角。图 7.3 是一个消色差棱镜的示意图。注意到，出射光线并不重合，而是平行的，这表明具有同样的角偏离量。

对于直视棱镜，希望在毫不影响光线偏折方向的情况下产生一定量的色散。令光线的偏转量 $D_{1,2}$ 等于零，并使上面公式中色散项 $\mathrm{d}D_{1,2}$ 不变，就可以求解出满足上述要求的两个棱镜的角度。其结果是：

$$A_1 = \frac{\mathrm{d}D_{1,2}V_1V_2}{(n_1-1)(V_2-V_1)}$$

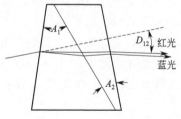

图 7.3 一个消色差棱镜
红光和蓝光彼此平行出射，
光线偏折没有引进色散

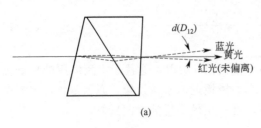

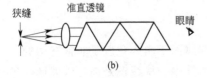

图 7.4 双元件直视棱镜
(a) 直视棱镜将光色散为光谱成分，而光束没有偏离。
(b) 袖珍分光镜，一个准直透镜将一个狭缝的放大像成在无穷远以便观察，然后，棱镜将光色散成光谱状而不会使黄光发生偏离

$$A_2 = \frac{dD_{1,2} V_1 V_2}{(n_2-1)(V_1-V_2)} \quad (7.14)$$

图 7.4(a) 所示为一个双元件直视棱镜。为满足某种需要，可能会要求有足够大的色散，因此，经常必须使用两块以上的棱镜结构。图 7.4(b) 所示就是手提式分光镜中使用的这类棱镜。

由于公式 (7.13) 和公式 (7.14) 是利用薄棱镜公式推导出的，很明显，当不是薄棱镜时，这些公式给出的每块棱镜的顶角值是实际角度的近似值。对于精确设计，必须根据 Snell 定律通过精确的光线追迹调整这些近似值。

7.6 全内反射

当光线从高折射率介质传播到低折射率介质时，光线会发生远离表面法线的折射，如图 7.5(a) 所示。随着入射角增大，折射角也较快增大，与 Snell 定律相一致（$n > n'$）：

$$\sin I' = \frac{n}{n'} \sin I$$

当入射角达到一定值，使得 $\sin I = n'/n$，则 $\sin I' = 1.0$ 和 $I' = 90°$，此时没有光线透过表面，全部返回到光密介质中，这是一条与表面法线形成更大角度的光线，该角度：

$$I_c = \arcsin \frac{n'}{n} \quad (7.15)$$

称为临界角 [图 7.5(b)]。如果玻璃的折射率是 1.5，那么，对于普通空气玻璃界面，该角度值约为 42°。若玻

图 7.5 当光线从高折射率介质传播到低折射率介质，而且入射角的正弦大于或等于 n'/n 时，发生全反射

璃的折射率为 1.7，临界角接近 36°；折射率是 2.0，临界角是 30°；折射率是 4.0，则临界角是 14.5°。

从实际出发，如果界面平滑且清洁，100% 的能量会随着全反射光线返回。然而，应当注意，与光有关的电磁场实际上只能穿过表面一个相当短的距离（一个波长数量级）。如果界面另一侧附近随便有一点什么东西，全反射就会某种程度地受到"破坏"，部分能量将会透射出去。由于光线有效穿透的距离仅为该光波长数量级，所以，已经将这种现象用作光阀，或者调制器的基础。按照德语"Licht-Sprecher"的意思，是将一片玻璃从外部紧贴棱镜的反射面以阻止这种反射，然后移离一个特别短的距离（即几微米）以恢复该反射。

还应当注意，通过镀铝或者镀银，全反射面的反射会降低，如此，反射率就从 100% 降到表面镀膜时的反射率。

7.7 一个平面的反射

由于本章讨论的棱镜系统基本上都是反射棱镜（主要功能可以用一个平面反射镜系统替代），所以，首先要讨论一个平面反射表面的成像性质。由一个物点发出的光线遵循反射定律进行反射，就是说，入射光线和反射光线都位于入射平面内，并与表面法线形成相等的角度。表面法线在入射点是垂直于表面，入射平面就是包含有入射光线和法线的平面。

在图 7.6 中，书面即入射面。由 P 点发出的两条光线被表面 MM' 反射。将这些光线向后延长，可以看出，反射光线似乎由点 P' 发出，P' 就是 P 点的虚像。P' 和 P 点位于表面（POP'）的同一条法线上，距离 OP 完全等于 OP'。

现在，讨论一个扩展物体，例如图 7.7 中的箭头 AB。利用前面确定的物点 A 和 B 的成像原理，可以很容易找到箭头 AB 像的位置。在 E 点直接观察该箭头，看到 A 在箭状物的上端，但在反射像中，箭头（A'）在箭状物的下端，反射使箭头的像改变了方向（方向颠倒）。

如果在箭头上增加一个横杆 CD，就形成一个如图 7.8 所示的像。尽管箭头的像反转了方向，但横杆的像与横杆在左右方向上是一致的。

前面讨论是从观察者观察反射像的角度来研究反射。由于光路是可逆的，所以，可以把图 7.6 中的 P' 看作右侧一个透镜所成的像，P 是 P' 的反射像。同样，在图 7.7 和图 7.8 中，可以用一块透镜代替观察者的眼睛，透镜所成的像用带撇的图（$A'B'$ 或者 $A'B'C'D'$）表示，不带撇的图视为反射像。

值得注意，反射可以使光路"折叠"。在图 7.9 中，透镜将箭头成像在 AB 处。现在插入一个反射面 MM'，则反射后的像位于 $A'B'$。如果页面沿 MM' 折叠，则箭头 AB 及实线表示的光线应当与箭头 $A'B'$ 和反射后的光线（虚线）完全重合。比较方便的做法常常是不将一个复杂的光学系统进行"折叠",其优点就在于:画一张精确的光路图就只是绘制直线。因此,变得非常简单了。

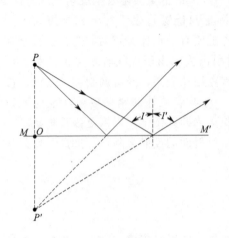

图 7.6 一个平面反射面对一个
物点形成虚像
物体和像到反射面的距离相等,
二者都位于表面的同一条法线上

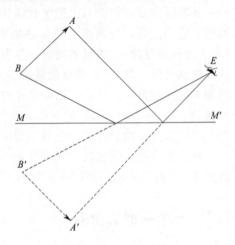

图 7.7 对位于 E 处的观察者,
箭头 AB 的反射像
似乎颠倒了方向

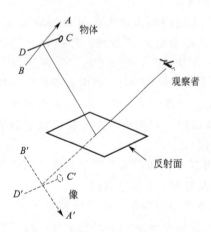

图 7.8 反射像上下颠倒,
但左右方向未变

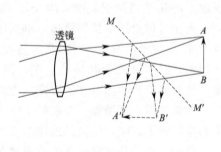

图 7.9 反射表面 MM' 使光学系统折叠
注意,如果页面沿 MM' 折叠,
光线及两个像会重合

当光线通过一系列反射镜组成的光学系统时,确定其成像方向的一个非常有用的方法是把该像看作一个横向箭头,或者铅笔弹射离开反射表面,如同抛出去的棍棒弹离墙面一样。图 7.10 描述了这种方法。图 7.10(a) 表示铅笔接近和撞击到反射面；图 7.10(b) 表明弹离反射面的点，铅笔尾部继续在原方向行进；图 7.10(c) 表示反射后铅笔的新位置。如果垂直于纸面的铅笔重复该过程，则可以确定其他子午像的方位。该方法可以重复应用于系统中每一个反射面。

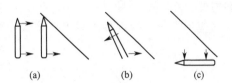

图 7.10　确定反射像方位的一种有用方法
把图像看作一支铅笔，当它沿着系统光轴运动时，
如同"弹"离一堵真实的墙

从该目的出发，图 7.11 的方法也是有用的。图示的一张卡片上标有箭头和横杆。请注意，需要选择铅笔或图像合适的初始方位，使图像的一个子午面与入射面重合。在大部分反射系统中，无论系统中哪一个子午面位于入射面内，应用这种技术的优越性都是很直观的。如果不是这种情况，可以使用标有第二组子午面的卡片，令其与入射面对准，像前面一样，使该（标有子午面的）卡片通过反射。当然，最初的标

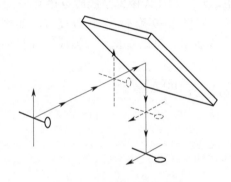

图 7.11　反射后像的方位

记卡片给出了最终像的方位。图 7.20(b) 举例演示验证了这种方法。

7.8　平面平行板

越来越明显，绝大部分棱镜系统都等效于一个厚玻璃板。因此，下面讨论一块平面平行玻璃板产生的作用。图 7.12 是一个位于空气中的透镜，成像于 P 点。在透镜与 P 点之间插入一块平面平行板，于是像点移动到 P' 点。如果追迹通过平板的光路，首先会注意到，根据 Snell 定律，$I'_1 = (1/n) \sin I_1$ 和 $I_2 = I'_1$，因此，从平板出射的光线与进入平板的光线有相同的斜率（因表面是平面）。由于 $\sin I_2 = \sin I'_1 = (1/n) \sin I_1 = (1/n) \sin I'_2$ 和 $I_1 = I'_2$，所以，插入平板不会改变透镜系统的焦距

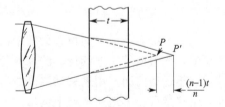

图 7.12　一块平面平行板
会造成像的纵向位移

和像的大小。

应用第 3 章的近轴光线追迹公式,可以很容易地确定像的纵向位移量等于 $(n-1)t/n$。与空气相比,平板的有效厚度(等效空气层厚度)要比实际厚度 t 小一个位移量。因此,等效空气层厚度就等于从平板厚度中减去该位移量,是 t/n。当希望确定一个给定尺寸的棱镜是否可以放置在某光学系统中一个限定空间内时,等效空气层厚度的概念非常有用,同时,设计棱镜系统时也很有用。

如果平板旋转一个角度 I,如图 7.13 所示,可以看出,"轴线"在横向位移了一个量 D,并由下式给出:

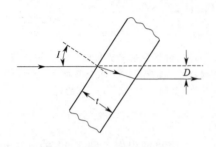

图 7.13 一块倾斜平板造成的光线横向位移

$$D = t\cos I(\tan I - \tan I') = t\frac{\sin(I-I')}{\cos I'}$$

或者

$$D = t\sin I\left(1 - \frac{\cos I}{n\cos I'}\right)$$

或者

$$D = t\sin I\left(1 - \sqrt{\frac{1-\sin^2 I}{n^2-\sin^2 I}}\right)$$

利用幂级数展开式,得到下面表达式:

$$D = \frac{tI(n-1)}{n}\left[1 + \frac{I^2(-n^2+3n+3)}{6n^2} + \frac{I^4(n^4-15n^3-15n^2+45n+45)}{120n^4} + \cdots\right]$$

对于小角度,通常用角度值代替其正弦或正切值,或者简单地使用展开式的第一项,得到:

$$d = \frac{ti(n-1)}{n}$$

倾斜平板会造成横向位移的技术已应用在高速相机(旋转平板使像移动一个量值,该量值等于连续运动胶片的行程)和光学测微计中。通常,光学测微计放在望远镜前面,用来移动瞄准线,一个标定过的转鼓与平板的倾斜机构相连,位移量可连续地从转鼓上读出。

如果应用于平行光束,平板不会产生像差(因为光线以同样角度入射和出射)。然而,若将平板安装在一束会聚或发散光束中,确实会形成像差,短波长光线(高折射率材料)造成的纵向位移 $(n-1)t/n$ 要比长波长大,所以,产生过校正色差。与光轴夹角较大的光线,位移量也大,当然,这是过校正球差。平板倾斜时，子午光线形成的像向后移动，而弧矢光线（在垂直于纸面的平面内）形成的像移动量较小，因而产生像散。

一块平板引进的像差量可以由下面公式计算，参考图 7.14，给出各符号的意义。

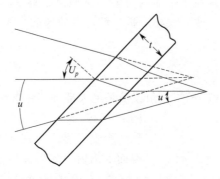

图 7.14　一块平板引进的像差

U 和 u	光线相对于光轴的倾斜角。
U_p 和 u_p	平板倾斜角。
t	平板厚度。
n	平板折射率。
V	阿贝数$(n_d-1)/(n_F-n_C)$

$$色差 = l'_F - l'_C = \frac{t(n-1)}{n^2 V}$$

$$球差 = L' - l' = \frac{t}{n}\left[1 - \frac{n\cos U}{\sqrt{n^2 - \sin^2 U}}\right] \quad （实际值）$$

$$= \frac{tu^2(n^2-1)}{2n^3} \quad （三级像差）$$

$$像散 = (l'_s - l'_t) = \frac{t}{\sqrt{n^2 - \sin^2 U_p}} \times \left[\frac{n^2 \cos^2 U_p}{(n^2 - \sin^2 U_p)} - 1\right] \quad （实际值）$$

$$= \frac{-tu_p^2(n^2-1)}{n^3} \quad （三级像差）$$

$$弧矢彗差 = \frac{tu^2 u_p(n^2-1)}{2n^3} \quad （三级像差）$$

$$横向色差 = \frac{tu_p(n-1)}{n^2 V} \quad （三级像差）$$

这些表达式对评价一块平板或棱镜系统引入（或撤出）光学系统时如何影

响像差校正状态特别有用。

玻璃平板通常用作分束镜,倾斜 45°。在这种布局中,像散几乎是平板厚度的 1/4。由于可能会严重恶化像质,在会聚或发散光束中[公式(7.14)中的 u 不为零]不推荐使用这类平板分束镜。值得注意,如果光路设计加入另外一块同样的平板,使其在子午面内与第一块平板倾斜 90°,或者加入一块弱柱面镜,或倾斜的球面,或一块楔形板,都可以使像散为零。

7.9 直角棱镜

顶角是 45°、90° 和 45° 的直角棱镜是绝大部分非色散棱镜系统的结构元件。

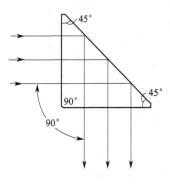

图 7.15 表示一束平行光束通过棱镜系统,从一个端面进入,在斜边上反射,在另一个端面上出射。如果光线垂直入射在棱镜表面上,将以 90° 的偏折角出射。在棱镜斜面上,光线入射角是 45°,所以,属于全内反射。若入射面和出射面都镀有低反射膜层,由于唯一损耗是材料吸收和端面处的反射,总量不过百分之几或者更少(在紫外和红外光谱区,棱镜的吸收相当讨厌),所以,这种棱镜对目视用途是一种非常有效的反射装置。可以看到,全内反射受限于入射角大于临界角的那些光线,因而许多棱镜系统都采用高折射率材料以保证在更大的角度范围内实现全内反射。

图 7.15 直角棱镜

采用棱镜非折叠形式,如图 7.16 中虚线所示,显然,该棱镜等效于一块玻璃平板,其厚度等于入射面或出射面的长度。当然,平板的等效空气层厚度等于该厚度除以棱镜的折射率。

如果 45°-90°-45° 直角棱镜的使用状态如图 7.17 所示,光束入射在斜面上,发生两次全反射,并以相反方向出射,偏离原方向 180°。图 7.17 还表

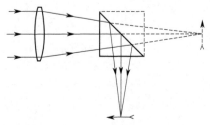

图 7.16 展开一个 90° 棱镜,表示其等效于一块玻璃平板

明了棱镜的展开光路及成像方位。注意,成像的上下方向已经颠倒,但左右方向不变,棱镜的展开光路称为对折图。利用对折图可以确定棱镜的角视场及通过棱镜的光束尺寸。

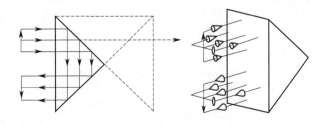

图 7.17　将斜边用作入射面和出射面的直角棱镜

以这种方式应用的棱镜称为固定偏折角棱镜。无论光线以何种角度入射到棱镜，出射光线都是平行的，如图 7.18(a) 所示。该性质是双反射面棱镜的一种特性。使光线向后传播的系统称为后向反射镜，此棱镜只在一个子午方向是后向反射。[由两个反射面组成的固定偏折角系统有许多种，其中一种形式就是 7.18(b) 所示的 90°偏折角结构，反射面彼此成 45°。] 这种固定偏折角是两块反射镜夹角的两倍。

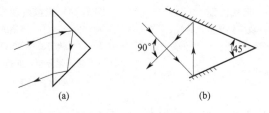

图 7.18　固定偏折角棱镜及固定偏转反射镜
(a) 以这种方式使用的直角棱镜是一个固定偏折角棱镜，每条光线都精确地改变 180°，入射光路与出射光路彼此平行，而与光线和棱镜的初始夹角无关；(b) 一对固定偏转反射镜，在这种情况中，两个反射面产生的光线偏折精确地保持 90°

将立方体切掉一个角后形成的棱镜具有三个互相垂直的反射面，可以在两个子午方向形成后向反射。三面直角棱镜（或角偶棱镜）反射器将投射到棱镜上的所有光线都向后沿原光路反射，但这些光线在横向会有错位。

45°-90°-45°直角棱镜的第三种布局如图 7.19 所示，一束平行于棱镜斜边的光线入射到棱镜上，在入射面向下折射之后，斜边将光线向上反射，并在出射面第二次折射后出射。光线的展开光路（虚线所示）表明，该棱镜等效于一块平板玻璃，相对于光轴有倾斜，而在前面例子中，棱镜端面与光束的轴垂直。该棱镜应用于会聚光束中，会产生大量像散（粗略计算，等于其厚度的

1/4），这种棱镜就是众所周知的道威（Dove）棱镜。因此，道威棱镜总是应用在平行光束中。由于棱镜顶角部位没有光线通过，所以，通常在 AA' 处切趾。

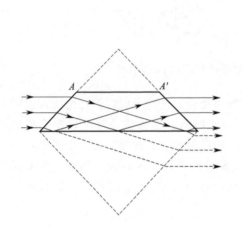

图 7.19　道威棱镜
虚线表示等效于一块倾斜平板，并且，
应用于会聚或发散光束中会引进像散

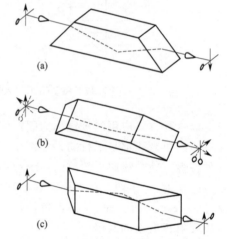

图 7.20　道威棱镜成像方位的分析
(a) 初始方位；(b) 棱镜旋转 45°，像旋转 90°；
(c) 棱镜旋转 90°，像旋转 180°
注意，为简化分析，安排（b）中的虚线箭头
和横杆位于入射平面内

道威棱镜对成像方向有一个非常重要的影响。在图 7.20(a) 中，箭头横杠图上下方向颠倒，但左右方向不变。将棱镜旋转 45°，如图 7.20(b) 所示，则像旋转 90°。如果棱镜旋转 90°，如图 7.20(c) 所示，则图像旋转 180°。因此，像的旋转速度是棱镜旋转速度的两倍［图 7.20(b) 对图像方位的分析是 7.7 节图 7.8 的应用例子，用虚线表示图 7.8 的内容］。

道威棱镜的长度是透过光束直径的 4～5 倍。如果将两个道威棱镜的斜边表面（镀银或镀铝之后）胶合在一起，其孔径增加一倍而不增加长度。与单个道威棱镜一样，双道威棱镜也应用在平行光束中。必须精确地加工道威棱镜以避免产生两个分离像。倾斜或绕中心旋转双道威棱镜，可以用作扫描器以改变望远镜或潜望镜的瞄准方向。

7.10　屋脊棱镜

如果用一个"屋脊"，即两个成 90°的正交表面，代替直角棱镜的斜边表

面，则该棱镜就称为屋脊棱镜或阿米西（Amici）棱镜。屋脊棱镜的正视图和侧视图表示在图 7.21 中。棱镜中增加屋脊面使像增加一次反转，比较图 7.11 中横杆的最终方向和图 7.22(a) 中的方位，就可以看出屋脊面的作用。追迹图 7.22(a) 中虚线表示的光路，将箭头横杆图中通过棱镜前后的圆圈连接起来，可以进一步得到理解。

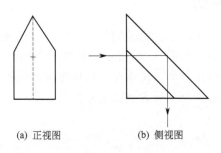

(a) 正视图　　(b) 侧视图

图 7.21　屋脊棱镜或阿米西（Amici）棱镜

图 7.22(a) 中的光线（在屋脊面上）入射角大约是 60°，同一光线在直角棱镜中的入射角是 45°。即使光线垂直于屋脊棱，其入射角也是 45°，其结果是在直角棱镜斜边表面透过的光束将会在屋脊面上发生全反射。

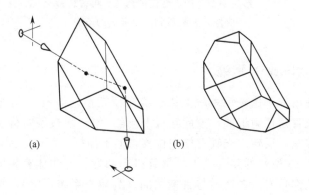

图 7.22　阿米西棱镜
(a) 一条光线通过棱镜的光路及像的方位；
(b) 切掉棱角以减轻重量但不会影响有效孔径

实际上，阿米西棱镜的棱角通常都被切掉，如图 7.22(b) 所示，目的是减轻重量和减小尺寸。必须保证 90°屋脊角有很高的精度。如果屋脊角有误差，光束会分成两束，以六倍于误差的角度发散。因此，为避免明显出现双像，通常屋脊角的精度要求是 1 或 2 个弧秒。

无论棱镜制造得多么理想，引进屋脊面都会在垂直于屋脊棱方向（由于偏振或反射造成相移）使衍射受限分辨率降低一半❶。已经研发出降低该效应的多层膜系。

7.11　正像棱镜系统

在普通望远镜中，物镜形成物的倒像，再通过目镜观察。人眼看到的是上下颠倒、左右反转的像，如图 7.23 所示。观察一个倒像很不习惯，为了消除这种效应，常常需要设计一个正像系统，把倒像重新颠倒过来，恢复到正确位置。该系统可以是透镜系统，或者是棱镜系统。

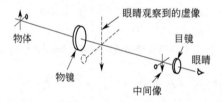

图 7.23　在简单望远镜中，物镜对物体形成一个实的、颠倒的内像，再被目镜成像，人眼看到一个颠倒的虚像

第一类珀罗（Porro）棱镜

最经常使用的正像棱镜系统是第一类珀罗棱镜，如图 7.24 所示。珀罗棱镜系统由两块直角棱镜组成，彼此互成 90°角。第一块棱镜将像上下翻转，第二块棱镜将像左右反转。光轴有横向位移，但不偏折。可以看到，如果将该系统安装在图 7.23 所示的望远镜中，最终得到的像会与物体有相同的方位。通常，棱镜系统都是安插在物镜与目镜之间（为减小系统尺寸），然而，无论将

---

❶ A. Mahan, "Focal plane anomalies in roof prisms," J. Opt. Soc. Am., Vol. 35, 1945, p. 623.
A. Mahan, "Further studies of focal plane anomalies in roof prisms," J. Opt. Soc. Am., Vol. 36, 1946, p. 715A.
A. Mahan, "Focal plane diffraction anomalies in roof prisms," J. Opt. Soc. Am., Vol. 37, 1947, p. 852.
A. Mahan and E. Price, "Diffraction pattern deterioration by roof prisms," J. Opt. Soc. Am., Vol. 40, 1950, p. 664.

其放置在系统何处,都可以达到正像目的。

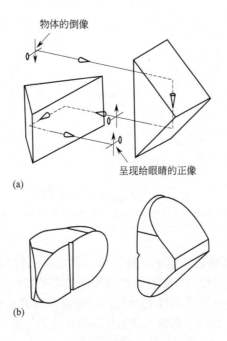

图 7.24　珀罗棱镜系统(第一类)
(a) 表明珀罗棱镜使倒像变成正像的方法;
(b) 通常,珀罗棱镜的棱角加工成圆角,以节约空间和减轻重量
注意,为清楚起见,棱镜间的间隔已被放大

珀罗棱镜(第一类)深受设计者欢迎,原因在于,45°-90°-45°直角棱镜比较容易制造,廉价,且不需要苛刻的公差。然而,如果安装棱镜并没有使屋脊棱彼此严格地成 90°,那么,像的最终旋转角度误差将是角度安装误差的两倍。在双目镜系统中,展示给两只眼睛的像必须一样,因此,上述性能要求尤显重要。

由于视场外界的光线会通过端面到达斜面而造成不必要的掠射角反射,参考图 7.39,为避免该现象发生,常常在每块棱镜斜面中心横着粗磨出一条浅浅的沟槽。

第二类珀罗棱镜

第二类珀罗棱镜如图 7.25 所示,与第一类珀罗棱镜有同样的作用。两类珀罗棱镜都具有全内反射功能,所以,无需镀银。通常,需要将棱镜的棱角滚圆以节约空间和减小尺寸。

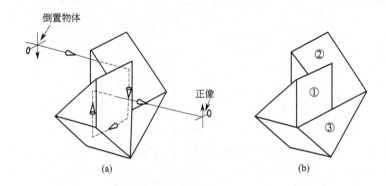

图 7.25　第二类珀罗棱镜系统
(a) 显示将倒像进行正像的过程，图中的系统由两块棱镜组成；
(b) 系统由三块棱镜组成

与第一类珀罗棱镜系统相比，第二类珀罗棱镜系统加工难度稍大，但是，在某些应用中，其紧凑性以及很容易地将棱镜胶合的特性，使该缺点得以弥补。第二类珀罗棱镜系统也可以做成三片型，将两块小的直角棱镜胶合在大直角棱镜的斜面上，如图 7.25(b) 所示。轴的横向位移比第一类珀罗棱镜系统要小。

阿贝棱镜

阿贝（Abbe）（或 Koenig 或 Brashear-Hastings）棱镜（图 7.26）是另一种正像棱镜。如果不希望像珀罗棱镜那样产生光轴位移，可以使用这种棱镜。为使像的左右方向反转，必须使用屋脊面。屋脊角必须要精确以避免双像。

如果这种棱镜没有屋脊面，会使像仅在一个子午面内反转方向，与道威棱镜一样。然而，由于该棱镜入射和出射面垂直于系统光轴，因而，可以应用在会聚光束中而不产生像散。

其他正像棱镜

图 7.27 列出许多种正像棱镜。利用 7.7 节介绍的方法可以验证图像经过棱镜后被倒置，并被左右反转。注意，每

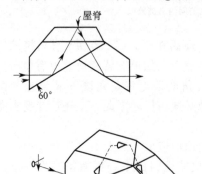

图 7.26　阿贝棱镜
用作共轴正像系统。不像珀罗棱镜系统那样使光轴位移，也不会使像纵向位移

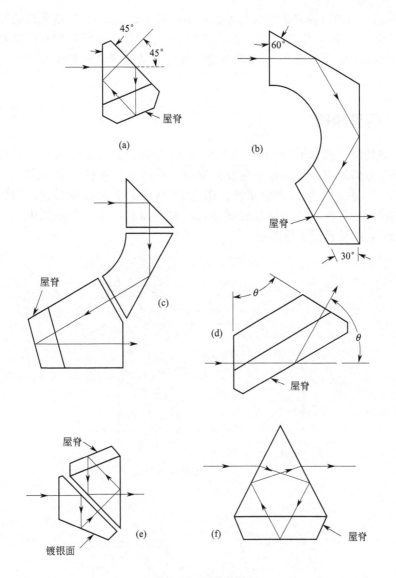

图 7.27 正像棱镜
(a) 施密特（Schmidt）棱镜；(b) 列曼（Leman 或 Sprenger）棱镜；
(c) 哥慈（Goerz）棱镜；(d) 改进型阿米西（Amici）棱镜；
(e) 别汗（Pechan）屋脊棱镜（译者注：某些著作中称为"佩肯"屋脊棱镜）；
(f) 三角（或 δ）屋脊棱镜

种棱镜 [除图 7.27(f) 外] 都已经被校准，所以，轴向光线都垂直于棱镜表面入射和出射，所有反射都是全内反射。对列曼（Leman）棱镜和哥慈（Goerz）棱镜，光轴有偏移，但没有偏折；施密特（Schmidt）棱镜和改进型阿米西（Amici）棱镜，光轴会有一定量的偏折角，但可以由设计师自己选择（在全反射容许的限定范围内）。还要注意，屋脊面应选择在入射角较小、使用普通表面可能会漏光的位置。

7.12 倒像棱镜

道威棱镜（图 7.19 和图 7.20）和 7.11 节讨论的无屋脊阿贝棱镜都是在一个子午方向倒像，对其他方向没有影响。平面反射镜和直角棱镜（图 7.11 和图 7.16）也是简单的倒像系统。图 7.28 列出了上述棱镜和别汗棱镜，其中，别汗棱镜是该类应用中比较紧凑的一种。注意，在这些棱镜中加入一个"屋脊面"，就转换成正像系统。

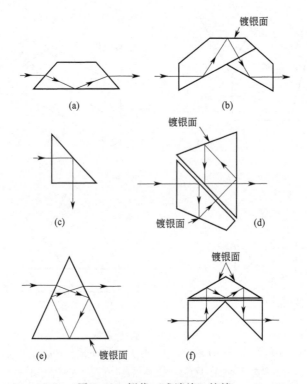

图 7.28 倒像（或消旋）棱镜
(a) 道威棱镜；(b) 倒像棱镜；(c) 直角棱镜；(d) 别汗棱镜；
(e) 三角或者泰勒（Taylor）棱镜；(f) 小型紧凑棱镜

倒像棱镜也称为消旋棱镜，因为所有倒像棱镜与图 7.20 所示的道威棱镜使像旋转的方式都一样。

图 7.28(b) 所示的反射镜形式称为 k-反射镜，这类结构形式在红外和紫外光谱范围非常有用，因为在这些领域，想找到能够制成实体棱镜系统的材料是不实际的。

7.13 五（角）棱镜

五棱镜 [图 7.29(a)] 使像既不上下颠倒，也不左右反转，其功能是确保瞄准线偏转 90°。非常有意义的一个特性是：五棱镜是固定偏折角棱镜，无论瞄准线处于何种方位，都会使瞄准线准确地偏转 90°角。

本章介绍的大部分棱镜系统都可以用一系列反射镜替代，有时候，由于重量或经济原因需要这样做。然而，棱镜作为单块玻璃，是一个非常稳定的系统，而反射镜系统是多个反射镜在一块金属支架上的组合体，因而，棱镜系统不易受角度环境变化的影响。

如果希望光束产生精确 90°偏折，而又无需精确地确定棱镜的位置，就可以应用五角棱镜。测距机的端面反射镜经常使用这类棱镜。

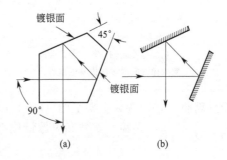

图 7.29 五棱镜（a）及其等效反射镜系统（b）

在光学加工车间和精密装调车间，利用五角棱镜确定一个精确的 90°偏折是非常有用的。然而，在大型测距机中，用两块反射镜代替该棱镜 [图 7.29(b)]，牢固地胶合成一体，以减轻重量，减少吸收并降低大块实体玻璃的成本。图 7.29 所示的两块反射镜系统造成的偏折角等于反射镜间夹角的两倍。

有时，为使一个子午面内的像颠倒，也会采用一个屋脊面代替五角棱镜的一个反射面。

7.14 菱形棱镜和分束镜

菱形棱镜是使瞄准线位移而又不影响成像方向的一种简单的棱镜元件，或者说菱形棱镜不会使瞄准线发生偏折。该棱镜及其等效反射镜系统表示在图 7.30 中。

为将两束光（或像）组合成一束，或者将一束光分成两束，经常使用非常有用的元件——分束镜。一侧镀有半透半反膜的一块平板玻璃，如图 7.31 所

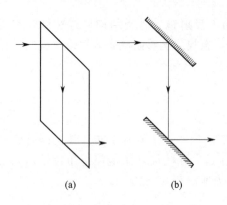

图 7.30 菱形棱镜（a）及其等效反射镜系统（b）
两种系统都使光轴位移，但不会改变成像方向或者使像发生偏折

示，可以实现此目的，但有两个缺点：其一，当应用在会聚或发散光束中，会引进像散；其二，第二表面的反射尽管较弱，也可能产生鬼像，并与原始像发生错位（注意，在平行光中，只要平板的两个表面完全平行，上述理由都不能成立）。在平板第二表面一侧设置一个弱凸面就可以控制像散。分束立方棱镜［图 7.31(b)］能够避免上述麻烦，它是由两块直角棱镜胶合而成。胶合之前，在一个棱镜的斜面上镀有半透半反膜。

在一些应用中，如果立方棱镜的重量或吸收不能满足设计要求，常常用一种薄膜作为半透半反射镜，这种设计就是一块紧绷在框架上的（2～10μm）薄膜（通常是一种诸如硝化纤维的塑料）。由于特别薄，像散和鬼像错位都能降低到可以接受的程度。

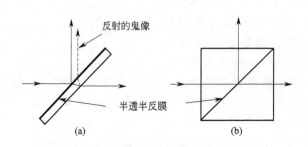

图 7.31 分束镜
(a) 一块薄平板玻璃是比较方便的，但也可能比较麻烦，因为会有鬼像和像散，除非应用在平行光中；(b) 分束立方棱镜；胶合前，在一块棱镜的斜面上镀有半透半反膜

显然，薄膜的形状取决于支撑框的形状，因此，精确的平面支架是必需的。薄膜有两个隐性特点，也许是缺点：①特别薄薄膜的两个表面反射光的干涉可以产生一种透射，其透射率以涟漪的形式变化，是波长的函数；②薄膜的作用类似于麦克风的音膜，大气振动会改变反射表面的形状，给系统成像造成较大变化。这就是"用光束通话"玩具的基础。

图 7.32 所示为显微目镜中经常使用的一种棱镜，其作用是将瞄准线从垂

直方向改变到更方便的 45°方向。如图 7.32 所示，棱镜可以用作分束镜，或者提供共轴照明，或者使用第二块目镜。如果没有分束镜的特性，其作用就是简单地改变瞄准线。

图 7.33 给出了两块双目望远镜的目镜棱镜系统。两个棱镜系统的作用相同，就是将来自物镜的光束分为两束。两束光彼此有很大位移，以便投射给两个目镜，使两只眼睛同时观察到同一个物体。值得注意，两个系统中，在左侧光路中必须额外增加一块玻璃，从而使每条光路中的玻璃数量相等，在这种结构形式中，两条光路中的玻璃引进的像差相等。如果需要，系统中的大部分玻璃都可省掉，因为每块玻璃都等效于一个分束立方棱镜和三个反射镜。对图 7.33(b) 所示系统，两个分系统都可以绕物镜轴线旋转以改变目镜间的距离，如图 7.33(c) 所示。值得注意，采用这种结构形式不会使像旋转，而且仍保持原来方向，原因在于，反射面是以菱形棱镜的形式存在。

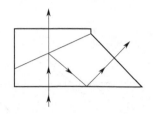

图 7.32　倾斜 45°的目镜棱镜

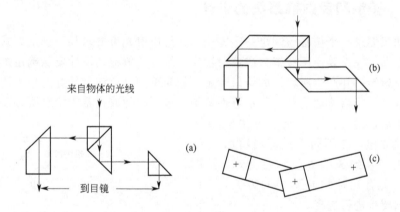

图 7.33　双目望远镜目镜组件的棱镜系统

在 (a) 系统中，内外滑动外侧棱镜以匹配观察者的眼睛间隔，从而达到调整目的；
图 (c) 说明图 (b) 中的两个分系统组件如何绕物镜轴线转动以实现调整

在类似的旋转结构中，常常使用两个珀罗棱镜系统以匹配不同的眼睛间隔。

7.15　平面反射镜

前面讨论中已多次指出，可以用反射镜代替反射棱镜。对大部分应用，必须采用第一表面反射镜,这与通常采用第二表面反射镜恰恰相反。这两种类型都表示在图 7.34 中。通常更喜欢使用第一表面反射镜,原因是不会像第二表面反射镜那样产生鬼像。此外,第二表面反射镜在加工过程中还需要对另一个多余的表面进行处理,同时,光线要通过一定厚度的玻璃,可能会引进像差,在红外和紫外应用领域还要吸收能量。第二表面反射镜的制造需要更多时间,必

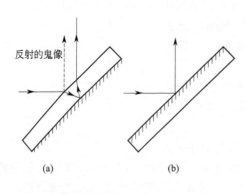

图 7.34 平面反射镜
(a) 第二表面反射镜;(b) 第一表面反射镜

须通过电镀铜和涂漆对反射膜进行保护。通常,第一表面反射镜是用真空法镀铝膜,并用一层透明的一氧化硅或氟化镁膜覆盖。

7.16 棱镜和反射镜系统的设计

如果要求一个像必须满足一定方位,并且出射光束要以某种既定方式重新确定方向,就需要使用棱镜(或反射镜)系统。一般地,设计要从确定最少数量的反射镜,并产生所希望的结果开始。最简单的(或许是最好的)方法是直接反复试验。粗略地绘制一张示意性草图,表明将像放在希望位置所必需的反射。然后,用 7.7 节介绍的方法核实像的方位,在不同方位适当增加反射面,直到像的方位满足要求。通常,会有几种相差不多的方案,可根据要求进行选择。

完成反射系统后,展开光学系统,以光轴作为直线,把物体像和透镜孔径增加到草图中,在两个子午方向确定反射面必需的尺寸。如果系统由棱镜组成,将系统中玻璃

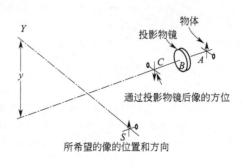

图 7.35 投影物镜所成像的颠倒

部分的轴向距离换算成"等效空气层厚度"(t/n),再次绘制成展开图,以便将光路绘制成直线。

作为反射光学系统设计的一个例子,研究图 7.35 所示的问题。A 处的物体被普通物镜 B 投射到 S 处的屏幕上。S 处的平面平行于原来的投影轴,其

中心位于该轴上方 Y 处。要求物和像的方向如草图所示。

一开始便注意到，投影物镜在两个子午方向上的成像相对于物体都是颠倒的，如图 7.35 中的 C 所示。结合图 7.36，现在研究 D 处放置一块反射镜的情况。D 处表示在 4 个方向都可能作为反射面，标有 D_1 的向上反射似乎最有希望成功，该反射会在最终要求的方向上反射光，所以继续这条线路。同样理由用于 E 点，倾向于选择 E_2，但 E_2 方向的像与希望的方位旋转了 $90°$。E_1 方向上像的方位最接近设计草图，因而选择 E_1 方向。现在，讨论 F 处的反射，F_3 方向是合适的，但像在左右方向反转，F_1 有正确的方位，但光线传播是远离屏幕的，如果增加一个反射镜使传播方向颠倒，从而使方位和方向都满足要求。为了实现该方案而又不使光线从 F 处向后传播，必须采用图 7.37 的第四次结构布局，给出整体系统图。

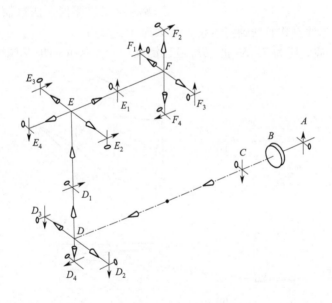

图 7.36　为了练习本书的反射系统内容，给出的光路结构的可能布局

很明显，为获得同一个结果，可采用的反射镜系统方案可能有多个，图 7.37 仅代表其中一种。读者可能已经注意到，讨论的问题一直局限于入射面位于笛卡尔基准面内，并首先考虑光线偏离光轴 $90°$ 的反射，对初学者，应尽量遵守这些约束。重要的是，初次完成这类工作要尽量简单，不要复杂化。此外，若避免使用复合角度，则该系统转化为实际装置就会更为简单。如果要求最终像旋转 $45°$，那么，为了实现所希望的结果，就必须偏离笛卡尔平面。

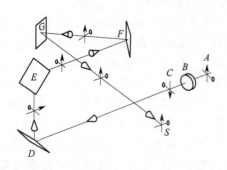

图 7.37 本书练习内容给出的一种可能解法

珀罗正像棱镜［图 7.38(a)］将用作设计棱镜系统时运用"展开图"技术的一个例子。图 7.38(b) 已经将棱镜展开（为清楚起见，将第二块棱镜表示成绕轴线旋转 $90°$）。每块棱镜都可以看作是等效玻璃板，厚度为其端表面尺寸的两倍。注意到，透镜的出射光线在系统每一个空气-界面处都发生折射，并且，棱镜已经将像位移到右边。

图 7.38(c) 是采用 7.8 节介绍的"等效空气层厚度"法绘制出的棱镜，将（近轴）光线画作直线通过棱镜，大大简化了结构。

现在，假设要为 $7×50$ 的双目望远镜设计最小尺寸的珀罗棱镜。物镜焦

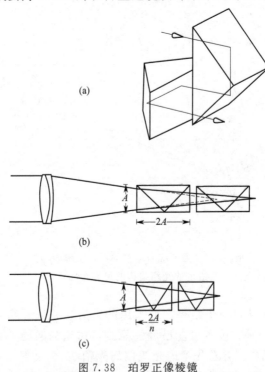

图 7.38 珀罗正像棱镜

(a) 珀罗棱镜系统（第一类）；(b) 棱镜展开图（虚线表示没有棱镜时光线的传播路线，实线表示棱镜造成的焦点位移）；
(c) 将棱镜绘制成等效空气层厚度，以便将光线绘制成直线

距是 7in，孔径 2in，视场直径是 5/8in，如图 7.39(a) 所示。首先注意到，[图 7.39(a)] 每块棱镜的端面与"等效空气层厚度"的比是 $A:2A/n=1:2/n$，如果设定折射率是 1.50，则比例是 3:4。设计从像面开始，顺延至物体。在距离像面 1/2in 处设置棱镜的出射面（留出间隔，并使玻璃表面位于焦平面之外），从出射面轴上交点开始画一条斜率为 3:8（端面与等效空气层厚度之比的一半）的虚线，如图 7.39(a) 所示，这条线就是一组不同尺寸的棱镜棱角形成的轨迹，与最大间隔光线相交的点就确定了最小尺寸的棱镜，使源自物镜的整个光锥都能够通过。从实际出发，应将棱镜制造得比该尺寸更大些，以方便后续的倒边和安装工艺。

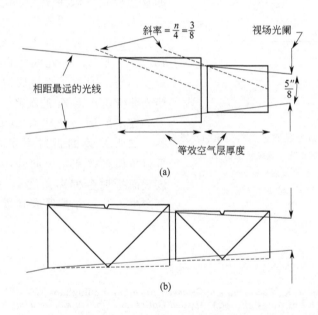

图 7.39 最小尺寸的棱镜系统
(a) 最小尺寸的棱镜系统示意图，最大间隔的光线将物镜边缘与视场边缘相连，虚线（参看书中内容）与这些光线的交点确定了能够通过整个成像光锥的最小棱镜的棱角；(b) 按比例画出棱镜，标示出实际厚度

对其他类型的棱镜，重复该过程。在两块棱镜之间留有一定间隔，保证能够安装两块棱镜的固定底板。在图 7.39(b) 中，按比例画出棱镜系统，棱镜元件展开到真实长度。根据展开图可以理解为什么在珀罗棱镜的斜面上通常要加工出一条磨毛的槽。有效视场之外的光线可以被棱镜端面（全内反射）向后反射到视场之内，令人非常烦恼，当这些光线沿斜面掠入射时，这条磨毛了的

槽就会阻断它们的传播。

7.17 制造误差分析

（由制造误差造成的）棱镜角度误差所产生的影响已经分析过，可以认为，这种角度误差等效于反射面旋离标称位置，或者说在系统中增加了一个薄折射棱镜。

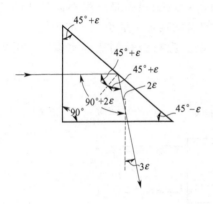

图 7.40　一条光线通过直角棱镜的传播
棱镜斜面相对其正确位置倾斜小 ε，反射后，该光线偏离 2ε。由于出射面的折射，会增大到 3ε（或 $2n\varepsilon$）

作为例子，现在讨论图 7.40 所示的直角棱镜。假定上 45°角大了角度 ε，下 45°角小了 ε。垂直于入射面的一条光线对斜面的入射角是 $45°+\varepsilon$，反射角是 $45°+\varepsilon$，所以，该光线将以 $90°+2\varepsilon$ 的角度反射。因此，旋转反射面 ε 角度会使光线方向产生 2ε 的误差。

在出射面，光线有 2ε 的入射角误差，如果棱镜的折射率是 1.5，那么，折射角误差就是 3ε。此外，由于光线在该表面折射会偏离角度 ε，所以，光线会产生色散，并扩展成光谱，根据公式 (7.11)，张角为 ε/V。

参考文献

Greivenkamp, J. E., *Field Guide to Geometrical Optics*, Bellingham, WA, SPIE, 2004.
Hopkins, R. E., in Kingslake (ed.), *Applied Optics and Optical Engineering*, Vol. 3, New York, Academic, 1966.
Hopkins, R. E., *Handbook of Optical Design* (MIL-HDBK-141), Washington, U.S. Government Printing Office, 1962.
Kingslake, R., *Applied Optics and Optical Engineering*, Vol. 5, New York, Academic, 1969.
Kingslake, R., *Optical System Design*, New York, Academic, 1983.
Pegis, R., and M. Rao, "Mirror Systems," *Applied Optics*, Vol. 2, 1963, Optical Society of America, Washington, D.C., pp. 1271–1274.
Smith, W., "Image Formation: Geometrical and Physical Optics," in W. Driscoll (ed.), *Handbook of Optics*, New York, McGraw-Hill, 1978.
Southall, J., *Mirrors, Prisms, and Lenses*, New York, Dover, 1964.
Walles, S., and R. Hopkins, "Image Orientation" in *Applied Optics*, Vol. 3, Optical Society of America, Washington, D.C., 1964, pp. 1447–1452.
Wolfe, W. L., "Nondispersive Prisms," in *Handbook of Optics*, Vol. 2, New York, McGraw-Hill, 1995, Chap. 4.
Zissis, G. J., "Dispersive Prisms and Gratings," in *Handbook of Optics*, Vol. 2, New York, McGraw-Hill, 1995, Chap. 5.

第 8 章

人眼特性

8.1 概述

了解人眼特性对于光学工程师非常重要,因为绝大多数光学系统都以这样或那样的方式将眼睛作为系统的最终元件,因此,光学系统的设计者了解眼睛能够完成什么功能是至关重要的。例如,如果要求目视光学系统识别一定尺寸的目标或者进行一定精度的测量,那么,展现给眼睛的图像必须足以使眼睛能够探测到必要的细节。另外,设计一个眼睛不能充分利用的具有理想成像性质的系统,也是一种浪费。

人眼是一个活的光学系统,每个人的眼睛特性都不一样。对某一确定个人,每天,甚至每个小时的眼睛特性也不一样,所以,本章给出的数据必须看作是某一数值范围内的中心值。实际上,某些数据仅对表明某一特性的数量级有用。眼睛使用的环境条件对确定眼睛的特性起着非常重要的作用,一定要时刻注意。

在生理光学领域,物镜或光学系统光焦度的计量单位是屈光度,缩写是 D。简单地说,如果物镜焦距的单位是米,一个物镜的屈光度就是其焦距的倒数(m^{-1})。例如,焦距 1m 的物镜,其光焦度是 $1D$,焦距是 $1/2m$ 的物镜具有 $2D$ 的光焦度。焦距 1in 物镜的光焦度是 $40D$(更准确地说,是 $39.97D$)。对单表面系统,屈光度等于 $(n'-n)/R$,R 是表面半径,单位是 m。$1D$ 的棱镜在 1m 距离上会产生 1cm 的偏离,即 0.01rad(弧度)或者 $0.57°$ 的偏离。

8.2 眼睛的构造

眼球是一个坚韧的、充满类胶物质的类塑壳体，在足够压力下保持其形状，位于头部眼窝内肉和脂肪构成的肉垫上，六种肌肉使眼球保持合适的位置和转动。

图 8.1 所示为右眼的水平截面图，鼻子位于图的左侧。除了角膜透明外，最外侧的壳体（巩膜）是白色和不透明的。角膜承担着眼睛的绝大部分（约 2/3）折射能力，角膜后边是（眼球的）水状体，（正如其名字暗示的）是一种水状液体。虹膜使眼睛能感觉色彩，能够张大和缩小以控制进入眼睛的光通量。由虹膜形成的瞳孔直径可以从弱光下的 8mm 变化到强光下的不足 2mm。眼睛的透镜是一个由其神经末梢区域周围大量纤维或韧带悬吊着的柔软囊体，通过改变其形状使眼睛调焦。当与悬吊韧带相连的括约肌放松时，透镜具有最平的形状，正常眼就聚焦于无穷远；当这些肌肉收缩时，透镜凸起，其半径更短，眼睛聚焦在附近物体。这种过程称为适应。

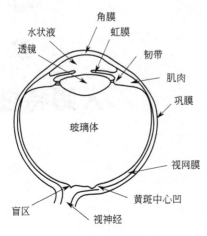

图 8.1 右眼球示意性水平截面图（从上向下看）

透镜后面是玻璃状液，是一种稀果冻浓度的材料。眼睛的所有光学元件主要是水，如果把眼睛看作一个由水（$n_D = 1.333$，$V = 55$）组成的单个表面，就可以对眼睛做大量的光学模拟。

下面列出了眼睛光学表面半径、厚度和折射率的典型值。当然，这些值对不同个人是不一样的。

R_1(空气-角膜)$+7.8$mm	t_1(角膜)0.6	n_1 1.376	v_1 57
R_2(角膜-水状液)$+6.4$mm	t_2(水状液)3.0	n_2 1.336	v_2 61
R_3(水状液-透镜)$+10.1$mm	t_3(透镜)4.0	n_3 1.386~1.406	v_3 48
R_4(透镜-玻璃体)-6.1mm	t_4(玻璃体)16.9	n_4 1.337	v_4 61
R_5(玻璃体-视网膜)-13.4mm			

眼睛透镜的主点位于角膜后 1.5mm 和 1.8mm 处，节点在角膜后 7.1mm 和 7.4mm 处。第一焦点在眼睛前面 15.6mm 处，而第二焦点自然就在视网膜上。从第二节点到视网膜的距离是 17.1mm，将物体（对第一节点）的张角乘

以该距离可以求得像在视网膜上的尺寸。眼睛适应（调焦）时，透镜几乎变成半径约 5.3mm 的等凸面，节点向视网膜方向移动几毫米，眼球转动中心位于角膜后 13～16mm 处。

一个经常被忽视的事实是，上述所列出的、通常被接受的眼睛数据并没有给出目视系统成像质量的相关数据。首先，眼睛表面不是球面，特别是透镜的某些表面与真正的球面相差很大。一般地，趋于表面边缘，其曲率越弱；其次，透镜的折射率并不均匀，中心部分更高。这种梯度折射率自身会产生会聚的折射能力，在透镜边缘，还会减小折射能力。注意，梯度折射率和表面的非球面性产生过校正球差，抵消角膜外表面的欠校正球差。

按照光线到达顺序排列，视网膜依次含有血管、神经元（或神经纤维）、对光敏感的杆细胞和锥细胞以及色素层。光学神经及相关的盲点位于神经元离开眼球并通往大脑的位置。眼睛光轴的太阳穴侧（外侧）稍外一点（约 5°）是神经中枢，其中心是视网膜的中心凹窝，在凹窝处，视网膜结构变弱。在中心 0.3mm 直径范围内，只有锥状细胞。中央凹窝是清晰视觉的中心，在该区域外侧，出现杆状细胞，再远些就只有杆状细胞。

视网膜中大约有 7 百万个锥状细胞，约 12500 万个杆状细胞，只有约 1 百万个神经元。中央凹窝内锥状细胞的直径约 1～1.5μm，细胞间距 2～2.5μm，杆细胞直径约 2μm。在视网膜的外缘区域，更多分布着敏感细胞，多个细胞与一个神经元相连（几百个细胞与一根神经元连接），这就解释了该区域视觉不太清晰的原因。在中央凹窝，某些锥细胞中一个锥细胞连着一根神经元，但有 7 百万个锥细胞，只有 1 百万个神经元。

一只眼睛的视觉范围是一个椭圆区，约高 130°×宽 160°。两只眼同时观察的双目视场近似是一个圆，直径约 120°。

8.3 眼睛的特性

视觉锐度

光学工程师最感兴趣的眼睛特性是识别小物体细节的能力。根据可识别的最小字符的角度定义和计量眼睛的视觉锐度（VA）。最经常用于测试 VA 的字符是大写字母或外形断开的承力环。许多大写字母都可以看作由 5 种元素组成，就是说，字母 E 有三个横杠和两个空格。视觉锐度就是该字母一个元素所对应角度［单位是弧分，即角分，1°（度）＝ 60′（角分）］的倒数。认为"标准的" VA 是 1.0，即最小可识别字母的高度对眼睛的张角是 5′，字母每个元素的张角是 1′。视觉锐度经常表示为靶标距离（通常是 20ft）与张角为 1′

的靶标元素的距离之比。因此，1/2VA 或 20/40VA 就表示最小可识别的字母张角是 10′，其元素的张角是 2′。在 Landolt 断环测试中，环的宽度和断缝宽度对应着字母元素的尺寸，并且识别还包括确定断缝的方位。在理想条件下，视觉锐度可以达到 2（对一些特殊人士可达到 3）。

如上面所述，"标准"视觉锐度是 1′，也是眼睛的角分辨率值。通常，该值与光学仪器设计有关。然而，注意到，每分 1 个线对（或 1 个周期）的分辨率实际上对应着 2VA 或 20/10VA 的值。这可能是"标准条件下"VA 的值，并且只是与视网膜中央凹窝相对应的那部分视场的值。中央凹窝之外的锐度快速下降，如图 8.2 所示，是一条对数曲线，（中央凹窝处的）视觉锐度（单位是任意设置的）是视场中测试靶标角位置的函数。还注意到，垂直方向的 VA 要比水平方向高 5%～10%，水平和垂直方向的 VA 值比倾斜方向（45°）高 30%。

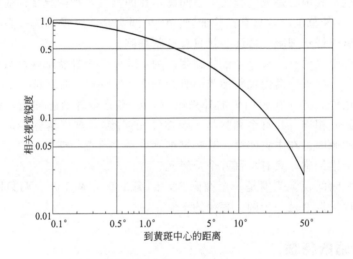

图 8.2　视觉锐度（相对于中央凹窝）
与像在视网膜的位置变化关系
注意，该曲线是对数关系，视觉锐度的衰减要比表示的曲线形状更快

随着景物亮度减弱，虹膜开得更大，杆状细胞就取代锥状细胞。在低照度下，眼睛是色盲，因为锥状细胞没有足够的锐度对低照度响应，中央凹窝变成盲点。该过程产生的结果是，视觉锐度随照度减弱而下降，这种关系以曲线形式表示在图 8.3 中，同时给出了标准瞳孔尺寸。注意到，测试靶板周围的亮度影响着锐度，均匀照度似乎使锐度达到最大。正如可预见的，图 8.4 表示降低靶标的对比度也将会降低锐度。

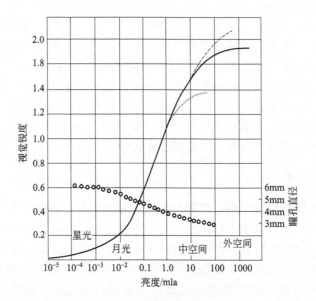

图 8.3 视觉锐度与亮度的关系

视觉锐度是目标亮度的函数,单位是分的倒数形式。虚线和实点线分别表示周围亮度 [1mla（毫朗伯）近似等于 1fc（英尺烛光）照明一个理想散射体的亮度] 增加和减少对视觉锐度的影响。小圆环曲线表明瞳孔直径；年轻人的瞳孔直径较大,老年人的瞳孔较小,在低亮度下尤为如此

（1la＝3.183×10³ cd/m²；1fc＝1lm/ft²＝10.7639lx）

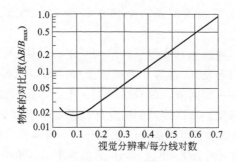

图 8.4 为了分辨一个亮暗交替、等宽度的
条形图,眼睛必需的目标对比度（$\Delta B/B_{max}$）

注意,降低光的亮度,曲线上移,随着亮度增大而下移。对该曲线,亮线的亮度 B_{max}＝23ft·la（英尺·朗伯）

（1ft·la＝3.42626cd/m²）

由于眼睛大约有 0.75D 的色差（C 光与 F 光，从 380nm 到 780nm 光谱范围，约为 3D），所以，照明靶标的光波波长影响着 VA 值。通常给出的 VA 值是白光的。对单色光，黄光和黄绿光的锐度稍高，红光稍低。在蓝光（或远红外光）中，VA 值可能会低 10%～20%，紫光的 VA 值降低 20%～30%。使用外部光学透镜可以校正眼睛的色差，或使其加倍而不会察觉；增加四倍才会有明显感觉。色差对眼睛锐度的影响比期望的效果要小，原因是（眼睛中）稍微呈黄色的透镜挡掉了紫外光，并且视网膜黄斑（macula lutea，黄斑的拉丁文拼法）过滤掉了蓝光和紫光。眼睛的光谱响应函数如图 8.8～图 8.10 所示。

其他类型的锐度

光标对准视觉锐度是眼睛将两个物体对准的能力，譬如两条直线，一条线和一个十字线，或者两条平行线之间有一条线。在研究这类锐度时，需要经过特别培训、有资格的眼睛。在仪器设计中，可以放心地假设，正常人反复对准游标的精度高于 5″（弧秒，即角秒，$1°=60′=3600″$），测量精度约为 10″；有经验的测量者可以达到 1″或 2″。因此，当采用两条线之间设置一条线的方案时，光标对准视觉锐度最好。另一种较好的方法是让一条线重合在一个十字线上，或者使两条线对接调准。效果较差的是让两条线叠合在一起。

眼睛在亮视场中可以探测的最窄暗线的张角是 1/2″～1″。如果在相反对比度条件下，即暗视场背景下的亮线或亮点，线的尺寸不像亮度那样重要，关键因素是到达并能激发视网膜细胞响应的能量大小。入射到角膜上的最小能量似乎是 50～100 量子（实际上，入射到角膜上的能量只有百分之几到达细胞）。

眼睛可以探测到 10″数量级的角运动。能够探测到的最慢运动是每秒（时间）1″或 2″。另一个极端情况是一个快于每秒 200°的点的运动会模糊成一条线。

眼睛可以根据一些线索（或提示）来判断距离。住所、会聚（为了观察近距离物体，眼睛向内转动）、薄雾、透明度及经验等，每种因素都起着一定作用。由于两只眼相距一定间隔，每只眼看同一个物体是稍微不同的图像，因此人们有三维或立体视觉。可以探测到的立体视差量小到 2″～4″。如果周围没有可以提示的线索，测试项目可以是将位于 20ft 远、等距离的两根杆调整在约 1in 的精度范围内。可探测的 ΔD（单位 mm）近似为距离（单位米）的平方（D^2）。

眼睛探测闪烁光的能力是情景亮度的函数。视觉临界闪变频率无法再探测到闪光时的频率。在弱场景亮度条件下（即 $0.001\sim 0.01 cd/m^2$），闪光融合频率（FFF）约为每秒 10～20 周，在高亮度环境中（即 $10cd/m^2$），FFF 增大到每秒 40～50 周。视场外缘，FFF 较低。闪光融合频率就是电影放映中决定最小可接受快门频率的频率，以及电视中确定刷新速度的频率。

灵敏度

可观察或探测到的最低亮度取决于眼睛已经习惯了的光强度等级。照明条件降低，眼睛瞳孔就放大，容许更多的光进入，视网膜也变得更为敏感（从锥状视觉转换到杆状视觉，并通过包括视网膜紫质、视紫色素的电化学机理），这个过程称为暗适应。图 8.5 显示适应过程是眼睛在黑暗中时间长度的函数。"中央凹窝区"曲线表明，5min 或 10min 后，视网膜可以探测到的，用于明晰视觉的亮度水平是如此之低。在低亮度条件下，只有视网膜的外缘部分有用，中央凹窝成为盲点。图 8.5 的靶标张角约为 2°，靶标较大时，阈值亮度较低，靶标较小时阈值亮度较高。如虚线所示，测试条件对视觉阈值有很大影响，图 8.5 给出的数据仅仅表明预知的一个数量级。

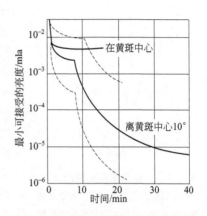

图 8.5 视觉阈值

当眼睛适应黑暗之后，最小可接受亮度随时间快速下降。上面和下面的虚线分别表明高、低照明条件的影响。在张角大于 5°的区域，阈值几乎是常数，但随着靶标尺寸的减小而快速增大。图中的曲线是针对靶标张角约 2°的情况

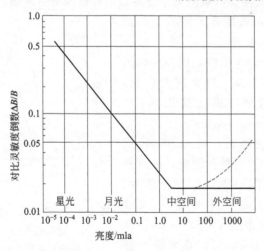

图 8.6 眼睛的对比灵敏度是场景亮度的函数

两个相邻区域间可接受的最小亮度差（ΔB）是亮度 B 的若干分之一。如果区域较大，那么，当亮度超过 1mla 时，其亮度差保持不变。虚线表示周围环境是暗视场时的对比灵敏度 [1mla 近似等于 1fc（英尺烛光）的光量照射一个理想散射体产生的亮度，即 1ft·la]

眼睛是一个很差的光度计，对判断绝对亮度很不精确。然而，用于比较，眼睛是一台非常好的仪器，可以高精度地比对相邻区域的亮度或色彩。图 8.6 表明眼睛能够探测到的亮度差，是测试区绝对亮度的函数。在通常亮度下，大约 1% 或 2% 的亮度差就可以探测到（注意，在比较测光法中，用眼睛对两块区域进行比对，测出一系列读数就可以提高测试精度。将读数平均分成两部分，对前半部分读数，提高变化区的亮度，直到获得明显的匹配；对另一半读数，降低亮度，也得到明显匹配。则平均值比任何一组数据都精确得多）。比对时，如果两个区域间没有明晰可见的分辨界限，则对比灵敏度最好。若两个区域能够分开，或者不能明显区分两个区域，则对比灵敏度会明显下降。

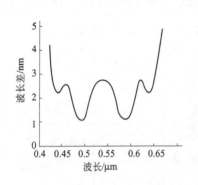

图 8.7　眼睛对颜色差别的灵敏度
对于相邻区域比较中可接受的色差来说，区分两种颜色所必需的差值是波长的函数，图中给出了它们的关系曲线。一些数据表明有更均匀的灵敏度，大约是现在数据的两倍

图 8.7 表明一个正常眼作为比较色度计时的性能。重述一遍，在确定一种颜色的绝对波长方面，眼睛是非常差的，但在确定色彩匹配方面是非常成功的。在合适条件下，可以探测到几纳米的波长差。前面段落对测试区域间关于分界线的评论也适合对颜色灵敏度的讨论。

眼睛对光的灵敏度是光波波长的函数。在正常照明条件下，眼睛对波长 $0.55\mu m$ 的黄绿光最为敏感，而在该峰值两侧灵敏度都会下降。对大部分应用，认为眼睛的灵敏度范围是波长 $0.4 \sim 0.7\mu m$（或 $0.38 \sim 0.78\mu m$）。因此，在设计目视光学仪器时，对 $0.55\mu m$ 或 $0.59\mu m$ 波长的光校正单色像差，使红蓝波长的光聚焦在同一焦点以校正色差。通常选择的波长是：黄光是 e 谱线 $(0.5461\mu m)$ 或 d 谱线 $(0.5876\mu m)$，红光是 C 谱线 $(0.6563\mu m)$，蓝光是 F 谱线 $(0.4861\mu m)$。

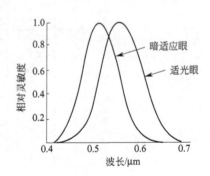

图 8.8　正常照明（适亮性）条件下和暗适性条件（适暗性）下眼睛对不同波长的相对灵敏度

图 8.8 显示正常照明条件下眼睛的灵敏度，同时给出了暗适应眼睛的灵敏度，它们都是波长的函数。适亮性视见函数曲线适用于亮度大于（或等于）$3cd/m^2$ 的情况，适暗性视见函数曲线适用于低于（或等于）

0.003cd/m² 的情况。在这两个值之间，使用术语"中度黑暗"（或黄昏黎明视觉）。值得注意，暗适应眼睛的峰值灵敏度移向光谱的蓝光一端，从 0.55μm 移到约 0.51μm 处。这种"浦尔金耶位移"是由视网膜的杆细胞和锥状细胞对不同色差有不同灵敏度所致，如图 8.8 所示。图 8.9 列出了图 8.8 曲线图中使用的数据值。

波长/μm	适亮性	适暗性	波长/μm	适亮性	适暗性
0.39	0.0001	0.0022	0.59	0.7570	0.0655
0.40	0.0004	0.0093	0.60	0.6310	0.0332
0.41	0.0012	0.0348	0.61	0.5030	0.0159
0.42	0.0040	0.0966	0.62	0.3810	0.0074
0.43	0.0116	0.1998	0.63	0.2650	0.0033
0.44	0.0230	0.3281	0.64	0.1750	0.0015
0.45	0.0380	0.4550	0.65	0.1070	0.0007
0.46	0.0600	0.5672	0.66	0.0610	0.0003
0.47	0.0910	0.6756	0.67	0.0320	0.0001
0.48	0.1390	0.7930	0.68	0.0170	0.0001
0.49	0.2080	0.9043	0.69	0.0082	0.0000
0.50	0.3230	0.9817	0.70	0.0041	
0.51	0.5030	0.9966	0.71	0.0021	
0.52	0.7100	0.9352	0.72	0.0010	
0.53	0.8620	0.8110	0.73	0.0005	
0.54	0.9540	0.6497	0.74	0.0003	
0.55	0.9950	0.4808	0.75	0.0001	
0.56	0.9950	0.3288	0.76	0.0001	
0.57	0.9520	0.2076	0.77	0.0000	
0.58	0.8700	0.1212			

图 8.9 适亮性和适暗性条件下的标准相对发光度系数

已经测量出眼睛在波长 1100nm 之外红外光谱区的灵敏度，是峰值响应 (555nm) 灵敏度的 10^{-11} 倍。图 8.10 是适亮性和适暗性二者的光谱灵敏度曲线，也包含两种曲线的积分，表示比所示波长更短的波长产生的总体响应所占的成分。该曲线可以用来确定两种波长间的相对响应，或者在分析光学系统的性能时对所用波长确定一个合适的权重。

Troland（特巴兰）是视网膜照度单位

$$\text{Troland} = 物体的亮度(cd/m^2)/瞳孔面积(m^2)$$
$$= 278\tau \text{（照度，单位 lm/m}^2\text{）}$$

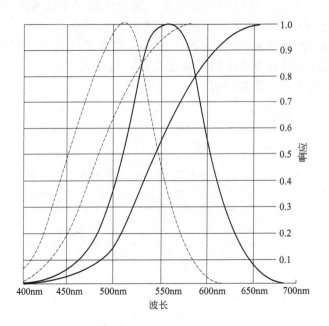

图 8.10 人眼的光谱响应
实线是适亮性（日光）响应，虚线是适暗性（暗适应）响应。每种响应都有两条曲线：一条是所示波长的相对响应，另一条是比所示波长更短波长的响应所形成的积分值

8.4 眼睛的缺陷

近视是由于眼睛透镜和角膜形成的光焦度太强或者眼球太长而产生的一种聚焦缺陷，其结果是造成远距离物体成像在视网膜前面而不能清楚聚焦。由于近视是正光焦度过量所致，所以，在眼睛前面放置一块负透镜就可以得到校正。选择负透镜的光焦度使像成在近视眼可以聚焦的最远点。例如，一个人近视 $2D$ 就不能看清 $1/2m$（20in）之外的物体，可以用一个 $-2D$ 的透镜（焦距 $=-1/2m$ 或者 $-20in$）进行校正。近视常常在发育最快时期，即伴随青春期一块出现。

当一名观察者（特别是未经训练的观察者）对一台仪器，诸如显微镜或望远镜调焦时会出现仪器近视现象。对仪器调焦有一种倾向，使像形成在约 20in（$2D$）远处，这可能是由于观察者感知方面的原因，认为像在仪器内部，实际上，应当就在附近。绝大部分有经验的观察者会将仪器调焦到接近无穷远的位置，调焦时，将显微镜移向物体，以便于使像位于观察者眼睛之后（焦点完全没有对准），再进行调整，直至图像清晰为止。仪器近视可能与夜间近视有关，黑暗中没有刺激，眼睛也明显地聚焦在近距离处（60～80in）。

远视是与近视相反的一种缺陷，是由于眼球太短或眼睛中折射元件的光焦度太小所致。（当眼睛处于松弛状态时）一个远距离物体的像形成在视网膜之后。利用一块正光焦度的眼镜片可以矫正远视眼。显然，一个有远视缺陷的个人，只要其调节能力允许，使眼睛重新调焦，就可以把像调回到视网膜上。如果拉长了，可能会造成头痛。

散光是眼睛在子午和弧矢方向上的光焦度不同造成的一种缺陷，通常是由一种有缺陷的视网膜所致，与其他方向相比，在一个方向有更强的作用半径。在眼镜片上加上环面（或复曲面）可以校正散光。

规性散光（Astigmatism "with the rule"）是角膜在垂直子午面内的半径比水平子午面内的半径有更强的作用。

隐形眼镜与角膜表面紧密接触，可以有效改变眼睛最外层表面（此处承担大部分目视折射能力）的曲率。用刚性隐形眼镜的球形表面代替角膜的环形面，可以很容易校正散光。很明显，一个柔性（灵活）的隐形眼镜需要方位机构使其环面聚焦能力与眼睛相匹配。使用隐形眼镜可以有效拉平或增强目视光学系统外层表面的曲率，达到矫正近视眼和远视眼的目的。

辐射状角膜切开术是一种外科技术，在角膜上（通过大部分厚度）完成辐射状切口，从而起到减弱角膜半径的作用，眼睛内压使切口部分突起，因此，改变了角膜的形状和光焦度。这种方法有两个明显缺点：其一是角膜上切口的伤痕会散射光，另一个是随年纪增长，眼睛的光焦度会变化。所以，不可能得到永久校正。另外一种技术（PRK）是使用激光切除造形方法改变角膜的形状。LASIK 技术削去角膜薄瓣层，然后，切除角膜以改变其形状，再替换薄瓣层。

8.3 节已经讨论过眼睛的色差，许多人的眼睛也都有欠校正球差。眼睛的透镜具有非球面形状，透镜中心区折射率要比外缘部分高，这两个因素降低了透镜边缘的光焦度，有利于校正角膜严重的欠校正球差。很少人有过校正球差。对大多数人，当眼睛调焦在一个近距离点上时，眼睛中心区的凸起部分要比边缘的多，所以，球差趋于过校正状态已适应这种调整。已经测量出球差有 $\pm 2D$ 的情况。然而，像色差一样，球差对眼睛分辨率的影响似乎不大。

老花眼是缺乏适应（调焦）能力，是眼透镜材料随着年龄增长而硬化的结果。图 8.11 表明年龄与适应能力间的典型关系。当眼睛不再适应阅读距离（$2D$ 或 $3D$）时，必须佩戴正镜才能舒服地阅读。

圆锥形角膜是一种圆锥形状的角膜，可以利用隐形眼镜进行校正，目的是将一个新的球面叠加在角膜上。

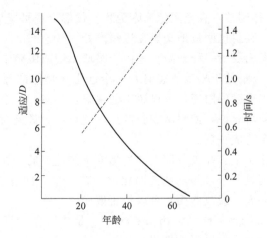

图 8.11 适应能力随年龄的变化（实线）
虚线表示适应 1.3D 需要的时间，单位是秒（s）

常常通过外科手术摘除眼睛中的白内障（眼睛透镜中出现云状物或不透明成分）（译者注：亦称为瞳彩透镜或云状透镜）以恢复视觉。使用一个具有特别强正光焦度的眼镜片可以弥补由此产生的光焦度的损失。但比较好的解决方法是戴隐形眼镜或者在虹膜附近植入一个塑料眼内透镜。这种无晶状体眼，缺少成像透镜，不可能适应或调焦，此外，如果只有一只眼是无晶状体眼，那么，由于折射聚光能力从眼睛内侧移至外侧（如果是由于强光焦度的眼镜片所致的话）而使视网膜成像尺寸变化将会妨碍双目视觉。

网膜异像症（或物像不等症）是因两只眼视网膜成像尺寸不等而得名，出现在不同的正常眼中，如果不一致性大于几个百分点，其结果会失去双目视觉。使用专门设计的厚弯月镜片或者分离型双透镜（实际上是一个低倍率望远镜，其放大率抵消视网膜成像尺寸的差别）可以矫正这种缺陷。

在仪器设计中，应当考虑一些额外因素，对双目仪器尤为重要。由于（不同人）双目间距不同，必须能够调整以使仪器两侧的光学系统与眼睛瞳孔对准。典型距离是 $2\frac{1}{2}$ in，变化范围是 $2\sim 3$ in。双目仪器的两个分系统要有相同的放大率（误差在 $0.5\%\sim 2\%$ 之内，取决于每个人的容限），其轴线必须平行（垂直方向在 $\frac{1}{4}D$ 内，发散度在 $\frac{1}{2}D$ 内，会聚度在 $1D$ 内）。每个分系统要能单独调焦以允许两眼之间的焦点对准可以变化。$\pm 4D$ 的焦距调整可以照顾到所有人的需要，但还有百分之几的人除外。$\pm 2D$ 的焦距调整可以满足大约 85% 的需求。眼睛的景深（成像清晰，最佳聚焦点另一侧的距离）约为 $\pm\frac{1}{4}D$。瑞利（Rayleigh）四分之一波（参考第 11 章）的焦深是 $\frac{\pm 1.1}{(瞳孔直径)^2}D$，对于 3mm 直径的瞳孔，是 $\pm\frac{1}{8}D$。对双目仪器，例如平视显示器（HUDs），两眼间的角度不一致性应小于 0.001rad。

实　验

有几个验证眼睛某些特性的实验。

1. 对于大部分人（并非全部）来说，起主要作用的眼睛是右眼。伸出手臂并将一个指头指向一个物体，使该手指对准物体。依次遮住或闭上一只眼，并注意到哪只眼睛是对准的，哪只眼睛没有对准。对准的那只眼睛是起主要作用的眼睛。

2. 可以验证视网膜的"盲点"，神经元和血管从此处输出。遮住或闭上左眼。盯住下面的 O 字，调整书面与眼睛之间的距离，一直到字母 X 消失，此时，X 就在盲点上。如果是左眼起主要作用，就用左眼盯住 X。如果没有 X 和 O，尽管不太容易，也可以验证这一点，遮住左眼一直往前看，移动手指头到右眼，当位置刚好时，会看不到手指尖。

        O   X

3. 测量字母 O 与 X 之间的距离，以及从眼睛到书面的距离。计算出视网膜上盲点与中央凹窝间的距离。

4. 该实验比较难些。遮住一只眼并盯住出版物上一个字母。不允许凝视力转移，确定该字母周围的其他字母。该实验主要解释人们可以最清楚观察到的范围是非常小的（即使非常好的视觉，其范围约为 0.5°），也可以试验下面数字，盯住 X：

```
912345678912345678912345678912345678
912345678912345678912345678912345678
912345678912345678912345678912345678
123456789123456789X123456789123456789
912345678912345678912345678912345678
912345678912345678912345678912345678
912345678912345678912345678912345678
```

5. 在某种程度上，视觉是一种学习技能。你可能会感觉到，你相当清楚自己的所有视觉范围。现在就试一下。

（a）一直向前看，将手臂向两侧伸开，并伸开手指。问题是：可以看到多少个手指？正确答案是："什么，手指？"。如果摆动或晃动手指，你会看到它们摆动，但不能分辨出手指。

（b）伸开手臂，与视线成 45°角，你可以看到手指，但不能说出是几个。

（c）向前伸出手臂，用一只眼盯住拇指，这时，你可以清晰地知道有手指存在，但不能判断有几个手指。

练 习

1. 要使一个"正常视觉"的人能够阅读 300ft 距离上 1mm 高的字母,望远镜的放大率必须是多少?(注意,$1'$ 是 0.0003rad)

答案:300ft 远的距离对应 1mm 等于 3600in 距离对应 0.04in,张角是 0.0000111rad。对正常视觉,需要字母的张角是 $5'$,或者 0.0015rad,因此,望远镜的放大率必须是 0.0015/0.0000111 或者 $135\times$。

2. 一个近视眼的人不能清楚地对远于 5in(从眼睛计算起)的物体聚焦,校正眼镜片的光焦度应是多少?

答案:焦距为 -5in 的透镜应当使无穷远物体的虚像形成在距透镜 5in 的位置。5in 约为 1/8m,该透镜的光焦度 $1/f=1/(-1/8)=-8D$。然而,镜片不与眼睛密切接触,所以,镜片焦距加上透镜到眼睛的距离要等于 5in。1.5in 的间隔需要 -3.5in 的焦距,或者 -88.9mm,即 -0.0889m,所以光焦度是 $-11.2D$。

3. 假设焦深是 $\pm\frac{1}{4}D$,当眼睛调焦在 10in 处,视觉清晰的距离范围是多少?

答案:10in 的距离约为 1/4m,可以表示为 4D,以按照屈光度表示的焦深是 $3.75\sim 4.25D$,对应的距离是 $1/3.75=0.2667$m 和 $1/4.25=0.2353$m。因此,焦深是 $0.2667-0.2353=0.0314$m$=31.4$mm$=1.235$in(1in$=0.0254$m)。

4. 希望设计一个精度 0.0001in 的光学测微计。假设,测微计将刻线的像投影到一个屏幕上,屏幕到观察者的距离是 10in,并使刻度线与屏幕上的十字线对准。那么,光学测微计投影物镜的放大率必须是多少?眼睛的测微锐度是 10 弧秒(注意,$1''$ 等于 0.000005rad)。

答案:在 10in 的距离上,$10''$ 等于 $(10\times 0.000005)\times 10in=0.0005$in。等效于刻线上是 0.0001in,所以,刻线必须被放大 $0.0005/0.0001=5.0\times$。

5. 一个曲率半径为 10in 的凸面反射镜安装在一根主轴上转动。(a)如果肉眼观察到的反射像没有运动,那么,其曲率中心可以偏离转轴的最大量是多少?(假设,在 10in 的距离处观察反射像)(b)如果 0.02in 的偏心造成像的跳动可以观察到,则最快和最慢的转速是多少?

答案:(a)如果位移量是 e,则上下总的位移量是 $2e$。在 10in 距离上观察一个张角为 $0.2e$ 弧度的运动。若眼睛可以观察到 $10''$ 的运动,或者 0.000050rad 的运动,则 $0.2e$ 等于 0.000050,$e=0.000050/0.2=0.000250$in。

(b)如果位移量是 0.02in,图像绕着一个圆运动,则每转 360°,图像运动 $\pi\times 2\times 0.02=0.12$in。在 10in 距离上观察,为每转 0.012rad。如果可以观察到的最慢运动是每秒 $1'$(或 $2'$)(0.0003rad/s),则转速是 (0.0003rad/s)/(0.012rad/r),或者 0.024 r/s$=1.4$r/min(或者每秒运动 $2'$,是 2.9r/min$=2.9$rpm),若可观察到的最快速度是 $200°/s=3.5$rad/s,则转速是 $3.5/0.012=291$rps(1rps$=1$r/s,译者注:原文错印为 280rps)。

6. (a)如果要求一块平板的光焦度是 $(0\pm 10)mD$,请问,所允许的最短焦距是多少？（b）假设该平板的一个平面是理想平面，请问另一表面可允许的最大（或最小）半径是多少（如果折射率是 1.6）？（c）如果平板的直径是 20mm，利用一个理想平面检测该表面，可以看到多少个牛顿环？（假设，波长是 555nm。空气厚度每变化半个波长，出现一个条纹）

答案：（a）$10mD = 0.010D$。焦距等于 $1/0.010 = 100m$。

（b）利用公式（3.25），$\phi = (n-1)(c_1 - c_2)$，假设 $c_2 = 0$，求解 c_1，并转而得到 R_1
$$R_1 = f(n-1) = 100 \times 0.6 = 60m$$

（c）一个球面的弧高近似是 $SH = y^2/2R = 10^2/120000 = 0.000833mm$。等于 $0.000833/0.000550 = 1.515\lambda$。由于每半个波长得到一个条纹，所以，有 3.03 个条纹。

参考文献

Adler, F., *Physiology of the Eye—Clinical Applications,* St. Louis, Mosby, 1959.
Alpern, M., "The Eyes and Vision," in W. Driscoll (ed.), *Handbook of Optics,* New York, McGraw-Hill, 1978.
Blaker, W., "Ophthalmic Optics," in Shannon and Wyant (eds.), *Applied Optics and Optical Design,* Vol. 9, New York, Academic, 1983.
Charman, W. N., "Optics of the Eye," *Handbook of Optics,* Vol. 1, New York, McGraw-Hill, 1995, Chap. 24.
Davson, H., *The Physiology of the Eye,* London, Blakiston, 1950.
Dudley, L., "Stereoscopy," in Kingslake (ed.), *Applied Optics and Optical Engineering,* Vol. 2, New York, Academic, 1965.
Fry, G., "The Eye and Vision," in Kingslake (ed.), *Applied Optics and Optical Design,* Vol. 2, New York, Academic, 1965.
Geisler, W. S., and M. S. Banks, "Visual Performance," *Handbook of Optics,* Vol. 1, New York, McGraw-Hill, 1995, Chap. 25.
Hartridge, H., *Recent Advances in the Physiology of Vision,* London, Blakiston, 1950.
Kingslake, R., *Optical System Design,* New York, Academic, 1983.
Lueck, I., "Spectacle Lenses," in Kingslake (ed.), *Applied Optics and Optical Engineering,* Vol. 3, New York, Academic, 1966.
Mouroulis, P., *Visual Instrumentation,* New York, McGraw-Hill, 1999.
Richards, "Visual Optics," in MIL-HDBK-141, *Optical Design,* Washington, Defense Supply Agency, 1962.
Schwiegerling, J., *Field Guide to Visual and Ophthalmic Opitcs,* SPIE, 2004.
Westheimer, J., JOSA, v62, p-1502 (Dec 1952).
Zoethout, W., *Physiological Optics,* Professional Press, 1939.

第 9 章

光阑，孔径，光瞳和衍射

9.1 概述

在各种光学系统中，都有孔径（或光阑）约束（或限制）通过系统的能量。这些孔径是系统中透镜和光圈的通光孔径，其中一个是确定系统接受轴上物点能量光锥的直径，定义为孔径光阑，其尺寸决定该像面的照度。另外一个光阑能够限制成像物体的尺寸或张角，称为视场光阑。两种光阑对光度学测量和系统性能都特别重要。

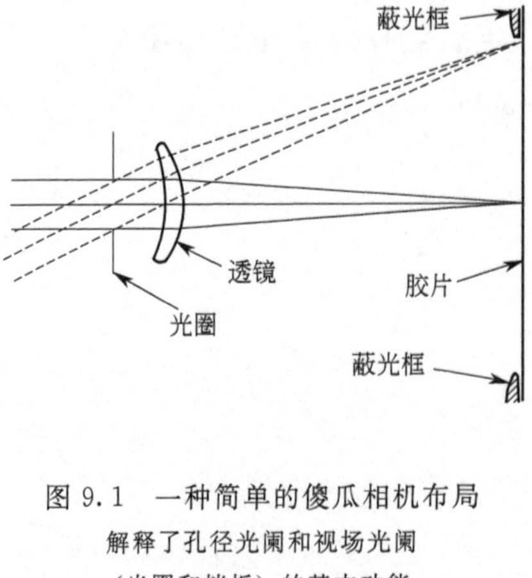

图 9.1 所示为一种廉价照相机光学系统的部件，显示了两种最基本形式的孔径光阑和视场光阑。透镜前面的光圈限制着进入系统的光束直径，是孔径光阑；与胶片相邻的挡板决定系统的角视场，显然是照相机的视场光阑。

然而，并非所有光学系统都像该系统那样明显，现在来讨论比较复杂的结构布局。上面已经通过一个具体例子解释了光阑的作用，所以，下面的讨论将参考图 9.2 进行，该图较为

图 9.1　一种简单的傻瓜相机布局解释了孔径光阑和视场光阑（光圈和挡板）的基本功能

夸张地描述了一个望远系统对一个有限远物体的聚焦。该光学系统由一个物镜、正像透镜、目镜和两个内光圈组成。物镜形成物体的倒像，然后，正像透镜将该像重新成在目镜的第一焦点处，目镜将物体的最终像成在无穷远，观察者可以舒服地进行观察。

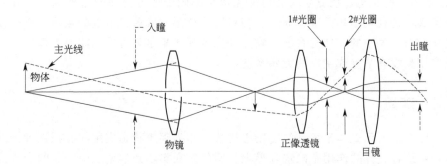

图 9.2　说明光瞳、光阑与视场间相互关系的光学系统示意图

9.2　孔径光阑和光瞳

由图 9.2 轴上光线（实线表示）的光路可以看出，1#光圈是系统中限制物体轴上光锥尺寸的孔径，系统中其他元件的孔径都很大，足以接受更大孔径的光锥，因此，1#光圈是系统的孔径光阑。

通过孔径光阑中心的斜光线称为主光线，在图中表示为虚线。系统的入瞳和出瞳分别是孔径光阑在物方空间和像方空间的像，就是说，入瞳是孔径光阑的像，从物方轴上点观察，应能看到；出瞳是孔径光阑的像，从最终像平面观察，也可以看到（在这种情况中，位于无穷远）。在图 9.2 所示的系统中，入瞳位于物镜附近，出瞳位于目镜右边。值得注意，虚线表示的主光线与光轴的最初和最终交点确定光瞳的位置，并且，轴上光锥在光瞳处的直径表示光瞳直径。可以看到，对物体上任何一点，系统接收和出射的辐射量都取决于光瞳的尺寸和位置，孔径光阑的任何一个像都是一个光瞳，图 9.2 中，1#光圈处有一个光瞳。

9.3　视场光阑

由图 9.2 主光线光路可以看出，由于 2#光圈的阻挡，物体上离光轴更远的一个物点发出的另一条主光线无法通过系统，因此，2#光圈就是该系统的视场光阑。视场光阑在物方空间和像方空间的像分别称为入射窗和出射窗。在

图 9.2 所示的光学系统中，入射窗与物面重合，而出射窗位于无限远（与像面重合）。注意，除非视场光阑位于系统所成的实像平面内，否则，一个系统的光窗不会与物面和像面重合。

角视场取决于视场光阑的尺寸，并且等于入射窗（或出射窗）相对于入瞳（或出瞳）的张角。物方空间的角视场常常不同于像方空间的角视场（另外一种定义：角视场是物面或像面分别相对于系统第一或第二节点的张角。根据该定义，对空气中的非望远系统，物方和像方视场角是相等的。注意，该定义不能应用到没有节点或主点的无焦系统）。

9.4 渐晕

图 9.2 所示光学系统是经过精心挑选，作为理想状态应用的。在这种情况中，系统各元件的作用是确定和界限分明的。在实际光学系统中，光圈和透镜孔径常常起着双重作用，所以，并非都是上述情况。

现在，讨论图 9.3 所示由两个正透镜 A 和 B 组成的系统。对轴上光束的情况比较清楚：孔径光阑是透镜 A 的通光孔径，入瞳位于透镜 A 处，出瞳是透镜 B 对透镜 A 所成的像。

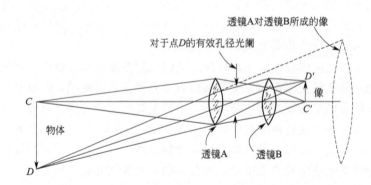

图 9.3　由分离元件组成的系统所产生的渐晕
D 点发出的光锥受限于透镜 A 下边缘和透镜 B 上边缘约束，并且，比 C 点发出的光锥尺寸要小。注意，D 点发出的上光线恰好能通过由透镜 A 对透镜 B 所形成的像

然而，对轴外一些距离，情况明显不一样。由 D 点发出光锥的下侧光线受到透镜 A 下侧边缘的限制，上侧光线受到透镜 B 上侧边缘的限制。由 D 点发出、被系统接受的光锥尺寸比只有透镜 A 是约束部件时的尺寸要小，这种效应称为渐晕，并且，渐晕会造成像点 D′ 的照度下降。显然，比 D 点更远离光轴的物点，完全不会有光通过系统。因此，在所示系统中本身就不存在视场

光阑。

在 D 点观察系统的情况表示在图 9.4 中：入瞳已经变成两个圆的公共部分，一个圆是透镜 A 的通光直径，另一个是透镜 B 经透镜 A 成像后的直径。图 9.3 中的虚线表示透镜 B 被成像后的位置和大小，箭头表示"有效"孔径光阑，其形状、尺寸和位置与轴上的情况完全不同。

对设计有可变光圈的照相物镜，其光圈位置应当这样设置：当光圈处于小直径时，通光孔径与有渐晕的斜光束同心。

追迹两条近轴光线就可以确定一个光学系统的渐晕。首先从分配系统的光焦度、间隔和通光孔径开始，然后，把高度为 1.0 的物体作为第一个元件并从轴上物点追迹一条近轴光线。计算出每

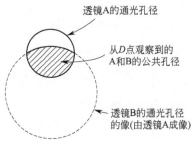

图 9.4 从 D 点观察时，图 9.3 所示系统的孔径

个元件和孔径的 y/ca，具有最大 y/ca 的直径就是孔径光阑。将光线追迹数据（y 和 u）乘以 ca/y 就得到边缘光线的追迹数据。通过孔径光阑中心追迹一条斜光线，其斜率可以选择一个方便的数据，比如 0.1。计算每个元件和孔径的 y_p/ca，最大值的一个就是视场光阑。将光线数据按比例放大 ca/y_p 倍得到主光线的数据，该光线与物平面和像平面的交点给出了视场值。根据 4.2 节介绍的，将两条光线组合就得到第三条光线的数据，无需追迹另外一条光线。当然，上下边缘光线的数据就是（$y_p \pm y$）和（$u_p \pm u$）。当光线高度大于通光孔径时，就会出现渐晕，用轴上光线高度的一部分表示渐晕量，在考虑主光线高度的同时，给出一个不超出通光孔径的高度。

9.5 消杂散光光阑、冷光阑和挡光板

消杂散光光阑（glare stop）就是一个辅助光圈，位于孔径光阑的像平面处，目的是遮挡掉杂散辐射。根据系统的不同应用，把消杂散光光阑称为 Lyot 光阑，或者在红外系统中，称为冷光阑。图 9.5 所示为一个正像望远镜，孔径光阑位于物镜处。设计视场之外的光源发出的光线通过物镜后，由于镜管内壁、防护罩或者支架的反射都会形成闪烁的杂散光，从而降低光学系统成像的对比度。

在一个长波长红外系统中，镜体本身就可能是一个不希望存在的外部辐射源。用一个内置光圈可以遮挡掉这种辐射，该光圈是物镜孔径的真实像。通

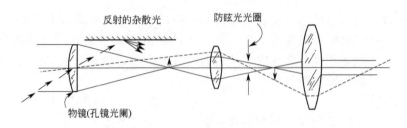

图 9.5 正像望远镜
望远镜内壁反射的杂散光被位于物镜内部像面处的消杂散光光阑截拦

常,"冷光阑"要被制冷,并放置在真空杜瓦探测器里面。

杂散辐射似乎来自镜筒壁,也是来自物镜孔径之外,所以,在物镜孔径确切的成像位置设置一个光圈,杂散光就会成像在光圈的不透光部分。另一种消杂散光光阑可以设想放置在系统的出瞳处。虽然,这种设想是现实的和可以实现的,但是,该方案对目视仪器相当不方便。

在大部分系统中,孔径光阑放置在或非常靠近物镜的位置。该位置使物镜可能有最小直径,由于物镜通常都是最昂贵(每英寸直径)的部件,使其直径最小会有良好的经济效果。此外,经常会有像差方面的考虑,也希望设计在这个位置。然而,有些系统,诸如扫描器,必须将光阑或瞳孔放置在扫描反射镜的位置而不是物镜处,从而使物镜比较大,价格更贵,并且更难设计。

与此类似,系统的视场光阑可以放置在两类内部成像处以进一步降低杂散光辐射,此处的原理非常直接。一旦确定了系统的主要视场光阑和孔径光阑,就可以将辅助光阑放置在主要光阑的成像处以截断闪烁杂散光。如果消杂散光光阑的位置和尺寸与主要光阑的像一样(或稍大些),就不会减小视场或降低照度,也不会引进渐晕。

挡光板常常用来减少系统中镜筒壁等表面的反射光。图 9.6 所示为一个简单的辐射计系统,由一个会聚物镜和一个安装在镜体内的探测器组成。假设,安装架内壁对视场外一个强光源(例如太阳)辐射的反射光落在探测器上,并使被测目标的辐射测量变得模糊,如图上半部分所示,在这种条件下,就不可能利用一个内部防杂散光光阑(由于入瞳没有成像在镜筒内部),如示意图的下半部分所示,必须在安装支架内壁上加工出一些挡光板(若环境允许,也可以使用外部遮阳板或挡光板)。

有效使用挡光板的关键是:不要让探测器的任何部分"看到"直接被照射的表面。图 9.7 解释了设计一组挡光板的方法。从透镜边缘到探测器边缘的短虚线表示必要的空间,在这个空间内不能设计挡光板,以免妨碍有效视场的辐

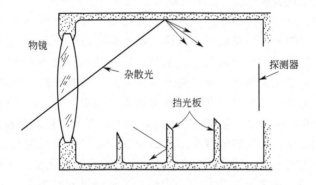

图 9.6　一个简单的辐射计系统

在这种简单的辐射计中,有效视场之外(不希望有)的杂散光辐射可以被镜筒内壁反射,并恶化系统功能。示意图下半部分表示出的锐边挡光板可以挡住这种有害辐射,并避免探测器"看到"一个直接被照射的表面

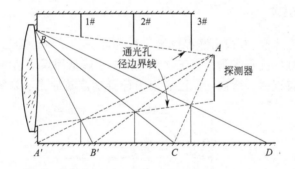

图 9.7　挡光板系统结构草图

注意,3#挡光板遮住了后面 D 点处的筒壁,因此,三块挡光板都可以稍微向前移一些,以便其遮挡区重叠

射光。长虚线 AA' 是从探测器到开始有外来无关辐射一点的"瞄准线",第一道挡光板设立在 AA' 与短虚线的交点处。实线 BB' 表示光线从透镜上边缘到筒壁的光路,因此,从1#挡光板到 B' 的区域是遮蔽区,对探测器是安全的。从 B' 到 A 的长虚线是安全瞄准线,并且,2#挡光板就设置在 AB' 的交点处,避免探测器"看到" B' 点之外被照射的筒壁。重复这种方法直至整个侧壁都被保护为止。要注意,挡光板的内边缘应当比较尖锐,表面比较粗糙,并被涂黑。

很明显,图9.6所示通过铸造和机械加工出的挡光板较贵,在所有系统中都没必要使用这类挡光方法。比较便宜的挡光板包括固定在隔圈之间的垫片,或者冲压成型的杯状垫片,可以胶合或压合到位。通常,在对安装支架有影响的内表面车出螺纹或者有意加工出刻痕就可以大大降低内部散射。在这种方式中，反射变成散射，减少了反射量，并破坏了闪烁光成像。使用一种消光黑漆也是非常好的方案，但要仔细确认，在准掠入射角和应用波长环境下仍能保持不光滑和黑色，一些黑漆在红外波长是浅灰色。喷砂处理（使表面变得粗糙）及进行发黑处理（对于铝，黑色阳极氧化非常好）是一种简单的、通常都非常有效的处理工艺。另外一种处理工艺是使用黑色的"毛面"纸，这种材料可以成卷采购到，裁成合适的尺寸，粘到有影响的表面上，对大的内表面和实验室设备，这种方法特别有用。将眼睛放置在形成暗像的位置，并向后观察光学系统，可以区别出闪烁光的光源。对投影系统来说，应把眼睛恰好放置在视场之外。

专用消光漆适合某些特定的应用和波长。如果没有专用漆，在当地的手工商店可以买到 Floquil 牌机车消光漆，并作为一种相当好的通用消光漆。专用黑色阳极氧化工艺，Martin 光学黑（或者，对于红外光学是 Martin 红外黑）特别有效（反射<0.2%），但非常脆。

9.6 远心光阑

远心系统是入瞳和/或出瞳都位于无穷远的一种系统。远心光阑就是位于光学系统焦点处的孔径光阑。由于这种光阑易于降低因系统稍微有些离焦而造成的测量或位置误差，所以，广泛应用于计量学范畴的光学系统（即比较仪、

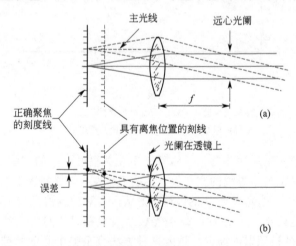

图 9.8 远心系统

远心光阑设置在所示投影系统的焦点处，以便主光线平行于物方空间的光轴。当物体稍微偏离焦点（短虚线），投影图像的尺寸没有误差。在光阑位于透镜处的系统中 [图 9.8(b)] 则存在误差

轮廓投影仪和显微光刻技术）中。图 9.8(a) 示意性表示一个远心系统。注意，用短虚线表示的主光线平行于透镜左边的光轴，如果用该系统投影一个刻度的像（或其他一些物体），可以看到，刻线的少量离焦不会改变主光线入射到刻度上的高度，但像有点模糊。刚好相反，图 9.8(b) 的光阑位于透镜处，离焦会造成光线高度的相对误差。如果希望投影一个具有一定深度（沿光轴方向）的物体的像，由于这种物体的边缘会产生较小的杂乱影像，也需要使用远心光阑。

9.7　孔径和像的照度——f 数和余弦四次方定律

f 数

当透镜对一个扩展物体成像时，从一小块面积的物体发出的光线中收集到的能量正比于透镜通光孔径或入瞳面积，像面处的照度（单位面积上的功率）反比于该物体散布到像面上的面积。现在，孔径面积正比于光瞳直径的平方，像面的面积正比于像距的平方，或焦距（f）的平方。因此，这两个数据之比的平方就是像面上相对照度的量度。

光学系统的焦距与通光孔径之比称为相对孔径、f 数、或者光学系统的"速度"，并且（其他因子不变时），像面照度反比于该比例因子的平方。相对孔径是：

$$f/\# = f\,数 = 焦距/通光孔径 \tag{9.1}$$

举个例子，一个透镜的焦距是 8in，通光孔径是 1in，则 f 数是 8，习惯上写为 $f/8$ 或者 $f:8$。

表示这种关系的另外一种方式是数值孔径（通常缩写为 N.A. 或者 NA）等于折射率（像方空间的折射率）乘以照明光锥的半角：

$$数值孔径 = NA = n'\sin U' \tag{9.2}$$

显然，数值孔径和 f 数是系统同一种性质的两种表示方法。对工作在有限远共轭距离的系统（例如显微物镜），使用数值孔径更为方便，而 f 数适合对远距离物体（例如照相物镜和望远物镜）成像的系统。对物体位于无穷远的齐明系统（校正了慧差和球差的系统），两个量之间的关系是：

$$f\,数 = \frac{1}{2NA} \tag{9.3}$$

常常将术语"快"和"慢"应用于一个光学系统的 f 数，以此表示系统的"速度"。具有大孔径（因此有小的 f 数）的透镜就说该系统是快透镜，或者有高的速度，较小孔径的透镜就是慢透镜。这种术语源自照相领域，较大孔径允许用较短的曝光时间使胶片获得同样的能量,并可以清晰地拍摄快速运动的物体。

很清楚,一个工作在有限远共轭距离上的系统有一个物方数值孔径以及像方数值孔径,并且,比值(物方 NA)/(像方 NA)一定等于放大率的绝对值。为了用术语 f 数描述数值孔径,有时,会使用术语"工作 f 数"。如果使用术语"无穷大 f 数"表示公式(9.1)定义的 f 数,那么,像方工作 f 数就等于无穷大 f 数乘以 $(1-m)$,式中,m 是放大率。

偶尔会遇到的另一个术语是 T-光阑,或者 T 数。该术语除含义中考虑了透镜的透过率之外,与 f 数类似。与镀有高透过率(低反射率)膜系、结构简单的光学透镜相比,一个没有镀膜、由许多透镜组成、并且材料都是进口玻璃的复杂物镜,只能透过其中的一部分光能量,所以,对摄影师来说,这种速比是一个相当大的值。f 数、T 数和透过率之间的关系是:

$$\text{T 数} = \frac{f \text{ 数}}{\sqrt{\text{透过率}}} \tag{9.4}$$

余弦四次方定律

对于轴外像点,即使没有渐晕,通常,照度也比轴上像点低。图 9.9 是出瞳与像平面间关系的示意图,A 点在轴上,H 点在轴外。像点照度正比于出瞳相对于该点的立体角。

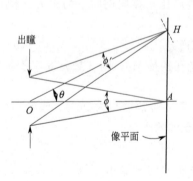

图 9.9 出瞳和像点之间的关系
用来演示验证 H 点的照度
等于 A 点照度乘以 $\cos^4\theta$

光瞳相对于 A 点的立体角等于出瞳面积除以距离 OA 的平方。在 H 点,立体角是光瞳的投影面积除以距离 OH 的平方。由于 OH 比 OA 大 $1/\cos\theta$ 倍,所以,增大的距离使照度降低了 $\cos^2\theta$ 倍。在 H 点斜着观察出瞳,其被投影的面积减少了约 $\cos\theta$ 倍(如果与光瞳尺寸相比,OH 比较大,这是一个相当好的近似。对大视场角高速透镜,可能有相当大的误差。精确的表达式,请参考第 12 章中的例 12.1,译者注:原文错印为例 12A)。

H 点的照度减小 $\cos^3\theta$ 倍,对于垂直于 OH 线(图 9.9 中虚线)的平面上的照度来说,这是正确的,然而,所需要的是 AH 平面上的照度。由于同样的光通量(单位为 lm)散布在更大面积的平面 AH 上,所以,虚线所示平面上每平方英尺 x 流明的照度在平面 AH 上将会下降,并降低 $\cos\theta$ 倍。综合所有分析得到:

H 点处的照度 $=\cos^4\theta(A$ 点的照度) (9.5)

很容易计算出，$\cos^4 30°=0.56$，$\cos^4 45°=0.25$ 和 $\cos^4 60°=0.06$，以此可以判断该效应对广角物镜的重要性。可以看出，广角相机胶片上的照度下降得相当快。

注意，该处理方法是以下面假设为前提：光瞳直径是个常数（相对于 θ 角），并且，θ 是像空间形成的角度（尽管常应用到物空间的视场角）。如果设计的物镜结构形式可以使光瞳的外观尺寸随轴外点增大，或者产生足够大的桶形畸变以保证 θ 角要比对应的物方视场角的应有值更小，则"余弦四次方定律"可以被修正。某些超广角镜头就利用这些原理增加轴外照度。$\cos^4\theta$ 的作用就是渐晕会造成照度的更大下降。应当记住，余弦四次方的作用不是一条"定律"，而是四个余弦因子的集合，在一种给定状态下可能存在，或许不存在。

9.8 焦深

焦深的概念基于下面假设：对某已知光学系统，有一个小的、还不足以影响系统性能的弥散圆（由于离焦）。焦深是像平面相对于某些参考面（即胶片、视网膜）在纵向可以移动的量，而不会引入更多可允许的弥散。景深是形成不可接受弥散圆之前物体可以移动的量。可接受的弥散圆的尺寸被定义为弥散斑直径（照相应用中常用）（图 9.10），或者角弥散，就是弥散斑对透镜的张角。因此，如果光学系统位于空气中，线弥散 B 和角弥散 β 以及距离 S 和 S' 之间的关系是：

$$\beta=\frac{B}{S}=\frac{B'}{S'} \quad (9.6)$$

带撇的符号表示像方的量。

由于焦深（δ）和景深（δ'）分别是两个（物方空间和像方空间）纵向距离，纵向放大率将它们联系在一起，

$$\delta'=\overline{m}\delta\approx m^2\delta \quad (9.7)$$

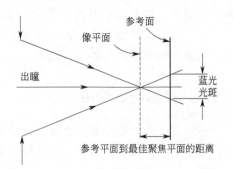

图 9.10 光学系统离焦时，一个点像就变成一个模糊的光斑。弥散圆的尺寸取决于系统的相对孔径和焦移

系统的超焦点距离（或超焦距）是通过对系统进行调焦使景深扩展到无穷远的距离。

焦深的思想源自照相术，基于下面概念：小于胶片乳胶中银粒尺寸的离焦

弥散斑是不会觉察到的。这种概念也可以应用于感光耦合装置（CCD）中像素的尺寸。如果可接受的弥散圆直径是 B，则焦深（在像方）简单表示为（参考图 9.10）：

$$\delta' = \pm B(f \text{数})$$
$$= \pm \frac{B}{2\text{NA}} \tag{9.8}$$

对应的景深（在物方），从 D_{near} 到 D_{far}，表示为：

$$D_{\text{near}} = \frac{fD(A+B)}{(fD-DB)} \tag{9.9}$$

$$D_{\text{far}} = \frac{fD(A-B)}{(fA+DB)} \tag{9.10}$$

超焦距是：

$$D_{\text{hyp}} = \frac{-fA}{B} \tag{9.11}$$

式中　D——系统聚焦的标称距离（根据符号规则，通常 D 是负值）；
　　　A——透镜入瞳直径；
　　　f——透镜焦距；
　　　B——可接受的弥散斑直径。

注意，此处可能有一些不真实的假设：假设像是一个理想点，没有衍射效应；还假设透镜没有像差，并且，焦点两侧的弥散是一样的。这些假设没有一种是正确的，但上面给出的公式对于焦深是一个非常有用的模式。实际上，为了确定弥散斑的可接受程度，常常要对一系列离焦像进行评价，通常是凭经验确定可接受的弥散斑直径 B；因此，上述公式与结果是吻合的。

9.9　孔径的衍射效应

假设有一个无穷小的点光源，即使透镜加工得非常完美，并且绝对没有像差，也不会有任何一个透镜系统能够形成真正的点像。原因在于光线并不是真正地以直线形式传播，而是具有波动性，遇到物体拐角或者有限小的障碍物会发生偏折。

根据光波传播的惠更斯（Huygen's）原理，波前上的每一个点都可以看作是一个子球面波光源。这些子波间互相增强或者干涉，形成新的波前。如果原始波前无限制地传播，则新波前就是传播方向上这些子波的简单叠加。

如图 9.11 所示，当一束波前通过一个孔径时，波前被遮挡的部分就不再与通过孔径的部分相互作用，其结果是波前形状会有小量改变。根据几何计算，在靠近理想透镜焦点附近，波前是理想球面，并且光线（波前法线）全部通过球面的曲率中心。但孔径的衍射效应造成波前向后弯曲，光线不再全部通过球面中心点。总而言之，对于一个圆形孔，其照度分布如图 9.15 所示。

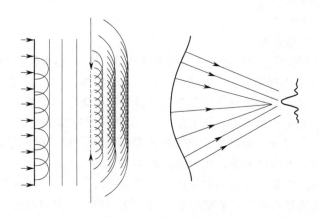

图 9.11　孔对一束波前的衍射

在极限情况下，当波前受限于一个非常小的孔径（比如，半个波长数量级）时，新波前就变成以孔径为中心的球面波。图 9.12 所示为一束入射在一条狭缝 AC 上的平面波前，狭缝设置在一块理想透镜的前面。将透镜调焦在一个屏幕 EF 上，希望确定屏幕上的照度。由于图 9.12 中的透镜假设为理想的，所以光路长度 AE、BE 和 CE 都相等，并且这些波同相到达 E 点，彼此增强形成一块亮区。对从平面波前出发、沿图中 α 角方向传播的惠更斯子波来说，光路是不同的，光路 AF 与光路 CF 的距离相差 CD，如果 CD 是波长的整数倍，则从 A 和 C 点发出的子波将在 F 点增强；若 CD 是半波长的奇数倍，则这些子波在 F 点是相消的。F 点的照度是狭缝每一小段贡献量之和，与相位间的关系有关。已经验证，当 CD 是波长的整数倍时，F 点的照度是零。列举如下：如果 CD 是一个波长，则 BG 是 $1/2$ 个波长，源自 A 和 B 的子波相抵消。同样，源自低于 A 和 B 的那些点的子波也是相消的，直至相消到等于整个狭缝宽度。如果 CD 是 N 个波长，将狭缝分成 $2N$ 个部分（而不是两部分），并且，应用同样的原理。因此，当满足下面公式时，出现暗区：

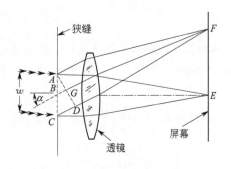

图 9.12　入射在一条狭缝上的平面波前
狭缝设置在一块理想透镜的前面

$$\sin\alpha = \frac{\pm N\lambda}{w}$$

式中 N——任意整数；

λ——光波波长；

w——狭缝宽度。

因此，EF 平面上的照度是一系列亮带和暗带。中心亮带最强，两侧的亮带稍弱。可以这样理解：当 CD 是 1.5λ、2.5λ 等数值时，强度应当等于零。如果 CD 是 1.5λ，源自狭缝 2/3 部分的子波可以表现出（如前面一段所述）干涉或抵消，留下 1/3 的子波。当 CD 是 2.5λ 时，只有狭缝的 1/5 部分的子波没有相消。由于"没有相消的子波"既不是精确的同相，也不是精确的异相，所以屏幕上对应点的照度将比中心带照度小 1/3 或 1/5。

关于对该问题更为精确的数学研究，读者可以参考本章后面列出的参考文献。数学逼近法是孔径范围内的积分，结合使用另外一种适合既非精确同相又非精确异相子波的技术。这种方法可以应用于矩形、圆形孔径以及狭缝。

对矩形孔径，屏幕上的照度是：

$$I = I_0 \frac{\sin^2 m_1}{m_1^2} \times \frac{\sin^2 m_2}{m_2^2} \qquad (9.12)$$

$$m_i = \frac{\pi w_i \sin\alpha_i}{\lambda} \quad (i=1,2) \qquad (9.13)$$

在这些表达式中，λ 是波长；w 是出瞳孔径的宽度；α 屏幕上点的张角；m_1 和 m_2 与矩形孔径两个主要尺寸 w_1 和 w_2 相对应；I_0 是图像中心的照度。

孔径是圆形时，照度是：

$$I = I_0 \left[1 - \frac{1}{2}\left(\frac{m}{2}\right)^2 + \frac{1}{3}\left(\frac{m^2}{2^2 2!}\right)^2 - \frac{1}{4}\left(\frac{m^3}{2^3 3!}\right)^2 + \frac{1}{5}\left(\frac{m^4}{2^4 4!}\right)^2 - \cdots \right]^2$$

$$= I_0 \left[\frac{2 J_1(m)}{m}\right]^2 \qquad (9.14)$$

式中，很明显，根据公式(9.13)，用圆形出瞳孔径的直径代替宽度 w，可以得到 m；$J_1(m)$ 是一阶贝塞尔（Bessel）函数。照度图由一个中心亮斑和一组照度快速下降的同心圆环组成，中心亮斑称为艾利（Airy）斑。

可以将 α 角转换成到图形中心的径向距离 Z，参考图 9.13。如果光学系统没有像差，则：

$$l' = \frac{-w}{2\sin U'}$$

α 较小时，得到近似表达式：

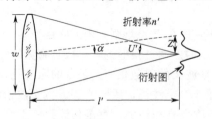

图 9.13 说明 α、U'、Z、l' 和 w 之间的关系

第 9 章 光阑，孔径，光瞳和衍射

$$Z = \frac{l'\alpha}{n'} = \frac{-\alpha w}{2n'\sin U'} \tag{9.15}$$

图 9.14 表格中列出了圆形孔径和狭缝孔径衍射图的性质。该表格是根据公式(9.12) 和公式(9.14) 得出的，但数据是依据 Z 和 $\sin U'$ 而不是 α 和 w 给出的。注意，n' 和 U' 是光学系统的数值孔径（NA）。

环（或带）	圆孔径			狭缝孔径	
	Z	峰值照度	环内能量	Z	峰值照度
中心最大值	0	1.0	83.9%	0	1.0
第一个暗环	$0.61\lambda/n'\sin U'$	0.0		$0.5\lambda/n'\sin U'$	0.0
第一个亮环	$0.82\lambda/n'\sin U'$	0.017	7.1%	$0.72\lambda/n'\sin U'$	0.047
第二个暗环	$1.12\lambda/n'\sin U'$	0.0		$1.0\lambda/n'\sin U'$	0.0
第二个亮环	$1.33\lambda/n'\sin U'$	0.0041	2.8%	$1.23\lambda/n'\sin U'$	0.017
第三个暗环	$1.62\lambda/n'\sin U'$	0.0		$1.5\lambda/n'\sin U'$	0.0
第三个亮环	$1.85\lambda/n'\sin U'$	0.0016	1.5%	$1.74\lambda/n'\sin U'$	0.0083
第四个暗环	$2.12\lambda/n'\sin U'$	0.0		$2.0\lambda/n'\sin U'$	0.0
第四个亮环	$2.36\lambda/n'\sin U'$	0.00078	1.0%	$2.24\lambda/n'\sin U'$	0.0050
第五个暗环	$2.62\lambda/n'\sin U'$			$2.5\lambda/n'\sin U'$	0.0

图 9.14　一个理想透镜焦点处衍射图尺寸和能量分布

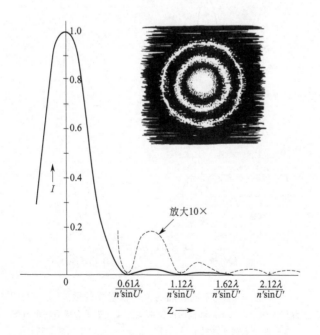

图 9.15　艾利斑的照度分布（右上图所示为艾利斑）

值得注意，衍射图能量的84%包含在中心光斑内，并且中心光斑的照度几乎是第一亮环照度的60倍。通常，中心光斑和前两个亮环是衍射图的主要部分，其他环太弱以致无法观察到。衍射斑内的照度分布曲线表示在图9.15中。应当记住，这些能量分布适用于理想的、无像差的、具有圆形孔径或狭缝孔径的系统，孔径具有均匀的透过率，并被均匀振幅的波前照射。当然，有像差将会改变分布，因为有不均匀的透射率或波前振幅（例如，参考9.11节）。

9.10 光学系统的分辨率

一个有限孔径的光学系统产生的衍射图就确定了即使是最佳光学装置所能够期望的光学性能极限值。现在研究一个光学系统对两个等亮度点光源的成像。每个点都成像为由同心环组成的艾利斑，如果两个点彼此靠近，衍射斑会叠加。当逐渐缩短间隔以至恰恰可以认定是两个点而不是一个点时，就说这两个点是可以分辨的。图9.16表示不同间隔的两个衍射斑的叠加。当像点距离小于$0.5\lambda/NA$（NA是系统的数值孔径，等于$n'\sin U'$）时，两个衍射图的中心最大就融为一个，并且可以认为，合成后的图是单个光源所致。在间隔为$0.5\lambda/NA$处，尽管两个衍射图的极大值之间没有最小值，但像点的二重性可

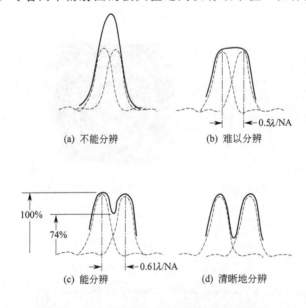

图9.16 不同间隔的两个衍射斑的叠加

虚线代表两个点像不同间隔时的衍射斑，实线表示合成后的衍射图
(a) 两个点像不能被分辨；(b) Sparrow分辨率判断准则；
(c) Rayleigh分辨率判断准则；(d) 两个点像可以清楚地被分辨

以探测，这就是 Sparrow 分辨率判断准则。当像的间隔达到 $0.61\lambda/\text{NA}$ 时，一个衍射图的极大值就与另一个衍射图的第一暗环重合，合成图中两个分离的极大值间有一个清晰界限，这就是瑞利（Lord Rayleigh）分辨率判断准则，广泛用于确定一个光学系统的极限分辨率[1]。

由图 9.14 给出的表格可知，从艾利斑中心到第一条暗环的距离是：

$$Z = \frac{0.61\lambda}{n'\sin U'} = \frac{0.61\lambda}{\text{NA}} = 1.22\lambda(f/\#) \tag{9.16}$$

这就是与瑞利（Rayleigh）分辨率判断准则对应的两个像点间的间隔。该表达式广泛用于确定显微镜及类似系统的极限分辨率。对像的分辨率，使用像方光锥的 NA；对物方分辨率，使用物方光锥的 NA。

为了评价望远镜及其他工作在长物距条件下光学系统的性能极限，给出一个表示物点角间隔的表达式更为适用。重新整理公式（9.15），并代换公式（9.16）中 Z 的极限值，便得到下面公式，单位是弧度（rad）：

$$\alpha = \frac{1.22\lambda}{w} \text{rad} \tag{9.17}$$

对普通目视仪器，λ 取作 $0.55\mu\text{m}$，并且，$1'' = 4.85 \times 10^{-6}\text{rad}$，得到：

$$\alpha = \frac{5.5}{w} \; ('') \tag{9.18}$$

式中，w 是孔径直径，单位 in。经过一系列仔细观察，天文学家 Dawes 发现，当两颗等亮度星间的距离等于 $4.6/w$ 时，就可以目视分辨出它们。值得注意，如果使用 Sparrow 分辨率判断准则而不是公式（9.18）中的瑞利准则，极限分辨角就是 $4.5/w$，与 Dawes 的发现非常一致。

在此值得强调的是，极限角分辨率是波长的直接函数，是系统孔径的反函数，因此，减小波长和增大孔径都会提高极限分辨率。注意，系统焦距和工作距离并不直接影响角分辨率，波长和数值孔径（NA 或 f 数）主要影响线性分辨率，而不受孔径直径的影响。

在一台诸如分光仪这样的光学仪器中，希望将一种波长与另一种波长分开，分辨率的计量是可以分辨的最小波长差 $d\lambda$，通常表示为 $\lambda/d\lambda$。因此，分辨率 10000 表示最小可探测的波长差是仪器使用波长的 1/10000。

对棱镜分光仪，棱镜常常限制着孔径。可以推导出，使用最小偏折角棱镜时的分辨率是：

---

[1] 两个点源像的衍射图总是稍微不同于单个点的衍射图，因此，即使两个点不能被目视分辨的情况下也可能探测到两个点（与一个点相反）的存在，这就是偶尔断言一个系统的性能"超过了理论极限分辨率"的来源。第 15 章将阐述对正弦线条靶板分辨率的真实限制。极限空间频率是 $v_0 = 2\text{NA}/\lambda = 1/\lambda(f/\#)$。

$$\frac{\lambda}{d\lambda} = B\frac{dn}{d\lambda} \quad (9.19)$$

式中，B 是棱镜底边的长度；$dn/d\lambda$ 是棱镜材料的色散。

衍射光栅是在一块透明（或反射）底板上精确刻制出一系列刻线。光线可以直接通过光栅，但也发生衍射。正如前面对狭缝孔径的讨论，在某一角度，衍射后的子波会增强。满足下列条件时有极大值：

$$\sin\alpha = \frac{m\lambda}{S} \pm \sin I \quad (9.20)$$

式中，λ 是波长；I 是入射角；S 是光栅的刻线间隔；m 是整数，称为极大值的级。对透射光栅使用正号，反射光栅使用负号（注意，正弦光栅只有第一级）。由于 α 取决于波长 λ，所以，可以利用一种设备将衍射光分成不同波长的光，当用作图 9.17 所示形式时，光栅的分辨率是：

$$\frac{\lambda}{d\lambda} = mN \quad (9.21)$$

式中，m 是衍射级；N 是光栅刻线总数（假设，光栅尺寸是系统的限制孔径）。

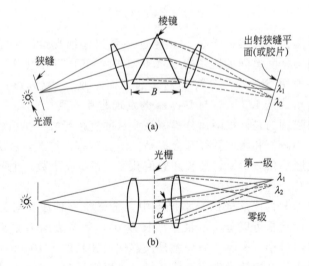

图 9.17 （a）棱镜分光仪和（b）光栅分光仪

9.11 高斯（激光）光束的衍射

如 9.9 节和 9.10 节所述，一个物点像的照度分布是建立在下面假设的基础上：光学系统是理想系统，在孔径范围内的透射和波前振幅都是均匀的。光束中强度分布的任何变化都会使衍射图不同于上述图形。显然，孔径透射性质的类似变化将产生同样效果。

一束"高斯光束"是光束强度截面服从高斯公式 $y = e^{-x^2}$ 分布的光束。激光的输出光束非常近似于高斯光束。从数学角度知道，像高斯函数这样的指数函数不易变换（例如，e^{-x} 的积分和微分），相类似，高斯光束倾向于保持其性质不变（只要该光束是通过一个无像差的光学系统），并且一个点源的衍射像的照度也是高斯分布。

高斯光束的强度分布表示在图 9.18 中，可以用公式(9.22) 表示：

$$I(r) = I_0 e^{-2r^2/w^2} \tag{9.22}$$

式中　$I(r)$——到光束轴线的距离为 r 处的光强度；

　　　I_0——轴上的光强度；

　　　r——径向距离；

　　　e——2.718……；

　　　w——光强度下降到 I_0/e^2 时的径向距离，即到中心光强度值的 13.5% 处。虽然该数值表示的是半径，但通常称为光束宽度，包含有光束能量的 86.5%。

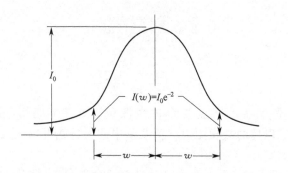

图 9.18　高斯光束的强度分布

光束的功率

对公式(9.22) 积分可以确定光束的总功率，如下式所示：

$$P_{\text{tot}} = \frac{1}{2}\pi I_0 w^2 \tag{9.23}$$

光束通过一个半径为 a 的同心圆形孔径后的功率是：

$$P(a) = P_{\text{tot}}(1 - e^{-2a^2/w^2}) \tag{9.24}$$

光束通过一个宽度为 $2s$ 的同心狭缝后的功率是：

$$P(s) = P_{\text{tot}} \operatorname{erf}\left(\frac{s\sqrt{2}}{w}\right) \tag{9.25}$$

式中，$\operatorname{erf}(u) = \int_0^u e^{-t^2} dt$，为误差函数，其含义都列在数学手册中。

高斯光束的衍射散布

高斯光束在某一点有最窄的宽度，称为"束腰"。该点位于光束聚焦处或激光束出射处。随着光束传播而远离束腰，光束就按照下面的规律散布开来：

$$w_z^2 = w_0^2\left[1 + \left(\frac{\lambda z}{\pi w_0^2}\right)^2\right] \tag{9.26}$$

式中 w_z——纵向距离束腰 z 处的光束半径（对应于 $1/e^2$ 的点）；

w_0——束腰处光束（对于 $1/e^2$ 的点）半径；

λ——波长；

z——沿光束轴线从束腰到 w_z 平面的距离。

距离较大时，习惯于要知道光束的角散布。用 z^2 除以公式（9.26）两侧，令 z 趋于无穷大，得到：

$$\frac{\alpha}{2} = \frac{w_z}{z}\bigg|_{z\to\infty} = \frac{2\lambda}{\pi(2w_0)}$$

或者

$$\alpha = \frac{4\lambda}{\pi(2w_0)} = \frac{1.27\lambda}{\text{直径}} \tag{9.27}$$

式中，α 是光束在 $1/e^2$ 点之间的角散布。对许多应用，简单地将公式（9.27）中的 α 乘以像的共轭距离（第 2 章中的 s'）就可以确定像平面处的高斯衍射弥散斑。

瑞利范围等于 $\pm 4\lambda/\pi\theta^2$，其中 θ 是光束的会聚角/发散角，此处光束要比束腰处光束大 41%。

光束切趾

光束切趾就是去除光束的外围区域。Campbell 和 De Shazer 讨论过光束切趾的作用，并指出，如果光束直径没有降到 $2(2w)$ 以下，那么，光强度分布的变化仍然保持在实际高斯分布的百分之几以内，其中，w 是光束在 $1/e^2$ 点的半径。当通光孔径降到该值之下，将在辐照图中引入一些环状影像，随着孔径减小，辐照图逐渐趋于公式（9.14）。

显然，从辐射传输的观点，令一个透镜的孔径足够大以便让直径 $4w$ 的光束通过是完全没有意义的。因此，大部分光学系统常常对光束切趾到 $1/e^2$ 处的直径，而改变了衍射图。如果光束切趾到 $1/e^2$ 处直径的 61%，则很难看出与由圆斑和多个环组成的均匀光束的差别。

由理想光学系统形成的新束腰尺寸和位置

当一束高斯光束通过光学系统时，形成一个新的束腰，其尺寸和位置由衍射（不是第 2 章中的近轴公式）决定。"束腰"和"焦点"在不同位置。在一束弱会聚光束中，间隔可能大些。下列公式可以计算新束腰的尺寸和位置：

$$x' = \frac{-xf^2}{x^2 + \left(\frac{\pi w_1^2}{\lambda}\right)^2} \tag{9.28}$$

$$w_2^2 = \frac{f^2 w_1^2}{x^2 + \left(\frac{\pi w_1^2}{\lambda}\right)^2} = w_1^2 \left(\frac{x'}{-x}\right) \tag{9.29}$$

式中 w_1——原始束腰半径（对 $1/e^2$ 的点）；

w_2——光学系统形成的新束腰半径；

f——透镜焦距；

x——从透镜第一焦点到 w_1 平面的距离；

x'——从透镜第二焦点到 w_2 平面的距离。

应当注意，通常 x 和 x' 分别是负值和正值，还要注意该公式与牛顿近轴公式[公式(2.3)]的相似性。

研究上述内容时有两点必须强调：第一，激光研究人员在应用上面公式和平常使用中，谈论术语"束腰"时是指半径尺寸，而不是直径，束腰直径是 $2w$；第二，束腰和焦点不是同一概念，正如公式(9.28) 和公式(2.3) 相比较所表明的。在大部分环境下，该差别并不重要，并且可以用通常的近轴公式研究高斯光束，但是，当光束会聚较弱时（f 数大约 100），可能需要区分焦点和一个分离的束腰。例如，如果希望将一个 1in 的激光光束（通过可调焦扩束镜）投射到 50ft 远的屏幕上，可以将光束聚焦以便在屏幕上得到可能的最小光斑。现在，焦点就在屏幕上，在距离屏幕几英尺远的地方光束还有一个较小直径，即束腰。将屏幕（或一张纸）移向激光器，并观察到光斑尺寸在减小，就可以验证这一点。应当注意，现在，使屏幕位于光束束腰位置，重新使扩束镜调焦，则在屏幕上重新得到一个较小光斑。会有新的束腰更靠近于激光器，依次重复不断，等等。

请注意，焦点是在一个给定距离处的某一个表面上形成的最小光斑。而束腰是光束的最小直径（参考 Gaskill 的著作，p435）。

9.12 傅里叶变换透镜和空间滤波

在图 9.19 中，一个透明物体位于透镜第一焦点处。如图中虚线所示，透镜 A 对无穷远物体成像，所以，物体轴上点发出的光线被准直。这些光线成像在透镜 B 第二焦点，也是该物体的像面位置。

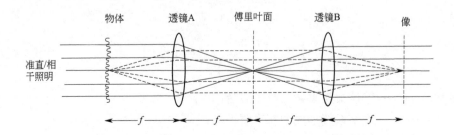

图 9.19 位于透镜第一焦点处透明物体的成像图解

傅里叶理论使我们可以把该物体视作不同频率、振幅、相位和方向的正弦光栅的集合。如果物体是一个简单的、单一空间频率的线性光栅，根据公式（9.20），将使光束偏转 α 角，具有单一衍射级，即第一衍射级的正弦光栅是个例外。现在，若物体被准直光束/相干光束照明，那么，衍射光会在 A 透镜的第二焦平面（表示为傅里叶平面，位于图 9.19 透镜中间）聚焦为两个点，这两个点到标称焦点的横向距离是 $\delta = f\tan\alpha$。因此，可以看出，傅里叶平面由物体空间的频率图组成，并且，在该平面内可以分析和修改频率图。

练 习

1. 一个透镜的焦距是 100mm，直径是 15mm，在透镜右侧 20mm 处设置一个直径 10mm 的光圈，请确定入瞳和出瞳的位置和直径。

答案：

很明显，出瞳就是光圈，所以，直径是 10mm，位于透镜右侧 20mm。

入瞳是透镜对光圈所成的像。利用公式（2.5），并使系统颠倒方向，有 $s = -20\text{mm}$，和

$$s' = sf/(s+f) = -20 \times 100/(-20+100) = -2000/80 = -25$$

将系统转回到原来位置，则入瞳在透镜右侧 25mm 处。放大率是 $m = s'/s = -25/-20 =$

+1.25，所以，入瞳直径是 $1.25 \times 10 = 12.5$。

2. 如果练习 1 中入射光从下列方向入射，请确定透镜的相对孔径？

(a) 左侧方向；

(b) 右侧方向。

答案：

(a) f 数 $= 100/12.5 = f/8$；

(b) f 数 $= 100/10 = f/10$。

3. 一个望远镜由物镜和目镜组成。物镜焦距 $f = 100$in，直径 $= 1$in；目镜焦距 $f = 1$in，直径 $= 0.5$in。二者相距 11in。(a) 确定入瞳和出瞳的位置及直径。(b) 确定物像视场，单位弧度。假设物和像都位于无穷远。

答案：

(a) 入瞳位于物镜上（孔径光阑），与物镜有相同直径（因为从物体发出的一条光线经过物镜边缘将在 $y = 0.1$in 处通过目镜，位于目镜直径之内）。出瞳是目镜对孔径光阑（物镜）所成的像，利用公式(2.5)，可以确定像的位置：

$$s' = sf/(s+f) = -11 \times 1/(-11+1) = +1.1\text{in （在目镜的右侧，是眼距）}$$

放大率 $m = s'/s = 1.1/(-11) = -0.1$，则出瞳直径 $h' = mh = -0.1 \times 1 = -0.1$in，负号表示倒像。

(b) 如果是零渐晕，从物镜底端到目镜顶端的光线决定着视场。该光线的斜率是从物镜的 -0.5in 到目镜的 $+0.25$in（物镜与目镜之间的距离是 11in）。因此，$u = 0.75/11 = 0.0681818\cdots$，并且，在 10in 距离内该光线升高 0.681818，在光轴上方的高度是 $0.681818 - 0.5 = 0.181818$in。使用 10in 的物镜，"实际"视场是 ± 0.0181818rad，使用 1in 的目镜，表观视场是 ± 0.181818rad。

如果是全渐晕，那么，从物镜顶端到目镜顶端的光线决定视场。在距离 11in 的长度内，光线的斜率从物镜的 0.5in 到目镜的 0.25in。因此，$u = -0.25/11 = -0.022727\cdots$，在 10in 距离内降到 $0.5 - 10 \times 0.022727 = 0.272727$in 的高度，因此，"实际"视场是 ± 0.0272727，表观视场是 ± 0.272727。

如果（近似）50%渐晕，应利用通过孔径光阑中心的主光线。

4. 一个焦距 4in，相对孔径 $f/4$ 的透镜，以 4 倍的放大率（$m = -4$）投影一个像，请问物方空间和像方空间的数值孔径（NA）各是多少？

答案：

透镜的通光孔径是 $4\text{in}/4 = 1\text{in}$。利用公式(2.6) 求解 x 和 x'：

$$x = f/m \text{ 和 } x' = -fm$$

$$x = 4/(-4) = -1\text{in 和 } x' = -4(-4) = +16\text{in}$$

以及

$$s = x - f = -5\text{in 和 } s' = x' + f = 16 + 4 = +20\text{in}$$

如果不用三角法，而改用 $\text{NA} = \dfrac{1}{2} \times \dfrac{CA}{s}$（译者注：CA 表示通光孔径），那么，对物空间，NA 是 $0.5/5 = 0.1$，对像空间，$\text{NA} = 0.5/20 = 0.025$。

5. 一个光学系统由两块薄光学零件组成，对无穷远物体成像。前透镜的焦距是

16in，后透镜的焦距是 8in，两个透镜之间的间隔是 8in。如果将出瞳设置在后透镜处，并且没有渐晕，请问距离光轴 3in 处一个像点的照度是多少？相对于轴上的照度是多少？

答案：

为得到像面位置，可以（在多种可能选择中）应用公式(4.6)：
$$B = f_b(f_a - d)/(f_a + f_b - d) = 8 \times (16-8)/(16+8-8) = 64/16 = 4\text{in}$$

这就是光阑到像面的距离。对距离光轴 3in 的点，光线斜率是 $\arctan(3/4) = 36.863898°$，其余弦是 0.8，$\cos^4\theta$ 是 0.4096，所以，相对照度是 41%。

6. 一个直径 6in、相对孔径 $f/5$ 的抛物面反射镜是红外跟踪装置的一个元件，（由于离焦）可以允许有 0.1mrad 的弥散圆。(a) 相对于焦点必须有多大公差才能保持像在视网膜上的位置不变？(b) 如果系统的速度是 $f/2$，公差是多少？

答案：

(a) 抛物面反射镜的焦距是 $6 \times 5 = 30\text{in}$，0.1mrad 弥散圆的直径是 $30 \times 0.0001 = 0.003\text{in}$，反射镜的速度是 $f/5$，所以，0.003in 的弥散圆是由 $0.003 \times 5 = 0.015\text{in}$ 的离焦量产生。

(b) 如果速度是 $f/2$，则焦距是 12in，弥散斑是 $12 \times 0.0001 = 0.0012\text{in}$。离焦量是 $2 \times 0.0012 = 0.0024\text{in}$。

7. 一个焦距是 10in、相对孔径是 $f/10$ 透镜的超焦距是 100in。(a) "可以接受的"弥散斑直径是多少？(b) 物体清晰成像时可以接受的最近距离是多少？(c) 解释 (b) 的答案为什么总是超焦距的一半。

答案：

(a) 透镜的直径是 10in/10＝1in。根据公式(2.3)，一个位于距透镜 100in 处的物体所成的像距离第二焦点的位置是：$x' = -f^2/x = -100/(-90) = +1.111\cdots\text{in}$。无穷远物体成像在焦点处，并且，在 $f/10$ 时，弥散圆是 1.111/10＝0.1111in。

(b) 在最近的"可以接受"距离上的物体被成像在超焦距像之外的 δ 处。由相似三角形，$\delta/0.1111 = (10+1.111+\delta)/0.5\text{in}$，得到 $\delta = 1.3888$，或者在焦点之外 2.5in。对应的物距是 $x = -100/(-2.5) = 40\text{in}$。到透镜的物距是 $40+10=50\text{in}$，或者超焦距的一半。

(c) 该练习留给读者做。

8. 比较相对孔径是 $f/8$ 的透镜在距离光轴 45°时的照度与相对孔径是 $f/16$ 的透镜在轴外 30°时的照度。

答案：

照度随 f 数的平方反比变化，并与倾斜角余弦的四次方成正比，或者说是 $\cos^4/(f/\#)^2$。对 $f/8$ 的透镜，$\cos^4 45°/64 = 0.25/64 = 0.003906$；对 $f/16$ 透镜，是 $\cos^4 30°/256 = 0.5625/256 = 0.002197$。因此，$f/8$ 透镜的照度是 $f/16$ 透镜照度的 $0.003906/0.002197 = 1.777\cdots$倍，或者高 78%。

9. 要求一个光学系统将一个远距离的点光源成像为直径 0.01mm 的光斑。假设，衍射图中全部能量都在第一暗环，如果波长是 550nm，那么，该系统的相对孔径和数值孔径必须是多少？

答案：

根据公式(9.16)[译者注：原文错印为公式(9.20)，下同]，衍射图第一暗环的半径是 $1.22\lambda(f/\#)$ 或者 $0.61\lambda/\mathrm{NA}$，所以，NA 等于 $2\times0.61\times0.00055/0.01=0.0671$，并且，$f/\#$ 是 $f/7.45$。

10. 针孔相机没有透镜，而是使用一个非常小的孔使到胶片的某段距离上可以成像。假设光是直线传播，一个远距离的点光源的像将是一个弥散斑，其直径与针孔中的大小一样。然而，衍射将使光散布成一个艾利斑，因此，针孔越大，几何弥散就越大，但衍射斑越小。假设，当几何弥散与衍射图中心亮斑一样大时可以产生清晰图像。那么，当胶片到针孔的距离是 100mm 时，应当使用多大尺寸的针孔？[提示：使针孔直径等于艾利斑第一暗环的直径，如公式(9.16) 所示]

答案：

$$\text{直径}=2\times1.22\lambda(f/\#),\text{其中 } f/\#=100\mathrm{mm}/\text{直径}$$

因此
$$D=2\times1.22\times0.00055\times100/D$$

所以
$$D=\sqrt{0.1342}=0.366\mathrm{mm}$$

11. 如果显微物镜接受光锥的数值孔径是 (a) 0.25, (b) 0.80, (c) 1.2，请问物方的分辨率极限是多少？假设波长是 550nm。

答案：

根据公式(9.16)，$z=0.61\times0.00055/\mathrm{NA}=0.0003355/\mathrm{NA}$。

(a) $\mathrm{NA}=0.25$，则 $z=0.001342\mathrm{mm}$；

(b) $\mathrm{NA}=0.80$，则 $z=0.000419\mathrm{mm}$；

(c) $\mathrm{NA}=1.20$，则 $z=0.000280\mathrm{mm}$。

12. (a) 如果一台望远镜物镜用于分辨 $11''$ 的物体，其孔径必须是多少？(b) 如果眼睛可以分辨 $1'$ 的物体，为了充分利用该分辨率需要多大倍率？

答案：

(a) 根据公式(9.18) [译者注：原文错印为公式(9.22)，其中孔径直径为 w]，$11=5.5/D$，则 $D=5.5/11=0.5\mathrm{in}$。

(b) $11''$ 的分辨率要被 $1'$ 的眼睛观察，倍率必须是 $1'/11''=60''/11''=5.5\times$。

参考文献

Campbell, J., and L. DeShazer, *J. Opt. Soc. Am.*, Vol. 59, 1969, pp. 1427–1429.
Gaskill, J., *Linear Systems, Fourier Transforms, and Optics*, New York, Wiley, 1978.
Goodman, J., *Introduction to Fourier Optics*, New York, McGraw-Hill, 1968.
Hardy, A., and F. Perrin, *The Principles of Optics*, New York, McGraw-Hill, 1932.
Jacobs, D., *Fundamentals of Optical Engineering*, New York, McGraw-Hill, 1943.
Jenkins, F., and H. White, *Fundamentals of Optics*, New York, McGraw-Hill, 1976.
Kogelnick, H., in Shannon and Wyant (eds.), "Laser Beam Propagation" *Applied Optics and Optical Engineering*, Vol. 7, New York, Academic, 1979.
Kogelnick, H., and T. Li, *Applied Optics,* 1966, pp. 1550–1567.

Pompea, S. M., and R. P. Breault, "Black Surfaces for Optical Systems," in *Handbook of Optics,* Vol. 2, New York, McGraw-Hill, 1995, Chap. 37.

Silfvast, W. T., "Lasers," in *Handbook of Optics,* Vol. 1, New York, McGraw-Hill, 1995, Chap. 11.

Smith, W., in W. Driscoll (ed.), *Handbook of Optics,* New York, McGraw-Hill, 1978.

Smith, W., in Wolfe and Zissis (eds.), *The Infrared Handbook,* Office of Naval Research, 1985.

Stoltzman, D., in Shannon and Wyant (eds.), *Applied Optics and Optical Design,* Vol. 9, New York, Academic, 1983.

Strong, J., *Concepts of Classical Optics,* New York, Freeman, 1958.

Walther, A., in Kingslake (ed.), "Diffraction" *Applied Optics and Optical Engineering,* Vol. 1, New York, Academic, 1965.

第 10 章
光学材料

10.1 反射、吸收和色散

作为一种有用的光学材料，必须满足某些基本要求：能进行平滑抛光，具有机械和化学稳定性，有均匀的折射率，没有不希望的人工痕迹，当然，要能够透射（或反射）使用波长范围内的辐射能量。

光学工程师对光学材料的两种性质，即透射率（透过率）和折射率特别感兴趣，这两种性质都随波长变化。一个光学零件的透过性能必须看作是两种不同的作用。在两种光学介质的界面处，一部分入射光被反射，如果光线垂直入射在界面上，反射部分是：

$$R = \frac{(n'-n)^2}{(n'+n)^2} \tag{10.1}$$

式中，n 和 n' 是两种介质的折射率（对菲涅尔表面反射的更完整表达式，请参考第 11 章）。

在光学零件内部，一些辐射可能被材料吸收。假设，1mm 厚的滤光片材料透过某种波长入射光的 25%（包括表面反射），那么，2mm 厚的材料将透过 25% 的 25%，3mm 厚的材料透过 $0.25 \times 0.25 \times 0.25 = 1.56\%$。所以，如果 t 是单位材料厚度的透射率，那么，通过厚度为 x 的透射率是：

$$T = t^x \tag{10.2}$$

这种关系常以下面形式阐述，其中 a 称为吸收系数，并等于 $-\log_e t$：

$$T = e^{-ax} \tag{10.3}$$

因此，一个光学零件的总透射率近似等于其表面透射率和内部透射率的乘积。对一块位于空气中平板的第一表面的透射率［根据公式(10.1)］是：

$$T = 1 - R = 1 - \frac{(n-1)^2}{(n+1)^2} = \frac{4n}{(n+1)^2} \tag{10.4}$$

透过第一表面的光部分通过介质，继续传播到第二表面，然后又部分地反射和部分地透过。部分反射光（向后）通过介质传播，又被第一表面部分反射和部分透射，诸如此类。由此产生的透射可以表示为无穷级数形式：

$$\begin{aligned} T_{1,2} &= T_1 T_2 [K + K^3 R_1 R_2 + K^5 (R_1 R_2)^2 + K^7 (R_1 R_2)^3 + \cdots] \\ &= \frac{T_1 T_2 K}{1 - K^2 R_1 R_2} \end{aligned} \tag{10.5}$$

式中，T_1 和 T_2 分别是两个表面的透射率；R_1 和 R_2 是两表面的反射率；K 是两表面间材料的透射率（可以利用该公式确定两块或更多零件的透射率，就是说，对于多块平板元件，首先确定 $T_{1,2}$ 和 $R_{1,2}$，然后一起利用 $T_{1,2}$ 和 T_3，诸如此类）。

如果从公式(10.4) 得到 $T_1 = T_2 = 4n/(n+1)^2$，并代入公式(10.5) 中，同时假设 $K = 1$，就可以发现，一块完全没有吸收的平板的透射率（包括所有内反射）是：

$$T = \frac{2n}{n^2 + 1} \tag{10.6}$$

显然，对一块折射率为 n 的未镀膜平板，这是可能的最大透射率。

相类似，反射率是：

$$R = 1 - T = \frac{(n-1)^2}{n^2 + 1} \tag{10.7}$$

应当强调，一种材料的透射率与波长密切相关，不能仅作为某一波长范围内的数字来处理。例如，假设一个滤光片对 1~2μm 之间的入射光能量透过 45%，但是，不能假设两块这样的滤光片串联起来的透射率是 0.45×0.45＝20%，除非它们具有均匀的光谱透射率（中性密度）。现在，给出一个极端的例子。如果滤光片在 1~1.5μm 光谱区没有光透过，在 1.5~2μm 光谱区透过 90%，则在 1~2μm 光谱区，其"平均"透射率是 45%。然而，当两块这样的滤光片相组合，在 1~1.5μm 光谱区透过为零，而在 1.5~2μm 光谱区透过约 81%，"平均"透射率约为 40%，而不是两块中性密度滤光片应当透过的 20%。

一块滤光片的照相密度是其不透明度（透射率的倒数）的对数，因此

$$D = \log \frac{1}{T} = -\log T$$

式中，D 是密度；T 是材料的透射率。

注意，透射率并不是引起表面反射损耗的原因，因此，密度正比于厚度。简单说，多个中性密度吸收滤光片叠加在一起的密度是单个密度之和。

如果需要，可以将公式(10.3)写成以 10 为底的对数形式。当术语"密度"(density)用于描述例如照相滤光片的透射率时，就是这种情况。公式变成：

$$T = 10^{-\text{density}}$$

因此，密度1.0就意味着透射率是10%，密度2.0意味着透射率是1%，等等。要注意，密度是可以相加的。一个密度为1.0的中性吸收滤光片与密度为2.0的滤光片相组合可以得到一个密度为3.0的滤光片，其透射率是 $0.1 \times 0.01 = 0.001 = 10^{-3}$。

折射率色散

光学材料的折射率色散随波长变化，如图10.1所示，有一个非常长的光谱区。曲线的虚线部分代表吸收带。值得注意，在每一个吸收带之后折射率都明显上升，然后，随波长增大开始下降。随波长继续增大，曲线的斜率变得平坦，在接近下一个吸收带之前，向下的斜率再次增大。对于光学材料，需要关心的仅仅是曲线的一部分，因为绝大部分光学材料在紫外光谱区有一个吸收带，在红外光谱区有另外一个吸收带，而有用的光谱区位于二者之间。

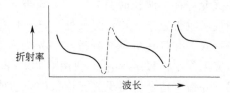

图 10.1　一种光学材料的色散曲线
虚线表示吸收带（反常色散）

许多研究者已经研究了这个问题，设法用一个公式描述折射率随波长的非理性变异指数。这些表达式的价值或意义在于，插值求得两种波长之间的折射率，平整（校平）数据，测量出色散曲线上的点，还可以用来研究光学系统的二级光谱特性。下面列出其中一些色散公式：

Cauchy $\qquad n(\lambda) = a + \dfrac{b}{\lambda^2} + \dfrac{c}{\lambda^4} + \cdots$ (10.8)

Hartmann❶

$\qquad\qquad n(\lambda) = a + \dfrac{b}{(c-\lambda)} + \dfrac{d}{(e-\lambda)}$ (10.9)

---

❶ 在经过研究之后，Arthur Cox 得出结论：Hartmann 三项公式 $n(\lambda) = a + b/(c-\lambda)^{1.2}$ 在 408~656nm 和 546~1014nm 光谱范围内是相当好的。

Conrady $\qquad n(\lambda) = a + \dfrac{b}{\lambda} + \dfrac{c}{\lambda^{3.5}}$ (10.10)

Kettler-Drude $\quad n^2(\lambda) = a + \dfrac{b}{c - \lambda^2} + \dfrac{d}{e - \lambda^2} + \cdots$ (10.11)

Sellmeier $\qquad n^2(\lambda) = a + \dfrac{b\lambda^2}{c - \lambda^2} + \dfrac{d\lambda^2}{e - \lambda^2} + \dfrac{f\lambda^2}{g - \lambda^2} + \cdots$ (10.12)

Herzberger $\; n(\lambda) = a + b\lambda^2 + \dfrac{e}{(\lambda^2 - 0.035)} + \dfrac{d}{(\lambda^2 - 0.035)^2}$ (10.13)

Old Schott $\quad n^2(\lambda) = a + b\lambda^2 + \dfrac{c}{\lambda^2} + \dfrac{d}{\lambda^4} + \dfrac{e}{\lambda^6} + \dfrac{f}{\lambda^8}$ (10.14)

新的肖特（光学材料）目录使用 Sellmeier 公式 [公式(10.12)]。

当然，常数（a, b, c 等）是针对每种材料单独推导出的，将已知的折射率和波长值代入并求解由此而产生的公式，得到上述常数。很明显，Cauchy 公式允许在零波长时只有一个吸收带。Hartmann 公式是一个经验公式，但的确使吸收带置于 c 和 e 波长处。Herzberger 公式是 Kettler-Drude 公式的近似表达式，并且在可见光到近红外光光谱区约 $1\mu m$ 处都是可靠的。在其后期的研究工作中，Herzberger 利用 0.028 作为分母常数。Conrady 公式是经验公式，并指定适合于可见光光谱区的光学玻璃。所有这些公式的缺点是，当逼近一个吸收波长时，折射率接近无穷大。由于很少用到靠近吸收带的材料，所以，这里不重点讨论。

直至最近，公式(10.14) 还被肖特公司和其他生产厂商用作光学玻璃的色散公式。在 0.4～0.7μm 光谱区精确到约 3×10^{-6}，在 0.36～1.0μm 光谱区精确到约 5×10^{-6}。在紫外光光谱区，增加一项 λ^4，在红外光光谱区增加一项 λ^{-10} 可以提高公式(10.14) 的精度。最近，为了提高精度，玻璃厂商已转用 Sellmeier 公式[公式(10.12)]。

一种材料的色散是折射率相对于波长的变化速率，即 $dn/d\lambda$。由公式(10.1) 和公式(10.2) 可以看出，短波长色散较大，长波长色散较小。在后续更长的波长范围，当接近长波吸收带时，色散会再次增大。注意，在图 10.2 中，当波长大于 $1\mu m$ 时，玻璃材料几乎有相同的斜率。

对在可见光光谱区应用的材料，习惯上给出两个数字，即氦的 d 谱线（0.5876μm）折射率和阿贝 V 数或者相对色散的倒数以规定折射特性。阿贝 V 数或者 V 值定义为：

$$V = \dfrac{n_d - 1}{n_F - n_C} \qquad (10.15)$$

式中，n_d、n_F 和 n_C 分别是氦的 d 谱线、氢的 F 谱线（0.4861μm）和氢的 C 谱线（0.6563μm）的折射率[1]。注意，$\Delta n = n_F - n_C$ 是色散的一种计量，与 $n_d - 1$（该式有效地表明材料的基本折射能力）之比给出了与光线折转量有关的色散。

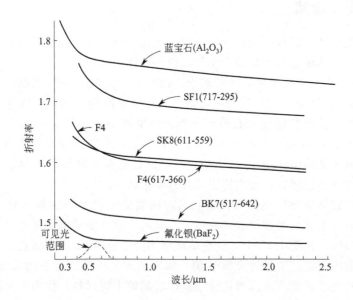

图 10.2 四种光学玻璃和两种晶体的色散曲线

对光学玻璃，这两个数描述了玻璃的类型，习惯上将 $(n_d-1):V$ 写成六位数的一个编码，例如，一种玻璃的折射率是 1.517，V 值是 64.5，则写为 517:645，或者 517-645，其含义都是一样的。

对于许多应用，知道材料的折射率和 V 值就足够了。然而，若是研究二级光谱，就必须知道更多信息，经常会用到相对局部色散：

$$P_C = \frac{n_d - n_C}{n_F - n_C} \tag{10.16}$$

P_C 是折射率-波长曲线斜率的变化率（即曲率或二次导数）。注意，对任何一部分光谱都可以确定一种相对局部色散，并且，大部分玻璃目录都会列出大约 12 种局部色散。

玻璃目录、手册等资料中习惯给出的折射率都是在空气中测量一种样片得到的值，因此，是在测量波长、温度、湿度和压力条件下相对于空气折射率的折射率值。由于在光学计算中折射率是用其相对值，所以，假设空气的折射率

---

[1] 太阳光谱的弗朗和费谱线列在图 10.9 中。

确实是1.0，并对所有波长都是正确的（除非光学系统用于真空中，在这种情况下，目录中的折射率必须针对空气折射率进行调整，参考1.2节），就不会造成麻烦。

10.2 光学玻璃

在可见光和近红外光光谱区，光学玻璃几乎是理想的光学材料，在相当宽的范围内性能稳定，易于加工，均匀，透明和比较经济。

图10.3表示各类实用的光学玻璃。图中每一点代表一种玻璃，对应给出该玻璃的n_d与V值。应当注意，习惯上，V值是颠倒表示，即降序表示。玻璃分成两类，冕牌玻璃和火石玻璃。如果折射率小于1.60，则冕牌玻璃的V值不会小于55；折射率大于1.60，则V值不会小于50。火石玻璃的特征是V值都小于这些极限值。图10.3中的"玻璃线"是普通氧化铅光学玻璃的曲线图，这些玻璃比较便宜，相当稳定，并且非常适合应用。

在冕牌玻璃中增加氧化铅会使其沿玻璃线的折射率提高和V值下降。刚好位于玻璃线上方的是钡冕玻璃和钡火石玻璃，这些玻璃都是增加了氧化钡得到的混合玻璃。在图10.3中，这些玻璃都用钡的符号Ba加以区别。这种玻璃提高了折射率而没有明显地降低V值。稀土玻璃是一类完全不同的玻璃类型，以稀土材料为基础而不是以氧化硅（其他玻璃的主要材料）作为主要材料。在图10.3中，这类玻璃用符号La表示，意味着玻璃中含有镧。

图10.4表格列出了最普通的光学玻璃的性质。表中各类型玻璃的数据都是从玻璃主要生产厂商获得，所以，列出的所有玻璃都可以买到，给出的折射率数据来自肖特玻璃目录。出自其他供应商的同类玻璃的标称性质可能会稍有不同。

最近，玻璃生产商重新调整了许多光学玻璃的配方，目的是消除有毒成分，例如铅、镉和砷。对于大部分材料，新配方使折射性能保持在原玻璃的生产公差范围内，物理性质在原玻璃基础上会有一定改善。并非所有玻璃都重新进行配方，铅是基本材料的玻璃仍在生产，有几种玻璃已经"消失"。由于这方面的情况（至少部分是）仍处于不稳定状态，所以，已经决定不准备刷新图10.3和图10.4。不管怎样，都应当不断咨询卖方的最新目录或材料的数据信息，因为玻璃目录就像教科书一样总是过时的。

以前，光学玻璃的制造是这样的：在一个大的黏土坩埚或熔炉中，将玻璃配料加热，均匀地搅拌熔融体，并缓慢使其冷却，将硬化后的玻璃分割成厚块，然后分类整理挑选出高质量的玻璃坯件。现在，更愿意将融化了的玻璃倒进一个大的厚铸模中，这样可以更好控制所需玻璃坯件的尺寸。由于高腐蚀性

第 10 章 光学材料 171

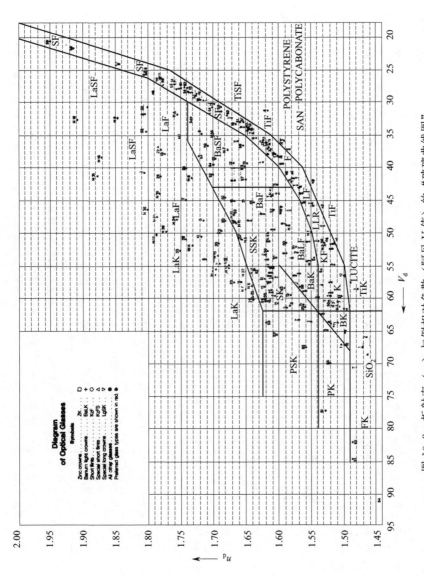

图 10.3 折射率 (n_d) 与倒相对色散（阿贝 V 值）的"玻璃曲线图"区域中的字母表示玻璃类型。"玻璃线"由 K、KF、LLF、LF 和 SF（沿玻璃图边）类玻璃组成（注意，K 代表 kron，德语表示"冕牌"，S 代表 schwer，意思是"重或密"）（得到 Schott Glass Technologies, Inc. 同意使用该图）

类型	n_d	V_d	$n_F - n_C$	n_r	n_C	n_F	n_g	n_h	CR	FR	SR	AR	$\alpha_{-30/+70°C}$ /$(10^{-6}/K)$	T_g /°C	D /(g/cm³)	HK	τ_i
BK7 517642	1.51680	64.17	0.008054	1.51289	1.51432	1.52283	1.52669	1.53024	2	0	1	2.0	7.1	559	2.51	520	0.991
K5 522595	1.52249	59.48	0.008784	1.51829	1.51982	1.52910	1.53338	1.53735	1	0	1	1.0	8.2	543	2.59	450	0.984
BaK1 573575	1.57250	57.55	0.009948	1.56778	1.56949	1.58000	1.58488	1.58940	2	1	4	1.2	7.6	602	3.19	460	0.976
BaK2 540597	1.53996	59.71	0.009043	1.53564	1.53721	1.54677	1.55117	1.55525	2	0	1	1.0	8.0	562	2.86	450	0.974
SK4 613586	1.61272	58.63	0.010451	1.60774	1.60954	1.62059	1.62569	1.63042	3	2	51	2.0	6.4	643	3.57	500	0.973
SK16 620603	1.62041	60.33	0.010284	1.61548	1.61727	1.62814	1.63312	1.63774	4(2.0)	4	52	3.0	6.3	638	3.58	490	0.970
SKN18 639554	1.63854	55.42	0.011521	1.63308	1.63505	1.64724	1.65290	1.65819	3	4~5	52	2.2	6.4	643	3.64	470	0.93
KF6 517522	1.51742	52.20	0.009913	1.51274	1.51443	1.52492	1.52984	1.53446	1	0	1	2.0	6.9	446	2.67	420	0.985
SSK4 618551	1.61765	55.14	0.011201	1.61235	1.61427	1.62611	1.63163	1.63677	2	1	51	1.0	6.1	639	3.63	460	0.972
SSK N5 658509	1.65844	50.88	0.012940	1.65237	1.65456	1.66825	1.67471	1.68080	2	3	52	2.2	6.8	641	3.71	470	0.91
LaK N7 652585	1.65160	58.52	0.011134	1.64628	1.64821	1.65998	1.66540	1.67042	4(2.3)	2	53(30)	4.2	7.1	618	3.84	460	0.960
LaK8 713538	1.71300	53.83	0.013245	1.70668	1.70898	1.72298	1.72944	1.73545	3	2	52	1.0	5.6	640	3.78	590	0.950
LaK9 691547	1.69100	54.71	0.012631	1.68498	1.68716	1.70051	1.70667	1.71240	3	3	52	1.2	6.3	650	3.51	580	0.950

图 10.4 一些典型光学玻璃的性质

CR、FR、SR 和 AR 表示玻璃对环境耐锈或耐雾度的编码，数字越大，耐性越低；α 是热膨胀系数；T_g 是变态温度；D 是密度；HK 是努普硬度；τ_i 是波长 0.4μm、厚度 25mm 时的内部透射率

的熔融玻璃易侵蚀黏土坩埚壁，被破坏的黏土材料会影响玻璃特性，所以，许多钡玻璃和所有稀土玻璃都在铂金坩埚里加工处理。在大批量生产中，使用连续生产工艺，原料从炉子一端进去，另一端出来的就是挤压成型的条状或棒状玻璃。常常将毛坯玻璃压成尺寸和形状大致接近于抛光要求的毛坯件。玻璃准备使用之前的最后一道工序是退火，这是一个缓慢的冷却过程，可能需要几天或几周时间释放玻璃中的应力，保证折射率的均匀性并使折射率达到目录中的值。

由于退火工艺的变化（也因为成分和处理工艺的不同），每一炉光学玻璃的性质都稍有不同。通常，供应的低折射率玻璃（到 $n=1.83$）的 n_d 公差是目录值±0.0005。高折射率玻璃与标称值可以相差±0.0016。同样，V 值可以与目录值相差约 3%。大部分玻璃生产厂商都会挑选指标更接近公差的玻璃，以更高的价格卖出。

光学玻璃有几百种不同的型号，完整的信息最好从厂商提供的目录中获得。

图 10.5 描述了光学玻璃的光谱透射率。一般地，大部分光学玻璃在 $0.4\sim0.7\mu m$ 光谱范围内都有良好的透射率。重火石玻璃在短波长区域吸收得更多，在长波长区透过更多，稀土玻璃在蓝光区域也有较多吸收。由于玻璃的透射率在很大程度上受微小杂质的影响，所以，每种玻璃不同炉之间的确切性质，即使同一厂家生产，也会有较大差别。一般地，随时间流逝，原材料的纯度不断改善，透射率值会逐渐得到提高。

大部分光学玻璃，当暴露于核辐射环境中时，由于增大了对短波长（蓝光）的吸收，所以会变成棕色（或黑色）。为了提供可以应用在辐射环境中的玻璃，玻璃厂商已经研制出"避免变黑"或"非棕色"玻璃，其中含有材料铈。这些玻璃允许辐射剂量到一百万伦琴（roentgens）。下一节讨论的熔凝石英玻璃几乎是纯 SiO_2，特别耐辐射，不会变棕色。

严格地说，普通的窗玻璃和平板玻璃不是光学玻璃，但成本是重要因素时，也常常使用这类玻璃。窗玻璃的折射率范围约是 $1.514\sim1.52$，取决于厂家。普通窗玻璃稍微有些发绿，原因是在红光和蓝光区有适量吸收。对红光的吸收一直延续到约 $1.5\mu m$，"水白色"而非淡绿色质量的窗玻璃也可以用。对于由一个或两个平面组成的零件，由于具有中等精度要求，常常使用窗玻璃而无需进一步处理，平面的精度是惊人的好。通过专门挑选，得到的平面平行性完全满足严格要求，此处的秘密就是不要从此类玻璃大块材料的边缘切割下料作为坯件。通常，中心部分的表面和厚度更为均匀。应当注意，尽管近期的工艺改进已经使"浮法玻璃"的表面质量提高到窗玻璃和平板的质量，但表面质量大约只会达到 1/4～1/3。

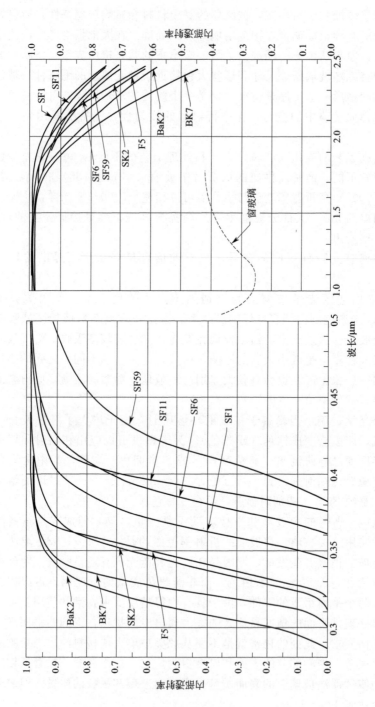

图 10.5 几种有代表性的光学玻璃和窗玻璃的内部透射率
所有玻璃的厚度都是 25mm

10.3 特种玻璃

一些与标准光学玻璃完全不同的玻璃材料值得特别注意。

低膨胀系数的玻璃

在一些应用中，光学系统中的零件要承受很强的热冲击（例如投影聚光镜）或者在温度必须变化的环境中要保证极高的稳定性（例如天文望远镜的反射镜或实验室仪器），此时就希望使用一种热膨胀系数低的材料。

一些硼硅酸盐玻璃的热膨胀系数比普通玻璃小一半。康宁公司的耐热玻璃（Corning's Pyrex）7740#和7760#的热膨胀系数在 $(30\sim40)\times10^{-7}/℃$ 之间。这些玻璃的折射率约为1.474，V值约60，相对密度约2.2。遗憾的是，这些玻璃常常会出现裂纹和擦痕，因此，当作为折射元件时，只适合于聚光系统。它们广泛用作样板以及反射镜。其中一些材料呈黄色或棕色，有些是透明的白色。

另一种低膨胀系数的玻璃是熔凝石英，也称为熔凝二氧化硅玻璃。这种材料基本上是纯（或多或少取决于等级和厂商）二氧化硅（SiO_2），具有特别低的热膨胀系数，$5.5\times10^{-7}/℃$。初始，熔炼粉末状晶体石英得到的熔凝石英的均匀性等级相当于光学玻璃。熔凝石英是一种与晶体石英完全不同的材料，其折射率是1.46与1.55，是非结晶（玻璃状）结构，没有晶体结构。与石英一样，没有双折射。

熔凝石英有良好的光谱透射特性，与普通光学玻璃相比，在紫外和红外光谱区也有较好的透射率。为此，常常用于分光光度计及红外和紫外仪器。熔凝石英的良好热稳定性使它能够应用于特别精密的反射面，大反射镜和样板常常用熔凝石英玻璃制造。正如前面所述，纯熔凝石英有非常高的耐辐射变黑性能。熔凝石英的折射率和透射率列于图10.6中，但所示吸收带并非图10.1给出的类型，而是由于不纯度造成的，并需要去除，如给出的透射率范围所示。

一种新型材料是局部晶化玻璃，适合用作热稳定性要求极高的反射镜基板，因为它们的热膨胀系数是零。Owens-Illinois CER-VIT 是原材料。康宁公司的 ULE 和肖特公司的 ZERODUR 玻璃有类似性质。这些材料在一定温度下具有零热膨胀系数（正负约 1×10^{-7}）。零热膨胀系数源自晶体（具有负的热膨胀系数）和具有正热膨胀系数的非晶态玻璃的混合。这些材料易脆，呈黄色或棕色，并散射光，所以，不适合做折射元件。

波长/μm	折射率(24℃)	透射率(10mm 厚) (包括反射损耗)
0.17		0.0~0.56(取决于纯度)
0.1855	1.5746①	0.0~0.78
0.2026	1.54725①	0.3~0.84
0.2573	1.50384①	0.58~0.90
0.2729	1.49624①	0.88~0.92
0.35	1.47701	0.93
0.40	1.47021	0.93
0.45	1.46564	0.93
0.4861(F)	1.46320	0.93
0.5	1.46239	0.93
0.55	1.45997	0.93
0.5893(D)	1.45846	0.93
0.60	1.45810	0.93
0.6563(C)	1.45642	0.93
0.70	1.45535	0.93
0.80	1.45337	0.93
1.0	1.45047	0.93
1.35	吸收带	0.76~0.93
1.5	1.44469	0.93
2.0	1.43817	0.93
2.2	吸收带	0.50~0.93
2.5	1.42991	0.93
2.7	吸收带	0~0.8
3.0	1.41937	0.45~0.85
3.5	1.40601	0.6~0.7
4.0		0.1~0.15

① n 是室温下的值，$V=67.6$，$P_C=0.301$。

图 10.6 熔凝石英的光学性质

可见光，$\Delta n=10^{-5}\Delta t$（℃），在 3.5μm 处，是 $0.4\times10^{-5}\Delta t$。

由色散公式 $n^2=2.978645+\dfrac{0.08777808}{\lambda^2-0.010609}+\dfrac{84.06224}{\lambda^2-96.0}$ 得出的值比表中数据约小 0.00042。

透红外玻璃

有一些特殊的"红外"玻璃，其中一些非常类似于重火石玻璃，折射率是 1.8~1.9，透射光谱一直到波长 4μm 或 5μm，砷化玻璃甚至可以透过更远的红外光谱。不同配方的砷化硒玻璃的透射光谱范围是 0.8~18μm，在 70℃时变软，并会流动。这种玻璃的折射率如下：波长 1.041μm 时 2.578，5μm 时 2.481，10μm 时 2.476，19μm 时 2.474。硫化砷（三硫化砷）玻璃的透射光谱范围是 0.6~13μm，稍微有些脆和软，折射率值是：0.6μm 时 2.6365，

2μm 时 2.4262，5μm 时 2.4073，12μm 时 2.3645。

梯度折射率玻璃

正如第 1 章所述，如果折射率不均匀，光将沿曲线路径，而不是直线传播。认识到这一点，常常使我们想起，光线是弯向高折射率区域。当折射率以一种可控方式变化，就可以非常有利地利用这种性质。使玻璃掺杂一些其他材料，典型的方法是将玻璃浸在一个熔化了的盐池中，实现离子交换，形成变化的折射率。将不同折射率的玻璃层熔化在一起也可以形成梯度折射率玻璃。一些型号的梯度折射率玻璃在光学系统中非常有用，径向梯度折射率玻璃的折射率随离开光轴的径向距离变化，球向梯度折射率玻璃的折射率是离开轴上点的径向距离的函数。球面上轴向梯度折射率对像差的影响类似于非球面的作用。径向梯度折射率可以使平面-平面元件具有透镜的光焦度（或具有透镜的会聚能力）。例如，一个平面元件，其折射率按照下面规律变化，是径向距离 r 的函数：

$$n(r) = n_0(1 - Kr^2)$$

如果元件的长度是 L，则焦距是：

$$f = \frac{1}{n_0 \sqrt{2K} \sin(L\sqrt{2K})}$$

后截距是：

$$\text{bfl} = \frac{1}{n_0 \sqrt{2K} \tan(L\sqrt{2K})}$$

这种作用是梯度折射率（GRIN）棒状透镜和自聚焦导光纤维（SELFOC）透镜的基础。K 是梯度常数，是波长和材料的函数。

10.4 晶体材料

某些天然晶体有价值的光学性质已被认知许多年，但在过去，这些材料在光学领域的可应用性受到严重限制，原因是缺少零件所需要的尺寸和质量。现在，许多晶体可以人工合成获得，在可控条件下，使晶体生长到某一尺寸，否则，透明度不会满足要求。

图 10.7 列出了一些有用晶体的重要特性。透射率范围的单位是 μm，样片厚度是 2mm，给出的波长是透射率为 10% 的点的波长，同时给出了透射光谱中一些波长的折射率。

由于双折射，晶体石英和方解石不常使用，其应用完全局限于偏振棱镜等方面。蓝宝石特别硬，必须用金刚石粉加工，主要用于光窗、干涉滤光片基板，有时也用于透镜元件，这种材料稍有双折射，限制着可以使用的角视场。卤化盐有良好的透射率和折射性能，但物理性能常常与期望值相差甚远，因为这类材料较软、较脆，有时易于吸湿。

材料	透射范围 /μm	折射率	备注
晶体石英(SiO_2)	0.12～4.5	$n_o=1.544, n_e=1.553$	双折射
方解石($CaCO_3$)	0.2～5.5	$n_o=1.658, n_e=1.486$	双折射
金红石(TiO_2)	0.43～6.2	$n_o=2.62, n_e=2.92$	双折射
蓝宝石(Al_2O_3)	0.14～6.5	1.834@0.265, 1.755@1.01, 1.586@5.58	硬，稍有双折射
锶钛石($SrTiO_3$)	0.4～6.8	2.490@0.486, 2.292@1.36, 2.100@5.3	红外油浸透镜
氟化镁(MgF_2)	0.11～7.5	$n_o=1.378, n_e=1.390$	红外元件，低反射膜
氟化锂(LiF)	0.12～9	1.439@0.203, 1.38@1.5, 1.109@9.8	棱镜，光窗，复消色差物镜
氟化钙(CaF_2)	0.13～12	参考公式(7.10)	与氟化锂一样
氟化钡(BaF_2)	0.25～15	1.512@0.254, 1.468@1.01, 1.414@11.0	光窗
氯化钠(NaCl)	0.2～26	1.791@0.2, 1.528@1.6, 1.175@27.3	棱镜，光窗吸湿性
氯化银(AgCl)	0.4～28	2.096@0.5, 2.002@3, 1.907@20	可塑性，易腐蚀，变黑
溴化钾(KBr)	0.25～40	1.590@0.404, 1.536@3.4, 1.463@25.1	棱镜，光窗，软，吸湿性
碘化钾(KI)	0.25～45	1.922@0.27, 1.630@2.36, 1.557@29	软，吸湿性
溴化铯(CsBr)	0.3～55	1.790@0.5, 1.667@5, 1.562@39	棱镜，光窗，吸湿性
碘化铯(CsI)	0.25～80	1.806@0.5, 1.742@5, 1.637@50	棱镜，光窗
硅(Si)	1.2～15	3.498@1.36, 3.432@3, 3.418@10	红外元件
锗(Ge)	1.8～23	4.102@2.06, 4.033	红外元件，高温下吸收，易于热失控@40℃
硒化锌(ZnSe)	0.5～22	2.489@1, 2.430@5, 2.406@10, 2.366@15	
硫化锌(ZnS)	0.5～14	2.292@1, 2.246@5, 2.200@10 2.106@15	
硒砷化锗 AMTIR(Ge/As/Se)	0.7～14	2.606@1, 2.511@5, 2.497@10, 2.482@14	
砷化镓(GaAs)	1～15	3.317@3, 3.301@5, 3.278@10, 3.251@14	
锑化镉(CdTe)	0.2～30	2.307@3, 2.692@5, 2.680@10, 2.675@12	
氧化镁(MgO)	0.25～9	1.722@1, 1.636@5, 1.482@8	

图 10.7 光学晶体的性质

注：透射范围表示的波长是透射率10%的点之间的值，样片厚度2mm。n_o和n_e表示寻常光线和非寻常光线的折射率

锗和专用硅广泛用作红外系统中的折射元件，其物理性能非常像玻璃材料，可以用普通的玻璃加工技术进行加工，表面上看，二者都是金属，在可见光光谱范围内完全不透明。对光学设计师来说，具有特别高的折射率是一种享受，因为与同类玻璃系统相比，高折射率形成小的曲率可以获得普通光学系统不能达到的成像质量。由于表面反射［根据公式(10.1) 以及后面的相关公式］很高，例如，未镀膜锗表面的反射率是36%，所以，必须镀低反膜。硫化锌、

硒化锌和硒砷化镓（AMTIR）也广泛应用于红外光学系统。

值得专门关注的是氟化钙。这种材料在紫外和红外光谱区都有非常好的透射性能，特别适合应用于仪器设计。此外，局部色散性质使其可以与光学玻璃相组合，形成一个没有二级光谱的透镜系统。由于这些材料较软、脆，对气候适应性差，并且其晶体结构有时会使抛光困难，所以，其物理性能并不十分优秀。在暴露应用条件下，氟化物元件可以设计在玻璃零件之间，以保护其表面。图 10.8 中的表格列出了部分氟化物材料的折射率和透射率值，天然氟化钙材料用作显微物镜已经有许多年。FK 玻璃，特别是 FK51、FK52 和 FK53 具有氟化钙的许多性质，对校正二级光谱非常有用。

波长/μm	折射率	吸收系数/cm^{-1}
0.2	1.49531	—
0.3	1.45400	—
0.4	1.44186	—
0.4861(F)	1.43704	—
0.5893(D)	1.43384	—
0.6563(C)	1.43249	—
1.014	1.42884	—
2.058	1.42360	—
3.050	1.41750	—
4.0	1.40963	—
5.0	1.39908	—
7	—	0.02
8	—	0.16
8.84	1.33075	—
9	—	0.64
10	—	1.8

图 10.8 氟化钙（CaF_2）各种波长的折射率和透射率

10.5 光学塑料

塑料材料很少用作高精度的光学元件。在第二次世界大战期间，花费了很大力量研发塑料光学系统，只有很少几个光学系统使用塑料材料。此后，塑料光学元件的制造技术有了相当大的发展。如今，除了小巧廉价的新颖物品，例如玩具和放大镜外，在许多光学应用中，都可以发现塑料透镜，包括便宜的一次性照相机镜头、许多变焦物镜、电视投影物镜和一些高质量的照相镜头。批量生产塑料光学元件的低成本是其广泛应用的重要原因，另一个因素是非球面的加工比较容易，一旦完成非球面模具的加工，则非球面加工就如同加工球面一样（与玻璃光学元件的显著对比）。根据经验，在光学系统中加入一个非球面就可以代替系统中的一个零件，这就充分证明使用光学塑料的价值。这种非球面的能力大大弥补了其中的遗憾，即适用的光学塑料种类或数量非常少，在这些种类中，只有较低折射率的材料。

  在考虑冒险进入塑料光学领域时，建议邀请一位塑料光学元件的制造专家。典型的注模成型机不仅不能制造出良好的光学零件，而且，通常都没有需要做什么的概念。成功的制造专家已经研制出非常好的、可靠的技术资源，包括高质量的原材料以及材料处理技术，并有了能够满足光学元件特殊要求的制模机。对温度的控制特别苛刻，为了达到光学精密等级，必须有较长的循环时间。几年前，作者本人遇到一个极端情况，为一位顾客设计一个目视系统，这位顾客（反对本人建议）不仅坚持使用一名没有经验（在光学方面）的注模工人，而且还坚持使用一种不寻常的材料，结果是没有能看到一个成功的系统。

  除了非球面加工比较容易是一大优势外，塑料广泛应用于制造菲涅耳透镜，有非常精细的条纹或阶梯。字幕片放映机的聚光系统和单透镜反射式照相机取景器的镜头就是塑料菲涅耳物镜的例子。目前非常流行的另一应用是衍射光学（第 12 章和 16 章将做详细讨论），衍射表面基本上就是一个菲涅耳表面，其阶梯高度在半个波长数量级。

  批量生产的另一个优点是一次就能注模成型出透镜零件及其安装架。实际上，可以设计一个组件的安装架（或槽），以便于使透镜组件简单地连接在一起，一滴合适的溶剂或黏合剂可以使组件得以固定。

  塑料的明显优点，即轻便和不怕碎，常常被其缺点抵消。这种材料柔软并容易有划痕，除模压成型外，很难加工；苯乙烯类塑料常呈雾状色，有时呈浅黄色，并散射光。在温度 60～80℃时塑料易变软。有些塑料的折射率不稳定，在一段时间内变化量是 0.0005。大部分塑料都吸水，外形尺寸会变化，几乎所有塑料在压力下都会冷变形。热膨胀系数几乎是玻璃的 10 倍，是 $7\times10^{-5}/℃$ 或 $8\times10^{-5}/℃$。

  塑料的折射率随温度变化非常大（大约是玻璃的 20 倍），并是负的。因此，对于塑料光学零件，在一个温度范围内要保持焦点不变是相当大的问题，常常，必须使它们消热化和消色差。塑料的密度较低，通常在 1.0～1.2 数量级，图 10.9 概括总结了最常用的一些光学塑料的性质。

  塑料在光学方面另一应用是复制。在这种应用中，一种精密制造的母模真空镀有一种剥离层或脱模层，再加上所需要的高或低反射膜（剥离层的性质通常是有专利的，但非常薄的银、盐、硅和塑料膜层已成公开资料）。接着，将几滴低收缩率的环氧树脂加进母模与静配合的基板间的薄层（理想厚度是 0.001in 或 0.002in）中。基板可以是耐热玻璃（Pyrex）、陶瓷、非常稳定的铝（适用反射光学元件）或者玻璃（适合透射光学元件）。当环氧树脂固化后，卸去母模，在基板上留下一个相当精密的（负版）复制品。这种工艺有几个优越性。例如，任何表面（包括非球面），只要可以制造出母模，都可以比较便宜地进行复制，因为母模可以反复使用。另一个优点是，反射镜可以设计成能集成安装的零件，盲孔底部可以进行光学抛光或成形，可生产特别薄和特别轻的零件。在许多应用中，使用标准制造技术是不可能完成这些事情的，复制零件的局限性是环氧树脂固有的柔软性以及脱模后表面形状的改变。

波长/μm	聚丙烯（有机玻璃）	聚苯乙烯	聚碳酸酯	苯乙烯丙烯腈共聚物(SAN)
	492：574	590：309	585：299	567：348
1.01398t	1.483115	1.572553	1.567248	1.551870
0.85211s	1.484965	1.576196	1.570981	1.555108
0.70652r	1.487552	1.581954	1.576831	1.560119
0.65627C	1.489201	1.584949	1.579864	1.562700
0.64385C′	1.489603	1.585808	1.580734	1.563438
0.58929D	1.491681	1.590315	1.585302	1.567298
0.58756d	1.491757	1.590481	1.585470	1.567440
0.54607e	1.493795	1.595010	1.590081	1.571300
0.48613F	1.497760	1.604079	1.599439	1.579000
0.47999F′	1.498258	1.605241	1.600654	1.579985
0.43584g	1.502557	1.615446	1.611519	1.588640
0.40466h	1.506607	1.625341	1.622447	1.597075
0.36501i	1.513613	1.643126	1.643231	1.612490
热膨胀系数/℃$^{-1}$	68×10^{-6}	70×10^{-6}	66×10^{-6}	65×10^{-6}
dn/dt/℃$^{-1}$	-105×10^{-6}	-140×10^{-6}	-107×10^{-6}	-110×10^{-6}
使用温度/℃	83	75	120	90
相对密度	1.19	1.06	1.20	1.09

图 10.9　一些光学塑料的性质（资料源自 Lytle and Altman）
注意，不同厂商提供的折射率值会有较大差别

10.6　吸收滤光片

吸收滤光片由选择性透射光的材料组成，就是说，更多地透过一定波长的光。少量的入射光被反射，大部分能量并没有透过滤光片，而是被滤光片材料吸收。很明显，从广义角度讲，本章前一节讨论的每一种材料都是吸收滤光片，有时，也将这些材料作为滤光片设计在光学系统中。然而，大部分光学玻璃滤光片都是在透明玻璃上增加一层金属盐，或者将一层薄胶膜染色，产生一种比"自然"材料更有选择性的吸收。

染色胶膜滤光片主要源自柯达（Eastman Kodak）公司。对于使用染色胶膜多功能性以及对环境要求并非过分苛刻的应用领域，Wratten 滤光片得到了最广泛应用。通常，胶膜滤光片要固定在玻璃之间以保护柔软的胶膜免受损伤。

适合作光学滤光片玻璃的彩色材料数量有限，并且，合适的滤光片玻璃并不像希望的那样昂贵。在可见光光谱区，有几种主要类型：红色、橙色和黄色玻璃全部透射红光和近红外光，并有相当陡峭的截止，如图 10.10 所示，截止位置决定着滤光片的表观颜色；绿色滤光片易于吸收光谱的红光和蓝光部分。它们的透射率曲线类似于眼睛的光谱灵敏度曲线；蓝色光学玻璃滤光片可能会令人失望，因为这种玻璃有时不仅透射蓝光，而且也透射一些绿光、黄光、橙色光，并常常透射相当数量的红光；紫色玻璃的滤光片透射光谱中红光和蓝光端的光线，对黄光和绿光光谱区域有很好的抑制。大部分光学玻璃公司以及制造商用彩色玻璃的企业（与"光学"玻璃相反，这些玻璃得到更为精细的控制）都可以生产滤光片玻璃。

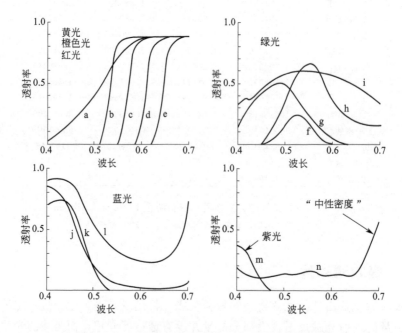

图 10.10　一些光学玻璃滤光片的光谱透射率曲线

同一类玻璃滤光片不同熔炉的透射率性质都是变化的。如果一块滤光片要求仔细控制透射率，常常需要调整滤光片的抛光厚度以补偿这种变化。红光滤光片或许变化最大，因为它们对热非常敏感，一些红色玻璃不可能重新被压成坯件。通常，滤光片的光谱透射率数据是针对特定厚度给出的，并包括菲涅耳表面反射造成的损失。为了确定非标称厚度下的透射率值，也就是透明度，必须确定零件在没有反射损失的"内部"透射率。大多数情况下，将透射率除以公式(10.4)就得到透明度，然后，利用公式(10.2)或公式(10.3)确定新厚度的透明度，该透明度乘以公式(10.4)中的 T 就可以给出滤光片整个透射率，并有相当高的精度。

通过使用透明度的 log-log 标度曲线，大大简化了该过程，肖特公司的滤光片玻璃目录就是使用这类方法。涂一层透明的覆盖层有可能立即评价出厚度变化的效果，图 10.11 的研究表明了一种透明度曲线在这方面的用途。同样的

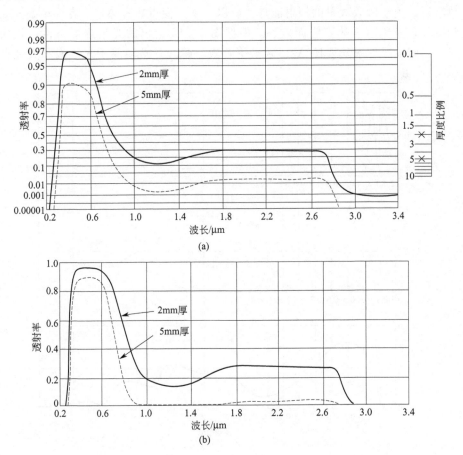

图 10.11　肖特 KG2 吸热滤光片玻璃的光谱透明度

图 10.11(a) 所示为以 log-log 标度绘出的曲线。注意，两条曲线间的垂直间隔等于右边标出的厚度值间的间隔，范围是 2~5。为便于比较，图 10.11(b) 中按照常规的线性标度绘出了同样的数据

滤光片给出了两种厚度，上面的曲线图是 log-log 标度，下面的曲线图是线性标度。对于 log-log 标度，厚度变化受曲线在垂直方向的简单位移影响，右边标出的厚度给出了位移量。值得注意的是，这类曲线可以给出多少信息（以及为了准备一条曲线需要多少信息）。以这种形式绘出的曲线中的数据是透明度，为了确定滤光片的总透明度，一定要依据公式(10.4)或公式(10.5)考虑表面的反射损失。

玻璃滤光片也可以用来透射紫外或红外光谱而不是可见光光谱。这些滤光片的典型透射率曲线表示在图 10.12 中，吸热玻璃被设计成透过可见光并吸收红外光。这些滤光片常常应用于投影仪中，以保护胶片或 LCD 免受投影灯的热辐射。由于吸收大量的辐射能量，所以，本身变得非常热，一定要小心安装和冷却，避免由于热膨胀而破裂。根据图 10.12 给出的光谱透射特性，很明显，磷酸盐吸热玻璃要比 Aklo 玻璃更有效，磷酸盐玻璃属于大气泡和大夹杂

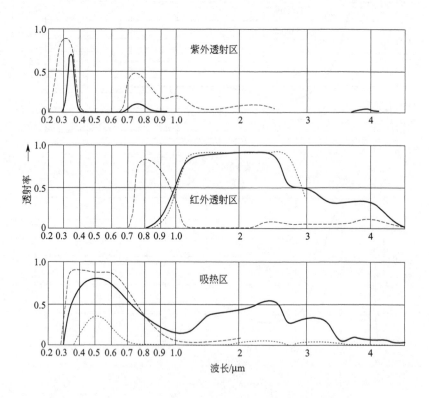

图 10.12　专用玻璃滤光片的透射特性

紫外透射滤光片：实线，康宁（Corning）7-60；虚线，康宁 7-39。红外透射滤光片：康宁 7-56（2540#）；长虚线，康宁 7-69；短虚线，肖特 UG-8。吸热滤光片：实线，康宁 I-59 超轻 Aklo；长虚线，Pittsburgh Plate Glass，#2043 磷酸盐玻璃-2mm；短虚线，康宁 I-56 暗色 Aklo

物结构，然而，并没有妨碍其在大多数系统中的应用。还可以参考第 11 章关于"热"和"冷"的讨论。

10.7 散射材料和投影屏

一张白色的吸墨纸就是一种（反射）散射材料的例子。投射到表面上的光向各个方向散射，因此，这张纸上的亮度几乎一样，而与照明或观察角度无关。一个理想的或朗伯散射体就是任意角度的表观亮度都一样的散射体。因此，表面上单位面积发出的辐射由 $I_0\cos\theta$ 计算出，式中，θ 是与表面法线的夹角，I_0 是垂直于表面方向一个面积元的强度。

有相当好的反射式散射体，具有较高的散射效率。粗糙的白纸就是非常方便的一种，入射光（可见光）的 70%～80% 都被反射。由于氧化镁和碳酸镁有较高的效率，可以到 97% 或 98% 数量级，所以，经常用于光度学测量。

理想散射反射体的亮度（照度）正比于投射到表面上的照度及表面的反射率。如果照度以英尺烛光（fc）计量，乘以反射率就得到亮度，单位是英尺朗伯（ft·la），由照度流明每平方厘米（lm/cm^2）乘以反射率就得到单位是朗伯的亮度，该乘积除以 π，结果就是以烛光每平方厘米（cd/cm^2）为单位的亮度，或流明每平方厘米每球面度 [$lm/(cm^2 \cdot sr)$]（有关光度学的更详细内容，参考第 12 章）。

正如前面所述，一个理想的散射体表面似乎有同样的亮度，与观察角度无关。一个非理想散射体的投影屏的亮度范围是零到投影仪光源的亮度。例如，一个椭球形理想反射屏，观察者的眼睛位于一个焦点上，投影仪放置在另一个焦点处，所有光线都反射到眼睛处，没有散射。从眼睛位置观察，该屏幕有相同的亮度，仿佛直接观察投影物镜，而从其他位置观察，屏幕完全是暗的。投影屏幕的增益是其亮度与理想散射（朗伯）屏幕亮度之比，理想散射屏的增益定义为 1.0。一个散射屏可以从任意方向观察，并且，亮度较低时，与观察角无关。屏幕的增益越高，其标称增益所涵盖的角度就越小。珠光银幕（或粒状荧光屏）和琢面银光银幕（或双凸透镜状银幕）（facetted, lenticular screen）利用一种可控方式聚光和配光，在屏幕上刷涂一层铝（一定要保持偏振不变，并有平滑的曲面）可以使商业产品的增益高达 4.0。珠光屏幕的增益高达 10，但仅在一个特别有限的角度内，许多投影屏的标称增益是 2.0。

对于诸如后投影屏幕并产生均匀照明的一类应用，可以使用透射式散射体，最常使用的是乳色玻璃和毛玻璃（图 10.13）。乳色玻璃含有悬浮着的微小胶粒，这些胶粒多次散射而形成对光的散射。由于短波长的光要比长波长的光散射得更多，所以，透过的光稍呈淡黄色。乳色玻璃通常用作套料乳白玻璃（或涂层乳白玻璃），是熔焊到透明玻璃支撑板上的一层非常薄的乳色玻璃。套料乳白玻璃的散射性能非常好，垂直照明时，与法线成45°方向上的亮度是理想散射体可能照度的90%。其总透射率相当低，约35%或40%。应当注意，由于好的散射意味着入射光被散射到2π球面度（立体角单位）内，所以，与不良散射体相比，一个具有良好散射性能的后照射屏幕的轴上亮度非常低。

对玻璃板的一个表面进行精磨（或者蚀刻），形成大量的非常小的小面，使其或多或少随机地折射光，就可以加工出毛玻璃。毛玻璃的总透射率约为75%。这些透射有相当强的方向性，远非一个理想的散射

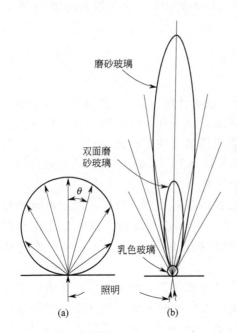

图 10.13　散射材料的极坐标强度分布曲线
(a) 是一个"理想散射体"，表面上单位面积的强度随 $\cos\theta$ 变化；(b) 单毛玻璃、双毛玻璃和乳色玻璃的相对强度分布

体。其性质稍微有点变化，取决于表面的粗糙度。典型的，对于垂直照射的表面，偏离法线10°方向的亮度约是垂直方向亮度的50%。在30°方向，亮度约是垂直方向亮度的2.5%。当然，如果希望利用局部散射，这种性质就相当有用。将两块毛玻璃组合（毛面接触），透射率降低约10%，但提高了散射。在20°方向上，亮度约为20%，在30°方向，约为7%。使用两块毛玻璃，使其分离，尽管这样不能使它们再作为投影屏使用，但散射可以得到提高。

描图纸的散射特性非常类似于毛玻璃，有几种商业价值的塑料屏材料是稍微好于毛玻璃的散射体，还可以使塑料表面成形以控制光束的散布。

当一个后投影屏幕用于光亮房间时，是从两侧照明屏幕，室内光线会降低投影像的对比。有时候，在观察者和散射屏之间加入一块灰色玻璃（中性滤光片）会缓解这种状况，如此，投影仪发出的光会降低 T（中性玻璃的透射率）倍，而室内光降低 T^2 倍，因为室内光线是从室内到散射体，然后再返回到观察者的眼睛，一回通过中性玻璃两次。

10.8 偏振材料

光具有横波性质，在垂直于传播方向上振动。如果将波的运动看作相互垂直平面内这样两束波的矢量之和，那么，当其中一种成分从光束中消除，就会产生平面偏振光。当一个普通光源发出的辐射通过偏振棱镜（几种类型都可以）就会形成平面偏振光，这些棱镜取决于方解石（$CaCO_3$）的双折射性质，在两个偏振平面内有不同的折射率。由于一个偏振方向的光要比另一个偏振方向有更强的折射，所以，有可能通过全内反射［例如尼科耳（Nicol）棱镜和格兰-汤姆逊（Glan-Thompson）棱镜］或不同方向的偏折［例如罗雄（Rochon）棱镜和汤姆逊（Thompson）棱镜］使它们分开。

这类棱镜比较大、笨重和昂贵。偏振层板既薄又轻，比较便宜，可以用于宽视场，又能简单地加工成几乎不受限制的尺寸和形状。这种偏振器在一个合适的底座上用显微法对晶体调校对准，因此，尽管该偏振仪不能像一台好的棱镜偏振仪那样有效，也没有大的有效视场范围，但对于需要偏振的大多数应用，这种偏振仪已大部分地取代了棱镜。一些公司生产各类偏振层板。如若应用在可见光光谱范围，有几类合适的产品，取决于需要最佳透射率还是最佳消光性（使用正交偏振器）；如果应用在高温以及近红外光谱区（$0.7 \sim 2.2 \mu m$），必须使用特殊类型的偏振器。Polaroid（公司）还生产层板形式的圆形（与平面偏振器相反）偏振器。

由于平面偏振器将消除一半的能量，很明显，一个"理想"偏振器在一束非偏振光中的最大透射率将是50%；对于层板偏振器，实际范围从$25\% \sim 40\%$，取决于类型。如果两个偏振器是"正交的"，即偏振轴成$90°$方向排列，若是全偏振，则透射率是零。也可以用尼科耳棱镜实现，但层板偏振器会有$10^{-6} \sim 5 \times 10^{-4}$的残余透射率，仍然与类型有关，层板偏振器的透射特性也与波长有关。

当两个偏振器放置在一束未经偏振的光束中，这对偏振器的透射率取决于二者偏振轴的相对方位。若θ是两轴间的夹角，则这对偏振器的透射率是：

$$T = K_0 \cos^2 \theta + K_{90} \sin^2 \theta \tag{10.17}$$

式中，K_0是最大透射率；K_{90}是最小透射率。K_0和K_{90}的典型数值对是42%和1%或2%；32%和0.005%；22%和0.0005%。

一块玻璃板表面的反射也可以形成平面偏振光。当光线以布儒斯特角入射到平面上，一个偏振面完全透过（如果玻璃是理想的透明），另一个面15%反射。这种情况发生在反射光和折射光彼此$90°$相交时。因此，布儒斯特角是：

$$I = \arctan \frac{n'}{n} \tag{10.18}$$

因此，反射光束完全偏振，透过光束部分偏振。利用一叠全都以布儒斯特角倾斜的薄板可以增大透过光束中偏振光束的百分比。如果折射率是 1.52，则布儒斯特角是 56.7°。注意，布儒斯特角是公式（11.1）中正切项等于零的角度。

对偏振光的研究课题会在物理光学范畴详细讨论，读者可以参考。另外两点值得注意：第一点，干涉滤光片（11 章）通常是斜极化，有时可以用作偏振器；第二点，乳色玻璃和其他散射体是非常好的解偏器，像积分球一样。

10.9 光学胶和溶剂

光学胶用于将光学元件固定在一起。胶合有两个目的：零件彼此精确对准而与机械安装支架无关；通过胶合大大消除表面反射（特别是全内反射）。通常，使用的胶层特别薄，对系统光学性能的影响完全可以忽略不计。一些新型塑料胶能经受特别高的温度，用于千分之几英寸的厚度（在光线大斜率的苛刻条件下，可能影响光学系统的性能）。

加拿大树脂由加拿大香树脂制成，呈液体（溶于二甲苯）和黏稠或固体形式。首先，清洗被胶合的零件，然后放置在一块加热的平板上，当零件加热到足以使加拿大树脂熔化时，在下面元件上抹擦树脂棒，放置上面零件，通过来回摆动或晃动上面零件，以便撑出多余的胶以及陷入的气泡，然后，将胶合后的两个零件放置在一台校正器上冷却。加拿大树脂胶的折射率约为 1.54，V 值为 42。这些性质通常位于冕牌和火石牌玻璃折射性质中间。遗憾的是，加拿大树脂胶经受不住高低温。加热时变软，低温会裂开，因此，不适合严格的热环境。如今，加拿大树脂胶已很少使用。

已经研制出大量的能够经受高温和强烈冲击的塑料胶。对绝大多数零件，这些胶具有热固性（热固化）或者是紫外光固化塑料，但只有很少几种热塑（加热软化）材料被使用。如果使用得当，这些胶能经得起 $-65\sim82$°C 的温度而不会失效。一般地，热固化胶放置在两种容器（有时冷冻）中，其中一个装有催化剂，使用前与胶混合。一滴胶滴在要胶合的零件之间，将过量的胶和气泡挤出，然后将元件放置在一个固定装置或夹具上，一个加热循环时间后，使胶固化。一旦胶体固化，将部件分开极其困难。习惯采用的技术是将其浸在热的（150～200°C）蓖麻油中，并将它们震开。塑料胶的折射率范围是 1.47～1.61，取决于胶的类型，大部分胶的折射率在 1.53～1.58 之间，V 值在 35～45 之间。环氧树脂和丙烯酸酯是经常使用的材料。由于胶的类型多以及性能不同，应咨询厂家每种胶的详细资料。

一种很少使用的、将光学元件固定在一起的方法称为光胶法。两种元件必须非常严谨地清洗（用一块稍带抛光红粉的布完成最后清洗），并贴在一起。如果表面形状匹配得相当好，那么，随着空气从元件之间挤压出来，分子吸引将以非常强的结合力使它们黏结在一起，能够承受的力约为 $95lbf/in^2$。通常，使光胶表面分开的唯一方法是加热其中一块，利用受热膨胀的原理破坏光胶（常使玻璃破裂）。有时浸在水中使零件分开。

光学溶剂主要用于显微镜油浸液和折射率测量（在临界角折射计中）。对显微镜，经常使用水（$n_d=1.33$）、香柏油（$n_d=1.515$）和甘油（对于紫外光，$n=1.45$）。对临界角折射计，α-溴（代）萘（$n=1.66$）是最经常使用的溶剂。二碘甲烷（$n=1.74$）用于高折射率测量（溶剂折射率必须大于试片折射率，从而避免全内反射后向后反射到试片中）。

练　习

1.（a）在垂直入射条件下，多层薄平板玻璃（$n=1.5$）的透射率是多少？

（b）如果没有反射参与干涉，那么，直接透过的光是入射光的百分之多少？

答案：

（a）利用公式(10.6)　　$T_1=2n/(n^2+1)=3/3.25=0.92307692$

　　利用公式(10.7)　　$R_1=(n-1)^2/(n^2+1)=0.25/3.25=0.07692308$

　　利用公式(10.5)　　$T_{1,2}=T_1T_2K/(1-K^2R_1R_2)$

　　和　　　　　　　　$T_1=T_2$；$R_1=R_2$；$K=1.0$

　　　　　　　　　　　$T_{1,2}=0.8571428$

　　　　　　　　　　　$R_{1,2}=1-T_{1,2}=0.1428572$

　　利用公式(10.5)　　$T_{1,2,3}=T_{1,2}T_3K/(1-K^2R_{1,2}R_3)$

　　和　　　　　　　　$T_3=T_1$；$R_3=R_1$

　　　　　　　　　　　$T_{1,2,3}=0.80$

（b）忽略多次反射：

　　利用公式(10.7)　　$R=(n-1)^2/(n^2+1)=0.04$

　　　　　　　　　　　$T=1-R=0.96$

　　通过 6 个表面后，$T=0.96^6=0.782758$

2. 如果 1cm 厚的材料透射率是 85%，2cm 厚材料的透射率是 80%，（a）3cm 厚的百分比透射率是多少？（b）材料的吸收系数是多少？（所有多次反射都忽略不计）

答案：

（a）增加 1cm 厚度会使透射率降低 $0.80/0.85=0.941176$ 倍。因此，对于 3cm 厚的材料，得到 $T=0.8\times0.941176=0.752941$。

（b）不考虑多次反射，$T=T_S\times T_A$（T_S 为表面透射率，T_A 为内部透射率），根据公式(10.3)，$T_A=e^{-\alpha x}$：

$$T = T_s e^{-at}, \quad t=1.0, \quad T_s e^{-a} = 0.85$$
$$T=2.0, \quad T_s e^{-2a} = 0.80$$
$$T_s = 0.85 e^{+a} = 0.80 e^{+2a}$$
$$e^{-a} = 0.80/0.85 = 0.941176$$
$$a = -\log_e 0.941176 = 0.06062462 \text{cm}^{-1}$$

3. 利用 d($0.5876\mu m$)、C($0.6563\mu m$) 和 F($0.4861\mu m$) 谱线和 10.1 节给出的公式 (10.8)，确定图 10.4 中 BK7 玻璃的色散系数；计算 r($0.7065\mu m$)、g($0.4358\mu m$) 和 h ($0.4047\mu m$) 谱线的折射率，并与图 10.4 中的数据相比较。

答案：

利用上面给出的波长和图 10.4 中的折射率求解公式(10.8) 的三个联立方程，将这些系数代入公式(10.8)，用上面给出的 r、g 和 h 谱线确定折射率。

4. 如果将图 10.10 中的滤光片 c 和 f 组合，请绘出由此产生的光谱透射率曲线。

答案：

根据图形，确定每种滤光片在 450~600nm 光谱区几种波长的透射率，将每种波长的透射率相乘得到组合后该波长的透射率。

参考文献

American Institute of Physics Handbook, 3d ed., New York, McGraw-Hill, 1972.
Ballard, S., K. McCarthy, and W. Wolfe, *Optical Materials for Infrared Instrumentation,* Univ. of Michigan, 1959 (Supplement, 1961).
Bennett, J. M., "Polarization," in *Handbook of Optics,* Vol. 1, New York, McGraw-Hill, 1995, Chap. 5.
Bennett, J. M., "Polarizers," in *Handbook of Optics,* Vol. 2, New York, McGraw-Hill, 1995, Chap. 3.
Conrady, A., *Applied Optics and Optical Design,* Oxford, 1929. (This and Vol. 2 were also published by Dover, New York.)
Driscoll, W. (ed.), *Handbook of Optics,* New York, McGraw-Hill, 1978.
Hackforth, H., *Infrared Radiation,* New York, McGraw-Hill, 1960.
Handbook of Chemistry and Physics, Chemical Rubber Publishing Co., published annually.
Hardy, A., and F. Perrin, *The Principles of Optics,* New York, McGraw-Hill, 1932.
Herzberger, M., *Modern Geometrical Optics,* New York, Interscience, 1958.
Jacobs, D., *Fundamentals of Optical Engineering,* New York, McGraw-Hill, 1943.
Jacobs, S., in Shannon and Wyant (eds.), *Applied Optics and Optical Engineering,* Vol. 10, San Diego, Academic, 1987 (dimensional stability).
Jacobson, R., in Kingslake (ed.), *Applied Optics and Optical Engineering,* Vol. 1, New York, Academic, 1965 (projection screens).
Jamieson, J., et al., *Infrared Physics and Engineering,* New York, McGraw-Hill, 1963.
Jenkins, F., and H. White, *Fundamentals of Optics,* 4th ed., New York, McGraw-Hill, 1976.
Kreidl, N., and J. Rood, in Kingslake (ed.), *Applied Optics and Optical Engineering,* Vol. 1, New York, Academic, 1965 (materials).
Lytle, J. D., "Polymetric Optics," in *Handbook of Optics,* Vol. 2, New York, McGraw-Hill, 1995, Chap. 34.
Meltzer, R., in Kingslake (ed.), *Applied Optics and Optical Engineering,* Vol. 1, New York, Academic, 1965 (polarization).

Moore, D. T., "Gradient Index Optics," in *Handbook of Optics,* Vol. 2, New York, McGraw-Hill, 1995, Chap. 9.
Palmer, J. M., "The Measurement of Transmission, Absorption, Emission and Reflection," in *Handbook of Optics,* Vol. 2, New York, McGraw-Hill, 1995, Chap. 25.
Paquin, R. A., "Properties of Metals," in *Handbook of Optics,* Vol. 2, New York, McGraw-Hill, 1995, Chap. 35.
Parker, C., in Shannon and Wyant (eds.), *Applied Optics and Optical Engineering,* Vol. 7, New York, Academic, 1979 (refractive materials).
Photonics Buyers Guide, Optical Industry Directory, Laurin Publishers, Pittsfield, MA (published annually).
Pompea, S. M., and R. P. Breault, "Black Surfaces for Optical Systems," in *Handbook of Optics,* Vol. 2, New York, McGraw-Hill, 1995, Chap. 37.
Scharf, P., in Kingslake (ed.), *Applied Optics and Optical Engineering,* Vol. 1, New York, Academic, 1965 (filters).
Strong, J., *Concepts of Classical Optics,* New York, Freeman, 1958.
Tropf, W. J., M. Thomas, and T. J. Harris, "Properties of Crystals and Glasses," in *Handbook of Optics,* Vol. 2, New York, McGraw-Hill, 1995, Chap. 33.
Welham, B., in Shannon and Wyant (eds.), *Applied Optics and Optical Engineering,* Vol. 7, New York, Academic, 1979 (plastics).
Wolfe, W., in W. Driscoll (ed.), *Handbook of Optics,* New York, McGraw-Hill, 1978 (materials).
Wolfe, W., in Wolfe and Zissis (eds.), *The Infrared Handbook,* Washington, D.C., Office of Naval Research, 1985 (materials).

第 11 章 光学镀膜

11.1 介电质反射和干涉滤光片

一种普通电介质材料（例如玻璃）表面的（菲涅耳反射）反射率是：

$$R = \frac{1}{2}\left[\frac{\sin^2(I-I')}{\sin^2(I+I')} + \frac{\tan^2(I-I')}{\tan^2(I+I')}\right] \qquad (11.1)$$

式中，I 和 I' 分别是入射角和折射角。公式(11.1) 第一项是垂直于入射面的偏振光的反射（s 偏振），第二项是另一个偏振面（p 偏振面）内的反射。正如 10.1 节所示，垂直入射时，公式(11.1) 简化为：

$$R = \frac{(n'-n)}{(n'+n)} \qquad (11.2)$$

空气-玻璃界面的反射是入射角 I 的函数，如图 11.1 所示，实线代表 R，粗虚线是正弦项，细虚线是正切项。值得注意，在布儒斯特角［公式(10.18)］时，代表正切项的细虚线降到零反射率。

与光波波长相比，如果表面之间的间隔较大，多于一个表面的反射就可以按公式(10.5) 所示处理。然而，当表面间的间隔较小时，不同表面反射光之间将出现干涉，并且，许多表面的反射率将明显与公式(10.5) 给出的值不同（在此，读者可能希望查阅第 1 章对干涉效应的讨论）。

光学镀膜是将一种不同物质的非常薄的多层膜（通常几分之一个波长厚）真空淀积在光学表面上，目的是控制或修正表面的反射和透射特性。表 11.1 列出了光学镀膜中一些常用材料。

第 11 章 光学镀膜

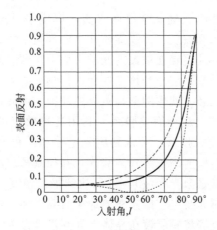

图 11.1 单个空气-玻璃界面
（折射率 1.523）的反射

实线代表未发生偏振的光的反射。细虚线是 p 偏振光反射，电场矢量平行于入射面，粗虚线是 s 偏振光反射（注意，最初，偏振面定义为与现在称为偏振面/振动面相垂直的面）

表 11.1 光学镀膜材料

材 料	分子式	折射率	材 料	分子式	折射率
氧化铝	Al_2O_3	1.62	二氧化锆	ZrO_2	2.2
碲化镉	CdTe	2.69	硒化锌	ZnSe	2.44
二氧化铈	CeO_2	2.2	红外光中的硫化锌	ZnS	2.3
氟化铈	CeF_3	1.60	锗	Ge	4.0
冰晶石	Na_3AlF_6	1.35	碲化铅	PbTe	5.1
二氧化铪	HfO_2	2.05	硅并用作金属反射镜	Si	3.5
氟化镁	MgF_2	1.38	铝		
氟化镧	LaF_3	1.57	银		
氟化钕①	NdF_3		金		
二氧化硅	SiO_2	1.46	铜		
一氧化硅	SiO	1.86	铬		
五氧化二钽	Ta_2O_5	2.15	铑		
氟化钍	ThF_4	1.52			
二氧化钛	TiO_2	2.3			
三氧化二钇	Y_2O_3	1.85			

① 译者注：原文中将"Neodymium"（钕）错印为"Neodimium"。

除反射膜外，这些膜系的光学厚度（实际厚度乘以折射率）都以波长计量，典型值是 1/4 或 1/2 波长。薄膜淀积在真空环境下完成，将需要淀积的材料加热到蒸发温度，使其凝聚在被镀的光学表面上。薄膜厚度取决于材料的蒸发速率（更准确说，是凝聚度）和该工序允许持续的时间长度。由于薄膜反射光的干涉效应会产生色彩，就像潮湿马路上的油膜，因此，可以根据反射光的表观色判断薄膜的厚度。对于简单膜系，利用这种效应可以通过目视控制镀膜，如果是多层膜组成的膜系，常常利用光电法和单色光监控膜层厚度，所以，可以很精确地评估反射率正弦式的涨落，并控制每层膜的厚度。使用两种不同的监控波长（常常是激光光波），可以达到很高精度。另外一种非常流行的监控技术是使用控制无线电广播频率的那类石英晶体，这种晶体的振动频率随质量或厚度变化。直接将膜层镀在晶体上并测量其振动频率，就可以精确地监控镀膜厚度。

首先，研究光学厚度（nt）精确等于 1/4 波长的单层膜。对垂直入射在薄膜上的光线，经薄膜第二表面反射的光在第一表面再与第一表面反射的光线相遇时是异相，精确相差 1/2 波长，形成相消干涉（假设，反射没有造成相位变化）。如果每个表面反射的光量相等，就会完全抵消，没有反射光。因此，若使用的材料是非吸收性的，入射在表面上的全部能量都会透过，这就是"四分之一波"低反射膜的基础，通常用于提高光学系统的透射率。由于低反射膜降低了反射，所以，易于消除鬼像及反射杂散光，提高最终像的对比。在发明低反射膜之前，表面反射使透射率降低并经常出现鬼像，所以，设计多个分离元件组成的光学系统是不实际的，即使较复杂的物镜系统也局限于只有 4 个空气-玻璃表面。镀氟化镁膜还有一个额外优点，（如果使用恰当）实际上是一种保护膜，许多玻璃的化学稳定性会因镀膜得到加强。

镀有薄膜的表面反射率由下式给出：

$$R = \frac{r_1^2 + r_2^2 + 2r_1 r_2 \cos X}{1 + r_1^2 r_2^2 + 2r_1 r_2 \cos X} \quad (11.3)$$

$$X = \frac{2\pi n_1 t_1 \cos I_1}{\lambda} \quad (11.4)$$

$$r_1 = \frac{-\sin(I_0 - I_1)}{\sin(I_0 + I_1)} \text{ 或者 } \frac{\tan(I_0 - I_1)}{\tan(I_0 + I_1)} \quad (11.5)$$

$$r_2 = \frac{-\sin(I_1 - I_2)}{\sin(I_1 + I_2)} \text{ 或者 } \frac{\tan(I_1 - I_2)}{\tan(I_1 + I_2)} \quad (11.6)$$

式中，λ 是光波波长；t_1 是薄膜厚度；n_0、n_1 和 n_2 是介质的折射率；I_0、I_1 和 I_2 是入射角和折射角。图 11.2 是薄膜示意图，并给出了各符号的意义。选择 r_1 和 r_2 的正弦或正切形式取决于入射光的偏振，如公式（11.1）所示。

对于由两个相等的偏振光组成的非偏振光，计算出每个偏振的 R，然后求二者的平均值。假设是非吸收材料，则透射率 T 等于 $(1-R)$。在垂直入射时，$I_0 = I_1 = I_2 = 0$，则 r_1 和 r_2 简化为：

$$r_1 = \frac{n_0 - n_1}{n_0 + n_1} \tag{11.7}$$

$$r_2 = \frac{n_1 - n_2}{n_1 + n_2} \tag{11.8}$$

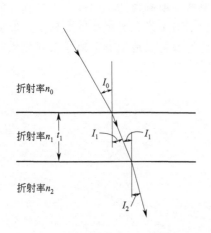
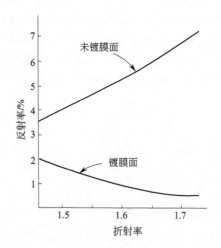

图 11.2　光线通过一个薄膜传播
[标明公式(11.3) 使用符号的意义]

图 11.3　未镀膜表面和镀有四分之一波长氟化镁低反射膜层的表面对白光反射率的测量值，是基板材料折射率的函数

利用计算 r_1 和 r_2 的公式(11.7)和公式(11.8)，可以求解公式(11.3)，得到具有最小反射率的厚度。与前面讨论一样，当薄膜的光学厚度是 1/4 波长时也可以得到所希望的表达式：

$$n_1 t_1 = \frac{\lambda}{4} \tag{11.9}$$

垂直入射时，1/4 波长膜系的反射率等于：

$$\left[\frac{(n_0 n_2 - n_1^2)}{(n_0 n_2 + n_1^2)}\right] \tag{11.10a}$$

形成零反射率的薄膜折射率是：

$$n_1 = \sqrt{n_0 n_2} \tag{11.10b}$$

因此，为了生成能够完全消除空气-玻璃界面的反射，需要涂镀折射率等于玻璃折射率平方根的 1/4 波长膜系。使用折射率是 1.38 的氟化镁（MgF_2）材料就是这个目的，尽管氟化镁材料的折射率几乎比所有光学玻璃需要的最佳值都稍高些，但能够形成耐用硬膜是使用氟化镁膜系的主要目的，可以经受侵蚀和反复清洗。公式(11.10b)表明，折射率为 1.38 的氟化镁对于折射率为 $1.38^2 = 1.904$ 的基板来说，是一种理想的低反射镀膜材料，因此，与普通的低折射率玻璃相比，对高折射率玻璃是一种更为有效的低反射膜系。在各种折射率材料上镀低反射膜产生的白光反射率测量值表示在图 11.3 中。

根据公式(11.3)，显然，镀膜面的反射率随波长变化。很明显，一种波长的 1/4 膜层要比其他波长的 1/4 膜层或者厚些，或者薄些，因此，干涉效应会有变化。指定为可见光光谱使用的低反射膜层对黄光会有最小的反射率，但对红光和蓝光的反射率会略高些，这就是单层低反射膜造成非常典型的紫色光线的原因，图 11.4a 表明了这种变化。

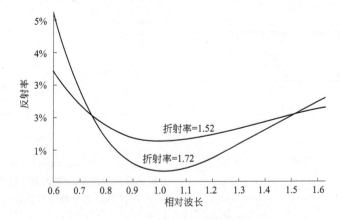

图 11.4a 四分之一波长 MgF_2（$n=1.38$）膜层在高折射率（$n=1.72$）和低折射率（$n=1.52$）基板上的反射率

波长相对于其膜层光学厚度是一个 1/4 波长的那种波长进行归一化。注意到，随着波长趋于无穷大，反射率将趋于未镀膜基板的值（对于折射率为 1.52，是 4.26%；对于折射率 1.72，是 7.01%），在 0.5 归一化波长处

使用多层膜，可以形成更为有效的增透膜（或减反膜）。理论上，两层膜就可以将反射降至零，只要有合适折射率的基板。为此，常常使用三层膜，这种膜系可以使一种波长的反射率为零，而该波长两侧会有更高的反射率。由于这种反射率曲线的形状而被称为 V 形膜系，广泛应用于单色系统例如以激光为光源的系统。

使用三层以上的膜系，可以得到宽带、更有效的低反射率镀膜，如图 11.4b 所示。这类膜系可以有两个、或者三个最小值，取决于膜系设计的复杂程度。在可见光光谱范围内的一种典型反射率是 0.25% 数量级，有时，另外会有 0.25% 的散射和吸收损失。

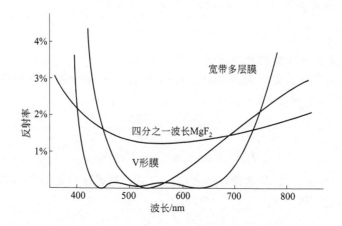

图 11.4b　三种有代表性膜系的反射率
单层 1/4 波长厚的氟化镁膜；双层（或更多）"V形"膜系；
三层（或更多）宽带超低反射率膜系

薄膜计算

利用下面公式可以计算任意多层干涉膜的反射和透射。这些公式可以应用于倾斜角度以及吸收材料，也确实需要复数算术方面的知识。如果不熟悉这方面的内容，有兴趣的读者可以查阅（或咨询）有关复数算术方面的教科书。这些公式是大多数薄膜设计和计算使用的计算程序的基础。在此给出的公式源自 G. Hass 编辑、Peter 以及 Berning 撰写的《薄膜物理》(Physics of Thin Films, Vol.1, Academic, 1963) 一书。

可以用显式公式描述若干层薄膜组成膜系的反射和透射特性，而复杂程度会随膜层数量迅速增大，因而，更愿意使用下面给出的递推表达式。各层薄膜的实际厚度用 t_j 表示，折射率用 $n_j = N_j - iK_j$ 表示（n 是复折射率；N 是普通折射率；K 是吸收系数，对非吸收材料，该值为零），第 J 层薄膜中的入射角是 ϕ_j，"有效"折射率是 $u_j = n_j \cos\phi_j$ 或 $u_j = n_j/\cos\phi_j$（分别对应垂直于入射平面 [s] 和平行于入射平面 [p] 的电矢量偏振光），因此，对斜入射，需要计算两种偏振方向，并将结果平均（假设入射光是非偏振光，由等量的两种偏振组成）。

由于大部分计算是在垂直入射和非吸收材料（$K_j = 0$）的条件下完成，所以，通常可以使用 $u_j = n_j = N_j$。

注意，对于基板，脚标 $j=0$，第一层薄膜，$j=1$，第二层薄膜，$j=0$，等等；对最后一层薄膜，$j=p-1$；对最后一种介质（通常是空气），$j=p$。对每层薄膜，有效光学厚度 g_j（单位弧度）由下式计算：

$$g_j = \frac{2\pi n_j t_j \cos\phi_j}{\lambda} \tag{11.11}$$

式中，λ 是要计算的光波波长。

从 $E_1 = E_0^+ = 1.0$ 和 $H_1 = u_0 E_0^+ = u_0$ 开始，在每个表面交替应用下面公式，脚标从 $j=1$ 到 $j=p-1$：

$$E_{j+1} = E_j \cos g_j + \frac{\mathrm{i} H_j}{u_j}\sin g_j \tag{11.12}$$

$$H_{j+1} = \mathrm{i} u_j E_j \sin g_j + H_j \cos g_j \tag{11.13}$$

式中，$\mathrm{i}=\sqrt{-1}$，其他符号已在前面定义。熟悉矩阵运算的读者可能更愿意使用等效的矩阵形式：

$$\begin{pmatrix} E_{j+1} \\ H_{j+1} \end{pmatrix} = \begin{bmatrix} \cos g_j & \dfrac{\mathrm{i}}{u_j}\sin g_j \\ \mathrm{i} u_j \sin g_j & \cos g_j \end{bmatrix} \begin{pmatrix} E_j \\ H_j \end{pmatrix} \tag{11.14}$$

当公式(11.12) 和公式(11.13) [或公式(11.14)] 已经应用于整个膜系，一般来说，就会有一个复数形式是 $z=x+\mathrm{i}y$ 的 E_p 值和 H_p 值：

$$E_p^+ = \frac{1}{2}\left(E_p + \frac{H_p}{u_p}\right) = x_2 + \mathrm{i} y_2 \tag{11.15}$$

$$E_p^- = \frac{1}{2}\left(E_p - \frac{H_p}{u_p}\right) = x_1 + \mathrm{i} y_1 \tag{11.16}$$

薄膜系统的反射率是：

$$R = \left|\frac{E_p^-}{E_p^+}\right|^2 \tag{11.17}$$

式中，符号 $|z|$ 表示复数 z 的模，所以：

$$|z| = |x+\mathrm{i}y| = \sqrt{x^2+y^2}$$

且

$$R = |z|^2 = x^2 + y^2 = \left|\frac{x_1+\mathrm{i}y_1}{x_2+\mathrm{i}y_2}\right|^2 = \frac{x_1^2+y_1^2}{x_2^2+y_2^2}$$

如果针对非吸收材料的垂直入射，则透射率是：

$$T = 1 - R \tag{11.18}$$

否则，透射率是：

$$T = \frac{n_0 \cos\phi_0}{n_p \cos\phi_p}\left|\frac{E_0^+}{E_p^+}\right|^2 \tag{11.19a}$$

或

$$T = \frac{n_0 \cos\phi_p}{n_p \cos\phi_0} \left| \frac{E_0^+}{E_p^+} \right| \qquad (11.19\text{b})$$

公式(11.19a) 用于与入射平面 [s] 垂直的电矢量的偏振光, 公式(11.19b) 用于与入射平面 [p] 平行的电矢量的偏振光。

设计多层膜的讨论已经超出本书范畴。感兴趣的读者可以参考本章后面列出的参考书继续这方面的研究。将不同折射率和厚度的薄膜适当地组合, 可以得到极好的透射和反射效果。已经投入使用的干涉膜是长通或短通透射滤光片、带通滤光片、窄带通（窄带）滤光片、消色差超低反射膜以及下节将介绍的反射膜。镀膜特别有价值的一个性质是光谱多功能性。一旦设计了一种膜系组合并形成所希望的性质, 那么, 通过简单地按比例增加或减少所有膜层的厚度就可以移动其波长范围。例如, 为透射一个非常窄光谱带（$1\mu m$）而设计的窄带滤光片, 使膜系各层薄膜的厚度翻倍, 就可以令其光谱带漂移到 $2 1\mu m$, 当然, 该性质会受到基板和薄膜材料吸收性质的限制。

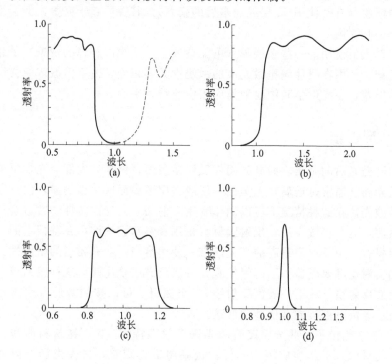

图 11.5 典型的蒸镀干涉膜透射率与波长（任意单位）的曲线
(a) 为短通滤光片（注意, 如果低长波透过是必须的话, 一定要用另一块滤光片遮挡掉虚线部分）; (b) 为长通滤光片; (c) 为带通滤光片; (d) 为窄带通（窄带）滤光片

图 11.5 列出了一些典型干涉膜的特性。注意，如前一段内容所述，由于（在相当宽的约束范围内）这种特性可以沿波长左右移动，所以，是以任意单位绘制的波长标度，中心波长是 1。大部分干涉滤光片 100% 有效，所以，一种膜的反射就等于 1 减去透射率（除非使用材料在该光谱区成为吸收材料）。由于一种干涉滤光片的性质取决于膜层厚度，所以，入射角变化时，性质也会改变，这在很大程度上是由于光线倾斜通过一种膜层时，光路会增长。对于中等倾斜角，其结果通常是使光谱特性向稍短些的波长方向漂移，由于斜交造成波长漂移量近似是：

$$\lambda_\theta = \frac{\lambda_0}{n}\sqrt{n^2 - \sin^2\theta}$$

式中，λ_θ 是入射角为 θ 时漂移后的波长；λ_0 是垂直入射的波长；n 是膜系的"有效折射率"（对大部分镀膜，n 典型地位于 1.5～1.9 光谱范围内）。镀膜也使波长效应随温度移动，移动量每摄氏度达 0.1Å 或 0.2Å（长度单位）的数量级。

由很少几层膜组成的镀膜绝大部分都很耐用，经得起仔细清洗。由许多层组成的镀膜（有时使用 50 层或更多层的膜系），其性质趋于完美，但会慢慢变软，要小心使用。

作斜入射使用的一些多层膜（可能会发生一些难以解释的现象）是相当好的偏振器。使用在线性偏振激光束的系统中尤其正确。由于偏振效应会引入相当大的误差，在光度学和辐射测量应用中要特别小心。

11.2 反射膜

尽管抛光后的金属表面有时用作反射镜表面，但是，大部分光学反射面都是在抛光面（通常是玻璃）上蒸镀一层或多层薄膜而成。很明显，前一节介绍的干涉滤光片在此种情况下可以用作专用反射面，其光谱特性非常适合这种情况。然而，对大多数应用，反射膜材料是用真空蒸镀法淀积在基板上的一层铝膜。铝膜有一条反射率很高的宽光谱带，使用恰当，会有相当的耐用性。几乎所有铝反射镜都要覆盖一层薄保护膜，一氧化硅或氟化镁。这种膜系组合会形成前表面反射镜（或第一表面反射镜），牢固得足可以按照普通方法操作和清洁，而不会留下擦痕或其他磨损痕迹。

图 11.6 给出了一些金属镀膜的光谱反射率特性。除了铑材料曲线，在此给出的反射率几乎不能应用于实际：银膜将变得晦暗，失去光泽；铝膜会氧化。所以，反射率会随时间流逝而下降，特别在短波长光谱区，更是如此。只有将膜层加以适当保护，银膜的高反射率才会有用。

图 11.7 表示民用铝反射镜的性能变化。一个经过普通保护的铝反射镜在

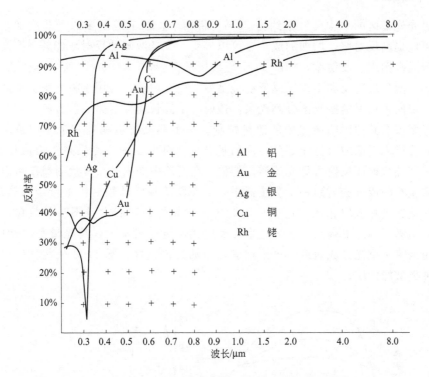

图 11.6 玻璃上镀金属膜的光谱反射率
数据代表理想条件下新的膜层

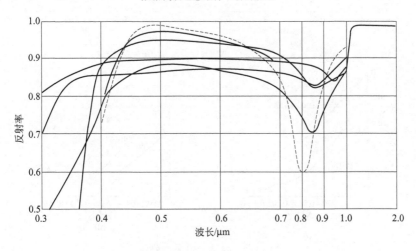

图 11.7 铝反射镜的光谱反射率
实线是覆盖有不同类型薄膜的铝膜——为了保护或为了提高反射率；
虚线代表超高反射率多层膜。表示的所有膜系都适合商业化生产

可见光光谱区的平均反射率约为 88%。将两个、四个或更多的干涉膜加在一起可以提高反射率,增加的成本也可以接受。降低两侧的反射率能够提高反射镜带通范围内的反射率,如图 11.7 虚线所示。

二向色反射镜和半透半反反射镜是另一类反射镜,都用于将光束分成两部分。二向色反射镜按光谱分割光束,透射一定波长而反射另一些波长,常常用于投影仪及其他照明装置中的热量控制。一个热反射镜就是一个二向色反射镜,透过光谱区的可见光部分,反射近红外光部分;一个冷反射镜恰恰相反,透射红外光谱而反射可见光光谱。例如,在光路中加入一个冷反射镜就可以使不希望有的成分透射到一个吸热器中,从而消除掉红外辐射中不希望的热量。与吸热滤光片玻璃相比,这些反射镜更具优越性,它们本身不吸收热量,因而,不需要制冷电扇。一块半透半反反射镜,至少名义上,其光谱是中性的,作用是将一束光分成两束,每束都有相似的光谱特性。图 11.8 是此种反射镜各种类型的性质。

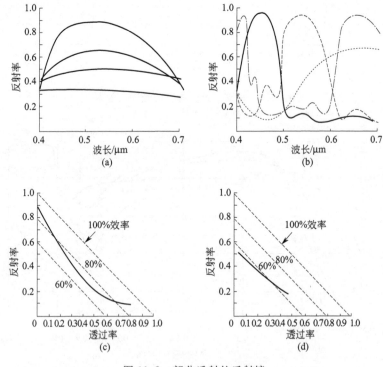

图 11.8　部分透射的反射镜

(a) 多层"中性"半反镜(光学效率高于 99%);(b) 二向色多层膜反射镜——蓝、红和黄光反射;(c) 铝半反镜的可见光反射率;(d) 铬半反镜的可见光反射率

11.3 分划板

一块分划板就是放置在光学系统焦点处或附近的一种图案，例如望远镜中的十字线。对于简单的十字线图案，有时使用细线或者蜘蛛（网）状线，拉长并通过一个开放框架。刻在一块玻璃（或其他材料）基板上的图案可以提供相当多的功能，大多数分划板、刻度尺、分度盘和图形都属于这种类型。

最简单的分划板是用金刚石刀具雕刻或刻画玻璃表面形成。如果用这种方法刻出的线条不透明，那么，当采用适当方式照明时，这些线条就呈黑色；如果希望在不透明背景下使用透明线条（或亮线条），可以将玻璃镀一种不透明膜，诸如真空镀铝，然后，用金刚石或硬钢之类的工具在膜层上刻画出线条，这取决于所希望的线条类型。这种刻线工艺可以产生非常细的刻线。

另外一种古老技术是蚀刻基板材料。将一种蜡抗蚀剂涂镀在基板上，在蜡层上刻出所希望的图案。然后，（对玻璃基板，用氢氟酸）蚀刻基板的暴露部分以便在材料上形成沟槽，再用（白色）二氧化钛，或者加有炭黑的水玻璃介质，或者真空镀金属填充沟槽。蚀刻分划板耐用，其优点是：如果必要，可以从侧面照明，任何蚀刻分划板都可以使用。用这种工艺已经制造了许多军用分划板，也用于在钢材料上刻画精确的计量刻度。

制造分划板的大部分通用工艺以使用光致抗蚀剂或光敏材料为基础。像照相乳胶一样，通过与母版接触，或者通过照相术使光致抗蚀剂曝光。然而，对光致抗蚀剂"显影"时，曝光部分连同覆盖着的抗蚀剂留下，未曝光部分完全清洗掉。因此，任何一种金属材料（铝、铬、铬镍铁合金、镍铬铁合金、铜及锗等）的真空镀膜都可以淀积在抗蚀剂上。在抗蚀剂清洗掉的地方，膜层附在基板上，抗蚀剂清除后，就带走了淀积在其上的膜层，留下经久耐用的图案，并且是母版的精密复制品。在分划板加工领域，利用这种技术进行批量生产已经赢得了突出的位置。

光致抗蚀剂技术可以与蚀刻技术相结合，被蚀刻的基板可以是金属基板，或者是真空镀金属膜。

如果要求分划板图案必须是非反射型，就使用镀银工艺（glue silver process）或者黑银工艺（black-print process）。除了光敏材料不透明外，该技术类似于制造光致抗蚀剂图案的过程。清洗干净的区域是没有乳胶的。镀银分划板比较脆，但有很高的细节分辨率，黑银工艺更耐用些。有时使用一种有特别高分辨率的照相乳胶制造分划板图案，但通常有一个缺点，即图案（清洁后留下）的透明区域残留有乳胶。

表 11.2 表明这些技术可能得到的分辨率和精度。这些数据代表当今分划

板制造商能够达到的最高质量水准。如果成本是一个值得考虑的因素,那么,最好的忠告是:降低对分划板的等级要求,或者低于此处列出的等级。

表 11.2 分划板制造技术可能达到的分辨率和精度

方　　法	最细的线宽/in	可重复性/in	最小图案高度/in
刻划	0.00001	±0.0001	
蚀刻(和填充)	0.0002~0.0004	±0.0001	0.004
光致抗蚀剂(镀金属膜)	0.0001~0.0002	±0.00005	0.002
粘银	0.000003~0.0002	±0.00005~0.0005	0.002
黑版	0.001	±0.0001	0.005
乳胶	0.00005~0.0001	±0.00005	0.001

练 习

利用图 11.1 的方法,绘制出单玻璃表面 ($n=1.52$) 反射率与入射角的关系曲线,镀有 1/4 波长的氟化镁 ($n=1.38$)。

答案:

利用公式(11.3)~公式(11.6) 及下面数据:

$n_0=1.0$, $n_1=1.38$, $n_2=1.52$。(译者注:原文错印为 1.58)

利用公式(11.4)

$$X=(4\pi n_1 \cos I_1)/\lambda=[4\pi(\lambda/4)\cos I_1]/\lambda=\pi\cos I_1$$

$$\sin I_1=(n_0/n_1)\sin I_0=(1.0/1.38)\sin I_0$$

$$\sin I_2=(n_0/n_2)\sin I_0=(1.0/1.52)\sin I_0$$

利用公式(11.5) 确定 r_1 的两个值,公式(11.6) 确定 r_2 的两个值,公式(11.3) 确定两个偏振面的反射率,从而得到:

角度 I_0	$R(\perp)$	$R(//)$	R(平均值)
0°	1.26%	1.26%	1.26%
20°	1.56%	1.01%	1.28%
40°	3.11%	0.32%	1.71%
50°	5.31%	0.03%	2.67%
51°	5.64%	0.02%	2.83%
52°	5.99%	0.03%	3.01%
53°	6.37%	0.04%	3.21%
55°	7.23%	0.11%	3.67%
60°	10.08%	0.60%	5.34%
80°	44.94%	24.32%	34.63%
90°	100.0%	100.0%	100.0%

参考文献

American Institute of Physics Handbook, 3d ed., New York, McGraw-Hill, 1972.
Barnes, W., in Shannon and Wyant (eds.), *Applied Optics and Optical Engineering,* Vol. 7, New York, Academic, 1979 (reflective materials).
Baumeister, P., in Kingslake (ed.), *Applied Optics and Optical Engineering,* Vol. 1, New York, Academic, 1965 (coatings).
Berning, P., in Hass (ed.), *Physics of Thin Films,* Vol. 1, New York, Academic, 1963 (calculations).
Dobrowolski, J., "Optical Properties of Films and Coatings," in *Handbook of Optics,* Vol. 1, New York, McGraw-Hill, 1995, Chap. 42.
Dobrowolski, J., in W. Driscoll (ed.), *Handbook of Optics,* New York, McGraw-Hill, 1978 (coatings).
Hass, G., in Kingslake (ed.), *Applied Optics and Optical Engineering,* Vol. 3, New York, Academic, 1975 (mirror coatings).
Heavens, O., *Optical Properties of Thin Films,* London, Butterworth's, 1955.
Holland, L., *Vacuum Deposition of Thin Films,* New York, Wiley, 1956.
Macleod, H., in Shannon and Wyant (eds.), *Applied Optics and Optical Engineering,* Vol. 10, San Diego, Academic, 1987 (coatings).
Macleod, H., *Thin Film Optical Filters,* 2d ed., New York, McGraw-Hill, 1988.
Palmer, J. M., "The Measurement of Transmission, Absorption, Emission and Reflection," in *Handbook of Optics,* Vol. 2, New York, McGraw-Hill, 1995, Chap. 25.
Paquin, R. A., "Properties of Metals," in *Handbook of Optics,* Vol. 2, New York, McGraw-Hill, 1995, Chap. 35.
Photonics Buyers Guide, Optical Industry Directory, Laurin Publishers, Pittsfield, MA (published annually).
Pompea, S. M., and R. P. Breault, "Black Surfaces for Optical Systems," in *Handbook of Optics,* Vol. 2, New York, McGraw-Hill, 1995, Chap. 37.
Rancourt, J., *Optical Thin Films,* New York, McGraw-Hill, 1987.
Scharf, P., in Kingslake (ed.), *Applied Optics and Optical Engineering,* Vol. 1, New York, Academic, 1965 (filters).
Thelen, A., *Design of Optical Interference Coatings,* New York, McGraw-Hill, 1988.
Vasicek, A., *Optics of Thin Films,* Amsterdam, North Holland, 1960.

第 12 章

辐射度学和光度学原理

12.1 概述

从概念上讲，辐射度学（或辐射测量术）和光度学的定义相当直接，而这两个领域的术语和定义的变化非常频繁。辐射度学是处理任意波长的辐射能量问题（即电磁辐射）；光度学是局限于光谱可见光范围的辐射问题。辐射度学中功率（即能量的传递速率）的基本单位是瓦特，光度学中对应的单位是流明。根据公式(12.18)，简单地说，流明就是眼睛相对光谱灵敏度（第 8 章中图 8.8 和图 8.9）修正过的辐射功率。值得注意的是，瓦特和流明有同样的量纲，称为单位时间内的能量。

辐射度学的所有内容都要考虑性质随波长的变化。这些例子包括发射光谱的变化，大气和光学件的透射率随波长的变化，以及探测器和胶片随波长响应的差别。处理这些问题比较方便的方式是将所有这类因子相乘，诸如波长乘以波长，从而得到一个一元化的光谱加权函数。因此，所有的辐射度学都是光谱加权，很明显，光度学简单地就是一种特定的光谱加权，参考 12.9 节。

如果依据其基本单位而不是特定的惯用术语考虑问题，可以很容易地理解辐射度学和光度学原理。后续的 5 节内容将以瓦特（为单位）讨论辐射，读者应当记住，如果将瓦特读作（或换成）流明，其讨论同样适合于光度学。

12.2 逆平方定律；光强度

现在，讨论一个假设的能够辐射能量的点（或足够小的）光源，均匀地向各个方向辐射能量。如果辐射能量的速率是 P 瓦特，则该光源的辐射强度 J 是每球面度 $P/4\pi$ 瓦特，因为辐射能量的立体角范围是一个 4π 球面度的球面。❶ 当然，没有真正的"点"光源，真正的光源不会在各个方向均匀辐射，但是，如果一个光源与辐射距离相比相当小，就可以看作是一个点，其辐射方向上的辐射可以用单位球面度上的瓦特表示。

现在讨论一个距离光源 S cm 的表面（图 12.1），该表面上 1cm^2 的面积对光源的张角是 $1/S^2$ 球面角（如果 S 比较大，则是在光源与表面法线交点处）。该表面上的辐照度 H 是单位面积上的入射辐照功率，将光源的光强度（单位是每球面度瓦特）乘以单位面积对应的立体角就可以得到该辐照度。因此，辐照度是：

$$H = J \frac{1}{S^2} \quad (12.1)$$

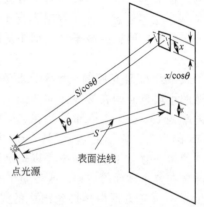

图 12.1 一个点光源辐照一个平面的图形
表明辐照度（或者照度）随 $\cos^3\theta$ 变化

辐照度的单位是每平方厘米瓦特（W/cm^2）。当然，公式是"逆平方"定律，习惯上阐述为：表面上的照度（或辐照度）反比于到（点）光源距离的平方。

因此，如果均匀辐射的点光源以 10W 的速率发射能量，其强度是 $J = 10/4\pi = 0.8\text{W} \cdot \text{sr}^{-1}$，投射到 100cm 之外一块表面上的辐照度是 $0.8 \times 10^{-4}\text{W}/\text{cm}^2$，或者 $80\mu\text{W}/\text{cm}^2$。当然，若表面是平面，由于表面上单位面积对应的立体角减小，辐照度会小于该点处以一个角度入射的辐照度。由图 12.1 可以看出，光源到表面的距离增大到 $S/\cos\theta$，有效面积（垂直于

---

❶ 一个球面度是球面上 $1/4\pi$ 面积对应（相对于球心）的立体角，因此，一个球面的立体角是 4π（12.566）球面度，一个半球面是 2π 球面度。确定立体角对应的球面上的面积，并用该面积除以球面半径的平方就可以得到单位为球面度的立体角。如果立体角比较小，可以用与立体角中心轴线相垂直的平面面积除以该表面到立体角顶点的距离平方确定立体角，单位是球面度。可以把一个球面度看作是一个顶角为 65.5°或者 3283 平方度的锥体。

辐射方向）减小了一个因子 $\cos\theta$。所以，立体角和辐照度都减小一个因子 $\cos^3\theta$。

12.3 辐射率和朗伯（Lambert）定律

一个扩展光源，即尺寸很可观且不能忽略的光源，其处理方式不能等同于一个点光源。一个小面积的光源在每单位立体角内辐射一定量的能量，因此，一个扩展光源的辐射特性就用每单位立体角每单位面积的功率来表示，称为辐射率。辐射率的单位一般是每平方厘米每球面度瓦特（$W \cdot sr^{-1} \cdot cm^{-2}$），符号是 N。应当注意，面积要沿垂直于辐射方向计量，并非照射面积。

大多数扩展辐射源至少近似服从朗伯强度定律：

$$J_\theta = J_0 \cos\theta \tag{12.2}$$

式中，J_θ 是光源的小增量面积在与表面法线成 θ 角的方向的强度；J_0 是光源的小增量面积在法线方向的强度。例如，一块总面积 $1cm^2$ 的热金属盘的辐射率是 $1W \cdot sr^{-1} \cdot cm^{-2}$，在与表面垂直的方向将辐射 $1W/sr$，而在与法线成 $45°$ 的方向，仅辐射 $0.707W/sr$（因为，$\cos 45° = 0.707$）。

值得注意，尽管辐射率是以每球面度每平方厘米瓦特的形式给出，但并不意味着在整个球面度（sr）或者整个平方厘米内的辐射是均匀的。现在研究一个由 $0.1cm$ 正方形白热灯丝组成的光源在直径 $20cm$ 包络圈内的情况。假设，对灯泡涂漆以便只有 $1cm$ 正方形孔可以透过能量，并且，光源通过该正方形孔向外辐射五十分之一瓦特的能量（为了方便，假设被喷漆区遮断的辐射完全不予考虑）。现在，灯丝的面积是 $0.01cm^2$，将 $0.02W$ 能量辐射到（约为）$0.01sr$ 的立体角内，所以，辐射率是 $200W \cdot sr^{-1} \cdot cm^{-2}$，但仅在该窗口对应的立体角内！在该立体角度之外，辐射率是零。辐射率是在一个有限角度范围内的概念，对处理像的辐射非常重要，一定要彻底理解。

对朗伯定律，有几个很重要的结果值得考虑，原因不仅是为其自身利益，而且因为阐述了辐射度学计算的基本技术。习惯上，一个表面的辐射率是相对于与辐射方向垂直的表面区域，可以看到，根据朗伯定律，尽管每球面度发出的辐射偏离 $\cos\theta$，但"投影出"的表面区域完全以同样的比率偏离，结果是，朗伯表面的辐射率相对于 θ 角是个常数；在可见光光谱区，与辐射率对应的量是亮度（或照度）；观察一个散射光源的亮度，尽管观察角度不同，但亮度一样。已经在前面演示验证过这些内容。

12.4 半球内的辐射

现在，确定一个平面散射光源辐射到一个半球内的总功率。如果光源的辐

射率是 $NW·sr^{-1}·cm^{-2}$，希望辐射到 2π 球面度半球内的功率应当是 $2\pi NW/cm^2$。是实际值的两倍。参考图 12.2，令 A 代表辐射率为 $NW·sr^{-1}·cm^{-2}$ 和光强度为 $J_\theta = J_0\cos\theta = NA\cos\theta W/sr$ 的小光源的面积，半径为 R 的半球上环状增量面积是 $2\pi R\sin\theta·Rd\theta$，因此，（对 A）张开的立体角是 $2\pi R^2 \sin\theta d\theta / R^2 = 2\pi\sin\theta d\theta$ 球面度。由该环遮挡掉的辐射是光源强度和立体角的乘积，或者：

$$dP = J_\theta 2\pi\sin\theta d\theta = 2\pi NA\sin\theta\cos\theta d\theta \quad (12.3)$$

为了求得 A 辐射到半球内的总功率，进行积分得到：

$$P = \int_0^{\pi/2} 2\pi NA\sin\theta\cos\theta d\theta$$
$$= 2\pi NA \left[\frac{\sin^2\theta}{2}\right]_0^{\pi/2}$$
$$= \pi NA \quad W \quad (12.4)$$

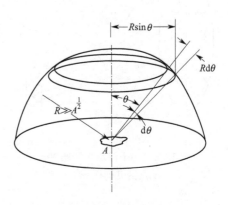

图 12.2　一个朗伯光源辐射到半球内的几何图形

为了得到每平方厘米光源发射出的功率瓦特，除以 A 后发现，半球 2π 球面度内的辐射是 $\pi NW/cm^2$，而不是 $2\pi NW/cm^2$。这就是表面发射出的辐射率与功率之间的基本关系。

12.5　散射光源产生的辐照度

往往有意义的是确定一个有限尺寸的朗伯光源在一点处产生的辐照度。参考图 12.3，假设光源是一个半径为 R 的圆盘，希望确定距离该光源 S 远的某些点 X 处的辐照度，以及过光源中心的法线上的辐照度（注意，将确定与光源平面平行的一个平面上的辐照度），由公式 (12.2) 给出的一个小面积元 dA 在 X 点方向的辐射强度是：

$$J_\theta = J_0\cos\theta = NdA\cos\theta$$

式中，N 是光源的辐射率。从 dA 到 X 点的距离是 $S/\cos\theta$，并且辐射是以角度 θ 到达 X 点，所以，在 X 点由 dA 产生的增量辐照度是：

$$dH = J_0\cos\theta\left(\frac{\cos^3\theta}{S^2}\right) = \frac{NdA\cos^4\theta}{S^2} \quad (12.5)$$

由半径 r 和宽度 dr 的圆环组成的每个增量面积会产生同样的辐照度，所以，以圆环面积 $2\pi rdr$ 替换公式 (12.5) 中的 dA，可得到圆环的增量辐照度：

$$dH = \frac{2\pi rdrN\cos^4\theta}{S^2} \quad (12.6)$$

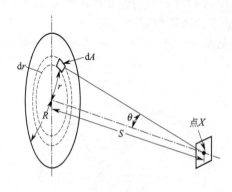

图 12.3 一个圆形光源照射 X 点的几何图形

为简化积分，将下列公式代入公式(12.6)中：

$$r = S\tan\theta$$
$$dr = S\sec^2\theta d\theta$$

得到：

$$dH = \frac{2\pi S\tan\theta S\sec^2\theta d\theta N\cos^4\theta}{S^2}$$
$$= 2\pi N\tan\theta\cos^2\theta d\theta$$
$$= 2\pi N\sin\theta\cos\theta d\theta$$

积分确定整个光源的辐照度，得到：

$$H = \int_0^{\theta_m} 2\pi N\sin\theta\cos\theta d\theta = 2\pi N\left(\frac{\sin^2\theta}{2}\right)_0^{\theta}$$

$$H = \pi N\sin^2\theta_m \ (\mathrm{W/cm^2}) \qquad (12.7)$$

式中，H 是辐射率 $N \mathrm{W \cdot sr^{-1} \cdot cm^{-2}}$ 对一点张角为 $2\theta_m$ 的圆形光源在该点处产生的辐照度（当该点位于光源的"轴"上时）。注意，θ_m 角是由光源直径确定的角度。

遗憾的是，非圆形光源并不能完全得出一个辐照度的解析形式。然而，如果注意到，光源对 X 点的立体角是：

$$\Omega = 2\pi(1-\cos\theta) = 2\pi\frac{\sin^2\theta}{(1+\cos\theta)}$$

当 θ 非常小时，$\cos\theta$ 接近于 1，所以

$$\omega = \pi\sin^2\theta$$

从而可以以相当高的精度对非圆形光源进行近似计算。如果光源张角是中等大小，就可以代入公式(12.7)，写为：

$$H = N\omega \qquad (12.8)$$

如果 X 点不位于"轴"（过圆盘中心的法线）上，则辐照度应当遵守 9.7 节有关"余弦四次方"定律的讨论所确定的因子关系。因此，若 X_ϕ 点到圆盘中心的连线与法线的夹角是 ϕ，则 X_ϕ 处的辐照度是：

$$H_\phi = H_0\cos^4\phi \qquad (12.9)$$

式中，H_0 是沿法线方向的辐照度，可由公式(12.7) 或公式(12.8) 计算出。H_ϕ 是 X_ϕ 点的辐照度（在平行于光源的平面内计量）（参阅例 12.1，关于 θ 和 ϕ 比较大时应用余弦四次方定律的不准确度）。

很明显，可以将公式(12.8) 和公式(12.9) 相组合，确定任何可能的光源结构产生的辐照度，在时间和耐心允许的情况下，都可以达到这个精度等级。

12.6 像的辐射度学

辐射率守恒

当光源被一个光学系统成像时，其像有一个辐射率并可以作为第二辐射源。然而，一定要永远记住，像的辐射率不同于普通光源的辐射率，只出现在像对系统通光孔径所张开的立体角内，在该角度之外，像的辐照度等于零。

首先考虑，辐射率（或亮度）守恒似乎完全违反直觉。通常，光学系统接受一个光源的辐射立体角相当小，只有通过透镜系统的一部分辐射会形成像，很难接受下面事实：由一小部分光源功率所成的像与光源会有同样的辐射率。用第 2 章的初级光学知识可以很容易地验证这一点。

假设，一个小光源的辐射率是 N，面积是 A，因此，光源的强度是 AN。该光源被一个面积为 P 的光学系统成像在离光源 S 远处。光源对透镜的立体角是 P/S^2，被透镜接受，并形成像的功率是 ANP/S^2。

透镜以放大率 M 成像，像的面积是 AM^2。像距是 MS，像对透镜的立体角是 P/M^2S^2 球面度。因此，像的功率（ANP/S^2）散布在（AM^2）的像面面积上，并只在立体角（P/M^2S^2）范围内。像的辐射率是单位面积单位立体角的功率，将上述表达式联合求解（忽略透射损失）得到：

$$\text{像的辐射率} = \text{功率}/(\text{面积} \times \text{立体角})$$
$$= \frac{(ANP/S^2)}{(AM^2)(P/M^2S^2)}$$

消去 A、P、S 和 M，得到：

$$\text{像的辐射率} = N(\text{物体的辐射率})$$

这就是对辐射率（或亮度）守恒的阐述。

辐射率（或亮度/照度）守恒说明：光学系统所成像的辐射率等于物体的辐射率乘以系统的透射率，更准确地说，辐射率除以折射率的平方是不变量。因此，（如果物像空间都是空气），就得到：

$$N' = tN \tag{12.10a}$$

更为一般的形式是：

$$N' = tN(n'/n)^2 \tag{12.10b}$$

式中，N 和 N' 是辐射率，n 和 n' 分别是物像空间的折射率；t 是系统的透射率。公式(12.10a)的另外一种表达方式是：空气中，一个像的辐射率不可能大于物体的辐射率。值得注意，也可以将折射率因子 $(n'/n)^2$ 应用到公式(12.11) 的辐照度 H 中。

像的辐照度

利用与 12.5 节完全一样的积分法，当角度比较小时，也可以以下面形式给出像平面的辐照度：

$$H = T\pi N \sin^2\theta'\ \mathrm{W/cm^2} = TN\omega \tag{12.11}$$

（译者注：原文错印为 cm^{-2}）

式中，T 是系统的透射率；$N(\mathrm{W \cdot sr^{-1} \cdot cm^{-2}})$ 是物体的辐射率；θ' 是像对光学系统的出瞳半角。用立体角 ω 代替 $\pi \sin^2\theta'$ [与公式(12.8) 一样]，就可以适用于小的或非圆形出瞳和柱面透镜系统。偏离光轴的像点，除渐晕造成损失外 [公式(12.9) 和 9.7 节]，也遵守余弦四次方定律。

计算散射光源与光学系统辐照度公式的相似性已经非常清楚地表明：当从像点位置观察时，光学系统孔径产生成像物体的辐射率。这是一个非常有用的概念。如果应用于辐射度学，常常将一个复杂的光学系统看作是由一个出瞳组成，只有透射损失，而物体具有相同的辐射率。同样，当一个光学系统对一个光源成像，可以将该像视为具有同样辐射率的新光源（有较小的透射损失）。当然，由像发出的辐射方向会受到系统孔径的约束。

若一个物体相当小，以至于所成的像是一个衍射斑（艾利斑），则前面用于讨论扩展物体的技术不能再使用，取而代之的是，光学系统接受的功率由于透射损失有所减少，并散布在衍射图形内。为确定像的辐照度（或辐射率），应注意到被透镜接受和透射的功率的 84% 集中在中心亮斑（艾利斑），精确确定辐照度要在中心斑范围内对相对辐照度与面积的乘积进行积分，并使其等于图像功率的 84%。如果 P 是艾利斑内的总功率，H_0 是中心的辐照度，z 是第一暗环半径，对中心斑范围内的数值积分得到：

$$0.84P = 0.72 H_0 z^2$$

用公式(9.16) 给出的值代入上式，并重新整理，得到：

$$H_0 = 1.17 \frac{P}{z^2} = \pi P \left(\frac{\mathrm{NA}}{\lambda}\right)^2$$

式中，λ 是波长；NA 是数值孔径，等于 $n'\sin U'$。如果该点不在图像中心，则根据公式(9.14) 确定辐照度。要注意，前面讨论假设是一个圆形孔径。对矩形孔径，该过程应以公式(9.12) 为基础。

例 12.1

在图 12.4 中，A 是一个圆形光源，辐射率是 $10\,\mathrm{W \cdot sr^{-1} \cdot cm^{-2}}$，照射平面 BC。A 的直径对 B 点的张角是 $60°$。距离 AB 是 100cm，距离 BC 是 100cm。D 处的光学系统将 C 点周围成像在 E 处。BC 平面是一个散射（朗

伯）反射体，反射率是 70%。光学系统（D）有一个 1in^2 的孔径，从 D 到 E 的距离是 100in。光学系统的透射率是 80%。希望确定入射在 E 处 1cm^2 光探测器上的功率。

首先，利用公式(12.7) 确定 B 点的辐照度；光源的辐射率是 $10\text{W}\cdot\text{sr}^{-1}\cdot\text{cm}^{-2}$，半角是 $30°$，得到：

$$H_B = \pi N \sin^2\theta = \pi \times 10 \times \left(\frac{1}{2}\right)^2$$
$$= 7.85\text{W}/\text{cm}^2$$

由于角度 BAC 是 $45°$，利用公式(12.9) 确定 C 点的辐照度，其中，$\cos 45° = 0.707$：

$$H_C = H_B \cos^4 45° = 7.85 \times (0.707)^4$$
$$= 1.96\text{W}/\text{cm}^2$$

{注意，9.7 节推导出的余弦四次方定律包括一个余弦项，是近似的，其精度取决于从光瞳到像面的距离，该距离比光瞳直径大得多。在例 12.1 中，这种近似（精度）相当差。在标

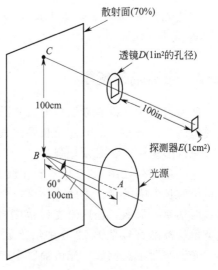

图 12.4 例 12.1

准局公报［The Bulletin of the Bureau of Standards 12，583 (1915)］中，P. Foote 对辐照度给出了下列表达式，即使光源与距离相比较大，该表达式也是精确的：

$$H = \frac{\pi N}{2}\left[1 - \frac{(1+\tan^2\phi - \tan^2\theta)}{[\tan^4\phi + 2\tan^2\phi(1-\tan^2\theta)+1/\cos^4\theta]^{1/2}}\right]$$

根据例 12.1 中的角度 θ 和 ϕ，将该公式得到的辐照度与例 12.1 由公式(12.7) 和公式(12.8) 得到的辐照度相比较，就会发现，该结果比余弦四次方的结果大 42%。当然，这是相当极端的情况}

现在，必须确定 C 点表面的辐射率。C 点的散射表面再次将入射功率 $1.96\text{W}/\text{cm}^2$ 的 70% 辐射到整个半球面中，因此，再次辐射的总功率是 $1.37\text{W}/\text{cm}^2$。在 12.4 节介绍过，一个辐射率是 N 的光源将 $\pi N\text{W}/\text{cm}^2$ 的功率辐射到半球中，因此，C 点的辐射率是：

$$N_C = \frac{RH}{\pi} = \frac{0.7 \times 1.96}{\pi} = \frac{1.37}{\pi} = 0.44\text{W}\cdot\text{sr}^{-1}\cdot\text{cm}^{-2}$$

现在，可以由公式(12.11) 确定 E 点的辐照度，同时注意，透镜系统孔径对应的立体角是 $1/(100)^2$ 或者 10^{-4} 球面度，将此值代替公式(12.11) 中

的 $\pi\sin^2\theta$:

$$H_E = T_D \pi N_C \sin^2\theta = T_D N_C \omega$$
$$= 0.8 \times 0.44 \times 10^{-4} = 0.35 \times 10^{-4} \text{ W/cm}^2$$

E 处光探测器的面积是 1cm^2，所以，投射到该表面上的功率是 $0.35 \times 10^{-4}\text{W}$ 或者 $35\mu\text{W}$。

12.7 光谱辐射度学

前面讨论中，没有涉及辐射的光谱特性。显然，各种辐射源的辐射都有某种类型的光谱分布，对某些波长要比其他波长有更多辐射。

对许多应用，都必须把强度（J）、辐照度（H）和辐射率（N）等（实际上，这些量都列在图 12.5 中）看作波长的函数。为此，可以把上面的量看作是单位波长间隔的量。因此，如果一个光源在光谱范围 $2 \sim 2.1\mu\text{m}$ 内发射 5W 的辐射功率，那么，在这个光谱范围内，每微米发射 50W 的功率（$\text{W}/\mu\text{m}$）。这类量的标准符号是图 12.5 中给出的符号，但脚标带有 λ，并在名字之前冠以"光谱"两字。例如，光谱辐射率的符号是 N_λ，单位是每球面度每平方厘米每微米瓦特（$\text{W} \cdot \text{sr}^{-1} \cdot \text{cm}^{-2} \cdot \mu\text{m}^{-1}$）。

名 字	符号	表示内容	单 位
辐射功率(flux)	$P(\phi)$	能量的转换速率	W(J/s)
辐射强度	$J(I)$	一个光源单位立体角的功率	W/sr
辐射率	$N(L)$	一个光源单位面积单位立体角的功率	$\text{W} \cdot \text{sr}^{-1} \cdot \text{cm}^{-2}$
辐照度	$H(E)$	入射在一个表面单位面积上的功率	W/cm^2
辐射能量	U		J
辐射发射率	$W(M)$	一个表面上单位面积发射的功率	W/cm^2

图 12.5 辐射度学术语（辐射度学使用术语的名字、符号、表示内容和首选单位）

在许多应用中，考虑光源、探测器、光学系统、滤光片等器件的光谱特性是绝对必要的。可以通过对实际的辐射乘积函数在合适的波长范围内积分完成。由于大部分光谱特性并不是普通函数，所以，积分过程通常都是数值的，有难度。作为一个简要的例子，假设像的辐照度是要求的。可以用一些函数 $N(\lambda)$ 描述物体的光谱辐射率，并且，大气、光学系统和滤光片的透射率都可以组合到一个光谱透射率函数 $T(\lambda)$ 中。公式(12.11)将给出像（某一给定波长）的辐照度。为了应用于较宽的波长范围，必须写为：

$$H = \int_{\lambda_1}^{\lambda_2} T(\lambda)\pi N(\lambda)\sin^2\theta \text{d}\lambda = \pi\sin^2\theta \int_{\lambda_1}^{\lambda_2} T(\lambda)N(\lambda)\text{d}\lambda \quad \text{W/cm}^2 \quad (12.12)$$

式中，积分区间 λ_1 和 λ_2 可以是零和无穷大，但通常取感兴趣的光谱范围内的实际波长。实际上，常常必须完成数值积分，（对于具体的例子）通过求和方式表示这种过程：

$$H = \pi \sin^2 \theta \sum_{\lambda=\lambda_1}^{\lambda_2} T(\lambda) N(\lambda) \Delta\lambda \quad \text{W/cm}^2 \quad (12.13)$$

一个探测器的光谱响应包括在以同样方式进行的计算中，如果一个探测器的面积是 A，光谱响应是 $R(\lambda)$，放置在上述系统的像面位置，则投射到探测器上的有效功率是（假设，该像可以完全遮盖探测器）：

$$P = A\pi \sin^2 \theta \int_{\lambda_1}^{\lambda_2} R(\lambda) T(\lambda) N(\lambda) d\lambda \quad \text{W}$$

12.8 黑体辐射

一个理想黑体就是全部吸收入射在其上的辐射的物体。一个加热黑体的辐射特性服从已知的定律，并且，由于有可能对一个理想黑体给出一个非常接近的近似表达式，所以，这类装置对于标定和测量辐射计量方面的仪器是非常有用的标准光源。此外，大部分热辐射光源，就是加热后才产生辐射的光源是以一种很容易表述的方式辐射能量，即对于一种通过滤光片进行辐射的黑体，可能将黑体辐射定律用作许多辐射度学计算的起始点。

普朗克（Planck）定律描述一个理想黑体的光谱辐射发射率，是温度和被辐射波长的函数：

$$W_\lambda = \frac{C_1}{\lambda^5 (e^{C_2/\lambda T} - 1)} \quad (12.14)$$

式中，W_λ 表示被黑体辐射进半球范围内的辐射，单位是每单位面积每波长间隔的功率，$\text{W} \cdot \text{cm}^{-2} \cdot \mu\text{m}^{-1}$；$\lambda$ 是波长，μm；e 是自然对数的底（$2.718\cdots$）；T 是黑体的热力学温度 [$T(\text{K}) = t(℃) + 273$]；C_1 是常数，面积单位是平方厘米，波长单位是微米时，$C_1 = 3.742 \times 10^4$；C_2 是常数，面积单位是平方厘米，波长单位是微米时，$C_2 = 1.4388 \times 10^4$。

图 12.6 给出了 W_λ 相对于波长的关系曲线。注意，用 W_λ/π 给出光谱辐射率 $N(\lambda)$。

积分公式(12.14)，得到所有波长的总辐射，由此得到的公式称为斯特藩-玻耳兹曼（Stefan-Boltzmann）定律：

$$W_{\text{TOT}} = 5.67 \times 10^{-12} T^4 \quad \text{W/cm}^2 \quad (12.15)$$

表明一个黑体辐射的总功率随绝对温度的四次方幂变化。

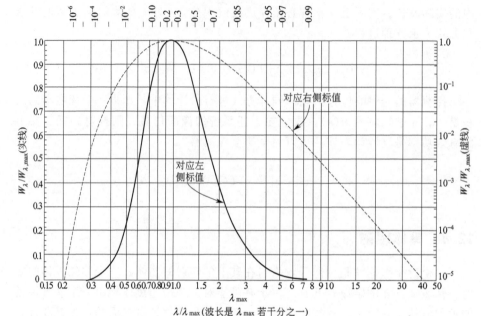

图 12.6 黑体辐射的光谱分布（归化后）

如果对公式（12.14）微分，并使结果等于零，就可以确定光谱辐射发射率（W_λ）最大时的波长，以及与该波长对应的 W_λ 值。维恩（Wien）位移定律给出的 W_λ 最大时的波长是：

$$\lambda_{\max} = 2897.8 T^{-1} \quad \mu\text{m} \tag{12.16}$$

与之对应的光谱辐射发射率 W_λ：

$$W_{\lambda,\max} = 1.286 \times 10^{-15} T^5 \quad \text{W}/(\text{cm}^2 \cdot \mu\text{m}) \tag{12.17}$$

值得注意，温度越高，峰值波长就越短，峰值时的 W_λ 随绝对温度的五次方变化。

电子计算机发明之前，普朗克公式很难应用，利用一些表格、曲线图和计算尺，可以简单地对工作温度和波长进行检查或核实 W_λ 值，要求中等精度时，就使用图 12.6。

图 12.6 的使用相当简单：首先，利用公式（12.15）、公式（12.16）和公式（12.17）分别计算出所希望温度下的总能量（W_{TOT}）、峰值波长（$\lambda_{\max}$）和最大光谱辐射发射率（$W_{\lambda,\max}$）。图 12.6 是 $W_\lambda/W_{\lambda,\max}$ 与相对波长的关系曲线，因此，如果希望一种具体波长下是 W_λ，选择与合适波长值 $\lambda/\lambda_{\max}$ 对应的 $W_\lambda/W_{\lambda,\max}$ 值，再乘以由公式（12.17）得到的 $W_{\lambda,\max}$ 值。

图 12.6 最上面是一个比例尺，表示小于比例尺上该点的所有波长发射的

能量占总能量的比例。要注意，一个黑体能量的 25% 是由比 λ_{max} 更短的波长发射的。如果必须确定两种波长（λ_1 和 λ_2）间光谱带所发射的功率，就将波长转换成相对波长（λ_1/λ_{max} 和 λ_2/λ_{max}），并从图上部的比例尺中选出与之相对应的小数值，由公式(12.15)得到的总功率（W_{TOT}）乘以两个小数值的差值就得到该波长范围内发射的功率。

例 12.2

对于温度 27℃（80.6℉）的一个黑体，T 是 273+27=300K。由公式(12.15)，得到总的发射率是：
$$W_{TOT}=5.67\times10^{-12}\times(300)^4=4.59\times10^{-2} \text{W/cm}^2$$
用公式(12.16)计算 W_λ 最大值时的波长：
$$\lambda_{max}=2897.9\times(300)^{-1}=9.66\mu m$$
由公式(12.17)得到该波长时的辐射发射率：
$$W_{\lambda,max}=1.288\times10^{-15}\times(300)^5=3.13\times10^{-3} \text{W}\cdot\text{cm}^{-2}\cdot\mu m^{-1}$$
另外，300K 是环境温度的合适值。上面结果表明，地球及地球之上的大部分物体在波长 $10\mu m$ 时会有很强发射，这就是"黑暗中可以看得见"的红外前视（FLIR）系统的基础，对该光谱范围很敏感。大部分这种系统使用锗光学零件，在 $8\sim12\mu m$ 光谱范围（也是非常好的大气透射窗）内有很高的透射率。因此，如果可以探测到 $10\mu m$ 的辐射，就不会存在黑暗。

假设，希望了解黑体在 $4\sim5\mu m$ 光谱范围内的特性。根据 λ_{max}，可以将这些波长表示为 $4/9.66=0.414$ 和 $5/9.66=0.518$。由图 12.6，对应的 $W_\lambda/W_{\lambda,max}$ 值分别是 0.07 和 0.25，乘以 $W_{\lambda,max}=3.13\times10^{-3}\text{W}\cdot\text{cm}^{-2}\cdot\mu m^{-1}$ 就得到这些波长的光谱辐射反射率：

在 $4\mu m$ $W_\lambda=0.22\times10^{-3}$ $\text{W}\cdot\text{cm}^{-2}\cdot\mu m^{-1}$

在 $5\mu m$ $W_\lambda=0.78\times10^{-3}$ $\text{W}\cdot\text{cm}^{-2}\cdot\mu m^{-1}$

利用表格上面的小数比例尺发现，约有 0.011 的辐射低于 $5\mu m$ 的波长（相对波长=0.518），约 0.0015 低于 $4\mu m$ 的波长。因此，大约总能量的 1%，共计 $4\times10^{-4}\text{W/cm}^2$ 是在该光谱范围内发射。该光谱带内表面的辐射率是 $4\times10^{-4}/\pi\text{W}\cdot\text{sr}^{-1}\cdot\text{cm}^{-2}$。如果黑体是 1ft 的正方形，面积约 1000cm^2，那么，在 $4\sim5\mu m$ 波段范围将有约 0.4W 的功率辐射到 2π 球面度的半球内。

大部分热辐射体都不是理想黑体，许多辐射体是灰体。一个灰体与黑体在相同温度下的辐射有完全相同的光谱分布，但强度降低。一个物体的总发射率（ε）等于其总辐射发射率与相同温度下理想黑体的总辐射发射率之比。因此，发射率是一个物体辐射和吸收系数的计量，对于理想黑体，ε=1.0，大部分实验室用标准黑体的 ε 值是该值的 1% 或 2% 以内。图 12.7 列出了一些普通材料的总发射率，注意，发射率随波长和温度变化。

材料		总发射率
钨	500K	0.05
	1000K	0.11
	2000K	0.26
	3000K	0.33
	3500K	0.35
抛过光的银	650K	0.03
抛过光的铝	300K	0.03
抛过光的铝	1000K	0.03
抛过光的铜		0.02～0.15
抛过光的铁		0.2
抛过光的黄铜	4～600K	0.03
氧化铁		0.8
黑色氧化铜	500K	0.78
氧化铝	80～500K	0.75
水	320K	0.94
冰	273K	0.96～0.985
纸		0.92
玻璃	293K	0.94
灯炭黑	273～373K	0.95
实验室黑体腔		0.98～0.99

图 12.7 一些材料的总发射率

入射在基板上的辐射可以透射、反射（或散射）或吸收。很明显，透射、反射和吸收相加一定等于 1.0，被吸收的部分是发射率。因此，一种具有高透射或高反射的材料一定有低发射率。

遇到灰体时，必须在黑体公式中插入发射率因子 ε。普朗克定律 [公式 (12.14)]、Stefan-Boltzmann 定律 [公式(12.15)] 和 Wien 位移定律 [公式 (12.17)] 应予以修正，将右边的项乘以适当的 ε 值。对于许多材料，发射率是波长的函数。显然，许多基板（例如玻璃）对某些波长有不可忽略的吸收，随之就有低的发射率，而对其他波长几乎完全吸收。在发生该情况的光谱区域，发射率就变成光谱发射率 ($ε_λ$)，像处理其他光谱函数一样。对多数材料，随波长增大，发射率会下降。还应当注意，绝大多数材料的发射率随温度和波长变化，精密的研究工作必须考虑这一点。通常，发射率随温度增大而增大。

值得注意，并非所有光源都是连续发射体。低压气体放电灯发射离散谱线，这种光谱辐射发射率曲线是一系列尖峰，尽管通常都有较低的背景连续曲线。对高压汞灯，光谱线被展宽，并混合有连续背景，明显带有少量尖峰。

色温

在结束黑体辐射专题讨论之前,要阐述一下色温概念。光源的色温是与光源表观颜色相关的色度方面的概念,并非其温度。对黑体,色温等于实际的凯氏温度;对其他光源,色温是与该光源有相同表观颜色的黑体的温度。因此,非常亮或昏暗的光源可能有相同的色温,但有完全不同的辐射率或光强度。通常,色温比灯丝温度高约150K。在色度学和彩色照相术中,色温特别重要,色彩保真度也是重要的,但在辐射度学中很少使用。

12.9 光度学

光度学用于解决发光辐射问题,就是说,是眼睛可以探测到的辐射。辐射功率的基本光度学单位是流明(lumen,lm),定义为一个点光源发射到一个球面度立体角内的光通量,点光源的光强度是$1cm^2$(面积)的黑体在铂金凝固温度(2042K)时光强度的1/60。由前面章节知道,一个黑体在整个电磁光谱范围内都辐射能量。第8章介绍过,眼睛仅对该光谱的一小部分敏感,并且,对该波段不同波长的响应有很大变化。因此,如果一个辐射源有一个光谱功率函数$P(\lambda)(W \cdot \mu m^{-1})$,乘以图8.9列表给出的可见光感应函数$V(\lambda)$❶就可以得到该辐射在可见光光谱范围内的效果。所以,一个光源的有效可见光功率是$P(\lambda)V(\lambda)d\lambda$在合适波长范围内的积分。根据光通量(流明)的定义,在可见光最敏感波长(0.555μm)处1W辐射能量等于680lm。因而,光谱功率为$P(\lambda)(W \cdot \mu m^{-1})$的一个光源所发射的光通量是❷:

$$F = 680 \int V(\lambda) P(\lambda) d\lambda \quad lm \quad (12.18)$$

发光强度的单位是坎德拉(cd,或称烛光),如此命名是因为原始的光强度标准是一个实际的烛光。1个烛光功率的点光源在一个球面度立体角内发射1lm的光通量,在各个方向均匀发射光强度为1cd的光源发射4π流明光通量。根据流明的定义,很明显,在2042K温度下$1cm^2$黑体的光强度是60cd。

照度是入射在表面单位面积上的光通量,最广泛使用的照度单位是英尺烛光(fc)。1fc是每平方英尺1lm。对英尺烛光名字误导性的理解是:在远离1cd强度的光源1ft(1ft=0.3048m)远的表面上产生的照度。光度学术语照

---

❶ 习惯上,$V(\lambda)$是可见光(正常照明和亮度条件)感应曲线。在完全暗适应环境下,应使用暗视觉的可见光响应,公式(12.18)中的转换常数就变为1746,而非680。

❷ 由于公式(12.18)中的常数680是根据一个表格列出的测量值推导所得,所以,该值并非是一个精确的常数,有时也使用常数值683。

度对应着辐射度学中的辐照度。

术语亮度或发光度对应着辐射率。亮度是一个单位立体角单位面积（投影在垂直于瞄准线的平面上）表面所发射的光通量，有几种经常使用的亮度单位。每平方厘米烛光等于每平方厘米每球面度发射出 1lm 光通量。朗伯等于每平方厘米 $1/\pi cd$，英尺朗伯（ft·la）等于每平方英尺 $1/\pi cd$。由于英尺朗伯是投射在"理想"散射表面上 1fc 的照度所产生的亮度，因此，英尺朗伯是照明工程中的常用单位。（1lm 是在 1fc 照明下投射在 $1ft^2$ 面积上的光通量，所以，一个理想的散射（朗伯）表面辐射到 2π 球面度半球内的总光通量恰好是 1lm。正如 12.4 节和例 12.1 中指出的，由此产生的亮度是 $1/\pi lm \cdot sr^{-1} \cdot ft^{-2}$，而不是 $1/2\pi lm \cdot sr^{-1} \cdot ft^{-2}$。）一些光源的亮度列在图 12.8 中，自然光的照度和反射率列于图 12.9 中。

光　　源	亮度/(cd/cm^2)
通过大气后的太阳（顶点）	1.6×10^5
大气上方的太阳（顶点）	2.7×10^5
太阳（地平线）	6×10^2
蓝色天空	0.8
乌云阴沉的天空	4×10^{-3}
夜空	5×10^{-9}
月亮	0.25
外景——白天（代表性的）	1
外景——夜间（代表性的）	10^{-6}
室内——白天（代表性的）	10^{-2}
汞弧灯——实验室	10
汞弧灯——高压	5×10^5
氙弧灯	$1.5 \times 10^4 \sim 1.5 \times 10^5$
炭精电弧	$10^4 \sim 10^5$
钨——3655K（熔点）	5.7×10^3
3500K	4.2×10^3
3000K	1.3×10^3
钨丝——普通灯	5×10^2
——投影灯	3×10^3
黑体——2042K	60.0（根据定义）
——4000K	2.5×10^4
——6500K	3×10^5
荧光灯	0.6
钠光灯	6
火焰——烛光，煤油	1
最小可觉亮度	5×10^{-11}
最小可觉点光源	$2 \times 10^{-8} cd$@3m 距离
天狼星	1.5×10^6
原子弹	10^8
闪电	8×10^6
红宝石激光	10^{14}
金属卤化物灯	4×10^4

图 12.8　一些光源亮度（发光度）的典型值

光源	照度/fc	材料	反射率
直射阳光	10000	沥青	0.05
露天阴影	1000	树,草	0.20
天阴多云/夜晚	10～100	红砖	0.35
黄昏黎明	0.1～1.0	混凝土	0.40
满月	0.01	雪	0.85
星光	0.0001	铝建筑物	0.65
黑夜	0.00001	玻璃光窗墙	0.70
		有车的停车场	0.40
(a)		(b)	

图 12.9　(a)自然光源产生的照度等级;(b)一些室外景物的反射率

经过工程应用,光度学术语已大大增加,远比规定的多。特定的应用范围得出一些特定的术语,许多术语已获得承认,得以继续使用。图 12.10 给出了光度学的单位。

光通量(符号 F)	
流明(lm)	本书中由公式(12.18)定义
强度(符号 I)(也是 luminous pointance)	
(新)烛光(坎德拉,cd)(口语是"candle")	一个点光源发出的 1lm/sr 光通量
"(旧)烛光"	1.02cd
carcel	9.6cd
亥夫纳(hefner)	0.9cd
照度(符号 E)(也是光照度,luminous incidence,lum. areance)	
英尺烛光(fc)	入射在一个表面上 $1lm/ft^2 = 10.76lx = 1/929ph$
辐透(厘米烛光,ph)	$1lm/cm^2 = 10^4 lx = 929fc$
勒克斯(米烛光,lx)	$1lm/m^2 = 0.0929fc$
诺克斯(nox)	0.001lx
亮度(符号 B)(也是发光度,luminance sterance)	
每平方厘米烛光(cd/cm^2)	与发射方向垂直的每平方厘米投影面积每球面度 1lm
熙提(sb)	$1cd/cm^2 = 929cd/ft^2 = \pi la = 929ft \cdot la$
朗伯(la)	$(1/\pi)cd/cm^2$
英尺朗伯(ft·la)	$(1/\pi)cd/ft^2 = (1/929)la = (1/\pi 929)sb$
米朗伯	$1asb = 1000skot = 10^{-4}la$
尼特(nt)	$1lx/sr = 0.0001sb = 1cd/m^2$
斯克特(skot)	$3.18 \times 10^{-8} sb = 9.29 \times 10^{-5} ft \cdot la = 2.957 \times 10^{-5} cd/ft^2$

特罗兰(Troland)是表述视网膜照度的、比较烦人的单位,定义为瞳孔面积是 $1mm^2$ 时观察表面亮度为 $1cd/m^2$ 所产生的视网膜照度。等于 $0.0035lm/m^2$、$3.5nlm/mm^2$(译者注:原文错印为 $3.5nlm/cm^2$),等于尼特(nt)乘以瞳孔面积(面积单位 mm^2)。

图 12.10　光度学的一些量

像辐射度学计算一样,可以利用 12.2～12.6 节的关系式精确完成光度学计算。如果在所有表达式中都用流明代替瓦特,则计算是非常直截了当的。当初始数据和最终数据必须用光度学专用术语表示时(与将流明、球面度和平方厘米的有理单位称为辐射度学的单位相比),对每种关系都应有转换因子。避开这种困难做法的方式是将初始数据转换成流明、球面度和平方厘米,并完成计算,最后,将结果转换成所希望的单位。

为方便读者,在此重复列出辐射度学(左侧)和光度学(右侧)两种形式的基本关系:

辐射强度: $J = P/\Omega$

J 是辐射强度,P 是立体角 Ω 内发射的功率。

辐照度: $H = J/S^2 = J\Omega$

如果一个点光源的光强度为 J,一个表面到点光源的距离为 S,则入射在该表面上的辐照度是 H。Ω 是表面上单位面积对点光源的立体角。

$$H = \pi N \sin^2\theta$$

H 是辐射率为 N 的一个散射圆光源在一点处产生的辐照度;2θ 是光源直径对该点的张角。

$$H = N\omega$$

H 是辐射率为 N 的一个散射光源在一点产生的辐照度;ω 是光源面积对该点的立体角。

$$H = T\pi N \sin^2\theta$$
$$(H = TN\omega)$$

如果物体的辐射率是 N,出瞳直径(和面积)对像点的张角是 2θ(立体角 ω),一个透射率为 T 的光学系统所成像的辐照度是 H。

辐射率: $N = P/(\pi A)$

N 是面积为 A 的散射光源将辐射功率 P 辐射到 2π 球面度半球内的辐射率。

发光强度: $I = F/\Omega$

I 是发光强度,F 是立体角 Ω 内的光通量。

照度: $E = I/S^2 = I\Omega$ (译者注:原文少个 I)

如果一个点光源的光强度为 I,一个表面到点光源的距离为 S,则入射在该表面上的照度是 E。Ω 是表面上单位面积对点光源的立体角。

$$E = \pi B \sin^2\theta$$

E 是亮度为 B 的一个散射圆光源在一点产生的照度;2θ 是光源直径对该点的张角。

$$E = B\omega$$

E 是亮度为 B 的一个散射光源在一点产生的照度;ω 是光源面积对该点的立体角。

$$E = T\pi B \sin^2\theta = T\pi B/4(f\#)(m+1)^2$$
$$(E = TB\omega) \qquad \left[m = \left(\frac{s'}{f} - 1\right)\right]$$

如果物体的亮度是 B,出瞳直径(面积)面对像点的张角是 2θ(立体角 ω),一个透射率为 T 的光学系统所成像的照度是 E。

亮度(发光度): $B = F/(\pi A)$

B 是面积为 A 的散射光源将光通量 F 辐射到 2π 球面度半球内的亮度。

例 12.3

在光度学范畴重复例 12.1 的方法,并在计算的每一步表明各种光度学单位的转换是有益的。再次利用图 12.4,初始数据的唯一变化是:假设光源 A

的亮度是 $10\text{lm} \cdot \text{sr}^{-1} \cdot \text{cm}^{-2}$。

由图 12.10 注意到，光源亮度可以表示为 $10\text{cd} \cdot \text{cm}^{-2}$、$10\text{sb}$、$10\pi\text{la}$ 或 $9290\pi\text{ft} \cdot \text{la}$。

由公式(12.7)，计算 B 点处产生的照度（按照光度学符号重新写出）：

$$H = \pi N \sin^2\theta$$
$$E = \pi B \sin^2\theta$$
$$= \pi(10\text{la} \cdot \text{sr}^{-1} \cdot \text{cm}^{-2})\left(\frac{1}{2}\right)^2$$
$$= 7.85 \text{lm} \cdot \text{cm}^{-2}$$

应用余弦四次方定律，确定 C 点的照度：

$$E_C = E_B \cos^4 45°$$
$$= 7.85 \times (0.707)^4$$
$$= 1.96 \text{lm} \cdot \text{cm}^{-2}$$

由于每平方英尺是 929cm^2，故：

$$E_C = 929 \times 1.96 = 1821 \text{lm} \cdot \text{ft}^{-2}$$
$$= 1821 \text{fc}$$

表面 BC 的散射（反射）率是 70%，将照度英尺烛光乘以 0.7 可以得到亮度，单位是英尺朗伯：

$$B = 0.7 \times 1821 = 1275 \text{ft} \cdot \text{la}$$

同样，0.7 乘以单位是 $\text{lm} \cdot \text{cm}^{-2}$ 的照度就得到单位为朗伯的亮度：

$$B = 0.7 \times 1.96 = 1.37 \text{la}$$

或者，保留流明单位。由于 $1.96\text{lm} \cdot \text{cm}^{-2}$ 投射到反射率 70% 的表面上，所以，$1.37\text{lm} \cdot \text{cm}^{-2}$ 将发射到一个半球内，与前面同样的理由，计算亮度是：

$$B = \frac{1.37}{\pi}$$
$$= 0.44 \text{lm} \cdot \text{sr}^{-1} \cdot \text{cm}^{-2}$$
$$= 0.44 \text{cd} \cdot \text{cm}^{-2}$$

根据公式(12.11)确定 E 点的照度：

$$H = TN\pi\sin^2\theta$$
$$= TN\omega$$
$$E = TB\omega$$
$$= 0.8 \times 0.44 \times 10^{-4}$$
$$= 0.35 \times 10^{-4} \text{lm} \cdot \text{cm}^{-2}$$
$$= 929 \times 0.35 \times 10^{-4}$$
$$= 0.032 \text{fc}$$

12.10 照明装置

探照灯

探照灯是最简单、也是最容易理解的一种照明装置，其光源（通常较小）放置在透镜或反射镜的焦点处，因此，光源的像位于无穷远。一个经常遇到的错误概念就是，认为该装置产生的光束是"准直平行光束"，具有固定的直径和功率密度，并扩散到无穷远。对这个概念稍作考虑就会识破其错误见解：光源上一点发出的光线的确形成一束准直平行光束，然而，一个有限亮度的光源上的几何点发射的能量一定是零，因为一点的面积是零，所以，"准直光束"是零能量。

参考图 12.11，一个光源 S 位于透镜 L 的焦点处，像 (S') 将位于无穷远。由于光源 S 相对于透镜 L 的张角是 α，所以，像也有一个张角 α。现在，光轴上一点的照度将由像的亮度和像对应的立体角决定。因此，对透镜附近的点，照度是：

$$E = TB\omega \tag{12.19}$$

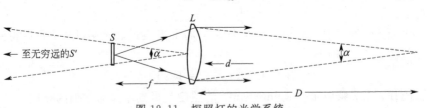

图 12.11 探照灯的光学系统

读者可以视为按照光度学符号将公式(12.8)重写了一遍，增加了透射率常数 (T)。B 是光源 S 的亮度（由于一个像的亮度等于物体的亮度）；ω 是像对应的立体角。（已经默认，假定 ω 比较小）对透镜上的一个点，很明显，像 S' 对应的立体角 ω 完全等于光源 S（与透镜）对应的立体角。由于 S' 位于无穷远，所以，如果将基准点沿光轴移离透镜一个较短的距离不会改变该角度，并且，在该范围内照度也保持不变。然而，当距离 $D=$（透镜直径）$/\alpha$ 时，光源像对应的角度将与透镜直径对应的角度相等，并且，对于比 D 更远的一些点来说，照明光源对应的立体角大小将受到透镜直径的限制。显然，该立体角等于（透镜直径）$/d^2$，距离 D 之外的照度将随（到透镜的）距离（d）的平方急剧下降。因此，控制探照灯照度的公式是：

$$D = \frac{\text{透镜直径}}{\alpha} \tag{12.20}$$

若 $d \leqslant D$：
$$E = TB\omega = \text{常数} \tag{12.21}$$

若 $d \geqslant D$：
$$E = \frac{TB(\text{透镜面积})}{d^2} \tag{12.22}$$

在此使用的技术也适用于几乎所有的照度问题，可以用一般语言重新阐述如下：

为确定一点的照度，要计算光源像的大小和位置，如同在该点观察一样，确定系统的光瞳和光窗（再次，如同从该点观察一样）。然后，该点的照度就是系统透射率、光源亮度以及从该点透过系统的光瞳和光窗可以看到的光源面积所对应的立体角的乘积，再乘以入射角的余弦。

注意，对于临界距离 D 之外的那些点（位于光束之内），探照灯的作用仿佛是一个直径等于探照灯直径，亮度是 TB 的光源。正如 12.6 节所述，这种概念在评价像点照度时相当有用。在此已经发现，有时也可以应用于并非像点的一些点。

简单地说，一个探照灯的光束功率就是在非常远距离上产生同样照度的（点）光源强度。光强度为 I cd 的一个点光源将发射每球面度 I lm 的光通量，距离点光源 d 英尺远的一块 1ft^2 面积相对于光源的张角是 $1/d^2$ 球面度，因此，其照度是 $I/d^2 \text{lm}/\text{ft}^2$（fc）。使该照度等于由公式(12.22)得到的探照灯照度，就可以确定必需的以坎德拉（cd）为单位表示的功率 I。

$$E = \frac{I}{d^2} = \frac{TB(\text{透镜面积})}{d^2} \tag{12.23}$$

和光束的烛光功率：

$$I = TB(\text{透镜面积})$$

式中，I 是光束的烛光功率，单位为 lm/sr（或 cd）。注意，应当规定透镜面积和光源亮度有相同样单位。

投影聚光镜

下面讨论的第二种照明装置是投影聚光镜，示意在图 12.12 中。投影仪的目的是在屏幕上形成一个（由胶片投影）明亮且有均匀照度的像。在胶片后面放置一张散光材料，照明该散射体就可以达到此目的。由于像可以达到的最大

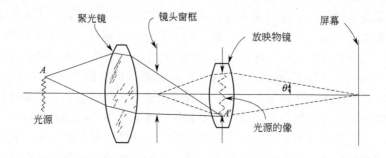

图 12.12　投影聚光镜系统的示意图
聚光镜将光源（灯丝）成像在投影物镜孔径处

亮度是散射体亮度，比灯的亮度少得多，所以，由此产生的像应当是昏暗的。聚光镜的功能是将光源成像在投影物镜的光瞳处，以便使透镜孔径与光源有同等的亮度。如果做到了这一点，就会按照公式(12.11)给出的规律照明屏幕，立体角是光源（在投影物镜中的像）对应于屏幕的角度。很明显，屏幕照度的最大值受限于投影物镜孔径。因此，当光源的像完全充满物镜孔径时，屏幕有最大照度。对视场内所有点都要求满足这一要求，并且，如果要求图像边缘也有最大照度，则聚光镜直径一定要足够大，以使没有渐晕。在这点上，从胶片一角到透镜孔径相反一侧的光线最为麻烦。当然，余弦四次方定律会使轴外点照度降低。

由上面所述可以得出结论：利用一个有足够放大率的聚光镜，可以将一个非常小的光源放大到足以充满投影物镜光瞳。必要的照明锥角取决于电影取景框及其到透镜光瞳（就是光源像）的距离。在第2章已经确定，放大率 $m=h'/h=u/u'$，对成像质量较好的光学系统，阿贝正弦条件使用 $m=\sin u/\sin u'$，在该情况下，由于有电影取景框，所以，u'固定不变，显然，大的放大率要求大的 u 值。u 的最大值是正弦值等于1的90°，这就确定了放大率可以达到的极限值，并表示为：

$$\left|\frac{P\alpha}{nS}\right| \leqslant 1.0 \qquad (12.24)$$

式中，P 是投影物镜孔径；α 是投影物镜的半视场角；n 是光源所在空间的折射率（通常是空气，$n=1.0$）；S 是光源尺寸。公式(12.24)的值不可能超出1.0，许多系统的典型值是0.5。注意，0.5对应着 $f/10$ 的工作速度，而1.0要求工作速度是 $f/0.5$ ［对探测器系统，公式(12.24)类似于公式(13.22)］。

当光源是不规则形状时，例如"V"形灯丝的灯，公式(12.11)中的立体角恰好可以按照希望的要求确定，将灯丝实际像的面积除以到光源距离的平方。聚光镜的设计将在17.2节讨论。

望远镜亮度

眼睛观察到的一个像的表观亮度是眼睛瞳孔直径的函数，因为瞳孔决定着视网膜的照度，与公式(12.11)一致。当一台光学仪器是用眼睛观察时，例如望远镜，仪器的出瞳被形成图像。如果出瞳比眼睛瞳孔大，通过仪器观察到的物体的表观亮度就等于物体亮度（透射率损失和折射率的影响有所修正），因为瞳孔对视网膜的立体角不会改变，当仪器出瞳小于眼睛瞳孔时，物体的表观亮度与瞳孔的相对面积成比例降低。但物体小于光学系统的衍射极限（即一个星点）时，物像亮度间的这种关系会有例外。由于这不是扩展光源，视网膜像的所有能量集中在几个视网膜受体上，并且，当增大望远镜放大率和孔径而保持出瞳直径不变时，其（在物镜上的）有效受光面积也会增大以使更多能量会聚在同样的视网膜细胞上（因为视网膜像的尺寸是一样的，所以受衍射极限的控制），使光源的表观亮度增大。例如，如果使用大孔径、具有足够高倍率的望远镜，由于其表观亮度增加，而星空（作为扩展物体）的亮度没有增加，所以，可以在白天看见星星。

积分球

在测量光和光源时常常使用积分球，也可以作为均匀朗伯（散射）光源。这种装置是一个空心球，在内表面镀有高反射白散射漆。如果球内表面上一点 A 被照明，该点反射的光会在内表面其他一些点 B 处产生照度。该照度随角度 ϕ 和 θ 的余弦值变化，其中 ϕ 和 θ 分别是 A 和 B 的连线与球面 A 点和 B 点处法线的夹角。因此，B 点的照度随下面形式变化：

$$\frac{\cos\theta\cos\phi}{D^2} \quad (12.25)$$

式中，D 是 A 到 B 的距离。对于积分球内表面，该表达式是一个常数，因此，积分球的整个内表面受到被照射点反射光的均匀照射。如果在球表面上切出两个小孔，一个孔允许进光，另一个孔（所在位置不会受到第一个孔的直接照射）处安装一个光传感器，就可以读出进入积分球的辐射能量，而且光的方向、光束尺寸或光束在进入孔的位置不会改变灵敏度。一个灯或者其他位于积分球内的光源发射的总辐射量可以很容易地测量出。反之，如果用一个光源替换光传感器，则另一个孔就变成几乎是理想的、均匀的、非偏振的朗伯辐射源。小孔的面积不应超过积分球面积的 2%，积分球是测量透镜透射率非常好的装置。

练 习

1. 一个点光源将 10W/sr 的能量发射向一个直径是 4in 的光学系统。当光学系统到光源的距离是（a）10ft；（b）1mile（1mile＝1609.344m）时，请问光学系统可以接受到多少功率？

答案：

（a）在 10ft 处，4in 孔径对应的立体角是面积/距离的平方：立体角 $=\pi\times 2^2/120^2=0.00087266$ sr。

功率等于角度乘以光强度 $=0.00087266\times 10=0.0087266$ W。

（b）在 1mile 处，距离是 $5280\times 12=63360$ in

立体角 $=\pi\times 2^2/63360^2=3.130\times 10^{-9}$ sr。因此，接受到的功率是 3.130×10^{-8} W。

2. 一个 10cd 功率的点光源照明一个理想的散射表面，该表面与光源的瞄准线倾斜 45°。如果该表面距离光源 10ft，表面亮度是多少？

答案：

一个功率 10cd 的光源每球面度发射光通量是 10lm。

在距离 10ft 处，1ft² 对应的立体角是 $1/10^2 = 0.01$ sr。

与传播方向垂直的表面的照度等于强度乘以立体角 $= 10\text{lm} \times 0.01\text{sr} = 0.1\text{lm/ft}^2$。由于该表面倾斜 $45°$，在 0.01sr 内的面积增大了 $1/\cos 45°$，并且，照度是 0.0707lm/ft^2，是 0.0707fc。在一个理想的散射面上，会产生 0.0707 ft·la 的亮度。

利用另外一种方法。0.0707lm/ft^2 将以朗伯方式被发射/反射到 2π 球面度的半球内，产生亮度 $0.0707/\pi = 0.022508\text{lm} \cdot \text{sr}^{-1} \cdot \text{ft}^{-2}$。由于 1ft² 是 929cm²，所以，是 $0.24228 \times 10^{-4} \text{lm} \cdot \text{sr}^{-1} \cdot \text{cm}^{-2}$ 或者 0.24×10^{-4} sb。

3. 一个 10in 长、1in 宽的荧光灯照射一条与灯平行、距灯 10in 远的狭缝。如果灯的亮度是 0.5cd/cm^2，（a）狭缝中心的照度是多少？（b）狭缝边缘呢？（提示，将其等分为 10 个 1in² 的光源）

答案：

在垂直入射和发射时，距离 10in 远、亮度 0.5cd/cm^2 的一个 1in² 的灯产生的照度是：

$$E_0 = B\omega = 0.5\text{cd/cm}^2 \times (1^2/10^2) = 0.005\text{lm/cm}^2$$

如果与法线成 θ 角，变成：

$$E_\theta = \cos^4\theta \times 0.005\text{lm/cm}^2$$

在灯的中心，两块相邻的正方形其中心间隔为 0.5in。下一个正方形偏离中心 1.5in，再下一个是 2.5in、3.5in 和 4.5in。这些正方形与中心线形成一个倾角，其值等于：

$$\theta = \arctan(\text{位移量}/10\text{in})$$

下面列表给出位移量从 $0.5 \sim 4.5\text{in}$ [为在问题（b）中使用，一直列到 9.5in] 的 $\cos^4\theta$ 值。

位移量	$\cos^4\theta$
0.5in	0.955019
1.5in	0.956474
2.5in	0.885813
3.5in	0.800620
4.5in	0.651560
5.5in	0.589447
6.5in	0.494192
7.5in	0.409600
8.5in	0.337040
9.5in	0.276281

(a) 在狭缝中心，$E = 2 \times 0.005 \times \sum\cos^4\theta$（其中求和是从位移量 $0.5 \sim 4.5\text{in}$）
$$= 2 \times 0.005 \times 4.329476 = 0.04329\text{lm/cm}^2$$
$$= 929 \times 0.04329 = 40.22\text{fc}$$

(b) 在狭缝边缘，去除因子 2，并从 $0.5 \sim 9.5\text{in}$ 求和，得到 0.03218lm/cm^2，等于 29.90fc。

4. 一个 16mm 的电影放映仪使用一个 2in、$f/1.6$ 的投影物镜和一个灯，灯丝亮度是 3000cd/cm^2。如果聚光镜可以使灯丝像充满透镜光瞳，请问在距离透镜 20ft 远的屏幕照度是多少?

答案:

按照光度学符号,利用公式(12.11):
$$E = t\pi B \sin^2\theta$$

2in、$f/1.6$ 的投影物镜的孔径直径是 $2/1.6=1.25$in。在距离 20ft=240in(1ft=12in) 远处,透镜孔径对应的半角正弦值是 $1/2\times1.25/240=0.0026404$ 和 $\sin^2\theta=0.000006782$

$$E = 0.95\times0.85\times\pi\times3000\times0.000006782$$
$$= 0.051612 \text{lm/cm}^2$$
$$= 929\times0.051612 = 47.9 \text{lm/ft}^2 = 47.9\text{fc}$$

5. (a) 一个 1000K 的黑体对 2000nm 波长的光谱辐射率是多少? 辐射率是多少?

(b) 如果一个理想的带通滤光片在 1950~2020nm 之间透过 100%,一个探测器放置在距离 1cm^2、1000K 的黑体 1m 远的地方,那么,投射到 1cm^2 探测器上的总功率是多少?

答案:

(a) 由公式(12.16),峰值发射度的波长是 $2897.8/T \mu\text{m}=2.8978\mu\text{m}$,根据公式(12.17),峰值发射度是 $1.286\times T^5/10^{15}=1.286\text{W}/(\text{cm}^2\cdot\mu\text{m})$。已知波长与峰值波长之比是 $2.0/2.8978=0.69$,由图 12.6,在该波长下发射度等于峰值的 0.7,即 $0.9\text{W}/(\text{cm}^2\cdot\mu\text{m})$。

(b) 100nm 波带范围内的总发射度是将 $0.1\times0.9=0.09\text{W/cm}^2$ 辐射到 2π 球面度中。辐射率是 $0.09/\pi=0.0286\text{W}/(\text{cm}^2\cdot\text{sr})$。辐照度等于 $N\omega=0.0286\times(1^2/100^2)=2.86\times10^{-6}\text{W/cm}^2$。光通量等于面积×辐照度=$1\times2.86\times10^{-6}\text{W}$。

另外,可以把黑体看作一个点光源,发射 $1.0\text{cm}^2\times0.0286\text{W}/(\text{sr}\cdot\text{cm}^2)=0.0286\text{W/sr}$。探测器对应的立体角是 $1^2/100^2=0.0001\text{sr}$,所以,接受的功率是 $0.0001\times0.0286=2.86\times10^{-6}\text{W}$。

6. 对于长放映距离,推导一台放映仪需要足够大的光通量输出是:
$$F = \pi ABT/4(f/\#)^2 \quad \text{lm}$$

式中,A 是电影取景框的面积;B 是光源亮度;T 是系统的透过率;$f/\#$ 是投影物镜的相对孔径。

答案:

照度 $E=T\pi B\sin^2\theta$,$\sin\theta=(d/2)/D=d/2D$ (D 是放映距离,d 是透镜的通光孔径),所以:
$$E = T\pi B d^2/4D^2$$

其中,$d=\text{efl}/(f/\#)$,而 efl 是投影物镜的焦距
$$E = T\pi B \text{efl}^2/(f/\#)^2 4D^2$$

对远距离放映,从电影取景框到屏幕的放大率近似是 D/efl,因此,屏幕面积是 $A(D/\text{efl})^2$。

屏幕上的总光通量是照度 E 和面积的乘积,或者
$$\text{光通量} = [T\pi B\text{efl}^2/(f/\#)^2 4D^2]\times[A\times(D/\text{efl})^2]$$
$$= \pi ABT/4(f/\#)^2$$

参考文献

American Institute of Physics Handbook, New York, McGraw-Hill, 1963.

Carlson, F., and C. Clark, in Kingslake (ed.), *Applied Optics and Optical Engineering,* Vol. 1, New York, Academic, 1965 (light sources).

Eby, J., and R. Levin, in Shannon and Wyant (eds.), *Applied Optics and Optical Engineering,* Vol. 7, New York, Academic, 1979 (light sources).

Hackforth, H., *Infrared Radiation,* New York, McGraw-Hill, 1960.

Hardy, A., and F. Perrin, *The Principles of Optics,* New York, McGraw-Hill, 1932.

Jamieson, J., et al., *Infrared Physics and Engineering,* New York, McGraw-Hill, 1963.

Kingslake, R., *Applied Optics and Optical Design,* Vol. 2, New York, Academic, 1965 (illumination).

Kingslake, R., *Optical System Design,* San Diego, Academic, 1983.

LaRocca, A., "Artificial Sources," in *Handbook of Optics,* Vol. 1, New York, McGraw-Hill, 1995, Chap. 10.

LaRocca, A., in Wolfe and Zissis (eds.), *The Infrared Handbook,* Washington, D.C., Office of Naval Research, 1985 (sources).

Nicodemus, F., "Radiometry," in Kingslake (ed.), *Applied Optics and Optical Engineering,* Vol. 4, New York, Academic, 1967.

Norton, P., "Photodetectors," in *Handbook of Optics,* Vol. 1, New York, McGraw-Hill, 1995, Chap. 15.

Snell, J., in W. Driscoll (ed.), *Handbook of Optics,* New York, McGraw-Hill, 1978 (radiometry).

Suits, G., in Wolfe and Zissis (eds.), *The Infrared Handbook,* Washington, Office of Naval Research, 1985 (sources).

Teele, R., in Kingslake (ed.), *Applied Optics and Optical Design,* Vol. 1, New York, 1965 (photometry).

Walsh, J., *Photometry,* New York, Dover, 1958.

Wolfe, W., in Shannon and Wyant (eds.), *Applied Optics and Optical Engineering,* Vol. 8, New York, Academic, 1980 (radiometry).

Wolfe, W. L., and P. W. Kruse, "Thermal Detectors," in *Handbook of Optics,* Vol. 1, New York, McGraw-Hill, 1995, Chap. 19.

Wolfe, W., *Optical Engineer's Desk Reference,* Bellingham and Washington, SPIE and OSA, 2003.

Zalewski, E. F., "Radiometry and Photometry," in *Handbook of Optics,* Vol. 2, New York, McGraw-Hill, 1995, Chap. 24.

Zissis, G., and A. LaRocca, in W. Driscoll (ed.), *Handbook of Optics,* New York, McGraw-Hill, 1978 (sources).

Zissis, G., in Wolfe and Zissis (eds.), *The Infrared Handbook,* Washington, Office of Naval Research, 1985.

第 13 章

光学系统总体布局

本章专门研究有代表性的光学系统的初始结构。此处涵盖的系统是必需的,也是有限的,重点阐述可以应用于更宽范围的光学系统的基本原理。在光学系统设计的初期阶段,相当直接的代数运算以及接踵而来需要考虑的成像位置和像的大小,都是遇到的典型问题。光学元件的结构细节是有意忽略,留作后面篇章详细讨论。值得提醒,本章的系统图将零件看作简单透镜,这些元件可以是反射镜而不是透镜,并且比较典型的,可能是由透镜零件组成的相当复杂的组件。

13.1 望远镜和无焦系统

望远镜的主要功能是放大一个远距离物体的表观尺寸。如果使一个物体所成的像对眼睛的张角要比物体直接对眼睛的张角更大,就可以实现这种功能。简单地说,一台望远镜的放大率,就是像的张角与物体张角之比❶。名义上,望远镜的物和像都位于无穷远,称为无焦仪器,因为望远镜本身没有焦距。下面内容将阐述望远镜与无焦系统的基本关系,全部以物和像都位于无穷远的系统为基础。实际上,对这种无限共轭关系有小量偏离也是符合规则的,但对于大部分系统,都可以忽略不予考虑。然而,读者应当明白,物体和/或像不在无穷远有时会产生明显影响,必须注意,通常,这种情况对低倍率仪器才重

---

❶ 对于大角度,放大率等于物像半视场角的正切值之比。

要。还可以参考8.4节对眼睛（或者仪器）近视的讨论。

望远镜有三种主要类型：天文望远镜（或倒像望远镜）、地上望远镜（或正像望远镜）和伽利略望远镜（图13.1）。一台天文望远镜或者开普勒（Keplerian）望远镜由两个正透镜组成，第一个透镜的第二焦点与第二块透镜的第一焦点重合，如图13.1(a)所示。物镜（距离物体最近的那块组件）在其焦点形成一个倒像，然后，目镜重新将物体成像在无穷远，被眼睛舒服地观察。由于内部的像是倒置的，目镜并没有将像重新颠倒过来，所以，呈现给眼睛观察的像是上下倒置、左右反转的。

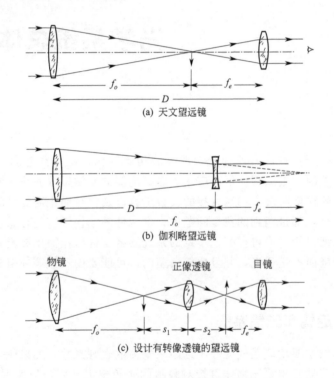

图 13.1　三种基本的望远镜类型

在伽利略（Galilean）望远镜或荷兰（Dutch）开放式望远镜中，如图13.1(b)所示，正目镜由负目镜替代，间隔一样，物镜和目镜的焦点重合。对伽利略望远镜，内部的像并没有实际形成，目镜的物体是一个"虚"物体，没有出现倒置，呈现给眼睛的最终图像是正立的，并且左右没有反转。由于在伽利略望远镜中没有形成实像，所以，没有位置安装十字线或分划板。

假设，望远镜的组件是薄透镜，可以推导出一些非常重要、非常有用、能够用于所有望远镜和无焦系统的关系式。首先，一个简单望远镜的长度（D）

等于物镜和目镜的焦距之和：
$$D = f_o + f_e \tag{13.1}$$
注意，在伽利略望远镜中，间隔是两个焦距绝对值之差，因为 f_e 是负的。

望远镜的放大率或放大倍率是像的张角 u_e 与物体张角 u_o 之比。物镜形成的内部像的大小（h）是：
$$h = u_o f_o \tag{13.2}$$
该像对目镜第一主点的张角是：
$$u_e = \frac{-h}{f_e} \tag{13.3}$$
将公式(13.2) 与公式(13.3) 联立，得到放大率：
$$\text{MP} = \frac{u_e}{u_o} = \frac{-f_o}{f_e} \tag{13.4}$$
和
$$f_e = D/(1-\text{MP})$$
$$f_o = \text{MP}D/(1-\text{MP})$$

在此的符号规则是，正放大率表示正立的像。由于物镜和目镜二者都是正焦距，所以，MP 是负的，望远镜成倒像。物镜和目镜的焦距互为反号的伽利略望远镜是一个正 MP，形成正像。

注意，u_o 代表望远镜的真实角视场，u_e 是表观角视场，公式(13.4) 确定了小角度情况的真实角视场与表观角视场的关系。如果角度比较大，在该表达式中，应当使用半视场角的正切。

根据第 9 章内容可以回忆到，一个系统的出瞳是（系统形成的）入瞳的像。对大部分望远镜，物镜的通光孔径是入瞳，出瞳就是目镜对物镜所成的像。利用表示物像大小关系的牛顿公式，用 CA_e（出瞳直径）和 CA_o（入瞳直径）代替 h' 和 h，f_e 代替 f，$-f_o$ 代替 x，得到：
$$\frac{CA_o}{CA_e} = \frac{-f_o}{f_e} = \text{MP} \tag{13.5}$$
上面的公式推导已经假设入瞳位于物镜上，由图 13.1 的光路可以明显看出，无论瞳孔处于什么位置，公式(13.5) 总是成立的。

还可以得到表示开普勒（Kepler）望远镜目距的一个简单公式：
$$R = (\text{MP}-1)f_e/\text{MP}$$
对近视或远视的人们需要对望远镜进行调焦，目镜的移动量是：
$$\delta = Df_e^2/1000$$
式中，δ 单位是 mm；D 是屈光度。

公式(13.4) 和公式(13.5) 可以组合，将无焦系统的外部光学特性（放大率、视场和光瞳）联系在一起，而与内部结构毫无关系：

$$\mathrm{MP} = \frac{u_e}{u_o} = \frac{CA_o}{CA_e} \quad (13.6)$$

如图 13.1(c) 所示，正像望远镜由一个正物镜和目镜，以及二者之间的正像（或转像）透镜组成。正像透镜将物镜形成的像再次成像在目镜的焦平面处。由于在该过程中像被颠倒，所以，最终展示给眼睛的像是正立的。这就是通常观察陆地上物体的望远镜形式，如果是一个倒像将会造成相当大的麻烦（利用第 7 章讨论的正像棱镜也可以得到一个正像）。地面上用望远镜的放大率，就是没有转像系统的望远镜的放大率乘以转像系统的线性放大率：

$$\mathrm{MP} = -\frac{f_o}{f_e} \times \frac{s_2}{s_1} \quad (13.7)$$

式中，s_2 和 s_1 是图 13.1(c) 表示的转像系统的共轭距；对于所示的望远镜，f_o、f_e 和 s_2 是正值，s_1 是负值，由此得到的 MP 是正值，表示是一个正立的像。

一个无焦系统是激光扩束装置的基础。当激光束传输到望远镜的目镜一侧时，激光束的直径被放大了 MP 倍。光束扩展减小了光束的发散度。通常，更喜欢使用伽利略形式的望远镜［图 13.1(b)］，因为这种望远镜没有真正的聚焦点（或者说没有焦点）（当激光能量很强，会造成击穿），并且，光学设计特性更为合适。若需要增加空间滤光片（在焦点处有一个针孔）时，应使用开普勒形式的［图 13.1(a)］望远镜。

将一个无焦系统安插在另一个系统的准直光束光路中（即物或像位于无穷远位置），用以改变功率、焦距和/或另一个系统的视场（参考 17.4 节和图 17.34）。

值得注意，利用一个无焦系统可以对不位于无穷远的物体成像。例如，望远镜的出瞳是孔径光阑的像，而孔径光阑通常位于物镜处。再次讨论图 13.1，图中的光线表明，线性放大率 m 是一样的，与物体和像的位置无关。放大率 $m = h'/h$ 等于角放大率 MP 的倒数，即 $m = h'/h = 1/\mathrm{MP}$。如果孔径光阑位于仪器内的焦点处，无焦系统就变为在物方空间和像方空间都是远心系统。

13.2 场镜和中继系统

在图 13.2(a) 所示的简单双元件望远镜中，视场受目镜直径的限制（如第 9 章的详细讨论），图中实线表示最大的视场角，该视场下的光束可以或者仍能通过望远镜而没有渐晕；虚线表示的光束，只有通过物镜上边缘的光线才能通过系统，因此，有了渐晕。

场镜的功能表示在图 13.2(b) 中。如果将场镜精确地设置在仪器内像面位置，对望远镜倍率没有任何影响，但可以使光束弯曲（否则无法到达目镜）而折向光轴，进而通过目镜。用这种方式可以增大视场而无需加大目镜直径。注意，插入一个正场镜会使出瞳向左侧移动，从而更靠近目镜。从目镜顶点到出瞳的距离称为"眼距"（必须将眼睛放在光瞳处才能观察到全视场），很明显，正眼距的必要性限制了使用场镜的优越性。实际上，很少将场镜精确地放置在像面位置，而是放置在像面前后，以使场镜上的缺陷在焦点之外，而不被观察到。

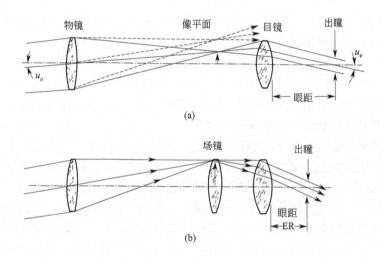

图 13.2　场镜的作用是增大视场

潜望镜和内窥镜

如果希望在一个较长的距离上成像，并且，有效空间限制着可用透镜的直径，那么，采用一个中继透镜系统非常有效。图 13.3 中，物镜所成的像在场镜 A 处，透镜 B 将像传递到场镜 C，其作用类似于一个正像透镜，然后，该像再被透镜 D 传递。选择场镜 A 的光焦度，使它将物镜的像成在透镜 B 处。同样地，场镜 C 将透镜 B 的像成在透镜 D 处。在这种方法中，入瞳（该例中是物镜）依次被成像在每一个中继透镜处，物体的像都能通过系统而不会有渐晕。虚线表示的由透镜 A 发出的光线表明，为了涵盖同样视场应当有更大直径。这类系统应用于潜望镜和内窥镜中。

大部分光学系统的最佳结构布局方案是使透镜总的光焦度具有最小值。在潜望镜系统中，最小光焦度系统的设计是较简单的。若透镜的最大直径一定

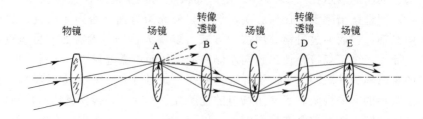

图 13.3 中继透镜系统

（由合适的空间决定），使场镜处所成的像恰能使光束充满该孔径，并且，使该光束充满转像透镜的通光孔径。参考图 13.3，令物镜焦距等于场镜的通光孔径 CA 除以总视场，A 到 B 的距离是转像透镜的通光孔径 CA 乘以物镜的 $f/\#$。透镜 B、C、D 等，都有同样焦距，是 AB 距离的一半，透镜 B、C、D 等的放大率都是单位放大率（$m=-1$）。这种布局使系统有最小的透镜光焦度，对于潜望镜系统，是最佳的光学系统结构图。

内窥镜是通过小孔诊断腔体内壁的一种小型潜望镜。广泛应用于医学领域。医用内窥镜中光学零件的直径尺寸是 2mm 或 3mm 数量级。等效空气程长度是实际路程除以折射率。在一个潜望镜或内窥镜中，中继系统的数目取决于仪器长度。如果用玻璃充满空气间隔，等效空气程就会变短一个因子，该因子等于玻璃的折射率，因此，中继系统的数目也会减少。不是简单地用玻璃杆填满空间，而是把中继系统设计成胶合双透镜，使火石（负）透镜有足够的厚度充满空间。火石透镜的外表面设计成凸面，从而使其功能类似于场镜。这类仪器常称为柱状透镜内窥镜。转像组件的减少既降低了内窥镜的成本，也提高了成像质量（尤其是减小了二级光谱和 Petzval 场曲）。

13.3 出瞳、眼睛和分辨率

几乎所有的望远镜都是目视仪器，所以，设计这些仪器时必须考虑与人眼特性的兼容问题。在第 8 章看到，眼睛的瞳孔直径从 2mm 变化到 8mm，取决于观察者的年龄和被观察景物的亮度。实际上，眼睛瞳孔是一个望远镜系统的光阑，必须考虑其影响。对普通的应用而言，3mm 直径的出瞳就可以充满眼睛的瞳孔，提供更大孔径的出瞳丝毫不能提高视网膜上的照度。根据公式 (13.5)，一个普通望远镜物镜的有效通光孔径限制在约 3mm 直径乘以放大率。实际上，这是相当灵活的一种状况。在测量仪器中，由于非常重视仪器的尺寸和重量，而分辨率又是最关心的性质，所以，出瞳直径通常是 1.0～

1.5mm。在普通的双目望远镜中，提供的出瞳直径常常是 5mm。增大出瞳直径会使双目望远镜与眼睛更容易对准。由于某种原因，步枪瞄准镜（或来复枪探测仪）的出瞳直径范围是 5~10mm。微弱光照下使用的望远镜和双目望远镜（例如夜视镜），其出瞳直径通常是 7mm 或 8mm，目的是眼睛瞳孔较大时可以得到最大的视网膜照度。

在第 8 章已经指出，眼睛的分辨率至多为 $1'$，第 9 章指出，当系统的通光孔径（D）以英寸（in）表示时，一个理想光学系统的角分辨率是 $(5.5/D)''$（弧秒）。这些限制中的一种或两种将约束望远镜的有效性能，大多数望远镜的成功设计，对这两种限制都应考虑。如果两个被分辨的物体相距 α 角，经望远镜放大，它们的像将相距（MP）α 角。如果（MP）α 大于 $1'$，眼睛就能够区分这两个像；若（MP）α 角小于 $1'$，就认为这两个物体不是完全分开的。因此，应当选择望远镜的放大率，使下式成立：

$$\text{MP} > \frac{1}{\alpha} \quad (\alpha \text{ 角的单位是}')$$

$$\text{MP} > \frac{0.0003}{\alpha} \quad (\alpha \text{ 角的单位是 rad}) \tag{13.8}$$

式中，α 是被分辨的角。对关键性工作，为使观察者的目视疲劳程度降至最低，选择放大率值常常比公式(13.8)给出的值大许多。

从相反观点看，由于望远镜（在物空间）的分辨率限制在 $(5.5/D)''$，所以，像空间呈现给眼睛的最小可分辨细节对应的张角是 $(MP)(5.5/D)''$，如果该角度等于或大于 $1'$，眼睛就可以辨明所有可分辨细节。因此，使该角度等于 $1'(60'')$ 便能确定望远镜最大的"有效"放大率（D 的单位是 in）：

$$\text{MP} = 11D \tag{13.9}$$

超过该界限的放大率称为无效放大率（或空放大率），不能提高分辨率。然而，为了使视觉疲劳降至最低，通常使用两倍或三倍于该数值的放大率。当图像的衍射弥散圆会抵消目视仪器的增益时，就应使用有效放大率的上限值。

例 13.1

作为进一步解释上节内容的例子，请确定具有下面性质的望远镜所需要的光焦度和间隔：$4\times$ 放大率，长度 10in。下面，将依次设计倒像望远镜、伽利略望远镜和正像望远镜，讨论元件尺寸限制到 1in 时的影响。

对于只有两个元件的望远镜，公式(13.1) 和公式(13.4)一起确定物镜和目镜的光焦度，因此有：

$$D = f_o + f_e = 10\text{in}$$

和

$$MP = \frac{-f_o}{f_e} = \pm 4\times$$

式中，放大率符号将确定最终像是正像（＋）或倒像（－）。将两个表达式联立，并求解焦距：

$$f_o = \frac{(MP)D}{(MP)-1}$$

$$f_e = \frac{D}{1-(MP)}$$

对倒像望远镜，将 $MP = -4$ 和 $D = 10\text{in}$ 代入，得到所需要的物镜焦距是 8in，目镜焦距是 2in。由于透镜直径限制到 1in，所以，出瞳直径是 0.25in［根据公式(13.5)］。从物镜中心到目镜边缘追迹一条光线或者使用薄透镜公式［公式(2.4)］可以确定出瞳的位置：

$$\frac{1}{s'} = \frac{1}{f} + \frac{1}{s} = \frac{1}{f_e} + \frac{1}{(-D)} = \frac{1}{2} - \frac{1}{10} = 0.4$$

$$s' = 2.5\text{in}$$

因此，这种简单望远镜的眼距是 2.5in。

如图 13.4 所示，这种望远镜的视场取决于目镜渐晕，因此，还不能完全确定。在某视场时孔径光线将有 50% 渐晕，以便主光线能够通过目镜边缘。在这些条件下，

$$u_o = \frac{\text{目镜直径}}{2D} = \frac{1}{2\times 10} = \pm 0.05\text{rad}$$

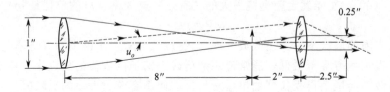

图 13.4　例 13.1 的倒像望远镜

总的真实视场❶是 0.1rad，或者约 5.7°。

然而，由于在该视场角存有渐晕的出瞳非常接近于 0.25in 直径的半圆，并且，完全充满 3mm 的眼瞳，所以，这是一个眼睛能够观察到的较差的图像。没有光线通过望远镜的视场角就是比视场更大的角度。如果设想图 13.4 中 u_o 的尺寸慢慢增大，显然，来自物镜底端的光线将不能投射到目镜上，来

---

❶　望远镜的真实视场是物方空间的（角）视场。表观视场是像方（即眼睛）空间的（角）视场。

自物镜顶端的光线最后被渐晕出去。对于选择的例子,两个透镜的直径都是 1in,很明显,内部像的限定直径也是 1in。(对不同直径的透镜,简单经验就是按比例确定光线传播到内部焦平面上的高度) 100% 渐晕的半视场等于图像直径的一半除以物镜焦距所得的商数,或者 ±0.0625rad,总的真实视场是 0.125rad,或者约 7.1°。

因此,对于 0.25in 的出瞳,在 0.125rad 时视场完全被渐晕,在 0.1rad 时渐晕是 50%,在 0.075rad 时没有渐晕。这三种情况均表示在图 13.5 中,并且,随渐晕量增大,出瞳的"有效"位置向内侧移动。

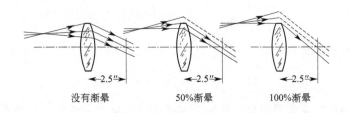

图 13.5　目镜的渐晕决定着天文望远镜的视场

利用一个场镜可以完全消除 ±0.0625rad 视场时的渐晕,现在确定场镜的最小光焦度。由图 13.6 可以看出,场镜使来自物镜的光线弯折,以使光线 B 不再投射到比目镜上边缘更高的位置。光线 B 的斜率等于 1in(光线投射到物镜和场镜上的高度差)除以 8in(场镜到物镜的距离),或者 +0.125。通过场镜后,希望斜率是零(在目前情况下),如虚线 B' 所示。利用公式(4.1),可以解出场镜的光焦度:

$$u' = u - y\phi_f$$
$$0.0 = +0.125 - (0.5)\phi_f$$

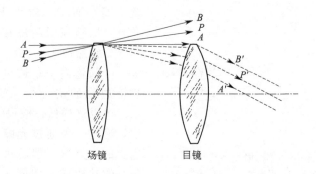

图 13.6　确定例 13.1 中场镜光焦度的光线图

$$\phi_f = +0.25$$
$$f_f = \frac{1}{\phi} = 4\text{in}$$

现在，从物镜中心通过场镜和目镜追迹一条主光线从而确定新的眼距。

$$u_o' = \frac{y_f}{f_o} = +0.0625 = u_f$$
$$u_f' = u_f - y_f \phi_f = +0.0625 - 0.5 \times 0.25 = -0.0625$$
$$y_e = y_f + u_f' f_e = 0.5 - 0.0625 \times 2 = 0.375$$
$$u_e' = u_f' - y_e \phi_e = -0.0625 - 0.375 \times 0.5 = -0.25$$
$$l_e' = 眼距 = \frac{-y_e}{u_e'} = \frac{-0.375}{-0.25} = 1.5\text{in}$$

注意，用放大率也可以把 u_e' 和 u_o 联系在一起，如公式（13.4）所示，其中

$$\text{MP} = \frac{u_e'}{u_o} = \frac{-0.25}{+0.0625} = -4\times$$

场镜精确地放置在焦平面处，所以，系统的光焦度并未改变。如果希望场镜放置在稍微偏离焦平面一点处，那么，总的方法是一样的。当然，在计算过程中，距离、光线高度等要据此进行修改。若将场镜放置在焦点右侧，望远镜的光焦度会增大，反之亦然。无论哪种情况，望远镜都会稍微变短。

对于伽利略望远镜，用$+4\times$替代例 13.1 第二段公式中的放大率，以求解部件的焦距：

$$f_o = \frac{(\text{MP})D}{(\text{MP})-1} = \frac{(+4)10}{+4-1} = +13.33\text{in}$$
$$f_e = \frac{D}{1-(\text{MP})} = \frac{10}{1-(+4)} = -3.33\text{in}$$

假设，孔径光阑位于伽利略望远镜物镜处，则出瞳位于望远镜内部，显然，不能与观察者的眼睛相重合。因此，在伽利略望远镜中，孔径光阑不是物镜本身，而是观察者眼睛的瞳孔，并且，出瞳在眼睛所在的位置，通常在目镜后面 5mm 处。为了确定视场，必须追迹一条通过光瞳中心及物镜边缘的主光线，如图 13.7 所示。可以这样做：假设 u_e 一个任意值，追迹一条通过光瞳中心及物镜边缘的主光线，然后将光线数据按合适的常数成比例缩放（如第 9 章所示），使光线在物镜上的高度等于

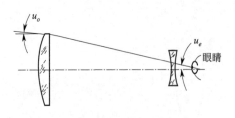

图 13.7 伽利略望远镜

在伽利略望远镜中，视场取决于物镜直径及出瞳位置，通常，出瞳是观察者的眼睛瞳孔

其通光孔径的一半。为简化运算，假设光瞳与目镜重合，因此，u_e 等于物镜直径的一半除以透镜间的间隔，在该例中是 0.05rad。根据公式(13.4)，MP = u_e/u_o，可以解得 u_o = 0.05/4 = 0.0125rad。总的真实视场是 0.025rad（约 1.5°），比上面讨论的倒像望远镜的视场小许多。与对天文望远镜目镜的讨论一样，对视场渐晕的讨论同样可以应用于伽利略望远镜的物镜。必须记住，观察者眼睛的横向移动可以改变伽利略望远镜视场的方向，但是，对于形成内部实像的望远镜，当视场光阑放置在像面时，这是不成立的。

作为正像望远镜的例子，设计一个望远镜式步枪瞄准镜，与前面一样，放大率 4×，长度 10in，透镜最大直径 1in。对于小口径（0.22）步枪，2in 眼距是可以接受的。对于重型机枪，眼距通常是 3～5in。假设，希望眼距是 4in，并由此设计望远镜。入瞳（在物镜上）直径 1in。根据公式(13.7)，出瞳直径就是 0.25in。再次使用公式(13.6)，目镜的表观视场 (u_e) 等于 $4u_o$，式中，u_o 是真实视场。参考图 13.8，很明显，u_e 受目镜直径限制，对于一个没有渐晕的光瞳及 1in 直径的目镜，4in 的眼距 R 将表观视场限制到下面水平：

$$u_e = 4u_o = \pm \frac{1}{2R}(目镜直径 - 瞳孔直径)$$

$$= \pm \frac{1}{2 \times 4} \times (1 - 0.25) = \pm 0.09375 \text{rad}$$

$$u_o = \pm 0.0234 \text{rad} = (\pm 1.3°)$$

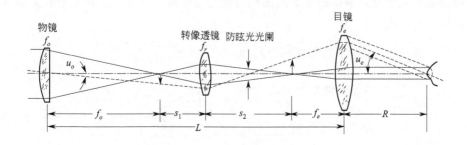

图 13.8　一种简单正像望远镜的光学系统

为了确定组件的光焦度和它们之间的间隔，注意，长度是：

$$L = f_o - s_1 + s_2 + f_e$$

和

$$M = \frac{-f_o s_2}{f_e s_1}$$

将两式联立，并根据 M、L、f_o 和 f_e 推导出 s_1、s_2 和 f_r，其表达式如下：

$$s_1 = \frac{-f_o(L-f_o-f_e)}{(Mf_e+f_o)}$$

$$s_2 = \frac{-s_1 M f_e}{f_o} = \frac{M f_e(L-f_o-f_e)}{(Mf_e+f_o)}$$

$$f_r = \frac{s_1 s_2}{s_1 - s_2} = \frac{M f_e f_o (L-f_o-f_e)}{(Mf_e+f_o)^2}$$

至此，所面对的都是光学设计总体布局中非常普通的情况。可以通过代数法得到表示 f_o 和 f_e 的公式，获得具有所希望眼距 R 的望远镜，或者直接从数值计算中得到。一般地，对一次性的解，采用数值法是较好选择，尤其是如果已经非常好地理解了所考虑的系统的话。如果喜欢设计一些具有不同参数的同类系统，或者"探索"和希望求得所有可能的解，常常愿意付出较冗长的劳动得到其代数解。

前面公式表明可以有两种选择（或者自由度），即 f_o 和 f_e，并得到了一个 $4\times$、长度 10in 的望远镜。然而，这些公式中没有包括眼距。为了采用数值法解决该问题，假设，有一些合适的 f_o 值，然后，检测各种 f_e 值，挑选出可得到所希望眼距 R 的 f_e 值。由于 R 不是关键的精确外形尺寸，所以，采用图形求解（在试过几种 f_e 值之后），绘制出 R 与 f_e 的关系曲线完全能满足我们的需要。对另外的 f_o 值重复该过程，应当能够求得合适解的范围。

为了用解析法得到一个解，按照下面的程序进行：利用薄透镜公式［公式(4.1)～公式(4.2)］追迹一条任意斜率的、通过物镜中心的主光线，并利用刚刚推导的三个公式中带符号的间隔和透镜光焦度值，可以得到有关光焦度和间隔的带符号值：

$$\text{第一个空气间隔} = f_o - s_1 = f_o + \frac{f_o(L-f_o-f_e)}{(Mf_e+f_o)}$$

$$\text{转像透镜的光焦度 } \phi_r = \frac{1}{f_r} = \frac{(Mf_e+f_o)^2}{M f_e f_o (L-f_o-f_e)}$$

$$\text{第二空气间隔} = s_2 + f_e = f_e + \frac{M f_e(L-f_o-f_e)}{(Mf_e+f_o)}$$

$$\text{目镜光焦度 } \phi_e = \frac{1}{f_e}$$

因此，该光线最后交点长度表达式 $l_e' = -y_e/u_e'$ 等于眼距 R，得到用 f_o、M、L 和 R 表示的 f_e 表达式。该方法有点冗长，推导过程中产生误差的概率与前面几种方法几乎一样。必须仔细操作并不断审校，可以确定：

$$f_e = \frac{M^2 RL - f_o(M^2 R + L)}{M^2(R+L) - f_o(M-1)^2}$$

对于任意选择的 f_o 值（小于 L，而大于零），可以得到一组光焦度和间隔，都能满足初始给出的光焦度 M、长度 L 和眼距 R 的要求。

在数值和符号两个方面无论是否达到要求,现在面临的问题是确定一个合适的 f_o 值,这是求解的基础。判断给定解的值是否合适需要一些判据,一般地,希望组件在给定系统中的光焦度达到最小;在后面章节会越来越明显地看到,常常使下面运算符号中的一个或全部达到最小化:$\sum |\phi|$,$\sum |y\phi|$,$\sum |y^2\phi|$(运算符号 $|x|$ 表示 x 的绝对值),ϕ 是组件的光焦度,y 代表轴上光线或主光线在组件上的高度,或者零件的半通光孔径。

对少数(至少)几章,基本理论将较少讨论,直接阐述所采用的技术。对于任意选定的 f_o 值,确定所需要的 f_r 和 f_e(以及 s_1 和 s_2),然后,绘制出 ϕ_o、ϕ_r 和 ϕ_e(其中 $\phi=1/f$)以及 $\sum|\phi|=|\phi_o|+|\phi_r|+|\phi_e|$ 相对于 f_o 值的关系曲线,产生 13.9 中所示的图,注意,$f_o=3.5$ 时,$\sum|\phi|$ 达到最小值。因缺乏更好判据,所以这是一种合理选择。

为了加快设计速度,可以根据每一个解追迹一条轴上光线和一条主光线。轴上光线的初始数据(物镜上)是 $y=0.5$ 和 $u=0$;主光线的初始数据是 $y_p=0$,$u_p=0.0234375$。正如上面几节讨论的,是以眼距和目镜直径为基础选择的。根据对这些光线的追迹,可以确定轴上光线在每块透镜上的高度 y、y^2 以及每块透镜必要的最小通光直径 $D=2(|y|+|y_p|)$,以使整个视场光束都能通过。其结果是,在已经确立的条件下,对所有的 f_o 值,物镜和目镜的直径一定是 1in,转像透镜的直径是 0.3125in。根据这些资料,可以绘制出如图 13.10 所示的曲线图。一定要根据后面章节给出的材料(或信息)对四种

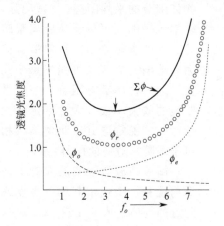

图 13.9 对于一个 10in 长、眼距 4in 的正像望远镜,其元件的光焦度相对于任意选定的物镜焦距的关系曲线

ϕ_o、ϕ_r 和 ϕ_e 分别是物镜、转像透镜和目镜的光焦度

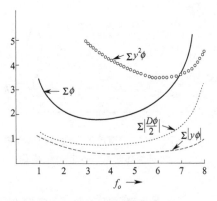

图 13.10 元件光焦度之和与物镜焦距的关系曲线

元件光焦度之和是物镜焦距选择的函数

最小值做出选择。一般地，该例中的 $\sum|\phi|$ 最小值会使 Petzval 场曲减小，$\sum|D\phi|$ 最小值会降低光学零件的制造成本，并且，$\sum|D\phi|$、$\sum|y\phi|$ 或 $\sum|y^2\phi|$ 最小值会减小其他像差，所以，这种选择取决于最希望减少哪种像差。

假设，选择 $f_o=+4$，透镜光焦度和间隔确定如下：

$$f_o=+4$$

$$f_e=\frac{4\times 4\times 4\times 10-4(4\times 4\times 4+10)}{4\times 4(4+10)-4(4-1)(4-1)}=+1.8298$$

$$s_1=\frac{-4(10-4-1.8298)}{(4\times 1.8298+4)}=-1.4737$$

$$s_2=\frac{-(-1.4737)\times 4\times 1.8298}{4}=+2.6965$$

$$f_r=\frac{-(-1.4737)\times 4\times 1.8298}{(4\times 1.8298+4)}=+0.9529$$

13.4 简单显微镜和放大镜

一台显微镜就是将一个近距离物体的放大像展现给眼睛的光学系统。从感觉上，该像被放大，比正常观察距离观察物体时（对于眼睛）有更大张角。习惯上，将"正常观察距离"定义为约 10in，代表绝大部分人能够最清楚观察到物体细节的平均距离。（很明显，非常年轻的人可以看清距离眼睛几英寸的物体细节，目视适应能力有缺陷的成年人可能聚焦于几英尺远的物体都有困难）一台显微镜的放大率或放大倍率定义为像对应的视角与 10in 远物体（相对于眼睛）对应的视角之比。

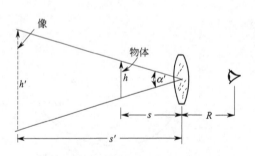

图 13.11 简单的显微镜或放大镜对物体形成一个正立的虚像

简单的显微镜或放大镜由一个物镜和一个位于其第一焦点或附近的物体组成。在图 13.11 中，物体 h 到放大镜的距离是 s，成像在距离 s' 处，高度是 h'。正如所示，是一个虚像。根据符号规则，s 和 s' 都是负值。利用下面给出的初级成像公式［公式(2.4) 和公式(2.7)］可以很容易地确定放大率。物像距公式是：

$$\frac{1}{s'}=\frac{1}{f}+\frac{1}{s}$$

求解得到 s：

$$s=\frac{fs'}{f-s'}$$

代入像高公式：

$$h'=\frac{hs'}{s}=\frac{h(f-s')}{f}$$

如果眼睛位于透镜上，像的张角是：

$$\alpha'=\frac{h'}{s'}=\frac{h(f-s')}{fs'}$$

若用肉眼观察－10in 远的物体，对应的张角是：

$$\alpha=\frac{-h}{10\text{in}}$$

放大率是这两个角的比值：

$$\text{MP}=\frac{\alpha'}{\alpha}=\frac{h(f-s')}{fs'}\times\frac{(-10\text{in})}{h}$$

$$=\frac{10\text{in}}{f}-\frac{10\text{in}}{s'} \tag{13.10}$$

因此发现，简单显微镜的放大率不仅取决于焦距，而且与选择的聚焦位置有关。调整物距，使像成在无穷远（即 $s=-f$ 和 $s'=\infty$），眼睛观察起来就不会疲劳，放大率简单地变为：

$$\text{MP}=\frac{10\text{in}}{f} \tag{13.10a}$$

选择焦点使像形成在 10in 远（即 $s'=-10\text{in}$），则：

$$\text{MP}=\frac{10\text{in}}{f}+1 \tag{13.10b}$$

习惯上公式(13.10a)给出的 MP 值表示放大镜、目镜、甚至复式显微镜的光焦度。

前面假设，眼睛位于透镜处。如果像不位于无穷远，则随着眼睛远离透镜，放大倍率将会减小。若 R 是透镜至眼睛的距离，放大率变为：

$$\text{MP}=\frac{10(f-s')}{f(R-s')} \tag{13.10c}$$

值得注意，如果量纲是 mm，常数 10 就变为 254 或 250。

13.5 复式显微镜

如图 13.12 所示，一台复式显微镜由一个物镜和一个目镜组成。物镜对物体形成一个实的倒像（通常是放大的像），目镜重新将物体成像在非常舒服的观察距离上,并进一步将像放大。[根据公式(4.5)]将两个元件组合后的焦距值代入公式(13.10a)中,就可以确定系统的放大倍率:

$$f_{eo} = \frac{f_e f_o}{f_e + f_o - d} \tag{13.11}$$

$$MP = \frac{10\text{in}}{f_{eo}} = \frac{(f_e + f_o - d)10\text{in}}{f_e f_o}$$

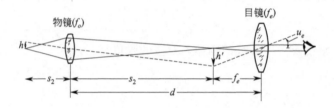

图 13.12 复式显微镜

确定放大率比较方便的方法是物镜放大率乘以目镜放大率。参考图 13.12,该方法给出:

$$MP = M_o M_e = \frac{s_2}{s_1} \times \frac{10\text{in}}{f_e} \tag{13.12}$$

公式(13.11)和公式(13.12)得到的放大率完全一样,用 $(d - f_e)$ 代替 s_2 可以证明这一点。由 d、f_e 和 f_o [由公式(2.4)]确定 s_1,并代入公式(13.12),得到公式(13.11)。

一个普通的实验室用显微镜的镜筒长度(或管长)是 160mm。镜筒长度等于物镜第二焦点(镜筒内焦点)至目镜第一焦点的距离。由公式(2.6),物镜的放大率是 $160/f_o$,以 mm 为单位,将公式(13.12)重新写成下面的形式:

$$MP = \frac{-160}{f_o} \times \frac{254}{f_e} \tag{13.13}$$

标准显微镜光学系统通常根据其光焦度分类,因此,一个 16mm 焦距的物镜有 $10 \times$ 的放大率,0.5in 焦距的目镜的放大率是 $20 \times$,组合后的放大倍率是 $200 \times$,或者 200 倍的直径。

与望远镜一样,显微镜的分辨率受限于两个因素:衍射和眼睛的分辨率。然而,对于显微镜,感兴趣的是线性分辨率而不是角分辨率。根据瑞利判据,可分辨的两个物点间的最小间隔由公式(9.16)给出:

$$Z = \frac{0.61\lambda}{NA}$$

式中,λ 是波长,$NA = n \sin U$,是系统的数值孔径。应当注意,折射率 n 和边

缘光线斜率 U 是有关物体的数据。由于数值孔径对该点的重要性，通常，用放大率和数值孔径表示显微物镜的性质，例如，一个 16mm 物镜通常标为 $10 \times NA0.25$。

在 10in 距离上，1 弧分的目视分辨率（0.0003rad）对应着约 0.003in 或 0.076mm 的线性分辨率。当光学系统将物体放大后，物方目视分辨率是：

$$R = \frac{0.003\text{in}}{\text{MP}} = \frac{0.076\text{mm}}{\text{MP}} \tag{13.14}$$

令目视分辨率 R 与衍射极限 Z 相等，求解放大率，得到：

$$\text{MP} = \frac{0.12\text{NA}}{\lambda} \tag{13.15}$$

λ 单位是 mm，这是衍射极限和目视极限匹配时的放大率。在这种放大率下，眼睛可以分辨图像的所有细节，并且，设定 $\lambda = 0.55\mu m$，大于 225NA 的放大率是"空放大率"。然而，作为望远镜，如 13.3 节讨论，几倍于该量值的放大率仍在正常使用。

13.6 测距机

图 13.13 是一个简化的三角测量测距机示意图。眼睛从两条光路观察物体：直接通过半透半反反射镜 M_1 和经过补偿光路及全反射镜 M_2。调整其中一个反射镜的角位置直到两个像重合。在此表示的基本仪器中，将一个指针固定在反射镜 M_2 上，用以表示 $\theta/2$ 的角度值。因此，由下式可以得到物体的距离：

$$D = \frac{B}{\tan\theta} \tag{13.16}$$

式中，B 是仪器的基线长度。在实际的测距机中，常常将一个望远镜与反射镜系统组合，以增加读数精度，可以用任何一种装置确定角度，通常，直接从合适的距离刻度盘读出距离，不必计算。

D 值的精度取决于角度 θ 的精确测量。如果 D/B 较大，可以写作：

$$D = \frac{B}{\theta} \tag{13.17}$$

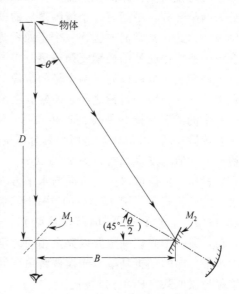

图 13.13 测距机基本的光学系统
眼睛直接通过半透半反射镜 M_1 观察物体，通过可移动反射镜 M_2 也可以看到物体。M_2 的角度设置能使观察到的两个像重合，从而确定距离

相对于 θ 进行微分，得到：

$$dD = -B\theta^{-2}d\theta \tag{13.18a}$$

将 $\theta = B/D$ 代入公式(13.18a) 发现，由 $d\theta$ 的设定误差造成 D 的误差是：

$$dD = \frac{-D^2}{B}d\theta \tag{13.18b}$$

$d\theta$ 的精度取决于两个像重合时眼睛能够精确确定的精度，就是眼睛的游标（轮廓）视敏度，约 $10''$（0.00005rad）。如果测距机光学系统的放大率是 M，则 $d\theta$ 是 $0.00005/M$ rad，所以，测距误差是：

$$dD = \pm \frac{5 \times 10^{-5} D^2}{MB} \tag{13.18c}$$

因此，基线 B 的放大率 M 越大，D 的测量范围就越精确。

测距机中常遇到的几种装置表示在图 13.14 中。在图 13.14(a)，用一个五角棱镜（或者"五角"反射镜）代替端部反射镜，这是一种有固定偏转量的装置，不论其方位如何，瞄准线总是偏转 90°。使用该装置的原因在于为了消除误差源，因为此情况与简单的 45°反射镜不同，五角棱镜的错位对准不会对两个像的相对角位置有任何影响。该系统中设计有一个双筒望远镜以产生放大率，望远镜两支分路的光焦度要仔细匹配，以避免产生误差。合像棱镜将视场分为两半部分，中间有一个清晰聚焦的分界线。在如图所示系统中，最终像是倒像，为此，常常需要包含一个正像系统，可以是棱镜或透镜。通常，实际的合像棱镜要比此处的棱镜复杂得多。

许多装置都可以完成两个像的合像。图 13.14(b)～图 13.14(d) 所示的装置都放置在物镜和目镜之间，通常放在图 13.14(a) 标有 X 的位置。图 13.14(b) 中的滑动棱镜会使像面产生位移，并随远离像面而增大，通常是一个消色差棱镜；图 13.14(c) 是两个具有可变间隔的、一模一样的棱镜，它们使光线位移，但不发生偏折；图 13.14(d) 中转动块的工作原理是一样的。上述所有装置易产生像散（垂直方向与水平方向聚焦位置不同），因为它们是会聚光束中的倾斜表面。图 13.14(e) 中的反向旋转光楔可以放置在平行光束中［图 13.14(a) 中的 Y 处］，因而，避免了上述缺陷。注意，如果一个光楔顺时针转动，另一个光楔一定要以完全相同的角度逆时针旋转。在这种方式中，光线在水平方向的偏折是单个光楔偏转角度的两倍，可以是正或负。有时，这些棱镜称为累斯莱（Risley）棱镜。

另一种可以形成可变偏折角的装置由一个固定的平凹透镜和一个可移动的平凸透镜组成，它们的曲面有相同的半径，并嵌套在一起。当凸透镜的平面平行于凹透镜平面时，这对透镜不会产生角偏离，然而，如果转动凸透镜（绕曲率中心），这对透镜就完全变成一个棱镜，并形成角偏离。这种装置可以采用

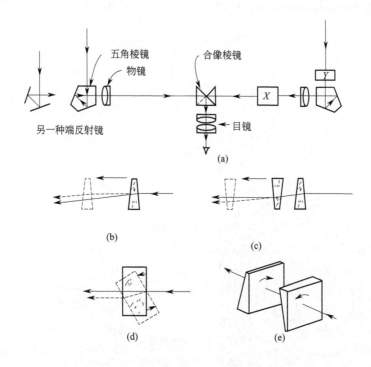

图 13.14 有代表性的测距机光学系统
(a) 设计有合像棱镜和五角棱镜端反射镜的望远式测距机；(b) 在 X 处设计有滑动棱镜以保证合像；(c) 在 X 处使用一对滑动棱镜；(d) 在 X 处使用转动平板、光学测微计；(e) 在 Y 处使用反向旋转棱镜以保证合像，即累斯莱（Risley）棱镜

球面或者柱面。

单透镜反射式（SLR）照相机经常会加入一个裂像测距仪，其原理不同于上述的合像测距仪。SLR 相机的取景器包括照相物镜、一个场镜和目镜；场镜被分成三个区域，如图 13.15(b) 所示。最外层区域的作用是一个简单场镜，重新安排视场边缘光线，以便通过目镜。场镜设计成菲涅耳塑料透镜形式，透镜的弯曲表面压成环状薄板，如图 13.15(a) 所示。这种形式有折射作用，而厚度很小或重量很轻。这样的菲涅耳透镜也用作字幕放映机的聚光镜，以及照明灯和信号灯。SLR 场镜的中心区域被分成两半个部分，每半个部分都是一个光楔棱镜，两个棱镜排列方向相反。如果物镜所成的像对准焦点，就位于光楔的平面上，两半个像彼此对准，排成一行；若像不在焦点处，处于离焦状态，那么，通过半个裂像光楔的像偏向一侧，通过另一半裂像光楔的像偏向另一侧，像是不重合的。场镜的中间部分由非常微小的尖塔棱镜组成，使不

聚焦的像发生偏折或被分割，目的是扩大不聚焦的模糊斑。

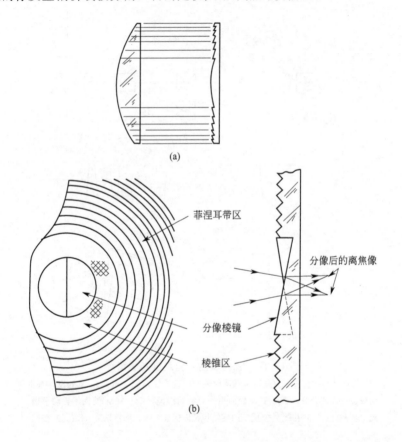

图 13.15 SLR 照相机的裂像测距仪光学系统
（a）一个菲涅耳透镜被表示为推导公式用的等效透镜。菲涅耳透镜的每个环区与对应的透镜区有同样的表面斜率。（b）一个 35mm SLR 照相机的裂像棱镜测距仪，借助其中心区域内反向排列的楔形棱镜将一个不聚焦的像分成两部分；若像是聚焦在楔形表面上，就不被偏折或分割。裂像棱镜的周围区域由微小的尖塔棱镜组成，将分割不聚焦的像，并扩大其模糊斑。外层区域是一个菲涅耳透镜，作用相当于照相机取景器的场镜

　　对于多种应用，光学测距机已被激光测距机代替。实质上，这就是光学雷达，通过测量一个光脉冲到目标的来回程传播时间就可以得到至目标的距离。在军事应用中，使用一种大功率激光器；在大地测量应用中要使用一种合作靶，例如后向导向器（三面直角棱镜），并且，需要一种功率非常低的光源就足够了。

13.7 辐射计和医用光学

辐射计是测量光源辐射的装置。对一种简单形式，可以由一个物镜（或反射镜）组成，会聚来自光源的辐射，并成像在探测器的敏感面上，再将入射辐射转换成电信号。一个"斩波器"可以简单得像一个小型电扇叶片，通常插在探测器前面为电子线路提供交流信号，而电子线路用于放大和处理探测器的输出。

从名字上就可以看出，辐射计用于测量辐射，但也是许多其他应用的基础。通讯系统中接受光束的接收器

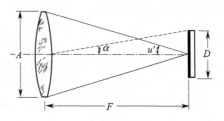

图 13.16 由物镜组成的简单辐射计，将辐射光源的像直接成在探测器单元上

就是一类辐射计，其输出转换成音响形式。一种红外寻的空对空导弹（响尾蛇飞弹）的搜寻头就是一个辐射计，其输出表明敌机排出的热量是否在瞄准线上。

图 13.16 是一种简单辐射计的示意图。直径为 D 的探测器放置在物镜焦点处，物镜焦距是 F，直径为 A，系统的半视场角是 α，由于探测器在物镜焦点处，所以，半视场角是：

$$\alpha = \frac{D}{2F} \tag{13.19}$$

对各种辐射计应用，希望光学系统具有以下性质：
① 为了会聚光源发出的大量能量，系统直径 A 应尽可能大；
② 为了提高信噪比，探测器的尺寸 D 应尽可能的小；
③ 为覆盖实际视场，视场角 α 要有一个合理的值（经常，是尽可能大）。

前面已经提醒过，A 和 B 之间是互相限制的关系。如果一个光学系统是齐明透镜❶（即没有球差和慧差），第二个主表面（或主"平面"）一定是球面，为此，有效直径 A 不会超过焦距 F 的两倍，并且，像的边缘光线的斜率不会超过 90°，从而将系统的数值孔径限制到 $\mathrm{NA} = n'\sin 90° = n'$；如果系统位于空气中，并且是一个远距离的光源，则该相对孔径的限定值变为 $f/0.5$。对物镜的速度会有其他限制。设计大孔径比系统时不可能需要任意的分辨率，或者说，实际限制（或事先确定的关系）可能会限制物镜的可接受速度。

---

❶ 分析辐射系统时经常假设是齐明系统，这是基于：①通常需要良好的像质；②不可能超过齐明系统所成像的照度（辐照度），所以，该假设提供了一种限定情况。

将公式(13.19)两侧乘以 A，对物镜引入一个量，即有效 $f/\#$。令 $(f/\#)=F/A$，并重新整理，如果系统位于空气中，得到：

$$(f/\#) = \frac{D}{2A\alpha} \tag{13.20}$$

若系统的最终像位于折射率为 n' 的介质中，则

$$NA = n'\sin u' = \frac{A\alpha}{D} \tag{13.21}$$

[根据公式(4.14)] 使物镜的光学不变量 $(I=A\alpha/2)$ 等于像的不变量 $(I=Dn'u'/2)$，并用 $\sin u'$ 代替 u'（符合对齐明透镜的要求），也可以验证公式(13.21)。

由于 $(f/\#)$ 不可能小于 0.5，$\sin u'$ 不会大于 1.0，所以，物镜孔径 A、半视场角 α 和探测器直径 D 可以用下面关系式联系起来：

$$\left|\frac{A\alpha}{n'D}\right| \leqslant 1.0 \tag{13.22}$$

应当注意，根据光学不变量方法而无需对物体和探测器间的系统进行假设也可以推导出公式(13.22)，所以，该公式适合于各类光学系统，包括反射和折射物镜（可以有场镜，也可以没有）、油浸物镜、光管等。因此，设计时企图使公式(13.22)左侧值大于 1 是没有意义的。事实上，如果要求有良好的成像质量时，很难（有效）超过 0.5。这种约束可以适用于任意光学系统，无论简单还是复杂系统。公式(13.22)非常类似于为投影或照明系统讨论的公式(12.24)。

作为公式(13.22)的应用实例，现在确定一个辐射计可能的最大视场，辐射计的孔径是 5in，探测器的直径是 1mm (0.04in)。如果探测器位于空气中 $(n'=1.0)$，由公式(13.22)，得到：

$$\frac{5\alpha}{0.04} \leqslant 1.0 \quad \text{或} \quad \alpha \leqslant 0.008\text{rad}$$

总视场的最大绝对值 (0.016rad) 稍小于 1° (0.01745rad)。折射率为 n' 的油浸物镜放置在探测器处（如下所述），能够将最大视场角提高到 $0.016n'$。

如果油浸物镜的折射率是 n，使用油浸物镜就将光学系统的数值孔径提高 n 倍，而对系统性质没有影响；使用油浸物镜的另一种方法，是将其视作能够放大探测器表观尺寸的放大镜。最经常使用的油浸物镜形式是半球形元件，与探测器是光学接触。在图 13.17 中，折射率为 n' 的同心油浸物镜已经将像的尺寸减小到 h'/n'。

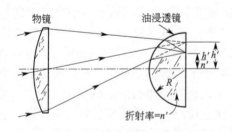

图 13.17 与光学系统焦点同心的半球油浸物镜可以将像的线性尺寸减小一个倍数（油浸物镜的折射率）

由于油浸物镜的第一表面与轴上像点是同心的，所以，指向该点的光线垂直于该表面，并且不发生折射，因此，既没有球差和轴上慧差，也没有轴上色差。像方的光学不变量是 $h'n'u'$，由于油浸透镜不会改变 u'，很明显，增大 n'，一定会使 h' 减小。

使用油浸物镜，一定要注意平面表面的反射（尤其是全内反射），理想的话，探测器层应直接镀在油浸物镜上。油浸物镜通常应用于大入射角的情况，所以，如果油浸物镜的折射率较高，并且是低折射率膜层（例如空气或胶）将其与探测器隔开，可能会出现全反射。

在应用辐射计之类的系统时，通常希望用一个较低速的物镜和一个小孔径的探测器，并仍然覆盖着大的视场。借助场镜可以实现这个目的。场镜放置在物镜系统像平面处（更经常在附近），再次将视场边缘的光线投向探测器，如图 13.18 所示。正如该简图看到的，场镜实际上是将物镜的通光孔径成像在探测器表面上，最佳布局是物镜孔径的像与探测器的尺寸一样大，并且

$$\frac{s_1}{s_2} = -\frac{A}{D}$$

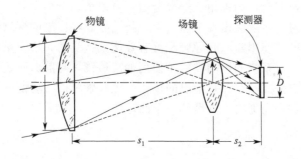

图 13.18 设计有场镜的辐射计以增大小孔径探测器的视场

这种结构布局不仅可以实现大视场角，而且大部分探测器表面都有均匀照明，其表面的灵敏度逐点都不一样。如果场镜的焦距由下式给出：

$$f = \frac{s_1 s_2}{s_1 - s_2}$$

那么，无论光源成像在视场的什么位置，都照射到同样面积的探测器。场镜和油浸物镜经常组合使用。注意，辐射计中设计有场镜并不能改变公式(13.21)和公式(13.22)给出的限制，简单的方法就是增大探测器的数值孔径，从而允许使用小数值孔径的物镜系统。

使安装有小型探测器的辐射计视场增大的各种装置是光导管或锥形聚光镜。图 13.19 表示，来自物镜的主光线被锥形光导管的内壁反射，如果没有该

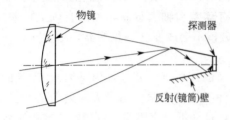

图 13.19 反射光管的作用是增大辐射计的视场

光管,光线将不能到达探测器。

讨论该光线通过该系统的"展开光路"是非常有意义的,如图 13.20 所示。光导管的实际反射壁视作实线,虚线是内壁彼此反射形成的像。该布局图类似于第 7 章将棱镜展开图阐述为"隧道图",可以将光线通过系统的光路绘制成一条直线。注意,图中的光线 A 在到达光管的探测器表面之前有三次反射,以较大角度入射的光线 B 不会到达探测器,而是转换方向,向后传播,从光管的大孔径端出射,这是对光管效率(或能力)的一种限制,类似于前面推导公式(13.20)等公式时对普通光学系统 $f/\#$ 或数值孔径的限制。

可以将光导管制成空的锥管或棱锥体,其反射壁如图 13.19 和图 13.20 所示,将实体的光学透明材料的外壁做成光导管是很普通的事。因此,该反射壁可以镀反射膜,或者,如果角度选择合适,可以依靠全内反射。如果是一根实光导管,在出射端可能会出现全内反射,将光导管输出端的探测器"油浸"能够避免这种现象。使用实心光导管能够有效增大接受角,增大系数等于光导管材料的折射率,对系统的影响类似于使用油浸透镜,与前面所述一样,整个辐射系统仍然遵守公式(13.22)给出的规律。光导管可以与场镜一起使用,最常用的布局是在实心光管输入端设计一个凸球面。

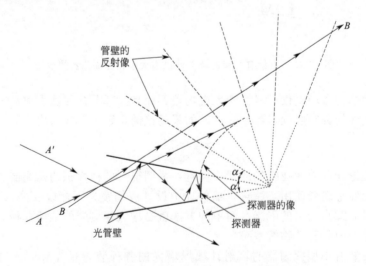

图 13.20 借助展开图对光线通过光导管进行追迹

如果浏览或讨论一个棱锥光导管的大孔径端，应当看到对输出端面（或者探测器）形成的交叉式复合像，如同图 13.20 对二维情况的展示。该交叉式复合像分布在一个球面上，中心在棱锥光导管顶端。当然，该像是（放大后）探测器的有效尺寸，正如光线 A 和 A' 所示，物镜发出的光锥扩展开来覆盖着一系列像。在去相关（使用场镜时所确立的）探测器表面和物镜孔径之间的关系时，这种结果可能是有用的。对锥形光导管，这种结果更为显著。

本节讨论是专门针对小型探测器上的辐射。反过来说，如果用一个小辐射光源代替探测器，就可以用诸如场镜和光导管之类的装置来增加光源的表观尺寸，并减少其辐射角度（反之亦然）。

光导管最经常应用的方式之一是照明系统，尤其是需要特别均匀照明而光源很不均匀的地方，例如高压汞灯或氙气灯，或者金属卤化物弧光灯。如果光导管两边平行（是一个柱体、正方形或矩形截面），如图 13.21 所示，光源的像聚焦在光导管一端，另一端就相当均匀地被照明。正如图中看到的，光源的多次反射形成一种棋盘式图像，也是新的有效光源，并且，光导管输出端的照度相当均匀。当然，没有理由不用这种方式使用棱锥形光导管，有时就是这样做的。注意，光导管的比例（长度、直径）及成像光束的会聚度决定着反射次数和反射光源像的数目。

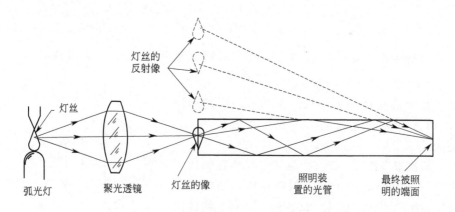

图 13.21　两边平行的光导管

当光源聚焦在光导管一端时，可以在光导管输出端面产生非常均匀的照明。
由光导管管壁反射产生的多个像成为输出端面的照明光源

13.8　光纤光学

若光线通过一根长的抛过光的玻璃圆柱体时，其投射到圆柱体管壁上的入射角要比全内反射的临界角大，那么，就可以毫无泄漏地将光从一端传输到另一端。一条子午光线通过该圆柱体的光路表示在图13.22中。子午光线通过此装置的几何光学比较简单，如果圆柱体的长度是 L，子午光线传播的路程长度就是：

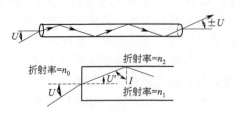

图13.22 光线借助于全内反射通过一根抛过光的长圆柱体传播

$$\text{路程长度} = \frac{L}{\cos U'} \quad (13.23)$$

光线的反射次数是：

$$\text{反射次数} = \frac{\text{路程长度}}{(d/\sin U')} = \frac{L}{d}\tan U' \pm 1 \quad (13.24)$$

式中，U' 是光线在圆柱体内的斜率，d 是圆柱体直径；L 是长度。当光线没有反射损失而全部透射时，角度 I 必须大于临界角：

$$\sin I_c = \frac{n_2}{n_1}$$

式中，n_1 是圆柱体的折射率；n_2 是柱体周围介质的折射率。依此就可以确定发生全反射的子午光线的外部最大斜率：

$$\sin U = \frac{1}{n_0}\sqrt{n_1^2 - n_2^2} \quad (13.25)$$

一个圆柱体的"接受锥角"定义为数值孔径。整理公式(13.25)得到：

$$NA = n_0 \sin U = \sqrt{n_1^2 - n_2^2} \quad (13.26)$$

这就是数值孔径的最小值。正如下面所述和图13.23所示，斜光线的 NA 比子午光线的 NA 更大。

再次参考图13.22，如果子午光线在轴线上方或下方以合适的角度入射圆柱体，则应当以 $-U$ 斜率角出射。图13.23表示一对斜光线的路程（端视图）。注意，每次反射都使斜光线伴随着旋转，旋转量取决于光线离开子午面的距离。因此，从圆柱体一端入射的一束平行光束会从另一端出射，如同顶角为 $2U$ 的空心光锥一样。如果圆柱的直径比较小，则衍射效应在某种程度上会使空心光锥有些散射。还要注意，由于斜光线要比子午光线以更大入射角投射到圆柱表面，所

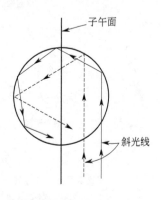

图13.23 斜光线和子午光线
斜光线（非子午光线）通过反射圆柱体的路程是一种螺旋形式。一条光线在通过给定长度的路程中转动的（圈数）量取决于其入射位置

以，斜光线的数值孔径要比子午光线大。

如果将透光圆柱体弯曲成适度的曲线形状，那么，会有一些光从圆柱体的侧壁泄漏出，而大部分光仍在圆柱体内传播，并且，一个简单弯曲的玻璃棒就是一种非常方便的装置，通过管道可以将光从一个位置传送到另一个位置。

光学纤维是特别细的玻璃丝或塑料丝，光纤直径是 $1\sim 2\mu m$，或更大些。在这些小直径材料中，玻璃光纤相当柔韧灵活，一束光纤构成一根灵活的光导管。图 13.24 表示光纤的几种应用，图 13.24(a) 表明定向或"相干"光纤束

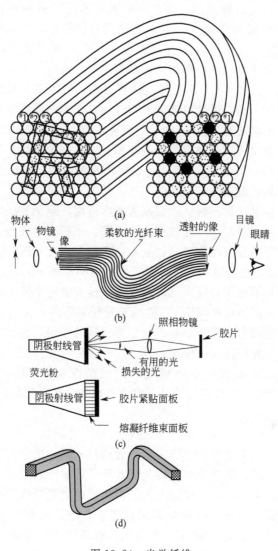

图 13.24 光学纤维

将图像从光纤一端传输到另一端过程中的基本性质。如果光纤两端被紧紧夹住，使每根光纤任一端都有同样的相对位置，然后，光纤缆索可以逐根地连接成结而不会影响像的传递性质。相当长的光纤束可以有不可思议的高透射率。相干光纤束的极限分辨率（单位长度线对数）近似等于光纤直径倒数的一半。同步摆动或扫描光纤两端，可以使分辨率加倍。当将光纤紧紧包裹时，光纤表面彼此接触，光线会从一个光纤漏射到相邻光纤中。光纤表面上的湿气、油或灰尘也可能干扰全内反射。在每根光纤上涂镀或者"覆盖"一层低折射率玻璃或塑料薄膜可以避免这种现象，例如，玻璃芯的折射率 $n_1=1.72$，覆盖层的折射率 $n_2=1.52$，根据公式(13.26)，得到的数值孔径是 0.8 数量级。由于全内反射（TIR）发生在光纤芯-覆盖层表面，所以，如果覆盖层足够厚，外层表面之间的湿气或接触就不会影响全内反射。

图 13.24(b) 表示一个灵活的胃窥镜或者乙形结肠镜。物镜将物体的像形成在相干光纤束的一端，借助目镜或者摄像机，在另一端观察传递过来的像。

阴极射线管端面的普通照相术不是一种很有效的工艺。荧光粉全方位辐射，一个照相物镜仅仅接受辐射光的一小部分。由气密熔凝光纤束组成的管面〔图 13.24(c)〕可以将辐射到（由 NA 确定）光锥内的全部能量传递到相接触的照相胶片上，其能量损耗可以忽略不计。熔凝光纤总是覆盖有低折射率玻璃以将光纤分开。常常增加一种吸收层或者吸收纤维，避免光线以大于光纤数值孔径的角度入射而形成的杂散光使对比度下降。光纤光学件也适合做导光管，即刚性熔凝束，可以有效地使光通过复杂曲折的路程，如图 13.24(d) 所示。

用直径在 0.5in 数量级的柔性塑料光纤作照明系统中的单芯光纤。

一种棱锥形相干熔凝光纤束可以用作放大镜或者缩小镜（取决于原物体放置在棱锥体的大端面还是小端面）。将相干光纤束扭曲，无论是否熔凝，都可以做成正像器，能够完成第 7 章介绍的正像棱镜的作用。这些器件常常在像增强器系统，例如微光夜视仪中使用。

直径 $0.5\sim1.0$mm 的空心玻璃光纤内表面镀膜，柔性合适，已经用于 $10\mu m$ 波长范围的辐射。这些光纤对于维持激光束的高斯分布做了大量工作。

梯度折射率光纤

前面内容是讨论将能量从光纤一端传递到另一端，很少或者没有涉及相干性。入射在光纤一端的能量是非常均匀或者杂乱地被传递到另一端。但是，如果光纤中心的折射率高，向外逐渐变低，则光线通过光纤的路程将是曲线而非直线。适当选择折射率梯度（近似是距光纤中心的径向距离平方的倒数的函数），光路就是正弦关系，如图 13.25 所示。有两个大的影响：从一点发出的光线沿光纤可以周期性地会聚到一个焦点；光纤能够像透镜一样成像。这是梯度折射率（GRIN）或自聚焦（SELFOC）棒的基础。例如，如果折射率设计成径向距离 r 的函数，表示如下：

$$n(r) = n_0(1 - kr^2/2)$$

则轴向长度为 t 的一根棒的焦距是：

$$\text{efl} = \frac{1}{n_0\sqrt{k}\sin(t\sqrt{k})}$$

后截距是：

$$\text{bfl} = \frac{1}{n_0\sqrt{k}\tan(t\sqrt{k})}$$

正弦光线路程的"节距"是 $2\pi/\sqrt{k}$。

由于聚焦效应沿棒长方向是连续的，所以，这种装置等效于 13.2 节介绍过的、由转像透镜和场镜组成的潜望镜系统。与两个转像透镜和一个中间场镜相对应的棒长，如图 13.25 所示，将产生一个正立的像，像的面积近似等于棒的直径所具有的面积。单排或双排梯度折射率棒是小型桌面复印机的基础。很明显，一根长的 GRIN 棒可以起到胃窥镜作用，一根短棒（小于图 13.25 所示长度的 1/4）的功能类似普通透镜，并称为伍德（Wood）透镜。

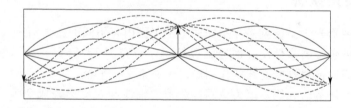

图 13.25　梯度折射率光纤

在梯度折射率棒或光纤（GRIN 或 SELFOC 棒）中，由于棒中心折射率高，边缘处折射率低，光线将沿正弦路径传播。这种棒可以像透镜一样成像。图中棒的长度等效于两个转像透镜和一个中间场镜。一根较短棒的作用类似于单透镜元件，较长棒的作用相当于一个潜望镜

这种折射率梯度透镜的其他重要方面是：由于光线是以正弦路径形式传播，所以，绝对不会接触到光纤管壁，并且，与（将光束约束在光纤内的）低折射率覆盖层的反射无关。此外，对所有路程，光路（折射率乘以距离）都是一样的，显然，轴上光路最短，但在最高的折射率中。光路的不变性意味着，在整个数值孔径范围内，所有路程的传播时间都一样。与公式（13.23）给出的路程长度相比，后者随光线斜角的余弦变化。

通讯光纤

　　光纤的另一种应用是通讯。以光作为一种有特别高频率的载波，其数据传递速率可以非常非常高。制造光纤时使其有特别低的吸收（低于每千米 0.1dB 的损失），以便在几英里距离上传播信息成为现实。然而，如果可能的光路长度彼此不同，则光线从光纤一端传播到另一端所消耗的时间将因不同光线而变化。对高数据传播速率，传播时间的很小量差就足以产生一个相移，将信号调制降到无用的水平。图 13.23 再次表明路程长度的变化。用于电话和数据传输的光纤是典型的单模光纤（光纤芯直径是 $10\mu m$ 数量级，边界处折射率差约 1%），除非直接沿光纤长度方向传播，否则该模式的光纤不会传播光波。除了路程长度的变化，另一个麻烦问题是：对绝大多数材料，折射率随波长变化，因此，即使路程长度不变，光路也随波长变化。除了低吸收，通讯光纤材料的性质是保证在使用的（窄）光谱范围内具有非常低的色散。氧化硅（SiO_2）光纤在 $1.3\mu m$ 波长处具有几乎是零的吸收，在 $1.55\mu m$ 处有很低的色散。多层覆盖层可以将零色散漂移到 $1.55\mu m$ 处，使它变平，从而使 $1.3\sim1.6\mu m$ 范围内都是有用的。

13.9　变形系统

　　一个变形光学系统就是在不同的主子午面内有不同的放大倍率或者放大率系统，这种装置通常使用柱面透镜或棱镜。研究图 13.26(a) 所示的光线扇。左侧的柱面透镜对这些光线的作用等效于一个平行平板，然而，右侧透镜就像球面透镜一样折射光线，因为该圆柱透镜的轴线与左侧透镜成 90°，图示的该光线扇的放大率约为 $-0.5\times$。然而，另外一个主子午面内光线扇的情况完全不同，透镜的作用出现在左侧柱面透镜处，并且，放大率约为 $-2.0\times$。因此，正方形物体被成像为矩形，宽度是高度的四倍。由于柱面镜的聚焦效果随角度（光线扇与聚焦子午面所夹角度）余弦的平方变化，所以，如果两个主子午面都是聚焦状态，所有子午面都是聚焦状态。

　　对圆柱面变形系统非常感兴趣的一个内容是：如果两个主子午面都处于聚焦状态，那么，所有的子午面都是聚焦状态。当然，若需要良好像质，这是必须达到的。如果能回想起下面内容，就比较容易理解这一点：当一个圆柱体与其光焦度子午面成 θ 角时，其光焦度为 $\phi_\theta = \phi_0 \cos^2\theta$（译者注：原文错印为 $\theta_0 \cos^2\theta$），当两个圆柱体彼此互成 90°时，则一个是 θ 角，另一个是 $(\theta-90°)$，一个角度的正弦是另一个角度的余弦，并且，$\sin^2\theta + \cos^2\theta = 1.0$。

　　还注意到，具有可变间隔的两个正交狭缝形成一个变焦变形针孔物镜。

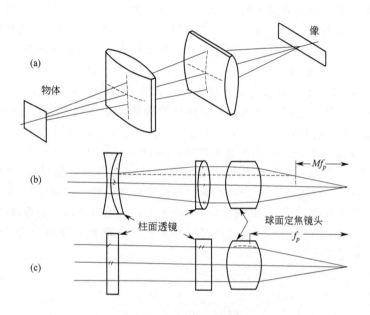

图 13.26　圆柱面变形系统

另一种典型的变形系统包括一个普通的球面物镜和一个由柱面透镜组成的伽利略望远镜，如图 13.26(b) 和图 13.26(c) 所示。在图 13.26(b) 中，柱面无焦组合的作用是使定焦镜头的焦距变短，因而视场变宽（对一定的胶片尺寸）。在另一个子午面 [图 13.26(c)]，柱面透镜等效于一块平板玻璃，不会影响定焦镜头的焦距或视场。因此，该系统在一个子午面内的焦距等于定焦镜头的焦距 f_p，而在另一个子午面内，系统焦距等于备件系统（即伽利略望远镜）的放大率乘以定焦镜头焦距 Mf_p。在图 13.26 中，系统表示为一个放大率小于 1.0 的倒伽利略望远镜，因此，Mf_p 小于 f_p，这就是许多宽银幕放映电影使用的光学系统类型。使用宽的角度范围是为了将大的水平视场压缩，以符合标准的胶片格式，利用一个安装有类似备件系统（即伽利略望远镜）的放映物镜放映电影，可以使畸变图像得到扩展。注意，这些备用系统要与普通的相机和放映设备一起使用。

值得注意，由于变形系统在每个子午面内有不同的等效焦距，所以，如果聚焦在有限远距离上，为了在每个子午面内实现调焦，就需要物镜有不同位移。因此，定焦（球面）镜头与柱面镜备用系统必须分别单独调焦（对柱面镜系统，是通过改变两元件间的间隔进行调焦），这类调焦方式对改变变形比会有不利影响，使特写镜头中的面部看起来要比实际更胖些，在专业表演中，这并非普遍现象。对此有另外两种方法：一种是在系统前面设计一个调焦元件，通常是一对较弱的球面零件，一个正透镜和一个负透镜，当二者密切接触时，其光焦度是零，当两者间隔增大时，其光焦度变为正值，系统调焦在近焦距离上。对于物体，实际上是一个准直物镜；另外一种系统称为斯托克斯（Stokes）透镜，由一对弱柱面镜组成，光焦度相等但符号相反，放置在无焦柱面系统两个零件之间，其轴线与无焦柱面装置的轴线成45°角，当两个斯托克斯（Stokes）透镜顺时针方向旋转时，系统两个子午面同时聚焦。

布拉维斯（Bravais）系统是有限共轭系统，类似于一个无焦倍率变化装置。图13.27显示一个安装在光学系统像方空间的布拉维斯（Bravais）系统的成像原理，目的是增大像面尺寸而又不改变成像位置。根据公式（4.9）和公式（4.10），令物像距T（"轨道长度"）等于零，就可以确定这类系统中零件的光焦度（注意，在此给出的结构布局通常要比零件颠倒放置的结构更满意些，后者是减小像的尺寸）。

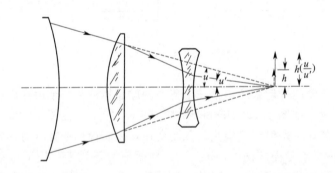

图13.27 布拉维斯（Bravais）系统

利用上述公式得到下面结果：
$$\phi_a = (m-1)(1-k)/kms = (m-1)(1-k)/md$$
$$\phi_b = (1-m)/k(1-k)s = (1-m)/(1-k)d$$

式中，m是放大率；d是零件之间的间隔；s是从a元件到像面的距离，并且$k = d/s$。

如果布拉维斯系统由柱面光学元件组成，则一个子午面内的像被放大，而另一个子午面的像不被放大。当然，这是一个变形系统，并且，已经成功应用于电影领域。这种"后置"变形系统的价值在于，其尺寸要比透镜前置的等效无焦系统的尺寸小许多。若与长焦距变焦物镜一起使用，由于"前置"变形系统所必需的尺寸绝对不能小，该系统的这种性质就显得特别的重要。此外，没有调焦问题，也没有"面部特写肥胖"问题。

柱面透镜也用来形成线状图像，在这种情况中，需要一个很窄的光带。由柱面透镜对一个小光源形成的像是一条平行于透镜圆柱表面轴线的光带，光带宽度等于由初级光学公式给出的像高；光带长度受到透镜长度的限制，如图 13.26(c) 所示，可以用另一个柱面透镜（与第一块透镜成 90°角）控制。

一块棱镜也可以用来产生变形效果。在 13.1 节［公式(13.5) 和公式(13.6)］看到，一个无焦光学系统的放大率等于其入瞳和出瞳直径之比。除了产生最小偏折，一块折射棱镜还可以形成不同尺寸的出射和入射光束，并在发生偏折的子午面内产生放大作用。因此，一块单棱镜可以用作一个变形系统。为了消除角度偏折，通常使用两块棱镜，使其偏折抵消并组合其放大率。图 13.28 阐明一块棱镜的作用，也表示由两块棱镜组成的复合变形系统。由于一块棱镜的变形"放大率"是光束入射到棱镜上的角度的函数，所以，同时转动两块棱镜就可以形成一个变倍变形系统，在这种方式中，其偏折效应总是彼此抵消。棱镜变形系统是"焦点准确对准"系统，只有应用于平行（准直）光束才没有轴上像散。与柱面系统不同，改变元件间的间隔不可能实现调焦。为此，棱镜变形系统前面常常放置一对可以调焦的球面元件，因为物体光束首先被准直为平行光束。

为了应用于非单色光中，棱镜必须消色差（如 7.5 节讨论）。已经使用棱镜变形系统放映宽银幕（图形变形）电影，在这种应用中，一般地，每个消色差棱镜元件包括两块或三块棱镜零件。这种装置的应用领域相当小，由于是完全不对称，因而有各级像差（包括偶数和奇数），包括不常有的横向色差和畸变。

半导体激光器是一种有用的光源，但有两个通常都认为是缺陷的性质：输出光束的截面形状不是圆形而是椭圆形；光源本身有一个小的、但具有相当量的像散，因此，不能简单地视为一个点，而是在每个子午面内有不同纵向位置的点。图 13.28(c) 表示一个半导体激光准直系统，由一个非球面准直单透镜、一个用于抵消光源像散、具有弱光焦度的柱面透镜和一对将椭圆光束反转成圆形光束的变形棱镜组成。注意，输出辐射几乎是单色光，因而没有必要再消色差。

也可以用折射系统作为消除变形的装置，例如半导体激光束，由一对平凸柱面元件组成，将其平面胶合在一起，使其柱面轴互成 90°。如果靠近半导体激光器的一个是双曲线圆柱面，而另一个是椭球圆柱面，这对圆柱体系统就是变形系统，并且没有球差。如果其厚度不能满足间隔要求，可以使它们分离。另一种装置由平行柱面组成，一个是凸面，另一个是凹面。

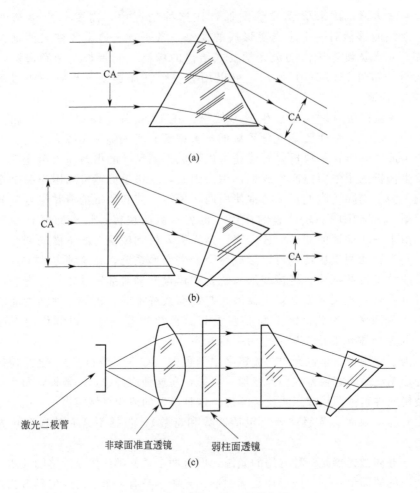

图 13.28 折射棱镜的变形作用

13.10 变光焦度（变焦）系统

最简单的变焦系统是 1 倍物镜。当物镜移向物体，则像变得更大，并进一步远离物体；如果将物镜移离物体，像变得更小，也移离物体。因此，可以找到许多共轭对，其物像距不变，但放大率彼此互为倒数。

对图 13.29 这种结构布局间的关系，运用薄透镜公式［公式(2.4)］可以很容易推导出代数表达式。

因为对商用单位放大率变焦系统的需求相当有限，所以，这种特定变焦系统的可应用性是有限的。然而，将一个移动元件与一个或两个额外元

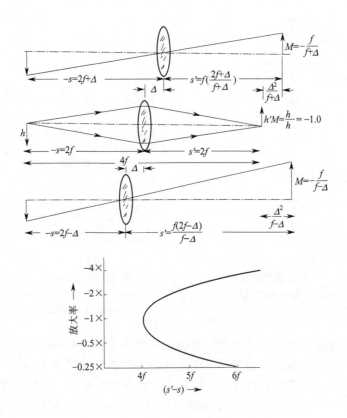

图 13.29　单位放大率变焦物镜的基本形式
该图表示为了改变放大率，物镜移动时像的移动

件（通常，符号相反）组合，就可以使变焦系统以所希望的共轭距运作。图 13.30 集中给出了这类布局。注意，在每种系统中，运动透镜会通过放大率为 1 的一个点，增加一个正目镜或负目镜，或者简单调整系统最后一块透镜的光焦度，如图 13.30(e) 所示，就可以形成一个望远镜或无焦系统。

　　只能在两种不同放大率位置清晰成像的系统称为双倍率变焦系统（bang-bang zoom）。如果恰恰需要一个双倍率系统（并且，不需要连续"变焦"功能），则这种设计相当有用。一个双倍率变焦系统的设计和制造比连续清晰变焦系统更容易和便宜，所以非常值得考虑：在给定的应用中是否确实需要真正变焦，或者是否简单地选择双放大率、焦距或光焦度就已经足够。

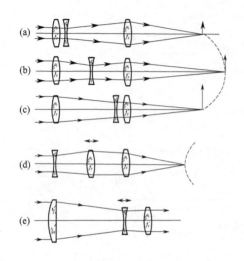

图 13.30 根据单位放大率
原理设计的变焦系统

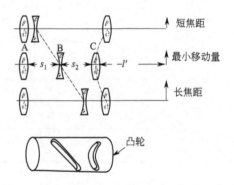

图 13.31 机械补偿变焦系统
透镜 C 的运动是保证透镜 B 运动时，
透镜 A 至焦点的距离不变

所有依靠移动单个组件变焦的系统，其像移与放大率（或者焦距）之间的关系都是一样的。因此，对于一个没有补偿（透镜）的"单透镜"变焦系统，最多有两个放大率位置使像完全清晰，而在其他光焦度时，像都是离焦的（或者是不清晰的）。有两种方法可以解决该问题，一种是"机械补偿"变焦系统，使系统中其他元件产生一个补偿位移从而消除这种离焦，如图 13.31 所示。由于补偿元件的运动是非线性的，常常受到凸轮结构布局的影响，因此，命名为"机械补偿"。

当然，在变焦系统中，元件运动会造成光线高度、角度等参数的变化。显然，单透镜的色差贡献量（轴向色差和横向色差分别与 $y^2\phi/V$ 和 $yy_p\phi/V$ 成比例）也因此变化。为确保整个变焦过程是一个全消色差系统，每个元件必须单独消色差。然而，也允许存有少量色差，所以，单透镜组件也是普通透镜。

这类系统的薄透镜设计布局图表示在图 13.31 中，运用第 2 章的初级表达式就可以推导出有关的公式。为了利用这些公式，对第一个零件的光焦度任选一个 ϕ_A 值，然后确定 ϕ_B、ϕ_C 以及"最小位移"间隔的设置。为确定移动透镜其他位置的间隔，选择一个间隔值，并确定补偿零件的位置以保证最终焦点到固定零件的距离不变。

很明显，尽管在前面讨论中使用了三个组件，但对于机械补偿变焦物镜，只有两个组件是必需的。给出任意两个组件，若改变它们之间的间隔，根据公式(4.4)和公式(4.5)，有效焦距就会改变，随之，后截距也会变化［根据公式(4.6)］，整个系统必须移动以保持成像清晰。如果一个组件是正，另一个组件是负，通常又具有一定优势。因此，有两种可能的结构布局，取决于优先考虑哪一个组件的光焦度，选择原则是：以尺寸和焦距因素为主。许多新型35mm照相机变焦物镜就是这种类型。

许多新型变焦物镜的设计采用两组以上的移动组件。可以通过超长距离运动变焦以改善成像质量或者在物镜聚焦于近距离物体时能使成像质量稳定。

变焦系统减小焦移的另一种技术称为光学补偿。如果另外两个（或更多个）透镜连在一起，并相对于它们之间的透镜一起移动，就可以选择光焦度和间隔，使在两个以上的放大率位置都有清晰成像。图 13.32 给出了两种这类系统。在图 13.32(a) 中，第一和第三块元件相连并一起运动，产生变焦效果。第二个元件、其他元件和胶片平面都保持彼此间固定关系不变。该类系统产生的像面移动是一个三次方曲线，如图 13.32(b) 所示。因此，有可能设计出合适的光焦度和间隔使变焦过程中在三个位置都能成像清晰。与上面阐述的较简单系统相比，这些位置间的离焦量也大大地减小，并且，如果光焦度的范围合适，系统的焦距比较短，其中一个零件就没有必要采用非线性补偿运动。在图 13.32 所示的第二个系统［图 13.32(c)］中，采用一条高阶稳像曲线（still-higher-order curve）［图 13.32(d)］表示像的运动，并且可能有四个精确的补偿位置。残余像移大约是上图位移的 1/20，其结果是：精确补偿位置的最大数目等于可变空气间隔的数目（注意，在图 13.30 中，这个数目是 2，像的运

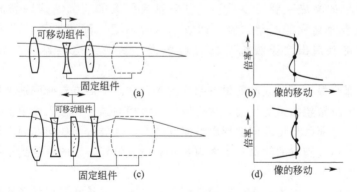

图 13.32　光学补偿变焦系统

图 (a) 中的系统有三个"主动"组件，如图 (b) 所示，有三个补偿位置。

图 (c) 中的系统有四个"主动"组件，所以，有四个补偿位置，如图 (d) 所示

动是抛物线形,有两个可能的补偿位置)。

最初认为,制造机械补偿变焦系统几乎是不可能的,难度相当大,使用过程中凸轮等机构难以达到所需要的精度。已经证明,这是不正确的假设,机械补偿变焦系统已经广泛应用于几乎所有领域。由于某些原因,光学补偿很少应用。光学补偿对光焦度和间隔的要求特别严格,限制了光学设计师在变焦范围内校正透镜系统的能力。此外,光学补偿系统的尺寸比同等机械补偿系统大许多。尽管光学补偿系统简单,要求不高的机械件加工成本便宜,但若不考虑尺寸问题,就不需要光学补偿变焦。

在变焦系统中,如果能够保持各元件焦点间的关系不变,那么,固定不动的第一块零件以及最后一块运动透镜之后的那些零件的焦距可以随意变化,这种变化改变了整个系统的焦距(或光焦度),并且,如果是后续零件,像移的量也会改变。然而,相对于其他零件,物体的位置变化将使第一个零件的焦点移动位置,所以,一个变焦系统对物体位置非常敏感。为了保证精确补偿,大部分变焦系统采用第一个组件中的一个零件相对于其他零件运动,以抵消这种影响。正像 13.9 节讨论的变形系统一样,主组件的作用是将物体发出的光束准直。

13.11 衍射表面

与成像光学一样,衍射表面("开诺全息图"或"二元表面")将在第 16 章望远物镜设计中详细讨论。在这一节,并不关心相息图菲涅耳表面的模数 2π,而是关注以衍射原理为基础、从而产生一种受控散射或者根据一种简单的激光束就可以得到一种信息或图案的表面。这些表面常常是具有随机表面高程的简单二阶、四阶或八阶图案,随着加工技术的最新发展,有可能制造出波长级细节的显微表面,从而使这类器件的研制成为现实。

对于那些根据相前或波前思考问题的人,常以下面方式研究这类器件:首先描述产生所希望结果的相前,然后确定将该相前强加在输入光束上的表面轮廓。然而,对那些根据几何图形思考问题的人,这类表面如何在起作用,确实是一个令人不太满意的解释。下面内容并非最佳解释,但的确达到了揭示这类器件秘密的目的。

散射表面可以视为(表面)随机覆盖着许多个波长数量级微型透镜的一种表面,可以是凹透镜或凸透镜,直径与焦距之比等于散射角。这种散射体可以在市场上买到,散射角是 0.5°、1°等,在许多应用中都非常有用,例如为了在激光系统中消除干涉图而破坏空间相干性。提出表面透镜的概念没有必要,采用局部改变波前相位的阶梯表面可以达到同样的效果。

形成有图案的表面比较难。设想一个表面被许多弱棱镜覆盖，每个小棱镜将入射其上的激光束导向某方向，形成所希望图案的特定部分。当该表面按照一个微小波长数量级制造时，在光束覆盖的范围内有许多许多小棱镜，并且，光束落到该表面上时，在光束范围内会有足够的形成图案的（小）棱镜。光束直径越大，包含的棱镜就越多，形成的图案就越好。在该过程中，伴随着一种固有"散斑"，在最终形成的图像中表现为一种随机的麻点图案，阶梯表面也可以产生这种效果，代替衍射波前而产生希望的图案。

练 习

1. （a）一个 $20\times$、10in 长的（开普勒）天文望远镜，请问，需要物镜和目镜的焦距是多少？

（b）眼距是多少？

（c）如果衍射极限与眼睛的分辨率是匹配的，那么，最小的物镜直径是多少？

（d）如果目镜直径是 0.5in，望远镜的最大"实际"视场是多少？

答案：

（a）望远镜的长度是 $f_o+f_e=10$in，对于 $20\times$ 放大倍率，$f_o=20f_e$，所以，10in$=21f_e$，得到 $f_e=10/21=0.4762$in，20 倍望远镜的物镜 $f_o=20\times0.4762=9.5238$in。

（b）出瞳是目镜对孔径光阑（此处是物镜）所成的像。至物镜距离 (s) 是 -10in，所以，由公式(2.5)，得到：

$$\text{ER(眼距)}=s'=sf/(s+f)=-10\times0.4762/(-10+0.4762)=0.5\text{in}$$

（c）假设眼睛的分辨率是 $1'$（0.0003rad），当一个 $20\times$ 望远镜的分辨率与眼睛的分辨率匹配，望远镜的分辨率是眼睛分辨率的 1/20（0.0000015rad 或者 $3'$）。由公式(9.18)，如果是 3 秒的分辨率，瑞利极限要求的直径是 $5.5/3=1.833$in。

（d）物镜直径是 1.833in，目镜直径是 0.5in，所以，从物镜最上端（$y=0.5\times1.833=0.9167$in）到目镜最上端（$y=0.25$in）的光线斜率是 $(0.9167-0.25)/10=0.06667$。在物镜焦点处，光线高度是 $0.9167-9.5238\times0.06667=0.2817$in。

半视场角是 $\arctan(0.2817/9.5238)=\arctan 0.0296=1.69°$，所以，全视场是 $3.39°$。

2. 希望在 10in、$f/10$ 的照相物镜前面附加一个无焦系统，使焦距转换成 5in。

（a）对于一个 3in 长的倒像伽利略系统，为了实现上述目标，元件的光焦度是多少？

（b）如果 $\pm60°$ 物方视场的渐晕不大于 50%，前（负）组件的直径必须是多少？

（c）给出系统的示意图，这是一个合适的直径吗？

答案：

（a）MP$=5$in$/10$in$=0.5\times=-f_o/f_e$，所以，$f_e=-2f_o$。由于长度$=3$in$=f_o+f_e$，求解得到：$f_o=-3$in，和 $f_e=+6$in。

(b) 组合后的视场是±60°，MP 是 0.5×，所以，像方视场是 0.5×60＝±30°。（严格地说，应按正切计算）假设，孔径光阑位于眼睛/厚透镜处，则主光线的斜率是 30°，主光线在物镜/前透镜处的高度是 $3\text{in}\times\tan 30°=1.732\text{in}$。如果主光线能够通过，则渐晕是 50%，直径是 3.464in。

(c) 画出前透镜，等凹面形状的边缘厚度是 1.25in。对于等凹面形状，光线在较外边的表面处更接近全内反射。比较聪明的做法是将该透镜分裂成两个平凸透镜或弯曲成弯月形。

3. 要求一台显微镜从物体到物镜的工作距离是 3in，如果物镜和目镜的焦距都是 2in，请问，显微镜的长度是多少？倍率是多少？

答案：

一个 2in 焦距的物镜到物体的距离是 3in，所成的像位于 $s'=sf/(s+f)$ [根据公式(2.5)]，所以，$s'=-3\times 2/(-3+2)=6\text{in}$。如果最终像距是无穷远，那么，显微镜内的像应位于目镜第一焦点处，所以，显微镜的间隔（长度）是 8in。由公式(2.7a)，物镜的放大率 $m=s'/s=-6/3=-2\times$，目镜倍率 [公式(13.10a)] $\text{MP}=10\text{in}/f=10\text{in}/2\text{in}=5\times$，因此，望远镜的倍率是 $\text{MP}=-2\times 5=-10\times$。

4. 一台望远镜由焦距 5in 的物镜和焦距 5in 的目镜组成（因此称为单位放大率），当目镜视度调到 $-1D$ 时（即一个无穷远物体的像位于距目镜 -40in 处），望远镜的放大率是多少？

答案：

物镜与目镜之间的间隔必须使目镜所成的像位于 $s'=-40\text{in}$ 处。利用 2.4 节的公式 $s=s'f/(f-s')$ 得到 $s=-40\times 5/(5+40)=-200/45=-4.444\text{in}$，并且透镜间隔必须是 9.444in。

如果物体张角是 θ，则物镜所成像的尺寸是 $f\theta=5\theta\text{in}$。若用位于 4.444in 远的目镜观察该像，其张角是 $5\theta/4.444=1.125\theta$。所以，如果眼睛位于目镜处，放大率 $\text{MP}=1.125\theta/\theta=1.125\times$（译者注：原文错印为 11.125θ）。

由公式(2.5)，求得眼距 $s'=sf/(s+f)=-9.444\times 5/(-9.444+5)=10.625\text{in}$

目镜形成的最终像位于距目镜 -40in 处，由于物体（镜筒内的像）在 4.444in 远，所以，目镜放大率是 $-40/-4.444=+9.0$，像的大小是 $9\times 5\theta\text{in}$。由于距离是 $40+10.625$，张角是 $9\times 5\theta/50.625=0.8889\theta$，因此，若眼睛放在出瞳处，放大率 $\text{MP}=0.8889\theta/\theta=0.8889\times$。

另外，由公式(13.10c)，目镜的放大率 $\text{MP}=10(f-s')/f(R-s')=10\times[5-(-40)]/5\times[10.625-(-40)]=450/253.125=1.7778\times$。如果物体张角是 θ，则物镜所成的像是 $5\theta\text{in}$。被目镜放大后，似乎是 $5\times 1.778\theta=8.889\theta\text{in}$，仿佛在 10in 处观察。若 10in 处观察，张角是 $8.889\theta/10=0.889\theta$，放大率 $\text{MP}=0.889\theta/\theta=0.8889\times$。

5. 为使测量 2000m 范围内目标的精度达到±0.5%，假如用一个 20×望远镜，那么，测距机的基线长度必须是多少？

答案：

利用公式(13.18c)，并求解得到 $B=5\times10^{-5}D^2/MdD$

$$D=2000\text{m}, \quad dD=0.5\text{\textperthousand}\times2000=10\text{m}, \quad M=20\times$$

$$B=5\times10^{-5}\times2000^2/20\times10=200/200=1\text{m}$$

6. 确定一个辐射计场镜的焦距、直径及相对于探测器的位置。物镜是直径 5in、$f/4$ 的抛物镜，探测器是 0.2in^2，覆盖视场是 $\pm0.02\text{rad}$。

答案：

为使物镜的像充满探测器，场镜的放大率应当是 $0.2/5=0.04\times$。物镜焦距是 $4\times5\text{in}=20\text{in}$，所以，为了得到 0.04 的放大率，像距必须是 $0.04\times20\text{in}=0.8\text{in}$。根据公式(2.5)，$f=ss'/(s-s')=-20\times0.8/(-20-0.8)=-16/(-20.8)=+0.7692\text{in}$。场镜的最小直径是 $2\times0.02\times20=0.8\text{in}$。总结其结果：$f=0.7692\text{in}$，场镜直径 $=0.8\text{in}$，场镜到探测器的距离是 0.8in。

7. 一个棱锥形空心光导管的入孔是出孔的两倍。一条通过入孔中心、并能从光导管输出端出射的光线与光导管轴线形成的最大角度是多少？

答案：

参考图 13.20，如果光导管的直径是 $2\times$ 和 $1\times$，那么，虚线圆的中心到出孔端的距离一定等于到光管出孔的光导管长度 L，并且，圆的半径等于 L。因此，如果做一个直角三角形，其斜边等于该长度加上至圆心的距离（$=2L$），图中光线 A 的一条垂线作直角边，那么，光线 A 的角度 $=\arcsin(L/2L)=\arcsin 0.5=30°$。

8. 一个平凸半圆柱形棒的圆柱半径是 2.5mm，长 20mm，到 1mm^2 光源的距离是 50mm。在"焦点"处，受照面积的尺寸是多少？（假设，棒的折射率 $n=1.5$）

答案：

根据公式(3.25)，棒的焦距是 $2R=5.0\text{mm}$。根据公式(2.5)，在有聚焦能力的子午面内的像面位置 $s'=sf'/(s+f)=-50\times5/(-50+5)=+5.555\text{in}$，[根据公式(2.7a)]放大率 $m=s'/s=5.555/(-50)=-0.1111$。[由公式(2.7a)] 受照区域的高度是 $h'=mh=0.1111\times1\text{mm}=0.1111\text{mm}$。宽度（在没有聚焦能力的子午面内）取决于散布的光束，由 50mm 距离上的棒的长度（20mm）确定，散布角是 $20/50=0.4$。如果距离是 $50+5.555$，光束散布到 $0.4\times55.5555=22.2222\text{mm}$。

参考文献

Allard, F. (ed.), *Fiber Optics Handbook,* New York, McGraw-Hill, 1990.

Benford, J., and H. Rosenberger, "Microscopes" in Kingslake (ed.), *Applied Optics and Optical Engineering,* Vol. 4, New York, Academic, 1967.

Bergstein, L., and L. Motz, *J. Opt. Soc. Am.,* Vol. 52, April 1962, pp. 363–388 (zoom lenses).

Brown, T. G., "Optical Fibers and Fiber-Optic Communication," in *Handbook of Optics,* Vol. 2, New York, McGraw-Hill, 1995, Chap. 10.

Habell, K., and A. Cox, *Engineering Optics,* Pitman, 1948.

Inoue, S., and R. Oldenboug, "Microscopes," in *Handbook of Optics,* Vol. 2, New York, McGraw-Hill, 1995, Chap. 17.

Jacobs, D., *Fundamentals of Optical Engineering,* New York, McGraw-Hill, 1943.

Johnson, R. B., "Lenses," in *Handbook of Optics,* Vol. 2, New York, McGraw-Hill, 1995, Chap. 1.

Keck, D., and R. Love, "Fiber Optics for Communications" in Kingslake, R., and B. Thompson (eds.), *Applied Optics and Optical Engineering,* Vol. 6, New York, Academic, 1980.

Kingslake, R., *Optics in Photography,* SPIE Press, 1992.

Kingslake, R., *Optical System Design,* San Diego, Academic, 1983.

Kingslake, R., "The Development of the Zoom Lens," *J. Soc. Motion Picture and Television Engrs.,* Vol. 69, August 1960, pp. 534–544.

Legault, R., in Wolfe and Zissis, *The Infrared Handbook,* Washington, Office of Naval Research, 1985 (reticles).

Melzer, J., and K. Moffitt, *Head Mounted Displays,* New York, McGraw-Hill, 1997.

Moore, D. T., "Gradient Index Optics," in *Handbook of Optics,* Vol. 2, New York, McGraw-Hill, 1995, Chap. 9.

Patrick, F., "Military Optical Instruments" in Kingslake (ed.), *Applied Optics and Optical Engineering,* Vol. 5, New York, Academic, 1969.

Siegmund, W., "Fiber Optics" in Kingslake (ed.), *Applied Optics and Optical Engineering,* Vol. 4, New York, Academic, 1967.

Siegmund, W., in W. Driscoll (ed.), *Handbook of Optics,* New York, McGraw-Hill, 1978 (fiber optics).

Smith, W. J., *Practical Optical System Layout,* New York, McGraw-Hill, 1997.

Smith, W. J., "Techniques of First-Order Layout," in *Handbook of Optics,* Vol. 1, New York, McGraw-Hill, 1995, Chap. 32.

Smith, W., in W. Driscoll (ed.), *Handbook of Optics,* New York, McGraw-Hill, 1978.

Smith, W., in Wolfe and Zissis (eds.), *The Infrared Handbook,* Washington, Office of Naval Research, 1985.

Strong, J., *Concepts of Classical Optics,* New York, Freeman, 1958.

Wetherell, W. B., "Afocal Systems," in *Handbook of Optics,* Vol. 2, New York, McGraw-Hill, 1995, Chap. 2.

Wetherell, W. B., in Shannon and Wyant (eds.), *Applied Optics and Optical Engineering,* Vol. 10, San Diego, Academic, 1987 (afocal systems).

Wolfe, W., in Wolfe and Zissis (eds.), *The Infrared Handbook,* Washington, Office of Naval Research, 1985 (scanners).

第14章

系统总体布局中的案例分析（经典案例）

14.1 概述

这一章大约包括12个典型案例，是光学工程师设计一个光学系统总图时面对的实际例子。在此提出的问题对光学系统总体布局都是非常必要的，通过本章的介绍都可以得到解决，某些章节和公式也完全可以用作借鉴。简单地说，一个系统的总体布局图就是一份为了获得希望的成像质量（即希望的像的尺寸、位置和方向）而要求组件满足光焦度、直径及其间隔等要求的技术说明书。

本章确定的直径是通光孔径，实际直径需要会略大一些，以满足安装需要。

在组件光焦度和直径确定之后（正如本章所做的），光学系统设计的下一个步骤是绘制一份粗线条的、合理而有代表性的系统草图。可以将单透镜元件画成等凸（或等凹）透镜，或者平凸（或平凹）透镜。假设折射率是1.50，厚度为零，则等凸形式的半径等于1.5乘以焦距。对平凸形式，半径是这些值的一半。如果必须使用消色差组件，可以假设是BK7（517642）和SF1（717295）玻璃，并且，冕牌玻璃零件的半径是焦距的±0.56倍，第三个半径（火石玻璃）是凸面，是焦距的1.7倍。光学设计软件对绘制这种图和选择真实玻璃是非常方便的。值得注意，调整薄透镜间隔一定要考虑到零件厚度。当然，透镜图的一个用处是：如果该透镜看起来太厚，就表明必须分成两个零件。

14.2 摄远物镜

课题：

对于一个无穷远物体，需要一个光学系统能满足下面技术指标：长（前透镜到像面距离）220mm，工作距离（从后透镜到像面距离）100mm，焦距（efl）300mm，速度 $f/4.0$，视场 $11.4°(\pm 0.1 \text{rad})$，零渐晕，孔径光阑位于前透镜上。

问题：

实际上已经给出组件的位置，只需要确定组件的光焦度及直径。

解决方案：

简单地说，组件之间的间隔是前透镜至像平面的距离（220mm）减去工作距离（100mm），即 120mm（见图 14.1）。参考公式(4.7) 和公式(4.8)，组件位置确定了后截距 $B=100\text{mm}$ 和间隔 $d=220-100=120\text{mm}$。要求系统焦距 $f_{ab}=300\text{mm}$，利用公式(4.7) 求前组件焦距，用公式(4.8) 确定后组件焦距，得到：

$$f_a = df_{ab}/(f_{ab}-B) = 120 \times 300/(300-100) = 36000/200 = 180\text{mm}$$
$$f_b = -dB/(f_{ab}-B-d) = -120 \times 100/(300-100-120) = 12000/80 = -150\text{mm}$$

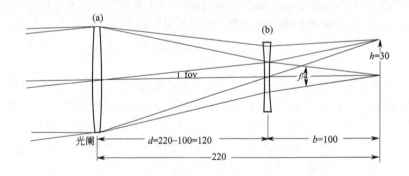

图 14.1　14.2 节中的系统

由于孔径光阑位于前组件上，其孔径一定等于焦距（300mm）除以 $f/\#(4)$，所以，组件 a 的直径是 $300/4=75\text{mm}$。对后组件，轴上光束的直径取决于后截距（100mm）和系统速度（$f/4$），所以，由一个物点发出的轴上光束的直径是 100/4＝25mm。对离轴 0.1rad 的物点，主光线通过前组件中心而没有偏折，投射到后组件上的高度等于斜率乘以间隔：0.1×120mm＝12mm。中心在该主光线高度（12mm）处的 25mm 直径的光束要求半孔径值是 12＋25/2＝24.5mm，或者直径 49mm。

14.3 反摄远透镜

课题：

除下列条件外，所需要的系统与 14.2 节的系统一样：焦距是 50mm（不是 300mm），孔径光阑必须位于后组件上（不在前组件上）。

问题：

确定组件的光焦度（或焦距）和直径。

解决方案：

再次利用公式(4.7) 和公式(4.8)，得到组件的焦距分别是：

$f_a = df_{ab}/(f_{ab}-B) = 120 \times 50/(50-100) = 6000/(-50) = -120$ mm

$f_b = -dB/(f_{ab}-B-d) = -120 \times 100/(50-100-120) = -12000/(-170) = +70.5888\cdots$ mm

轴上光束在前组件上的直径等于系统焦距（50mm）除以 $f/\#(4)$，即 50/4＝12.5mm。对后组件，轴上光束的直径是后截距（100mm）除以 $f/\#(4)$，即 100/4＝25mm。由于光阑位于后组件上，所以，该数据（25mm）就是它的直径。视场是（±0.1rad），像高等于视场（±0.1rad）乘以焦距（50mm），或者±0.1×50＝±5.0mm。因此，通过光阑中心（在厚透镜处）的主光线的斜率等于像高除以后截距，或者±5/100＝±0.05。后透镜不会使该光线偏折，

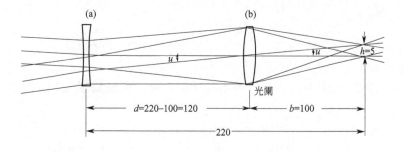

图 14.2 14.3 节的光学系统

所以，组件之间的斜率也是±0.05，光线投射到前组件上的高度是±0.05×120＝±6.0mm。直径12.5mm、中心在轴外6.0mm处的光束需要的半孔径值是6.0+12.5/2＝12.25mm，所以，前组件的直径必须是24.5mm，如图14.2所示。

14.4 转像系统（中继系统）

课题：

（a）像面至物体的距离是200mm，要求该系统的放大率是＋0.5，物体到第一块透镜的距离是50mm，物体到第二块透镜的距离是150mm；

（b）要求与（a）中一样，但像面是倒像而不是正像。

问题：

确定组件的光焦度。

解决方案：

（a）由于物像都在有限远距离上，所以，应用公式(4.9)和公式(4.10)。对于这些公式，物距 $s＝-50$mm。像距 s' 等于物体到像面的距离（200mm）减去物体到第二块透镜的距离（150mm），或者 $s'＝200-150＝+50$mm。间隔 d 等于物体到第一块透镜的距离（50mm），即 $d＝150-50＝+100$mm。放大率 $m＝+0.5$，像是正立的，如图14.3所示。利用公式(4.9)求解 ϕ_a 和公式(4.10)求解 ϕ_b 得到：

$$\phi_a＝(ms-md-s')/msd$$
$$＝[0.5×(-50)-0.5×100-50]/0.5×(-50)×100$$
$$＝-125/(-2500)＝+0.05\text{mm}^{-1} \quad (f_a＝+20.0\text{mm})$$

$$\phi_b＝(d-ms+s')/ds'$$
$$＝[100-0.5×(-50)+50]/100×50$$
$$＝+0.035\text{mm}^{-1} \quad (f_b＝+28.57142957\cdots\text{mm})$$

总光焦度＝$\phi_a+\phi_b＝+0.085\text{mm}^{-1}$

（b）除放大率 $m＝-0.5$ 而不是＋0.5外，其他数据一样，如图14.4所示。

$$\phi_a＝[-0.5×(-50)-(-0.5)×100-50]/(-0.5)×(-50)×100$$
$$＝+25/+2500＝+0.01\text{mm}^{-1} \quad (f_a＝+100\text{mm})$$

$$\phi_b＝[100-(-0.5)×(-50)+50]/100×50$$

$= +125/+5000 = +0.025\text{mm}^{-1}$ ($f_b = +40\text{mm}$)

总光焦度 $= \phi_a + \phi_b = +0.035\text{mm}^{-1}$

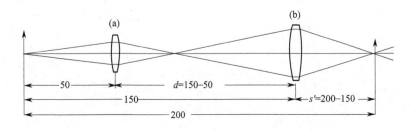

图 14.3　14.4(a) 节的光学系统

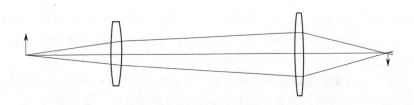

图 14.4　14.4(b) 节的光学系统

值得注意，无论是倒像还是正像，确定总光焦度（0.085 与 0.035）和单个组件光焦度（0.05 与 0.01 和 0.035 与 0.025）方面都有较大差别，需要通过控制光焦度进行调整。显然，正像与倒像的选择不是很有意义的事情。

14.5　转像系统（14.4 节中）的孔径光阑

课题：

希望 14.4 节的光学系统在下列条件下工作：数值孔径（$NA = n\sin U$）0.25，像的大小 ± 7.5mm，没有渐晕。孔径光阑必须放置在组件中间。

问题：

确定组件必需的直径。

解决方案：

如图 14.5 所示，对轴上像点，轴上光束在透镜（b）处的直径取决于 NA

和像距。轴上光束的直径等于光线斜率（NA＝0.25）的两倍乘以像距（s'），或者 $2×0.25×50=25$ mm。

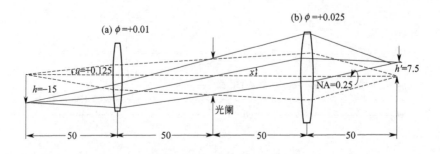

图 14.5　14.5 节的光学系统

由于放大率是 $-0.5×$，根据公式（4.16）轴上光线在物空间的斜率 $u=-(u'=-0.25)×(m=-0.5)=+0.125$。轴上光束在透镜（a）处的直径等于 $2×(物距=50)×0.125=12.5$ mm。

现在，必须确定通过孔径光阑（位于组件中间）中心、与像平面交点高度是 $±7.5$ mm 的主光线的斜率。为此，通过孔径光阑追迹一条斜率为"x"的光线。主光线在透镜（b）上的高度是光线的斜率乘以距离，$y=50x$。利用公式（4.1），确定光线通过透镜（b）后的斜率：

$$u'=u-y\phi=x-50x(\phi=0.025)=-0.25x$$

根据公式（4.2），光线投射到像面上的高度为：

$$h'=y_2=y_1+du_1'=50x+(d=50)(-0.25x)=37.5x$$

像的高度是 $±7.5=37.5x$，所以，主光线斜率一定是 $x=±7.5/37.5=±0.20$。斜率是 $±0.2$，所以，主光线在组件上的高度是 $±0.2×50=±10$ mm。

为了确定零渐晕时必须的直径，将两倍的主光线高度加到轴上光线的直径上，得到：

透镜(a)的直径＝$20+12.5=32.5$ mm
透镜(b)的直径＝$20+25=45.0$ mm

14.6　短距离望远镜

课题：

一台 250 mm 长的"望远镜"用于观察距物镜 1000 mm 远的物体，希望观察到的像是 1000mm 远处观察时的 10 倍。

问题：

确定"望远镜"组件的光焦度。

解决方案：

假设，物高是"h"。对 1000mm 距离张角是 $h/1000$。如果像是 10 倍那么大，必须使张角等于 $h/100$。有几种求解方式：

方法 1：

利用牛顿公式[公式(2.3)]，物镜在镜筒内的像位于 $s' = f + x' = f - f^2/x = f - f^2/(f-1000)$，式中，$f$ 是物镜焦距。

像高等于主光线斜率（$u = h/1000$）乘以像距 s'，即 $h' = (h/1000)[f - f^2/(f-1000)]$。

如果从目镜方向考虑，在镜筒内成像的张角是 h'/f_e，为了得到 $10\times$ 放大率，必须使其等于 $h/100$，从而得到：

$$望远镜长度 = f_e + s' = 250$$

求解 f_e，得到 $f_e = 250 - s = 250 - f + f^2/(f-1000)$。

$10\times$ 放大率要求目镜处的张角等于 $h/100 = h'/f_e = hf/f_e(f-1000)$，代入 f_e，得到：

$$\pm 0.01h = hf/(f-1000)[250 - f + f^2/(f-1000)]$$

在此求解 f 也是一个很重要的训练。

方法 2：

镜筒内的像位于 s'，$s = -1000$，因此，放大率 $m = s'/s = -s'/1000$，内像高 $h' = hm = -hs'/1000$。

为了保证 250mm 长度，$f_e = 250 - s'$。

放大率要求 $\pm 0.01h = h'/f_e = hf/1000f$，代换 f_e，得到：$\pm 0.01h = -h's'/1000(250-s')$。

求解 s'：
$$\pm 10(250 - s') = -s'$$
$$2500 - 10s' = \pm s'$$
$$2500 = 10s' \pm s' = 11s' \text{ 或者 } 9s'$$
$$s' = 227.27 \text{ 或者 } -27.77$$

确定 f_e：$\quad f_e = 250 - s' = 22.727 \text{ 或者 } -27.77$

计算 f：
$$f = ss'/(s - s')$$
$$= 1000s'/(-1000 - s')$$
$$= 185.185 \text{ 或者 } 217.391$$

图 14.6 给出了两种解。

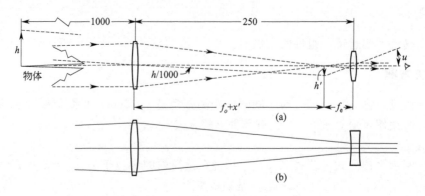

图 14.6　14.6 节的光学系统
(a) 14.6 节倒像光学系统；(b) 14.6 节正像光学系统

方法 3：
试验（1）

猜想目镜焦距 $f_e=50$，则 $s'=250-f_e=200$。物镜放大率 $=s'/s=200/(-1000)=-0.2$，则 $h'=mh=-0.2h$，目镜张角 $u=-h'/50=0.2h/50=0.004h$，所要求 $0.01h$ 是该值的 2.5 倍。

试验（2）

设想，改变 f_e 的初始值，使 $f_e=50/2.5=20$，因此，$s'=230$，$m=-0.230$，$h'=-0.230h$（译者注：原文中错印为 $h=-0.230h$），u 值是 $0.230h/20=0.0115h$。比 $0.01h$ 大 15%。

试验（3）

利用 15% 因子，再次设想：$f_e=20\times1.15=23$，则 $s'=227$，$m=-0.227$，$h'=-227h$，并且 u 值是 $0.227h/23=0.00987h$，比 $0.01h$ 小 $0.00013h$。

如果是初始系统结构布局图，该结果就足够了，但该过程还要继续演绎下去，直到 u 值尽可能接近所希望的值。

注意：该方法给出一个正的目镜解，因为是以更接近正目镜（与负目镜相比）的值开始数学近似计算，如果选择 f_e 的一个负值作起始数据，就会求解出一个负目镜的解。

如果对系统有非常深刻的理解，并且只需要一次就得到一个解，常常选择这类数学逼近法。该方法给出已经设想的解。而代数逼近法会表明是否有多个解；如果希望有多重解，例如参数研究法，通常需要做更多工作，但也不是每次都能找到多重解。

14.7 14.6节的场镜

课题：

使用 14.6 节前项课题中正目镜的解。

(a) 确定出瞳位置和大小，假设光阑位于物镜上，直径是 50mm；

(b) 一个场镜位于镜筒内像的位置，确定场镜焦距和直径，从而使系统对直径 88mm 的物体成像，并且使直径 15mm 的目镜不会产生渐晕。

问题：

(a) 确定眼距和出瞳直径；

(b) 确定场镜的直径和光焦度。

解决方案：

(a) 根据公式(2.5)，目镜将孔径光阑（物镜）成像在：

$$s' = fs/(f+s) = 22.727 \times (-250)/(22.727 - 250)$$

$$s' = +25.0\text{mm} \quad \text{（这是眼距）}$$

根据公式(2.7a)，出瞳直径是：

$$h' = mh = s'h/s = 25 \times 50/(-250)$$

$$h' = -50\text{mm} \quad \text{（负号意味着是倒像）}$$

(b) 内像直径等于物镜的放大率 $[m = s'/s = 227.27/(-1000) = -0.22727]$ 乘以物高（88mm）。因此，像高（以及场镜必需的通光孔径）$h' = mh = -0.22727 \times 88 = 20\text{mm}$。

场镜的折射能力就是使光线 R（从物镜最低端到场镜最高端的光线）弯折，以便通过直径 15mm 目镜的最高端。该光线的斜率等于从物镜到场镜 227.27mm 的长度内上升 $25+10=35\text{mm}$ 的高度，因此，斜率是 $35/227.27 = +0.154$。

对投射到目镜边缘的光线（光轴上方 7.5mm），必须向下折射，有一个向下的斜率，在 22.727mm 的长度内下降 $10-7.5=2.5\text{mm}$，或者 $u' = -2.5/22.727 = -0.11$。

现在，有一条光线，斜率 $u = +0.154$，投射到目镜高度 $y = +10$ 处，目镜必须使该光线偏折为斜率 $u' = -0.11$。公式(4.2)给出光线的偏折量如下：$u' - u = -y\phi$。求解光焦度 ϕ，得到：

$$\phi = (u' - u)/y = (0.154 + 0.11)/10 = +0.0264$$

所以，场镜的焦距是：
$$f=1/\phi=1/0.0264=+37.847\text{mm}$$
如图 14.7 所示。

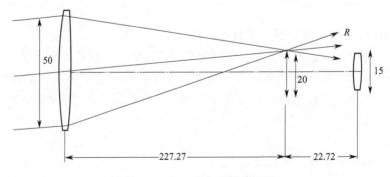

图 14.7　14.7 节中的光学系统

14.8　14.7 节的光线追迹

课题：

利用公式(4.1) 和公式(4.2)，通过追迹一条轴上光线和一条主光线，为 14.7 节课题最后确定的光学系统设置出瞳，并确定其直径。

问题：

通过光线追迹确定眼距和出瞳直径。

解决方案：

将系统数据进行组织以便系统地完成光线追迹：

系统数据					
有效 f	物体	185.18		37.88	22.73
光焦度 $\phi=1/f$		+0.0054		+0.0264	+0.044
间隔 d	1000		227.273		22.727
轴上光线追迹					
光线高度 y		0.0	25	0.0	−2.5
光线斜率 u		+0.025		−0.11	−0.11	0.0
主光线追迹					
光线高度 y		−44	0.0	10	5.0
光线斜率 u		+0.044		+0.044	−0.22	−0.44

注意，数据编排时将光线高度放在透镜光焦度栏下，光线斜率在空气间隔栏下。

由主光线数据，可以将出瞳放置在光线与光轴相交的地方，$I'_p = -y_p/u'_p = -5.0/(-0.44) = +11.36\text{mm}$，这是到目镜的眼距。出瞳直径也可以根据主光线数据确定。其直径是物镜像的直径。放大率是 $u/u' = 0.044/(-0.44) = -0.1$，并且，像的大小等于出瞳直径，等于 $0.1 \times 50\text{mm} = 5.0\text{mm}$。

如果利用轴上光线的数据，瞳孔直径是 $2 \times 2.5 = 5.0\text{mm}$。

将这些结果与 14.7 节的计算结果进行比较，注意，增加场镜使出瞳移向目镜 $(25-11.36)=13.63\text{mm}$，但出瞳直径没有变化，这是因为场镜位于内焦面位置。

14.9 125 倍显微镜

课题：

设计一个长度 200mm、倍率 125× 的显微镜。

问题：

确定组件的光焦度和位置。

解决方案：

一个 125× 的显微镜的有效焦距设计为 10in/MP，或者 250mm/MP = 250/125 = 2mm。由于需要一台普通显微镜，所以，像是倒像，焦距是负的，因此，其焦距 = −2mm。

对于焦距为 −2mm、长度 200mm、由两个组件组成的系统，可以利用公式(4.7)和公式(4.8)确定组件焦距：

$$f_a = df_{ab}/(f_{ab}-B) = 200 \times (-2)/(-2-B) = 400/(2+B)$$
$$f_b = -dB/(f_{ab}-B-d) = -200B/(-2-B-200) = 200B/(202+B)$$

（译者注：原文中将 dB 错印为 db）

因此，有一个自由变量，即工作距离 B。采用参数研究法，选择几个合适的 B 值，根据这些选择计算组件的光焦度，结果列表如下：

工作距离 B	f_a	ϕ_a	f_b	ϕ_b	$(-\phi_a+\phi_b)$
$B=5$	57.1	0.0175	4.83	0.207	0.2245
$B=10$	33.33	0.030	9.43	0.106	0.136
$B=15$	23.52	0.0425	13.82	0.0723	0.1148
$B=20$	18.18	0.055	18.02	0.0555	0.105
$B=25$	14.81	0.0675	22.03	0.0454	0.1129
$B=30$	12.5	0.08	23.86	0.0387	0.1186
$B=35$	10.81	0.0925	29.54	0.03385	0.1264

选择最佳 B 值的一种合理方法是能够使系统总光焦度（$\phi_a+\phi_b$）达到最小值，这种选择常常使系统具有最小像差值。在现在情况中，应当约为 $B=20\text{mm}$，得到物镜的焦距是 18.18mm，目镜焦距是 18.02mm，几乎是一样的。

取决于应用性质，可以选择一个长工作距离，也许是长的眼距。在图 14.8 中，目镜（组件 a）表示为两个元件，因为等凸面形式有过量的光瞳球差。

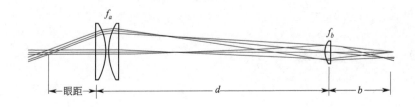

图 14.8 14.9 节中的光学系统

14.10 Brueke 125× 放大镜

课题：

除要求正像外，重复 14.9 节的项目。

问题：

确定组件的光焦度和位置。

解决方案：

简单地使用 +2 的焦距，而不是 14.9 节的 −2。对于由焦距 200 和 +2 双元件组成的系统，如图 14.9 所示，根据公式（4.7）和公式（4.8）得到组件

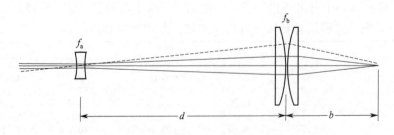

图 14.9 14.10 节的光学系统

焦距：

$$f_a = df_{ab}/(f_{ab}-B) = 200 \times 2/(2-B) = 400/(2-B)$$

$$f_b = -dB/(f_{ab}-B-d) = -200B/(2-B-200) = 200B/(198+B)$$

再次应用参量研究法，选择几个合适的 B 值，计算由此产生的组件光焦度，列表如下：

B	f_a	ϕ_a	f_b	ϕ_b	$(\phi_a+\phi_b)=\sum|\phi|$
$B=5$	-133.0	-0.0075	4.93	0.203	0.2105
$B=10$	-50.0	-0.02	9.62	0.104	0.124
$B=15$	-30.8	-0.0325	14.0	0.071	0.1035
$B=20$	-22.2	-0.0425	18.35	0.0545	0.0995
$B=25$	-17.4	-0.0575	22.42	0.0446	0.1041
$B=30$	-14.3	-0.07	26.32	0.0380	0.108
$B=35$	-12.1	-0.0825	30.04	0.0333	0.1158

选择光焦度绝对值之和的最小值，约为 $B=20$，得到物镜焦距是 $+18.35\text{mm}$，负目镜焦距是 -22.2mm，光焦度之和是 0.0995。在 14.9 节，其和是 0.105，几乎一样。然而，在目前情况中，一个元件是正的，另一个元件是负的，而在 14.9 节，两个都是正的。其结果在于，该系统更容易校正像差，因为一个负元件的像差有可能抵消正元件像差。在 14.9 节，像差应当是相加的。值得注意的是，该系统没有内焦点，所以，不可能设置分划板或十字线。为了得到一个合理视场，物镜必须有大的孔径，为控制物镜球差，将物镜分裂成两个元件，就像伽利略望远镜一样，这类系统的视场比较小。孔径光阑（和光瞳）一定位于负目镜上。这类目视系统的孔径光阑常常是使用者眼睛的瞳孔。由于出瞳位于仪器内部，所以，眼距相当小（实际上是负的）。这种结构布局（称为 Brueke 放大镜）可以是一种功能非常强的放大镜，通常有较长的工作距离。

14.11 4×机械补偿变焦物镜

课题：

设计一个由三个元件组成的机械补偿变焦物镜的薄透镜光学系统，变焦范围 $R=4\times$，焦距变化范围是 $1\sim4\text{in}$。使用图 14.10 所示的（＋－＋）结构布局，移动中间透镜以改变焦距，移动后透镜以补偿像面漂移。

完成该课题有许多种方法。一种方法是根据元件的光焦度和间隔，写出描述所希望的焦距和和成像位置公式，求解这些公式得到必要的光焦度和空间。如果有合适的光学设计软件，可以使用最小阻尼二乘法程序确定光焦度和间

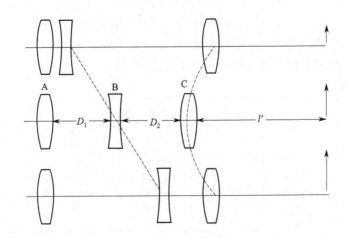

图 14.10　14.11 节三元件机械补偿变焦物镜的示意图

隔。在此，选择一种简单而直接的数值逼近法，如下所述：

首先假设中心透镜的焦距是负的，即 $\phi_B = -1.0$（这种任意选择未必有把握给出所希望的焦距，所以，在得到一个 4× 变焦物镜，并且像面漂移得到补偿后需要缩放或者调整计算结果）。首要任务是确定中间透镜的共轭距，从而产生放大率 $m = -\sqrt{R} = -2.0$ 和 $m = -\sqrt{1/R} = -0.5$，这就给出了所希望的变焦范围。简单求解物像距高斯公式 [公式(2.4)]，得到所希望的放大率。将公式(2.4) 的表示形式 $(1/s') = (1/s) + (1/f)$ 乘以 fs'，以消除小数形式，得到：

$$f = s' + f(s'/s)$$

代入放大率，$m = s'/s$，并求解 s'，得到：

$$s' = f/(1-m)$$

除以 s，令 $s'/s = m$，就得到 s 的表达式：

$$s = f(1-m)/m$$

已经假设 $f = -1.0$，所以，得到所希望的共轭距是：

如果 $m = -0.5$，则 $s = 3.0$ 和 $s' = -1.5$；

如果 $m = -2.0$，则 $s = 1.5$ 和 $s' = -3.0$。

如图 14.11 所示。值得注意，正的 s 表示物体位于物镜右边，是被前组透镜首先投射过的。负值 s' 表示是虚像。

为了使 s 的值是 +3，前组透镜（A）的焦距必须是 $f_A = +3.0$ 或更大些。由于要求"薄"（即厚度等于零）透镜图，所以，应当留有足够大的空间，以便未来给这些透镜一个实际厚度而不会干涉或冲突。因此，第一组透镜的光焦

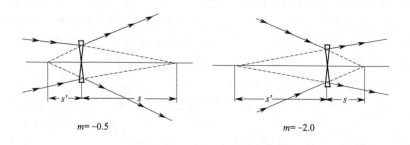

$m=-0.5$ $m=-2.0$

图 14.11 中间变焦元件在其变焦过程两端的共轭距离（s 和 s'）

度选择 $\phi_A = 0.3$，并且，焦距 3.333in 保证透镜 B 变焦到左端时使透镜 A 与透镜 B 之间有 0.333in 的间隔。

透镜 B 的运动会使放大率 m 两个极端值对应的 s 值不同，因此，$\delta s = 3.0 - 1.5 = 1.5$。使用 $f_A = 3.333$in，进行几次尝试，并选择第三组透镜或补偿元件的焦距 $f_C = +1.25$in。

注意，薄透镜物像之间的最小间隔是其焦距的四倍，如果选择第三组透镜（C）的焦距太长，那么，其结果只是想象，或者是不可能的。

现在，利用前组空间的两个极端值 $d_1 = 0.333$in 和 1.833in 追迹光线，对应的 $d_2 = 2.333$in 和 0.833in，这些数据能够使透镜 B 有正确的 s 和 s' 值（如前面确定的），并且与前面推荐尝试的透镜组 A 和 C 组合时，能够使系统有长焦距和短焦距。还追迹 $d_1 = 1.333$in 和 $d_2 = 1.333$in，得到一个中程系统（在移动透镜 C 以补偿像面漂移之前）的数据。该特定间隔值使 B 透镜的放大率是 -1，并且，要求透镜 C 有最大位移以使系统成像清晰。

注意，d_2 的选择是任意（在限定值之内）的。在此给出利用公式(4.1)和公式(4.2)追迹出的这些间隔（单位为 in）：

ϕ	(A)	(B)	(C)	
	$+0.3$	-1.0	$+0.8$	
d		0.333	2.333		$f=0.80845$
y	1.0	0.9	2.3		$l'=1.85484$
u	0.0	-0.3	$+0.6$	-1.24	$\sum d + l' = 4.5245$
d		1.333	1.333		$f=2.0$
y	1.0	0.6	1.0		$l'=2.0$
u	0.0	-0.3	$+0.3$	-0.50	$\sum d + l' = 4.666$
d		1.833	0.833		$f=3.22581$
y	1.0	0.45	0.575		$l'=1.85484$
u	0.0	-0.3	$+0.15$	-0.31	$\sum d + l' = 4.5215$

正如所预料的，第一和第三次光线追迹得到同样的像距 $l' = 1.85484$in，

在焦距等于 0.80645in 和 3.22581in 时给出 4.0in 的变焦范围，与希望值一样。

现在，必须确定补偿透镜的运动，通过变焦以保持成像清晰。使用第三透镜（C）作为补偿透镜（如果愿意，第一透镜也可以作为补偿透镜）。对于第一和第三次光线追迹，从前组透镜到系统焦点（像面）的距离是 $\sum d + l' = 4.5215$in；在第二次光线追迹中（$d_1 = 1.33$in），第二块透镜（B）之后的像距是 $-y_B/u_B' = -0.6/0.3 = -2.0$。因此，从该像点到希望的成像位置的距离等于 $[\sum - d_1 - (-2)] = 4.52150 - 1.3333 + 2.0 = 5.188176$，这就是要求的透镜（C）的物像距。用 x 表示透镜（C）d_2 的共轭距，是 $s = -2 - x$ 和 $s' = 3.188172 - x$。代入高斯公式 [公式(2.4)]，得到：

$$1/(3.188 - x) = 1/(-2 - x) + 0.8$$

消除分数表示形式，并除以 0.8 得到：

$$0 = x^2 - 1.188172x + 0.1088708$$

求解 x，得到：

$$x = d_2 = 1.0881177 \quad \text{或} \quad 0.100542$$

利用比较实际的 d_2 值 1.0881177，现在的光线追迹数据是：

	(A)		(B)		(C)	
ϕ	+0.3		−1.0		+0.8	
d		1.333		1.0881177		$f = 2.2668119$
y	1.0		0.6		0.9263252	$l' = 2.1000545$
u	0.0	−0.3		+0.3	−0.4411482	$\sum d + l' = 4.5215055$

对 d_1 两个以上的中间值重复该过程，得到如下数据：

d_1	d_2	f	l'	$d_1 + d_2 + l'$
0.333…	2.333…	0.806452	1.854839	4.521505
0.8	1.743190	1.266634	1.978315	4.521505
1.333…	1.088118	2.668119	2.100055	4.521505
1.6	0.892737	2.831886	2.028768	4.521505
1.833…	0.833…	3.225806	1.854839	4.521505

计算变焦过程中透镜的这些移动量并绘制成曲线，如图 14.12 所示。

变焦范围 $R = 3.225806/0.806452 = 4.0$，但系统焦距不是希望的 1.0in 和 4.0in。将系统焦距改变到希望的焦距值有几种方法：

（1）简单地将整个系统缩放一个因子 $4/3.225806 = 1.24\times$；

（2）将 f_A 改变到 $3.333\cdots \times 1.24 = 4.13333$，将 d_1 改变到 $4.13333 - 3.0 = 1.13333$（对短焦距位置，保持透镜 B 的 s 值等于 3.0）；

（3）在限定范围内，改变透镜 C 的焦距和位置。

值得注意，该课题需要进行大量计算。对大多数工作者，出错概率相当大。要花费非常大的精力注意一个量的符号，因为从一个步骤计算到下一步骤

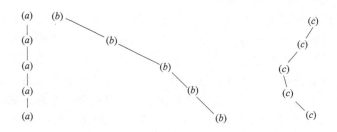

图 14.12 变焦过程中组件的运动曲线

时可能会变号。设计过程中,画出透镜的粗略草图及光线图非常有益于工作进展。上述过程非常有用,可以作为其他类似项目的参考样板。

14.12 计算机绘制系统布局图

利用光学设计软件也可以完成 14.11 节的任务(几乎所有结构布局)。然而,很好掌握上述人工计算方法并能透彻理解所设计的这类系统是非常明智的想法,可以使人置身于计算程序造成的麻烦之外。

利用零厚度元件可以模拟薄透镜。使用 2.0 的折射率是非常方便的,因为一个平凸或平凹元件的半径等于焦距(如果愿意,一个等凸或等凹元件的半径等于焦距的两倍),简单地创建一个类似于所希望的系统。如果能够形成一个正确方位的像,像的大小在正确的数量级,与相邻元件有正确关系,并且不在奇点附近,就可以使用阻尼最小二乘法(DLS)计算出一个解,变量是元件的表面曲率,也可以是未被固定的间隔。

使用的评价函数非常重要。应当包括所有希望的系统特性,例如焦距、像的位置、方位、大小、空间限制和形状限制。如果物体位于无穷远,y_1/u'_k 就是焦距,u'_k 控制着焦距。对有限远共轭系统,u_1/u'_k 控制着放大率和像的方位。系统总长度和元件的位置很容易确定和控制,有时候,求解角度和高度是有用的。如果整个项目的技术要求建立在近轴光学基础上,由于近轴光线追迹不会因为全内反射(TIR)或光线投射不到表面上而失败,而"真实"光线会有这种情况,所以,该系统是非常可靠和有效的。

在设计变焦系统初始结构布局时,使用阻尼最小二乘法特别有用。例如,在研究项目 14.11 中,应创立三种结构布局,每种布局都有同样的光学零件,但有不同间隔。曲率和间隔应当是变量,评价函数应包括第一透镜(或者固定透镜)的成像位置、系统的焦距,如果希望的话,还包括系统长度(在 14.11 节不考虑此项指标)。在变焦系统中,评价函数必须包括"<"和">"运算符,避免得到的零件彼此太靠近。

注意,这种计算方法和大部分"数值"法(包括前面使用的方法)都有一个限定:求解的系统总是设计者初始想象的系统类型,一个新的和没有想到的解是非常不讨人喜欢的结果。这显示了代数法的一个优点:如果有一个以上的解,代数法就会找到它,并且,通常用一个二次方或更高阶表达式表示。

计算机绘制结构布局图的方便之处在于,一旦找到一个解,插入适当的厚度,消色差和/或为获得良好像质而必须分裂元件就是一件很简单的事情,如第 16 章～第 19 章所述,从而创立了自己的系统。

14.13 设计有外部冷光阑的消色差中红外系统

本节将讨论中红外光学系统的结构布局及消色差问题,该系统在制冷杜瓦(Dewar)真空瓶中设置有一个外部冷光阑,如图 14.13 所示。系统的技术要求如下:

光学系统技术要求	
(1) 焦距	150mm
(2) 孔径	31mm
(3) 长度	260mm
(4) 波长	$4.5\sim5.1\mu m$
(5) 视场	$3.0°(\pm1.5°)$
(6) 后截距	$>23mm$ 间隙
(7) 冷光阑	17.0mm,根据探测器阵列
(8) 像质:	
中心 1.5°视场	50%能量集中在 $50\mu m$ 的直径范围内
在 3.0°视场内	50%能量集中在 $75\mu m$ 的直径范围内
(9) 畸变	<20%
(10) 渐晕	没有
(11) 热补偿	被动式
(12) 封装	要求一个反射镜折转(光路)

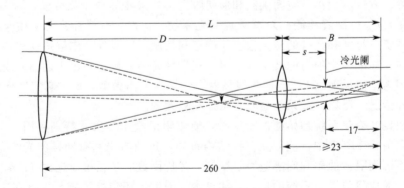

图 14.13 14.13 节中的光学系统结构

对一个外部光瞳（冷光阑）提出要求就意味着，该系统（至少）有两个相距较远的元件，第二个元件相当于中继（转像）透镜，并且焦距是负的。

确定初始结构布局

有五项技术指标（焦距、长度、后截距、光阑位置和"系统折叠能力"）将根据元件的光焦度和间隔确定。在双元件系统中，满足该五项技术要求只能依靠三个变量（两个元件的光焦度及其间隔）。如果幸运，其中三个技术要求得以满足时，另外两个技术指标也可以得到落实。否则，为了满足技术要求，需要单个组件具有较复杂的结构（例如摄远镜头或负焦距组件结构），或者增加另外的元件。

采用代数求解法或者数值尝试法可以满足技术条件1、3、6、7和第12项的要求。

如果同样问题需要求解多次，通常，都会使用代数法。代数法也可以用来表示不寻常的或没有所希望的解。一般地，数值法在确定一个熟悉的、非常了解的解决方案时比较快，然而，使用该方法时，很容易忽略意料之外的解和不熟悉的解。

在具体的本项目中，不准备这样做，一般地，明智的做法是寻找具有最小组件光焦度的初级结构布局。组件光焦度越小，组件所需零件的数目就越少，剩余像差也越小，对系统错位和制造误差也就越不敏感。

代数法

代数法以近轴光线追迹为基础，具体如下：利用组件光焦度和间隔符号（不是数值）追迹能够确定某些特定量的光线。根据光线追迹结果推导出所需要的焦距、光瞳位置等参数的相关公式，求解这些公式，得到满足上述技术要求的组件光焦度和位置。

对目前情况，可以得出：

利用公式(4.4)求解焦距　　　　$1/\mathrm{efl} = \phi = \phi_a + \phi_b - D\phi_a\phi_b$；

利用公式(4.6a)求解后截距　　　$B = (1 - D\phi_a)(\mathrm{efl}) = L - D$；

利用公式(2.5)求解光阑位置　　　$S = D/(D\phi_b - 1) = B - 17$；

联立并求解这三个公式，就可以得到满足系统长度（$L = 260\mathrm{mm}$）、焦距（$\mathrm{efl} = -150$）和光瞳位置（$B - S = 17$）的间隔 D，以及组件的光焦度 ϕ_a 和 ϕ_b。

半数值法

另外一种方法（对害怕使用代数法的人们，该方法最为流行）就是利用联立求解上述公式(4.4)和公式(4.6)，得到能够满足 B，D，L 和 efl 要求的 ϕ_a 和 ϕ_b 值。

利用公式(4.7) $\quad\quad\quad \phi_a=(F-B)/DF$

利用公式(4.8) $\quad\quad\quad \phi_b=(L-F)/DB$

式中，$L=B+D$ 和 $F=$ efl。一旦知道 ϕ_b，就可以应用公式(2.5)计算出由这组光焦度形成的光瞳位置。

利用 $L=260=B+D$ 和 $F=-150$，以 D 作为参数研究法中的自由变量。选择几个合理的 D 值，计算公式(4.8)和公式(2.5)，结果列表如下（见图 14.14）：

$D=230 \quad B=260-D=30 \quad \phi_b=0.0594203 \quad S=18.16 \quad B-S=11.84$
$220 \quad 40 \quad 0.0465909 \quad 23.78 \quad 16.22$
$210 \quad 50 \quad 0.0390476 \quad 29.17 \quad 20.83$

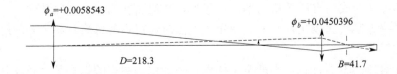

图 14.14　薄透镜系统的轴上和主光线追迹

在 $D=220$ 和 210（译者注：原文错印为 d）之间插入一个数，得到：

$D=218.3 \quad B=41.7 \quad \phi_b=0.0450396 \quad S=24.72 \quad B-S=16.98$

（译者注：ϕ_b 原文错印为 0450396）

给出的冷光阑位置（$B-S$）是 16.98。对初始的物镜结构布局设计，该值非常接近指定值 17。最后，由公式(4.7)确定 $\phi_a=+0.0058543$。

初始结构布局设计的特性

利用公式(4.1)和公式(4.2)，通过系统追迹（近轴）轴上光线和主光线，并确定组件 a 的通光孔径是 31mm 和组件 b 的通光孔径是 20mm，这些尺寸似乎是合理的。

假设，零件由硅材料（$n=3.427$，$V=1511$）制造，利用光线追迹数据，可以计算出轴上色差弥散［利用公式(6.3r)］

$$\sum \text{TAchA} = \sum y^2 \phi / V u_k' = 0.0144 \text{mm}$$

按照要求，在 $50\mu m$ 直径范围内集中点像能量的 50%，似乎符合要求。由此提出疑问，对该系统消色差可能是不必要的。

热离焦

第 16 章将讨论热对零件光焦度的影响：
$$\delta\phi/\delta t = \phi[|\delta n/\delta t|/(n-1) - \alpha] = \phi T$$

式中，$\delta n/\delta t$ 是折射率随温度的变化，n 是折射率；α 是热膨胀系数；ϕ 是零件的光焦度；T 是方括号 [ ] 中的量。如果是硅材料，则 $n=3.427$，$\alpha=2.62e^{-6}$，$\delta n/\delta t = 159e^{-6}$，计算出的 $T = 6.289e^{-5}$。当温度变化 100℃，零件光焦度变为：
$$\phi_{100} = \phi(1+100T) = 1.00629\phi$$

假设，系统的机械结构用铝材料制造，热膨胀系数 $\alpha=0.000024$，对标准温度下的系统和经受 $\delta t = 100$℃ 温度的系统得到的数据分别列在（A）栏和（B）栏中。

(A)标准温度下的系统	(B)$\delta t=100$℃温度下的系统
$\phi_a = +0.0058543$	$\times 1.00629 = +0.0058911$
$D = 218.3$	$\times 1.00240 = 218.82392$
$\phi_b = +0.0450396$	$\times 1.00629 = +0.0453229$
$B = 41.7$	$\times 1.00240 = 41.8006$
	根据公式(4.6a)，$B_{100} = 40.0858$

式中，因子 1.00629 和 1.00240 分别对应于硅材料是（$1+100T$）和铝材料是（$1+100\alpha$）。根据上面给出的 $\delta t = 100$℃ 的光焦度和空间数据，得到 $B_{100} = 40.0858$，表明焦点已经漂离探测器位置约（$40.0858 - 41.8006$）$= -1.7148$，该离焦量将产生弥散斑的直径是 $1.71/(f/\#) = 1.71(31/150) = 0.35$mm，很清楚，远大于规定的 50μm 弥散直径会聚最大 50% 能量的要求。

系统无热化

消热化，或者消除热聚焦漂移，类似于校正系统的色差，至少需要两种不同性质的材料。为校正色差，利用不同的阿贝 V 值材料，为消热差，需要不同的 T 值。如果能够找到一种合适的 V 值和 T 值组合，就可以同时校正热差和色差。

几种适用于 4.5～5.1μm 波长范围的材料列于下表：

硅	$T = 6.29e^{-5}$	$V = 1511$	$1/V = 6.62e^{-4}$
锗	$T = 13.22e^{-5}$	$V = 673$	$1/V = 14.86e^{-4}$
Amtir[①]	$T = 2.93e^{-5}$	$V = 642$	$1/V = 15.04e^{-4}$
硒化锌	$T = 3.03e^{-5}$	$V = 342$	$1/V = 28.42e^{-4}$
硫化锌	$T = 3.57e^{-5}$	$V = 915$	$1/V = 11.15e^{-4}$

① 译者注：含有硒和硅的砷化玻璃。

绘出 T-$(1/V)$ 曲线,如图 14.15 所示,通过两种材料点并延长与 T 轴相交的一条直线就代表着由两种材料制成的消色差双透镜的等效 T 值。根据曲线图,很明显,硅-锗材料是一种非常有意义的组合。为了彻底地对系统进行校正,必须使其组件同时消色差和消热差,但是,初始结构布局设计计算出的欠校正色差似乎可以接受,所以,考虑在组件"a"中增加一块负光焦度的锗零件,有可能消热化,这对色差应当有一种过校正作用,也为最终透镜设计校正球差提供一种机会。

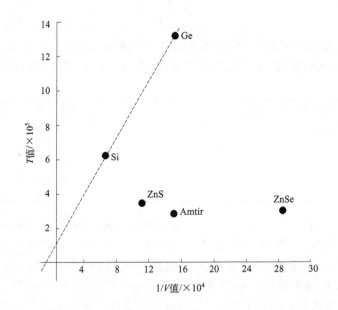

图 14.15 一些适用材料的"T 值"与"V 值"倒数的关系曲线

利用代数法可以解出使系统消热所增加的锗零件的光焦度。在此将再次选择使用代数法。假设组件"a"由一个硅锗双透镜组成,正如上面结构布局图所示,在光焦度不变条件下($\phi_a = +0.0058543$),组件"a"中每个零件的光焦度是 ϕ_{a1} 和 ϕ_{a2},选择锗透镜的光焦度(ϕ_{a2})作为自由变量,然后,确定硅零件的光焦度:

$$\phi_{a1} = \phi_a - \phi_{a2} = 0.0058453 - \phi_{a2}$$

由下式确定双透镜组件在 $\delta t = 100\,^\circ\mathrm{C}$ 时的光焦度:

$$\phi_{aT} = 1.00629\phi_{a1} + 1.01322\phi_{a2}$$

式中,对于硅和锗材料,常数是 $(1+100T)(\equiv\theta)$。利用上面使用的方法确定初始结构布局图的热聚焦漂移,如果选定几个 ϕ_{a2} 值,得到下面列表,如

图 14.16 所示：

尝试计算	1#	2#	3#	4#	最终 5#
ϕ_{a1}	+0.005854	+0.010854	+0.15854	+0.020854	+0.017453
ϕ_{a2}	0	−0.005	−0.010	−0.015	−0.011599
$\theta\phi_{a1}$	+0.005891	+0.010922	+0.015954	+0.020986	+0.017563
$\theta\phi_{a2}$	0	−0.005066	−0.010132	−0.015198	−0.011752
ϕ_{aT}	+0.005891	+0.005856	+0.005822	+0.005787	+0.005811
1.0024D			218.8239		
$\theta\phi_b$			+0.045323		
B_{100}	40.0854	40.7834	41.5424	42.3783	41.8013
Shift(漂移)	−1.7153	−1.0173	−0.2583	+0.5776	+0.0006
Blur(弥散)	0.3545	0.2102	0.0534	0.1194	0.0001
TAchC	0.0144	0.0059	−0.0048	−0.0144	−0.0079

最后一次尝试（5#）的 ϕ_{a2} 值是在 3# 和 4# 尝试值之间进行插值确定的。在 5# 尝试计算时，其热漂移量几乎是零。实际上，对于初始的薄透镜结构布局，不需要如此精确。引入实际零件厚度会造成变化，并且，最终还要使用计算机进行光学设计，从而控制热离焦及其他性质和像差。注意，色差已经改变符号并且是过校正，色差造成的弥散斑已经减小到只是使用硅材料零件时系统弥散斑的一半。这就是做到心中有数地选择材料的额外好处。

正如所希望的，幸运地利用三个变量找到了能够满足所有五项初级技术要求的系统。无需任何附加条件，只通过控制焦距、长度和光阑位置就使后截距间隔和可折叠性达到要求，增加一个锗透镜零件就实现了热稳定性，也减小了色差。到此，就完成了系统的结构布局设计。

对透镜设计过程的一些评论

下一步就是透镜设计。在保证焦距、光阑位置、长度、间隔和热补偿等初级要求不变的条件下，主要考虑弥散斑大小、畸变和光瞳像差。值得注意的是，这些参数是"保持不变"，光学设计软件（所谓的"光学自动设计"）通常要求输入到计算机的初始数据要接近于满足技术要求的形式，以便使计算机能够找到一个解。这就是为什么在光学设计开始之前需要确定一个合理的初级解作为初始结构的原因。

在该系统光学设计中，为了控制畸变和光瞳像差（在其他像差之间），要求转像组件"b"由三块零件组成，而不是一块（也许使用两块厚的、有很强弯曲的弯月形零件就足够了，参考第 19 章中 Able 望远镜）。

最终设计（图 14.16）是 50% 的能量会聚在 $23\mu m$ 和 $27\mu m$ 的直径范围内（技术要求是 $50\mu m$ 和 $75\mu m$），表明给出的加工公差是合理的。外部光瞳使畸变校正变得困难。然而,最终设计的畸变仅有 1.5%,光瞳畸变是 3.5%,是可以接受的。

图 14.16　光学系统的最终设计

最后需要说明的,就是必须懂得利用计算机光学自动设计程序可以求得初始解。

步骤 1:组件应作为零厚度的凸平单透镜输入。凸面曲率和间隔允许变化。程序的评价函数应包括焦距(efl),长度(L)和冷光阑至系统最后一块透镜的距离(S)的目标值(就像根据近轴光线追迹所进行的)。给出合理的初始系统的结构参数,光学设计程序将很快找到需要的解。

步骤 2:使用类似过程使系统消热化。

步骤 3:确定这些参量后,可以进行光学设计的最后阶段。

两个附加说明:第一,需要注意,与任何数学收敛方法一样,计算过程需要初始结构位于所希望解的有限范围内,否则,计算机可能给出一个完全不可能实现的解,或者完全没有解。为了找到一个合理的初始结构,至少需要在此所讨论的部分过程。第二,还应当注意,一种阶梯式研究过程是一种非常必要的过程,理由在于,在开始进行计算机校正像差之前,如果一个光学系统的初级性质没有很好得以确定,那么,设计程序可能会找到评价函数的一个局部最佳值,在这一点上,像差得到很好校正,但光学系统的初级性质却远离目标值。

第15章

波前像差和调制传递函数（MTF）

15.1 概述

前面章节和附录 A 是讨论通过光学系统进行光线追迹的方法以及如何确定像差的数值。本章将阐述对这些计算结果的解释。基本问题是"某一给定量的像差对光学系统性能会有怎样的影响"。

已经看到，光线追迹可以对一个系统的成像性质形成不完善的像，因为一个"理想"透镜或反射镜形成的像并不是通过光线追迹就可以得到的几何点，而是一个有限大小的衍射图——艾利斑和环绕的圆环。如果适度偏离理想状况（造成波前变形的像差量小于 1 个波长或 2 个波长），那么，研究一种像差影响衍射图中能量分布的方式还是合适的，然而，若像差比较大，通过光线追迹描述的照度分布就可以对系统性能给出足够的表述。因此，习惯上将研究范围分为：①小像差的影响，可以根据光的波动性处理；②大像差的影响，可以按照几何方法处理。

15.2 光程差：焦点漂移

通过确定光程差（OPD）或者波前误差（由基准点的纵向位移造成）开始小像差的讨论。图 15.1 所示为从一个"理想"光学系统光瞳发出的球面波前（实线），其焦点在 F，希望确定相对于基准点 R 的光程差（OPD），R 到 F 的距离是任意值 δ。如果画一个基准球（虚线），中心在 R，与轴上波前重合，一定范围内的（半径 Y）OPD 就是沿基准球半径方向测量的、从基准球到波前的距离❶，如图 15.1 所示。

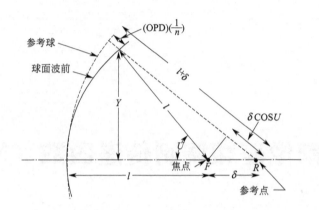

图 15.1　从一个"理想"光学系统光瞳发出的球面波前
由基准点的小量纵向位移（δ）造成的光程差（OPD）等于折射率（n）
乘以［基准球半径（$l+\delta$）减去波前半径（l），再减去 $\delta\cos U$］

从图中可以看出，对于适量的 OPD，路程差等于基准球半径（$l+\delta$）减去波前半径（l），再减去 $\delta\cos U$：

$$\frac{\text{OPD}}{n} = (l + \delta - \delta\cos U - l)$$

$$= \delta(1 - \cos U)$$

取足够的近似，有：

$$\cos U \approx 1 - \frac{1}{2}\sin^2 U$$

由基准点位移 δ 造成的光程差是：

$$\text{OPD} = \frac{1}{2}n\delta\sin^2 U \tag{15.1}$$

基准点纵向位移等效于系统离焦。应用瑞利四分之一波判据，可以为焦深确定一个粗略的允许量。设 OPD 等于 1/4 光波，求解可允许的焦深：

$$\text{焦深 } \delta = \pm\frac{\lambda}{2n\sin^2 U_m} = 2\lambda(f/\#)^2 \tag{15.2a}$$

式中，λ 是光波波长，n 是最终介质的折射率，U_m 是子午光线通过系统后的最终斜率。注意，最大 OPD 值出现在波前边缘。将此值乘以光线斜率，

---

❶　如果最后空间的介质不是空气，需要乘以最终介质的折射率。

就可以将光程差转换为横向像差。利用 $\sin U_m$ 作为斜率的近似表达式，得到 $\lambda/4$ 的横向离焦量：

$$H' = \frac{0.5\lambda}{n\sin U_m} = \frac{0.5\lambda}{\mathrm{NA}} = \lambda(f/\#) \qquad (15.2\mathrm{b})$$

式中，$\mathrm{NA} = n\sin U_m$，$(f/\#) = f$ 数。

15.3 光程差：球差

现在，相对于一个基准球（球心在近轴焦点处）确定 OPD。在图 15.2 中，有缺陷的波前表示成实线。高度为 Y 的光线（垂直于波前）交光轴于 M 点。中心在 P 点的基准球表示为虚线，与前面一样，OPD 是两个表面之间的径向距离乘以折射率。由于波前滞后于基准球，所以，OPD 的符号为负号，表示方式是一致的。

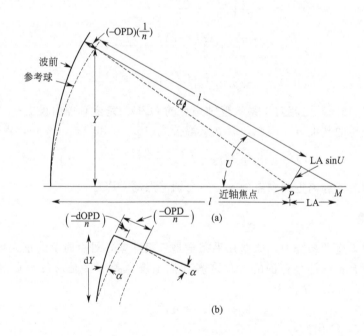

图 15.2 球差产生的 OPD（相对于近轴焦点）
图 (b) 表示关系 $\alpha = (-1/n)\mathrm{dOPD}/\mathrm{d}y$。图 (a) 中，很明显，$\alpha = \mathrm{LA}\sin U/l$

光线是波前的法线，半径是基准球的法线，因此表面法线之间的夹角 α 也是表面间的夹角，正如图 15.2(b) 所示，OPD 的变化对应着小的高度变化 $\mathrm{d}Y$，它们之间的关系是：

$$\alpha = \frac{(-\mathrm{d}\mathrm{OPD})}{n\mathrm{d}Y}$$

角像差 α 与球差之间的关系如下:

$$\alpha = \frac{(\mathrm{LA})\sin U}{l} = \frac{(\mathrm{LA})Y}{l^2}$$

联立并求解 dOPD, 得到:

$$\mathrm{dOPD} = \frac{-Yn(\mathrm{LA})\mathrm{d}Y}{l^2}$$

纵向球差是 Y 的函数, 可以用级数表示:

$$\mathrm{LA} = aY^2 + bY^4 + cY^6 + \cdots \tag{15.3}$$

进行替换, 并积分:

$$\begin{aligned}
\mathrm{OPD} &= -\int_0^Y \frac{nY}{l^2}(aY^2 + bY^4 + cY^6 + \cdots)\mathrm{d}Y \\
&= -\frac{n}{l^2}\left(\frac{aY^4}{4} + \frac{bY^6}{6} + \frac{cY^8}{8} + \cdots\right)_0^Y \\
&= \frac{-nY^2}{2l^2}\left(\frac{aY^2}{2} + \frac{bY^4}{3} + \frac{cY^6}{4} + \cdots\right)
\end{aligned}$$

$$\mathrm{OPD} = -\frac{1}{2}n\sin^2 U\left(\frac{aY^2}{2} + \frac{bY^4}{3} + \frac{cY^6}{4} + \cdots\right) \tag{15.4}$$

公式(15.4)是相对于系统近轴焦点的 OPD。完全有理由设立一个比近轴焦点更理想的基准点。因此, 联立求解公式(15.1)和公式(15.4), 得到:

$$\mathrm{OPD} = \frac{1}{2}n\sin^2 U\left[\delta - \left(\frac{aY^2}{2} + \frac{bY^4}{3} + \frac{cY^6}{4} + \cdots\right)\right] \tag{15.5}$$

这就是相对于远离近轴焦点为 δ 的一个轴上点的 OPD。

三级球差

在许多光学系统中, 球差几乎完全是三级球差, 对由简单的正光焦度零件组成的所有系统都是正确的, 对许多其他系统也差不多是对的。在这些状况下, 公式(15.3)简化为:

$$\mathrm{LA} = aY^2 \tag{15.6}$$

公式(15.5)简化为:

$$\mathrm{OPD} = \frac{1}{2}n\sin^2 U\left[\delta - \frac{1}{2}aY^2\right] \tag{15.7}$$

现在, 在孔径边缘 $Y = Y_m$ 和 $\mathrm{LA} = \mathrm{LA}_m$, 将这些值代入公式(15.6), 求得(三级球差):

$$a = \frac{\mathrm{LA}_m}{Y_m^2}$$

和

$$\text{OPD} = \frac{1}{2} n\sin^2 U \left[\delta - \frac{1}{2} \text{LA}_m \left(\frac{Y}{Y_m} \right)^2 \right] \tag{15.8}$$

为了确定能够产生最小 OPD 的 δ 值，可以在公式(15.8)中试算几个 δ 值，并绘制出 OPD 与 Y 值的关系曲线。已经为 $\delta = 0$，$\text{LA}_m/2$ 和 LA_m 的位移量做出了曲线，其结果表示在图 15.3 中。很明显，当边缘处 OPD 等于零时，与基准球表面的偏离量最小。对应基准点的偏移量是 $\text{LA}_m/2$。所以，从波前像差的观点，最佳聚焦位置是边缘和近轴焦点间的中间位置。

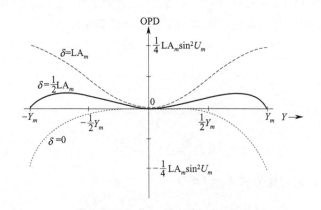

图 15.3　三种基准点位置条件下，具有三级球差的光学系统的 OPD 与 Y 值的关系曲线

至此，应当注意两件事情：其一，三级球差的最佳 RMS 焦点位移与在此引证的一样，对基准球有最小偏离；其二，当离焦使 5.8 节讨论的光线交点曲线（或者 $H\text{-tan}U$ 曲线）产生一定倾斜时，在对应的 OPD 曲线中，离焦会以二次方形式改变曲线形状。就是说，一个简单的离焦会产生一个抛物面形状的曲线。

如果将 $\delta = \text{LA}_m/2$ 代入公式(15.8)中，就会发现（相对于 Y 进行微分，并令其等于零），最大 OPD 出现在 $Y = Y_m \sqrt{0.5} = 0.707 Y_m$，并且：

$$\text{OPD} = \frac{\text{LA}_m}{16} n\sin^2 U_m$$

是近轴焦点处 OPD 的 1/4。

应用瑞利判据，令 OPD 等于 1/4 波长，可以确定与该 OPD 对应的边缘球差量是：

$$\text{LA}_m = \frac{4\lambda}{n\sin^2 U_m} = 16\lambda (f/\#)^2 \tag{15.9a}$$

乘以 $\sin U_m$，再次得到一个近似的横向像差表达式：

$$\mathrm{TA}_m = \frac{4\lambda}{n\sin U_m} = \frac{4\lambda}{\mathrm{NA}} = 8\lambda(f/\#) \tag{15.9b}$$

五级球差

如果球差中包含有三级和五级球差（包括光学系统中的绝大多数），可以写为：

$$\mathrm{LA} = aY^2 + bY^4$$

代入 $Y=Y_m$ 时的 $\mathrm{LA}=\mathrm{LA}_m$ 和 $Y=0.707Y_m$ 时的 $\mathrm{LA}=\mathrm{LA}_z$，发现常数 a 和 b 与边缘球差及带区球差有关，可以用下面表达式表示：

$$\mathrm{LA}_m = aY_m^2 + bY_m^4$$

$$\mathrm{LA}_z = \frac{aY_m^2}{2} + \frac{bY_m^4}{4}$$

$$a = \frac{4\mathrm{LA}_z - \mathrm{LA}_m}{Y_m^2}$$

$$b = \frac{2\mathrm{LA}_m - 4\mathrm{LA}_z}{Y_m^4}$$

用公式(15.1)的切趾方式表示 OPD

$$\mathrm{OPD} = \frac{1}{2}n\sin^2 U \left(\delta - \frac{aY^2}{2} - \frac{bY^4}{3} \right)$$

并且，OPD 与 Y 值的关系曲线是图 15.4 最上面曲线图所示的一类曲线。当然，曲线的实际形状取决于 a、b 和 δ 值。

如果满足下面关系式，会有最佳的聚焦位置：

$$\delta = \frac{-3a^2}{16b} = \frac{-3(4\mathrm{LA}_z - \mathrm{LA}_m)^2}{32(\mathrm{LA}_m - \mathrm{LA}_z)} = \frac{3}{4}\mathrm{LA}_{\max} \tag{15.10}$$

正如图 15.4(b) 所示，在三个 Y 值上 OPD 都等于零。在该聚焦点处，边缘处的 OPD 是：

$$\mathrm{OPD}_m = \frac{1}{2}n\sin^2 U_m \left(\frac{-3a^2}{16b} - \frac{aY_m^2}{2} - \frac{bY_m^4}{3} \right) \tag{15.11}$$

在最大值（点 x）处

$$Y = Y_m \sqrt{-\frac{a}{4b}}$$

OPD 是：

$$\mathrm{OPD}_x = \frac{na^3 \sin^2 U_m}{96b^2 Y_m^2} \tag{15.12}$$

如果系统的边缘球差得到校正（$\mathrm{LA}_m=0$），则边缘和点 X 处的 OPD 值相

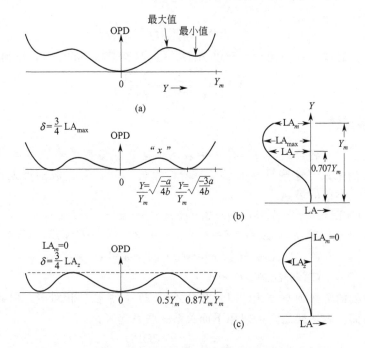

图 15.4 含有三级和五级像差时 OPD 与 Y 值的关系曲线

图 (a)：OPD 是 Y 六次幂的函数，其形状取决于像差系数 a 和 b，以及基准点的位置 (δ)。图 (b)：$\delta = \frac{3}{4} \text{LA}_{max}$ 时，OPD 与 Y 值的关系曲线。图 (c)：当 $\text{LA}_m = 0$ 和 $\delta = \frac{3}{4} \text{LA}_z$ 时，OPD 达到最小值

等，如 15.4(c) 曲线所示，这就是存在五级球差时 OPD 达到最小值的条件。基准点位移是：

$$\delta = \frac{3}{4} \text{LA}_z$$

这表明，最佳焦点位于近轴焦点至带区焦点间的四分之三位置上。

描述该曲线的公式是 $\text{OPD} = K[y^2 - 24y^4 + 16y^6]$，其中，$K$ 是比例因子（等于图 15.4 中的比例因子），注意，取决于 OPD 是否相对于 y，$\tan U$，$\sin U$，或者其他表明光线在孔径中位置的参数绘制曲线，最佳重新调整焦距会稍有不同。经常引证 0.8LA_z 值作为以均方根为基础的最佳重新调焦值。

剩余 OPD：

$$\text{OPD}_m = \text{OPD}_z = \frac{n\text{LA}_z \sin^2 U_m}{24} \tag{15.13}$$

是近轴焦点处 OPD 的 1/8。使其等于 1/4 波长，会发现，瑞利判据允许剩余带球差是：

$$\mathrm{LA}_z = \frac{6\lambda}{n\sin^2 U_m} \qquad (15.14a)$$

为了近似地转换到横向像差，乘以 $\sin U_z$（近似等于 $0.7\sin U_m$），得到：

$$\mathrm{TA}_z = \frac{4.2\lambda}{n\sin U_m} = \frac{4.2\lambda}{\mathrm{NA}} \qquad (15.14b)$$

波像差多项式

公式(5.1) 和公式(5.2) 是一个表示横向光线像差的幂级数展开式，是 h，s 和 θ 的函数（这些符号的意义，请参考图 5.1）。对于波前像差或 OPD，可以推导出类似的表达式：

$$\begin{aligned}\mathrm{OPD} =& A_1' s' + A_2' sh\cos\theta + B_1' s^4 + B_2' s^3 h\cos\theta + B_3' s^2 h^2 \cos^2\theta + B_4' s^2 h^2 + \\ & B_5' sh^3 \cos\theta + C_1' s^6 + C_2' s^5 h\cos\theta + C_4' s^4 h^2 + C_5' s^4 h^2 \cos^2\theta + \\ & C_7' s^3 h^3 \cos\theta + C_8' s^3 h^3 \cos^3\theta + C_{10}' s^2 h^4 + C_{11}' s^2 h^4 \cos^2\theta + \\ & C_{12}' sh^5 \cos\theta + D_1' s^8 + \cdots\end{aligned}$$

注意，此处的常数项与公式(5.1) 和公式(5.2) 的常数项相对应，但数值并不一致。然而，表达式之间可以用下面关系式联系起来：

$$y' = \mathrm{TA}_y = \frac{-l}{n} \frac{\partial \mathrm{OPD}}{\partial y}$$

和

$$x' = \mathrm{TA}_x = \frac{-l}{n} \frac{\partial \mathrm{OPD}}{\partial x}$$

式中，l 是光瞳到像平面的距离；n 是像空间的折射率。注意，波前表达式中半孔径 s 的指数要比光线交点公式中大 1，使用该公式可以确定具有任意组合像差的波前形状。

15.4 像差（容限）公差

前面章节是确定通常所说的像差公差的基础。应当注意，在这点上，使用"公差"一词并不像机械学领域包含有可以和不能使用的含义。在机械系统设计中，如果超出了公差，零件可能会突然停止配合或运转。简单地说，任何量的像差都会使图像质量恶化，大量像差会使成像质量严重恶化。因此，可以更准确地将这节内容称为"像差容限"。

瑞利判据或瑞利极限要求像点周围的波前相对于其基准球的 OPD 不大于 1/4 个波长，以便于"感觉着"像是理想的。为了方便，用术语瑞利极限表示 1/4 波长的 OPD。前面（第 9 章）已经解释，一个理想透镜形成的像是衍射图形，84% 的能量集中在中心斑内，剩余 16% 分布在图形的各个圆环中，当

OPD 小于几个瑞利极限时，中心斑大小基本上没有变化，但能量明显地从中心斑移到各个圆环中。

RMS OPD

前面的讨论是依据对基准球的最大偏离量研究 OPD，这常常会涉及峰-峰或峰-谷（P-V）OPD。当波前形状相对比较平滑，可以较好地与成像质量联系起来，然而，如果波前突然不规则，该方法就不足以胜任了，在这种情况下，RMS OPD（均方根光程差）是比较好的计量波前缺陷效应的方法。RMS 代表"均方根"，是在系统全孔径范围内抽样出的所有 OPD 平方的平均值（或中值）的平方根。例如，研究另外一个理想的光学系统，在一个表面上有一块凸起。如果这块凸起仅仅覆盖一个非常小的面积，那么，即使该凸起在波前中的 P-V OPD 相当大，但对成像质量的影响会比较小。在这种情况下，RMS OPD 应当非常小，能够比 P-V OPD 更精确地表达该凸起对像质的影响。对于由离焦造成的非常平滑的波前缺陷，RMS OPD 与 P-V OPD 之间的关系是：

$$\text{RMS OPD} = \frac{\text{P-V OPD}}{3.5}$$

对于更小的平滑缺陷，表达式中的分母就更大，对由高级像差或随机制造误差造成的波前缺陷，尤为正确。大部分情况下都假定，处理随机误差时上述表达式的分母取 4 或 5。因此，瑞利四分之一波长判据对应着 1/14 或 1/20 波长的 RMS OPD。1/20 波长似乎比 1/4 波长听起来使人印象更为深刻，所以，在光学系统供应商中使用 RMS OPD 计量方法非常受欢迎。

斯切尔（Strehl）比

Strehl 比是校正过像差的光学系统艾利斑中心的照度与一个理想系统的对应照度之比，如图 15.5 所示。当光学系统经过良好校正时，该参数对成像质量是非

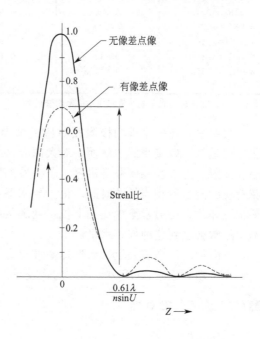

图 15.5　Strehl 比是校正过像差的光学系统所成像的中心照度与无像差像的中心照度之比
（译者注：原文中将 aberration-free image 错印为 an aberration image）

常好的描述。80%的 Strehl 比对应着 1/4 波长的 P-V OPD（精确地适合于离焦情况，对大部分有像差的系统是近似的）。对于适量的 OPD，Strehl 比和 RMS OPD 之间的关系近似表示如下：

$$\text{Strehl 比} = e^{-(2\pi\omega)^2}$$

式中，ω 是 RMS OPD，单位波长。或者用下式表示：

$$\text{Strehl 比} = 1 - 3.2(P\text{-}V)^2$$

对各种 OPD 量，几种成像质量的计量方法之间有一定联系，见表 15.1。假设，OPD 由离焦造成，P-V OPD 以瑞利极限（RL）和波长两种方式给出，成像质量的 Marechal 判据是 Strehl 比等于 0.80，对应着离焦情况的瑞利极限，是另一种比 1/4 极限更为一般的判据。

表 15.1 成像质量的计量与 OPD 的关系

P-V OPD	RMS OPD	Strehl 比	%能量	
			艾利斑	其他环
0.0	0.0	1.0	84	16
0.25RL=$\lambda/16$	0.018λ	0.99	83	17
0.5RL=$\lambda/8$	0.036λ	0.95	80	20
1.0RL=$\lambda/4$	0.07λ	0.80	68	32
2.0RL=$\lambda/2$	0.14λ	0.4①	40	60
3.0RL=0.75λ	0.21λ	0.1①	20	80
4.0RL=λ	0.29λ	0.0①	10	90

① Strehl 比较小时不能非常好地与成像质量相关。

很明显，与一个瑞利极限相对应的像差量的确会对成像性质造成小的变化，但是是可以接受的。然而，对大部分系统，可以假设，如果将像差减小到瑞利极限，光学性能将非常出色，若要检测到由此产生的某种性能变化，需要花费权威测量者相当长的时间。很少要求系统必须校正到小于一个瑞利极限，显微镜和望远镜通常至少在轴上校正到满足或比瑞利判据更好一些，照相物镜不太经常会达到这种校正水平。

下面给出的列表表示，当选择基准点是为了使 P-V OPD 降至最小时，对应于一个瑞利极限（OPD=$\lambda/4$）的像差量。

离焦（或焦点没对准）

纵向：

$$\Delta l' = \frac{\lambda}{2n\sin^2 U_m} \tag{15.15a}$$

如果 $\lambda = 0.5\mu m$，则：

$$\Delta l' = \pm (f/\#)^2 \quad (\text{单位 } \mu m)$$

横向：
$$H' = \frac{0.5\lambda}{\text{NA}} \tag{15.15b}$$

角像差：
$$AA = \pm \lambda/nD \, \text{rad} \tag{15.15c}$$

式中，D 是出瞳直径。

三级边缘球差

纵向：
$$\text{LA}_m = \frac{4\lambda}{n\sin^2 U_m} \tag{15.16a}$$

横向：
$$\text{TA}_m = \frac{4\lambda}{\text{NA}} \tag{15.16b}$$

角像差：
$$AA = \pm 8\lambda/nD \, \text{rad} \tag{15.16c}$$

剩余带球差（$\text{LA}_m = 0$）

纵向：
$$\text{LA}_z = \frac{6\lambda}{n\sin^2 U_m} \tag{15.17a}$$

横向：
$$\text{TA}_m = \frac{4.2\lambda}{\text{NA}} \tag{15.17b}$$

角像差：
$$AA = \pm 8.4\lambda/nD \, \text{rad} \tag{15.17c}$$

子午慧差

$$\text{Coma}_T = \frac{1.5\lambda}{\text{NA}} \tag{15.18a}$$

角像差：
$$\text{对于 Strehl} = 0.8 \times 1.28, \; AA = \pm 3\lambda/nD \, \text{rad} \tag{15.18b}$$

色差

轴上色差：
$$\text{LAch} = L'_F - L'_C = \frac{\lambda}{n\sin^2 U_m} \tag{15.19a}$$

$$\text{TAch} = \frac{\lambda}{\text{NA}} \tag{15.19b}$$

横向色差：

$$\text{TchA} = H'_F - H'_C = \frac{0.5\lambda}{\text{NA}} \tag{15.20}$$

式中，λ 是光波波长；n 是像空间介质的折射率；U_m 是轴上像边缘光线的斜率；H 是像高；$\text{NA} = n\sin U_m$，数值孔径；D 是无焦系统的出瞳直径。

根据离焦容限推导出纵向色差的容限。如果基准点位于长波长和短波长焦点间的中间位置，很明显，超出瑞利极限之前，它们之间的间隔可以是离焦容限的两倍。对色差来说，根据其对成像质量（即 MTF）的影响，这些量远比 1/4 波长的单色像差量的影响小得多，这是因为只有两端波长（即 C 和 F 谱线）偏离标称波前 1/4 个波长，其他波长都小于 1/4 波长。由于大部分系统的光谱响应至少对中心波长稍高，这就意味着，对于与公式（15.19）和公式（15.20）对应的色差量来说，有超过一半的有效照明要小于 1/8 波长的 OPD。因此，对普通色差，可以假设，上述量值的 1.8～2.5 倍（取决于系统的光谱响应是平的还是有峰值）就会对图像产生与单色像差四分之一波长判据同样的影响。如果色差是二级光谱形式，因子取 2.5～4.5 倍是合适的。注意，人眼的目视响应相当高，所以，对于目视系统，取上述较大的倍数更合理。

慧差的容限常常会超出，因为在相当大的视场范围内把一个系统校正到这种成像质量特别困难。康拉德（Conrady）建议，对于望远物镜，慧差容限 OSC 取 ±0.0025 或者更小些是合适的，对照相物镜，可以有更小的量（±0.0010）。

当然，离焦的容限可以应用于场曲，并且，z_s 和 z_t（x_s 和 x_t）的值应当（理想的话，至少）小于该量的两倍。然而，能够校正到这种水平的系统是非常少见的，大部分宽视场光学系统取该容限值比上述值大许多倍。

例 15.1

一个目视光学系统的相对孔径是 $f/5$，$\sin U_m = 0.10$，$\lambda = 0.55\mu\text{m} = 0.00055\text{mm}$。因此，与 1/4 个波长 OPD 相对应的像差容限是：

$$\text{离焦} = \pm\frac{0.00055}{2\times(0.1)^2} = \pm 0.0275\text{mm}$$

$$\text{边缘球差} = \pm\frac{4\times 0.00055}{(0.1)^2} = \pm 0.22\text{mm}$$

$$\text{带球差} = \pm\frac{6\times 0.00055}{(0.1)^2} = \pm 0.33\text{mm} \qquad (\text{LA}_m = 0)$$

$$\text{子午慧差} = \pm\frac{1.5\times 0.00055}{0.1} = \pm 0.00825\text{mm}$$

$$\text{轴上色差} = \pm\frac{0.00055}{(0.1)^2} = \pm 0.055\text{mm} \qquad (\text{实际上}, = \pm 0.13\text{mm})$$

15.5 像的能量分布（几何）

当像差超过瑞利极限许多倍，衍射效应变得不太重要，并且，可以利用几何光线追迹的结果比较精确地预测一个像点的情况。可以这样来做：将光学系统入瞳分成许多个相等的面积，通过每块小面积的中心追迹一个物点发出的光线，绘出每条光线与像平面的交点。由于每条光线代表着整个图像能量的相同部分，所以，图像中点的密度就是图像功率密度（辐照度、照度）的一种计量。显然，追迹的光线越多，对几何像的表示就越精确，这类光线交点曲线称为光点图（或点列图）。图 15.6 表示在入瞳中设置光线位置的几种方法，并给出了一个点列图的例子。最常用的是矩形分布，最容易操作，并且最适合于 OPD 和 MTF 计算。

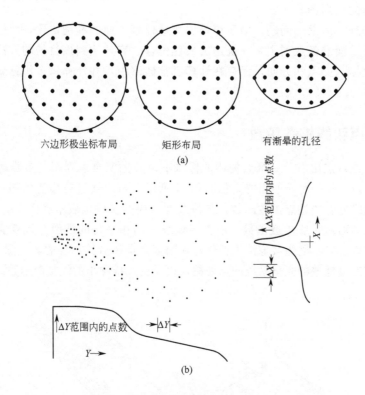

图 15.6 在入瞳中设置光线位置的几种方法

图（a）表示的光线在入瞳中的位置，可以使每条光线"代表"一块相等的面积；图（b）表示的是点列图（对只有慧差的系统而言）和线扩散函数（下面和右边），计算有一个小间隔 ΔY 和 ΔX 的两条平行线之间的点数就可以得到线扩散函数。尽管矩形光线分布没有六边形极坐标分布简练，但是，由于该数据更容易应用在波前和 MTF 计算中，所以，也广泛地得到应用

很明显，绘制一个点列图需要进行大量的光线追迹。正如A.3节指出的，子午面每侧的光线都是另一侧的镜像。这就减少了50%必须追迹的光线。使用插值法可以明显减少被追迹光线的数目。为了绘制一个能真实仿真成像的点列图，需要几百个光线交点。然而，如果追迹20或30条光线，有可能使一个交点表达式与其交点坐标相拟合，以便根据该公式计算出所需要的（大量）的点。诸如公式(5.1)和公式(5.2)就适合这种目的。然而，现在的大部分台式计算机具有的高计算速度已经使这种做法没有必要，简单地对系统追迹几百条光线就可以绘出大部分点列图。

如果需要精确分析，颜色对能量分布的影响也必须考虑，通过额外追迹不同波长的光线就可以实现。追迹少数几条不太敏感的波长光线，或者通过合理选择加权就可以考虑系统灵敏度随波长的变化。对大视场装置，还必须比较几种视场角的点列图。

还必须考虑聚焦问题。由于很难预测最佳聚焦面的准确位置，所以，常常为几个像平面准备点列图，并挑选出最佳位置。有效达到该目的的方法是将最终光线数据（交点和方向）保存在计算机存储器中，并计算每个焦移新的一组交点数据。

15.6 点和线扩散函数

从三维观点出发，一个点物体的像（不论数据源自点列图还是精确的衍射计算）可以看作一种照明山峰，如图15.7所示。可以通过三维实体的一系列横截面从二维方向描述点扩散函数，与该线像对应的实体也表示在图15.7中。线实体的横截面称为线扩散函数，沿着与该线方向相平行的截面对该点实体进行积分就可以得到，因为线像简单地就是无限多个点像沿其长度的和。图15.6(b)表示只有三级慧差的光学系统的点列图，以及由此推导出的线扩散函数。

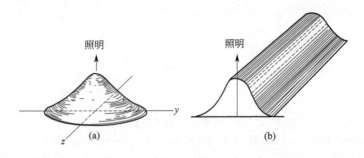

图15.7　一个点(a)和一条线(b)的能量分布
沿其长度方向将无限多个点像(a)相加就得到线像(b)。线扩散函数是(b)的横截面

刀口追迹曲线图是利用刀口仪横向扫描点像时通过刀口的能量与刀口位置的曲线图。刀口扫描的斜率或者导数等于线扩散函数。常常利用这种关系测量线扩散函数，从而测量出 MTF。

RMS 光斑尺寸是一种很方便的、评价一个点成像质量的评价函数。从一个点追迹许多条光线，并确定所有与像平面相交的"重心"。RMS 光斑尺寸是：

$$\mathrm{RMS} = \sqrt{\sum R_i^2 / n}$$

式中，R_i 是光斑 i 到"重心"的径向距离。

15.7 由于球差造成光斑的几何尺寸

当然，从光线交点曲线上（例如，参考图 5.24）可以直接读出一个像的子午扩散值。如果点位于轴上，则像的弥散是对称的，并且，对弥散斑的尺寸可以得到一个简单表达式。

图 15.8 所示为一个具有欠校正三级球差的光学系统成像平面附近的光路图。很明显，该系统最小直径的弥散斑位于边缘焦点和近轴焦点之间的一个点上，该点位于近轴焦点至边缘焦点间的 3/4 位置，该位置的光斑直径是：

$$B = \frac{1}{2} \mathrm{LA}_m \tan U_m = \frac{1}{2} \mathrm{TA}_m \tag{15.21}$$

五级球差

当球差包括三级和五级两种球差时，情况更复杂。从几何光学观点，边缘球差等于（0.707）带球差的 2/3 时，会有最小的光斑尺寸。或者：

$$\mathrm{LA}_z = 1.5 \mathrm{LA}_m$$

并且，在 $y = 1.12 Y_m$ 处 LA＝0。对大部分光学系统，这就意味着，如果希望有最小的几何光斑尺寸，LA_m 和 LA_z 都需要是欠校正状态。

因此，"最佳"焦点在：

$$\delta = 1.25 \mathrm{LA}_m = 0.83 \mathrm{LA}_z$$

弥散斑尺寸是：

$$B = \frac{1}{2} \mathrm{LA}_m \tan U_m = \frac{1}{3} \mathrm{LA}_z \tan U_m \tag{15.22}$$

当 $\mathrm{LA}_z = 1.75 \mathrm{LA}_m$（对比 1.5），并且离焦量满足下面表达式时，会有最佳 RMS 光斑尺寸：

$$\delta = 1.5 \mathrm{LA}_m = 0.857 \mathrm{LA}_z$$

然而，如果边缘球差校正到零，则"最佳"几何焦点位于：

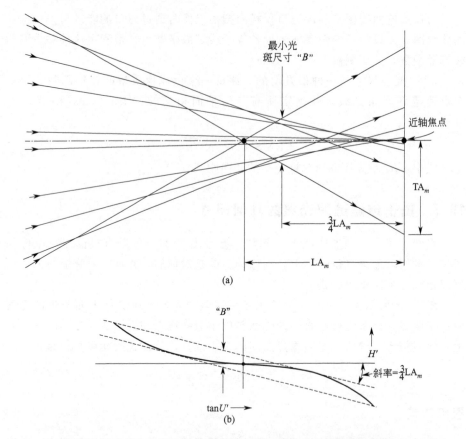

图 15.8 具有欠校正三级球差的光学系统成像平面附近的光路
图 (a) 表示具有三级球差的光学系统在焦点附近的光路。最小弥散斑距离近轴焦点是 $0.75LA_m$。
图 (b) 是同一情况下的光线交点曲线（H' 与 $\tan U'$）。虚线斜率（$dH'/d\tan U'$）等于 $0.75\,LA_m$，间隔表明弥散斑直径

$$\delta = 0.42 LA_z$$

在 U 值比较小时，最小弥散斑尺寸是：

$$B = 0.84 LA_z \tan U_m \tag{15.23}$$

上述"最佳"焦点位置不必是真实选择的那些位置，读者可能注意到，它们不同于 15.3 节根据 OPD 选择的那些位置。图 15.9 所示为一条具有五级球差的光线交点曲线，其中，边缘球差校正到零。两条实线的斜率代表为使弥散斑尺寸达到最小所需要的焦移量（应当记住，斜率 $\Delta H/\Delta \tan U$ 等效于焦移，两条线的垂直间隔表明弥散斑尺寸）。然而，虚线线对（包括了约 80% 孔径的光线交点）表示有一个焦点位置，在一个更小的光斑内会聚更多光能量，即使像的整个散布会大 2 倍，通常也是首选焦点。

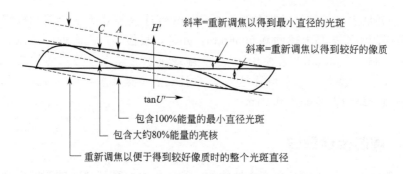

图 15.9 具有五级球差的光线交点曲线

三级和五级球差的像弥散斑尺寸，边缘球差平衡到 $LA_m=0$，表明各种焦点设置的影响

在目视和照相光学系统中，很少使用最小弥散斑的概念，因为最小几何弥散斑的位置是随机的，即使有也选为焦点。然而，在使用光探测器的系统中，常常希望确定能够聚集图像所有能量的最小探测器。在这样环境下，由公式（15.21），公式（15.22）和公式（15.23）给出的弥散斑尺寸就特别有用。当光学系统的性能大大低于一个"衍射受限"系统的性能时，经常会考虑几何光斑的最小值。

例 15.2

一个目视光学系统，相对孔径 $f/5(\sin U_m=0.1)$，有 0.22mm 的欠校正三级纵向球差，在近轴焦点前 $0.75×0.22=0.165$mm 处有最小直径的弥散斑，根据公式(15.21)，弥散斑尺寸等于：

$$B=\frac{1}{2}×0.22×0.1005=0.011\text{mm}$$

很有意义的是，根据 OPD 分析，最佳焦点应当出现在近轴焦点前 $0.5×0.22=0.11$mm，并且，艾利中心斑的直径是：

$$\frac{1.22\lambda}{n\sin U}=\frac{1.22×0.00055}{0.1}=0.0066\text{mm}$$

该中心斑应当汇集图像 68% 的能量，因为 0.22mm 的边缘球差恰好等于一个瑞利极限（如例 15.1 所示）。

如果一个相对孔径是 $f/5$ 的系统，具有三级和五级球差，并且边缘球差已校正好，剩余带球差是 0.33mm（仍是纵向），那么，应当在距离近轴焦点约 $0.42×0.33=0.14$mm 处有最小尺寸几何光斑，光斑尺寸是：

$$B=0.84×0.33×0.1005=0.028\text{mm}$$

与 OPD 进行比较是常有的事，0.33mm 带球差等效于一个瑞利极限。希望衍射图的中心斑是上述的 0.0066mm，并且，最佳焦点距离近轴焦点大约是 $0.75×0.33=0.25$mm。若使用图 15.9 虚线所示的焦点，与几何学的一致性会稍微好些。"最佳焦点"位置与 OPD 最佳焦点位置几乎一致，并且，几何图形中心强光斑的直径等于 0.01mm。

15.8 调制传递函数

一般地，用来测试光学系统性能的一类靶板由一系列交替的等宽度亮暗条纹组成，如图 15.10(a) 所示。通常，待测系统将不同间隔的几组图案成像，线条结构能够清晰分辨的最细一组图案被认为是系统分辨率极限，表示为每毫米线条数[1]。当这类图案被光学系统成像时，物体中的每根几何线（即无限小的宽度）都被成像成一个弥散线，其横截面就是线扩散函数。图 15.10(b) 表示一个条状物体亮度的横截面图，图 15.10(c) 表示像的扩散函数如何"弄圆"像的"四角"，图 15.10(d) 表示像的弥散对越来越细测试图案的影响。很明显，图像的对比度小于系统（即眼睛、胶片或光探测器）可以探测到的最小量时，图像就不能"被分辨"。

如果将图像的对比表示为下列公式给出的一种"调制"：

$$调制 = \frac{\max - \min}{\max + \min}$$

式中，max 和 min 分别是像的照明水平〔如图 15.10(d) 所示〕。就可以将调制绘制成曲线，是图像中每毫米线条数的函数，如图 15.11(a) 所示。调制函数线与代表系统传感器能够探测到的最小调制量的线的交点将给出系统的极限分辨率。表示系统或传感器可以探测到的最小调制量（即阈值）的曲线常常称为空间像调制曲线（AIM），大写字母代表在系统或传感器中产生响应所需要的空间图像调制。一条 AIM 曲线非常恰当地描述了眼睛、胶片、移像摄像管和 CCD 等器件的响应特性。值得注意的是，虽然有些例外，但调制阈值通常是随空间频率而升高。图 8.4 是眼睛的 AIM 曲线，在非常低的角频率时，眼睛的对比度阈值会升高（由于生理原因）。

很清楚，极限分辨率并不能完全代表系统的性能。图 15.11(b) 表示两种具有同样极限分辨率的调制曲线，但有完全不同的性能。低频部分具有较高调

---

[1] 在光学领域，习惯将一条"线"看作由一个亮条和一个暗条组成，就是说，一个周期。在电视领域，考虑亮线和暗线两种。因此，10 条"光学"线就表示 10 根亮线和 10 根暗线，而 10 根"电视"线表示 5 根亮线和 5 根暗线。为了避免混淆，"光学"线常常称作线对，即每毫米 10 个线对。

第 15 章 波前像差和调制传递函数（MTF） | 315

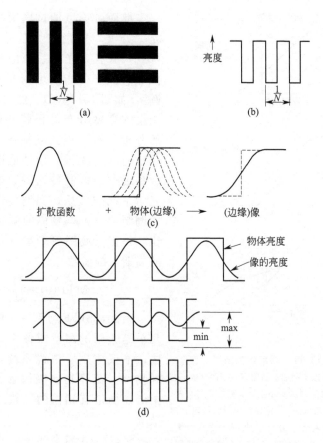

图 15.10 条形靶板的成像

（a）一种在光学系统测试中使用的条形靶板是由相互交替的亮暗线条组成。如果图案的频率是每毫米 N 条线，则周期是每毫米 $1/N$，如图所示；（b）图（a）中的亮度曲线是一个方波；（c）当形成一个像时，每条线都被形成一个弥散圆，照度分布用排列起来的扩散函数描述，其像是所有扩散函数之和；（d）随着测试图形越来越细，图像亮暗区之间的对比也在下降

制的曲线明显更好些，因为会形成一个非常清晰、反差强的像。遗憾的是，两个系统中选择哪一种类型并非易事。现在来看图 15.11(c)，一个系统有很高的极限分辨率，另一个系统在低靶标频率时有较高对比度。在这种情况下，决定取舍的依据是权衡对比度与分辨率在系统功能中哪种指标更重要❶。

---

❶ Strehl 定义为一个校正了像差的图像的衍射图峰值处的光强度与一个无像差图像峰值处光强度之比，是评价成像质量判据中的一种。通过计算（校正了像差系统的）（三维）调制传递函数曲线下的体积，除以无像差系统（MTF）曲线下的体积得到（15.10 节），一个类似的、快速评价成像质量的一般判据是调制传递函数曲线下的归化面积。

前面讨论以测试图案的亮度分布是"方波"的形式为基础〔图 15.10(b)〕，并且，光学系统的性质使图案成像的照度分布发生畸变或者"被弄圆"，如图 15.10(d)。然而，如果靶标图案的亮度分布是正弦波形式，则像的分布仍然用正弦波描述，而与扩散函数的形状无关。该性质已经导致广泛利用这种调制传递函数来描述一个光学系统的性质。调制传递函数是像的调制（M_i）与物体的调制（M_o）之比，是正弦波图案频率（单位长度内的周期）的函数。

$$\text{MTF}(\nu) = \frac{M_i}{M_o}$$

因此，MTF 与频率 ν 的关系曲线几乎是通用的测量成像系统性能的方法，不仅应用于透镜系统，而且应用到胶片、荧光粉、摄像管、眼睛、甚至诸如携带有相机的飞机之类的整个系统。

MTF 一个特有的优点是可以级联，将两个或更多组件的 MTF 简单相乘就可以得到组合后的 MTF。例如，如果

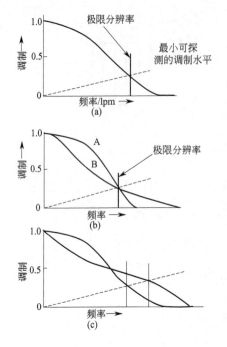

图 15.11　调制函数线
(a) 像的调制可以绘制成测试图案频率的函数。当调制降至低于可探测的最小值时，靶标不可分辨。
(b) 尽管 (a) 和 (b) 二者都有相同的极限分辨率，由 (a) 代表的系统将生成一个较好的像。
(c) 一个系统有很高的极限分辨率，另一个系统在低靶标频率时有较高对比度

照相物镜的 MTF 在每毫米 20 个周期下是 0.5，使用的胶片在该频率下的 MTF 是 0.7，则组合后的 MTF 是 0.5×0.7＝0.35。若用此相机摄制的物体的对比度（调制）是 0.1，像的调制就是 0.1×0.35＝0.035，接近于目视探测极限。

然而，应当注意，前后直接"相连"的光学组件间的 MTF 不能级联，就是说，没有被某类散射体分隔开的透镜之间不能级联。这是因为一个组件的像差可能会补偿另一个组件的像差，由此产生比单独使用每个组件时更好的成像质量，任何一个"校正过像差的"光学系统都说明了这一点。

过去，MTF 称为频率响应、正弦波响应或对比传递函数。

假设，一个目标由明暗交替的线（或带）组成，其亮度（照度、辐射率）按照余弦（或正弦）函数变化，如图 15.12(a) 所示，那么，数学上可以将亮度分布表示为：

$$G(x) = b_0 + b_1 \cos(2\pi\nu x) \tag{15.24}$$

式中，ν 是亮度变化频率，单位是每单位长度周期；$(b_0 + b_1)$ 是最大亮度；$(b_0 - b_1)$ 是最小亮度；x 是垂直于（暗-亮）带的坐标。因此，这种图案的调制是：

$$M_o = \frac{(b_0 + b_1) - (b_0 - b_1)}{(b_0 + b_1) + (b_0 - b_1)} = \frac{b_1}{b_0} \tag{15.25}$$

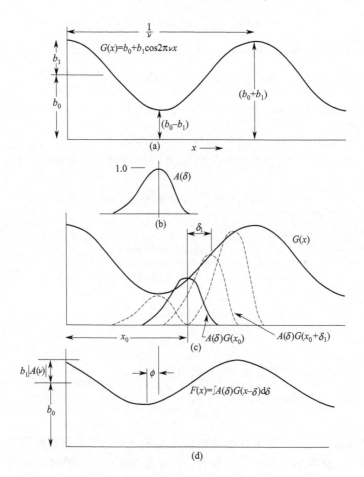

图 15.12 目标亮度分布函数 $G(x)$ 与线扩展函数 $A(\delta)$ 的卷积

(a) 目标函数 $G(x) = b_0 + b_1 \cos(2\pi\nu x)$ 相对于 x 绘制的曲线；(b) 线扩散函数 $A(\delta)$，注意，不对称性；(c) $G(x)$ 被 $A(\delta)$ 调制的方式，位于 x_0 处的一点（更确切地说，是一个线元）被系统成像为 $G(x) \times A(\delta)$，相类似地，在 $x_0 + \delta_1$，线元的像用 $A(\delta)G(x_0 + \delta_1)$ 描述，因此，在给定 x 处的像函数的值等于所有到达 x 处，并对像有扩散作用的点的贡献量之和；(d) 像函数 $F(x) = \int A(x)G(x-\delta)d\delta$ 已经位移了 ϕ，并且调制是 $M_i = M_o|A(\nu)|$

当这种线形图案被一个光学系统成像时，目标上的每一点都成像为一个弥散圆。弥散圆内的能量分布取决于系统的相对孔径及其像差。由于是处理线形目标，每条线元的像都可以用图 15.12 中表示为 $A(\delta)$ 的线扩散函数（参考 15.5 节图 15.7）描述。现在，假设（为了方便）公式(15.24) 中的尺寸 x 和 $(1/\nu)$ 是像中对应的尺寸，显然，图像在 x 位置的能量分布是 $G(x)$ 与 $A(\delta)$ 乘积之和，表示为：

$$F(x) = \int A(\delta) G(x-\delta) d\delta \tag{15.26}$$

联立公式(15.24) 和公式(15.26)，得到：

$$F(x) = b_0 \int A(\delta) d\delta + b_1 \int A(\delta) \cos[2\pi\nu(x-\delta)] d\delta \tag{15.27}$$

除以 $\int A(\delta) d\delta$ 归化之后，公式(15.27) 就转化为：

$$\begin{aligned} F(x) &= b_0 + b_1 |A(\nu)| \cos(2\pi\nu x - \phi) \\ &= b_0 + b_1 A_c(\nu) \cos(2\pi\nu x) + b_1 A_s(\nu) \sin(2\pi\nu x) \end{aligned} \tag{15.28}$$

式中

$$|A(\nu)| = [A_c^2(\nu) + A_s^2(\nu)]^{1/2} \tag{15.29}$$

和

$$A_c(\nu) = \frac{\int A(\delta) \cos(2\pi\nu\delta) d\delta}{\int A(\delta) d\delta} \tag{15.30}$$

$$A_s(\nu) = \frac{\int A(\delta) \sin(2\pi\nu\delta) d\delta}{\int A(\delta) d\delta} \tag{15.31}$$

$$\cos\phi = \frac{A_c(\nu)}{|A(\nu)|} \tag{15.32}$$

$$\tan\phi = \frac{A_s(\nu)}{A_c(\nu)} \tag{15.33}$$

值得注意，由此产生的图像的能量分布 $F(x)$ 仍然受到相同频率 ν 的余弦函数的调制，证明一个余弦函数分布的目标总是成像为余弦分布的像。如果线扩散函数 $A(\delta)$ 是不对称的，就会引入一个相移，这是像面位置（在该频率下）的横向移动。

像的调制是：

$$M_i = \frac{b_1}{b_0} |A(\nu)| = M_o |A(\nu)| \tag{15.34}$$

其中，$|A(\nu)|$ 是调制传递函数。

$$\text{MTF}(\nu) = |A(\nu)| = \frac{M_i}{M_o}$$

光学传递函数（OTF）是描述该过程的复函数，是正弦波图案空间频率 ν 的函数。OTF 的实部是调制传递函数（MTF），虚部是相位传递函数（PTF）。如果 PTF 与频率是线性关系，像就有一个简单的横向位移（例如畸变），若是非线性的，可能对成像质量会有影响。一个 180° 的相移就是对比度反转，在应当出现暗图案的位置，像会是亮的，反之亦然。参考 20.24 节的例子。

15.9 方波与正弦波靶标

一旦确定了 MTF，并绘制出一定频率范围内的传递函数曲线，就有可能确定一个方波图案（即图 15.10 所示的条形靶标）的调制传递的类似函数。将一个方波分解成其傅里叶分量，并对每个分量取正弦波响应。因此，对给定频率 ν，根据下面公式 [其中，为清楚起见，将 MTF(ν) 写成 M(ν)] 给出方波的调制传递函数 S(ν)：

$$S(\nu) = \frac{4}{\pi}\left[M(\nu) - \frac{M(3\nu)}{3} + \frac{M(5\nu)}{5} - \frac{M(7\nu)}{7} + \cdots\right] \quad (15.35a)$$

该函数的逆函数是：

$$M(\nu) = \frac{\pi}{4}\left[S(\nu) + \frac{S(3\nu)}{3} - \frac{S(5\nu)}{5} + \frac{S(7\nu)}{7} - \cdots\right] \quad (15.35b)$$

对实际解的考虑

下面列出了冲印照相或打印照相需要的分辨率，根据下列数据可以对分辨率的意义给出粗略解释。

极好的复制（复制衬线等）要求对每个小写字母 e 的高度有 8 个分辨线对；

清晰（流畅）复印要求每个字母高度 5 个线对；

辨认得出的（e, c, o 部分闭合）复印要求每个字母高度 3 个线对；

字体的点大小（此处 P 是点大小）是：

一个大写字母的高度 = 0.22P mm = 0.0085P in

一个小写字母的高度 = 0.15P mm = 0.006P in

分辨率 [每最小维度（军用靶标的高度、长度）周期数] 与一定功能（常常涉及到约翰逊准则）之间的关系是：

探测	每最小维度 1.0 线对
认清方向	每最小维度 1.4 线对

瞄准	每最小维度 2.5 线对
识别	每最小维度 4.0 线对
区分	每最小维度 6~8 线对
识别,50%精度	每高度 7.5 线对
识别,90%精度	每高度 12 线对

可以被分辨的像的最小距离（SIDR）是：

$$\text{SIDR} = \frac{0.5}{R} \text{mm}$$

式中，R 是分辨率，单位 lpm。

对 35mm 照相机感兴趣的可能是：认为"good"的 MTF 值是多少？已经建议，轴上 MTF 值在 50lpm（每毫米线对）时是 30%，在 30lpm 时是 50%，作为可接受的性能指标。对于 $f/1.8$ 双高斯物镜，建议 40lpm 时的 65% 和 80lpm 时的 40% 作为合理的轴上性能。很明显，由于额外的轴外像差将会恶化轴外性能。另外考虑，一幅图像四个角的相对面积非常小，并且，拐角处成像的重要性（通常）都相当一般。还有一个建议，在 90% 视场范围内以及孔径打开的情况下，在 30lpm 时的 MTF 应当大于 20%。

15.10 特殊调制传递函数：衍射受限系统

15.5～15.7 节是按照几何概念讨论光学系统的性能，其间详尽解释的点列图技术仅仅适合像差较大的情况。当像差较小时，系统孔径的衍射效应和像差间的相互作用就变得非常复杂。如果没有像差，系统的 MTF 就与衍射图（是系统数值孔径和使用光波波长的函数）的大小有关。对于"理想"的光学系统，MTF 是：

$$\text{MTF}(\nu) = \frac{2}{\pi}(\phi - \cos\phi\sin\phi) \qquad (15.36)$$

$$\phi = \cos^{-1}\left(\frac{\lambda\nu}{2\text{NA}}\right)$$

式中，ν 是频率，单位是每毫米周期；λ 是波长，单位 mm；NA 是数值孔径（$n'\sin U'$）；$\cos^{-1}(x)$ 表示 cosine 值是 x 的角度❶。

---

❶ 公式(15.36)适用于均匀照明和透过的圆形孔径。对其他任意形状的孔径，衍射 MTF 等于该孔径和错位孔径共用的（归化后）面积。因此，公式(15.36)是两个半径为 R 的圆的共用（归化）面积，其中心间隔等于 $2\nu R/\nu_0$。对矩形孔径，MTF 曲线是一条直线。在每种情况中，利用分辨率方向的孔径尺寸（$f/\#$或 NA），根据公式(15.37)计算出截止频率 ν_0。

第 15 章 波前像差和调制传递函数（MTF）

显然，$\phi=0$ 时，MTF(ν) 等于零。因此，一个无像差系统的"极限分辨率"常常称为截止频率，并且是：

$$\nu_0 = \frac{2NA}{\lambda} = \frac{1}{\lambda(f/\#)} \tag{15.37}$$

式中，λ 单位是 mm；$f/\#$ 是系统的相对孔径；ν_0 单位是每毫米周期数。注意，一个光学系统是一个低通滤波器，不可能传递比截止频率 ν_0 更高的空间频率信息。

如果是一个无焦系统（或者像在无穷远的系统），截止频率是：

$$\nu_0 = \frac{D}{\lambda} \text{周期/弧度}$$

式中，D 是光瞳直径。

公式(15.36) 的曲线表示在图 15.13 中。根据 ν_0 标出频率刻度，再由公式(15.37) 给出极限分辨率。应当注意，对普通系统，不会超过这种性能。对像差经过良好校正的物镜进行光线追迹，根据获得的数据（忽略衍射影响）得到的几何 MTF 曲线有时候会超过图 15.13 列出的值。当然，这些结果是不正确的，因为光线的概念只是部分地描述电磁辐射特性，而这些结果正是由此推导出的。还要注意，像差总是使 MTF 降低。

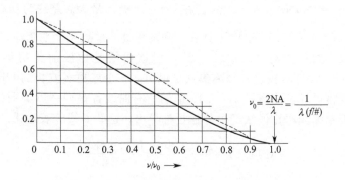

图 15.13 一个无像差系统的（实线表示）调制传递函数
注意，频率表示为截止频率的小数形式。虚线是方波（条形）靶标的调制因子。两条曲线都以衍射效应为基础，并假设一个系统具有一个均匀透射的圆形孔径

小离焦量对衍射受限 MTF 的影响表示在图 15.14 中。曲线 B 对应着 15.2 和 15.4 节讨论的瑞利极限所允许的焦深。1/4 波长 OPD 产生小的影响表明，瑞利选择该量作为不"明显地"影响成像质量是非常聪明的。

离焦对 MTF 的影响可以近似表示为：

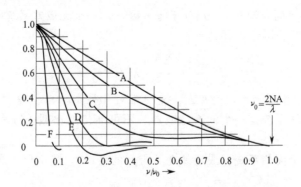

图 15.14　离焦对一个无像差系统传递函数的影响

  A 对准焦点　　　　　　　　　　　OPD=0；
  B 离焦=$\lambda/(2n\sin^2 U)$　　　　　　OPD=$\lambda/4$；
  C 离焦=$\lambda/(n\sin^2 U)$　　　　　　 OPD=$\lambda/2$；
  D 离焦=$3\lambda/(2n\sin^2 U)$　　　　　OPD=$3\lambda/4$；
  E 离焦=$2\lambda/(2n\sin^2 U)$　　　　　OPD=λ；
  F 离焦=$4\lambda/(2n\sin^2 U)$　　　　　OPD=2λ
  （曲线以衍射效应为基础——不是以几何计算为基础）

$$\text{离焦 MTF} = [\text{公式}(15.36)\text{计算出的 MTF}][2J_1(x)/x]$$

式中，$x = 2\pi\delta\text{NA}\nu(\nu_0 - \nu)/\nu_0$。在 $\nu = \frac{1}{2}\nu_0$ 处，最大误差约为 0.017。

  为了比较，图 15.15 给出了具有同样离焦量的理想光学系统通过几何计算得到的 MTF 曲线，与图 15.14 一致，但该曲线是由波前分析得到的。图 15.15 在小量 OPD 时较差，当离焦量足以引入一个或更多波长的 OPD 时，则一致性就变得更好。注意，图 15.15 中的所有曲线都是同一族类曲线，并且，可以通过简单的频率比值法经另外途径推导出。这些曲线的表达式是：

$$\text{MTF}(\nu) = \frac{2J_1(\pi B\nu)}{\pi B\nu} \approx \frac{J_1(2\pi\delta\text{NA}\nu)}{\pi\delta\text{NA}\nu} \tag{15.38}$$

式中，$J_1(\pi B\nu)$ 是一级贝塞尔函数❶；B 是离焦产生的弥散斑的直径；δ 是纵向离焦量；NA 是数值孔径；ν 是频率，单位是每单位长度周期数。

  注意，在图 15.14 和图 5.15 中，一些 MTF 曲线有负值。这就表明像中有 180°的相移 [公式(15.33) 中的 ϕ]，并且，是暗像的位置变成了亮像，反之亦然，这就是众所周知的伪分辨率（一条线形图案可以看得见，但并不是目标的

---

❶ $J_n(x) = \sum\limits_{k=0}^{\infty} \frac{(-1)^k x^{n+2k}}{2^{(n+2k)} k! \, (n+k)!}$，$J_1(x) = \frac{x}{2} - \frac{(x/2)^3}{1^2 2} + \frac{(x/2)^5}{1^2 2^2 3} - \cdots$。

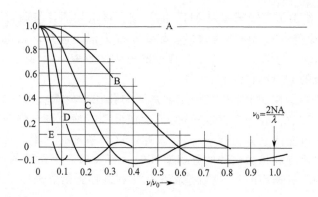

图 15.15　离焦量对一个无像差光学系统几何调制传递函数的影响

A 对准焦点　　　　　　　OPD=0；
B 离焦=$\lambda/(2n\sin^2 U)$　　OPD=$\lambda/4$　　弥散=λ/NA=$2\lambda/(f/\#)$；
C 离焦=$\lambda/(n\sin^2 U)$　　OPD=$\lambda/2$　　弥散=2λ/NA=4λ/NA$(f/\#)$；
D 离焦=$2\lambda/(n\sin^2 U)$　　OPD=λ　　弥散=4λ/NA=8λ/NA$(f/\#)$；
E 离焦=$4\lambda/(n\sin^2 U)$　　OPD=2λ

当离焦量较小时,这些利用几何方法计算得到的曲线与图 15.14 利用衍射理论得到的精确曲线的一致性并不是很好。OPD=λ 比较一致(该图的曲线 D,图 15.14 中的曲线 E 都不错,在 OPD=2λ 时匹配得相当好)

真实像),在像差已矫正好的物镜离焦中,或者在离焦点像是一个有相当均匀照度的圆弥散斑的物镜中经常可以观察到的现象。参考图 20.24 的例子。

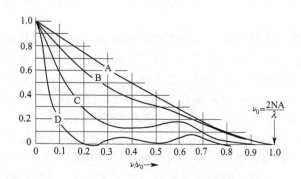

图 15.16　三级球差对调制传递函数的影响

A LA_m=0　　　　　　　OPD=0；
B LA_m=$4\lambda/(n\sin^2 U)$　　OPD=$\lambda/4$；
C LA_m=$8\lambda/(n\sin^2 U)$　　OPD=$\lambda/2$；
D LA_m=$16\lambda/(n\sin^2 U)$　　OPD=λ

这些曲线以衍射波前计算为基础,像平面位于边缘焦点与近轴焦点之间的中间位置

图 15.16 给出了三级球差对 MTF 的影响。再次注意,与瑞利极限(OPD= $\lambda/4$)对应的像差量的影响不是太强,此处非常类似于离焦的情况,以几何计算为基础的 MTF 与图 15.16 中小量像差的一致性较差,当像差达到一个或两个波长数量级的 OPD 时才相当一致。

图 15.17 表示在一个衍射受限光学系统的孔径中放置一个中心遮挡(板)造成的影响。注意,孔径中设置一块板❶会使低频响应下降,而高频响应稍有升高(尽管不可能改变截止频率 ν_0)。因此,这类系统有利于表现粗糙靶面上大大降低的对比度和稍微高些的分辨率极限(当要求一个系统的调制大于零,并与其一起探测分辨率时)。这就是将光从艾利斑移到衍射斑环带中的结果。

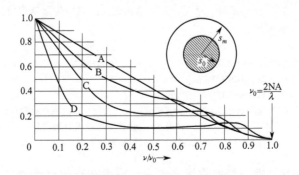

图 15.17 中心遮挡对一个无像差系统调制传递函数的影响
A $s_0/s_m=0.0$; B $s_0/s_m=0.25$; C $s_0/s_m=0.5$; D $s_0/s_m=0.75$

注意,对于一个轴外像,有效数值孔径减小,从光阑至像面的斜距离要比轴向距离大,从而使 NA 减小了一个因子 $\cos\theta$。此外,由于光线倾斜入射,子午面内的光线会在胶片或像平面上散布开来,这就使表面上的 lpm(每毫米线对数)降低了 $\cos\theta$。当斜着观察时,光瞳的投影面积减小了约 $\cos\theta$,所以,对于弧矢光线,NA 也减小了 $\cos\theta$,子午线减小了 $\cos^3\theta$。

使校正过像差的波前自相关就可以计算 MTF,横向移动孔径的若干分之一,该位移量与空间频率相对应。如果透镜是理想的,没有波前缺陷,那么,该过程就意味着简单移动孔径自身轮廓(即一个圆)。例如,两个圆共用的归一化面积就是 MTF,对圆形孔径,如图 15.18(a) 所示;对矩形孔径,如图 15.18(b) 所示;对具有中心遮挡的通光孔径,如图 15.18(c) 所示。如果是

---

❶ 切趾法(或衍射控象法)是利用一块可变的透射滤光片或者在孔径上镀上一层膜以修正衍射图。降低孔径中心透过率的镀膜倾向于"支持"高频响应,而降低孔径边缘透过率的镀膜倾向于"支持"低频响应。

矩形孔径，将用直线绘出位移造成的共用面积。孔径中心遮挡会降低低频时的 MTF，并稍微提高高频时的 MTF。如果孔径的透射率变化，或波前强度不均匀（如激光束），则采用类似技术，应使用合理加权孔径面积。与这4种情况相对应的 MTF 曲线表示在图 15.19 中。很明显，公共区域为零的位移对应着截止频率。

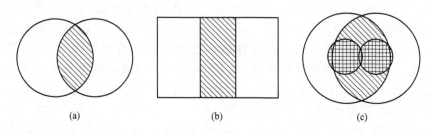

图 15.18 MTF 的确定

对于一个理想物镜，MTF 等于其孔径与横向位移了一段（与空间频率相对应）距离的孔径所共有的（归一化）面积；截止频率 ν_0 对应着公共面积为零时的位移
(a) 圆形孔径；(b) 矩形孔径；(c) 具有中心遮挡的圆形孔径。

这些孔径的 MTF 曲线表示在图 15.19 中

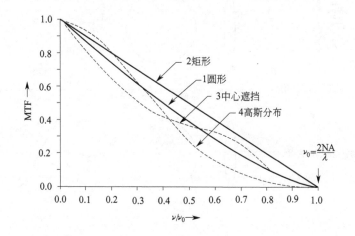

图 15.19 孔径的 MTF 曲线

1—圆形孔径；2—矩形孔径；3—有中心遮挡的圆形孔径；4—切趾后的孔径，或者被高斯激光束照明的孔径

相干和半相干照明的 MTF

前面所有讨论（孔径中心遮挡的情况除外）都假设孔径被均匀照明或者有

均匀的透射率。如果照明系统只能使孔径中心部分被照射到（当一个放映聚光镜对一个比投影物镜光瞳尺寸小的光源成像，使用 Koehler 照明技术可以做到这一点），就要修改 MTF 曲线，几乎要将图 15.17 中所示曲线颠倒过来。

傅里叶理论表明，可以把一个物体的亮度分布看作许多不同频率、强度和方位的正弦亮度分布之和。为了简化分析，假设投影一个简单正弦光栅的像。应当记得，一个正弦光栅只有一级衍射，如图 15.20 所示的系统。如果照明是相干的（准直光），从光栅一点发出的光将被衍射成第一级，如图 15.20(a) 所示。若衍射角小于放映物镜数值孔径（NA）给出的角度，则全部能量都投射在像内。但是，如果光栅的频率足够高（以至于 $\nu \geqslant NA/\lambda$），衍射后的光线将投射到透镜孔径外边，并且，与该频率对应光线将不能投射到像内，如图 15.20(c) 所示的 MTF 曲线。对于 NA/λ 空间频率，MTF 是 100%，而对所有更高频率，MTF 较小或者是零。注意，NA/λ 恰好是截止频率的一半($\nu_0 = 2NA/\lambda$)，正如公式(15.37)所给出的非相干照明情况。

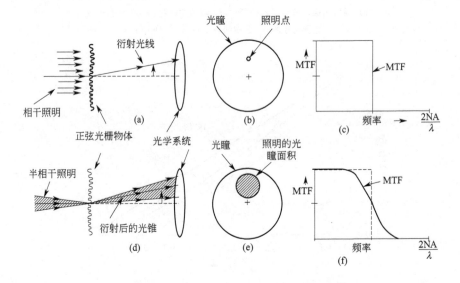

图 15.20　相干和半相干照明的 MTF
(a)～(c) 相干照明的 MTF；(d)～(f) 半相干照明(部分充满光瞳)的 MTF

如果照明是半相干的，放映物镜光瞳部分被光充满，如图 15.20(d) 和 15.20(e) 所示。由于研究的是一个递增的光栅频率，光瞳内照明区域的位置将移向边缘。然而，在光瞳边缘，截止是逐渐的而不是突然的，与上面介绍的相干情况一样，得到的 MTF 曲线表示在图 15.20(f)。

图 15.21 表示几种照明系统的 NA 值（表示为物镜 NA 值的小数形式）对 MTF 的影响。在微光刻术和显微术中，这些局部相干效应是有用的。注意，可以利用照明光束的偏心和倾斜得到方向效应，并且，环状照明可以强调某种特定频率。

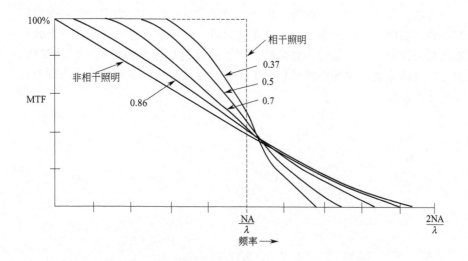

图 15.21　一个局部充满光瞳（半相干照明）的 MTF 与频率的关系曲线
其中标注的数字是照明系统的 NA 与光学系统 NA 之比

如前所述，MTF 已经应用到像接收系统，而不是成像系统。图 15.22 给出的是一些照相乳胶的 MTF 曲线。由于是根据等效相对曝光量（使胶片对正弦测试图案曝光，根据测得的密度推导出等效相对曝光量）计算出胶片的 MTF，所以，胶片的 MTF 有可能大于 1，原因是胶片显影的化学作用对邻近区域会有影

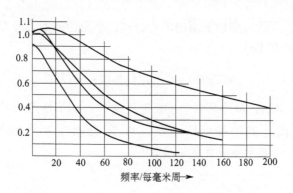

图 15.22　几种照相乳胶的调制传递函数

响，并要注意图 15.22 曲线的低频端。如 15.8 节所述，一条 AIM（空气中图像调制）曲线也可以代表非成像器件和传感器，例如胶片的响应特性。

15.11　径向能量分布

可以用径向能量分布曲线表示点扩散函数或点列图的数据。如果弥散斑是对称的，很明显，一个中心位于像点的圆形小孔应当通过总能量的一部分，并遮挡其余部分。一个比较大的孔径应当可以通过比较多的能量，以此类推等。包含有这部分能量的环绕区域相对于孔径半径（直径一半）的曲线图称为径向能量分布曲线。

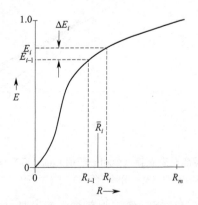

图 15.23　径向能量分布曲线
该曲线表明成像图中投射在半径为 R 的圆内的能量 E
占总能量的比例。因此，所有能量都环绕在半径为
R_m 的圆内。能量 E_i 集中在半径为 R_i 的圆内

如图 15.23 所示，借助下面的求和公式，利用径向能量分布曲线可以计算一个光学系统的 MTF：

$$\text{MTF}(\nu) = \sum_{i=1}^{i=m} \Delta E_i \text{J}_0(2\pi\nu \overline{R_i})$$

式中，ν 是频率，单位是每单位长度周期数；ΔE_i 是两个 E（用小数表示的部分能量）值之间的差（$E_i - E_{i-1}$）；$\overline{R_i}$ 是对应半径的平均值（$R_i + R_{i-1}$）$/2$；$\text{J}_0(\ )$ 表示零级贝塞尔函数[❶]。

---

❶ $\text{J}_0(x) = 1 - \left(\dfrac{x}{2}\right)^2 + \dfrac{\left(\dfrac{x}{2}\right)^4}{1^2 2^2} - \dfrac{\left(\dfrac{x}{2}\right)^6}{1^2 2^2 3^2} + \cdots$。

虽然径向能量分布曲线（严格地说）仅仅对有旋转对称性的点像成立，即对光轴上的像是成立的，但可以用来预测轴外点的近似平均分辨率。该方法不能给出离散的径向和切向分辨率值，却可以使设计者对描述系统校正有一个大致想法。

15.12 具有初级像差光学系统的点扩散函数

本节示图都是描述初级像差对一个光学系统点扩散函数（PSF）的影响。图 15.24～图 15.29 中每个图都表示四种点扩散函数：第一种针对 1/8 波长的峰-谷 OPD（波前缺陷），第二种针对 1/4 波长（是瑞利判据），第三种是半波长，第四种是一个波长的 OPD。图中的文字说明还给出 RMS（均方根）OPD 以及每个 PSF 的 Strehl 比（参考 15.4 节和图 15.5）。

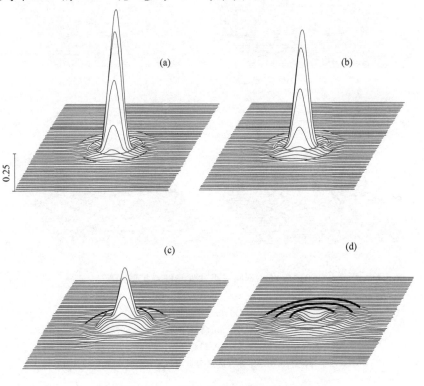

图 15.24　不同离焦量的点扩散函数
(a) 0.125 波长（P-V）；0.037 波长 RMS；0.95 Strehl；
(b) 0.25 波长（P-V）；0.074 波长 RMS；0.80 Strehl；
(c) 0.50 波长（P-V）；0.148 波长 RMS；0.39 Strehl；
(d) 1.00 波长（P-V）；0.297 波长 RMS；0.00 Strehl

图 15.24 表示简单离焦对 PSF 的影响。注意，对于离焦，瑞利判据（OPD 等于 1/4 波长）与 Marechal 判据（Strehl 比等于 0.80）是一致的。图 15.25 给出了简单的三级球差产生的影响，1/8 波长的 PSF 几乎与离焦情况一样，与 1/4 波长的 PSF 非常相似。但是，如果将半波长与全波长曲线相比较，尽管对 MTF 和分辨率的影响仍然是类似的，但差别相当明显。

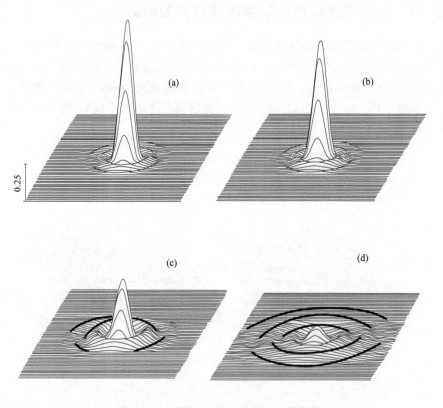

图 15.25　不同三级球差量的点扩散函数
(a) 0.125 波长 (P-V)；0.040 波长 RMS；0.94 Strehl；
(b) 0.25 波长 (P-V)；0.080 波长 RMS；0.78 Strehl；
(c) 0.50 波长 (P-V)；0.159 波长 RMS；0.397 Strehl；
(d) 1.00 波长 (P-V)；0.318 波长 RMS；0.08 Strehl
参考球中心位于 $0.5LA_m$ 处（边缘焦点与近轴焦点之间的中间位置）

然而，图 15.26 中的慧差 PSF 有些特别，即使 1/8 波长 OPD 时也不一样，不同图形中的不对称环相当明显。在一个波长 OPD 时，PSF 清晰地显示出几何光学点列图呈现的"慧形"图（例如，参考图 15.6）。

某些读者可能对图 15.27 有点吃惊。以几何光学为基础对像散进行的大部

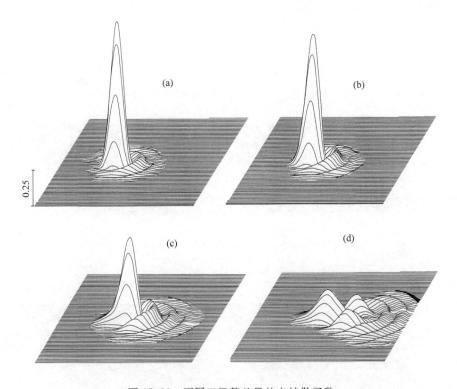

图 15.26 不同三级慧差量的点扩散函数
(a) 0.125 波长 (P-V); 0.031 波长 RMS; 0.96 Strehl;
(b) 0.25 波长 (P-V); 0.061 波长 RMS; 0.86 Strehl;
(c) 0.50 波长 (P-V); 0.123 波长 RMS; 0.65 Strehl;
(d) 1.00 波长 (P-V); 0.25 波长 RMS; 0.18 Strehl

P-V OPD 基准球中心距离主光线交点 $0.25 Coma_T$, RMS OPD
基准球中心距离主光线交点 $0.226 Coma_T$

分讨论（包括本书5.2节的内容）表明，子午与弧矢焦线之间的弥散圆是一个椭圆或者一个圆，取决于像的位置。然而，对于 PSF，无论是半波还是1个波长的 OPD，都很容易地看到，弥散斑不是圆形，而是一个有明显界限的四边形图案。任何一个利用显微技术通过像散物镜检验点光源成像的工作人员都会观察到这种现象（并且可能会问：为什么形成方形弥散斑？）。如果认识到两条焦线的作用相当于两个孔径，其衍射效应是产生十字线形照明分布，那么，对理解这种现象可能是非常有帮助的。

三级球差与五级球差之间最常用的平衡方式是边缘球差校正到零，这种校正状态会产生最小的峰-谷 OPD（正如15.3节已验证的）。在图15.28中，1/8

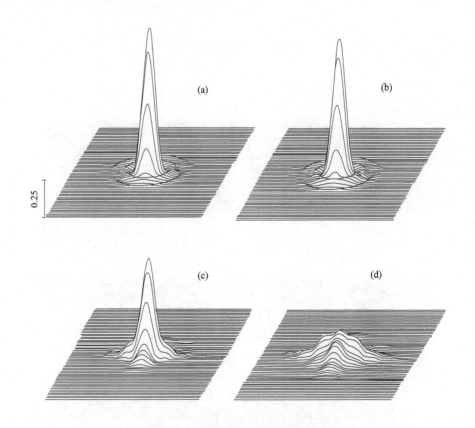

图 15.27 不同像散量的点扩散函数
(a) 0.125 波长（P-V）；0.026 波长 RMS；0.97Strehl；
(b) 0.25 波长（P-V）；0.052 波长 RMS；0.90Strehl；
(c) 0.50 波长（P-V）；0.104 波长 RMS；0.65Strehl；
(d) 1.00 波长（P-V）；0.207 波长 RMS；0.18Strehl
基准球中心位于弧矢焦点与子午焦点之间的中间位置

波长的 PSF 与只有三级球差、甚至只有离焦的情况没有太大的不同，而在 1/4 波长处，环带明显比图 15.24 和 15.25 中更多。在星点测量中，这种效应相当明显，衍射图中稠密的环形区就是剩余带球差的表示。

最后一个图是图 15.29，比较各种像差的 PSF 值，其中，每个 PSF 都设置在 Marechal 判据（Strehl 比的 80%）的一个量值处。离焦和球差曲线看起来非常接近，但有明显差别，并且，像散和慧差也有明显不同。然而，对成像质量的有效效应（或净效应）是惊人地相似。这就是为什么 1/4 波长（峰-谷）OPD 的瑞利判据和 0.80Strehl 比的 Marechal 判据广泛地被光学设计师接受，

第 15 章 波前像差和调制传递函数（MTF）

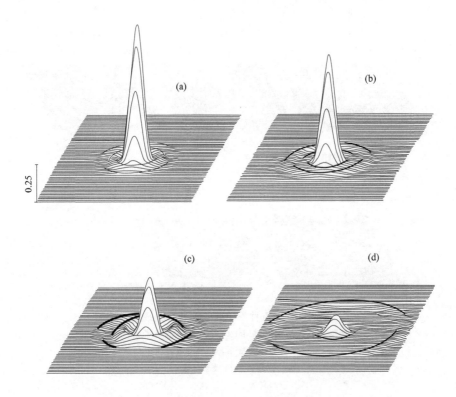

图 15.28 不同量带球差（三级和五级球差平衡，
以使边缘球差为零）的点扩散函数
(a) 0.125 波长 (P-V)；0.042 波长 RMS；0.93Strehl；
(b) 0.25 波长 (P-V)；0.085 波长 RMS；0.75Strehl；
(c) 0.50 波长 (P-V)；0.208 波长 RMS；0.35Strehl；
(d) 1.00 波长 (P-V)；0.403 波长 RMS；0.09Strehl
对于 P-V OPD, 基准球中心位于 0.75LA_z 处；对 RMS OPD, 基准球中心位于 0.8LA_z 处

并作为成像质量判断标准的原因。

值得注意，这些曲线都是针对只含有特定像差的光学系统而应用光学设计软件计算出的。对于离焦 PSF，明显要选择抛物面反射镜，原因是轴上像完全没有像差。球差曲线是这样绘制的：对于三级球差曲线，使抛物面镜具有四阶变形项；对三级和五级球差曲线，使其具有四阶和六阶变形项。使抛物面反射镜的孔径光阑位于焦平面处（可以消除像散），如图 18.2(a) 所示，就可以计算出慧差 PSF。将像设计在一个曲面上，近似地使其半径等于反射镜焦距的球面，其中心位于抛物面的曲率中心。额外引入一个柱面抛物面反射镜，就可以得到像散 PSF。

334 | 现代光学工程

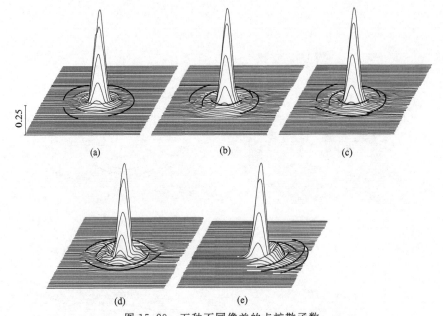

图 15.29 五种不同像差的点扩散函数

每种像差的 Strehl 比是 0.80（Marechal 判据）。在各种情况中，基准球心的设置要使 RMSOPD 降至最小，对所有五种像差都是 0.075 波长

(a) 离焦：0.25 波长（P-V）；
(b) 三级球差：0.235 波长（P-V）；
(c) 三级和五级球差达到平衡：0.221 波长（P-V）；
(d) 像散：0.359 波长（P-V）；
(e) 慧差：0.305 波长（P-V）

练 习

1. 如果采用三级近似表达式，一个球面反射镜的纵向球差是 $y^2/8f$。对于可见光，要求焦距为 36in 的球面反射镜的 OPD 不超过 1/4 波长，请问最大直径是多少？[使用 $\lambda = 20 \times 10^{-6}$ in 和公式(15.16)]

答案：

应用公式(15.16a)：$LA_m = 4\lambda/n\sin^2 U_m$ 是 1/4 波长 OPD 的球差量。将 y/f 代替 $\sin U$，经过整理，得到 $LA_m = 4\lambda f^2/ny^2$，令其等于 $y^2/8f$，求解 y，得到：

$$y^4 = 32\lambda f^3/n = 32 \times 2 \times 10^{-5} \times 36^3/1.0 = 29.85984$$

(译者注：原文中错印为 $y = 32\lambda f^3/n$)

$$y = 2.337609 \text{in}$$

所以，直径是 4.675218in，速度是 $f/7.7$。

2. 一个抛物面反射镜的三级弧矢慧差是 $-y^2\theta/4f$，式中，θ 是半视场角，单位弧度。如果要求成像质量符合瑞利极限，那么，一个直径 5in，相对孔径 $f/8$ 的反射镜将有多大视场？

答案：

利用公式（15.18a），$Coma_T=1.5\lambda/NA$ 是有慧差时的 1/4 波长的 OPD 量。将 y/f 代替 NA，并使其等于三倍的 $-y^2\theta/4f$（为了得到子午慧差=3×弧矢慧差），得到：

$$1.5\lambda f/y = 3(-y^2\theta/4f),$$

求解 θ 得到：

$$\theta = 2\lambda f^2/y^3$$

焦距是 5×8＝40in，半孔径＝2.5in，波长是 0.00002，所以，有 $\theta=2\times 0.00002\times 40^2/2.5^3=0.004096$rad，全视场是 0.008192rad，或者 0.4694°。

3. 一个 $f/5$ 的系统离焦 0.05mm。如果一个"正弦靶标"的（像方）空间频率是 120 周/mm，请问，调制传递函数是多少？利用公式（15.2）和图 15.14，假设 $\lambda=0.5\mu m$。

答案：

利用公式(15.2a)，$\lambda/4$ 的焦深 $\delta=2\lambda(f/\#)^2=2\times 0.0005\times 5^2=0.025$mm。因此，离焦量 0.05mm 对应着一个 $\lambda/2$ 的 OPD，并应用图 15.14 中的曲线 C。

利用公式(15.37)，MTF 截止频率 $\nu_0=1/\lambda(f/\#)=1/(0.0005\times 5)=400$ 周/mm，并且，120 每毫米周是 $120/400=0.3\nu_0$，在该频率下，图 15.14 中曲线 C 给出的 MTF 约为 0.23。

参考文献

Altman, J. H., "Photographic Films," in *Handbook of Optics,* Vol. 1, New York, McGraw-Hill, 1995, Chap. 20.
Boreman, G. D., "Transfer Function Techniques," in *Handbook of Optics,* Vol. 2, New York, McGraw-Hill, 1995, Chap. 32.
Born, M., and E. Wolf, *Principles of Optics,* New York, Pergamon Press, 1999.
Conrady, A., *Applied Optics and Optical Design,* Oxford, 1929. (This and Vol. 2 were also published by Dover, New York.)
Gaskill, J., *Linear Systems, Fourier Transforms, and Optics,* New York, Wiley, 1978.
Goodman, J., *Introduction to Fourier Optics,* New York, McGraw-Hill, 1968.
Herzberger, M., *Modern Geometrical Optics,* New York, Interscience, 1958.
Hopkins, H., *Wave Theory of Optics,* Oxford, 1950.
Levi, L., and R. Austing, *Applied Optics,* Vol. 7, Washington, Optical Society of America, 1968, pp. 967–974 (defocused MTF).
Linfoot, E., *Fourier Methods in Optical Design,* New York, Focal, 1964.
Marathay, A. S., "Diffraction," in *Handbook of Optics,* Vol. 1, New York, McGraw-Hill, 1995, Chap. 3.
O'Neill, E., *Introduction to Statistical Optics,* Reading, Mass., Addison-Wesley, 1963.
Perrin, F., *J. Soc. Motion Picture and Television Engrs.,* Vol. 69, March–April 1960 (MTF, with extensive bibliography).
Selwyn, E., in Kingslake (ed.), *Applied Optics and Optical Engineering,* Vol. 2, New York, Academic, 1965 (lens-film combination).
Smith, W., in W. Driscoll (ed.), *Handbook of Optics,* New York, McGraw-Hill, 1978.
Smith, W., in Wolfe and Zissis (eds.), *The Infrared Handbook,* Washington, Office of Naval Research, 1985.
Suits, G., in Wolfe and Zissis (eds.), *The Infrared Handbook,* Washington, Office of Naval Research, 1985 (film).
Wetherell, W., in Shannon and Wyant (eds.), *Applied Optics and Optical Engineering,* Vol. 8, New York, Academic, 1980 (calculation of image quality).

第 16 章

光学设计的基础知识

16.1 概述

前面章节关心的内容是分析光学系统,给出结构参数,目的是确定由此产生的光学性能。在这一章,将继续讨论光学系统的组合,以给出所希望的光学性质和确定结构参数。当然,因为光学设计主要是采用累次近似法(或逐次渐近法),所以,大部分综合过程仍然会继续关心对系统的分析。

对于初始光学系统,绝对没有"直接"的光学设计方法,就是说,不存在绝对有把握的方法(没有先见之明)能够从一组技术性能要求直接得到一个合理设计。然而,如果知道某类设计或者结构布局能够满足已知的性能要求,那么,对于一个组件设计师,要产生一个所需类型的设计就是一件相当简单的事情。此外,具备基础扎实的技术对于合理改进现有设计总是有益的。因此,一个优秀光学设计师具有的良好素质应当包括精通(熟悉)大量的设计知识及其特征、局限性、习性和潜力。在此介绍的是光学设计技巧(或艺术)的一部分,基本上是设计师如何选择初始设计点。

在 10 多年时间内,电子计算机从根本上改变了光学设计师使用的设计技术。以前,光学设计师采用各种巧妙独特的技术以避免进行光线追迹,原因在于要耗费大量的时间和精力。个人计算机(PC)的使用已经将光线追迹时间减小了约 10 个数量级,并且现在,通过一个系统进行光线追迹要比根据不完整的数据进行推测、猜想或者改动更为容易。甚至可以使一台计算机从开始到结束完成整个设计过程,或多或少无需人为干预。尽管如此，该过程产生的结果却难以理解地依赖于所选择的初始设计出发点（以及计算机的编程方式），所以，即使在最自动化的技术中，仍然需要大量的技巧（或许对个人的要求会稍微少些）。

普通设计过程有下面四个阶段。第一，选择设计类型，即零件数目和类型以及一般的结构形式。第二，确定光焦度、材料、厚度和零件间隔。通常，选择这些参数是为了控制系统的色差和 Petzval 场曲。同时，还要确定焦距（或放大倍率）、工作距离、视场和孔径（该阶段做出的上述选择可能会极大地影响最终的光学系统性能，并且，在许多情况中，意味着成功和失败之差）。第三，调整零件或部件的形状以便将基本像差校正到期望值。第四，将剩余像差减小到可以接受的水平。如果前三个阶段完成的选择已经是偶然性的，那么，第四个阶段就完全是多余的。在极端情况下，前三个阶段的最终结果可能是没有希望的，唯一的办法就是从第一阶段开始选择新的初始点。

在全自动计算机设计程序中，第一阶段的一部分和第二、第三、第四阶段的全部或多或少地可以同时完成（可能会花费人机设计的大量时间）。计算机设计技术将在 16.8 节讨论。

下面章节将利用三个具体例子详细阐述光学设计的基本原理：利用一个简单的弯月形（Box）照相物镜说明弯曲和光阑移动技术的作用以及在技术要求多于可变自由度条件下如何满足该技术要求而进行的一种简化训练；针对一种消色差望远物镜，将介绍材料选择、消色差性以及多种弯曲技术；将利用分离三片型消像散物镜（Cooke）详细讨论如何利用同等数量的自由度完成对系统所有初级和三级像差的控制，并进一步解释材料的选择技术。在第 17 章和 18 章，将讨论另外几种类型光学系统的设计性质。

在此强调，在 16.2 节、16.4 节～16.6 节以及 16.7 节某种程度上对设计方法的讨论不仅完全有效，而且此处的描述主要是展现一种方法，从而解释设计过程中的原理、相互关系及限制等，目前，这些方法已经很少使用。计算机，特别是台式个人计算机或 PC 机已经有足够运算能力使每个设计师都能使用光学自动设计程序。尽管如此，精通或熟悉这些方法和原理对于设计师也是非常有用的。例如，这些知识有助于为计算选择一个好的初始设计，并且，在其他事情中，当设计师要求计算机完成光学上不可实现的事情时，常常有助于解决"错在何处"。

16.2 简单的弯月形照相物镜

在弯月形照相物镜中设计只有两个零件工作，物镜本身和孔径光阑。目前，如果设计工作局限于一个薄的球面零件，可以选择和调整的参数就是透镜材料、焦距、形状（或者弯曲）、光阑位置以及光阑直径。使用这些自由度，必须设计一个物镜使之在给定的胶片尺寸范围能够形成一个可以接受的像，这就意味着，系统的所有像差必须"足够"小。很明显，球差是欠校正的，Petzval 场曲是向内弯曲的（并且，等于 $-h^2\phi/2n$），这都是简单物镜不可改变的性质。因此，零件的光焦度、孔径和视场都必须选择得足够小以便使这些像差的影响可以接受。通常，从成本考虑，透镜材料都选择普通的冕牌玻璃或丙烯酸塑料，因为盒式照相机物镜一定要便宜，高折射率冕牌玻璃并不能使 Petzval 场曲有足够改善，却使成本增加，而火石玻璃会使色差增大。

恰巧有两种未曾用过的自由度，透镜弯曲和光阑位置。现在，在一个简单的欠校正系统中，一个非常明显的道理是：对于形状一定（即固定不变）的透镜（或透镜组），慧差等于零的光阑（"自然"光阑位置——参考5.4节）位置也是像散最大过校正（即向后最大弯曲）位置。由于 Petzval 面向内（弯向透镜）弯曲，所以，产生一些过校正像散是有希望的。

因此，设计方法非常简单：选择（任意）一个透镜形状，确定慧差为零的光阑位置，并计算像差。对于几种弯曲，重复该过程，并绘制出像差与形状的关系曲线，就可以选择出最佳设计。

完成这项任务有几种方法。由于这是一种简单物镜，孔径和视场都属于中等，三级像差是系统（成像质量）的真实代表，以此为基础相当安全可靠。通过三角几何光线追迹法也可以进行该设计，对于此课题，利用6.4节中薄透镜（高斯求和）三级像差公式完成设计，再通过光线追迹检查结果。

假设，玻璃的折射率是 1.50，V 值是 62.5，如果令焦距是 10，孔径是 1.0，像高是 3（所有的参数单位都是任意的，后面都可以缩放和调整），则建立一组 G-sum（高斯求和）公式。因此，零件的光焦度 $\phi=1/10=0.1$，总的曲率是 $c=c_1-c_2=\phi/(n-1)=0.2$。由于物体位于无穷远，$v_1=0$。利用公式（6.3u）中的 G 值会发现，由公式（6.3m）和公式（6.3n）得到的球差和慧差（光阑在物镜处）是：

$$TSC = -0.145833 C_1^2 + 0.05 C_1 - 0.005625$$
$$CC = -0.0625 C_1 + 0.01125$$

现在，在 CC^* 等于零时求解公式（6.3g）得到 Q，就可以确定光阑位置：

$$CC^* = 0 = CC + Q \cdot TSC$$
$$Q = \frac{-CC}{TSC}$$

由公式（6.3o）、公式（6.3p）和公式（6.3r），得到：

$$TAC = -0.0225$$
$$TPC = -0.015$$
$$TAchC = -0.008$$

第 16 章 光学设计的基础知识

将上述值代入公式(6.3h)、公式(6.3j) 和公式(6.3l)，得到下面的三级像散、畸变和横向色差的表达式，其中光阑位置由上述的 Q 值确定：

$$\mathrm{TAC}^* = -0.0225 + 2Q\mathrm{CC} + Q^2\mathrm{TSC}$$

$$\mathrm{DC}^* = -0.0825Q + 3Q^2\mathrm{CC} + Q^3\mathrm{TSC}$$

$$\mathrm{TchC}^* = -0.008Q$$

确定上述关系后，选择几个 C_1 值，计算每个值的三级像差，结果表示在图 16.1 以及图 16.2 中。注意，$X_S = \mathrm{PC}^* + \mathrm{AC}^*$ 和 $X_1 = \mathrm{PC}^* + 3\mathrm{AC}^*$ 〔此处，回归到以旧的符号表示场曲 (X) 而不是当前的通用符号 Z〕。

C_1	-0.4	-0.2	0.0	$+0.2$	$+0.4$	$+0.6$	$+0.8$
$\sum \mathrm{SC}$	-0.98	-0.43	-0.11	-0.03	-0.18	-0.56	-1.18
$\sum \mathrm{CC}$	$+0.036$	$+0.024$	$+0.011$	-0.001	-0.014	-0.026	-0.039
Q	$+0.74$	$+1.11$	$+2.00$	-0.86	-1.53	-0.93	-0.66
l_p	-1.23	-1.84	-3.33	$+1.43$	$+2.55$	$+1.56$	$+1.26$
$\sum \mathrm{AC}^*$	$+0.087$	$+0.077$	0.00	-0.429	-0.028	$+0.040$	$+0.059$
X_S	-0.21	-0.22	-0.30	-0.73	-0.33	-0.26	-0.24
X_T	-0.04	-0.07	-0.30	-1.59	-0.38	-0.18	-0.12
$\sum \mathrm{DC}$	-0.02	-0.03	-0.08	$+0.07$	$+0.06$	$+0.03$	$+0.02$
% 畸变	-0.7%	-1.1%	-2.5%	$+2.3\%$	$+2.1\%$	$+1.0\%$	$+0.7\%$
$\sum \mathrm{TchC}$	-0.006	-0.009	-0.016	$+0.007$	$+0.012$	$+0.007$	$+0.005$

图 16.1 不同 C_1 值，一个薄透镜的三级像差（其中，光阑在无慧差位置）

对图 16.2 进一步做些讨论是非常必要的。首先，有两个区域似乎最有希望，即在曲线图的两端出现弯月形结构。在左侧，透镜弯向入射光，并且，（由于 Q 是正值）光阑位于透镜前面；对于右侧，透镜凸向入射光，光阑位于透镜后面。与不十分弯曲的形状相比，这两种结构形式都有较大的欠校正球差，但由于有过校正像散，二者都有"人为"拉平的场曲。注意，具有最小球差（此处，CC=0，并且光阑与透镜密切接触）的结构形式有最大的内向弯曲场，这种内向弯曲场就是光阑与透镜密切接触的薄透镜系统的特有性质，因为根据公式(6.3p) 和公式(6.3h)：

$$\text{与透镜密切接触光阑的 } X_T = \mathrm{PC}^* + 3\mathrm{AC}^* = \frac{-h^2 \phi (3n+1)}{2n}$$

做进一步讨论，选择弯曲使 $C_1 = -0.2$，注意，$Q = +1.11$（由图 16.1）。由于 $Q = y_p/y$ 和 $y = 0.5$，可以确定 $y_p = 0.555$。物空间主光线的斜率是 $u_p = +0.3$，形成的像高是 $h = +3$，其中焦距是 $+10$。因此，光阑位置是：

$$l_p = \frac{-y_p}{u_p} = \frac{-0.555}{+0.3} = -1.85$$

或者到透镜左侧的距离是 1.85 个单位。

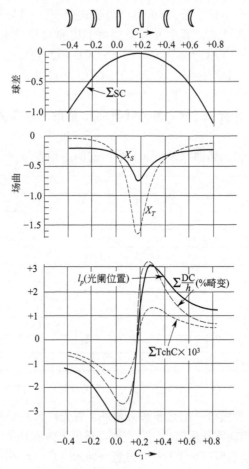

图 16.2 一个薄透镜的三级像差（$f=10$，$y=0.5$，$h=3$，
$n=1.5$）与第一表面曲率（C_1）的函数关系
（其中，光阑在无慧差位置）

当然，一定要将该薄透镜转换成真实透镜。一条斜率为 $+0.3$ 的光线通过光阑（直径 $=1.0$）的最上端，并投射到透镜高度 1.05 处，假设透镜直径是该值的两倍。根据公式 $C_2=C_1-C=-0.2-0.2=-0.4$ 确定第二表面曲率，计算直径是 2.10 时的弦高。为了保证透镜边缘厚度有 0.1，其中心厚度必须有 $CT=ET+SH_1-SH_2=0.1-0.11+0.23=0.22$。现在，通过系统追迹由四条等间隔子午光线组成的光线扇，并［根据公式（A.5d）］计算出两个慧差值，其一根据较上的三条光线，另一个根据较下的三条光线。通过两个叠加的三光线束之间的线性插值发现，主光线轴向交点 $L_{pr}=-1.664$ 的一束光线有零慧差。这就是厚透镜的光阑位置（对厚透镜，$L_{pr}=-1.85$）。

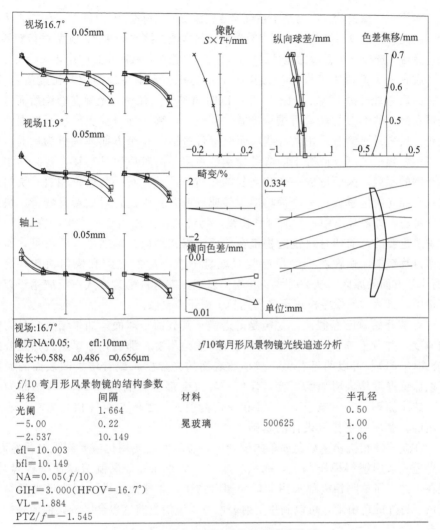

f/10 弯月形风景物镜的结构参数

半径	间隔	材料		半孔径
光阑	1.664			0.50
−5.00	0.22	冕玻璃	500625	1.00
−2.537	10.149			1.06

efl=10.003
bfl=10.149
NA=0.05(f/10)
GIH=3.000(HFOV=16.7°)
VL=1.884
PTZ/f=−1.545

图 16.3　后弯月形风景物镜的最终设计。

焦距是 10 和孔径为 1.0 的结构数据和像差曲线。注意，在此给出的采用三角几何方法计算出的精确像差值非常接近于书中薄透镜三级（G-sum）计算公式给出的结果

光线追迹的分析结果表示在图 16.3 中。再次比较由薄透镜三级计算所预测的场曲和球差，与实际追迹值相当一致。注意，根据已经知道的光学总像差 TOA（Total Optical Aberrations）随孔径和像高变化的规律或方式（参考图 5.16 中表格）可以推导出全部 TOA 曲线。例如，如果知道（纵向）三级球差值随 Y^2 的变化，在 $Y=0.5$ 时 SC=−0.429，就可以确定 $Y=0.25$ 时 SC=−0.107，并由此绘制出曲线。

为了完成该设计，应将整个系统缩放到需要的实际焦距。（注意，任何系统的所有线性尺寸，包括像差，都可以乘以相同的常数，按比例变化。无需进行额外计算）然后，选择一个合适的孔径尺寸，也就是将像差弥散减小到应用要求的尺寸。

在该例中推荐用于设计的透镜类型是其孔径光阑在前面，即在透镜左侧，常称为后弯月透镜形式。由图16.2可以明显看出，有一种光阑在透镜后面（在透镜右侧）的类似的前弯月透镜形式。问题是：哪一种设计更好些？根据像差校正，后弯月透镜形式稍微好些，而前弯月透镜在几个方面表现更为优秀。在相机中，相机长度近似等于前弯月物镜的焦距，而对后弯月物镜，就必须增大到光阑的距离，因而形成一个相当长的相机。此外，对一台廉价相机，快门通常在孔径光阑位置设计一个简单的弹簧驱动叶片，因此，对后弯月物镜，快门机构暴露在外部环境中；对前弯月物镜，物镜的作用相当于一个保护窗。最后，也是最重要的，前弯月物镜的物镜在前面，露在外面，顾客可以看得见，而在后弯月物镜中，顾客看到的所有装置就是不感兴趣的光阑和快门机构。由于"商业"方面的原因，从20世纪40年代以来，前弯月物镜形式广泛应用于廉价相机中，显然，比像差校正更多的光学工程还需要做。

本节开始就已经假设，物镜是薄透镜，其表面是球面。如果增大弯月物镜的厚度，并调整其中一个半径，从而保持焦距不变，那么，由厚透镜焦距公式[公式(3.21)]可以明显看出，减小凸表面的光焦度，或者增大凹表面的光焦度以保证厚度增大时焦距不变，任何一种改变都会影响内弯Petzval场曲的减小。这个原理（为了减小Petzval和使正负表面、零件与组件相分离）是非常有用的，是所有消像散设计的基础。

在盒式照相机物镜如此简单的设计中，非球面的使用价值受到限制。然而，如果透镜采用塑料模压制成，那么，加工一个非球面如同制造球面那样容易。现在，许多简单照相机都采用非球面塑料物镜，非球面为设计师改进光学系统提供了另外的自由度，可以利用衍射表面对物镜消色差（也会影响其他像差）。

16.3 对称原理

在完全对称的光学系统中，慧差、畸变和横向色差完全都等于零。为了有完全的对称性，一个光学系统必须在单位放大率下工作，并且，光阑后面的零件必须是其前面零件的镜像。这种完全对称原理不仅适合单位倍率下工作的系统，而且也适于无限远共轭系统。这是因为，尽管慧差、畸变和横向色差在这些条件下并未完全消除，但是，当任何一种系统中的零件是对称或近似对称时，它们都倾向于被大大地减小。因此，对具有低畸变和小慧差，且有相当大视场的许多物镜，一般都采用对称性结构。

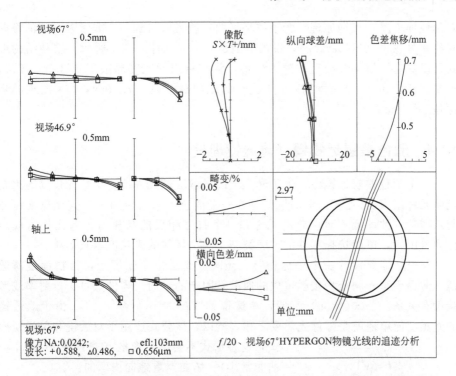

一种典型的对称弯月形结构是在此给出的惠更斯物镜。在速度低于 $f/20$ 的速度下视场约 $135°$。该物镜的内外半径相差仅 0.7%，因此，Petzval 场曲近似是零。这种既薄又锐的结构使该物镜的制造比较困难。值得注意，光束在光阑处的倾斜严重地减小了光束宽度及视场边缘像的照度。

$f/20$ HYPERGON 物镜的结构参数，US 706650-1902

半径	间隔	材料		半孔径
8.57	2.20	BK1	510635	8.52
8.63	6.90			8.52
光阑	6.90			2.18
−8.63	2.20	BK1	510635	8.52
−8.57	92.92			8.52

efl=103.15
bfl=92.92
NA=0.0242($f/20.6$)
GIH=243.4(HFOV=$67°$)
VL=18.2
PTZ/f=−17.69

图 16.4 （简单）对称弯月物镜

周视透镜是一对对称的弯月形零件，每个零件都类似于图 16.3 所示的透镜。周视透镜偶尔也应用于廉价相机中。其对称结构消除了单片弯月形风景物镜使像质恶化的畸变和色差

如果将该原理应用于弯月照相物镜，就要使用两块同样的弯月透镜，等间隔地放置在光阑两侧，该结构形式的物镜实际上没有慧差、畸变和横向色差。

对称性加上厚弯月镜原理（为了拉平场曲）就可以得到一个非常著名的消像散对称弯月物镜（Hypergon），视场范围是±67°，如图16.4所示。这种结构形式是以具有严重的欠校正球差为代价，将其有用的速度局限于 $f/30$ 或 $f/20$。还要注意，在 $f/30$ 速度时，1/4波长的纵向球差是±7.9mm，1/4波长的焦深是±1.0mm。

16.4 消色差望远物镜（薄透镜理论）

一个消色差双透镜由一个正光焦度的冕牌玻璃元件和一个负光焦度的火石玻璃元件组成。（比较一般的说法是，一个消色差双透镜由一个其光焦度符号与双透镜一致、低相对色差的元件和一个符号相反的高相对色差元件组成），作为自由度，可以选择零件的玻璃类型、两个零件的光焦度以及形状。

假设，需要设计一个望远物镜，光阑或光瞳位于物镜上，且物镜是薄透镜。薄透镜与光阑密切接触造成的像散是固定的，而与零件数目、折射率或形状没有关系。公式(6.3o)表明，单透镜的 TAC $= (h^2 \phi u_k')/2$。由于双透镜的光焦度简单地就是零件光焦度之和，所以，该公式适用于双透镜和单透镜形式，这种形式不会影响像散（并且使Petzval场曲非常小）。场曲严重地向内弯曲。

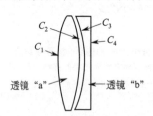

图16.5 消色差双透镜物镜

参考图16.5，很明显，校正像差只有4个参变量。实际上，物镜设计中必须指定一个参数控制焦距，因此，只有三个变量用于校正球差、慧差和轴向色差。

由于物镜没有色差，所以，必须指定零件的光焦度以确定焦距并控制色差。再次使用薄透镜三级像差公式，指定脚标a和b分别代表两个零件，由公式(6.3r)得到：

$$\sum \text{TAchC} = \text{TAchC}_a + \text{TAchC}_b = \frac{Y_a^2 \phi_a}{V_a u_k'} + \frac{Y_b^2 \phi_b}{V_b u_k'}$$

由于零件是胶合在一起的，或者靠得非常近，代入 $y_a = y_b = y$ 以及 $u_k' = -y/f$，得到：

$$\text{TAchC} = -fy\left[\frac{\phi_a}{V_a} + \frac{\phi_b}{V_b}\right] \tag{16.1}$$

令$\sum \text{TAchC}=0$（如果需要，可以是其他值），使公式(16.1)与下式联立并求解，得到每个零件必需的光焦度：

$$\frac{1}{f} = \phi_a + \phi_b \tag{16.2}$$

如果色差为零，得到：

$$\phi_a = \frac{V_a}{f(V_a - V_b)} \tag{16.3}$$

$$\phi_b = \frac{V_b}{f(V_b - V_a)} = \frac{-\phi_a V_b}{V_a} \tag{16.4}$$

确定 ϕ_a 和 ϕ_b 之后，[为了确定组件的 u_k' 值和每个零件的 v（或 v'），在追迹一条（薄透镜）边缘近轴光线之后]可以根据零件形状写出三级球差和慧差的薄透镜公式。由于孔径光阑位于透镜上，所以，$Q=0$，并由公式(6.3n) 给出慧差。适当地替换 h、y、$C_a = \phi_a/(n_a-1)$，$C_b = \phi_b/(n_b-1)$ 和高斯因子后，就可以得到慧差的下列表达式：

$$\sum CC = CC_a + CC_b = K_1 C_1 + K_2 + K_3 C_3 + K_4$$
$$= K_1 C_1 + K_3 C_3 + (K_2 + K_4) \tag{16.5}$$

式中，C_1 和 C_3 是两个零件第一表面的曲率[由公式(16.5)]，$K_1 \sim K_4$ 是常数[注意，对零件 a 使用公式(6.3n) 的另一种形式，将公式写成含相邻两个内表面 C_2 和 C_3 的表达式]。现在，对任意希望的 $\sum CC$ 值，可以得到：

$$C_3 = \frac{\sum CC - K_1 C_1 - K_2 - K_4}{K_3}$$

或者，将常数组合在一起：

$$C_3 = K_5 C_1 + K_6 \tag{16.6}$$

因此，对任意形状的零件 a，公式(16.6) 都能给出唯一形状的零件 b，并具有希望的慧差量。

以类似方式可以写出薄透镜三级球差[利用公式(6.3m)]的表达式如下：

$$\sum TSC = TSC_a + TSC_b = K_7 C_1^2 + K_8 C_1 + K_9 + K_{10} C_3^2 + K_{11} C_3 + K_{12} \tag{16.7}$$

替换公式(16.6) 和公式(16.7) 中的 C_3 和组合常数，得到一个简单的 C_1 的二次方公式：

$$0 = C_1^2 + K_{13} C_1 + K_{14} \tag{16.8}$$

如此可以解出 C_1 值。与公式(16.6) 给出的 C_3 值一起使用，就会得到一个具有所希望球差和慧差量的双透镜系统[注意，由于公式(16.8) 是二次方程，所以，可能有一个或两个解，或者没有解]。

第一次试算，利用上述方法，使 $\sum TAchC$、$\sum TSC$ 和 $\sum CC$ 等于零（或希望的某个值），接着，插入适当的厚度，利用光线追迹验证该系统，从而确定球差、慧差（或 OSC）和轴上色差的实际值。如果这些量都不在公差范围之内，则利用光线追迹（对所希望的 $\sum TAchC$、$\sum TSC$ 和 $\sum CC$）确定的对应值的负值重复薄透镜求解。该方法可以非常快地收敛到一个解。

掌握有光学设计软件的设计师可以非常容易和迅速地处理这种课题，而上述方法有利于理解双透镜望远物镜的性质。以四个表面曲率作为变量,评价函数应当由边缘球差、慧差和色差以及焦距的目标值和实际光线追迹值组成。给出合理的初始透镜形式,以后的(计算)工作很平常,可以很快得到最接近初始形式的解。

16.5 消色差望远物镜(设计形式)

依据选择的玻璃、相对孔径、希望的像差值以及选择二次方的那个解,利用 16.4 节概括论述的方法就可以得到图 16.6 所示物镜的一种形式。一般地,对于中等直径(到 3in 或 4in)的物镜,边缘接触形式和双胶合形式是比较理想的,原因在于加工过程中可以较精确地保证零件间的关系(轴线之间的同心度和倾斜自由度)。由于前面零件常常要受到恶劣气候的影响,所以,前组零件使用冕牌玻璃是最常用形式。冕牌玻璃比火石玻璃更耐大气侵蚀。

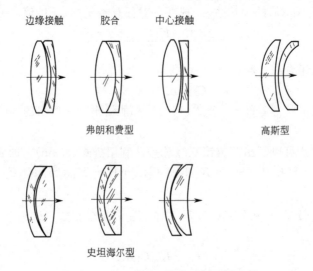

图 16.6 各种形式的消色差双透镜物镜

上面一行是冕-火石双透镜形式,下面一行是火石玻璃在前。为了清楚起见,曲率已被放大。由于加工方面的难度,通常避免中心相接触的形式。所示各种形状都是对位于左侧的远距离物体校正了像差的物镜

夫琅禾费(Fraunhofer)和斯坦海尔(Steinheil)形式代表着公式(16.8)二次方变量的一个根,高斯(Gauss)形式是另一个根。Fraunhofer 或者 Steinheil 形式简单地取决于左侧零件是冕牌玻璃还是火石玻璃。从成像质量的观点出发,尽管 Steinheil 形式的半径比 Fraunhofer 形式更大些,但二者之间的差别比较小,而高斯(Gauss)物镜完全不同。与 Fraunhofer 形式相比,其

剩余的带球差要大一个数量级，二级光谱也稍大些（约大 20%），然而，色球差只有它的一半。另外一个差别是，如果零件的厚度太大，高斯形式就没有解。因此，为了避免出现厚零件，速度限制到约 $f/5$ 或者 $f/7$。Fraunhofer 和 Streinheil 形式可以校正到速度大于 $f/3$（当然，高速时剩余像差相当大）。

按照 16.4 节的方法，设计一个双胶合物镜（即 $C_2=C_3$）是很容易的。如果必须有一个双胶合面，可以遵循另一种方法。写出含有 C_2 和 C_3（不是 C_1 和 C_3）的球差和慧差贡献量公式，使 $C_2=C_3$，得到含有 C_2（或 C_3）的公式，然后，就可以对所希望的球差或慧差公式进行求解。如果以这些值作为双胶合物镜形状（即相对于 C_1，C_2 或 C_4）的函数绘制出曲线，那么，由此产生的曲线看起来很像图 16.7 中的一种，$\sum$TSC 是双曲线，$\sum$CC 是直线。图（a）中，对球差没有解，图（b）中，球差和慧差的解出现在同样的弯曲中，在图（c）中，球差以及等值反号的慧差可能会有两个解，并且常常是明显的弯月形状。[如果将双胶合物镜应用在以中心光阑对称的组合系统中，即作为正像组件或者快速消畸变（或快直）照相镜头，则后面求得的解是非常有价值的。然后，根据公式(6.3h)，可以利用慧差减小或者过校正像散] 得到的精确形式取决于所选择的玻璃类型。一般地，选择具有低折射率和高 V 值的新火石玻璃材料，或者具有高折射率和低 V 值的新冕牌玻璃会使球差抛物曲线升高。因此，图 16.7（c）给出的有较严重弯曲的弯月形解主要是由选择的玻璃对的 V 值差别较小造成的。使用 BK7(517：642) 和 SF2(648：339) 玻璃就可以得到图 16.7 中球差和慧差值近似相等的结果。最佳的玻璃选择取决于物镜孔径 ($f/\#$)。

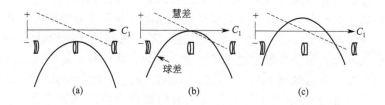

图 16.7　球差（实线）和慧差（虚线）随双胶合消色差物镜的形状变化
与使用的材料有关，具有零球差的情况，可能有两个解（c）、一个解（b）或者没有解（a）。中图是比较理想的结构形式，因为球差和慧差都得到校正。图（a）曲线通常是由于有大的 V 值差，图（c）曲线是 V 值之差太小的结果

图 16.8 表示一个典型的双胶合物镜的球差和色球差曲线。正如前面解释的，光阑密切接触的薄透镜系统的场曲是严重地向内弯曲，并且不能校正，除非移动光阑。因此，这类系统局限于较小视场范围（与光轴有几度的视场）、

需要有较好成像质量的领域应用。

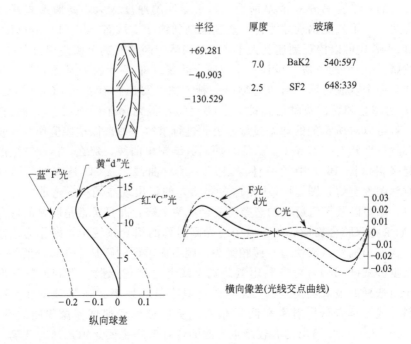

图 16.8 一个双胶合消色差物镜的球差和色球差（焦距＝100，$f/3.0$）
注意，边缘色差已校正过。如果色球差大，这是一个很好的实践。除此之外，该像的
蓝光像差大些（有蓝色闪光）。对于小量，在 0.7 带区校正常常是较好选择

有时候，希望双胶合物镜的带区和边缘球差同时得到校正。将分离双透镜的空气间隔作为额外自由度就可以实现这个愿望。除了需要推导出两个（或更多个）厚透镜的解外，按照 16.4 节的方法，可以精确地开始设计。一个解具有最小空气间隔，另一些解则增大了空间。然后，将计算出的带球差与空气间隔绘制成曲线，并选择出 $LA_z=0$ 的空气间隔。通常，这种形式有一点儿或者没有带 OSC。由于实际上在整个孔径范围内都没有球差或轴向慧差，所以，可以得到 $f/6$ 或 $f/7$ 的速度。好的玻璃选择是轻钡冕玻璃与重火石玻璃或者超重火石玻璃组合，冕玻璃在前或火石玻璃在前都是可能的结构形式。在这类物镜中，剩余轴向像差有很少的二级光谱。

色球差是球差随波长的变化，通过改变零件（或组件）间的间隔可以得到校正。但是，各个零件（或组件）对球差和色差贡献量的符号是不同的。这种一般性原理可以以类似使用空气间隔校正带球差的方式校正双透镜物镜的色差。的确，这两种像差的基本原理是一样的。

在双胶合物镜中，胶合面贡献过校正球差，而两个外露表面贡献欠校正球差,认识到这一点就可以理解产生色球差的原因。贡献量直接随折射率变化的大小而变化,或者由于"横切"开该胶合表面而变大。对标称波长,贡献量处于平衡状态。在短波长区域,所有的折射率都比较高。由于有较大色散,所以,负透镜(火石玻璃)折射率的增大比正透镜(冕玻璃)快两倍。所有三个表面的折射率突变在短波长区域最大。然而,外表面的折射率突变是$(n-1)$,而胶合面是$(n'-n)$,随着波长和折射率的变化,$(n'-n)$按比例变化要比$(n-1)$变化大。因此,当变化到短波长时,胶合面的过校正贡献量比外表面欠校正贡献量增加得多,其结果在于,与中心波长和长波长相比,短波长光是过校正,这就是色球差。

现在,如果增加零件之间的空气间隔,如图 16.9(b) 所示,由于冕牌玻璃零件对蓝光的折射要比红光更强,所以,边缘蓝光投射到火石玻璃零件上的高度要比红光更低。因此,相对于红光,蓝光在火石玻璃元件上的折射会小些,其过校正会因此减小。

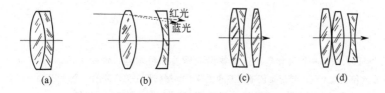

图 16.9　一个双透镜物镜的普通色球差可以通过
增大空气间隔[(b)所示有较大夸张]校正

与红光相比,蓝光透射在火石玻璃零件上的高度下降更多,因而,减小了边缘蓝光的过校正。示意图 (c) 和 (d) 是三片型结构形式,可以用来同时校正色球差和剩余带球差,(c) 表示的结构布局图要比 (d) 中的布局对偏心更不敏感,约为 50%

一个非常类似的观点是可以通过逐渐增大空气间隔来减小(由过校正五级球差造成)欠校正带球差。由于正光焦度元件的欠校正球差容易使边缘光线比带光线更多地不成比例地向光轴偏折,所以,增大空气间隔影响着带球差。因此,当增大空气间隔时,边缘光线在过校正负光焦度元件上的高度要比带光线更多地成比例地偏向光轴,结果是,在边缘光线上过校正的减少要比带光线上多,并且,为了校正边缘像差重新调整零件形状时,带球差会减小。色球差和带球差同时得到减小的分离双透镜物镜表示在图 16.10 中。两种原理也适用于更为复杂的物镜。

同时消除色球差和带球差的一种方法表示在图 16.9(c) 中。一个双胶合透镜加上一个单透镜的结构布局(在几种零件布局中任选一种)仍然表示出另外的自由度,就是两个部件之间正(冕牌)光焦度的平衡,可以与空气间隔一

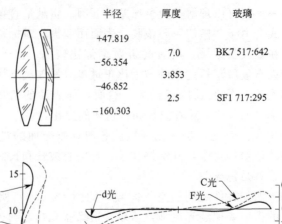

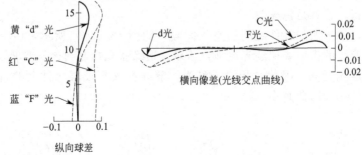

图 16.10 一个双分离消色差物镜的球差和色球差（焦距＝100，f/3.0）
在此使用的空气间隔值是使带球差和色球差都达到最小值之间的一个折中值。并将
剩余像差与图 16.8 中双胶合物镜的剩余像差进行比较

起进行像差校正。图 16.9(d) 所示的三分离透镜也有非常好的校正能力，但较难制造。图 17.39 建议采用零件分裂法减小球差。图 19.1 给出一个三分离透镜望远物镜。

公式(6.3t)给出了薄透镜的二级光谱贡献量（SS），与消色差要求［公式(16.3) 和公式(16.4)］相组合，可以确定一块薄消色差双透镜物镜的二级光谱：

$$SS = \frac{f(P_b - P_a)}{(V_a - V_b)} = \frac{-f \Delta P}{\Delta V} \tag{16.9}$$

对双透镜使用普通玻璃的任意组合，其 $\Delta P/\Delta V$ 值基本上是个常数，可见光二级光谱约为焦距的 0.0004～0.0005。类似，由两个分离的消色差组件组合造成的二级光谱表示为：

$$SS = \frac{\Delta P}{D \Delta V}[f^2 + B(L - 2f)] \tag{16.10}$$

式中，D 是空气间隔；B 是后截距；$L = B + D$ 是前组件到焦点的长度。很明显，$\Delta P/\Delta V$ 是控制因子。在这种情况中，两个分离正透镜的二级色差比同等焦距的薄双分离透镜的要小。相反，摄远镜头（正前组件和后负组件）或反摄远镜头的二级色差就比对应的消像散双透镜物镜的大。利用普通玻璃设计的一些"典型镜头"所具有的二级光谱近似值列表如下：

消色差双透镜物镜　　　　　　　　SS=efl/2200
Petzval 放映物镜　　　　　　　　　SS=efl/3000
Cooke 三分离透镜物镜　　　　　　SS=efl/1300
摄远镜头　　　　　　　　　　　　SS=efl/1700

有几种能够减小二级光谱的玻璃，例如 FK51、FK52 或 FK54 与 KzFS 一起或者 LaK 玻璃作为火石零件可以将可见光二级光谱减小到普通值的若干分之一。然而，值得注意，对大部分玻璃对，V_a-V_b 比较小，为了消色差所需要的单个零件的光焦度要比普通玻璃对高，而零件光焦度的增大会造成其他剩余像差相应增大。这些具有不寻常色散的玻璃性能一般都较差，化学稳定性不好，不能承受剧烈的化学冲击，同时，也难熔化出高光学质量的玻璃。

正如第 10 章所述，氟化钙（CaF_2，氟石）可以与普通玻璃组合消色差，基本上没有二级光谱。还要注意，在 $1.0\sim1.5\mu m$ 光谱范围内没有普通玻璃对能够组合成有用的消色差，氟化物可以与一种合适的玻璃材料组合对该光谱范围进行消色差，硅和锗对长波长范围消色差是有用的，像 BaF_2、CaF_2、ZnS、$ZnSe$ 和 AMTIR 一样。

可以利用三分离透镜减小二级光谱而无需像双透镜那样精确匹配局部色散。如果绘制出局部色散 P 与 V 值的曲线，大部分玻璃都位于一条直线上。为校正二级光谱所需要的一对玻璃要具有相等的局部 P 值，而又有相当大差值的 V 值。结果是，在这类曲线中可以在两种玻璃点连线的任何位置，通过设计一个由两种玻璃组成的双透镜系统而合成一种玻璃，因此，就可以设计一个三分离物镜，使其中的两个零件合成一种玻璃，与第三种玻璃有相同的局部 P 值。一些有用的肖特玻璃组合是（PK51，LaF21，SF15），（FK6，KzFS1，SF15），（PK51，LaSFN18，SF57）。这些组合的光焦度排列通常分别是正、负和弱正。其他的玻璃生产商有同等的玻璃组合。一个三分离复消色差物镜的薄透镜零件的光焦度可以由下列公式确定，其中，系统的光焦度是 1（$f=1.0$）：

$$X=V_a(P_b-P_c)+V_b(P_c-P_a)+V_c(P_a-P_b)$$

注意，X 等于 P-V 曲线中三种玻璃形成的三角形面积的两倍，在下面计算零件光焦度的公式中，X 出现在分母，所以，X 值越大，光焦度就越小（该设计就越好）。

然后：

$$\phi_a=V_a(P_b-P_c)/X$$
$$\phi_b=V_b(P_c-P_a)/X$$

$$\phi_c = V_c(P_a - P_b)/X = 1.0 - \phi_a - \phi_b$$

参考图 19.3 给出的复消色差三分离透镜形式的望远物镜。

三种波长会聚到一个公共焦点的物镜称为复消色差物镜。该术语常常意味着球差也对两种波长校正过。适当平衡上面给出的玻璃组合，就可以使三分离透镜系统对四种波长消色差，这种物镜称为超级消色差物镜[❶]。

空气分离消色差透镜（分离透镜）

一个有一定空气间隔的双透镜系统可以消色差，但色差校正随物距而变化，仅仅对所设计的距离消色差。下面公式将给出一个对无穷远物体消色差的双分离透镜系统：

$$\phi_A = \frac{V_A B}{f(V_A B - V_B f)}$$

$$\phi_B = \frac{-V_B f}{B(V_A B - V_B f)}$$

$$D = \frac{(1 - B/f)}{\phi_A}$$

式中，f 是焦距；D 是空气间隔；B 是后截距。

注意，尽管（通过这些公式）分离透镜已经校正了轴向色差，但该系统仍有横向色差，除非两个组件单独校正色差。

无热化

当物镜的温度变化时，两个因素会影响到其聚焦或焦距，即温度升高时，零件的所有尺寸都会变大，本身就使焦距和后截距拉长；透镜的折射率也随温度而变化。对于许多种玻璃，折射率随温度升高而增大，该效应使焦距变短。

薄零件的光焦度随温度的变化是：

$$\frac{d\phi}{dt} = \phi\left[\frac{1}{(n-1)}\frac{dn}{dt} - \alpha\right]$$

式中，dn/dt 是折射率对温度的微分，α 是透镜材料的热膨胀系数。因此，对于薄双透镜系统：

$$\frac{d\phi}{dt} = \phi_A T_A + \phi_B T_B$$

式中

---

❶ 参考 M. Herzberger 和 N. McClure 的文章 "The Design of Superachromatic Lenses," Applied Optics, Vol. 2, June 1963, pp. 553-560。

$$T=\left[\frac{1}{(n-1)}\frac{\mathrm{d}n}{\mathrm{d}t}-\alpha\right]❶$$

ϕ 是双透镜系统的光焦度。在无热化双透镜系统（或者对某些希望的 dϕ/dt）中，可以解出零件的光焦度：

$$\phi_A=\frac{(\mathrm{d}\phi/\mathrm{d}t)-\phi T_B}{T_A-T_B}$$
$$\phi_B=\phi-\phi_A$$

为了得到一个既无热化又消色差的双透镜系统，可以绘制出所有待用玻璃的 T 与 $1/V$ 的函数曲线，然后，延长两种玻璃点的连线，与 T 轴相交。色差双透镜系统 dϕ/dt 的值等于双透镜系统的光焦度乘以延长线与 T 轴的交点值。因此，可以期望得到一对玻璃，具有大的 V 值之差，又有小的或者零 T 轴交点。

使用三种玻璃也可以设计一个既无热化又消色差的三分离透镜系统，公式如下：

$$\phi_A=\frac{\phi V_A(T_B V_B-T_C V_C)}{D}$$

$$\phi_B=\frac{\phi V_B(T_C V_C-T_A V_A)}{D}$$

$$\phi_C=\frac{\phi V_C(T_A V_A-T_B V_B)}{D}$$

式中，$D=V_A(T_B V_B-T_C V_C)+V_B(T_C V_C-T_A V_A)+V_C(T_A V_A-T_B V_B)$，$V_n$ 是第 n 个零件的 V 值，T 在前面已经定义过。

16.6　光学设计中的衍射表面

光学设计中使用的衍射表面是一个"模数 2π"的菲涅耳面（如图 13.15 所示），换句话说，该菲涅耳表面每一阶梯的高度能够保证波前精确地延迟或者每阶梯像差一个波长。因此，如果假设表面的周围介质是空气，则阶梯高度是 $\lambda/(n-1)$。如果是玻璃或塑料表面（$n\approx1.5$），则阶梯高度大约是两个波长。与普通塑料的菲涅耳表面相反，衍射表面的阶梯高度在十分之几个毫米数量级。菲涅耳小平面的斜率和形状如同球面或非球面定义一样。注意，使用折射率的局部变化可以得到类似结果。

衍射效率

术语"kinoform"（开诺全息照片或相息图）表示一个具有平滑小平面的

---

❶ 对衍射表面，正如 16.6 节所阐述，"T"项简单地等于 2α。

菲涅耳表面。理论上，一个曲面全息照片可以有100％的光学效率，一个"线性"（锥形）全息照片的效率是99％。一个"二元"表面近似于平滑的菲涅耳小平面，是用高分辨率光刻工艺产生的一种阶梯轮廓，利用一系列模板进行曝光就形成表面浮雕，产生的级数是 2^n，其中，n 是使用的模板数，因此，称为"二元"（binary）表面。二元表面的效率（即进入到所希望方向内的光能量所占的百分比）受到级数限制，而习惯于用级数近似表示菲涅耳小平面的理想平滑轮廓。一个一次模板、2阶的表面的效率是40.5％，一个二次模板、4阶的表面的效率是81.1％，三次模板、8阶的表面的效率是95.0％，四次模板、16阶表面的效率是98.7％，一个 M 阶的表面的效率是 $[\sin(\pi/M)/(\pi/M)]^2$。无论是相息图还是二元表面，由于加工工艺使表面形状偏离理想形状，例如尖锐的拐角被弄圆等，都会使衍射表面的理论衍射效率有所降低。

由于在每一个衍射菲涅耳阶梯处，波前都会延迟一个波长（对于标称波长），所以，很明显，系统只对标称波长才显现出相干特性。在该波长下，一个环带顶端的相位精确地与前一个环带底端相位相匹配。对其他波长，表面效率比较低，因此，适用于一个衍射表面的光谱带宽是有限的。这种限制可以呈现出无效率（或低效率）或者不希望有的衍射级、鬼像、杂光、低对比等。标称波长（λ_0）之外波长的衍射效率是：

$$E=[\sin\pi(1-\lambda_0/\lambda)/\pi(1-\lambda_0/\lambda)]^2$$

在 $\Delta\lambda$ 带宽范围内，平均效率是：

$$\text{平均 } E \approx 1-[\pi(\Delta\lambda)/6\lambda_0]^2$$

制造的可能性

下面表达式可以用来评估一个衍射透镜的可行性或制造可能性。如上所述，阶梯高度是 $\lambda/(n-1)$。一个菲涅耳阶梯到下一个菲涅耳阶梯的径向间距近似是：

$$\text{间隔} \approx R\lambda/Y(n-1) = F\lambda/Y$$

式中，R 是衍射表面的曲率半径，F 是焦距，Y 是到轴上的径向距离。（衍射透镜边缘的）最小间隔是：

$$\text{最小间隔} \approx 2\lambda(f/\#) = \lambda/\text{NA}$$

式中，$f/\# = F/2Y_{\max} =$ 相对孔径；$\text{NA} = n\sin u =$ 数值孔径。总的菲涅耳阶梯数或环带数是：

$$\text{阶梯数} \approx D^2/8\lambda F$$

式中，D 是透镜直径。显然，波长越长，衍射表面的光焦度就越弱，如果阶梯比较宽和比较深，加工就比较容易。用来加工衍射表面的技术包括单刃金刚石切削（特别适合于长波红外衍射表面）、离子束加工、电子束写和光刻术（在曲面上特别困难，但在平面上非常有效）。如果是批量生产，使用注模塑料零件是一种非常经济的选择。另一种非常有用的工艺是环氧树脂复制技术。衍射光学元件的应用包括混合透镜（由衍射和折射元件组成）、微透镜（尺寸为 50μm）阵列、变形阵列、棱镜、分束镜、合束镜、滤光片等。

斯威特（Sweatt）模型

从光学设计的观点，很容易运作和理解衍射表面的一种方法是斯威特（Sweatt）模型。W. C. Sweatt[1] 认为，利用一个有非常高折射率和零厚度透镜组成的光线追迹模型，可以预测衍射表面的影响，折射率越高，光线追迹的结果就越接近真实衍射结果。折射率约为 10000 是一个比较合理的使用值。由于衍射效应是波长的直接函数，所以，模型的折射率应随波长变化：

$$n(\lambda) = 1 + (n_0 - 1)(\lambda/\lambda_0)$$

式中，λ_0 和 n_0 分别是标称波长值和折射率。

在可见光范围，如果使用 d，F 和 C 谱线的光，则对波长 0.5875618μm 的 d 光：

$$n_d = 10001.00$$

对波长 0.4861327μm 的 F 光：

$$n_F = 8274.73$$

对波长 0.6562725μm 的 C 光：

$$n_C = 11170.42$$

阿贝 V 值是：

$$V = (n_d - 1)/(n_F - n_C) = -3.45$$

V 值为负值是因为折射率随波长而增大，而普通折射材料是减小。局部色散是 $P = (n_F - n_d)/(n_F - n_C) = 0.5692$。这些特别不寻常的值使得衍射表面成为最卓越的光学材料。衍射装置的这种低 V 值（即高色散）性质表明，当衍射表面应用于相当大的光谱带宽范围时会有非常大的色差量。

消色差衍射单透镜

假设是一个 BK7 单透镜（$n_d = 1.5168$，$V = 64.2$，$P = 0.6923$），应用公式(16.3)和公式(16.4)可以确定一个消色差物镜中单透镜和衍射元件的光焦度。其结果是，BK7 零件的光焦度 $\phi_a = V_a \phi/(V_a - V_b) = +0.949\phi$ 和衍射零件的光焦度 $\phi_b = +0.051\phi$（式中 ϕ 是所期望的消色差物镜的光焦度）。衍射表面

---

[1] J. Opt. Soc. Am, vol. 67, 1977, p. 803; vol. 69, 1979, p. 486; Appl. Opt., vol. 17, 1978, p. 1220。

的负 V 值在两个零件都是正光焦度的系统中可以产生消色差。如果令衍射表面是非球面(在设计实际表面中,使菲涅耳小平面的斜率和形状对应于一个非球面的斜率和形状),就可以得到一个具有期望光焦度的单透镜,并校正了球差、色差和慧差。必要的四个自由度是光焦度、单透镜弯曲、衍射表面的光焦度和非球面度(或锥形常数)。

由此得到的设计表示在图 16.11 中。将剩余像差(带球差、色球差和二级光谱)与图 16.8 中普通消色差双透镜系统的剩余像差进行比较,注意,(由于衍射表面不寻常的 P 和 V 值)二级光谱的符号与普通双透镜系统的二级光谱符号相反,色球差大,比图 16.8 中双透镜系统色球差的两倍还大(是反号)。以类似图 16.10 中调整双透镜空气间隔的方式,使具有四次方误差项的第一表面成为非球面(即改变红蓝光线投射到衍射表面上的相对高度)就可以校正色球差,利用第一表面上六次方误差项就可以消除带球差。假设透镜以模压注塑方法制造,那么,在第一表面使用非球面是经济又实际的一个建议。其结果是该透镜只有轴向色差,二级色差约为 0.17mm。

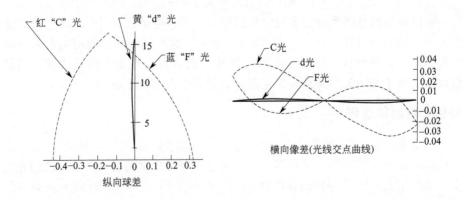

图 16.11 折-衍混合单透镜的球差和色球差 (efl=100, $f/3.0$)

与图 16.8 中的双透镜系统相比较(注意,LA 的比例是不一样的)。与图 16.8 相比,色球差和二级光谱比较大,并且符号相反。正如文中所述,使第一表面成为非球面,可以很容易地消除色球差和带球差〔采用丙烯酸(类)树脂注模制造透镜,是相当容易的一件事〕

另外，最常见的光刻制造技术是将衍射面加工在平的表面上，所以，可能会将透镜形状局限于平凸形式，并将透镜折射率、半径、衍射表面的光焦度及其非球面度作为自由度，该透镜的最佳折射率约为 1.55。如果透镜材料是丙烯酸（类）树脂塑料（$n=1.492$），选择控制焦距、球差和色差（忽略慧差），那么，在 1°离轴角处的子午慧差是 -0.0156。若材料是聚苯乙烯（$n=1.590$），该值就是 $+0.0101$。

消色差衍射单透镜已经非常满意地应用在目镜、放大镜、变焦照相物镜和许多物方空间有较均匀亮度的应用领域中。与玻璃消色差系统相比，该系统紧凑和重量轻的特点使其非常有希望应用在诸如头盔显示器之类的应用领域。对于视场中（或者附近）有高亮度光源或宽光谱带宽的光学系统，衍射表面提供的性能不太令人满意。

复消色差衍射双透镜

由于衍射表面不寻常 V 值和局部色散远离 P-V 曲线中的正常玻璃线，所以，利用两种普通玻璃和一个衍射面消除二级光谱，很容易设计一个复消色差物镜。

利用下面公式可以确定三元件复消色差物镜中零件的光焦度：

$$X=V_a(P_b-P_c)+V_b(P_c-P_a)+V_c(P_a-P_b)$$
$$\phi_a=\phi V_a(P_b-P_c)/X$$
$$\phi_b=\phi V_b(P_c-P_a)/X$$
$$\phi_c=\phi V_c(P_a-P_b)/X$$

式中，ϕ 是复消色差三分离物镜的光焦度，V_i 和 P_i 分别是第 i 个零件的 V 值和局部色散。

如果使用丙烯酸（$n=1.4918$，$V=57.45$，$P=0.7014$）和聚苯乙烯（$n=1.5905$，$V=30.87$，$P=0.7108$）塑料作为第 a 和 b 个零件，衍射表面（$n=10001$，$V=-3.45$，$P=0.5962$）作为第三个零件，就得到这些零件的初始光焦度：

$$\phi_a=+1.9544\phi \quad \text{（丙烯酸）}$$
$$\phi_a=-0.9640\phi \quad \text{（聚苯乙烯）}$$
$$\phi_a=+0.0096\phi \quad \text{（衍射面）}$$

利用前面介绍的方法，可以校正该透镜的边缘和带球差、慧差、色差、色球差和二级光谱。该透镜的一个缺点是二级光谱随孔径变化，只有一个带区完全校正了二级光谱。

16.7 库克 (Cooke) 三分离消像散物镜：三级理论

本节介绍的设计 Cooke 三分离消像散物镜的方法并不是当今使用的设计方法，实际上，也许已经找不到一个年龄未满 85 岁、曾经使用过这种设计方法的光学设计师。尽管该方法非常耗时和辛苦，并且，为了得到一个好的设计可能需要许多次试算、迭代和变化，但这种方法确实有效，高级像差校正合理而适当。

虽然如此，还是非常值得仔细阅读本节内容，因为在一个相当简单的物镜中揭示了许多复杂的相互关系，例如，会告诉你：如果希望得到最佳镜头，为什么必须用中心零件的玻璃类型作为变量，为什么最好的火石玻璃是"玻璃线"内的一种。

当今的光学设计，不是全部也是绝大部分都普遍使用 PC 机，利用一种光学设计软件，例如 OSLO、ZEMAX、CODEV 完成设计。16.8 节将阐述 Cooke 三分离物镜设计方面的内容。

Cooke 三分离物镜由两个位于外侧的正冕牌零件和一个位于中间的负火石零件组成，零件间有较大的空气间隔。对这类物镜特别感兴趣的原因在于有足够的自由度可以使设计师校正所有的初级像差。使场曲（即 Petzval 和）变平的基本原理相当简单：一个零件对系统光焦度的贡献量与 $y\phi$ 成正比，对色差的贡献量随 $y^2\phi$ 变化，然而，对 Petzval 场曲的贡献量只是 ϕ 的函数，而与 y 无关。在一个薄透镜（紧凑）系统中，所有零件基本上有相同高度 y，零件的光焦度取决于对焦距和色差校正的要求。因此，一个薄双透镜系统的 Petzval 半径 (ρ) 常常约等于 $-1.4f$，其半径很少大于 1.5 倍或 2 倍的焦距。然而，当系统的负光焦度零件与正光焦度零件的间隔变大时（以便于降低光线在负透镜上的高度 y），就必须增大负光焦度零件的光焦度以保持系统焦距和色差校正不变。因此，负透镜对 Petzval 场曲的过校正贡献量也在增大。适当地选择间隔可以使 Petzval 半径拉长到焦距的几倍以上，并且，场曲也成比例地"被拉平"。

图 16.12 示意性给出了三分离物镜的光学系统图，根据此图可以确定合适的自由度如下：

① 三个光焦度 (ϕ_a, ϕ_b, ϕ_c)；
② 两个间隔 (S_1, S_2)；
③ 三种形状 (C_1, C_3, C_5)；
④ 玻璃种类；
⑤ 厚度。

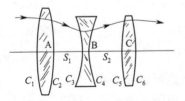

图 16.12 Cooke 三分离消像散物镜

在这些自由度中，第 1 项、第 2 项和第

3 项是首先感兴趣的参数，共有 8 个参数。第 4 项，选择玻璃是一个特别重要的工具，这方面的讨论将稍后进行。第 5 项，零件厚度所起的效用稍微差些，对初级像差校正，与间隔作用一样。

利用上述 8 个自由度，设计者希望能校正（或控制）下面的初级性质和像差：

① 焦距；
② 轴向（纵向）色差；
③ 横向色差；
④ Petzval 场曲；
⑤ 球差；
⑥ 慧差；
⑦ 像散；
⑧ 畸变。

恰好有 8 个必要的自由度来控制 8 种初级像差校正。

注意，8 个参变量并不能保证都有解。在几个实例中，都表明它们之间的关系是非线性的，与薄透镜公式［公式(6.3)］表示的一样。完全有可能选择一组所期望的像差值以及（或者）没有解的玻璃类型。另外，也可能得到 8 个解，正如下面一段内容所阐述。

光焦度和间隔的解

上面列出的前 4 项（参考薄透镜三级像差公式）可以看作是零件光焦度和光线高度（是间隔的函数）的函数，与零件形状无关。因此，必须选择光焦度和间隔以满足这四个条件，可以表示如下：

光焦度：

$$\text{期望值 } \phi = \frac{1}{f} = \frac{1}{y_a} \sum y\phi \tag{16.11}$$

轴向色差：

$$\text{期望值} \sum \text{TAchC} = \frac{1}{u_k} \sum \frac{y^2 \phi}{V} \tag{16.12}$$

横向色差：

$$\text{期望值} \sum \text{TchC}^* = \frac{1}{u_k} \sum \frac{y y_p \phi}{V} \tag{16.13}$$

Petzval 和：

$$\text{期望值} \sum \text{PC} = \frac{h^2}{2} \sum \frac{\phi}{n} \tag{16.14}$$

式中，求和是在三个零件范围内。这些表达式与 6.4 节的基本上一样，其中符号意义也相同。

选择 5 个变量（三个光焦度和两个间隔）一定会满足上述四个条件，比必要条件多一个变量，多出的变量在后面步骤中控制一种剩余像差（通常是畸变）。对这组公式，有多少设计师就会有多少种求解方式。斯蒂芬（Stephens）[1] 已经计算出三分离物镜的代数解，其论文给出了光焦度和间隔值的显式方程。按照线面列出的程序完成的一种迭代逼近法（可以很容易地修改为适合三个组件以上的系统）是另一种方法，对其讨论有助于理解该设计中的限制和相互关系。

(1) 对零件 a 和 c 的光焦度之比假设一个值。该值就是上述"多余的一个自由度"（典型值 $K=\phi_c/\phi_a=1.2$）。

(2) (任意) 选择一个 ϕ_a 值（没有经验时，选择 $\phi_a=1.5\phi$ 是合适的）。根据第一步 $\phi_c=K\phi_a$，可以确定 ϕ_c。当 ϕ_a，ϕ_c，h，n 和 $\sum PC$ 已知或者已假设过，根据公式 (16.14) 确定 ϕ_b。

(3) 选择 S_1 值（焦距的 $1/5\sim 1/10$ 是合适的）。

(4) 求解满足公式 (16.12) 的 S_2 值（假设 u'_k 等于 ϕy_a）。通过零件 a 和 b 追迹一条光线，确定 y_a，y_b 和 u'_b，然后确定 S_2，得到满足公式 (16.12) 的 y_c 值（注意，第一次试算时，S_2 可能是负值）。

(5) 追迹一条主光线（薄透镜近轴），使其通过期望的光阑位置，习惯上将光阑放在零件 b 处以使工作量最小。同第 (4) 步一样，再次假设 u'_k 并确定 $\sum TchC^*$。

(6) 从第 (3) 步开始重新选择新的 S_1 值，直到 $\sum TchC^*$ 达到期望值（作为 S_1 的第二次选择，可以根据第一次试算尝试 S_1 和 S_2 的平均值）。

(7) 确定系统的光焦度。如果没有达到期望值，将第二步使用的 ϕ_a 值缩放，并从第二步开始重复，直至得到满意的解。

在第 (6) 步和第 (7) 步中绘制出 S_1 和 $\sum TchC^*$ 的关系曲线以及 ϕ_a 和 ϕ 的关系曲线是非常有用的。

零件表面形状求解

当零件的光焦度和间隔已经确定，还有三个未曾用过的自由度，就是三个零件的形状（加上一个"多余的" K，上述第一步中已阐述过）。必须调整这些变量以便使球差、彗差、像散和畸变校正到它们的期望值。参考 6.4 节的薄透镜贡献量公式，可以将像差视为零件形状的二次方函数，因此，不可能使用

---

[1] R. E. Stephens, J. Opt. Soc. Am., vol. 38, 1948, p. 1032。

联立代数求解，必须采用某种形式的逐次近似计算法。

通过三个零件追迹薄透镜近轴边缘光线和主光线。追迹主光线以便使孔径光阑位于透镜 b 处，透镜 b 的 y_b 和 Q 都等于零。

(1)（任意）假设一个 C_1 值，并根据公式(6.3h)计算零件 a 的 TAC_a^*（像散贡献量）（第一次选择，$C_1 = 2.5\phi$ 是合适的）。

(2) 由于光阑位于零件 b 处，所以，[根据公式(6.3o)] TAC_b 不会随透镜弯曲而变化。现在，根据公式(6.3h) 求解零件 c 的形状，即 C_5 的值，将给出 TAC_a^*，当与 AC_a^* 和 AC_b^* 组合会得到期望的 ΣTAC。通常，C_5 有两个解，使用较合理的一个。

(3) 根据公式(6.3g)计算 CC_a^* 和 CC_c^*（慧差贡献量）。对于 C_3，CC_b 的公式是线性的，[根据公式(6.3n)，因为 $Q_b = 0$]，所以，可以解出唯一能够满足期望值 ΣCC^* 的 C_3 值。

(4) 根据公式(6.3m) 确定 ΣTSC（球差）的值。

(5) 选取新的 C_1 值，从第一步重复此过程并相对于 C_1 值绘出 ΣTSC 曲线。选择能使 ΣTSC 等于期望值的 C_1 值，确定对应的 C_3 和 C_5 值，使 ΣTSC、ΣTAC^* 和 ΣCC^* 同时达到期望值。

(6) 如果 ΣDC^*（畸变）在可接受范围内，就非常好。否则，必须使用不同的 $K = \phi_c/\phi_a$ 值计算新的光焦度和间隔。可以对几个 K 值绘制出 ΣDC^* 曲线，以便在确定一个解时作为辅助手段。

值得注意，在步骤（5）中，对于期望的 ΣTSC，可能有两个解、一个解或者无解。最佳三分离物镜似乎源自 ΣTSC 抛物线曲线恰恰不能达到期望值的位置。步骤（6）也可能有一个解、两个解或无解。因此，由于在（2），（5）和（6）每一步骤中都有两个可能的解，所以，理论上，Cooke 三分离物镜至少有 8 种可能的解。如上所述，对于给定条件，也可能没有解。然而，通常有一个"合适的"的解，偶然有两个解。

下一步是在设计中增加厚度。选择冕牌玻璃的中心厚度使边缘厚度合适。调整第二表面的曲率（C_2，C_4 和 C_6），保证厚零件的光焦度精确地等于薄零件的光焦度。选择空气间隔使透镜的主点能被薄透镜的间隔分开。在这种方法中，厚透镜形式的三分离物镜将与薄透镜形式有相同的焦距。

现在，开始对厚透镜结构进行三角光线追迹分析，并确定 7 种初级像差值。如果（很有可能）像差没有达到预期值，就要调整新的薄透镜像差"预期"值以抵消光线追迹结果与最终期望值之间的差，开始新的一轮设计。例如，如果原来"期望" ΣTSC 是 -0.2，光线追迹得到的边缘球差 $TA_m = +0.2$，假设期望的最终结果是 $TA_m = 0.0$，则新的 ΣTSC "期望"值应当设置为 -0.4。

像差期望值的初始选择

一般地，高级像差通常都是过校正状态，所以，初次确定三级像差之和的"期望"值应当小一些，是欠校正像差。球差、Petzval 和轴向色差都遵循这个原则。由于 Cooke 三分离物镜是比较对称的系统，剩余畸变、慧差和横向色差比较小，所以，初始"期望"值设置为零比较合适，Petzval 和的期望值一定是负值。对于高速透镜，Petzval 半径常常小到焦距的 2~3 倍，通常，中等孔径系统($f/3.5$)$\rho=-3f \sim -4f$。低速系统可能有 $\rho=-5f$ 或更大些。之所以有这种关系是因为，Petzval 表面越平（较小欠校正），零件的光焦度越大，剩余像差也就越大，尤其是带球差。在确定曲率的第 5 步过程中是否有一个解，对于选择 ΣPC 的期望值也是一个重要因素。像散和的"期望"值最好设置得稍微有点正值，在零与 Petzval 和的绝对值的 1/3 之间，以便使 Petzval 表面的向内弯曲会由于过校正像散得到补偿。

玻璃选择

在三分离物镜的设计中选择玻璃是最重要的设计因素之一。从场曲考虑，希望正光焦度零件有高折射率，负光焦度零件有低折射率，从而减小 $\Sigma \varphi/n$。为了有效地校正色差，按照惯例，正透镜的 V 值应当高，负透镜的应当低。对正透镜，尽管也有一个使用轻钡冕玻璃和另一个使用稀土（镧系）玻璃的，但通常选择重钡冕牌玻璃。使用普通冕牌玻璃甚至塑料设计三分离物镜也是可能的，但性能较差。

当正负透镜间的 V 值相差较大时，结果证明，公式（16.11）~公式（16.14）的相关要求会导致系统很长（即 S_1 和 S_2 大）。直径一定，具有较大镜顶长度的透镜要比短镜顶长度的透镜在更小的角度就产生渐晕。此外，已经证明，物镜越长：①带球差越小；②视场范围也越小（即高级像散和慧差比较大，并且，物镜较长时，限制了得到良好成像质量的视场范围）。因此，长系统适合高速小视场应用，短系统适合小孔径大视场应用。作为粗略估计的经验，三分离物镜的镜顶长度常常等于入瞳直径。

合理选择使用的玻璃可以控制三分离物镜的长度。例如，如果希望有一个短系统，替换一种具有高 V 值的火石玻璃（或者一种具有低 V 值的冕牌玻璃）就会得到需要的变化；为了得到一个长系统，使用一个高 V 值的冕牌玻璃和（或）一个低 V 值的火石玻璃（注意，一个太长的系统将求解不出零件的形状，或者说无解。光线在负透镜上的高度可以相当低，以至于对球差的过校正贡献量不足以抵消同时要求校正慧差、像散、色差和 Petzval 的正透镜所具有的欠校正量）。

其他一些长度方面的考虑

如果设计的 Petzval 曲率比较向内弯曲（负的），则系统变得较长。若 $y_A\phi_A/y_C\phi_C$ 之比等于 1.0，与比值等于 2.0 和 0.5 相比，系统就比较短。尽管零件 A 和 C 的高折射率玻璃会产生较小的零件光焦度，但玻璃折射率对系统长度影响较小。众所周知，物镜"需要满足"设计师（或使用者）所期望的长度。

非常有意思的是，镜顶长度与带球差以及视场之间的这种关系是一种普遍关系，适用于大部分消像散系统[1]。因此，如果一个消像散设计有太大的带球差和较大的角视场，可以简单地选择新的玻璃使系统变长，并在视场和孔径之间进行平衡，反之亦然。当然，该方法可应用性是有限的。

一般地，冕牌（正）零件的折射率越高，并且火石零件的折射率越低，设计结果就越好。换句话说，尽管有其他可以应用的方法，但是，有较大的正值折射率差（冕牌 n − 火石 n）将会有较小的带球差和/或大的视场角。有关折射率对像差的影响可以参考图 17.38 和图 17.39。

图 6.2 给出了一个中等孔径和视场的三分离物镜。图 16.13，图 16.14 和图 16.15 给出了缩短镜顶长度的、较小孔径和宽视场的三分离物镜。不用说，利用 16.8 节介绍的光学自动设计程序可以非常好地设计出 Cooke 三分离物镜，然而，如果设计师精通这一节的内容，就可以更好地应用自动设计程序并得到更好的设计结果。图 19.9 和图 19.10 也给出了 Cooke 三分离物镜的设计，图 19.39 则给出了一个具有非球面场曲校正镜的三分离物镜，适用于自动调焦的轻型照相机（point-and-shoot camera），图 19.41 是一个红外（8~14μm）三分离物镜。图 19.42 是另外一种有非常高的速度（$f/0.55$）、以三分离透镜为基础的红外物镜。

使用上述技术产生的物镜不太可能会得到由三角法校正的结果。一种可能性是调整三级像差的期望值等于（符号相反）三角法计算出的像差量。由于高级像差相当稳定，并且总像差的变化通常非常接近三级像差和的变化，所以，该方法非常有效。

如果可以确定像差对于结构参数的偏微分，并根据公式(16.15)建立一组联立方程，最后求解，就能够得到一个微分解。在公式(16.15)中，ΔA_n 是像差 A_n 的期望变化值，ΔC_i 是参数 C_i 的期望变化值，$(\delta A_n/\delta C)_i$ 是像差 A_i 相对于 C_i 的偏微分。如果有一份正确的像差与参量变化曲线图，就可以避免陷入问题区域，特别是有二次方（或更高次方）关系时，更是如此。

---

[1] 参考 W. Smith, J. Opt. Soc. Am., vol. 48, 1958, pp. 98-105。

$$\Delta A_n = \sum_{i=1}^{i=K} \left(\frac{\delta A_n}{\delta C}\right)_i \Delta C_i \tag{16.15}$$

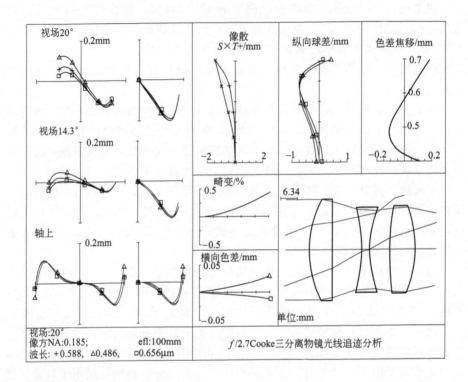

Cooke 三分离物镜 US 2453260-1948

半径	间隔	材料		半孔径
40.72	8.74	SK6	614564	18.6
平面	11.05			18.6
−55.65	2.78	SF2	648338	15.5
39.75	7.63			15.5
107.00	9.54	SK6	614564	16.0
−43.23	79.25			16.0

efl=100.0
bfl=79.25
NA=0.185(f/2.7)
GIH=36.4(半视场角 HFOV=20°)
VL=39.74
PTZ/f=−2.11

图 16.13 高速和中等视场的 Cooke 三分离物镜

与图 16.14 和图 16.15 对比孔径、视场、火石玻璃和长度。US #2453260-1948，Pestrocov。该设计用作 1in 焦距 16mm 的照相镜头，结构参数和像差曲线针对焦距 100 绘制

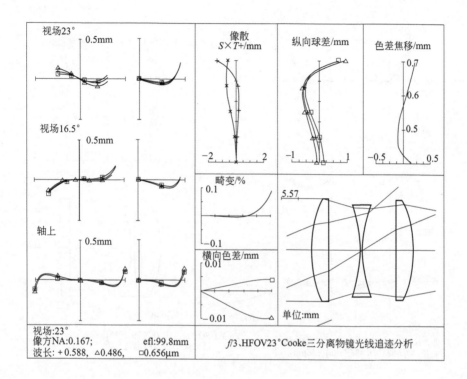

$f/3$ Cooke 三分离物镜 EP 155640-1919

半径	间隔	材料	半孔径	
40.10	6.00	SK4	613586	16.7
−537.00	10.0			16.7
−47.00	1.0	FN11	621362	15.0
40.00	10.8			15.0
234.50	6.0	SK4	613586	16.0
−37.90	85.26			16.0

efl＝99.76
bfl＝85.26
NA＝0.167($f/3.0$)
GIH＝42.3(HFOV＝23°)
VL＝33.8
PTZ/f＝−2.45

图 16.14 中等速度和视场的 Cooke 三分离物镜

与图 16.13 和图 16.15 对比孔径、视场、火石玻璃和长度。欧洲专利 EP 155640-1919。该设计为 35mm 幻灯机配装，结构参数和像差曲线针对焦距 100 绘制

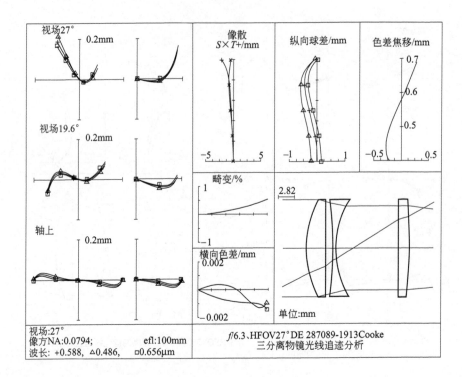

$f/6.3$ Cooke 三分离物镜 DE 287089-1913

半径	间隔	材料		半孔径
16.80	3.50	SK3	609589	8.0
−116.90	1.00			8.0
−56.30	0.50	LLF1	548457	8.0
15.40	3.00			8.0
光阑	7.30			6.89
平面	2.10	SK3	609589	8.0
−37.90	85.41			

efl=100.24
bfl=85.41
NA=0.079($f/6.3$)
GIH=51.1(HFOV=27°)
VL=17.4
PTZ/f=−3.76

图 16.15　小孔径和宽视场的 Cooke 三分离物镜

与图 16.13 和图 16.15 对比孔径、视场、火石玻璃和长度。德国专利 DE 287098-19913。结构参数和像差曲线针对焦距 100 绘制

16.8 自动设计

简单的线性解

电子计算机有难以置信的高计算速度，自动完成光学设计的主要部分是完全可能的。设计程序基本上就是设计师校正光学系统主要像差过程（或方法）的复制。呈现给计算机的是一个基本要求以及对有限个像差的一组期望值。光学设计程序计算像差相对于可以调整的每个参量（曲率、间隔等）的偏微分，并确定一组联立方程［公式(16.15)］，然后求解参量的必要变化。由于这种线性解是一个近似解，计算机将这些变化应用于基本要求（假设，该解是一个能使系统成像质量得到改进的解），进而重复该过程直至像差达到期望值为止。如果参变量数目多于受控的系统特性数目，那么，联立方程就不是唯一的解。在这种情况下，计算机将增加另外要求，就是说，使（适当加权）参量变化的平方和为最小。从而确保有一个解，并且额外有一个优点是，保证系统接近于原始基本要求。由于联立方程的解可能需要采用比较大的变化，所以，如果它们超出了某一预先规定的值，通常要求计算机将该变化按比例缩小。

这种"同时求解"法是一种有用的技术。即使中等性能的计算机也能毫无问题地运作，并且，几种便宜的、以三级像差贡献量为基础的该类计算程序也比较合适。由于设计师处于稍微有些闭环控制的计算过程中，实际上，正如前一节所述，这种技术简单地就是常规方法的自动化。因此，设计师应对该系统有相当好的了解，并且，该系统必须有非常接近初始要求的解。为了使系统做适量变化或者对一种设计进行改进，这类方法是非常有效的。这使得具有非常复杂变量关系的系统，例如旧式 Dagor 或者 Protar 类型的弯月消像散物镜，都能较容易设计。

全自动光学设计的优化

这并不是真正的自动化，只是这么称呼它。为了说明和解释现代光学设计程序的功能，下面介绍光学设计师为设计一个简单的 Cooke 三分离消像散物镜要遵循的步骤。假设已经选定了设计形式（即三片型结构），并且诸如视场、相对孔径和分辨率等合理的技术要求。

第一步，建立一个合适的**初始结构**。最经常采用的方式就是简单地从文章资料、专利数据或设计软件的透镜库中选取一个初始结构形式，也可以利用软件中透镜绘图的互动能力准备初始设计。设计师输入一个非常粗略的设计，估计半径、厚度、玻璃和间隔。当透镜绘制在监视器屏幕上时，调整尺寸，使零件的边缘和中心厚度合适，并使渐晕和光路合理。调整或缩放系统的数据使焦距非常接近期望的焦距值，其他空间尺寸也接近满足要求。特别重要的是，初始形式是接近所期望的解，或者程序可以找到一种没有满足外形尺寸要求的"最佳"形式。在三分离物镜的初始结构形式中，可以使一个合理的镜顶长度等于通光孔径。设定程序在"pick-ups"，以便使最后一表面的曲率等于第一表面曲率的负值，所以，火石玻璃采用等凹面结构形式是有利的。在这一阶段，重要的是透镜要有正确的焦距并且看起来像一个三分离物镜。

必须选择玻璃类型。根据成本、耐用性、高折射率和高 V 值等几个因素，从玻璃图左上区（重钡冕或镧系玻璃）选择两侧的冕玻璃。从设计观点，对三分离物镜的两种冕牌玻璃，没有任何理由不用同样的玻璃类型。中心的火石玻璃一定是一个变量，以便使镜顶长度是最佳值。一开始，可以在玻璃线附近选择一种合适的火石玻璃。如果视场较小，NA 较大，选择低 V 值是较合适的。若是宽视场、低速物镜，应选择较高的 V 值。

需要一个评价函数。典型的评价函数是计算出的、不合要求的特性的平方和。这些特性可以是像差以及对外形尺寸期望值的偏离量等。常常称之为运算数或者目标。显然，评价函数比较合适的名字应是**误差函数**或者**缺陷函数**，目的是作为单一数值来确定和权衡评价函数，以便其数值可以精确地代表系统的"价值"。用一个数值代表光学系统的性能是一件棘手的事情，在设计评价函数方面一定要有经验。评价函数的值越小，系统的性能就越好。大部分软件都有两种或三种缺省评价函数适合用户选用。一种是用计算出的像差作为运算数，这类评价函数中可能将边缘和带球差、轴向和横向色差、场曲（X_S 和 X_T）、几种视场时的球差和慧差以及光线交点曲线图中的斜率和弯曲作为运算数，该类型比较有效，但没有第二类评价函数（使用 RMS 光斑尺寸或者 RMS OPD）直接和健全。选择高斯数值积分形式和使用加权光线，并根据有限的光线数就可以得到 RMS 运算数的非常精确值。

在开始计算 OPD 或者弥散斑评价函数之前，有时非常值得优化初级性质和三级像差。增加这一步的理由在于，如果光线没有投射到表面上或者光线在表面上发生了全反射，就可以去掉这些"实际"光线。一条光线失败可能会导致优化过程失败，而近轴光线不会失败，无论开始给出的透镜多么荒谬，并且，三级像差是以近轴光线为基础，可以简单确定一种以焦距和三级像差作运算数的评价函数。DLS（参看下面段落）程序将会很好地处理该问题。

缺省评价函数通常要求做一些修正以适合应用。诸如焦距、物像距、后截距、孔径尺寸等参数可能需要增加到缺省评价函数中〔将焦距放置到评价函数中还有另外方法，最后表面上的"角度解"将求解出满足轴上边缘近轴光线角度（u'_k）的表面曲率，从而得到期望的焦距和 NA。如果最后表面不是非常靠近焦点，该计算过程就非常有效]。此外，设计过程中，更深一步的工作是调整运算数的权重，或者将更多的运算数加入到评价函数中以调整像差平衡，或者控制其他性能。对三分离物镜，控制焦距是主要的。

下一步是定义**变量**。通常包括表面曲率、空气间隔和一些玻璃（必须限制在玻璃图中真实区域内）。厚度可以变化，边缘厚度等参数属于约束变量，大部分程序都有"自动提取"功能，可以令曲率、厚度或间隔等于前一表面对应值的正负值。对于三分离物镜，希望变化所有曲率、两个空气间隔中心零件的玻璃（局限于沿玻璃线变化）。对标准的三分离物镜，零件厚度易于最小化，并且（除非是最后的手段）是无效变量。可以"约束"这些变量，将它们限制在合适值。

接着，（为防意外，将透镜和评价函数分别存在不同文件中之后）将透镜在阻尼最小二乘法（DLS）优化程序下迭代 1 或 2 次。利用一组如公式（16.15）一样的公式，评价函数的运算数定义为每个 ΔA 偏离期望值的量（通常是将 A 减小到零的量）。最小二乘法程序是求解能够得到最小评价函数的变量组（在大部分数学手册中可以找到"标准"最小二乘法公式）。求解过程假设，变量和运算数之间的关系是线性的。快速浏览第 5 章和第 6 章的内容就足以表明，即使在低级像差范围内，非线性也是很常见的事情（Rudolf Kingslake 曾经睿智地认识到，一个透镜就像物理学中的现象一样，是非线性的东西），非线性关系容易产生荒谬的和实际上不可能实现的解，为避免此事发生，对最小二乘法进行了改进，将变量变化的适当加权平方增加到评价函数中，其作用是减小变量的变化步长，尤其是变化量较大时。非线性关系意味着，解是一个近似解。重复该过程直至评价函数收敛到一个最小值。

如果由 DLS 程序产生的初始设计不合适，就必须调整初始数据和/或评价函数。列出或者打印出上述变化量的相关内容，则评价函数、变量（及其约束）通常能够指出问题所在。画出一张透镜图以及在监视器上给出几条光线追迹，有时可以弄清楚麻烦所在。如果一两个变量导致极端值，采取适当约束就可以解决问题。

如果初始设计变化是合适的，则继续 DLS 过程直至出现一个（局部）极值为止。局部极值是这样一个设计，即变量的任何一点小变化（或者小变化的可能组合）都将使评价函数值变得更大。从设计角度，这也可能不是一个好的解。即使对一个非常简单的透镜，也可能有许多局部极值（局部最佳值）。例如，弯月形"风景物镜"就有两个明显的局部极值，一个是孔径光阑位于前面，另一个是孔径光阑位于后面。对高斯和弗朗禾费形式的望远物镜，代表着二次方公式的不同解。简单的三分离消像散物镜有许多局部极值，绝大部分非常差。开始一个初始设计，要认真研究变化量的内容，原因之一在于，可以使设计进入到一个良好解的附近，并使计算远离不好的解。

加快研究进程使其得到较好而有不同极值的一种方法是转换评价函数。例如，从 RMS 类型变化到带像差类型，或者从点列图评价函数变化到 OPD 评价函数（顺便说一句，RMS OPD 评价函数容易得到比较好的 MTF 结果，以光点尺寸为基础的 RMS 评价函数会产生更小的弥散斑）。另外一种方法是使一两个变量随意有大的变化，然后重新优化，将它们冻结几个循环，将其释放，再重新开始变化。有时，重新优化之后，经过一系列这些冲击，系统性能会有很大改善。这恰好是寻找一个不同局部极值的方法。

可以将评价函数视为 n 维空间中的一个位置，该位置的评价函数值是 n 个变量的函数。对三分离物镜，以六个曲率，两个空气间隔和火石玻璃类型作为变量，因此，评价函数位于一个九维空间中，设计任务是建立一个九维解的矢量，看起来相当困难。如果设想一个系统只有两个变量，评价函数类似于一幅地貌景观，变量是坐标，评价函数值是地形一点的高度，问题就比较容易了。设计目的就是确定地形中最低的点（除了与初始设计点紧相邻的位置外，对地形地势丝毫不知）。如果简单地沿着最陡峭斜率方向朝山下走，就会进入局部极值（在此处任何一个方向，都是向上走）。尽管对解附近的特性有所了解，但遗憾的是，对整个地貌特性却是一无所知。可能附近就有一个不同的、优秀的极值。能做的唯一方法就是从大量的不同初始设计点重复计算过程。

后面这种方法就是"全局优化"过程。大部分程序都是在"广义模拟退火法"基础上改进或修订而来。在此，程序随机选择透镜所有的（可变）参数（在一个有限范围内并依据给定的概率分布），对由此产生的方案进行评估，如果比前面无条件接受的形式更好，则过程继续；如果新的结果更差，可以暂时接受，（与新旧透镜相差的量成比例地）加权乘以一个概率函数以减少被认可的机会。DLS 法已经非常有效地导向最近极值点的位置，这种随机选择方法有可能使其脱离局部极值。这种方法非常有效，但是，为找到一个正确答案还会遇到不少麻烦。很典型地，这些程序要运行几个小时（甚至几天），并且会找到大量不同的解，然后，用 DLS 程序润色或改进。

无论如何，DLS 设计程序能搜寻出最近的最小值，所以，对于这种方法，选择初始点至关重要。事实上，一旦确定了评价函数和权重，初始设计形式就确定最小值只有一个。很明显，选择初始形式是一个决定性因素。幸运的是，对于大部分评价函数，大部分都不是简单的设计类型，有比较宽的、平坦的多个极小值，在相当大的解空间内可以选择一个初始点，并期望得到相当好的结果。一个有经验的光学设计师使用成功的设计经验和失败的教训指导计算机得到一个好的初始点，一个新的设计师学习标准的、传统的设计形式有助于选择合适的初始点。

许多著作中已经阐述过 DLS 方法的数学原理。解释基本运算方法的两位作者是：G. Spencer, "A Flexible Automatic Lens Correction Procedure," Applied Optics, vol. 2, 1963, pp. 1257-1264, 和 W. Smith, in W. Driscoll (ed.), Handbook of Optics, New York, McGraw-Hill, 1978。在 Jones A. E. W. 和 G. W. Forbes, J. Global Optim., 6,1-37, 1995 著作中讨论过模拟退火技术。

16.9 对一些实际问题的考虑

下面列出了一部分设计特性，它们对一种设计性能可能非常有益，而对制造成本和加工难度却存在不希望有的影响。光学技术人员必须要完成你所设计的光学系统的加工制造，如果希望合作愉快，光学设计师就应当有意识地避免以下给出的项目出现。

① 柔软和易磨损的材料。

② 受热易脆和轻微热冲击可能破裂的材料，例如在热或冷水龙头下冲洗或上盘。

③ 具有低耐酸性或高污染性的材料。

④ 昂贵的材料（可以找到一种类似的廉价材料，其性能同样好）。

⑤ 薄零件，即直径与平均厚度之比是较大的零件。这种零件在上盘或抛光过程中会变形，几乎不可能加工成精确面形。值得注意，一个具有可靠边缘厚度的负透镜常常是对中心厚度提出公差，避免中心厚度太薄而使透镜强度太差。

⑥ 边缘薄的零件容易破碎，若在一个直径比它大的抛光模上加工，加工过程中可能会变成尖棱。此外，安装一个薄边零件也比较困难。

⑦ 一个非常厚的零件显然需要较多材料，并且，上盘加工时，可能需要一种较笨拙的装置。如果零件厚度与直径一样大，参考图 20.2。具有同样半径的薄透镜，可以将更多透镜上盘在一个工装上，因为其表面能够更紧密地贴在一起，对于厚透镜，零件表面之间的间隙大，抛光困难。

⑧ 非常"强"的弯曲（具有大的直径-半径比）会导致每件工装上盘很少几个零件，因此，增加加工成本，很难保证抛光表面的精度，难于使用样板或干涉仪保证表面的测量精度。

⑨ 表面彼此同心或近于同心的弯月形零件，在粗磨和抛光过程中，必须加工得使两个表面正确对准。不能像普通零件那样在抛光以后再"定中心"。

⑩ 装配过程中，几乎等凸或等凹面的零件可能会造成麻烦，因为很难分清彼此两个表面，容易将零件前后表面安装颠倒。

⑪ 非常"弱"的弯曲、几乎是平面的表面，其工装和加工比平面贵得多。有可能总是强迫将这种设计修改为平面，尽量少地或者不会影响到成像质量。

⑫ 精确倒边。如果可能，避免依靠倒边面安装。为了消除尖棱，45°倒角采用宽松的公差 0.5mm。这类倒边不会有崩边。

⑬ 避免使用非常规角度的精密倒边。许多工厂的倒边工装适合 45°、30°或 60°。其他角度需要新的倒边工装。

⑭ 在一些工厂，胶合三透镜和四透镜不太流行。

⑮ 对（最终顾客看不到的）表面擦痕和麻点要求太严通常都是浪费金钱，除很少几种例外（诸如像面附近的表面或者大功率激光系统中的光学件），擦痕和麻点的考虑纯粹是装饰美容性质，没有功能作用（除非透镜孔径非常小，以至于一个麻点有可能遮挡光束区相当大一部分）。

⑯ 一般情况下对公差要求很严格。有关公差计算的讨论，参考第 20 章。

⑰ 避免表面间有薄的、窄的空气间隔，特别是这些空间内有大的斜率，更要注意。值得提醒的是，该空间可能是校正系统其他地方产生的高级像差所需要的，这种空间常常需要特别严格的制造公差。

⑱ 如果可以，要避免严公差。

⑲ 设计过程中，从选择中心厚度约束出发需要考虑的另一个加工问题。很明显，正透镜的厚度约束必须考虑边缘厚度，而负透镜的厚度约束一定不要太小以至于无法制造。但是，对中心（或边缘）厚度约束赋予太大的值可能使设计出的零件有大的直径、体积和高的成本。出现这种情况是因为零件厚度使表面更远离光阑，从光阑散射出的光束要求零件有更大的通光孔径，从而，需要增大中心厚度等，陷入一个恶性循环中。稍微违背一点儿任意一个最小厚度约束可能会明显改善这种状况，这是一种滚雪球或者多米诺骨牌效应。一个较薄的零件可以有一个较小的直径，就会有一个较小的透镜，后续零件就有较小直径，依次就可以比较薄，以此类推。

练 习

本章练习采取对设计项目提出建议的方式，就此而论，可能没有"正确的"答案，也没有人给出正确答案。对每个练习做出的努力都是值得考虑的。很可能，只有在光学设计中有亲身经历的那些人才希望做这些练习。然而，马虎一点的读者可以通过回顾他人做练习中所遵循的步骤充分地得到享受。

1. 设计一个潜望式对称双弯月形物镜。选择一个弯曲（对一个曲率选择 3∶2 的比是合适的），为了将弯曲场拉平，请确定合适的间隔，并计算组合后的薄透镜三级像差。通过光线追迹对最终设计进行分析，与三级计算结果进行比较。一些学生可能希望对若干个弯曲重复练习该过程，或许包括 Hypergon 物镜（图 16.4），并将每个结果进行比较，要注意孔径和视场的变化。

2. 使用 BK7(517∶642) 和 SF2(648∶339) 设计一个分离（边缘相接触）的消色

差双透镜物镜。如果相对孔径是 $f/3.5$，请校正球差。追迹 C、d 和 F 谱线的边缘和带光线以计算轴上像质。将追迹一条斜光线得到的慧差与计算出的 OSC 进行比较。设计一个 Fraunhofer 和 Steinheil 物镜，改变空气间隔以校正带球差和色球差。

3. 设计一个 $f/3.5$ 的望远物镜，由一个 BK7 单透镜以及一个 BK7 和 SF2 的双透镜组成。为使带球差和色球差的校正得到优化，变化光焦度和间隔的分布。注意，有四种可能的结构布局，哪一种最佳？

4. 设计一个 Cooke 三分离消像散物镜。为了使练习量最小，重复图 16.14 的设计，使用相同的玻璃、光焦度和间隔作为初始设计点。对更有愿望的学生，可以设计一个相同的物镜，但不要重复图中数据，而是推导出光焦度和间隔。用 N-LaSF31 (881410) 代替冕玻璃做一个设计（注意，使用与图 16.14 中相同的 f 数和视场）。

参考文献

Conrady, A., *Applied Optics and Optical Design*, Oxford, 1929. (This and Vol. 2 were also published by Dover, New York.)
Cox, A., *A System of Optical Design*, Focal, 1965 (lens construction data).
Dictionary of Applied Physics, Vol. 4, London, Macmillan, 1923.
Farn, M. W., and W. B. Veldkamp, "Binary Optics," in *Handbook of Optics*, Vol. 2, New York, McGraw-Hill, 1995, Chap. 8.
Fischer, R. (ed.), *Proc. International Lens Design Conf.*, S.P.I.E., Vol. 237, 1980.
Greenleaf, A., *Photographic Optics*, New York, Macmillan, 1950.
Herzberger, M., *Modern Geometrical Optics*, New York, Interscience, 1958.
Jacobs, D., *Fundamentals of Optical Engineering*, New York, McGraw-Hill, 1943.
Kidger, M., *Fundamental Optical Design*, SPIE, 2002.
Kidger, M., *Intermediate Optical Design*, SPIE, 2004.
Kingslake, R. (ed.), *Applied Optics and Optical Engineering*, Vol. 3, New York, Academic, 1965 (lens design).
Kingslake, R., *Lens Design Fundamentals*, New York, Academic, 1978.
Kingslake, R., *Lenses in Photography*, Garden City, 1952.
Linfoot, E., *Recent Advances in Optics*, London, Clarendon, 1955.
Martin, L., *Technical Optics*, New York, Pitman, 1950.
Merte, W., *Das Photographische Objektiv*, Parts 1 and 2, translation, CADO, Wright-Patterson AFB, Dayton, 1949.
Merte, Richter, and von Rohr. *Handbuch der Wissenschaftlichen und Angewandten Photographie*, Vol. 1, 1932; *Erganzungswerke*, 1943, Vienna, Springer. Reprinted by Edwards Brothers, 1944 and 1946 (lens construction data).
Merte, *The Zeiss Index of Photographic Lenses*, Vols. 1 and 2, CADO, Wright-Patterson AFB, Dayton, 1950 (lens construction data).
MIL-HDBK-141, *Handbook of Optical Design*, 1962.
Peck, W., in Shannon and Wyant (eds.), *Applied Optics and Optical Engineering*, Vol. 8, New York, Academic, 1980 (automatic lens design).
Rodgers, P., and M. Roberts, "Thermal Compensation Techniques," in *Handbook of Optics*, Vol. 1, New York, McGraw-Hill, 1995, Chap. 39.
Rosin, S., "A New Thin Lens Form," *J. Opt. Soc. Am.*, Vol. 42, 1952, pp. 451–455.
Sinclair, D. C., "Optical Design Software," in *Handbook of Optics*, Vol. 1, New York, McGraw-Hill, 1995, Chap. 34.
Smith, W. J. (ed.), *Lens Design*, S.P.I.E., Vol. CR41, 1992.
Smith, W. J., *Modern Lens Design*, New York, McGraw-Hill, 1992.
Smith, W., in W. Driscoll (ed.), *Handbook of Optics*, New York, McGraw-Hill, 1978.
Smith, W., in Wolfe and Zissis (eds.), *The Infrared Handbook*, Washington, Office of Naval Research, 1985.
Taylor, W., and D. Moore (eds.), *Proc. International Lens Design Conf.*, S.P.I.E., Vol. 554, 1985.

第 17 章

目镜、显微镜和照相物镜的设计

17.1 望远系统和目镜

由于需要形成所期望的放大率、视场、孔径（光瞳）及眼距，并使像有合适的方位，所以，望远系统的设计要从一张简单的结构布局图开始，包括物镜、转像透镜、场镜、棱镜和目镜的光焦度和间隔。然后，设计每个组件以便使望远镜作为一个完整的系统进行校正。首先设计目镜，目镜的设计是让目镜通过一个位于系统出瞳的孔径光阑对无穷远物体成像，也就是说，在与实际仪器中光线传播方向相反的方向上追迹光线。通常，从物镜（或者孔径光阑）到目镜追迹一条主光线，以确定出瞳位置，然后，在反方向（从眼点开始）追迹一束斜光束评价轴外像质。几乎所有光学系统设计都以这种方式完成，因为焦点变化（由于像差及光焦度的小量变化）比较小，在短共轭距时更容易控制，所以，很大程度上为了方便，追迹光线是从长共轭距到短共轭距。

如果有，通常接着设计转像透镜。转像透镜的设计常常包括在目镜设计之中，将目镜和转像透镜作为一个整体对待（转像透镜也可以看作物镜的一部分，如何选择取决于分划板的位置）。通常，最后设计物镜，调整其球差和色差以补偿目镜的欠校正像差。注意，如果系统内有棱镜，由于棱镜贡献的像差必须由物镜和目镜补偿，所以，设计过程一定要包括棱镜，计算中可以把棱镜看作具有合适厚度的平板玻璃（参考 7.8 节）。

目镜是并非一般的光学系统，通过系统外一个较小孔径（出瞳）要覆盖相当大的一个视场。外部孔径光阑和大视场使设计师要特别注意慧差、畸变、横向色差、像散和场曲。即使是以光阑为近似对称的系统（在许多透镜系统中，都利用该结构形式减少这些像差），校正上述前三种像差也是不寻常的困难，消除更是不可能的。另外，目镜的小相对孔径容易使球差和轴向色差控制到合理的值。典型的，一个目镜带视场的慧差（在广角目镜中，y^2h^3 型的五级慧差是普通的像差）可以校正得非常好，并且有时候，使过校正像散补偿欠校正 Petzval 场曲可以人为地将弯曲场拉平。横向色差可能或者不可能得到很好校正，经常存留一些欠校正像差以抵消棱镜的影响。总是会有一些枕形畸变（注意，当从长共轭距向短共轭距对目镜进行光线追迹时，畸变符号相反），如果畸变是 3%～5%，就认为目镜得到相当好的校正，对总视场 60°或 70°的目镜，8%～12%的畸变是很正常的。消除畸变的一种方法是利用非球面，这是一种不太吸引人的方法，除非使用模压表面。应当记住，在许多应用中，较大视场部分的作用是让使用者认清方位和确定物体的位置，然后调节到视场中心更详细地观察和研究。因此，对目镜轴外成像质量的校正不必像（例如）照相物镜那样优良。

光瞳球差可能是一个问题，对广角目镜尤其如此。出瞳是目镜对孔径光阑（通常在物镜处）所成的像。欠校正光瞳球差会使光瞳边缘视场处成像更靠近目镜，为了看见较大视场的像，必须将眼睛移向目镜。在比较严重的情况下，当眼睛放置在折中位置时，中心和边缘视场都得到照明，而中间环带视场却没有，环带视场显示为一个暗"四季豆"形区域。

由于观察较大视场需要眼球转动，因此眼睛的瞳孔要转离光轴，从而使眼睛转动观察大视场，如果这样，该问题就更显严重。在广角目镜中，无论有还是没有光瞳球差，瞳孔移动都是一个问题。

目镜是根据视觉效果做出最后评价的系统，所以，有时仅仅根据光线追迹结果很难预测目视印象如何。为此，非常有用的方法是利用现有成品，仿制出一个目镜，按照透镜的标准设计程序开始目镜设计。一系列的仿制会使人深刻理解这些货架产品较有希望的发展方向和结构布局。然后，设计师把这些仿制用作设计的初始点，确保最终设计的目视"感觉"是可以接受的。

值得注意，当对视场进行扫描时，对畸变的校正（此处，$h = f\tan\theta$）通常会造成像的表观角度尺寸改变，形成 $h = f\theta$ 关系的畸变会给出一个不变的角度尺寸，这就是许多目镜中所看到的普通类型的畸变。

当眼睛在系统光瞳范围内移动时，场曲（缺陷）会造成像的"游泳"

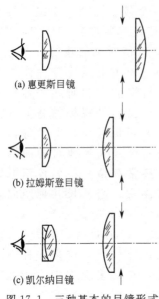

图 17.1 三种基本的目镜形式

(或目眩) 效应, 通常认为, (眼睛处) 场曲约为 $2D$ 或更小是不错的。尽管 $6D$ 也很平常, 但 $4D$ 约是最大的可接受值。

惠更斯 (Huygenian) 目镜

惠更斯目镜 [图 17.1(a)] 由两个平凸零件组成, 一个是接目镜, 另一个是场镜, 每个平面都朝向眼睛, 焦平面位于两零件之间。如果已经给定两个零件的光焦度, 可以调整间隔以消除横向像差, 所需间隔近似等于两个零件焦距的平均值。唯一剩下的自由度是零件光焦度之比, 用来消除慧差 (正如 16.2 节讨论的, 凭借"自然"的光阑位置人为将弯曲场拉平)。由于像平面位于两个透镜之间, 并且唯一地被接目镜观察, 所以, 没有校正得非常好, 不适合使用分划板。惠更斯目镜的眼距往往较短, 很不舒服。

拉姆斯登 (Ramsden) 目镜

拉姆斯登目镜 [图 17.1(b)] 也是由两片平凸零件组成, 但场镜的平面远离眼睛。为了有较长的焦距, 其间隔比惠更斯目镜短约 30%, 因此, 横向色差没有完全得到校正。与惠更斯目镜一样, 通过改变场镜光焦度与接目镜光焦度之比校正慧差。拉姆斯登目镜可以使用分划板。

凯尔纳 (Kellner) 目镜

凯尔纳目镜 [图 17.1(c)], 简单地说, 就是一个设计有消色差接目镜的拉姆斯登目镜, 主要目的是减小横向色差。该目镜常常应用于低成本的双目望远镜中。

上述三种简单目镜系统的相关特性总结示于图 17.2。三者都采用平凸结构形式, 有时, 即使会偏离这种基本形式, 也仅非常有限。这些目镜受到关注主要是因为低成本, 单透镜通常使用普通的冕牌玻璃。的确, 这些透镜常常使用精心挑选出的窗用玻璃, 只需粗磨和抛光凸面制造而成。对于凯尔纳目镜, 通常使用一种轻钡冕玻璃, 保证宽视场时过校正像散不致变得过大。在凯尔纳目镜中, 偏离平凸结构而采用双凸形式也是很平常的。这些目镜的半视场是 $\pm 15°$, 或多或少取决于对性能的要求。

相关特性	惠更斯目镜	拉姆斯登目镜	凯尔纳目镜
球差	1	0.2	0.2
色差（轴向）	1	0.5	0.2
横向色差（CDM）	0.0	0.01	0.003
畸变	1	0.5	0.2
场曲	1	约 0.7	约 0.7
眼距	1	1.5～3	1.5～3
慧差	0.0	0.0	0.0
MP 公差①	1	5	5
焦距比，高倍率②	2.3	1.4	0.8
焦距比，低倍率②	1.3	1.0	0.7

图 17.2 三种简单目镜的相关特性

① MP 公差是当目镜用于放大而非原设计目时，能够保持所期望的校正状态的相关能力。
② 目镜场镜焦距与接目镜焦距之比。高倍率和低倍率涉及使用目镜时显微镜的倍率。

补偿目镜

在某些光学系统中，特别是设计有前齐明透镜的高倍率显微物镜，其横向色差不可能得到校正。显微镜补偿目镜设计的横向色差要与物镜的横向色差相匹配，并校正物镜的横向色差。有许多种设计形式，有些是标准目镜的改进型。一种形式是由一个双透镜目镜和一个火石玻璃的弯月形场镜组成，视场光阑设置在两个透镜之间（与惠更斯目镜一样）。

无畸变目镜

无畸变目镜［图 17.3(a)］由一块单片接目镜（通常是平凸形式）和一个三胶合透镜（通常是对称形）组成。接目镜常常用轻钡冕或轻火石玻璃，三胶合透镜包括有冕牌硼硅酸盐玻璃和重火石玻璃。这种目镜比前面介绍的简单型更好，半视场是 $\pm 20°\sim \pm 25°$，尽管视场大于 $18°$ 或 $20°$ 时高级像散会造成子午场曲严重地向后弯曲，但 Petzval 曲率比拉姆斯登目镜或凯尔纳目镜约少 20%。（这种高级像散限制了大部分目镜的视场，减小胶合面的折射率差可以得到一定控制），其眼距较长，约为焦距的 80%。畸变校正也相当好。

对称目镜或者哈普罗素（Plossl）目镜

这种优质目镜由两个消色差双胶合透镜（通常是一样的）组成，两个冕牌玻璃零件彼此相对［图 17.3(b)］。尽管两种零件的折射率都增大一点会使成像质量有些提高，但通常都采用硼硅酸盐冕牌玻璃（517：642）和超重火石玻璃（649：338）。具有长眼距（$0.8f$）和无畸变的场曲特性，除了畸变要比无畸变目镜约大 30%～50% 外，一般都认为是成像质量较好的目镜。该目镜广

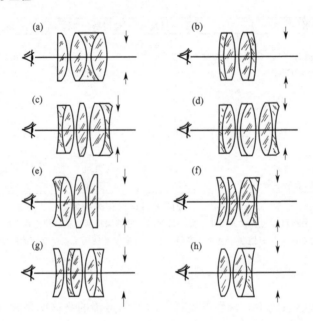

图 17.3　目镜设计

(a)无畸变目镜；(b)对称目镜；(c)埃尔弗目镜；(d)埃尔弗目镜；(e)Berthele 目镜；(f)对该设计实例，可以参考图 19.8；(g)埃尔弗目镜的改进型；(h)科尼希(Koenig)目镜

泛应用于军用仪器，并用作中等视场（到±25°）的通用目镜，偶尔也使用由两种火石玻璃（对着眼睛）构成的类似目镜。参考图 19.8 给出的对称目镜的设计例子。

埃尔弗目镜

这种目镜［图 17.3(c)］是最广泛使用的广角（±30°）目镜。眼距长（$0.8F$），但工作距离相当短。由于负的场镜表面将场曲拉平，所以，Petzval 和比无畸变目镜或对称型目镜小约 40%，畸变与无畸变目镜一样（对同样的视场角）。图 17.3(c) 所示类型通常都有欠校正横向色差（与正像棱镜一起使用），在中间使用一块消色差透镜可以得到减小，如图 17.3(d) 所示。一般使用重钡冕和超重火石玻璃，埃尔弗目镜的设计例子在图 19.9 中。

放大镜

放大镜和阅读镜基本上与目镜一样，只有一个明显例外：没有固定出瞳。这就意味着，眼睛可以自由地放置在空间的任何位置，所以，放大镜的像差一定对瞳孔位移不敏感。为此，放大镜的结构布局倾向于对称型。对于较好的放大镜，两个平凸透镜的凸面相对或者一般也使用对称结构（Plossl 目镜）。放大镜的价格是很重要的，一定要使用单片零件，下面给出的结构布局比较好。如果眼睛总是靠近放大镜，就使用平凸形式，平面朝向眼睛，若眼睛总要远离放大镜，虽使用平凸形式，但凸面朝向眼睛。如果眼睛的位置是变化的，即一般用途的放大镜，最好的折中方案或许就是采用等凸结构形式。图 19.5 是双透镜形式的放大镜。

三片型齐明放大镜

一种非常高质量的放大镜或者"寸镜"（小型放大镜）是三片型消球差结构，常常称为斯坦海尔（Steinheil）或黑斯廷斯（Hastings）目镜，是一种对称型三胶合透镜，由一个位于中间的强等凸冕牌透镜和位于两侧的两个一样的弯月火石透镜组成（717295、649338 或 620364）。通常，其直径约为焦距的 60%，透镜顶点厚度较大，从焦距的 45%～60%。工作距离约为焦距的 80%～90%。成像质量好，球差、慧差和色差得到校正，并有最小畸变。放大倍率是 5～20。

注意，使用电子成像管的仪器中的目镜，例如红外瞄准镜，也归类到放大镜目录中，因为是用来观察像管荧光面上的散射像。同样地，必须将它们设计得与眼睛观察一样好，适合比较多的位置。

台式观景器（幻灯看画器）、平视显示器或者 HUDs 的光学系统以及许多模拟装置不仅归类到这类放大镜中，而且要满足通过一个光学系统用两只眼睛观察图像的要求。这类光学系统称为双目镜（与双目望远镜相反，也是使用两只眼睛，但每只眼睛是通过一个单独的光学分路观察图像）。在双目镜系统中，不仅要关心眼睛移动的影响，而且必须关心两只眼睛看到像间的不一致性。在设计光学系统时，一定要仔细考虑眼睛观察像时对会聚度、发散度和双目垂直角差（垂直发散度）的要求。尽管像的清晰度和分辨率取决于光瞳像差，而光瞳的尺寸又取决于观察者的眼睛，但是，设计这样一个双目镜装置时必须使光瞳足够大，要包括两只眼睛，还要加上头部的移动量。

目镜的屈光度调节（调焦）

在双目望远镜系统中，一侧目镜通常可以调焦，目的是补偿两只眼睛对焦的差别。目镜的移动量是：

$$\delta = 0.001 f^2 D \quad 单位\ m$$

或者

$$\delta = 0.0254 f^2 D \quad 单位\ in$$

式中，f 是目镜焦距；D 是像面位置的移动量，单位是屈光度（D，

m^{-1})（相对于目镜第二焦点——假设眼睛位于该处）。一般调节范围是±4D。

正像镜（或转像系统）

正像系统适合所有尺寸和形状。有时，一块单透镜就可以作为一个正像系统，或者在一般形式的惠更斯目镜中也可以使用两片简单透镜，如图 17.4(a) 所示的正像目镜。该形式的目镜广泛应用在测量仪器中，有时也使用消色差目镜。流行的狙击枪望远镜的正像系统表示在图 17.4(b) 中，由一个单透镜和一个低倍率的双胶合透镜组成，常常是弯月形状。有时，也用照相类物镜作为正像系统，近似于 Cooke 三片型物镜的对称形式，Dogmar 或者双高斯结构是最常用形式。或许，最广泛使用的正像系统是由两个消色差透镜组成的，常常是弯月形状，冕牌玻璃相对，二者之间有合理的间隔。

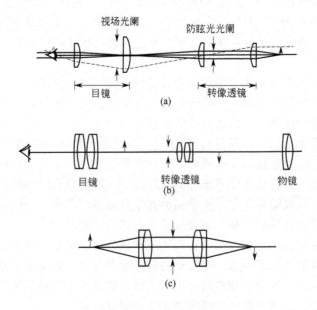

图 17.4　正像系统
(a) 四元件带正像系统的目镜；(b) 典型的枪瞄准镜光学系统；
(c) 对称形双胶合透镜正像系统

正如前面所述，在望远镜中，一般的，正像系统与目镜或者与物镜一起设计。为保证分配给正像系统的负担量实际又合理，在制定望远系统初始结构布局图时要特别小心。加入场镜可以降低主光线在正像系统上的高度，尽管这样做会增大不希望有的场曲，但往往必须如此。值得注意，许多正像系统都有外部光阑，并且，经常是防杂散光光阑形式。

物镜系统

对于大部分望远系统，物镜就是一个普通的消色差双胶合透镜，或者 16.5 节所介绍的一种改进型。在需要大视场的领域，可以使用照相物镜，Cooke 三分离物镜和天塞（Tessars）物镜是最广泛应用的。必须使用大相对孔径时，可以使用 Petzval 物镜。Petzval 物镜的结构（17.3 节）设计使其后透镜相当于一个场镜，并且，这种特性有时是很有用的。对于高倍率望远镜，希望系统长度尽可能短，所以，值得使用摄远物镜，前组件是一个消色差双透镜，后组件是一个简单的负透镜，或者消色差负透镜。一般地，焦距要比物镜总长度长 20%～50%。无论 Petzval 物镜还是摄远物镜都可以用作内调焦物镜（图 17.5），通过移动后（在镜筒内）组件实现调焦，构成一台比较容易密封的仪器。测量仪器和经纬仪习惯使用摄远物镜形式，将调焦透镜设置在前组件到焦平面之间约 2/3 的位置，以便仪器调焦时保持视距"不变"。对准望远镜对无穷远调焦时将一个高倍率正调焦透镜放置在焦平面附近，因此，将调焦透镜适当移向前组件就使系统在特别短的距离上实现调焦，甚至依靠物镜本身实现调焦。值得注意，放大率变化范围较大的光学系统（如同这类调焦物镜一样），应当设计成放大率变化时使像差贡献量的变化小。

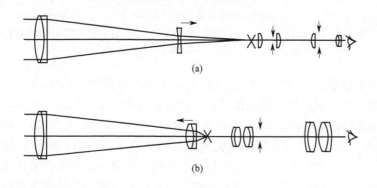

图 17.5 望远系统

(a) 具有负调焦透镜和正像目镜的典型测量望远镜。注意，物镜是摄远物镜，其焦距比一般物镜长。(b) 对准望远镜。当向前移动时，非常强的正调焦透镜使得仪器在极短的距离内完成调焦

17.2 显微物镜

显微物镜（图 17.6）分为三大类：对盖板玻璃下的物体工作、对没有盖板玻璃覆盖的物体工作以及与浸有物体的液体相接触的油浸物镜。各类物镜的设计都是从长共轭距追迹到短共轭距。盖板玻璃（如果使用）的作用必须考

虑，光线追迹分析应包括盖板玻璃。标准的盖板玻璃厚度是 0.18mm（0.16～0.19mm，$n=1.523\pm 0.005$，$\nu=56\pm 2$）。

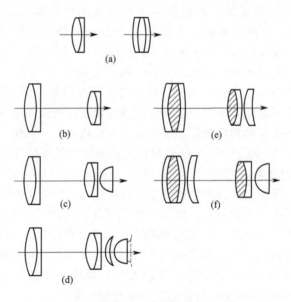

图 17.6　显微物镜

（a）低倍率消色差双胶合物镜或者三胶合物镜；（b）10×NA0.25；（c）阿米西（Amici）物镜 20×NA0.5～40×NA0.8；（d）油浸物镜；（e）复消色差物镜 10×NA0.3 [画有阴影的部分表示氟化钙（CaF_2）]；（f）复消色差物镜 50×NA0.95

　　显微物镜是针对特定共轭距设计的，用于其他距离，像差校正会受到破坏。如果物镜是对盖板下的物体工作，或者是油浸物镜，那么，从物平面到像平面的标准距离是 180mm。对冶金类使用的显微物镜（没有盖板），标准距离是 240mm。管长或盖板玻璃厚度偏离其标称值的主要影响是使球差过校正或欠校正。一个在工厂没有调试得很标准的物镜，如果误差不太严重，使用非标准管长或盖板玻璃可以校正过来。目前，每个生产厂商似乎使用不同的距离。

　　值得注意，普通显微镜设计得基本上都是理想成像，如果可能，像差（至少轴上）都应当减小到瑞利极限以下。对于投影和照相用显微物镜，像差校正重点在大视场部分，取决于其未来的具体应用。

低倍率物镜

　　这些物镜就是普通的消色差双胶合物镜，偶尔也使用三片型系统，如图 17.6（a）所示。32mm、NA0.10 或 0.12 是最常用形式，放大率约为 4×。有时也看到 48mm、NA0.08 的物镜。除了"物体"位于 150mm（或多或少）而不是无穷远外，这些物镜的设计可以采用与 16.4 节和 16.5 节讨论的消色差望远物镜完全一样的设计方式。

中等倍率物镜

如图 17.6(b) 所示，这些物镜通常由两个相距较远的消色差双胶合透镜组成。最常用的物镜是 10×、16mm，有几种合适的形式。普通的 10× 消色差物镜的 NA 是 0.25，或许是所有物镜中使用最广的。可分拆式结构（Lister 型）的设计使得物镜可以用作 16mm，或者，去除前双胶合物镜作为 32mm 物镜使用。由于两个组件必须单独消除球差和慧差，因此，不可能校正像散，所以，这样的结构形式是以牺牲像散校正为代价。一个复消色差 16mm 物镜也可以得到 NA 0.3，使用氟化钙（CaF_2）代替冕牌玻璃可以减小二级光谱。

这类物镜的光焦度设计通常是使乘积 $y\phi$ 对每一个双胶合透镜都相同。在这种方式中，"工作"（边缘光线的弯折）是平均分担。习惯上，第二个双胶合透镜放置在第一个双胶合透镜及其所成像的中间（值得注意，这涉及光线追迹顺序——使用中，"第二个双胶合透镜"位于放大后的物体附近，"第一个双胶合透镜"更接近实际的像）。这种较大的间隔使第二个双胶合透镜的胶合面用于校正像散，并将场曲拉平（假设光阑位于第一个双胶合透镜处）。该布局导致一种薄透镜结构，其间隔约等于物镜焦距，第一个双胶合透镜焦距近似等于物镜焦距的两倍，第二个双胶合透镜的焦距约等于物镜焦距。注意，这种结构安排类似于高速 Petzval 型方形物镜的结构（参考图 17.26）。

可以发现，双组件普通的三组形状的球差和慧差都得到了校正。一种是可分拆物镜形式，每个双胶合物镜的球差和慧差是零。通常，这是场曲最差的形式。

齐明（消球差）**表面**

如果使透镜表面球差贡献量公式对零球差求解，可以有三个解。一种是物和像都位于表面上，对这种情况没有兴趣；第二种情况较有价值，当物和像都位于曲率中心时，没有球差（轴上光线不会偏离）；第三种通常称为齐明（或者消球差）情况，就是使光锥的会聚度增大（或减小）一个因子而不会引入球差，该因子等于折射率。如果满足下面关系式，就出现这种情况：

$$L = R\left(\frac{n'+n}{n}\right) \tag{17.1}$$

$$L' = R\left(\frac{n'+n}{n'}\right) = \frac{n}{n'}L \tag{17.2}$$

$$U = I' \tag{17.3}$$

$$U' = I \tag{17.4}$$

$$\frac{n'}{n} = \frac{\sin U'}{\sin U} \tag{17.5}$$

注意，如果上述条件中任何一条得到满足，所有条件就都得到满足。并且，由于没有球差，所以，如果 $L=l$，则 $L'=l'$。还值得注意，对所有三种情况慧差都是零；在第一种和第三种情况中，像散为零，中间是过校正。图 17.7 和图 17.8 给出了这三种齐明情况。

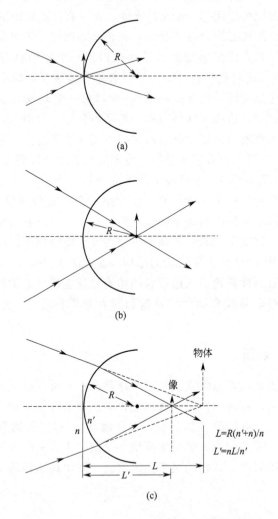

图 17.7 齐明面（球差和慧差都为零的表面）
(a) 物和像位于该表面上；(b) 物和像位于表面的曲率中心；(c) 标出的物像位置产生一个有用的放大率，等于折射率之比（n/n'）

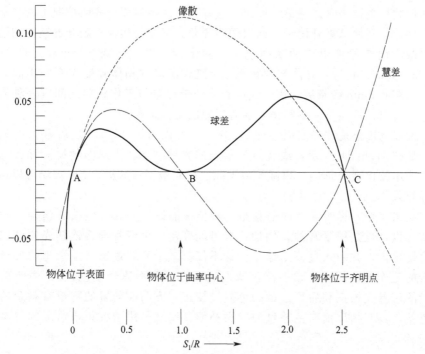

图 17.8 齐明面（像差与 S_1/R 的关系曲线）
其中 S_1/R 是物距与表面半径之比

高倍率物镜

这种原理应用于一个油浸显微镜的"前置齐明面"。物体浸在一种油中，油的折射率与第一透镜的折射相匹配。选择 R_1（如图 17.9 所示）使其满足公式 (17.1)，由此得到的第一块透镜是半球形式，选择 R_2 使 R_1 所成的像位于其曲率中心，选择 R_3 使其满足公式 (17.1)。注意，在每个零件中，U 都减小了 n 倍，并且，"前齐明面"将光束锥的数值孔径从一个大值（高达 $NA = n\sin U = 1.4$）减小到"后置"系统可以较方便控制的一个值。

阿米西（Amixi）物镜［图 17.6(c)］由一个前置的半球透镜与如图 17.6(b) 所示（Petzval）类型的后置系统组成。由于

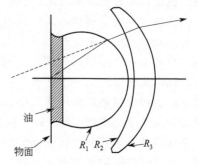

图 17.9 前置齐明面
物体浸在一种液体中，液体的折射率与第一个半球零件的折射率相匹配。R_1 是一个齐明面，R_1 所成的像位于 R_2 的曲率中心。R_3 与 R_1 是同一类齐明面

阿米西物镜通常是干式透镜，所以，选择半球的半径要比齐明情况下的半径更平一些，以便局部地补偿干平面引进的球差。半球与相邻双胶合透镜的间隔要小以减小前组零件引进的横向色差。阿米西物镜是标准的 4mm、40×NA（0.65～0.85）物镜，在阿米西物镜中，工作距离（物体到前表面的距离）相当小，在 0.5mm 数量级。由于这类物镜中带球差与工作距离之间有一种直接关系，所以，较高 NA 型物镜容易有很短的工作距离。

油浸物镜全是"齐明面前置"，并且，可以与图 17.6(b) 后置类型相组合，如图 17.6(d) 所示，或者更为复杂的布局结构。阿米西物镜和油浸物镜常常使用氟化钙（CaF_2）以减少或消除二级光谱。一些新型 FK 玻璃可以达到同样效果。

应当注意，尽管齐明面前置是一种传统的设计方式，但偏离精确齐明面形式的设计也是很平常的。例如，有可能确定一个弯月形透镜其光焦度比齐明透镜更大，并引入过校正球差。这不仅会减少后置透镜必须承担的使光线弯折的工作量，而且也减小校正球差的压力（但不适合于色差）。由于前置透镜的色差欠校正和后置透镜的色差过校正，齐明面前置的物镜有剩余的横向色差。具有相反横向色差量的专用补偿目镜就是用于校正该情况的（参考 17.1 节）。

平场显微物镜

图 17.6 所示物镜都会受到严重向内弯曲场曲的影响。这种物镜在视场中心可以形成非常清晰的图像，但是，当逐渐趋向大视场时，大的场曲和/或像散严重限制着显微镜甚至较小视场的分辨率。许多平场类物镜通过将一个厚弯月形负组件放置在长轭距一侧以减小 Petzval 场曲。这是一个如图 17.10 所示的消色差双胶合透镜，简单地就是一个厚单透镜。如果负光焦度透镜或者表面到正光焦度组件的距离越大，将场曲拉平的效应就越好。物镜的平衡（结果）常常由一组正组件组成。与标准物镜相比，视场边缘像质的改善相当明显。该形式物镜的另一个性质是从物体到前透镜有一个长工作距离。注意，这种布局类似于逆焦式设计或反摄远照相物镜的结构。许多平场物镜糅合了一种类似双高斯或比奥塔（Biotar）形式（参考图 17.16）的厚弯月双胶合透镜作为平场组件。另外一种技术是将齐明半球透镜或者半球前组件转换成弯月透镜。负表面靠近物体平面，起着"场曲致平"的作用。由于靠近物平面时边缘光线高度（y）小，其光焦度的贡献量（$y\phi$）也小，但凹表面会引入相当多正的、向后弯曲的 Petzval 贡献量。这类显微物镜的商标名通常以某种形式加以字母"plan"（平面）。图 19.31、图 19.57 和图 19.58 表示了这种高倍率平场物镜。

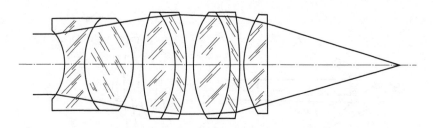

图 17.10　平场显微物镜中的消色差负双胶合透镜

反射型物镜

在紫外或者红外光谱区使用的物镜常常采用反射形式，原因是很难找到适合该光谱区的折射材料。采用这种结构布局，中心会部分被遮挡，因而改变像的衍射图，大大降低粗糙靶标的对比度，而稍微提高了细节的对比度，如第15章所述。

反射型物镜的基本结构表示在图 17.11(a) 中，由两个同心（或近似同心）Schwarzschild（施瓦兹希尔德）结构形式的球面反射镜组成（参考 18.5 节）。如果两块反射镜有一个共同的曲率中心位于孔径光阑处，可以使系统没有三级球差、慧差和像散。用下面表达式（如果焦距是 f）可以描述无限共轭距的情况。

两块反射镜之间的间隔：
$$d = 2f \tag{17.6}$$

凸面半径：
$$R_2 = (\sqrt{5} - 1)f \tag{17.7}$$

凹面半径：
$$R_1 = (\sqrt{5} + 1)f \tag{17.8}$$

且
$$R_2 \text{ 到焦点的距离} = (\sqrt{5} + 2)f \tag{17.9}$$

R_1 的通光孔径：
$$y_1 = (\sqrt{5} + 2)y_2 \tag{17.10}$$

则　　　　　　　　遮挡面积的百分比 $= 20\%$ 　　　　(17.11)

在这种形式基础上（不同的系统）会有一些变化，有些遮挡会少些，有些的高级球差会小些。

由此产生的系统不仅三级球差是零，而且即使高级球差也相当小。适当选择参数，就可以得到一个非常简单，但又非常有用的物镜。双反射镜系统在

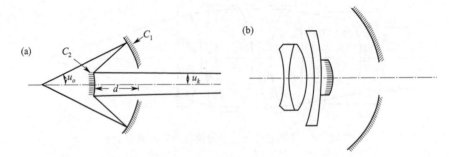

图 17.11　反射式显微物镜

(a) 同心 30×NA0.5；(b) 紫外 50×NA0.7。折射零件使用熔凝石英和氟化钙

NA=0.5 时倍率受限于约 35×。如果需要更高的放大率和数值孔径，必须引入另外的折射零件继续进行像差校正，如图 17.11(b) 中 50×、NA0.7 紫外物镜系统图所示，也可以利用非球面。零件增加的作用还可以减小中心遮挡或者将场曲拉平。建议 $R_3=-0.45f$，$R_4=+1.25f$ 和 $x=1.5$，会在焦平面处有一个较平的场曲。

17.3　照相物镜

在这一节，将概述照相物镜的基本设计原理，并为此根据其关系或者引起的原因将物镜分成几种类型：①弯月形；②Cooke 三片型；③Petzval 型和 ④摄远型（或长焦镜头）。这种分类相当随意，选择其值是为了解释设计特性，并没有任何历史含义或其他意思。

弯月消像散物镜

在这类物镜中，主要包括利用厚弯月形透镜推导场曲校正的那些物镜。正如 16.1 节和 16.2 节所阐述，与相同光焦度的双凸透镜相比，一个厚弯月形透镜

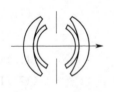

图 17.12　在速度 $f/8$ 时 Topogon 物镜的视场是 90°~100°（U.S. Patent 2,031,792-1936）

可以大大降低其向内弯曲的 Petzval 曲率。的确，如果厚度足够大，Petzval 和可以得到过校正。这类透镜的最简单例子就是由两块对称布局的弯月镜组成的 Goerz Hypergon（译者注：一种镜头名字）对称弯月物镜（图 16.4）。由于凸面和凹面的半径几乎相等，所以，Petzval 和非常小，并且，表面非常接近于与光阑同心，即使在很低速度下（$f/30$），也能够使透镜覆盖一个特大视场（135°）。

为了得到大的孔径，必须校正球差和色差。就像图 17.12 中的 Topogon 物镜一样，增加一个负火石零件可以

达到这一目的。注意，该物镜的结构也非常接近与光阑同心，在速度时 $f/6.3$~$f/11$，物镜总视场是 $75°$~$90°$。对这类透镜，照度下降比余弦四次方更糟糕。

19 世纪后半期，人们尝试设计一个由对称双胶合弯月物镜组成的系统，结果仅仅是部分地获得成功。如果借助于发散的（具有负光焦度）胶合表面校正球差，那么，为了人为拉平子午场曲而必须的高级过校正像散就会在大视场角时变得相当大。若使用高折射率冕玻璃和低折射率火石玻璃以减小 Petzval 场曲，由此产生的会聚胶合表面就不可能校正球差。1890 年，Rudolph（Zeiss）设计了图 17.13 所示的消像散透镜，使用一个低光焦度的"旧式"消色差透镜（即低折射率冕玻璃和高折射率火石玻璃）作为前组件，以"新式"的消色差透镜（高折射率冕玻璃和低折射率火石玻璃）作为后组件。用前组件的色散胶合面校正球差，后组件的会聚胶合面控制像散。

图 17.13　蔡司(Zeiss)消像散物镜
(U. S. Patent 895, 045-1908)

注意，这些组件是厚弯月透镜，使得 Petzval 和减小，而且，总的对称性有助于控制慧差和畸变。这类消像散物镜的总视场在速度 $f/8$~$f/18$ 范围内是 $60°$~$90°$。

几年之后，Rudolph 和 Von Hoegh（Goerz）分别独立研究，将两组件的消像散物镜组合成一个三胶合组件，包含需要的色散胶合面和会聚胶合面两种。Goerz Dagor 的物镜表示在图 17.14 中，由一对对称的胶合三透镜组成。这类物镜的两个半部系统都单独进行像差校正，以便摄影师能够拆下前组件，从而得到两种不同焦距。大约在世纪之交期间，根据这种原理出现了大量设计，在每个组件中使用三、四甚至五胶合透镜，然而，增加零件并没带来多大好处。由于在一个宽视场范围内可以得到良好的清晰度，尤其在小孔径成像质量更好，所以，Zeiss 消像散物镜和 Dagor 物镜仍然用于广角摄影术。Dagor 物镜的设计例子参考图 19.17。

图 17.14　Goerz Dagor 物镜（U S 528 155-1894）从左到右使用的玻璃是 613∶563、568∶560 和 515∶547。结构是以光阑对称。还可以参考图 19.17

将 Dagor 结构中冕玻璃零件的胶合面分离开，可以得到额外的自由度，同时提高冕玻璃的折射率，事实证明要比增加零件数目更有意义。这类物镜（图 17.15）或许是广角弯月物镜系统中的最佳物镜，在速度 $f/5.6$（或者小视场更高速度时）的总视场高达 $70°$。Meyer Plasmat 物镜、Ross W. A. Express 物镜和 Zeiss Orthometar 物镜就是这种结构。最近，已经为复印机设计了 1∶1 成像质量非常优秀的复印机镜头（对称型）。注意，胶合面分离可以使中间的冕玻璃改用较高折射率的玻璃，并且，仍然可以校正球差。

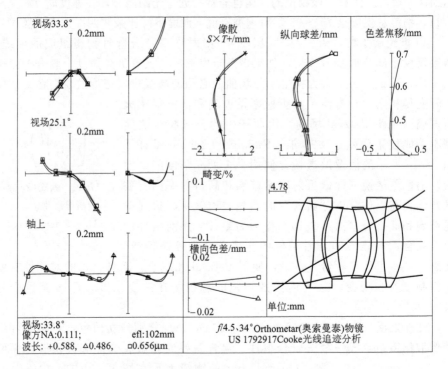

$f/4.5$、$34°$ Orthometar(奥索曼泰)物镜 US 1792917 Cooke光线追迹分析

$f/4.5$ Orthometar(奥索曼泰)物镜 US 1792917 的结构参数

半径	空间	材料		半孔径值
25.90	5.10	SK8	611559	12.5
−96.10	2.30	LLF2	541472	12.5
18.40	0.80			9.9
23.80	3.50	SK20	560612	9.9
35.50	2.85			9.9
光阑	2.85			9.38
−33.10	4.00	SK20	560612	9.9
−22.70	1.60			9.9
−18.10	1.90	LLF2	541472	9.9
77.40	5.60	SK8	611559	12.5
−25.40	88.29			12.5

efl=101.63
bfl=88.29
NA=0.111($f/4.5$)
GIH=68.09(半视场角=33.8°)
PTZ/f=−5.83
VL=30.5
PTZ/f=−5.74

图 17.15 Plasmat 物镜、Euryplan 物镜或者 Orthometar(奥索曼泰)物镜(US 1792917)结构数据和像差曲线是针对焦距 101.6 绘制的

第17章 目镜、显微镜和照相物镜的设计

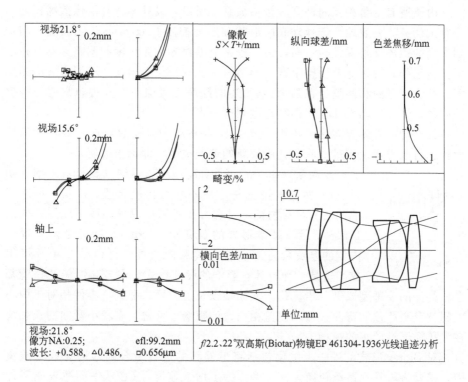

图 17.16 双高斯(Biotar)物镜(US 2117252-1938,EP 461304-1936)
结构数据和像差曲线是针对焦距99绘制的

$f/2.0$ 双高斯物镜 EP 461304-1936 的结构参数

半径	空间	材料		半孔径值
63.90	7.90	SK8	611559	26.0
240.30	0.50			26.0
39.50	14.50	SK10	623569	24.0
−220.50	4.00	F15	606378	24.0
24.50	9.95			17.0
光阑	9.95			15.86
−28.70	4.00	F15	606378	16.0
78.80	12.90	SK10	623569	19.0
−37.90	0.50			19.0
161.90	8.00	SK10	623569	22.5
−103.20	64.00			22.5

efl=99.22
bfl=64.00
NA=0.250($f/2.0$)
GIH=39.69(半视场角=21.8°)
VL=72.7
PTZ/f=−5.41

由于所有变量相互间都有着密切关系，所以，设计厚弯月消像散物镜是一个复杂任务。一般地，选择外表面形状和厚度控制 Petzval 和及光焦度，利用到光阑的距离调整像散。然而，为了校正色差对零件光焦度的调整必然要打乱平衡，正如为校正球差使整个弯月形透镜弯曲一样。必须联立求解有关的光焦度、厚度、弯曲和间隔。在第 16 章阐述的联解三级像差的方法非常适合解决该问题，光学自动设计程序很容易做到这一点。

设计师沿着此方向已经花费了过去 75 年的努力，要想对这类最佳代表性设计进行改进特别困难，除非利用较新的玻璃类型（即稀土玻璃）。

图 17.17 索纳（Sonnar）型物镜

双高斯（Biotar）（图 17.16）和索纳（Sonnar）型（图 17.17）两种物镜都是应用厚弯月物镜原理，但是，不同于前面的弯月形物镜，是在大孔径和小视场环境下使用。如图 17.16 所示，基本形式的双高斯（Biotar）物镜由两块置于内侧的厚负弯月双胶合透镜和两块置于外侧的正单透镜组成。这是一种极其有影响的设计形式，许多高性能的物镜都是该类型的改进型或进一步优化。如果镜顶长度较短，那么，零件相对于中心光阑就有更严重的弯曲，可以覆盖相当宽的视场。反之，有较小弯曲的长系统在大孔径下有较小的视场。

对 Biotar 形式的进一步优化包括将最外面的透镜组合到双透镜或三透镜中，或者将弯月双透镜转换为三片型。为了增大速度，（在从中间冕玻璃零件中转移一定量的光焦度后）常常将外侧零件分裂成两个零件。最近一些设计已经非常有利地将胶合面分离，尤其是在前弯月透镜中。

也可以使内侧的弯月双胶合透镜的数目翻倍，极端情况下，可以使 Biotar 系统的所有零件都加倍，从而形成一个 12 块零件的设计，包括两个前置的单透镜，两个前置的内双胶合透镜，两个后置的内双胶合透镜和两个后单透镜。另外一种有意义的变化（可以将原理应用在具有足够大空气间隔的系统中）是将一个小或者零光焦度的双胶合透镜安插在中心空气间隔中。选择该双胶合透镜的玻璃使其有或近似有相同的折射率和 V 值，但局部色散有较大差别。小光焦度和匹配的折射率以及 V 值意味着对绝大部分像差的影响可以忽略不计，而局部色散之差使透镜的二级光谱减小。有几对重火石玻璃符合这种要求。

正如前面所述，双高斯（Biotar）物镜是一种特别有影响和通用的形式，是绝大部分焦距为 35mm 照相物镜的设计基础，对物镜性能要求特别高的许多应用领域都可以找到该结构形式。可以设计成广角物镜，可以修改为在大于 $f/1.0$ 速度下同样工作。双高斯设计的另外例子在第 19 章阐述。

已经建议使用双高斯（Biotar）"宏观"封闭调焦形式：（a）固定后置的

单透镜，移动其他零件调焦；(b) 只移动后置单透镜调焦。当然，这种设计的目的是为了减小整个物镜移动调焦时出现的像差变化。

非常高速的物镜（例如双高斯物镜）常常有大量的带球差，物镜光圈缩小时会造成焦点漂移。这类物镜的这些球差常常使用边缘球差的过校正进行平衡。当物镜光圈缩小时，有很小的焦点漂移，带球差也非常小，所以，在孔径受到正常照明时有很好的成像质量。物镜光圈变大时，分辨率仍然很高。然而，由于过校正的原因，像的对比度比较低。该物镜有效地沿着 H&D 曲线底部改变曝光量，比期望的伤害要小，所以，这种背景模糊的情况似乎并不严重（如同为提高感光速率而使胶片预先曝光一样）。

分离消像散物镜

为了校正 Petzval 和，这些系统使正和负组件之间有一个非常大的间隔。尽管历史上在一些设计例子中 Petzval 和并没有得到校正，但从设计观点出发，将这些物镜看作图 17.18 中 Cooke 三分离物镜的衍生物是有用的（还可以参考 16.7 节和 16.8 节）。

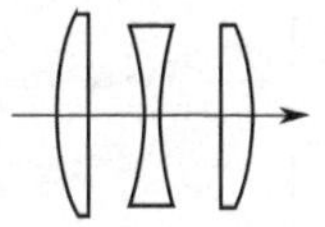

天塞（Tessar）物镜（实际上由弯月形物镜导出）可以看作是一个三分离物镜，不过，其后面的正透镜是一个组合透镜而已。传统形式的天塞物镜如图 17.19 所示。后组件多出的自由度简单地认为是一种方法，即通过组合两

图 17.18 Cooke 三分离物镜

种玻璃人为地产生一种新的玻璃类型。另外，可以利用胶合面的折射特性控制上边缘光线的传播，并且，该表面会有强烈的影响。当要求某种性能超过 Cooke 三分离物镜时，就可以采用天塞结构布局，或者如图所示，或者双胶合透镜颠倒放置，甚至把前透镜设计成双胶合形式。若使用高折射率稀土玻璃，通常，采用双胶合透镜倒置形式较好。图 17.20 是天塞物镜的另外一种结构形式。

将基本的三分离结构形式中的零件设计成组件的另一个例子就是图 17.20 所示的 Pentac（或者 Heliar）型，简单地说，就是天塞原理对称性的扩展。Heliar 的设计表示在图 19.21 中。在 Hektor 物镜中（图 17.21），所有三个透镜都是双胶合形式，视场达到 ±20°时速度可以提高到 $f/1.9$。许多"胶合型"三分离物镜都使用有时称为"Merte"表面的面形，Hektor 物镜负双胶合透镜的胶合面就是这种表面的一个例子。这是一种弯曲得很厉害的（通常是胶合面）聚光面，这种结构安排使得入射角迅速增大到透镜边缘。由于该表面两侧折射率变化不大，所以，这样的表面使光轴附近的光线具有适量的欠校正球差，随着入射角增大（可能接近 45°)，由于 Snell 定律的非线性，球差的贡献量甚至增大得更快，并且，欠校正的作用主导着边缘带区，其结果就是一条球

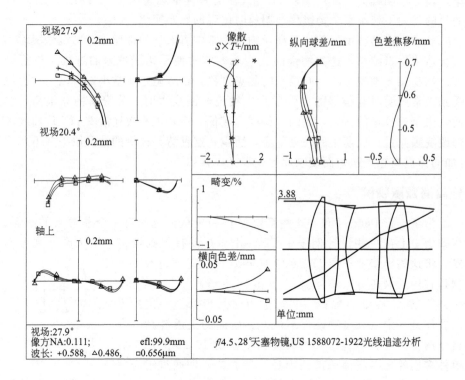

$f/4.5$ 天塞物镜 US 1588072 的结构参数

半径	空间	材料		半孔径值
25.90	4.10	SK2	607566	12.0
−253.00	2.90			12.0
−60.60	1.70	LLF4	561452	10.2
23.60	3.00			9.7
光阑	4.90			9.58
−144.00	1.70	LLF4	561452	11.0
24.90	5.10	SSK4	617551	11.0
−39.40	88.31			11.0

efl＝99.88
bfl＝88.31
NA＝0.111($f/4.5$)
GIH＝52.94(半视场角＝27.9°)
VL＝23.4
PTZ/f＝3.33

图 17.19　天塞物镜（US 1588072-1922）
结构数据和像差曲线是针对焦距 100 绘制的

差曲线不仅表示负三级和正五级像差，而且也表示相当大量的负七级像差。图

图 17.20 Pentac-Heliar 消像散物镜 在早期的设计方案中，最外侧的双胶合透镜是倒置的

17.21 表示的球差是这种技术中相当极端的例子。大量高级像差巧妙地得到平衡，所以，很明显，这是一种必须慎重使用的方法。这种表面最好位于光阑附近，使其对上边缘和下边缘光线作用不一致性的影响降至最低，否则，轴外光线的交点曲线可能出现非常不受欢迎的不对称性。一种类似设计表示在图 19.22 中。

值得注意，在图 17.19 和图 17.21 两张图中，双胶合透镜都包含一个折射率比负火石透镜折射率高的冕牌正透镜。这种双胶合透镜向内弯曲的 Petzval 贡献量要比单透镜零件小许多。当然，由于双胶合透镜至少是部分地消色差，从而减小或抵消了单透镜的欠校正色差。可以回忆起，Petzval 贡献量是正比于 ϕ/n，显然，这些零件的胶合会得到一个组件，作用等效于一个高折射率和高 V 值的单透镜（对正双胶合透镜，这是对的；而对于一个负双胶合透镜，情况恰巧相反）。

注意，对于几乎所有的消像散物镜中使用双胶合透镜的情况，这是一种"新的消色差"方法，使用折射率比火石玻璃高的冕牌玻璃，从而形成一个会聚的胶合表面。这种结构至少会形成上述某些"Merte 效应"，从而对高级球差产生影响，但其胶合面不像"旧的消色差"双胶合透镜的发散胶合面那样校正三级球差。

减小剩余像差的另外一种技术是将一个透镜分裂成两个（或多个）透镜。一个冕牌单透镜的欠校正球差大约是等光焦度和孔径的双元件透镜的五倍（如果两个元件的形状都满足最小球差的条件）（参考图 17.39）。因此，一次分裂可以使系统中其他零件的贡献量减少，由此使高级像差相应减小。如果希望有比较大的孔径，通常将三分离物镜的冕牌透镜进行分裂，图 17.22 和图 17.23 是该技术的两个例子。由于需要相当长的系统和高的速度才能使这种技术行之有效，所以，这类系统的角视场一般都是中等视场。然而，将分裂后的零件再组合，则从这些形式中可以得到孔径和视场的良好组合。由于分裂前冕牌透镜更容易控制视场边缘的像散，弯月形状有益于 Petzval 场曲校正，所以，分裂前组冕玻璃透镜要比分裂后组冕玻璃透镜更有益。尽管很少遇到，但透镜分裂在一定程度对扩大视场是有效的。在第 19 章还会找到分裂冕牌三分离物镜的其他变量。

分裂火石透镜形成的三分离物镜（改进型）（图 17.24）应当看作是一个厚弯月镜系统，其中一个空气透镜将两个由冕牌和火石透镜组成的系统分离开。的确，这就是三分离物镜在历史上的发展。与分裂冕玻璃透镜的透镜类型比，这种形式对于减小带球差并没有特别显著的作用，但是，这种结构已经应用于最好的多用途照相物镜（即 $f/4.5$ Dogmar 和 Aviar 物镜）。与分裂冕透

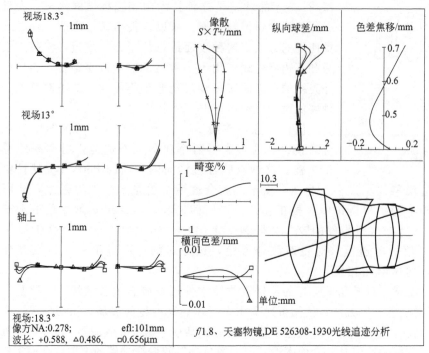

$f/1.8$,天塞物镜,DE 526308-1930光线追迹分析

$f/1.8$ Hektor 消像散物镜的结构参数

半径	厚度	材料		半孔径值
48.80	18.00	SK15	623581	28.0
−69.30	5.70	F13	622360	28.0
−208.40	7.00			28.0
光阑	0.90			19.76
−53.70	8.20	SK13	623581	22.0
−27.60	4.90	LF6	567428	22.0
37.10	9.00			22.0
81.70	11.40	SK15	623581	19.2
−47.80	4.10	LLF2	541472	19.2
−63.20	60.59			19.2

efl=100.61
bfl=60.59
NA=0.278($f/1.8$)
GIH=33.20(半视场角=18.3°)
VL=69.7
PTZ/f=−2.19

图 17.21 Hektor 消像散物镜（德国专利 DE 526308-1930）
注意，球差曲线显示出较大的七级像差成分，原因是第五个表面有很严重的弯曲（称为 Merte 表面）

镜的方案相比，该设计的总对称性本身就导致大的视场角，尽管如此，与大多数源自三分离物镜的设计形式相同，常常可以清晰地确定视场范围，并且，成

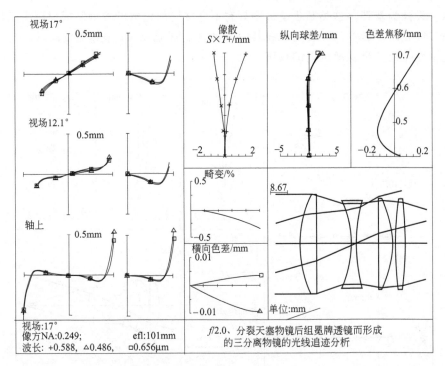

图 17.22 分裂后组冕牌透镜形成的三分离物镜（EP 237212-1925）
结构数据和像差曲线是针对焦距 100 绘制的

$f/2.8$ 分裂后组冕牌透镜形成的三分离物镜的结构参数

半径	厚度	材料		半孔径值
56.00	9.00	SK3	609589	25.0
$-1.5e^3$	17.00			25.0
-55.00	2.50	SF5	673322	22.0
80.0	12.00			22.0
-373.00	7.00	SK3	609589	23.0
-48.00	1.50			23.0
194.00	5.00	SK3	609589	23.0
-194.00	79.23			23.0

efl＝100.57
bfl＝79.23
NA＝0.249(f/2.0)
GIH＝30.75(半视场角＝17.0°)
VL＝54.0
PTZ/f＝－1.83

像质量在消像散点之外会急剧恶化（最后一个评论对于冕-火石透镜间隔较小的光学系统是不太正确的，因为这类系统更类似弯月物镜而不是三分离物镜）。图 19.18 是 Dogmar 物镜的另一个例子。许多优秀的制版镜头和放大物镜都以这种设计为基础。这类制版镜头用具有不寻常局部色散的玻璃制成以减少或校正二级光谱，通常，此类物镜在其商标名称上都冠以"apo"字母，以表明其复消色差或者半复消色差的校正。

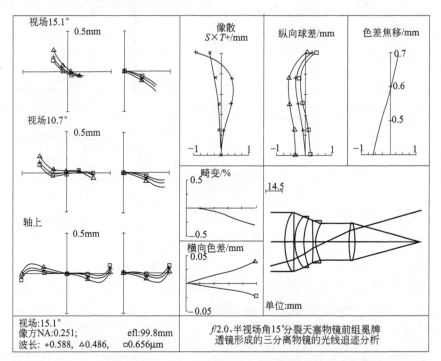

f/2.0，半视场15.1°(译者注：原文错印为150°)分裂前组冕牌透镜形成的三分离物镜的结构参数

半径	厚度	材料		半孔径值
51.00	8.80	SK11	564608	25.1
−441.00	0.03			25.1
35.30	7.80	SK11	564608	22.0
47.80	8.40			20.0
−254.80	2.00	SF2	648338	18.0
28.30	10.00			16.0
光阑	19.40			15.69
107.80	4.90	SK11	564608	16.0
−60.30	56.89			16.0

efl=99.79
bfl=56.89
NA=0.251(f/2.0)
GIH=26.94(半视场角=15.0°)
VL=61.3
PTZ/f=−2.25

图 17.23　分裂前组冕牌透镜形成的三分离物镜（EP 237212-1925）
结构数据和像差曲线是针对焦距 100 绘制的

第 17 章 目镜、显微镜和照相物镜的设计

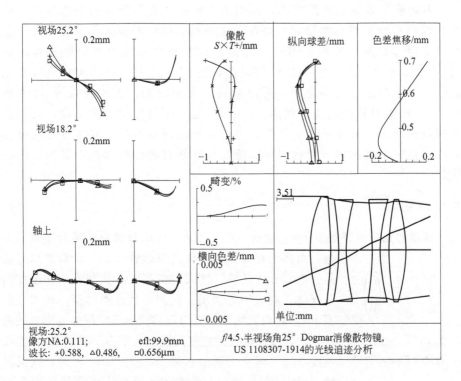

$f/4.5$、半视场角 $25°$ Dogmar 消像散物镜，US 1108307-1914 的结构参数

半径	厚度	材料		半孔径值
27.70	4.20	SK6	614564	11.2
−103.10	1.80			11.2
−53.90	1.60	LF6	567428	10.5
37.70	2.70			9.9
光阑	2.70			9.81
−63.30	1.60	LLF1	548457	9.9
35.10	1.80			10.5
53.20	3.60	SK6	614564	10.5
−35.70	88.56			10.5

efl=99.86
bfl=88.56
NA=0.111($f/4.5$)
GIH=46.93（半视场角＝25°）
VL=20.2
PTZ/f＝−3.11

图 17.24 Dogmar 消像散物镜（US 1108307-1914）
结构数据和像差曲线是针对焦距 100 绘制的

若物镜的共轭工作距较小，例如放大物镜常常是分离的消像散透镜形式。它们不同于照相物镜，主要在于这种系统设计的放大倍率低，而不是针对无穷远物距。大部分照相物镜保证其校正状态至少对物距是焦距的25倍这样的数量级，极少几种物镜会在更短距离上。而放大物镜常常用在放大倍率接近1的环境中，并经常将放大物镜的共轭比设计为3、4或5。一个近似对称的物镜（例如Dogmar）是一个良好的放大物镜，这种物镜对物像距的一点变化不太敏感。也可以使用近似对称的双胶合型三分离物镜，由于天塞物镜有大的视场和既简单又便宜的结构形式，得到了广泛应用。

Petzval 物镜

原始的拍摄肖像的Petzval镜头（图17.25）是比较紧凑的耦合安装式系统，由两个背对背的消色差双透镜组成，较后的双透镜是一组双分离透镜，之间的空气间隔比较大，在速度约为$f/3.7$时有中等视场。提起近代这类物镜，往往会涉及Petzval放映物镜，因为该类物镜广泛用作电影放映物镜。此物镜有较大的空气间隔（几乎等于其焦距），并在速度$f/1.6$时半视场角达到$\pm 5° \sim \pm 10°$。注意，这类系统（图17.26）的轴上像差和严重向内弯曲的场曲都校

图17.25 拍摄人物肖像的Petzval物镜

正得特别好。在后双胶合透镜的胶合面引入过校正像散可以将场曲拉平。一个典型的经验就是：薄透镜的间隔约等于焦距，前双胶合透镜（焦距）是系统焦距的两倍，后双胶合透镜的焦距等于系统的焦距。因此，（薄透镜的）后截距约为焦距的一半，前顶点至焦面的距离约为焦距的1.5倍。如果适当地缩短空气间隔，就必须使胶合面分开或者增大后双胶合透镜的折射率差值，以保持过校正像散。注意，图17.26所示的Petzval放映物镜与$10\times$、NA0.25的显微物镜基本上是同一设计形式。Petzval放映物镜结构本身具有低色球差、低二级光谱和较小的带球差。

在焦平面附近放置一个负"场致平"透镜，如图17.27所示，就可以校正内弯曲的Petzval表面。在这个位置，透镜的光焦度贡献量（$y\phi$）虽小，但Petzval场曲可以相当好地被拉平，并且，可以在小视场范围内得到非常好的物镜。该物镜的缺点是透镜位置靠近像面，灰尘和污物会变得相当突出。注意，场致平透镜时使用火石玻璃，有助于校正色差。

Petzval物镜使用的玻璃通常是普通的冕牌玻璃和重火石玻璃，偶然也使用高折射率玻璃，并且一个或两个双胶合透镜的胶合面是分离开的。

第17章 目镜、显微镜和照相物镜的设计

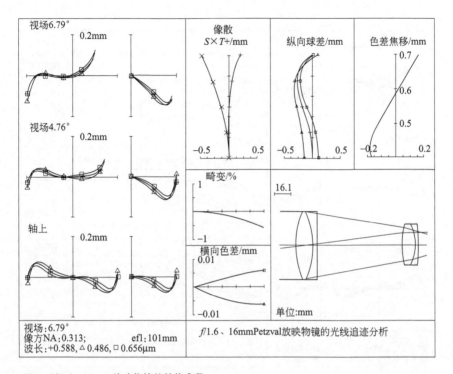

2in、$f/1.6$、16mm 放映物镜的结构参数

半径	厚度	材料		半孔径值
81.50	16.40	C1	523586	31.8
−76.72	4.00	F4	617366	31.8
平面	82.00			31.8
57.32	14.00	C1	523586	19.0
−36.00	3.00	F4	617366	19.0
−196.70	38.44			19.0

efl=1.134
bfl=38.44
NA=0.313 ($f/1.6$)
GIH=12.06 (半视场角=6.8°)
VL=119.4
PTZ/f=−0.93

图 17.26 Petzval 放映物镜 (US 1843519-1932)
结构数据和像差曲线是针对焦距 101.3 绘制的

平场 Petzval 物镜的另一种改进型表示在图 17.28 中,后面的负透镜承担着双胶合透镜的责任,同时起着后火石透镜和场致平透镜的作用。必须使前双胶合透镜中的胶合面分离是为了校正像差。该物镜容易增大带球差,并且由于

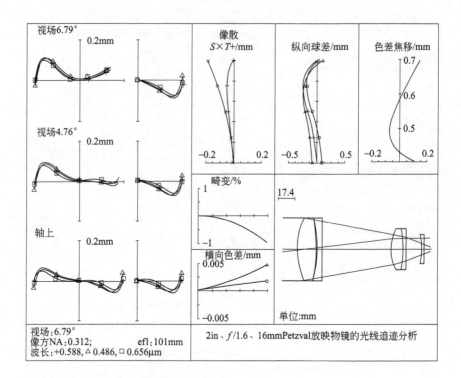

图 17.27　设计有"场致平透镜"的 Petzval 放映物镜
结构数据和像差曲线是针对焦距 101.5 绘制的

2in、$f/1.6$、16mm 放映物镜的结构参数

半径	厚度	材料		半孔径值
75.66	19.40	DBC1	611588	31.8
−158.30	0.7534			31.8
−129.78	4.80	EDF3	720293	31.8
600.68	72.70			31.8
43.50	13.00	DBC1	611588	21.0
−103.82	3.00	EDF3	720293	21.0
平面	17.86			21.0
−54.78	2.00	F4	617366	15.0
243.12	13.20			15.0

efl=101.48
bfl=13.20
NA=0.312（$f/1.6$）
GIH=12.08（半视场角=6.8°）
VL=133.5134
PTZ/f=−2.99

前双胶合透镜变为分离形式，会产生 y^4h 类型的五级慧差。当以这种方式使用强负"空气透镜"校正球差时，这种像差在其他设计类型中也常常遇到。这类物镜使用重钡冕玻璃（SK4）和重火石玻璃（SF1）。

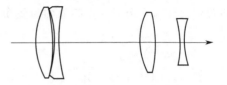

图 17.28 $f/1.6$ Petzval 物镜
在后冕牌和火石透镜之间采用大的空气间隔可以实现场致平效应

如图 17.29 所示，将后双胶合透镜分裂成两个双胶合透镜，或者在中间空气间隔中引入一个弯月形透镜，如图 17.30 所示，还可以进一步减小 Petzval 物镜已经很小的带球差。将每个冕牌透镜的大部分光焦度分裂成分离的平凸透镜可以得到一种改进型，速度达到 $f/1.0$（几乎是一个球形像面）。另一种改进型是使用强弯月形前置校正透镜减小带球差，或者采用较厚的后同心弯月透镜以改善视场像质。图 17.31 给出了最近设计的两个物镜，用作 16mm 电影 2in、$f/1.4$ 放映物镜。第 19 章将进一步介绍其他的改进型物镜。

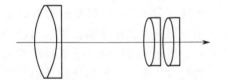

图 17.29 $f/1.3$ Petzval 物镜
为了减少带球差使用两个后置双胶合透镜
（US 2158202-1939）

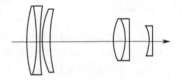

图 17.30 具有场致平透镜的 Petzval 物镜
为了减小带球差将前置冕牌透镜分裂成两块透镜（US 2541484-1951）

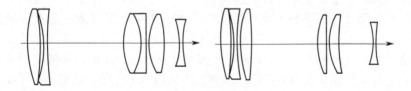

图 17.31 高性能 2in、$f/1.4$、16mm 电影放映物镜
（左侧 US 2989895-1961；右侧 US 3255664-1966）

摄远物镜

摄远物镜被主观地或随意地定义为前顶点到胶片的长度小于焦距的物镜。摄远比等于顶点长度除以焦距，摄远比等于或小于 1 的物镜是摄远物镜。一个

前置正组件和一个有一定间隔的后置负组件（如图 17.32 所示），就可以构成摄远物镜，图中同时给出了几种形式的摄远物镜。通常，分裂后组件可以校正畸变。设计摄远物镜和反摄远物镜的一个共同难点是：要得到极大的摄远比，物镜会强烈地倾向于使 Petzval 和过校正及场曲面向后弯曲。图 19.15 和图 19.16 给出了一种典型的摄远物镜设计。

反摄远（逆焦式设计）物镜

将摄远物镜光焦度的基本布局颠倒过来，就可以使系统的后截距比焦距长。如果必须在物镜与像平面之间放置棱镜或反射镜时，这种系统（图 17.33）就是一种非常有用的形式。由于光瞳位置远离像平面，所以，可以使一个短焦距放映物镜与一个为较长物镜设计的聚光镜一起使用。初始结构是一个强消

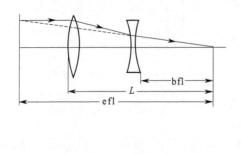

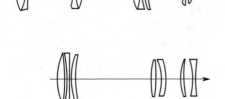

图 17.32 摄远物镜

一个前置正组件和一个相距较远的后置负组件就可以使一个物镜系统的焦距大于其实际长度

色差负透镜前置与一个标准物镜的改进型后置相组合。Biotar 物镜、三分离物镜和 Petzval 物镜都能用作后置组件。通常，必须将复消色差透镜分裂，并使其弯曲凹向后置组件以得到较好的校正。在极端情况下（超广角相机镜头或"鱼眼"物镜），使非常强弯月负透镜前置，视场可以大于±90°。很明显，为了在一个有限尺寸的平胶片上成像 180°，或者更大，不可避免会有大量桶形畸变。

随着单透镜反射式（SLR）35mm 照相机的普及，反摄远物镜得到了广泛应用，这种相机需要长的后截距，以便在曝光时由于有较大的摆动而需要给取景器反光镜留有一定的空间。所有短焦距、广角 SLR 物镜都是这种类型的物镜。反摄远物镜凭借自身优势已经成为非常重要的设计形式，并且，不再看作是带有前置负透镜的标准照相物镜。毕竟，前置负透镜组件不只是校正 Petzval 场曲，所以，没有必要过分夸大场曲已被拉平的标准设计物镜的校正。图 19.13 和图 19.14 分别给出了反摄远物镜和"鱼眼"物镜的设计。

如果查看一下图 17.33(c) 中的光路，很明显，负透镜减小了投射到正透镜上的角度值，这种思想是许多广角照相物镜的基础。这类物镜由若干个正透

第 17 章 目镜、显微镜和照相物镜的设计

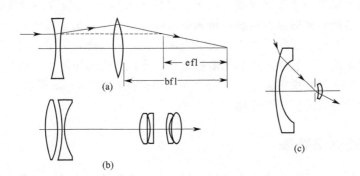

图 17.33 反摄远物镜

反摄远物镜的特征就是有一个长的后截距,这对于短焦距物镜是非常有用的。在极端设计形式中 [图(c)],视场可以超过 180°

镜组件以及弯月负透镜环绕组成,Angulon 及其他设计就是这种类型。图 19.40 和图 19.41 给出了这类广角物镜的例子。

附加望远镜头

通常,这种镜头采用伽利略或者倒置伽利略望远镜形式,如图 17.34 所示。"定焦"镜头的焦距乘以附加望远镜头的放大率。视场将摄远物镜的倍率限制到约 1.5×,但是,广角类附加望远镜头有用的倍率约 0.5×。当然,设

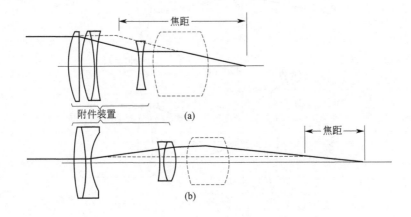

图 17.34 附加望远镜头

使用一个附加望远镜头可以改变一个定焦物镜的焦距,附加望远镜头基本上就是一个伽利略望远镜。图(a)表示"摄远型"附加望远镜头,增大了焦距;图(b)所示为使焦距减小的"广角型"附加望远镜头

计这种系统要用一个外部光阑（定焦物镜的光阑），并且需要相当多的"缩小光圈"以达到满意的成像质量，特别是对较简单的结构更是如此。

为了改变光学系统的焦距、视场或放大率，可以把附加望远镜头加到任何一个光学系统中。显然，该思想最适合物或像位于较远距离上，以便附加望远镜头工作在平行光束中。对于非准直光束中的应用，Bravais 系统（参考 13.9 节）可以期待起到同样的作用。

17.4 聚光镜系统

放映物镜中的聚光镜完全类似于望远镜或辐射计中的场镜，聚光镜的作用如图 17.35 所示。图 17.35(a) 表示一个没有聚光镜的放映系统，很显然，对轴上物点 A，只有一半的透镜面积可以利用，对于 B 点，只能利用透镜面积很小一部分，并且，光源灯发出并通过 C 点的光线不可能通过放映物镜。其结果是，被投影成像的照度并没有期望的那样高，并随远离光轴快速下降。有时候，将灯源移近胶片一些可以使情况得以缓解，并且在极少数情况下，如果效率较低，这种解决方法还是令人满意的。然而，通常灯丝不会足够均匀，如果使其直接投影到胶片上，就会使像面照度非常不均匀，这是非常讨厌的，因

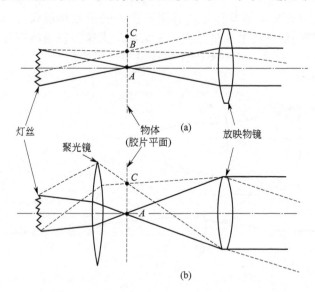

图 17.35 聚光镜的作用

(a) 没有聚光镜的放映系统；(b) 加 "Koehler" 放映聚光镜的放映系统
放映系统中的聚光镜使光源成像在放映物镜的光瞳处。注意，像面 C 点最佳照度时聚光镜的最小直径由 C 点与光瞳另一侧边缘的连线确定

此，不会采取这种照明方式。

图 17.35(b) 所示的 "Koehler" 放映聚光镜直接将灯丝成像在放映物镜的孔径上。如果像的大小等于（或大于）物镜孔径，照度最佳，并且，聚光镜的直径足够大时，整个像场的照度会尽可能的均匀。对一个理想聚光镜的要求阐述如下：灯丝的像在通过物场（即胶片平面处）一个针孔后必须完全充满放映物镜孔径。有关聚光镜光度学方面的内容已经在 12.10 节讨论。

对聚光镜系统关心的主要像差是球差和色差。在普通系统中，慧差、场曲、像散和畸变是次要的。图 17.36 是一份夸张的受球差影响的聚光镜示意图。注意，聚光镜边缘区对灯丝所成的像完全没有投射到放映物镜孔径上，因而使边缘视场的照度明显下降。减小聚光镜的光焦度（或倍率），使边缘光线聚焦在放映物镜上可以使该状况得以缓解。然而，在难以实现的情况下，至少某些区域的光线将投射不到放映物镜孔径上，所以，会产生一个暗的环带。对于色差，光谱一侧（红光或蓝光）可能传播不到物镜孔径上，造成不均匀的彩色视场，尤其在视场边界处更为明显，其他的与球差一样。

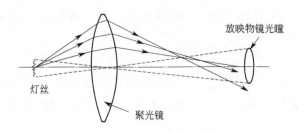

图 17.36 受球差影响的聚光镜示意图
一个聚光镜系统的球差可能会使通过聚光镜
边缘的光线完全投射不到放映物镜孔径上

除特殊情况外（即一些显微镜中的聚光镜），无需消色差就可以将色差影响保持在允许范围之内。将聚光镜分裂成两个或三个有近似相等光焦度的透镜，并使每个零件弯向"最小球差"形状，如图 17.37(a) 和图 17.37(b) 所示，就可以控制住球差。为了减小球差，可以将一个透镜模压成非球面，如图 17.37(c) 所示。使用的非球面常常是简单的抛物面，并且，一个模压面就能足够精确地满足聚光镜系统的要求。

如果光源均匀发光，可以直接将其成像在镜头窗框。为此，在弧光灯电影聚光镜中使用一个椭圆形反射镜，如图 17.37(d) 所示。注意，反射镜的全照明区必须足够大，以便接受来自放映物镜孔径最下端到镜头窗框顶端的光线。使用椭圆反射镜的原因在于，当弧光灯位于椭球面的一个焦点，而像（即镜头

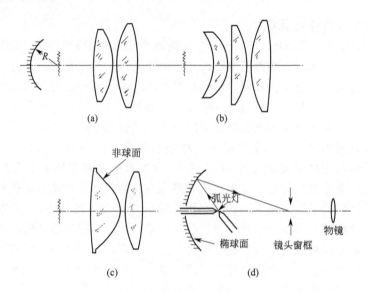

图 17.37 聚光镜系统

(a) 双透镜系统,其中反射镜与光源同心;(b) 三透镜系统,其形状满足最小球差的要求;(c) 使用非球面减小球差;(d) 利用一个椭圆反射镜可以直接将炭精电弧焰口成像在镜头窗框上

窗框或胶片框)位于另一个焦点时该反射镜没有球差。然而,椭球面的确有大量慧差,因此,反射镜边缘所成的轴外像可能与初级光学理论的预期值相差很大。

有些放映灯是将反射镜设计在玻璃灯泡内,其作用与图 17.37(d) 椭圆形反射镜一样。这就要求系统光源小型化(如 12.10 节所述),并促进了小型低压灯丝的有效利用。这类投影灯中的反射镜常常是多面体,从而对反射镜不同区域产生的放大率进行控制,也可以调整反射光的方向,保证照度在镜头窗框处有最期望的分布。

另外一种结构是将一种小灯与模压出的更大一些的多面反射镜加工在一起,这种灯丝非常靠近反射镜的焦点,聚光镜将整个反射镜成像在放映物镜的孔径上,例如 Koehler 结构布局,把整个反射镜看作光源。

在光源后面增加一个球面反射镜,如图 17.37(a) 所示,可以使大部分聚光镜系统的性能得到很大的提高。如果光源位于曲率中心,则反射镜本身将光源向后成像,有效地提高了平均亮度。由于灯丝是比较开放式结构,诸如 V 形结构或者两个并绕线圈,照度的提高可能使其接近反射镜的反射率,即 80%~90%。高密度缠绕光源的增益会少些,但是,即使双平面式灯丝,适当设计反射镜也会有 5% 或 10% 的增益。

应当注意，如果放映物镜孔径只是部分地被灯丝像充满，那么，衍射效应与全部充满孔径是不一样的。例如，如果只有孔径中心被照明，则这种"半相干照明"会使低频时的 MTF 提高，高频时的 MTF 下降；如果双线圈灯丝的像成在孔径的最边缘处，而中心没有被照明，则高低频率间的 MTF 平衡不仅会改变，而且在一个子午面（即直线方向）内的像完全不同于另一个子午面内的像，常常给人一种像散像的印象。还可以参考 15.10 节图 15.18～图 15.20。

17.5　简单透镜的像差特性

图 17.38 给出了一个单正透镜对无穷远物体成像产生的角球差弥散，是形状和透镜折射率的函数。角弥散的大小 β 是：

$$\beta = y^3 \phi^3 [n^2 - (2n+1)K + (n+2)K^2/n]/4(n-1)^2$$

式中，y 是半孔径；ϕ 是透镜的光焦度；n 是折射率；$K = C_1/(C_1 - C_2) = R_2/(R_2 - R_1)$。

将角弥散乘以零件焦距（$1/\phi$）或者除以光焦度 ϕ，就可以转变成弥散斑直径。

纵向球差 $LA = -2\beta/y\phi^2$，式中 β 是角弥散。

最小弥散 $\beta = n(4n+1)/[128(f/\#)^3(n-1)^2(n+2)]$。

球差最小值时的形状是：

$$R_2/R_1 = (2n^2 + n)/(2n^2 - n - 4)$$

或者

$$C_1/(C_1 - C_2) = K = n(2n+1)/2(n+2)$$

对于平凸透镜，角弥散 $\beta = y^3\phi^3 n^2/4(n-1)^2$ 和 $LA = y^3\phi n^2/2(n-1)^2$。

图 17.38 绘制出球差弥散与透镜形状和折射率的函数关系曲线。该曲线非常明显地表示出折射率变化的影响，随着折射率增大，球差减小，并且，产生最小球差的透镜形状越来越呈现弯月形形状。这就可以解释光学设计师使用高折射率玻璃改进透镜的设计的原因。注意，折射率为 4.0 的最小球差与一个球面反射镜的最小球差量一样。

对于以 $m=-1$（即在 1:1）工作的等凸透镜，横向球差：

$$TSC = -y^3\phi^2 n^2/4(n-1)^2$$

对于两个凸面相对的平凸透镜，TSC 约降为单透镜球差的 1/4。

图 21.10 给出了凸平、等凸和平凸单透镜的球差，是物距的函数。

图 17.39 表明将一块透镜分裂成两块、三块或四块透镜的影响，其中每个零件都具有相应减小的光焦度，其形状都满足最小球差条件（欠校正）。该曲

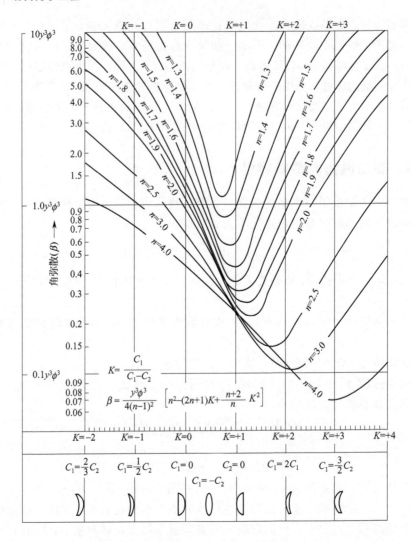

图 17.38　一个单透镜的角球差弥散 β 与各种折射率值时不同形状的函数关系

ϕ 是透镜的光焦度；y 是半孔径。利用公式 $LA = -2\beta/y\phi^2$

可以将角弥散转换为纵向球差（物体在无穷远）

线图假设，零件是薄透镜（厚度为零），并且是密切接触，但实际上是不可能的，尽管如此，该曲线图非常好地说明了这种思想。注意，第二块和后续零件是弯月形状，具有可以实现的厚度，一个弯月形零件的 Petzval 场曲比较小。如果折射率是 1.5，将一个透镜分裂成两个会使球差减小到原来的 1/5，分裂成三块透镜则减小到 1/20。如果分裂成四块，三级球差可以减小到零。这种效应广泛用于改善较复杂物镜的成像质量，例如，参考图 16.9、图 17.22 和图 17.23。

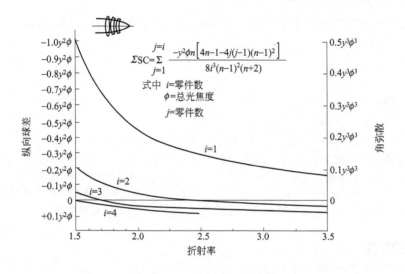

图 17.39　薄透镜的球差

一块、两块、三块和四块薄透镜的球差，每个零件的弯曲都满足最小球差条件，是折射率的函数。零件数目设为 i（物体位于无穷远）

图 17.40 是 MTF 与角弥散 β 的关系曲线，以几何计算为基础，并不包括衍射效应，所以，仅在波前像差较大，即大于一两个波长时才比较可靠。在

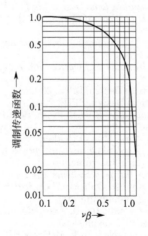

图 17.40　角弥散为 β（单位弧度）的一个光学系统具有的调制传递函数特性

其中，目标是正弦形式，空间频率是 ν（单位每弧度周期）。这是 $MTF = 2J_1(\pi\beta\nu)/\pi\beta\nu$ 的曲线，并且假设，像的弥散是一个有均匀照度的斑

此，MTF 等于零的"截止频率"出现在 $\nu\beta=1.22$ 处。还可以参考 15.10 节图 15.38 和图 15.15。

练 习

查阅一下第 16 章练习之前的说明。

1. 利用 BK7 和 SF2 玻璃为 10× 望远镜设计一个对称目镜。

2. 通过确定每一个双胶合透镜的零球差形式设计一个 10×，NA0.25 分离形式 (Lister) 的显微物镜。分析组合后的场曲，并与 Petzval 放映物镜进行比较。

3. 利用 SK4 和 SF5 玻璃为 35mm 幻灯机设计一个三分离物镜，前面的冕牌透镜可以分裂成两块以上。要求物镜的速度是 $f/2.8$，焦距 125mm，总视场 20°。

参考文献

(同时可参阅第 16 章的参考文献)

Benford, J., and H. Rosenberger, "Microscope Objectives and Eyepieces," in W. Driscoll (ed.), *Handbook of Optics,* New York, McGraw-Hill, 1978.
Benford, J., "Microscope Objectives," in Kingslake (ed.), *Applied Optics and Optical Engineering,* Vol. 3, New York, Academic, 1965.
Betensky, E., in Shannon and Wyant (eds.), *Applied Optics and Optical Engineering,* Vol. 8, New York, Academic, 1980 (photographic lenses).
Betensky, E., M. Kreitzer, and J. Moskovich, "Camera Lenses" in *Handbook of Optics,* Vol. 2, New York, McGraw-Hill, 1995, Chap. 16.
Cook, G., in Kingslake (ed.), *Applied Optics and Optical Engineering,* Vol. 3, New York, Academic, 1965 (photographic objectives).
Fischer, R. (ed.), *Proc. International Lens Design Conf.,* S.P.I.E., Vol. 237, 1980.
Goldberg, N., "Cameras," in *Handbook of Optics,* Vol. 2, New York, McGraw-Hill, 1995, Chap. 15.
Inoue, S., and R. Oldenboug, "Microscopes," in *Handbook of Optics,* Vol. 2, New York, McGraw-Hill, 1995, Chap. 17.
Johnson, R. B., "Lenses," in *Handbook of Optics,* Vol. 2, New York, McGraw-Hill, 1995, Chap. 1.
Kidger, M., Fundamental Optical Design, SPIE, 2002.
Kidger, M., Intermediate Optical Design, SPIE, 2004.
Kingslake, R., *Optics in Photography,* S.P.I.E. Press, Bellingham, WA, 1992.
Kingslake, R., *A History of the Photographic Lens,* San Diego, Academic, 1989.
Laikin, M., *Lens Design,* New York, Marcel Dekker, 1991.
Patrick, F., in Kingslake (ed.), *Applied Optics and Optical Engineering,* Vol. 5, New York, Academic, 1965 (military optical instruments).
Riedl, M. J., *Optical Design for Infrared Systems,* S.P.I.E., Vol. TT20, 1995.
Rosin, J., in Kingslake (ed.), *Applied Optics and Optical Engineering,* Vol. 3, New York, Academic, 1965 (eyepieces and magnifiers).
Shannon, R., in Shannon and Wyant (eds.), *Applied Optics and Optical Engineering,* Vol. 8, New York, Academic, 1980 (aspherics).
Smith, W. J., *Modern Lens Design,* New York, McGraw-Hill, 1992.
Smith, W. J. (ed.), *Lens Design,* S.P.I.E., Vol. CR41, 1992.
Smith, W., in W. Driscoll (ed.), *Handbook of Optics,* New York, McGraw-Hill, 1978.
Smith, W., in Wolfe and Zissis (eds.), *The Infrared Handbook,* Washington, Office of Naval Research, 1985.
Taylor, W., and D. Moore (eds.), *Proc. International Lens Design Conf.,* S.P.I.E., Vol. 554, 1985 and *Proc. Int. Optical Design Conf.* of 1990, 1994, 1998, 2002, 2006 (with various edition) SPIE.

第18章

反射镜和折反式系统的设计

18.1 反射系统

光学系统越来越多地应用于非可见光光谱范围,即紫外和红外波段,已经导致反射光学系统的应用相应增多。其主要原因是得到这些光谱领域内完全满意的折射材料非常困难;其次,许多应用领域允许使用比较单纯的反射镜系统。

材料方面的困难有两类。许多应用要求使用宽光谱带,并且折射材料在整个有使用价值的波带范围内都要有良好的透射率。其次,宽波带范围内的色差校正比较困难,有时候,剩余二级光谱是无法容忍的。就此一点,回顾第10章的内容可以相当清楚地证明反射系统的优越性。实际上,一个普通的镀铝反射镜在红外光谱区要比可见光光谱区有更好的反射率,并且,(要特别注意)可以加工出适合紫外光谱区的铝反射镜。当然,纯反射系统在任何期望的带宽范围都没有色差。

18.2 球面反射镜

最简单的反射物镜是球面反射镜。对远距离物体,球面反射镜有欠校正球差,但是,在"最小弯曲"时的像差仅是等效玻璃透镜像差的1/8。当孔径光阑位于曲率中心时,球面是特别使设计师感兴趣的系统,如图18.1所示,由于系统是同心系统,通过光阑中心的任何一条线都可以看作光轴。实际上,任

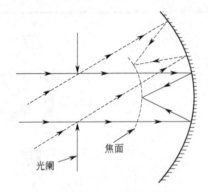

图 18.1 光阑位于曲率中心的球面反射镜将其成像在同心球形焦面上光阑位于该位置时，没有慧差和像散

何倾斜角方向的成像质量都是均匀的，只有球差，慧差和像散都是零，像面是一个球面，半径约等于焦距，像面中心在曲率中心处。利用三级表面贡献量公式可以近似得到球差。

令公式(6.2n) 中 $n=-n'=1.0$，确定球差如下：

$$\mathrm{SC}=\frac{y^2}{4R} \quad \left[\mathrm{SC}=\frac{(m-1)^2}{4R}y^2\right] \quad (18.1)$$

式中，y 是半孔径；R 是半径；m 是放大率。第一个表达式适用于无穷远的物距。带括弧的表达式适用于有限远共轭距。利用公式(15.21) 确定弥散斑 B 的最小直径：

$$B=\frac{y^3}{4R^2} \quad \left[B=\frac{(m-1)^2 y^3}{(m+1)4R^2}\right] \quad (18.2)$$

除以像距 l'（或者焦距），可以将表达式转换成角弥散（单位为 rad）：

$$\beta=\frac{y^3}{2R^3} \quad \left[\beta=\frac{(m-1)^2 y^3}{(m+1)^2 2R^3}\right] \quad (18.3)$$

代入 $f=R/2$ 和相对孔径 $(f/\#)=f/2y=R/4y$ 或者 $\mathrm{NA}=2y/R$，得到球面反射镜角弥散大小的表达式，是速度的函数（对无穷远物距），使用起来非常方便：

$$\beta=\frac{1}{128(f/\#)^3}=\frac{0.00781}{(f/\#)^3}=\frac{\mathrm{NA}^3}{16} \quad (\mathrm{rad}) \quad (18.4)$$

该表达式仅对三级球差是精确的，但一直到速度 $f/2$ 都相当可靠。在 $f/1$ 时，β 的精确光线追迹值是 0.0091，$f/0.75$ 时约为 0.024，$f/0.5$ 时约 0.13rad。

若光阑没有位于曲率中心，则有慧差和像散，并且（对无穷远物距）三级贡献量是：

$$\mathrm{CC}^*=\frac{y^2(R-l_p)u_p}{2R^2}=\frac{(R-l_p)u_p}{32(f/\#)^2} \quad (18.5)$$

$$\mathrm{AC}^*=\frac{(l_p-R)^2 u_p^2}{4R} \quad (18.6)$$

$$\mathrm{PC}=\frac{u_p^2 R}{4}=\frac{h^2}{2f} \quad (18.7)$$

式中，u_p 是半视场角；l_p 是反射镜到光阑的距离。注意，当 l_p 等于 R

时，CC*（弧矢慧差）和 AC*（S 与 T 场曲间隔的一半）都是零。如果光阑位于反射镜上，可以确定最小角弥散是：

慧差：
$$\beta = \frac{-u_p}{16(f/\#)^2} \quad (\text{rad}) \tag{18.8}$$

折中像散点：
$$\beta = \frac{u_p^2}{2(f/\#)} \quad (\text{rad}) \tag{18.9}$$

如果结合下列情况，公式(18.4)、公式(18.8) 和公式(18.9) 为计算球面反射镜的成像尺寸提供了非常方便的方法：(a) 如果光阑位于曲率中心，像散和慧差为零；(b) 光阑至曲率中心有一定距离，慧差随该距离呈线性变化 [根据公式(18.5)]（译者注：原文错印为 18.6）和像散是二次方变化 [根据公式(18.6)]。球差、慧差和像散弥散角之和将对球面反射镜点像的有效尺寸给出合理估算。

18.3 抛物面反射镜

通过旋转锥截面（圆、抛物面、双曲面和椭圆面）得到的反射表面有两个非常有价值的光学性质。第一，位于一个焦点处的点物体将成像在另一个焦点处而没有球差。旋转抛物面，如图 18.2 所示，由下面公式表示：
$$x = \frac{y^2}{4f} \tag{18.10}$$

f 处有一个焦点，另一个在无穷远，并且，能够对一个远距离的轴上点形成理想（衍射极限）的像。第二个特点是，如果孔径光阑位于焦平面，如图 18.2(a) 所示，则像没有像散。

然而，抛物面并非完全没有像差，还存有慧差和像散。由于没有球差，所以，光阑位置并不能改变由公式 (18.8) 给出的慧差量，光阑的位置变化会改变像散的量。当光阑位于反射镜上，像散由公式(18.9) 给出，如果

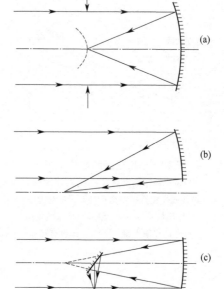

图 18.2 抛物面反射镜示意图
(a) 当光阑位于焦点处，抛物面反射镜没有像散；(b) 为了使焦点移到入射光束之外，对抛物面反射镜采用 Herschel 安装方式，就可以利用离轴孔径；(c) 牛顿安装方式利用一个 45°平面反射镜将焦点引至望远镜主镜管之外的一个可接触位置

光阑位于焦平面处，像散为零，如图 18.2(a) 所示，像位于半径为 f 的准球面上。

18.4 椭球面和双曲面反射镜

在传统的格里高利（Gregorian）望远镜（或称格里望远镜）和卡塞格林（Cassegrain）望远镜中都应用这些锥截面的成像性质，如图 18.3 和图 18.4 所示。

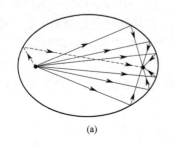

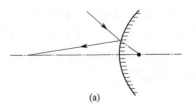

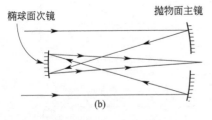

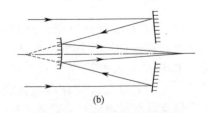

图 18.3 格里高利物镜系统
(a) 位于椭球面反射镜一个焦点处的点物体成像在另一个焦点处，没有球差；
(b) 传统的 Gregorian 望远镜使用抛物面主镜和椭球面次镜，所以，像没有球差

图 18.4 卡塞格林物镜系统
(a) 指向双曲面反射镜一个焦点的光线反射后通过另一个焦点；
(b) 传统的 Cassegrain 物镜使用一个抛物面主镜和一个双曲面次镜，当主镜的像位于次镜焦点处时，最终的像没有球差；如果两个表面的密切半径相等，则 Petzval 场曲是平面

每种形式中的主镜都是抛物面，在其焦点处产生一个无像差的轴上像点。次镜位于能使第一焦点与抛物面焦点重合的位置。因此，最终的像位于次镜的第二焦点处，并完全没有球差。抛物面、椭球面和双曲面反射镜都有慧差（比较图 18.3 虚线和实线产生的放大率）和像散，所以，只有轴上像完全没有像差。

无论是格里高利物镜还是卡塞格林物镜系统的主镜都可以使用任意的（在

合理的范围内）旋转表面，然后找到一些表面作为次镜，产生无球差的像。实际上，这是一个额外的自由度，可以使设计师改进系统的轴外成像质量。

里奇-克雷季昂（Ritchey-Chretien）物镜利用该额外自由度同时校正了卡塞格林物镜系统的球差和慧差，两个反射镜表面都是双曲面。同样的想法可以应用于格里高利物镜或由双反射镜组成的任何其他系统。

这种传统的反射系统有多种改进型。在格里高利物镜（图 18.3）中，两个椭球面和一个弱场镜就可以校正慧差、像散和球差，对卡塞格林物镜系统（图 18.4），在像空间加入一个厚同心弯月镜可以矫正 Petzval 值而不会改变球差或慧差，在次镜附近加上一个弱负透镜能够矫正慧差，在焦点附近放置一个双胶合弯月透镜可以矫正像散和 Petzval 场曲。关于锥截面方程请参考 18.6 节。

18.5 双反射镜系统的公式

利用三级像差表面贡献量公式［公式(6.2)］可以计算双反射镜系统的像差。下面公式适用于任何双反射镜系统，而与结构布局无关。主镜和次镜的曲率是：

$$C_1 = \frac{(B-F)}{2DF}$$

$$C_2 = \frac{(B+D-F)}{2DB}$$

式中，F 是组合后（或系统）的焦距；B 是后截距（第二个反射镜至焦点的距离）；D 是两个反射镜的间隔（此处 D 取正号）。注意，适当选择 F、B 和 D 可以得到任意的结构布局。卡塞格林物镜系统有一个正的焦距，格里高利物镜的焦距是负的。与 D 相比，两种系统的焦距都比较长。如果与 D 相比，B 选择长一些，其结果是得到施瓦兹希尔德（Schwarzchild）的结构布局（参考图 17.11）。

如果物体位于无穷远，并且光阑在主镜处，则三级像差之和是：

$$\Sigma TSC = \frac{Y^3[F(B-F)^3 + 64D^3F^4K_1 + B(F-D-B)(F+D-B)^2 - 64B^4D^3K_2]}{8D^3F^3}$$

$$\Sigma CC = \frac{HY^2[2F(B-F^2) + (F-D-B)(F+D-B)(D-F-B) - 64B^3D^3K_2]}{8D^2F^3}$$

$$\Sigma TAC = \frac{H^2Y[4BF(B-F) + (F-D-B)(D-F-B)^2 - 64B^3D^3K_2]}{8BDF^3}$$

$$\Sigma TPC = \frac{H^2Y[DF - (B-F)^2]}{2BDF^2}$$

式中，Y 是系统的半孔径；H 是像高；B 是第二块反射镜到像面的距离（即后截距）；F 是系统焦距；D 是间隔（使用正符号）；$\sum\text{TSC}$ 是横向三级球差和；$\sum\text{CC}$ 是三级弧矢慧差和；$\sum\text{TAC}$ 是横向三级像散和；$\sum\text{TPC}$ 是横向 Petzval 场曲和。K_1 和 K_2 分别是主镜和次镜等效四级变形系数。对于一个锥截面，K 等于锥形常数 κ(kappa) 除以 8 倍表面半径的立方，即 $K=\kappa/8R^3$ 或 $\kappa=8KR^3$。

可以求解出标准的设计形式。如果两个反射镜独立地校正球差，就得到传统的格里高利物镜或者卡塞格林物镜系统的参数如下：

$$K_1=\frac{(F-B)^3}{64D^3F^3} \quad (\kappa=-1)$$

$$K_2=\frac{(F-D-B)(F+D-B)^2}{64B^3D^3}$$

$$\sum\text{TSC}=0.0$$

$$\sum\text{CC}=\frac{HY^2}{4F^2}$$

$$\sum\text{TAC}=\frac{H^2Y(D-F)}{2BF^2}$$

注意，慧差只是视场（H）和 NA 的函数，与 B 和 D 没有关系。所有的格里高利物镜和卡塞格林物镜系统都有相同的三级慧差。

对于 Ritchey-Chretien 系统[1]，求解 K_1 和 K_2，使三级球差和慧差得到校正：

$$K_1=\frac{[2BD^2-(B-F)^2]}{64D^3F^3}=\frac{2BD^2}{(B-F)^3}-1.0$$

$$K_2=\frac{[2F(B-F)^2+(F-D-B)(F+D-B)(D-F-B)]}{64B^3D^3}$$

$$\sum\text{TSC}=0.0$$

$$\sum\text{CC}=0.0$$

$$\sum\text{TAC}=\frac{H^2Y(D-2F)}{4BF^2}$$

其中，K_1 和 K_2 可以矫正三级像差，但不能校正高级像差。简单地说，就是调整变形/锥形项使边缘球差和慧差得到校正，但对于高速系统，锥形系统会有剩余像差。如果需要，通过改变非球面的六级和更高级变形项可以校正这些剩余像差。

对达尔-基尔汉姆（Dall-Kirkham）系统通过采用一个非球面主镜以完成

---

[1] Chretien, "Rev. d'Optique Theorique et Instrumentale," Jan and Feb 1922。

所有像差的校正，并比较容易地设计出一个球面次镜。因此：

$$K_1 = \frac{[F(F-B)^3 - B(F-D-B)(F+D-B)^2]}{64D^3F^4}$$

$$K_2 = 0.0$$

$$\sum \text{TSC} = 0.0$$

$$\sum \text{CC} = \frac{HY^2[2F(B-F)^2 + (F-D-B)(F+D-B)(D-F-B)]}{8D^2F^3}$$

$$\sum \text{TAC} = \frac{H^2Y[4BF(B-F) + (F-D-B)(D-F-B)^2]}{8DBF^3}$$

一种倒置 Dall-Kirkham 系统由球面主镜和非球面次镜组成：

$$K_1 = 0.0$$

$$K_2 = \frac{[F(F-B)^3 - B(F-D-B)(F+D-B)^2]}{64B^4D^3}$$

$$\sum \text{TSC} = 0.0$$

$$\sum \text{CC} = \frac{HY^2[2BD^2 - (B-F)^2]}{8BD^2F^2}$$

$$\sum \text{TAC} = \frac{H^2Y[(F-B)^3 + 4BD(D-F)]}{8DB^2F^2}$$

如上所述，这些表达式完全是一般性的公式，适用于所有的双反射镜系统。当然，这些表达式局限于三级像差，但是，直到约 $f/3$ 的速度时仍是惊人地精确。可以将这些结果作为研发更快速度或更复杂设计的初始形式，增加一些非球面校正板或第三块反射镜以实现其他方面，例如对像散的校正。根据这些公式的结果能够得到具有更高速度光学系统的良好初始设计。

注意，锥形面反射镜似乎违背了第 12 章像面照度下降的原理。例如，设计直径比其焦距大两倍的抛物面反射镜，比如速度 $f/0.25$ 的抛物面反射镜完全是可行的，并没有轴上球差。然而，在前面章节，已经使读者相信 $f/0.5$ 的速度是可以达到的最大孔径。

通过查验图 18.5 会解决看似矛盾而实际上是正确的这种说法。在图 18.5 中，抛物面反射镜的速度是 $f/0.25$。注意，只是轴上区域，焦距才等于 f；而边缘区域，焦距会更大些。抛物面反射镜的边缘区域焦距是：

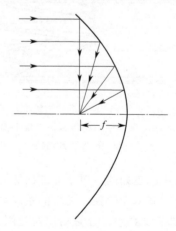

图 18.5　解释 $f/0.25$ 抛物面反射镜焦距随光线高度的极端变化

$$F = f + x - f + \frac{y^2}{4f} \tag{18.11}$$

所以，抛物面反射镜是一个偏离齐明条件（没有球差和慧差）的系统。对于 $f/0.25$ 的抛物面反射镜，边缘区域焦距是轴上焦距的两倍，并且，放大率对应地增大。因此，如果物体是有限大小，那么，由该反射镜边缘部分所成像的大小将是轴上所成像的两倍，当然，这不过是普通的慧差（放大率随孔径的"变化"）。所以，抛物面反射镜仅在轴上完全没有像差。

由于推导中已经假设是齐明系统，所以，就可以解释表面上看起来与像面照度原理相矛盾的问题。从另外观点出发，一定要牢记，尽管抛物面反射镜对无限小（几何）的点可以形成理想像，但是，这样的点（是无限小）不可能发射出足够能量；当物体增大到任意实际尺寸时，抛物面有一个真实的视场，像变得存有慧差，像的能量散布在一个有限的弥散斑内，因此，将像面照度降低到第 12 章表示的最大照度。

由于卡塞格林物镜系统比较紧凑，并且第二次反射将像放置在主镜之后比较容易接受的位置，所以，该系统（通常是改进型）得到了广泛应用。当需要一个较大视场时，这种系统就显现出严重的缺点，必须要设置一块大的遮挡板以遮拦像面漏出的杂光辐射。图 18.6 所示为这种难度以及为解决该问题而经常使用的挡板类型。除内部遮挡板外，还常常使用外部"遮光罩"，这是望远镜外主镜筒的一种扩展或延续。

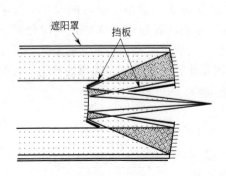

图 18.6　在卡塞格林物镜中，必须使用复杂的锥形挡板以遮挡像平面漏出的杂散光辐射

与普通球面相比，由于其单轴性，非球面的加工更难。一个强抛物面反射镜在成本和量级上都比等效球面更大。椭球面和双曲面更困难一点，非锥形非球面还要更难。因此，在确定非球面之前，一定要把困难想得更多一些（两倍或者三倍的难度）。一个球面系统往往以非球面成本的几分之一就做得非常好，在中等尺寸的折射系统中也是如此，单个非球面透镜的成本可以买到几个普通的球面透镜。然而，对于非常大的独一无二的系统，非球面常常是非常明智的选择。因为大的系统（即天文物镜）在最后阶段是用手工制作，并且，非球面只是使光学技术人员增加一点儿工作量。

计算机控制单刃金刚石切削加工技术已经成为加工非球面的实际技术。该技术尤其适合红外光学透镜，可以说，金刚石切削技术使非球面的使用成为现实，使非球面在许多商业领域，例如高级照相设备中得到应用。特别稳定和精密的机床（即车床和磨床）可以加工出具有非常小切痕的表面，足以适合高质量的光学系统。金刚石切削技术的局限是，只有少数材料适合于金刚石切削，包括锗、硅、铝、铜、镍、硫化锌、硒化物和塑料，而不包括玻璃和黑色金属。然而，玻璃注模技术已经达到一定的质量水平，可以使注模非球面应用于衍射受限系统，例如，已经加工出玻璃注模和塑料注模非球面两种透镜应用于激光影碟物镜。在计算机控制的设备上加工这些工艺用精密模具，在一些情况下，也使用金刚石切削技术。

18.6 过原点的锥形截面

锥形表面常常应用于光学系统中。这种表面有两个非常重要的光学性质：第一个性质是，如果物点位于锥面的一个焦点处，则像点位于另一个焦点处，并且没有球差（但有慧差）；第二个性质是，若孔径光阑位于焦平面，则没有像散。

有三个常用的确定锥形表面的锥形常数。在下面公式中，r 是（轴上）半径；c 是曲率（$c=1/r$）；p 是锥形常数。在光学系统中常常使用常数 $\kappa[\kappa=(p-1)=(-e^2)]$，在光学设计中很少用到偏心率 $e=\sqrt{-\kappa}=\sqrt{(1-p)}$。锥形截面的常数值如下：

椭球面(A)[①]	$p>1$	$\kappa>0$	$e^2<0$
圆	$p=1$	$\kappa=0$	$e=0$
椭球面(B)[②]	$1>p>0$	$0>\kappa>-1$	$0<e^2<+1$
抛物面	$p=0$	$\kappa=-1$	$e=-1$
双曲面	$p<0$	$\kappa<-1$	$e^2>+1$

[①] 焦距不在 x 轴上。
[②] 焦距在 x 轴上。

过原点的锥形截面的公式是：

$$y^2 - 2rz + pz^2 = 0$$

$$z = \frac{r \pm \sqrt{r^2 - py^2}}{p} = \frac{cy^2}{1 + \sqrt{1-pc^2y^2}}$$

$$z = \frac{y^2}{2r} + \frac{1py^4}{2^2 2! r^3} + \frac{1 \cdot 3 p^2 y^6}{2^3 3! r^5} + \frac{1 \cdot 3 \cdot 5 p^3 y^8}{2^4 4! r^7} + \frac{1 \cdot 3 \cdot 5 \cdot 7 p^4 y^{10}}{2^5 5! r^9} + \cdots$$

在光学应用中，使锥形截面绕 z 轴旋转得到锥形表面。旋转（$p>1$）得到的椭球面（A）的焦点并不在轴上，所以，两个焦点之间的像不是无像散的，加工过程中，不能像椭球面（B）（$1>p>0$）那样进行简单测试。对于椭球面

(B)，两个焦点位于轴上，在焦点之间成像是无像散的。有时，前者椭球面（A）称为扁椭球面（或者椭球面）（英语单词 oblate 意思是"压扁"），后者椭球面（B）称作长椭球面（或者椭球面）（英语中 prolate 意思是"拉长"），光学文献中这两个术语常会混淆。抛物线旋转形成的表面是抛物面，圆旋转产生的表面是球面，由双曲线旋转形成的表面是双曲面。

焦点间的距离：

$$\frac{r}{p}(1\pm\sqrt{1-p})$$

焦点间的放大率：

$$-\left[\frac{1+\sqrt{1-p}}{1-\sqrt{1-p}}\right]$$

与轴相交于：

$$Z=0,\frac{2r}{p}$$

锥形面与具有相同顶点半径 r 的圆之间的距离（即对一个球面的偏离量）：

$$\Delta z = \frac{(p-1)y^4}{2^2 2! \, y^3} + \frac{1\cdot 3(p^2-1)y^6}{2^3 3! \, r^5} + \frac{1\cdot 3\cdot 5(p^3-1)y^8}{2^4 4! \, r^7} + \cdots$$

锥面法线与 z 轴的夹角：

$$\phi = \tan^{-1}\left[\frac{-y}{(r-pZ)}\right]$$

$$\sin\phi = \frac{-y}{[y^2+(r-pZ)^2]^{1/2}}$$

曲率半径：

子午面内 $\quad R_t = \dfrac{R_s^3}{r^2} = \dfrac{[y^2+(r-pZ)^2]^{3/2}}{r^2}$

弧矢面内 $\quad R_s = [y^2+(r-pZ)^2]^{1/2}$

18.7 施密特（Schmidt）系统

由于光阑位于球心会使系统具有大的均匀像场，所以，施密特（Schmidt）物镜（图 18.7）可以视为将这种思想与抛物面"理想"成像相结合的一种尝试。在施密特系统中，反射镜是一个球面，采用位于曲率中心的一块薄折射非球面校正板校正球差。因此，很大程度上保留了球面的同心特性，球差完全被消除（至少对一种波长）。

剩余像差是球差随颜色的变化和某些高级像散、或者由于在相同角度下轴外光束不能像轴上光束一样投射到校正板上而产生的斜光线球差。校正板某一给定区域的作用类似于一块薄折射棱镜,对于非斜光线,该棱镜近似于最小偏折作用,随着入射角变化,"棱镜"的偏折能力提高,引入过校正球差。由于在子午面内的作用不同于弧矢面内,所以产生像散,这种组合就是斜(光线)球差。由下面表达式可以得到施密特系统的子午角弥散:

$$\beta = \frac{u_p^2}{48(f/\#)^3} \quad \text{弧度} \quad (18.12a)$$

轴上色球差弥散近似等于:

$$\beta = \frac{1}{256V(f/\#)^3} \quad \text{弧度} \quad (18.12b)$$

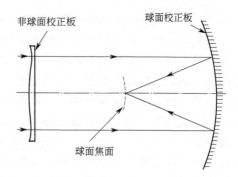

图 18.7 施密特系统
由一块球面反射镜和一块位于曲率中心的非球面校正板组成。在此表示的 $f/1$ 系统中的非球面是严重夸大了的

一个完整的施密特设计,请参考图 19.52。

很明显,有无限多个非球面可以用作校正板。如果保持焦点在反射镜的近轴焦点处,那么,校正板的近轴光焦度是零,并且要选取弱凹面形式。最佳情况如图 18.7 所示形状,有一个凸的近轴区,在 0.866 或 0.707 带区有最小厚度,取决于是否希望色球差降至最小,或者加工过程中是否希望研磨掉的材料量最小。采用下面措施可以使施密特系统的性能稍微得到改善:①不完全校正轴上像差以补偿轴外过校正;②"对校正板"稍做弯曲;③减小间隔;④使主镜稍有点非球面以减轻校正板所承担的过校正负载。使用更多的校正板,并使用一个消色差校正板使像质得到进一步改善。

下面公式给出了一个准优化校正板应有的表面形状:

$$z = 0.5Cy^2 + Ky^4 + Ly^6$$

式中

$$C = \frac{3}{128(n-1)f(f/\#)^2}$$

$$K = \frac{\left[1 - \frac{3}{64(f/\#)^2}\right]}{32(1-n)f^3}$$

$$L = \frac{1}{85.8(1-n)f^5}$$

其中,f 是焦距;$f/\#$ 是速度或者 f 数;n 是校正板的折射率。

施密特非球面校正板通常要比抛物面反射镜的非球面容易制造。这是因为玻璃校正板表面的折射率差约为 0.5,而抛物面反射表面的有效折射率差是

2.0，因此对制造误差的敏感程度只有 1/4。

这类非球面校正板可以增加到大部分光学系统中。必须记住，放置于孔径光阑处的非球面（如施密特系统中）仅仅会影响球差，并且，若用于校正慧差或像散，必须将非球面放置得远离光阑。可以将非球面校正板增加到前面章节阐述的任一种双反射镜系统中，如果两个反射镜都是非球面，那么，增加校正板可以提供足够的自由度以校正球差、慧差和像散，校正板已经应用在入射光束或者像方空间中。一个例子就是"施密特-卡塞格林"系统，卡塞格林结构布局中的两块反射镜是简单的球面反射镜，非球面校正板是系统的前光窗，常用来支撑次镜。这是一个商业上非常成功的商用系统。

18.8　Margin 反射镜（内表面镀膜反射镜）

Margin 反射镜或许是最简单的折反式（即由折射透镜和反射镜组成）系统，第二表面是球面反射镜，通过选择第一表面的光焦度校正反射面的球差，如图 18.8 所示。设计一个 Margin 系统是比较简单和直接的。任意选择一个半径（对于反射表面，半径值约为焦距期望值的 1.6 倍是较合适的），连续变化另一个半径，直至球差得到校正。如果折射率是 1.5，该半径等于焦距。然而，这种校正仅是对一个带区，因而有欠校正剩余带球差。带球差所产生的角弥散斑尺寸近似地（对孔径小于 $f/1.0$）由经验公式得到：

$$\beta = \frac{10^{-3}}{4(f/\#)^4} \quad (\text{rad}) \tag{18.13}$$

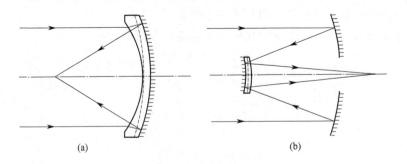

图 18.8　Margin 反射镜

(a) 由折射第一表面校正第二反射面的球差；(b) 用 Margin 型第二表面校正球差。虚线表示色差校正可以达到的样式。在双胶合 Margin 系统中，可以利用玻璃选择作为校正慧差的设计自由度

注意，这是最小直径的弥散，"核心部分"的弥散直径更小，如第 15 章讨论的。在较大孔径时，由公式(18.13)预测的角弥散实在太小了，例如，在

$f/0.7$ 时，弥散约为 0.002rad，比公式(18.13) 预测值大两倍。

由于 Margin 系统粗略地等效于一个消色差反射镜加上一对简单的负透镜，所以，该系统具有非常大的过校正色差。在折射透镜中增加一个消色差双胶合透镜就可以校正这种像差。对简单的 Margin 系统，色差角弥散近似等于：

$$\beta = \frac{1}{6V(f/\#)} \quad \text{(rad)} \tag{18.14}$$

式中，V 是所用材料的 Abbe V 值。注意，这只是一个简单透镜色差角弥散的 1/3 $[\beta = 1/2V(f/\#)]$。

Margin 主镜的慧差弥散近似是公式(18.8) 给出值的一半。由于球差得到校正，慧差稍有变化主要源自光阑位置的漂移。

Margin 系统的原理可以应用于系统次镜，也可应用于主镜。图 18.8(b) 表示卡塞格林类系统，次镜是一个消色差 Margin 反射镜。在这种系统中，所有表面都是球面，并且只有小的次镜需要用高质量的光学材料制造，所以，该类系统比较经济，重量也轻。一个薄的第二表面反射零件的光焦度是：

$$\phi = 2C_1(n-1) - 2C_2 n$$

Margin 反射镜常常用作比较复杂系统中的元件。例如，一个系统的主镜或次镜。就此而论，其作用是无需太多增加系统重量就可以校正像差，并且，常常可以有效地代替价格昂贵的非球面。参考图 19.33 和图 19.34 中的例子。

18.9 Bouwers [或马克苏托夫(Maksutov)] 系统

Bouwers（或马克苏托夫）系统可以看作是 Margin 反射镜原理的逻辑延伸，校正透镜至该反射镜有一定距离，所以有两个额外自由度，从而使系统的成像质量有很大改善。

该系统比较流行的一种形式是 Bouwers 同心系统，如图 18.9 所示。在这种系统中，所有表面都与孔径光阑同心，（正如在简单球面反射镜情况中特别提出注意的）在整个视场范围内都有均匀的成像质量。由于只有三个自由度，就是说，三个曲率，所以，是设计起来相当简单的系统。选择 R_1 设定透镜比例（R_1 值等于预期焦距的 85% 是合适的），确定 R_2 以给出校正板的合适厚度，给定 R_3 使边缘球差为零。由于是同心结构，慧差和像散为零，并且像位于与光阑同心的一个球面上，球面半径等于系统焦距。因此，只需追迹很少几条光线就完全可以确定系统的校正。

这种系统令人最感兴趣的一个性质是，同心校正板零件可以放置在系统中任何位置（只要保持同心），产生完全一样的像差校正。校正板的两个等效位

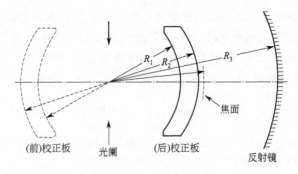

图 18.9 Bouwers 同心系统

在 Bouwers 同心折反系统中，所有表面都与空间光阑同心。校正透镜的"前"和"后"部分是一样的，产生同样的校正。系统后半部分更紧凑些，但前半部分校正得更好，因为可以利用校正板的更大厚度而不会与焦平面干涉。偶尔，也会在两个位置上同时使用校正透镜

置如图 18.9 所示。第三个位置在会聚光束中，位于反射镜和像面之间。

如果接受曲面焦面，则 Bouwers 同心系统仅存的像差是剩余的带球差和纵向（轴向）色差。一般地，随着校正板厚度增加，带球差减小，色差增大。

上述同心系统应用于需要宽视场的领域。如果视场要求允许，可以使其偏离同心结构模式，当然，这会以牺牲慧差和像散校正为代价，但可以减少带球差和色差。

将厚透镜公式［公式(3.21) 和公式(3.22)］相对于折射率微分，令结果等于零，并对透镜形状求解该公式，而令其光焦度或成像距离都不随折射率（或波长）而变化。这是一个消色差单透镜，是厚弯月透镜的形状，可以用作消色差校正板，如图 18.9 所示。这是马克苏托夫（Maksutov）系统的基础。

另外一种影响色差校正的方法表示在图 18.10(a) 中，弯月形校正板设计成消色差结构。注意，这种方法破坏了同心性，如果使用冕牌和火石玻

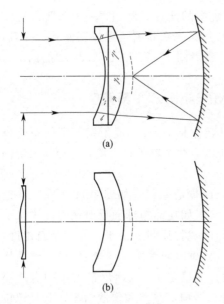

图 18.10 消色差弯月校正板和非球面校正板
(a) 一个消色差弯月校正板；
(b) 一个位于光阑处的非球面校正板消除了同心系统的剩余带球差

璃的透镜有同样的折射率,而有不同的 V 值(即 617：549 和 617：366),那么,对折射率相匹配的波长,保留了同心性,并且,只有色差校正会随倾角变化。

如果同心 Bouwers 系统与施密特型非球面校正板组合,如图 18.10(b) 所示,就可以设计出一个非常好的系统。非球面校正板只需校正同心系统少量的剩余带像差,所以,其作用比较弱,该作用随倾角的变化也较小。Baker-Nunn 卫星追踪照相机就是以此原理为基础,但结构比较复杂,在光阑处使用了双弯月校正板和三个(消色差)非球面校正板。

基本的 Bouwers-Maksutov 弯月形校正板原理已在以大量的不同形式应用。图 18.11 给出了以该原理为基础的卡塞格林系统的几种形式,或许,读者可以在几分钟内提出同样数量的方案。类似于图 18.11(c) 所示的一种结构布局常常应用于自动导引导弹的制导系统。该校正板成为相当好的空气动力光窗或整流罩,尽管该系统不是同心系统,但可以用万向支架结构把主镜和次镜连接在一起作为一个整体,以整流罩的曲率中心为中心,以便于在瞄准方向变化时保持"轴上"校正不变。

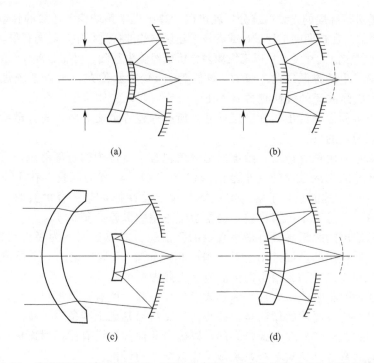

图 18.11　弯月形校正板折反系统(可能有多种)卡塞格林形式中的四种结构布局
　　　　　系统(b)和(d)常常应用于小型商用望远镜中

依据折反原理可以设计出大量不同的系统,在几乎想得到的每种形式中都有折射校正板与反射镜的组合。已经使用正场镜将基本形式的凹反射镜的过校正 Petzval 表面拉平，将校正了慧差的场镜与抛物面组合，以及多个薄非弯月形校正板与球面反射镜结合使用，以减少仪器的误差变化。当然，这种一般系统的基本优势是球面反射镜本身有较小像差，校正板的任务是在不损害其优点的前提下消除缺点。

可以将两个以上密接的薄校正板零件（其总光焦度等于零）设计成一定形状，以校正球面反射镜的像差，如果所有校正透镜的玻璃都相同，则该组合稍有一点儿或者没有初级色差或二级光谱。折反系统的另外例子表示在图 19.32、图 19.39 和图 19.34 中。

注意，参考文献中列出的 L. Jones 的文章对反射物镜和折射物镜领域的研究工作给出了非常好和完整的评述，包括对每种系统的结构数据、相关光学图和有意义的资料注释。

18.10　对简单光学系统弥散斑尺寸的快速计算

无需进行麻烦的光线追迹分析就可以计算出光学系统像差造成的弥散大小是非常有用的。在初期的工程设计或者技术建议书的准备过程中，时间有限，下面给出的材料（在很大程度上是以三级像差分析或经验为基础）可能非常有价值。

根据产生的弥散斑的角度 β（单位为 rad）表示像差，乘以系统焦距可以将 β 转换成弥散斑的线性直径 B。在这一节，假设物体位于无穷远。

对于多种像差给出的弥散斑尺寸，所有像差弥散之和将对总弥散给出一个保守（大的）的估计。

如果弥散由色差造成，给出的弥散角包含了点像中的全部能量。有时，在由公式计算的弥散尺寸的一半范围内包含 $75\% \sim 90\%$ 的能量，在 1/4 范围包含 $40\% \sim 60\%$ 的能量，了解到这些情况对于设计师是非常有价值的。在可见光范围内，通过对系统消色差，通常会使色差弥散减小到 1/40。

球差给出的弥散是具有最小直径的弥散斑。对以探测器为接受装置来说，这些值是最有用的。如果用于目视和照相，如第 15 章讨论的，更可取的"核心问题"是聚焦，因此给出的弥散应当由此做些改动。

注意，除了公式(18.15) 和公式(18.16) 外，所有弥散都以几何计算为基础。所以，比较聪明的做法是，在几何计算结果基础上准备进一步工作时，首先计算公式(18.15) 和公式(18.16) 以确定几何弥散没有比衍射斑更小。

在前面章节已经对单个系统做了比较全面的讨论。

衍射受限系统

艾利斑第一个暗环的直径是：

$$\beta = \frac{2.44\lambda}{D} \quad (\text{rad}) \tag{18.15}$$

$$B = 2.44\lambda(f/\#) = \frac{1.22\lambda}{N} \tag{18.16}$$

式中，λ 是波长；D 是系统的通光孔径；$(f/\#) = f/D$ 是相对孔径；f 是焦距。弥散的"有效"直径（为调制传递函数考虑）约为上述值的一半。

球面反射镜

球差：

$$\beta = \frac{0.0078}{(f/\#)^3} \quad (\text{rad}) \tag{18.17}$$

弧矢慧差：

$$\beta = \frac{(l_p - R)U_p}{16R(f/\#)^2} \quad (\text{rad}) \tag{18.18a}$$

对于锥形截面：

$$\beta = \frac{(pl_p - R)U_p}{16R(f/\#)^2} \tag{18.18b}$$

像散：

$$\beta = \frac{(l_p - R)^2 U_p^2}{2R^2(f/\#)} \quad (\text{rad}) \tag{18.19a}$$

对于锥形截面：

$$\beta = \frac{(pl_p^2 - 2l_p R + R^2)U_p^2}{2R^2(f/\#)} \tag{18.19b}$$

式中，l_p 是反射镜到光阑的距离；R 是反射镜的半径；$(l_p - R)$ 是中心到光阑的距离；U_p 是半视场角，单位为 rad。当光阑位于曲率中心时，球面反射镜的焦平面位于与反射镜同心的球形表面上。对于锥形常数的定义，请参考 18.6 节。

抛物面反射镜

球差：

$$\beta = 0 \tag{18.20}$$

弧矢慧差：

$$\beta = \frac{U_p}{16(f/\#)^2} \quad (\text{rad}) \tag{18.21}$$

像散：

$$\beta = \frac{(l_p + f)U_p^2}{2f(f/\#)} \quad (\text{rad}) \tag{18.22}$$

式中符号前面定义过。

施密特系统 （在 0.866 处是无控制作用的参数区）

球差：
$$\beta = 0 \tag{18.23}$$

高级球差：
$$\beta = \frac{U_p^2}{48(f/\#)^2} \quad (\text{rad}) \tag{18.24}$$

色球差：
$$\beta = \frac{1}{256(f/\#)^3} \tag{18.24a}$$

Margin 反射镜 （光阑在反射镜处）

带球差：
$$\beta = \frac{10^{-3}}{4(f/\#)^4} \quad (\text{rad}) \tag{18.25}$$

色差：
$$\beta = \frac{1}{6V(f/\#)} \quad (\text{rad}) \tag{18.26}$$

（比一个薄透镜好 $3\times$）

弧矢慧差：
$$\beta = \frac{U_p}{32(f/\#)^2} \quad (\text{rad}) \tag{18.27}$$

像散：
$$\beta = \frac{U_p^2}{2(f/\#)} \quad (\text{rad}) \tag{18.28}$$

简单薄透镜 （最小球差形状）

球差：
$$\beta = \frac{K}{(f/\#)^3} \quad (\text{rad})$$
$$= \frac{n(4n-1)}{(f/\#)^3 128(n-1)^2(n+2)} \tag{18.29}$$

如果 $n = 1.5$, $\dfrac{C_1}{(C_1 - C_2)} = \dfrac{n}{2}\dfrac{(2n+1)}{(n+2)} = 0.857 \qquad K = 0.067$

$\qquad\quad = 2.0$, $\qquad\qquad\qquad = 1.25 \qquad\qquad\qquad K = 0.027$

$\qquad\quad = 3.0$, $\qquad\qquad\qquad = 2.1 \qquad\qquad\qquad K = 0.0129$

$\quad=3.5,\quad\quad=2.54\quad\quad\quad K=0.0103$
$\quad=4.0\quad\quad\quad=3.0\quad\quad\quad\quad K=0.0087$

色差：
$$\beta=\frac{1}{2V(f/\#)}\quad(\text{rad})\qquad(18.30)$$

弧矢慧差：
$$\beta=\frac{U_p}{16(n+2)(f/\#)^2}\quad(\text{rad})\qquad(18.31)$$

像散：

折中焦点处：
$$\beta=\frac{U_p^2}{2(f/\#)}\quad(\text{rad})\qquad(18.32)$$

式中，n 是折射率；V 是相对色散倒数；光阑位于透镜上。

同心 Bouwers 系统

同心系统像差表达式是经验公式，是根据 Bouwers, Lauroesch 和 Wing（参阅参考文献）给出的性能图和表格推导出的。

后半部同心（参考图 18.9 中实线）

必须限制该形式的最大校正板厚度以避免成像在校正板内部。校正板取可能的最厚厚度时，

带球差：
$$\beta\approx\frac{4\times10^{-4}}{(f/\#)^{5.5}}\quad(\text{rad})\qquad(18.33)$$

一般同心

带球差：
$$\beta\approx\frac{10^{-4}}{\left(\frac{t}{f}+0.06\right)(f/\#)^5}\quad(\text{rad})\qquad(18.34)$$

色差：
$$\beta\approx\frac{tf\Delta n}{2n^2R_1R_2(f/\#)}\quad(\text{rad})\qquad(18.35)$$

或者非常近似于：
$$\beta\approx0.6\frac{t}{f}\frac{\Delta n}{n^2(f/\#)}\quad(\text{rad})\qquad(18.36)$$

被校正同心

高级像差：

$$\beta \approx \frac{9.75(U_p + 7.2U_p^3) \times 10^{-5}}{(f/\#)^{6.5}} \quad (\text{rad}) \tag{18.37}$$

式中，t 是校正板厚度；f 是系统焦距；Δn 是校正板材料色散；n 是校正板折射率；R_1 和 R_2 是校正板的半径。这些表达式适合于 1.5～1.6 的折射率以及相对孔径 $f/1.0$ 或 $f/2.0$ 等级。如果速度大于 $f/1.0$，单色弥散角就比上述的大（在 $f/0.7$ 时约大 20%）。使用高折射率（$n>2$）校正板会稍微降低一点高速时的单色弥散。

练 习

参阅第 16 章练习前的注释。

1. 设计一个 20×（$f=8$mm）双反射镜显微物镜，并确定像差不超过瑞利极限条件的孔径和视场的合理组合。

2. 如果孔径是 $f/2$ 和半视场是 0.1rad，确定 18.9 节列出的各种系统相对角弥散斑的大小。光阑位置是苛刻的：(a) 最佳位置；(b) 最紧凑的结构布局。假设，折射材料的 V 值是 100。

3. 设计一个 $f/1$ 的 Bouwers 同心系统，使系统消色差（选择一对折射率匹配的冕牌和火石玻璃），并分析轴外色差及色差变化。

参考文献

Bouwers, W., *Achievements in Optics,* New York, Elsevier, 1950.
Dimitroff and J. Baker, *Telescopes and Accessories,* London, Blakiston, 1945.
Fischer, R. (ed.), *Proc. International Lens Design Conf.,* S.P.I.E., Vol. 237, 1980.
Jones, L., "Reflective and Catadioptric Objectives," in *Handbook of Optics,* Vol. 2, New York, McGraw-Hill, 1995, Chap. 18.
Kidger, M. Fundamental Optical Design, SPIE, 2002.
Kidger, M. Intermediate Optical Design, SPIE, 2004.
Korsch, D., *Reflective Optics,* New York, Academic Press, 1991.
Lauroesch, T., and C. Wing, *J. Opt. Soc. Am.,* Vol. 49, 1959, p. 410 (Bouwers systems).
Maksutov, D., *J. Opt. Soc. Am.,* Vol. 34, 1944, p. 270.
Riedl, M. J., *Optical Design for Infrared Systems,* S.P.I.E., Vol. TT20, 1995.
Rutten, H., and M. van Venrooij, *Telescopic Optics,* Richmond, VA, Willmann-Bell, 1988.
Schroeder, D., *Astronomical Optics,* San Diego, Academic, 1987.
Shannon, R., in Shannon and Wyant (eds.), *Applied Optics and Optical Engineering,* Vol. 8, New York, Academic, 1980 (aspherics).
Smith, W. J., *Modern Lens Design,* New York, McGraw-Hill, 1992.
Smith, W. J. (ed.), *Lens Design,* S.P.I.E., Vol. CR41, 1992.
Smith, W., in W. Driscoll (ed.), *Handbook of Optics,* New York, McGraw-Hill, 1978.
Smith, W., in Wolfe and Zissis (eds.), *The Infrared Handbook,* Washington, Office of Naval Research, 1985.
Taylor, W., and D. Moore (eds.), *Proc. International Lens Design Conf.,* S.P.I.E., Vol. 554, 1985, also Proc. Intr. Optical Design Conf. 1990, 1994, 1998, 2002, 2006. SPIE and OSA（不同版本）。

第 19 章 物镜设计实例集、分析和说明

19.1 概述

这一章整个内容都是物镜系统的设计数据以及对光线有关数据的解释性分析,这些物镜在本书前面章节都没有讨论过,绝大部分是从下面著作挑选出来的:Smith,Modern Lens Design,2nd ed,New York,McGraw-Hill,2005。

不管其可能使用的焦距是多少,所有这些物镜都是在标准焦距 100mm 下设计的。如果要评价其性能,必须要清醒地认识到,这种方式使对设计进行比较时更为容易,例如,一个显微物镜可能应用在焦距比 100mm 小许多的数量级,而望远物镜可能用在比较长焦距的数量级。

本章内容包括两部分:①为实际光学系统设计过程中使用的设计特点和技术提供例子和图表,显然,对于那些希望学到更多有关透镜设计技巧的设计师,无疑是非常有益的;②对于那些希望为个人的具体应用选择或改造一种设计结构布局的设计师,能够提供切实可行的初始设计结构。

19.2 物镜的数据表

物镜的数据表相当直接明显,列出每个表面的半径、轴上厚度、材料名称、折射率、阿贝 V 值和半孔径值。半径的符号规则是:如果曲率中心在表面右侧,符号为正,若在左侧,符号为负。半径栏中空白表示平面(即半径无穷大)。物镜表中给出的系统数据如下:

efl＝焦距；
bel＝后截距；
NA＝数值孔径（f 数）；
GIH＝高斯像高（半视场、单位度）；
PTZ/f＝（Petzval 半径）/efl；
VL＝镜顶长度；
OD＝物距。

光学系统的材料经过挑选，尽可能使给出的材料更准确地与原始设计数据匹配。绝大部分玻璃来自肖特公司的玻璃目录，也适合其他玻璃生产厂商。然而，应当明白，在最近几年，由于环保的原因，许多玻璃类型被玻璃厂家停止生产，代以新的配方材料。除几种材料外，表中列出的大部分玻璃都与当前的材料等效，可以找到满意的替代材料。[很明显，如果希望减低或校正二级光谱，必须一直关注六位数字（nnnvvv）玻璃编码之外的资料，并根据"精确"的玻璃熔炼出炉表给出的数据审核局部色散]。

19.3 光线追迹图[①]

光线追迹图左侧的六种曲线表示光线交点与光线在入瞳上相对高度的关系。例如，在图 19.1 中（译者注：原文错印为图 1.1）最左侧的曲线是对 Y-Z（子午面内）平面内的光线扇，相邻的半侧曲线是对 X-Z（弧矢）平面内的光线扇。（因为弧矢曲线是以原点为中心的点对称，所以，没有画出弧矢曲线的左半部）表示出三种视场角：（在该例子中）轴上、±0.7°和±1°。光线交点曲线标有三种颜色：＋号代表中间波长（该设计中是 588nm），三角代表短波长（486nm），正方块代表长波长（656nm）。垂直方向的标度值是±0.02mm（注意，调整每个图形的比例以适应该物镜的像差量）。

图形右上方一栏中，最左侧的曲线表示近轴主光线的场曲，＋号代表弧矢光线，×号代表子午光线，此处水平轴的标度值为±0.10mm，中间曲线是三种颜色的纵向球差。注意，该曲线与图形左下角轴上光线的交点曲线代表完全一样的数据，标度值是±0.10mm。最右侧的曲线是近轴焦点的纵向漂移，是波长的函数。标度值为±1.0mm。

下面中间两条曲线中，上面一条是百分畸变与视场角，垂直轴的标度值是±0.01%，下面曲线表示主光线的横向色差。三角表示的曲线代表短波长

---

❶ 图 6.2 和 6.5 节为本书使用的光线像差曲线提供了类似解释，加上一种解释性的样品曲线。

第19章 物镜设计实例集、分析和说明

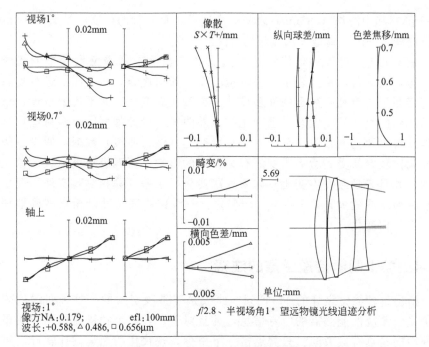

图 19.1　$f/2.8$ 三分离望远物镜

对望远物镜，$f/2.8$ 的速度太快，然而，对于如何控制高级像差却是一个非常好的例子。将冕牌透镜分裂成两个零件减小了欠校正带球差，冕透镜之间的较大间隔和火石透镜一起控制着色球差，同时也减小了带球差。其结果是，除了有很明显的二级光谱外，该物镜的球差和色球差都校正得非常好，轴上像差近乎完美。利用具有不寻常局部色散的玻璃可以解决这个问题〔以增大像差和（或）玻璃难以加工带来的高成本为代价〕。

轴外曲线表示物镜不对称形式以及正冕透镜和负火石透镜的较大间隔造成的影响。要注意这些曲线中的高级彗差，特别是横向和纵向色差。一种对称的＋－＋结构而不是＋＋－结构布局会改善这些问题。

该物镜需要对零件定中心和安装提出严格公差。将一块冕透镜胶合到火石透镜上的结构形式〔即(＋－)＋，＋(＋－)，或者＋(－＋)〕对调校要求较松，对精度误差不太敏感，较容易加工。

$f/2.8$ 半视场角 1°的三分离望远物镜

半径	厚度	材料	折射率	V值	半孔径（sa）	
50.098	4.500	BK7	1.517	64.2	18.0	efl＝100
－983.420	0.100	空气			18.0	bfl＝75.13
56.671	4.500	BK7	1.517	64.2	17.3	NA＝－0.1788（$f/2.8$）
－171.150	5.571	空气			17.3	GIH＝1.75
－97.339	3.500	SF1	1.717	29.5	15.0	PTZ/f＝－1.749
81.454	75.292	空气			0.0	VL＝18.17
						OD＝无限共轭距

（486nm）减去中间波长（588nm）的高度差，正方形表示的曲线代表长波长

(656nm) 和中波长 (588nm) 之间的高度差，垂直轴的标度值是±0.005mm，两条曲线之间的距离是红光与蓝光的横向色差。

鉴于几方面的原因，作者选择光线像差表示本章透镜设计中的光学性能：像差曲线可以清楚表示一个物镜的设计如何优秀，从实质上进行比较更为直接明了。专利中列出的许多设计（有意或无意地）并不代表该设计形式能够达到的最佳校正状态。已知光线像差曲线，设计师可以很容易地评估重新设计可以达到的校正水平。应用三级变化（像差曲线）数据，假设三级像差变化比较容易受到适当改变的有关参数的影响，而五级和更高级像差是稳定的，并且未必会发生变化。如果焦距变化，像差（除相对畸变外）简单地随焦距缩小或放大，若 NA 或 $f/\#$ 变化，三级像差理论可以相当准确地评估像差将如何变化。

19.4 关于调制传递函数的注释

给出每种物镜设计的 MTF-频率曲线是非常吸引人的。这种曲线代表着评价光学系统性能必需的所有信息，并且对于比较两个物镜在相同应用条件下的性能是卓有成效的。只需点击一下鼠标，现代化的光学设计软件就可以给出 MTF 曲线，本书读者可以很容易地得到适合其应用条件和焦距的那些物镜的 MTF。遗憾的是，一份 MTF 曲线绝对不会提供哪一种像差对光学性能有不利影响的相关信息，或者应当如何改进该设计。除非物镜非常理想，否则，对于一个任意选择的课题，单凭 MTF 曲线可能会给物镜一个误导性的评价。一种 MTF 只是对计算该 MTF 值条件下聚焦情况的评价。为了使其有效，一种 MTF 分析（和"最佳"聚焦点的选择）必须要考虑下面内容：

应用条件；
轴上像质与轴外像质的相对重要性；
分辨率与对比度的相对重要性；
所使用物镜的焦距；
相对孔径的设定；
其他几种因素。

特别要注意，当透镜按比例缩放时，MTF 曲线不能缩放（除非是某些极特殊的例子里，才需要将波长以相同的因子缩放）。设计过程中，如果空间频率选择得当，一条准确聚焦的 MTF 曲线就是一个很有价值的帮助。遗憾的是，包含有几种频率和视场的较为完整的曲线，尽管有可能为某种具体应用提供足够数据，但是，马上会变得过于复杂和混乱以致无法使用。

19.5 物镜目录

表 19.1 物镜目录

图号	名称	速度	视场
19.1	三分离望远物镜	$f/2.8$	$\pm 1°$
19.2	复消色差双胶合望远物镜	$f/7.0$	$\pm 1°$
19.3	复消色差胶合三透镜物镜	$f/7.0$	$\pm 1°$
19.4	复消色差分离三透镜物镜	$f/7.0$	$\pm 1°$
19.5	复消色差三透镜物镜	$f/7.0$	$\pm 1°$
19.6	双胶合放大物镜	$f/2.0$	$\pm 17.4°$
19.7	四片型目镜	$f/3.3$	$\pm 25.2°$
19.8	对称型目镜	$f/5.6$	$\pm 25.2°$
19.9	埃尔弗目镜	$f/5.0$	$\pm 35°$
19.10	Cooke 三片型物镜	$f/4.5$	$\pm 25.2°$
19.11	三片型物镜	$f/2.5$	$\pm 16.2°$
19.12	宽光谱三片型物镜	$f/8.0$	$\pm 14°$
19.13	反摄远物镜	$f/2.8$	$\pm 37°$
19.14	鱼眼物镜	$f/8.0$	$\pm 85.4°$
19.15	摄远照相物镜	$f/5.0$	$\pm 6.0°$
19.16	摄远照相物镜	$f/4.0$	$\pm 6.0°$
19.17	Goerz Dagor 物镜	$f/8.0$	$\pm 26.6°$
19.18	Dogmar 放大物镜	$f/4.5$	$\pm 26°$
19.19	双胶合透镜倒置的天塞物镜	$f/3.0$	$\pm 28°$
19.20	倒置天塞物镜	$f/2.8$	$\pm 25.2°$
19.21	Heliar 物镜	$f/3.5$	$\pm 25.2°$
19.22	五片型天塞物镜	$f/2.7$	$\pm 16.2°$
19.23	改进型 Petzval 放映物镜	$f/1.6$	$\pm 9.1°$
19.24	六片型 Petzval 物镜	$f/1.4$	$\pm 6.8°$
19.25	六片型 Petzval 物镜	$f/1.25$	$\pm 12.4°$
19.26	R-Biotar X 射线照相物镜	$f/0.9$	$\pm 6.8°$
19.27	前透镜分裂型三分离物镜	$f/1.5$	$\pm 15.1°$
19.28	额曼诺斯(Ernostar)照相物镜	$f/1.4$	$\pm 15.1°$
19.29	索纳(Sonnar)物镜	$f/2.0$	$\pm 19.8°$

续表

图号	名称	速度	视场
19.30	索纳(Sonnar)物镜	$f/1.2$	±18°
19.31	显微物镜	$f/0.53$	±3.2°
19.32	折反式卡塞格林物镜	$f/1.5$	±1.25°
19.33	折反式卡塞格林物镜	$f/8.0$	±1.76°
19.34	折反式卡塞格林物镜	$f/1.2$	±5.1°
19.35	双高斯物镜	$f/1.25$	±12.4°
19.36	双高斯物镜	$f/2.0$	±22.3°
19.37	七片型双高斯物镜	$f/1.4$	±23°
19.38	七片型双高斯物镜	$f/1.2$	±23.8°
19.39	八片型双高斯物镜	$f/1.1$	±15.1°
19.40	六片型安古龙(Angulon)物镜	$f/5.6$	±37.6°
19.41	八片型安古龙物镜	$f/4.7$	±45°
19.42	带有场校正镜的三分离物镜	$f/4.0$	±31.5°
19.43	TV 放映物镜	$f/0.9$	±26°
19.44	红外三分离物镜	$f/0.75$	±6°
19.45	红外消像散物镜	$f/0.55$	±10°
19.46	12×红外卡塞格林望远镜		±1.6°
19.47	F-θ 扫描物镜	$f/5.0$	±15°
19.48	激光影碟物镜	$f/0.9$	±0.6°
19.49	双胶合激光准直物镜	$f/2.5$	±1°
19.50	内调焦摄远镜	$f/5.6$	±3°
19.51	Petzval 肖像摄影物镜	$f/3.3$	±17.2°
19.52	施密特(Schmidt)系统	$f/2.0$	±5°
19.53	小视场 Cooke 三分离物镜	$f/3.5$	±4°
19.54	霍洛冈(Hologon)物镜	$f/8.0$	±55°
19.55	索纳(Sonnar)物镜	$f/1.4$	±21.8°
19.56	索纳(Sonnar)物镜	$f/2.9$	±24°
19.57	显微物镜	0.92NA	±11°
19.58	显微物镜	0.57NA	±2.1°
19.59	施瓦兹希尔德系统(Schwarzschild)	$f/1.0$	±3°
19.60	优化后的 Schwarzschild 系统	$f/1.0$	±3°
19.61	平场 Schwarzschild 系统,TOA	$f/1.0$	±3°
19.62	优化后平场 Schwarzschild 系统	$f/1.25$	±3°

19.6 物镜设计实例

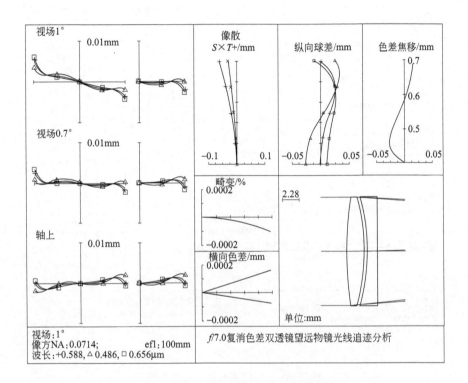

图 19.2 $f/7.0$ 复消色差双透镜望远物镜

该物镜的玻璃有相同的局部色散,在 0.7 光线处二级光谱完全校正至零。然而,色球差不等于零,带球差也不等于零,是过校正状态。注意,内部空气间隔处的两个半径相同。冕牌玻璃 FK51 接近于氟化钙,许多性质包括经济性、环境适应性和耐用性及其色散都相似。

$f/7.0$ 复消色差双透镜

半径	间隔	材料		半孔径
52.520	2.30	FK51	487845	7.2
−25.731	0.3826			7.2
−25.731	1.50	KzFSN2	558542	7.2
−166.165	96.85			7.2

efl(焦距) =100.0
bfl(后截距) =96.85
NA(数值孔径) =−0.0714($f/7.0$)
GIH(高斯像高) =1.745(1.0°)
PTZ/f(Petzval 半径/efl) =−1.39
VL(镜顶长度) =4.183

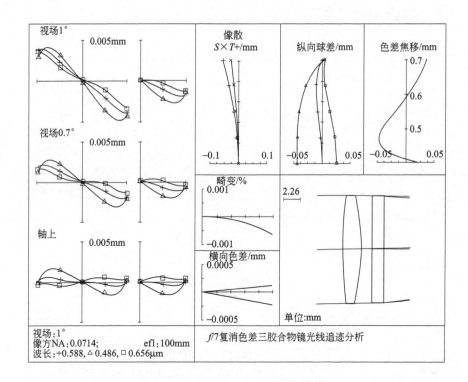

图 19.3 $f/7$ 复消色差三胶合物镜

该物镜校正了球差、慧差和色差。最差的轴上像差是普通的色球差。将透镜分离可使该问题得到改善。PK51A 和 KzFSN2 是具有不寻常局部色散的玻璃。

$f/7$ 复消色差三胶合物镜的结构参数

半径	间隔	材料		半孔径值
61.29	2.50	PK51A	529770	7.20
−27.81	1.50	KzFSN2	558542	7.20
−153.5	1.50	SFL57	847236	7.20
−193.06	97.39			7.20

efl=100.0
bfl=97.29
NA=−0.0714 ($f/7.0$)
GIH=1.745 (1.0°)
PTZ/f=−1.446
VL=5.50

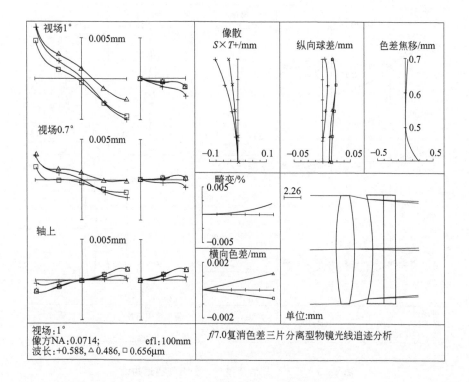

图 19.4　f/7.0 复消色差三片分离型物镜

这是图 19.3 结构布局的改进型，有一个空气间隔和一个双胶合透镜的三片型物镜。空气间隔用于校正胶合面产生的色球差。注意不对称结构产生的横向色差。

f/7.0 复消色差三片分离型物镜的结构参数

半径	间隔	材料		半孔径值
40.27	2.50	PK51A	529770	7.20
−36.32	2.46	空气		7.20
−31.18	1.50	KzFSN2	558542	7.20
−326.92	1.50	SFL57	847236	7.20
2961.4	89.24			

efl＝100.01
bfl＝89.24
NA＝0.0714（f/7.0）
GIH＝1.745（1.0°）
PTZ/f＝−1.625
VL＝7.96

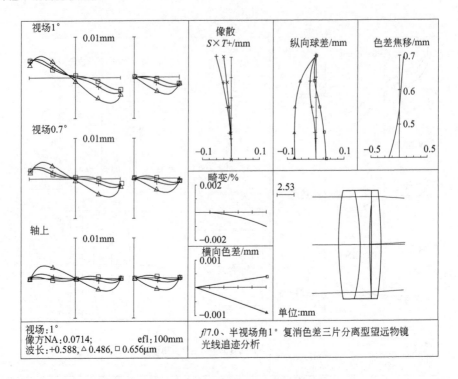

图 19.5　$f/7.0$ 复消色差三片分离型望远物镜

该物镜校正了球差、慧差和色差，采用具有不寻常局部色散的玻璃。第三块弱正透镜的作用是调整或者"削减"第二块透镜的局部色散，从而使第二块透镜和第三块透镜的组合能够与第一块透镜有相同的有效局部色散。注意，为了完全校正球差和慧差，必须要有空气间隔。边缘二级光谱得到校正，而色球差与蓝光的过校正球差及红光的欠校正球差都有正常的符号，所以色球差限制了物镜的性能。将第一块和第二块透镜用空气间隔分开，可能会使这个问题得到改善（也可以将第二块和第三块透镜胶合）。选择玻璃类型使两个比较强的透镜组成双透镜系统，可能会像该三片型透镜一样好或者更好些。

$f/7.0$、半视场角 1°望远物镜结构参数

半径	间隔	材料	折射率	V 值	半孔径值
44.144	3.300	PK51	1.529	77.0	8.0
−39.524	1.500	LSF18	1.913	32.4	8.0
158.460	0.278	空气			8.0
−418.801	1.500	SF57	1.847	23.8	8.0
−54.845	97.720	空气			0.0

efl=100.01
bfl=97.72
NA=−0.0714（$f/7.0$）
GIH=1.75
PTZ/f=−1.142
VL=6.58
OD　　无限远共轭距

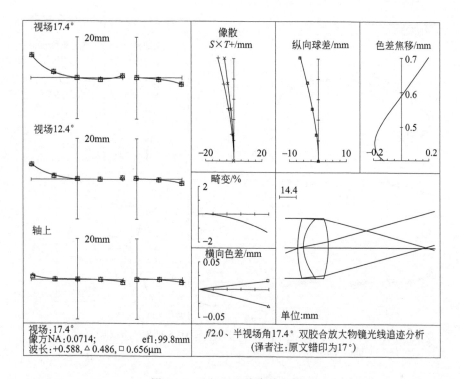

图 19.6　f/2.0 双胶合放大物镜

放大物镜不同于目镜。对于放大物镜，孔径/光瞳位于使用者的眼睛处，是可移动的，与目镜相比，目镜有一个固定的出瞳，决定着眼睛的位置。因此，放大物镜的像差校正应当扩展到一个大孔径范围内。使用中，放大物镜的孔径光阑取决于眼睛的瞳孔，所以，全孔径光线交点曲线只有一小部分是可用的。像散、横向色差和畸变都会受到眼睛位置的影响。该物镜作为一般用途的放大镜或幻灯机观察镜是相当好的。

f/2.0、半视场角 17.4°双胶合放大物镜的结构参数

半径	间隔	材料	折射率	V 值	半孔径值
96.960	4.440	SF2	1.648	33.8	25.0
35.100	20.370	BAK1	1.572	57.5	25.0
−96.960	92.046	空气			25.0

efl＝99.76
bfl＝92.05
NA＝−0.2549（f/2.0）
GIH＝31.32（半视场角＝17.43°）
PTZ/f＝−1.485
VL＝24.81

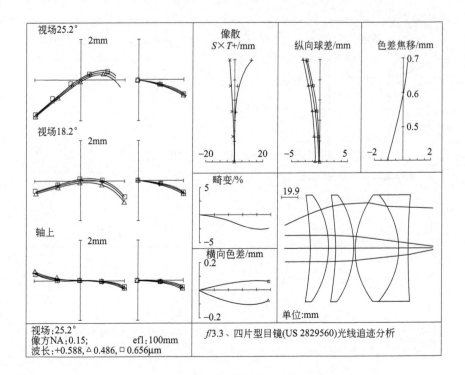

图 19.7　$f/3.3$ 四片型目镜（US 2829560）

这种高质量目镜常常用作 10× 显微目镜。该设计非常优秀，以致常常发现许多商业上的有益变化，例如完全相同的弯月零件，一个等凸冕牌双透镜和一个平凹火石透镜（对使用的玻璃类型做些适当调整）。

$f/3.3$ 四片型目镜（US 2829560）的结构参数

半径	间隔	材料	折射率	V 值	半孔径值
−352.361	21.900	BK7	1.517	64.2	62.0
−105.274	7.280	空气			62.0
−440.723	22.500	BK7	1.517	64.2	62.0
−107.043	1.360	空气			62.0
102.491	52.100	BK7	1.517	64.2	62.0
−93.493	11.800	SF61	1.751	27.5	62.0
794.281	47.485	空气			62.0

efl＝100.1

bfl＝47.48

NA＝−0.1508（$f/3.3$）

GIH＝47.03（半视场角＝25.17°）

PTZ/f＝−1.552

VL＝116.94

OD　无限远共轭距

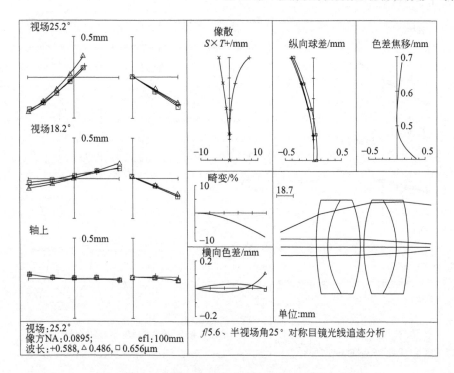

图 19.8 f/5.6 对称目镜或哈普罗素（Plossl）目镜

这是一种高质量且比较经济的、一般用途的目镜和放大镜。设计非常简单，几乎可以采用一对任意的、废弃的消色差透镜就可以组成合适的目镜或一个良好的放大镜。已经有各种各样的形式，包括等凸冕玻璃、平凹火石玻璃、和不对称性双胶合透镜。一种专利设计是在等凸冕玻璃透镜的平面双胶合透镜中使用四种不同的玻璃。比此处给出的 SK 冕玻璃更为普通的一种玻璃选择是普通的冕玻璃（K 或 BK）和重火石玻璃（F 或 SF），性能有一点下降。

f/5.6、半视场角 25°对称目镜结构参数

半径	间隔	材料	折射率	V 值	半孔径值
236.748	12.694	SF61	1.751	27.5	50.8
93.577	36.813	SK1	1.610	56.7	50.8
−155.314	3.808	空气			50.8
155.314	36.813	SK1	1.610	56.7	50.8
−93.557	12.694	SF61	1.751	27.5	50.8
−236.748	65.443	空气			50.8

efl＝100
bfl＝65.44
NA＝−0.0895（f/5.6）
GIH＝47.00（半视场角＝25.17°）
PTZ/f＝−1.345
VL＝102.82
OD 无限远共轭距

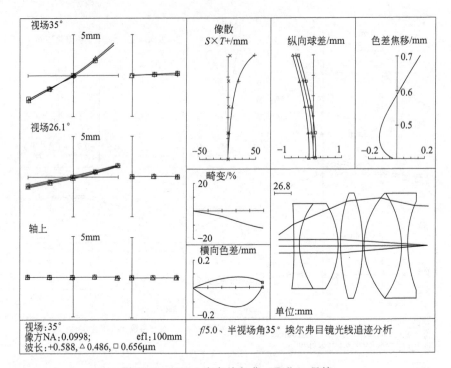

图 19.9　$f/5.0$ 广角埃尔弗（Erfle）目镜

埃尔弗形式的目镜是大部分广角（60°~70°）目镜的基础。其特点是长眼距和平场曲。这些优点源自使用了高折射率冕玻璃并且（尤其是）凹面非常靠近焦平面。此举起着两种作用，一是将场曲拉平，二是等效于一个负场镜，将眼距拉长。这种形式已经有许多改进型，包括中心是双胶合透镜、两个中心单透镜、三胶合组件、空气分离的两个双胶合透镜、镧系冕玻璃等。当以大的离轴角转动观察，并移出出瞳时，由于眼睛瞳孔的横向移动，所以，难于使用广角目镜。在广角目镜中，瞳孔球差特别重要。

$f/5.0$、半视场角 35°广角埃尔弗（Erfle）目镜的结构参数

半径	间隔	材料	折射率	V 值	半孔径值
−1000.000	10.000	SF19	1.667	33.0	66.0
117.650	60.000	SK11	1.564	60.8	66.0
−119.130	3.000	空气			66.0
253.230	35.000	BK7	1.517	64.2	82.0
−253.230	3.000	空气			82.0
118.130	60.000	SK11	1.564	60.8	81.5
−142.860	10.000	SF19	1.667	33.0	81.5
166.670	37.862	空气			70.0

efl=100.2

bfl=37.86

NA=−0.0999（$f/5.0$）

GIH=70.13（半视场角=34.99°）

PTZ/f=−1.865

VL=181.00

OD　无限远共轭距

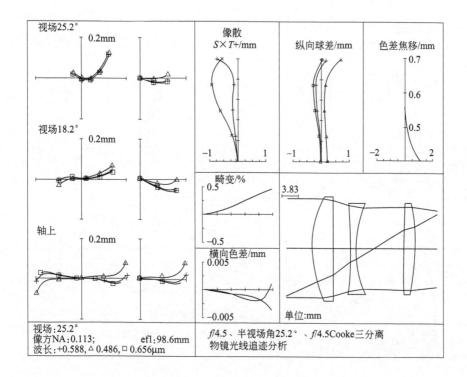

图 19.10 $f/4.5$ Cooke 三分离照相物镜

这是一种相当典型的 $f/4.5$ 三分离照相物镜,使用镧冕玻璃。注意,随着速度减小和视场增大,三分离形式的物镜采用不对称结构布局已成为合理的方式。图 16.13($f/2.7$,±20°)、图 16.14($f/3.0$,±23°)和图 16.15($f/6.3$,±27°)都给出了另外的 Cooke 三分离形式。

$f/4.5$、半视场角 25.2° 三分离物镜(US 1987878-1935,Schneider)的结构参数

半径	间隔	材料	折射率	V值	半孔径值
26.160	4.916	LAK12	1.678	55.2	11.7
1201.700	3.988	空气			11.7
−83.460	1.038	SF2	1.648	33.8	10.2
25.670	4.000	空气			10.2
	6.925	空气			9.2
302.610	2.567	LAK22	1.651	55.9	10.3
−54.790	81.433	空气			10.3

efl=98.56
bfl=81.43
NA=−0.1127($f/4.5$)
GIH=46.33(半视场角=25.17°)
PTZ/f=−2.831
VL=23.43
OD 无限远共轭距

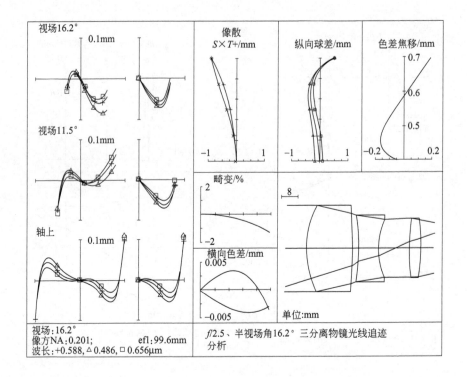

图 19.11　$f/2.5$ 三分离物镜

这种高速物镜使用镧系冕玻璃和两个超厚的前组件，以保证有一个合适的 $32°$ 视场。该设计给人们留下较深印象是由于其像差平衡校正得很好。在很短焦距时，似乎厚透镜更合理些。

$f/2.5$、半视场角 $16.2°$ 三分离物镜（US 2720816）的结构参数

半径	间隔	材料	折射率	V 值	半孔径值
42.200	22.070	LAK13	1.694	53.3	20.0
−283.530		空气			20.0
−84.930	9.170	SF5	1.673	32.2	15.6
33.230	7.670	空气			13.5
	7.000	空气			13.6
84.930	6.000	LAK13	1.694	53.3	14.0
−84.930	65.476	空气			14.0

efl=99.58
bfl=65.48
NA=−0.2001（$f/2.5$）
GIH=28.88（半视场角=16.17°）
PTZ/f=−2.52
VL=54.91
OD　无限远共轭距

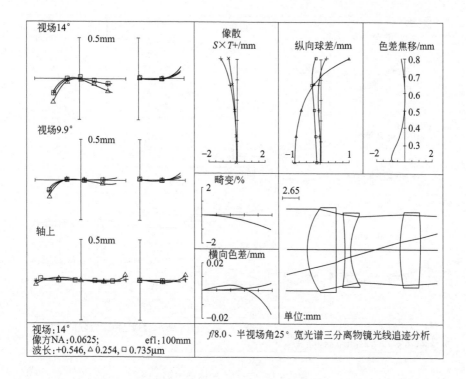

图 19.12 $f/8.0$ 宽光谱三分离物镜

该物镜的工作光谱非常宽,从 254nm 到 735nm。为了在光谱紫外端有好的透射率,用氟化钙材料($n=1.435$,$V=12.5$)作冕透镜,熔凝石英材料($n=1.460$,$V=9.0$)作火石透镜。要注意有大的色球差和负二级光谱。低折射率材料限制了能够利用的速度和视场,就这一点,可能不太满意。

$f/8.0$ 宽光谱三分离物镜结构参数

半径	间隔	材料		半孔径值
11.35	4.41	CaF_2	435125	6.50
196.93	1.46	空气		6.50
−53.80	0.83	SiO_2	460090	5.70
10.32	4.00	空气		5.70
光阑	3.78	空气		5.23
27.40	3.24	CaF_2	435125	5.80
−116.37	85.20			

efl=100.10
bfl=85.20
NA=0.0625 ($f/8.0$)
GIH=24.96 (半视场角=14°)
PTZ/f=−4.096
VL=7.96

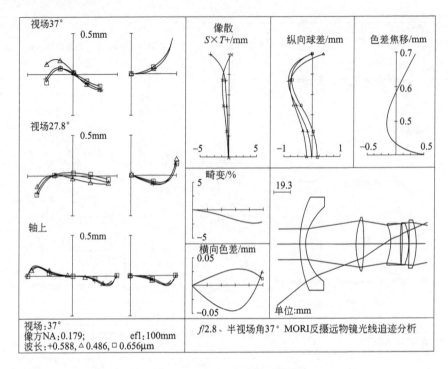

图 19.13　$f/2.8$ 反摄远物镜

这种比较简单的反摄远物镜在速度 $f/2.8$ 时覆盖着 74°的大视场。后截距比焦距长 30%。注意，该设计已经使像差得到很好平衡，所以，为了同时校正横向色差和轴向色差，没有必要采用常规的前负双透镜校色差的形式。

$f/2.8$MORI 反摄远物镜（US 4203653）的结构参数

半径	间隔	材料	折射率	V值	半孔径值
126.010	6.967	LAK03	1.670	51.6	52.4
52.254	57.332	空气			42.0
82.117	9.356	BASF5	1.603	42.5	30.1
−168.816	29.960	空气			29.8
−56.038	11.148	SF56	1.785	26.1	21.4
226.239	2.588	空气			23.0
−208.842	7.266	TAF3	1.804	46.5	23.0
−64.382	0.398	空气			23.8
−1740.099	8.659	LAK18	1.729	54.7	25.5
−83.502	129.306	空气			27.0
	0.011	空气			80.0

efl=100
bfl=129.3
NA=−0.1785（$f/2.8$）
GIH=75.37（半视场角=37.00°）
PTZ/f=−4.703
VL=133.67
OD　无限远共轭距

第19章 物镜设计实例集、分析和说明

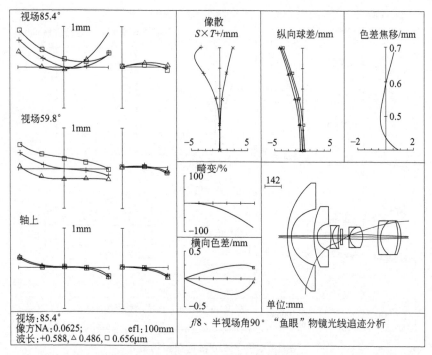

图19.14 f/8"鱼眼"物镜

使"鱼眼"物镜的前弯月负透镜（有非常强的弯月形）有很严重的过校正球差，从而令主光线发生严重偏折，因此，该物镜的视场大于180°。光瞳球差使入瞳前移，偏离光轴，并在大视场时倾斜。为了在平面上形成大视场的像，必须产生超大的桶形畸变（如果没有畸变，180°视场的像应位于无穷远）。

f/8、半视场角90°"鱼眼"物镜的结构参数（Miyamoto Josa 1964）

半径	间隔	材料	折射率	V值	半孔径值
599.383	35.030	BK7	1.517	64.2	448.4
235.825	190.161	空气			234.0
605.513	30.025	FK5	1.487	70.4	251.8
111.094	120.102	空气			110.1
−452.384	10.008	FK5	1.487	70.4	93.5
127.733	45.038	SF56	1.785	26.1	93.5
462.892	25.021	空气			93.5
	15.013	K3	1.518	59.0	65.4
	36.281	空气			65.5
	13.762	空气			15.8
38507.649	10.008	SF56	1.785	26.1	84.1
95.081	110.093	LAF2	1.744	44.7	84.1
−162.638	130.110	空气			84.1
1376.167	20.017	SF56	1.785	26.1	139.0
177.275	150.127	BSF52	1.702	41.0	139.0
−400.339	18.766	BASF6	1.668	41.9	139.0
−337.536	150.119	空气			139.0

efl=100； bfl=150.1

NA=−0.0626（f/8.0）； GIH=133.60（半视场角=85.40°）

PTZ/f=49.15； VL=959.56

OD 无限远共轭距

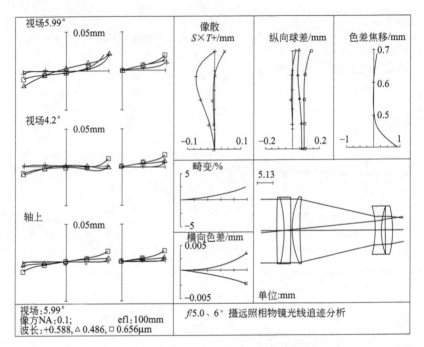

图 19.15　$f/5.0$ 摄远照相物镜

这是一个简单也是相当典型的摄远物镜，摄远比 80%（即前透镜到像面的距离比焦距小 20%）。在摄远物镜中，后负组件的纵向放大率将前组件的像差放大，所以，前组件必须校正得很好。在此给出的前组件结构布局使用一个双胶合透镜和一个单透镜，与三片分离型前组件形式相比，对安装误差不敏感。该设计能为 35mm 照相机提供一个正像质量非常好的 200mm 物镜，使用高折射率玻璃可以有较高的速度。为了得到一个更为紧凑的物镜而减小摄远比，组件的光焦度会变得比较大，像差也变得较大，为了保证成像质量不变，必须使设计更为复杂。

$f/5.0$ 摄远照相物镜的结构参数

半径	间隔	材料	折射率	V 值	半孔径值
149.035	2.500	SK4	1.613	58.6	10.5
−46.003	2.000	SF14	1.762	26.5	10.5
−477.921	0.500	空气			10.5
26.552	2.500	SK4	1.613	58.6	10.5
132.322	24.060	空气			10.5
−28.605	2.000	SK4	1.613	58.6	7.6
22.989	1.050	空气			7.6
82.834	2.500	F5	1.603	38.0	7.6
−36.911	42.897	空气			7.6

efl=100;　　　　　　　　　　bfl=42.9

NA=−0.1000（$f/5.0$）

GIH=10.50（半视场角=5.99°）

PTZ/f=7.68;　　　　VL=37.11

OD　无限远共轭距

第 19 章 物镜设计实例集、分析和说明

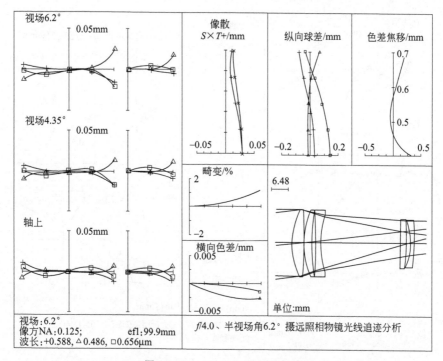

图 19.16　f/4.0 摄远照相物镜

为 35mm 照相机设计一个 200mm 摄远物镜，该五片型物镜将所有透镜都用空气间隔分离，并调整了玻璃类型，所以，比前面例子（图 19.15）有更高的速度。摄远比是 0.80。

f/4.0 摄远照相物镜的结构参数

半径	间隔	材料		半孔径值
27.03	4.50	BK10	498670	12.6
−176.93	0.10	空气		12.6
30.66	3.00	BK10	498670	12.6
76.46	1.40	空气		12.6
−212.41	2.00	SF5	673322	12.6
36.22	30.84	空气		11.0
506.55	2.50	SF57	847238	9.3
−67.74	1.66	空气		9.3
−20.57	1.50	LAK8	713538	9.3
−78.32	32.46			

efl=99.90
bfl=32.46
NA=−0.125（f/4.0）
GIH=10.86（半视场角=6.2°）
PTZ/f=−23.6
VL=47.5
OD　无限远共轭距

454　现代光学工程

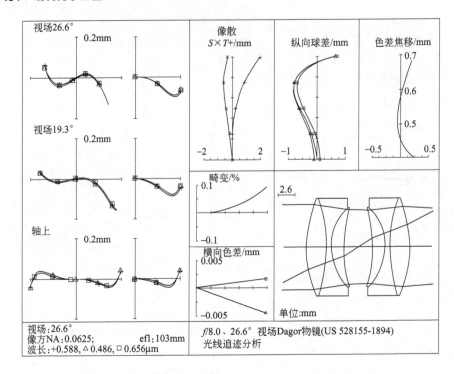

图 19.17　f/8.0 Goerz Dagor 物镜（US 528155-1894）

传统的 Dagor 物镜是将 Protar 物镜的前后双透镜组合成一个三胶合透镜。最外侧的冕玻璃透镜有高折射率，与中间的低折射率火石玻璃透镜相组合形成新的消色差透镜。与旧的消色差透镜相比，这种组合有一个较平的 Petzval 场，但双胶合面贡献欠校正球差。三分离物镜采用火石透镜折射率高于冕牌透镜折射率完成像差平衡是旧的消色差物镜，所以，其胶合面提供的是过校正，是平衡球差所必需的。对称结构布局抵消慧差、畸变和横向色差。有许多种对称型三分离物镜（以及四分离和五分离物镜），在 Dagor 原理基础上具有不同的结构布局。

在未来的研发过程中，内侧的冕玻璃透镜会被分裂，利用空气间隔校正球差，并且，可以用高折射率玻璃代替低折射率的冕玻璃（参考图 17.15）。这种分裂使空气-玻璃界面的数目增加了一倍，但成像质量的改善足以补偿造成的透过率降低和反射率增大。

f/8.0、26.6°视场 Goerz Dagor 物镜（US 528155-1894）的结构参数

半径	间隔	材料	折射率	V 值	半孔径值
19.100	3.056	SK6	1.614	56.4	7.4
−22.635	0.764	BALF3	1.571	52.9	7.4
8.272	1.910	K4	1.519	57.4	6.0
20.453	2.292	空气			6.0
	2.292	空气			5.6
−20.453	1.910	K4	1.519	57.4	6.0
−8.272	0.764	BALF3	1.571	52.9	6.0
22.635	3.056	SK6	1.614	56.4	7.4
−19.100	96.267	空气			7.4

efl=103.3；　　　　　　　　bfl=96.27；
NA=−0.0622（f/8.0）；　　GIH=51.67（半视场角=26.57°）
PTZ/f=−3.706；　　　　　　VL=16.04；　　　　　　OD　无限远共轭距

第 19 章 物镜设计实例集、分析和说明 455

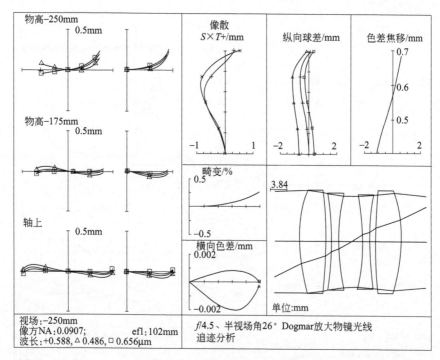

图 19.18　f/4.5 Dogmar 放大物镜

Dogmar 物镜看似 Cooke 三分离物镜中火石玻璃透镜被分裂后的改进型。原来设想为两组三分离物镜组件对称配置，其中，每个三分离透镜的中心透镜都是空气透镜。Dogmar 物镜是成像质量非常好的一般用途的物镜。在初始的完全对称结构布局时，为了改善像差校正，特别是用作照相物镜时，通常设计得稍有些不对称。由于该设计对共轭距的变化不太敏感，所以，是一种非常优秀和经济的放大物镜。选择玻璃减小二级光谱，所以，Dogmar 形式的物镜常常用作商业上的照相制版镜头。另外一种 Dogmar 设计表示在图 17.24 中。

$f/4.5$、半视场角 26°Dogmar 放大物镜的结构参数

半径	间隔	材料	折射率	V 值	半孔径值
37.210	6.000	LAF2	1.744	44.7	11.5
−96.590	1.280	空气			11.5
−56.740	1.550	F2	1.620	36.4	10.8
46.770	2.690	空气			10.4
	2.690	空气			10.3
−47.880	1.550	F2	1.620	36.4	10.2
54.560	1.280	空气			10.5
96.590	6.000	LAF2	1.744	44.7	11.5
−37.210	118.116	空气			11.5

efl=102.4；　　　　　　　bfl=118.1
NA=−0.0906 (f/5.5)
GIH=62.84
PTZ/f=−5.337；　　　　　VL=23.04
OD=500.00 （MAG=−0.251）

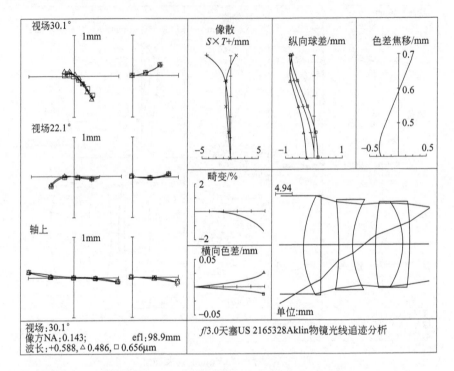

图 19.19 $f/3.0$ 后双胶合透镜倒置的天塞物镜

非常有使用价值的天塞设计形式，已改型设计过多次，并有多种形式。在此给出的是后双胶合透镜倒置的情况。据说如果设计中使用高折射率玻璃，该结构更好些。一种普通的天塞物镜设计表示在图 17.19 中。

$f/3.0$ 天塞物镜（Aklin US 2165328）的结构参数

半径	间隔	材料	折射率	V 值	半孔径值
30.322	5.054	SK16	1.620	60.3	16.8
390.086	5.579	空气			16.8
−78.533	3.760	LF7	1.575	41.5	16.0
26.178	4.320	空气			14.0
	2.634	空气			14.0
82.072	8.076	SK52	1.639	55.5	14.8
−21.128	2.021	KF9	1.523	51.5	14.8
−114.906	81.484	空气			16.0

efl＝100
bfl＝81.48
NA＝−0.1682（$f/3.0$）
GIH＝53.17（半视场角＝28.00°）
PTZ/f＝−3.373
VL＝31.44
OD＝无穷远共轭

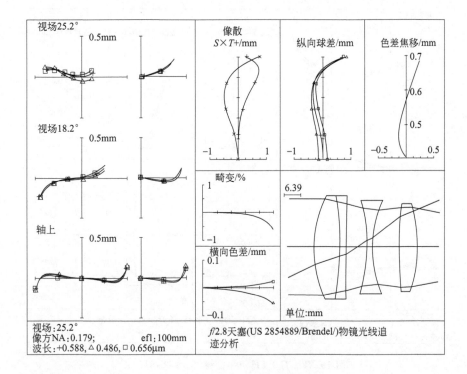

图 19.20 $f/2.8$ 倒置天塞物镜

这种物镜使用高折射率镧系冕牌玻璃,其他也都是较高折射率比的玻璃,所以,有良好的光学性能。

$f/2.8$ 倒置天塞物镜(US 2854889/Brendel/)的结构参数

半径	间隔	材料	折射率	V 值	半孔径值
42.970	9.800	LAK9	1.691	54.7	19.2
−115.330	2.100	LIF7	1.549	45.4	19.2
306.840	4.160	空气			19.2
	4.000	空气			15.0
−59.060	1.870	SF7	1.640	34.6	17.3
40.930	10.640	空气			17.3
183.920	7.050	LAK9	1.691	54.7	16.5
−48.910	79.831	空气			16.5

efl=100
bfl=79.23
NA=−0.1774（$f/2.8$）
GIH=47.01（半视场角=25.17°）
PTZ/f=−3.025
VL=39.62
OD=无穷远共轭

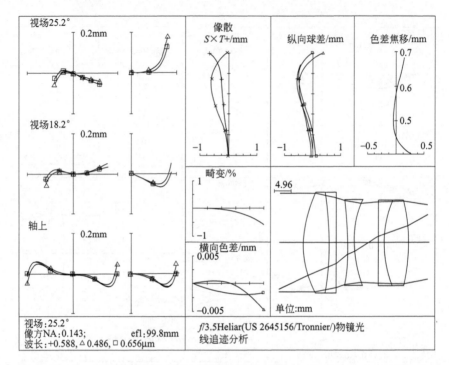

图 19.21 f/3.5Heliar 物镜（US 2645156）

五片型 Heliar 物镜是天塞物镜的改进型，增加了一片透镜更接近于对称型结构，可以减小高级慧差、畸变和横向色差。与 Dogmar 及天塞物镜一样，Heliar 物镜是一个非常好的普通用途的物镜，已经成功用于照相物镜、放大物镜、空中测量物镜和制版镜头。像天塞物镜优于 Cooke 三分离物镜一样，Heliar 物镜要优于天塞物镜。

f/3.5 Heliar 物镜（US 2645156/Tronnier/）的结构参数

半径	空间	材料	折射率	V 值	半孔径值
30.810	7.700	LAKN7	1.652	58.5	14.5
−89.350	1.850	F5	1.603	38.0	14.5
580.380	3.520	空气			14.5
−80.630	1.850	BAF7	1.643	48.0	12.3
28.340	4.180	空气			12.0
	3.000	空气			11.6
	1.850	LF5	1.581	40.9	12.3
32.190	7.270	LAK13	1.694	53.3	12.3
−52.990	81.857	空气			12.3

efl=99.81

bfl=81.86

NA=−0.1428（f/3.5）

GIH=46.91（半视场角=25.17°）

PTZ/f=−3.682

VL=31.22

OD=无穷远共轭

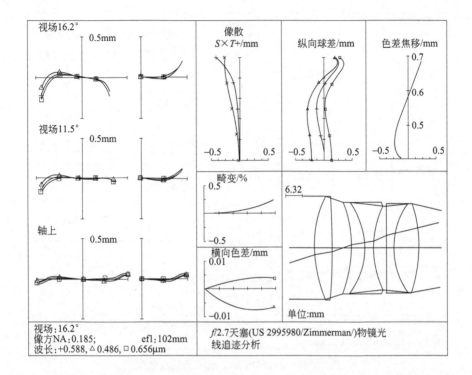

图 19.22 f/2.7 具有中心双胶合组件的天塞物镜

在天塞物镜基础上改进而来，该物镜综合了后双胶合组件及中心组件，具有 Merte 表面的优点。Merte 表面是低光焦度、强弯曲的会聚表面。由于表面间有很小的折射率差，所以光轴附近光线的球差贡献量相当小。然而，孔径边缘光线在该表面的入射角非常大，随之产生的欠校正高级球差贡献量很大，其结果是，负的七级球差大大减小了该项球差。这是一种非常好的物镜，或许是由于 Merte 表面要求太苛刻以至制造成本高的原因，几乎很少使用。六元件型 Hektor 物镜表示在图 17.21 中，f/1.8，±18.3°。

f/2.7 天塞物镜（US 2995980/Zimmerman/）的结构参数

半径	空间	材料	折射率	V 值	半孔径值
44.650	6.700	LAK9	1.691	54.7	19.0
−267.950	4.000	空气			19.0
	3.000	空气			16.7
−49.040	5.400	SF4	1.755	27.6	16.8
−26.710	3.000	SF7	1.640	34.6	16.8
34.870	4.800	空气			16.8
−1326.300	3.000	F1	1.626	35.7	16.5
29.160	9.270	LAFN2	1.744	44.8	16.5
−49.930	84.745	空气			16.5

efl=101.9；   bfl=84.74
NA=−0.1847（f/2.7）
GIH=29.55（半视场角=16.17°）
PTZ/f=−5.145；   VL=39.17
OD=无穷远共轭

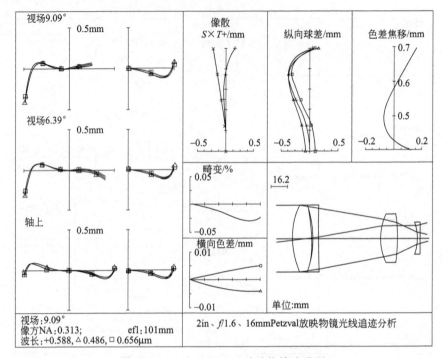

图 19.23 $f/1.6$ Petzval 放映物镜改进型

该物镜利用重钡冕玻璃以及将后双透镜组件隔开一个相当远的距离,从而使后面的火石透镜相当于一个场致平透镜,所以,可以将普通的四片型 Petzval 物镜向内弯曲的场曲减小。前双透镜组件是分离形式以校正球差,这就使得有稍微大点的带球差,以及欠校正的五级线性(y^4h)慧差。值得注意,所有放映物镜的场致平透镜都使用火石玻璃,使用普通玻璃的普通 Petzval 放映物镜表示在图 17.26 中,$f/1.6$、$\pm 6.8°$。具有场致平透镜的 Petzval 物镜表示在图 17.27 中。

2in、$f/1.6$、16mm Petzval 放映物镜的结构参数

半径	厚度	材料	折射率	V 值	半孔径值
73.962	18.550	DBC1	1.611	58.8	31.6
−114.427	0.776	空气			31.6
−99.183	5.300	EDF3	1.720	29.3	31.6
660.831	59.678	空气			31.6
55.173	15.900	DBC1	1.611	58.8	23.1
−228.329	19.769	空气			23.1
−44.891	2.650	EDF1	1.720	29.3	15.4
2130.600	15.724	空气			15.4

efl=100.7;bfl=15.72
NA=−0.3139 ($f/1.6$)
GIH=16.12(半视场角=9.09°)
PTZ/f=−3.838
VL=122.62
OD=无穷远共轭

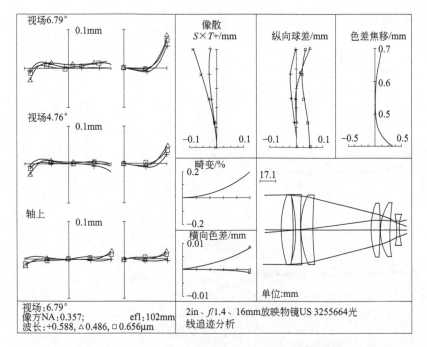

图 19.24　f/1.4 六片型 Petzval 改进型放映物镜

该物镜初始设计是图 19.23 物镜的改进型，将两个冕透镜分别分裂成两个零件，就设计成一个有非常好成像质量的物镜，前面两个透镜之间（用来校正球差）的强负空气透镜产生的五级线性慧差限制着系统的光学性能。在此显示的物镜是后续使用光学自动优化程序重新设计的结果（玻璃类型作为另外的自由度），消除了大部分高级慧差。该设计中限制光学系统性能的是弧矢斜球差和二级光谱。

2in、f/1.4、16mm 放映物镜的结构参数（US 3255664-1966 Chg'd 玻璃）

半径	厚度	材料	折射率	V 值	半孔径值
108.061	13.000	LAK21	1.640	60.1	36.5
−345.695	2.315	空气			36.5
−159.702	5.000	SF10	1.728	28.4	36.5
361.952	0.600	空气			36.5
86.990	13.200	PSK52	1.603	65.4	36.5
360.984	63.402	空气			36.5
89.189	9.200	PSK53	1.620	63.5	28.5
−419.257	0.600	空气			28.5
53.078	9.600	PSK53	1.620	63.5	28.5
152.163	8.027	空气			28.5
−78.525	2.600	SF5	1.673	32.2	16.5
55.142	17.322	空气			16.5

efl=102.1；　　　　　　　　bfl=17.32
NA=−0.3574（f/1.40）
GIH=12.15（半视场角=6.79°）
PTZ/f=−5.738　　　　　　　VL=127.54
OD=无穷远共轭

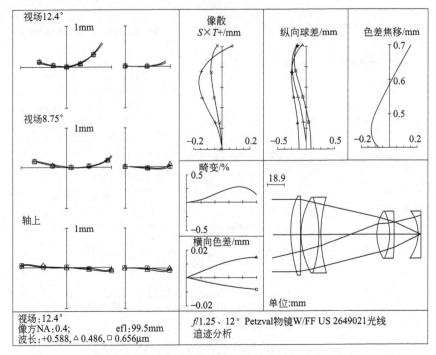

图 19.25 $f/1.25$ 六片 Petzval 改进型物镜

这是一种由"普通玻璃"组成的 Petzval 物镜,前置冕透镜被分裂,并且有一个场致平透镜。将该物镜重新优化以消除慧差,可以非常好地校正成高速物镜。在此是为了表示后截距对场致平透镜中轴向像差的影响。比较长的后截距应要求有较大光焦度的组件,并且会产生较大的剩余像差。该物镜几乎为零的后截距使得较高级像差的校正成为可能。当然,只有很少几种应用能够容忍这种超短工作距离。

$f/1.25$、$12°$Petzval 物镜(W/FF US 2649021/Angenieux/)的结构参数

半径	厚度	材料	折射率	V值	半孔径值
121.110	10.380	BK7	1.517	64.2	43.2
1600.000	0.860	空气			43.2
81.320	19.900	BK7	1.517	64.2	41.4
−138.430	2.080	F1	1.626	35.7	41.4
138.430	32.150	空气			41.4
	31.000	空气			26.9
49.310	14.710	BK7	1.517	64.2	26.0
−60.560	5.540	F1	1.626	35.7	26.0
−332.230	28.300	空气			26.0
−40.660	1.730	SF17	1.650	33.7	26.0
288.100	1.665	空气			26.0

efl=99.5; bfl=1.665
NA=−0.4008 ($f/1.25$)
GIH=21.89 (半视场角=12.41°)
PTZ/f=337.3
VL=146.65
OD=无穷远共轭

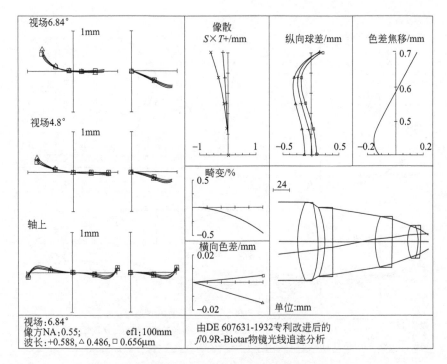

图 19.26　f/0.9R-Biotar X 射线照相物镜

R-Biotar 照相物镜是一种具有特别高速度的 Petzval 物镜的改进型，以比较简单的结构获得比较好的光学性能。通过非常仔细地设置间隔和光焦度分布控制高级像差，利用前双透镜组件的空气间隔以减小色球差和带球差。该物镜要求精密加工。Kodak 公司在该设计的高折射率形式中增加一块场致平透镜从而形成一个 f/1.08 的电影放映物镜。

由 DE 607631-1932 专利改进后的 f/0.9R-Biotar 物镜的结构参数

半径	间隔	材料	折射率	V 值	半孔径值
135.100	30.000	SKN18	1.639	55.4	55.0
−183.000	9.800	空气			55.0
−129.000	11.700	SF4	1.755	27.6	48.6
−1813.800	43.800	空气			48.6
	16.600	空气			39.3
97.700	23.800	FK3	1.465	65.8	35.8
	22.600	空气			35.8
60.200	15.100	SSK2	1.622	53.2	23.2
−59.800	3.400	SF4	1.755	27.6	23.2
−369.200	25.677	空气			23.2

efl＝99.97
bfl＝25.68
NA＝−0.5483（f/0.91）
GIH＝12.00（半视场角＝6.84°）
PTZ/f＝−0.8335；　　　　　VL＝176.80
OD＝无穷远共轭

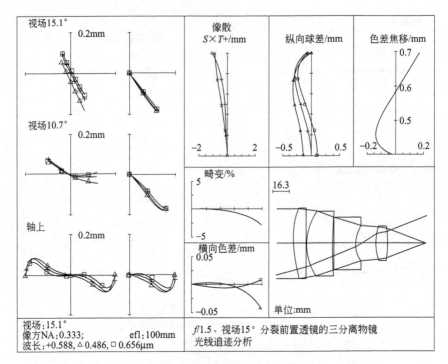

图 19.27 $f/1.5$ 具有厚透镜和前置透镜分裂形式的三分离型物镜

将前置薄透镜分裂形成的三分离物镜改进型有非常好的光学系统布局。在透镜的快速设计过程中，允许零件厚度变化，第二块和第三块透镜扩展到充满前面（第二个）空气间隔。三个前组件非常类似于双高斯物镜的前组件（图 19.35～图 19.37），并且在保证光学性能方面有着同样的作用。可以将该设计看作与 Sonnar 和 Ernostar 物镜有关的一种形式。分裂前置冕牌透镜的普通三分离物镜表示在图 17.23 中，而分离后置透镜的三分离物镜表示在图 17.22 中。

$f/1.5$、视场 15°分裂前置透镜的三分离物镜的结构参数

半径	间隔	材料	折射率	V 值	半孔径值
107.000	11.000	SK4	1.613	58.6	33.4
1000.000	1.000	空气			32.7
52.630	25.200	SK4	1.613	58.6	30.8
350.900	1.100	空气			24.9
−2632.000	21.000	SF63	1.748	27.7	24.8
31.940	5.5000	空气			17.0
	14.100	空气			16.9
58.140	11.000	BAF9	1.643	48.0	16.5
−125.300	39.693	空气			16.5

efl=100.4
bfl=39.69
NA=−0.3331（$f/1.50$）
GIH=27.10（半视场角=15.11°）
PTZ/f=−1.782
VL=89.90
OD=无穷远共轭

第 19 章 物镜设计实例集、分析和说明

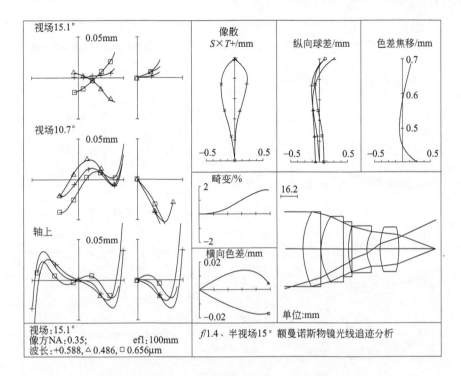

图 19.28 $f/1.4$ 额曼诺斯（Ernostar）照相物镜

在这种分裂前置透镜形式的三分离物镜的改进型中，第二块弯月形透镜是一块消色差双胶合透镜。采用高折射率玻璃和中等视场（30°）可以使这种较简单形式的物镜在高速时具有合适的光学性能。

$f1.4$、半视场 15°额曼诺斯物镜（US 3024697）的结构参数

半径	间隔	材料	折射率	V 值	半孔径值
81.100	17.100	SK16	1.620	60.3	35.0
	0.320	空气			35.0
56.100	20.720	LAK8	1.713	53.8	31.0
479.000	5.830	SF7	1.640	34.6	26.0
77.800	3.550	空气			22.0
−645.000	13.680	SF11	1.785	25.8	22.0
33.150	5.740	空气			16.4
	7.030	空气			16.3
72.000	18.130	LAF2	1.744	44.7	21.0
−87.440	35.745	空气			21.0

efl=100
bfl=35.74
NA=−0.3502（$f/1.43$）
GIH=27.00（半视场角=15.11°）
PTZ/f=−2.548
VL=92.08
OD=无穷远共轭

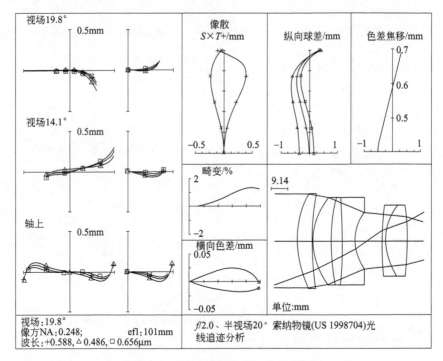

图 19.29　$f/2.0$ 索纳（Sonnar）物镜

这种设计是直接分裂三分离物镜的前置透镜得到的，用低折射率玻璃充满分裂后三分离物镜前面（第二个）的空气间隔，达到复消色差校正的目的，用天塞型后双胶合透镜替代三分离物镜的后透镜。该物镜的视场是 40°。

$f/2.0$、半视场 20°索纳物镜（US 1998704）的结构参数

半径	间隔	材料	折射率	V 值	半孔径值
57.000	8.000	SK16	1.620	60.3	25.0
146.300	0.400	空气			25.0
36.200	10.000	BAF53	1.670	47.1	23.0
110.000	6.000	FK3	1.465	65.8	23.0
−300.000	6.800	SF8	1.689	31.2	23.0
23.700	7.000	空气			15.1
	8.000	空气			14.9
200.000	2.000	BAK4	1.569	56.1	19.0
30.700	12.000	BAF53	1.670	47.1	19.0
−152.640	48.771	空气			19.0

efl=100.8
bfl=48.77
NA=−0.2475（$f/2.0$）
GIH=36.29（半视场角=19.80°）
PTZ/f=−3.794
VL=60.20
OD=无穷远共轭

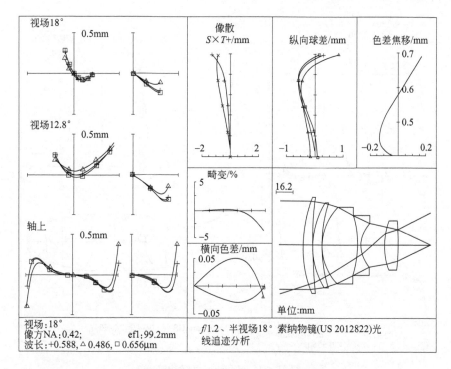

图 19.30 f/1.2 索纳 (Sonnar) 物镜

这是前置透镜分裂形成三分离物镜的另一种形式，在 f/1.2 高速度时视场是 36°。额曼诺斯（Ernostar）照相物镜和索纳（Sonnar）物镜由同一个设计师设计，尝试使用双高斯物镜以满足新 35mm 照相机标准物镜的要求。

f1.2、半视场 18°索纳物镜（US 2012822）的结构参数

半径	间隔	材料	折射率	V 值	半孔径值
121.480	8.810	SK4	1.613	58.6	45.0
310.680	0.500	空气			45.0
73.270	8.380	SK4	1.613	58.6	40.0
118.550	0.500	空气			40.0
50.420	33.700	SK7	1.607	59.5	36.1
−105.160	3.390	SF52	1.689	30.6	28.2
29.030	10.940	空气			20.6
	12.000	空气			20.1
59.390	13.720	SK4	1.613	58.6	23.0
−190.620	31.406	空气			23.0

efl=99.2
bfl=31.41
NA=−0.4185（f/1.19）
GIH=32.24（半视场角=18.00°）
PTZ/f=−1.837
VL=91.94
OD=无穷远共轭

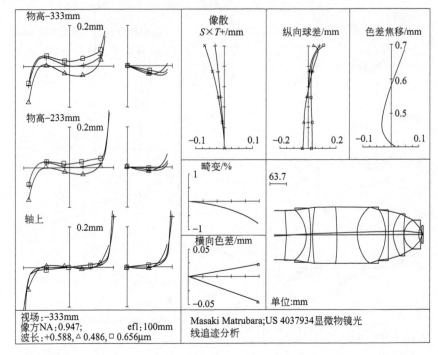

图 19.31 NA0.95 显微物镜

现代显微镜比以 Petzval 投影物镜为基础的传统形式具有更平的场曲。有几种形式可以得到平的场曲：类似于双高斯物镜中的强弯月形厚双透镜，厚弯月形单透镜以及紧靠焦平面的将场曲拉平的凹面。该物镜采用后面类型，将传统的"前齐明"半球形透镜的平面改变成凹面。由于靠近焦点，所以，在不过多减小光焦度的情况下将 Petzval 场曲拉平。注意，在正光焦度透镜中使用 FK51（487845）玻璃和氟化钙（454949）以得到复消色差校正。在 1mm 或 2mm 焦距范围内，有非常小的像差。

95NA、60×显微物镜（Masaki Matrubara；US 4037934）1#的结构参数

半径	间隔	材料	折射率	V 值	半孔径值
−753.114	76.280	FK51	1.487	84.5	92.0
−121.010	17.373	PCD4	1.618	63.4	94.0
−577.791	6.889	空气			101.3
808.826	93.153	PCD4	1.618	63.4	103.7
−1635.724	77.878	空气			105.3
139.381	107.531	CAF	1.434	94.9	104.3
−175.224	13.878	SF3	1.740	28.3	94.0
−2129.653	15.576	空气			89.7
116.217	41.635	CAF	1.434	94.9	78.3
571.301	1.697	空气			71.7
59.007	58.907	LAF28	1.773	49.6	54.0
70.289	10.667				30.0
	6.000	K3	1.518	59.0	33.3
	0.002	空气			33.3

efl=100；　　　　　　　bfl=−0.001501
NA=−0.9472（f/0.53）
GIH=5.56；　　　　　　PTZ/f=−1.853；　　　VL=527.46
OD=5834.39（MAG= −0.016）

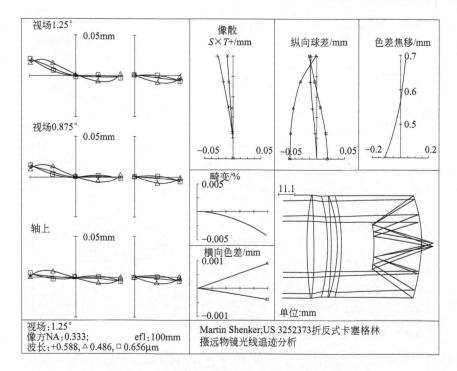

图 19.32 折反式卡塞格林（Cassegrain）物镜

薄的折射式校正板位于孔径光阑处可以校正球面反射镜的单色像差。如果两个或更多密切接触零件都采用相同玻璃制造，并且，总光焦度近似为零，则有可能得到一个校正板组件，不会产生初级色差也不会产生二级色差。在这种高速卡塞格林系统中，三元件校正板可以实现对边缘光线的复消色差校正，但仍有大量色球差影响着性能。注意，次镜将遮挡中心一半的孔径。

$f/1.5$ 折反式卡塞格林摄远物镜（Martin Shenker；US 3252373）2#的结构参数

半径	间隔	材料	折射率	V 值	半孔径值
212.834	4.463	UBK7	1.517	64.3	33.3
-390.476	9.174	空气			33.3
-125.482	2.480	UBK7	1.517	64.3	32.5
-231.298	3.967	空气			32.5
-91.834	2.480	UBK7	1.517	64.3	32.5
-133.883	20.400	空气			32.9
	32.047	空气			33.1
-111.690	31.661	反射镜			33.2
-111.690	39.925	反射镜			15.0

efl=100
bfl=39.93
NA=-0.3328（$f/1.5$）
GIH=2.18
PTZ/f=-151.1
VL=43.35
OD=无限共轭距

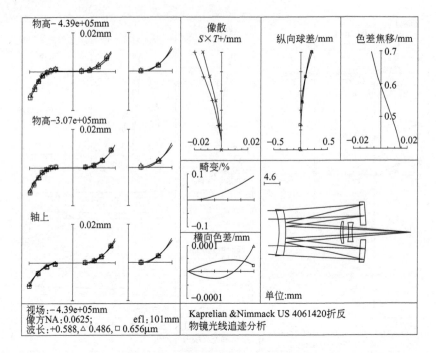

图 19.33　$f/8.0$ 折反式卡塞格林物镜

该设计可以用来说明和解释设计折反式系统时经常使用的几个非常有效的性质：厚弯月形校正板（按照 Bouwers/Maksutov 设计方式）是一种球差校正板，其第二表面也可以作为次镜，因此无需网状安装架。该表面也是非球面，并且作为次镜，除了校正球差外，也可以校正其他像差（位于孔径光阑中心的非球面局限于校正球差）。主镜是一个位于弯月形零件上的第二表面反射镜，具有正光焦度，因此，不是传统的 Mangin 反射镜。位于会聚成像光锥中的两个零件是场曲校正板，对于慧差、像散和场曲特别有效。明智地选择玻璃和光焦度分布可以得到一个完全没有各种轴向色差的物镜。小量调整能够消除少量的过校正球差。

$f/8.0$ 折反物镜（Kaprelian & Nimmack US 4061420）的结构参数

半径	间隔	材料	折射率	V 值	半孔径值
−22.500	1.929	BK7	1.517	64.2	6.3
−37.943	21.394	空气			6.5
ad		−2.053e−06;	ae		3.815e−09
af		−6.336e−11;	ag		8.243e−14
−107.429	1.571	BK7	1.517	64.2	8.4
−66.714	1.571	BK7	1.517	64.2	8.5
−107.429	21.386	反射镜			8.2
−37.943	15.686	反射镜			3.5
ad		−2.053e−06;	ae		3.815e−09
af		−6.336e−11;	ag		8.243e−14
9.179	0.643	KF9	1.523	51.5	3.0
20.029	1.657	空气			2.9
−32.614	0.957	KF9	1.523	51.5	2.7
12.271	17.374	空气			2.6
efl=100.6;		bfl=17.37;	NA=−0.0621 ($f/8.0$)		
GIH=3.09;		PTZ/f=4.5;	VL=20.88;		OD=无限共轭距

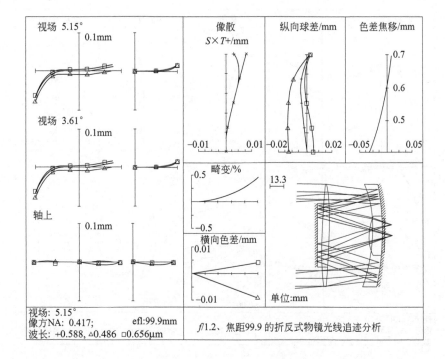

$f/1.2$、焦距99.9 的折反式物镜光线追迹分析

图 19.34 $f/1.2$ 折反式卡塞格林物镜

这种折反式物镜在几个方面是不寻常的。校正透镜是一个正光焦度透镜,而不是一般的弱负弯月透镜,其优点是减小了主镜必需的直径,在此给出的是传统的 Mangin 反射镜。注意,除了最后一个零件使用玻璃 SF10 (728264) 外,其余玻璃都是 BK7 (517642)。次镜是一个第二表面反射镜,反射表面几乎是平面,并且是一个正透镜。场曲校正板是一个弯月双胶合透镜,边缘的色差校正是复消色差,但有一些可忽略的色球差。横向色差相当大,像五级慧差一样。

$f/1.2$、焦距 99.9 的折反式物镜(US 4547045)的结构参数

半径	间隔	材料	折射率	V 值	半孔径值
340.785	6.500	BK7	1.517	64.2	42.0
−375.235	36.000	空气			42.0
−120.616	8.000	BK7	1.517	64.2	42.0
−215.820	8.000	BK7	1.517	64.2	42.0
−120.616	36.000	反射镜			42.0
−375.235	6.500	BK7	1.517	64.2	26.0
340.785	4.000	BK7	1.517	64.2	26.0
−1316.482	4.000	BK7	1.517	64.2	26.0
340.785	6.500	BK7	1.517	64.2	26.0
−375.235	33.000	反射镜			26.0
41.443	3.000	BK7	1.517	64.2	16.0
−120.616	8.000	BK7	1.517	64.2	16.0
−215.820	2.000	SF10	1.728	28.4	14.0
379.752	6.783	空气			14.0

efl=99.86; bfl=6.783; NA=−0.4166 ($f/1.2$)
GIH=9.00; PTZ/f=33.85; VL=52.50; OD=无限共轭距

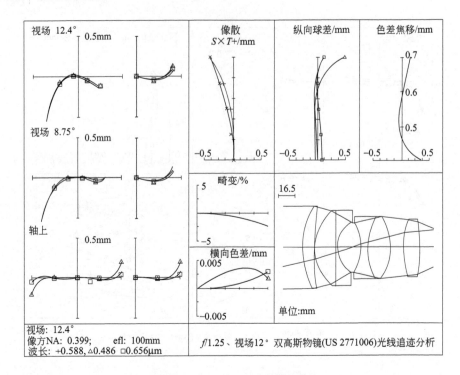

图 19.35 $f/1.25$ 双高斯物镜

这是双高斯物镜相当基本的结构形式，使用高折射率镧系冕玻璃实现 $f/1.25$ 的高速性能。最后一个零件具有大的空气间隔常常是用来减小弧矢斜球差。第四个表面设计成平面是一个有经济头脑的选择。注意，该镜和本章中所有双高斯物镜中的前置透镜都使用高折射率火石玻璃。由于前置透镜的色差影响着红光和蓝光在后续零件上的高度，所以，可以用来校正色球差。这也是一种使镧系玻璃零件得到高折射率正光焦度零件的一种低廉的方法。另一种基本的双高斯物镜表示在图 17.16 中。

$f/1.25$、视场 12°双高斯物镜（US 2771006/Werfeli）的结构参数

半径	间隔	材料	折射率	V 值	半孔径值
93.320	11.320	LAF3	1.717	48.0	40.0
358.290	0.4000	空气			40.0
46.320	20.000	BAF9	1.643	48.0	36.0
	2.000	LF2	1.589	40.9	36.0
28.680	14.000	空气			24.5
	10.000	空气			24.3
−41.320	6.000	SF14	1.762	26.5	24.0
60.800	22.000	LAF2	1.744	44.7	30.0
−55.000	13.000	空气			30.0
90.200	16.000	LAF3	1.717	48.0	28.0
−212.580	56.424	空气			28.0

efl=100.1;   bfl=56.42;   NA=−0.3992 ($f/1.25$)
GIH=22.03 (半视场=12.41°);   PTZ/f=−3.081;   VL=114.72
OD=无限共轭距

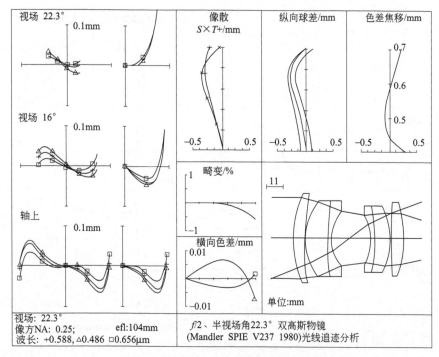

图 19.36　$f/2$ 双高斯物镜

为 35mm 照相机设计的 $f/2$ 物镜是一个非常杰出的设计，是 Mndler 通过大量的设计研究，并在 1980 年国际光学设计会议上报告的最终（并且是最好的）设计结果。由于后截距仅仅是焦距的约 60%，所以，不适合做标准的单透镜反射式物镜（因为这种物镜需要 38~40mm 间隔）。

$f/2$、半视场角 22.3°双高斯物镜（Mandler SPIE V237 1980）的结构参数

半径	间隔	材料	折射率	V 值	半孔径值
67.080	8.000	LAF23	1.689	49.7	29.0
191.260	0.400	空气			29.0
39.860	14.380	LAFN2	1.744	44.8	24.4
171.680	2.600	SF1	1.717	29.5	24.4
27.080	11.840	空气			17.6
	13.820	空气			16.8
−32.200	2.600	SF13	1.741	27.6	16.1
−99.480	10.460	LAFN2	1.744	44.8	21.2
−43.960	0.400	空气			21.2
371.440	8.000	LAF21	1.788	47.5	24.0
−91.040	62.176	空气			24.0

efl=103.9;　　　　　　bfl=62.18

NA=−0.2507（$f/2.00$）

GIH=42.61（半视场=22.29°）

PTZ/f=5.749;　　　　VL=72.50

OD=无限共轭距

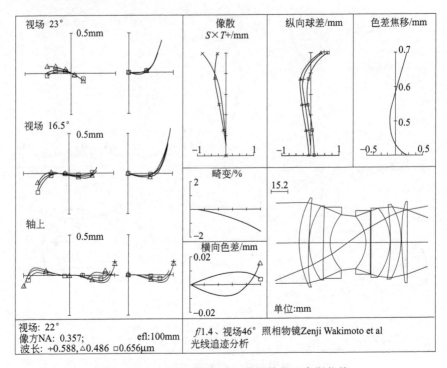

图 19.37 $f/1.4$、分裂后组冕透镜的双高斯物镜

将基本六片型物镜的后冕牌透镜分裂或许是对该双高斯物镜设计最有效的改进。可以使速度高达 $f/1.4$,已广泛用作优于标准规定的 35mm 照相物镜。

$f/1.4$、视场 46°照相物镜(Zenji Wakimoto et al; US 3560079) 2#的结构参数

半径	间隔	材料	折射率	V 值	半孔径值
81.400	9.300	LAF15	1.749	35.0	40.0
265.120	0.190	空气			40.0
56.200	12.020	LAF20	1.744	44.9	32.9
271.320	6.590	SF15	1.699	30.1	31.5
33.410	16.330	空气			24.6
	17.000	空气			23.9
−32.270	4.650	FD1	1.717	29.5	23.3
−857.270	16.470	LAC12	1.678	55.5	28.5
−49.530	0.580	空气			30.8
−232.560	9.690	LAC8	1.713	53.9	32.2
−66.100	0.190	空气			33.5
158.910	6.200	LAC8	1.713	53.9	36.0
−890.280	74.557	空气			36.0

efl=100.1;   bfl=74.56
NA=−0.3563 ($f/1.4$)
GIH=42.50 (半视场角=23.00°)
PTZ/f=−5.88   VL=99.21
OD=无限共轭距

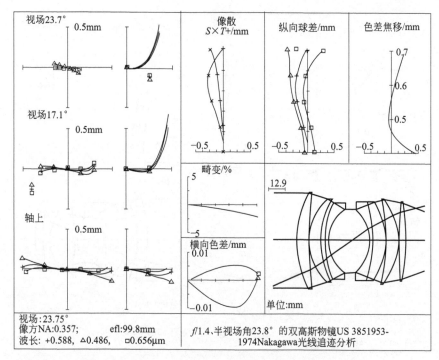

图 19.38　f/1.4 分裂前双胶合透镜的七片型双高斯物镜

现代的双高斯照相镜头已经有效地将双高斯物镜后冕玻璃透镜分裂形式中的前置双胶合透镜以空气间隔分开，许多新设计的照相镜头都有这种结构布局。

$f/1.4$、半视场角 23.8°的双高斯物镜（US 3851953-1974 Nakagawa）的结构参数

半径	间隔	材料	折射率	V值	半孔径值
78.186	8.862	LASF5	1.835	42.7	36.4
259.846	0.232	空气			36.4
42.498	8.784	LASF3	1.808	40.6	31.5
60.180	3.436	空气			30.8
69.416	2.606	SF56	1.785	26.1	28.7
28.654	16.888	空气			23.7
	14.000	空气			23.6
−31.582	2.646	SF56	1.785	26.1	23.5
−99.808	9.982	LASF3	1.808	40.6	29.7
−52.702	0.192	空气			29.7
−150.994	9.692	LAK8	1.713	53.8	31.9
−50.290	0.232	空气			31.9
338.224	5.174	LAK8	1.713	53.8	30.0
−186.406	73.796	空气			30.0

efl=99.77；　　　　　　　bfl=73.8
NA=−0.3531（f/1.40）
GIH=43.90（半视场角=23.95°）
PTZ/f=−6.057；　　　　　VL=82.73
OD=无限共轭距

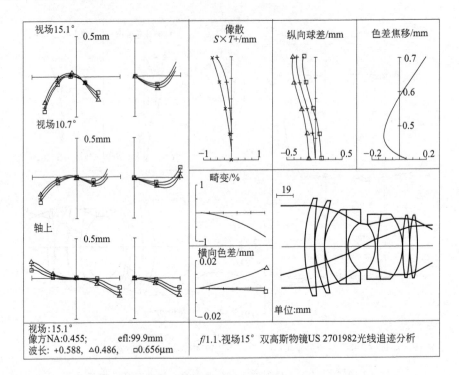

图 19.39 $f/1.1$ 同时分裂前后冕透镜的双高斯物镜

这种八片型双高斯物镜通过将外侧的两个冕透镜分裂实现了中等视场时有超高的速度,用 BaSF6 玻璃(668-419)代替前冕透镜的 SF5 玻璃(673-322),这种特定的结构布局可以校正色差。

$f/1.1$、视场 15°双高斯物镜(US 2701982/Angenieux/)的结构参数

半径	间隔	材料	折射率	V 值	半孔径值
164.120	10.990	SF5	1.673	32.2	54.0
559.280	0.230	空气			54.0
100.120	11.450	BAF10	1.670	47.1	51.0
213.540	0.230	空气			51.0
58.040	22.950	LAK9	1.691	54.7	41.0
2551.000	2.580	SF5	1.673	32.2	41.0
32.390	15.660	空气			27.0
	15.000	空气			25.5
−40.420	2.740	SF15	1.699	30.1	25.0
192.980	27.920	SK16	1.620	60.3	36.0
−55.530	0.230	空气			36.0
192.980	7.980	LAK9	1.691	54.7	35.0
−225.280	0.230	空气			35.0
175.100	8.480	LAK9	1.691	54.7	35.0
−203.540	55.742	空气			35.0

efl=99.93;   bfl=55.74
NA=−0.4521 (f/1.10);   GIH=26.98 (半视场角=15.11°)
PTZ/f=−2.979; VL=126.67;   OD=无限共轭距

第19章 物镜设计实例集、分析和说明

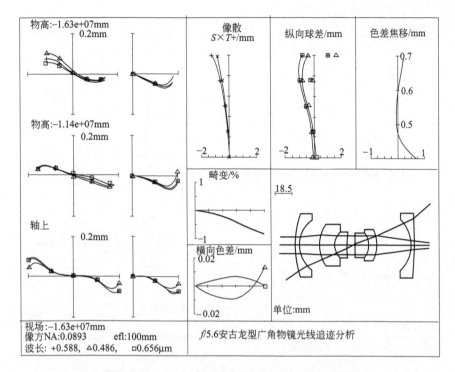

图 19.40　$f/5.6$ 安古龙型（Angulon）广角物镜

由于外侧强负透镜的像差放大了轴外光瞳的尺寸，并显著改善了轴外视场的照度，所以，这类物镜代替了以前的 Metrogon 和 Topogon 型广角物镜。可以将这类物镜看作由内向外的 Cooke 三分离物镜，在低光线高度位置由相距较远的外侧负透镜将 Petzval 场曲拉平。注意，也将减少内侧组件必须控制的角视场。

$f/5.6$ 安古龙型广角物镜的结构参数

半径	间隔	材料		半孔径值
110.52	4.14	FK5	487704	34.0
32.048	22.30			26.6
39.402	16.88	LaFN3	717480	22.3
19.453	13.27	K10	501564	13.8
157.295	6.26			10.6
光阑	1.70			10.3
251.613	15.61	SK16	620603	10.6
－20.718	9.58	SF8	689312	13.4
－37.760	38.12			17.0
－37.760	3.82	FK5	487704	27.6
－369.543	53.70			35.0

efl＝100
bfl＝53.7
NA＝－0.0901（$f/5.6$）
GIH＝76.884（半视场角＝37.6°）
PTZ/f＝－43.0
VL＝140.17

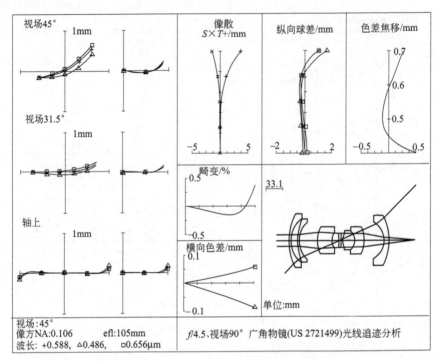

f/4.5、视场90°广角物镜(US 2721499)光线追迹分析

图 19.41 f/4.7、安古龙型（Angulon）广角物镜

在前面设计基础上增加两个零件，使速度由 f/5.6 增大到 f/4.7，角视场由 75°增大到 90°。另一种改进型将后负透镜分裂成两个透镜，并且，中间组件是两个三分离透镜。

f/4.5、视场 90°广角物镜（Ex. 2# Ludwig Bertele；US 2721499）的结构参数

半径	间隔	材料	折射率	V 值	半孔径值
109.140	3.700	PK1	1.504	66.8	51.5
52.630	13.200	空气			42.0
110.250	3.700	FK5	1.487	70.2	41.6
50.720	35.000	空气			36.0
56.240	29.300	LAC10	1.720	50.3	26.0
25.370	13.300	BACD7	1.607	59.5	14.4
−194.920	1.700	空气			14.3
	3.000	空气			14.1
−252.700	2.800	BAK1	1.572	57.5	14.0
30.590	23.700	SSK2	1.622	53.2	13.8
−25.510	18.200	FD20	1.720	29.3	19.0
−57.380	39.000	空气			26.5
−40.150	9.800	SBC2	1.642	58.1	35.0
−102.640	53.863	空气			48.0

efl=104.6；
NA=−0.1052（f/4.7）；
PTZ/f=−52.14；
bfl=53.86
GIH=104.59（半视场角=45.00°）
VL=196.40；
OD=无限共轭距

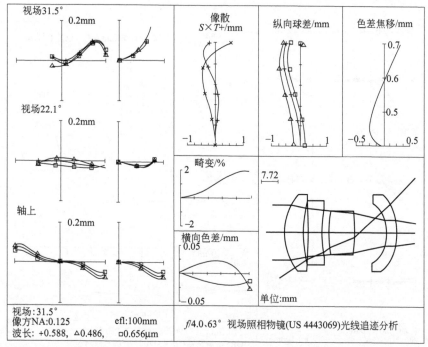

图 19.42　$f/4.0$、带有场镜校正板的三分离消像散物镜

这种具有外部孔径光阑的 Cooke 三分离物镜（?）有一个双非球面场镜，一个是负的场致平透镜，另一个是场镜校正板。该设计可能适合一种廉价的"傻瓜相机"。

$f/4.0$、63°视场照相物镜（5# Shin-Inhi Mihara；US 4443069）的结构参数

半径	间隔	材料	折射率	V 值	半孔径值
27.131	8.540	TACB	1.729	54.7	17.4
61.089	2.286	空气			14.6
−253.240	6.487	SF03	1.847	23.9	14.6
54.314	3.200	空气			11.0
54.188	11.827	FD19	1.667	33.1	10.0
−110.136	2.000	空气			9.1
	13.091	空气			8.5
−19.281	4.670	FF2	1.533	45.9	13.3
ad		−2.423e−05			
ae		−2.615e−08			
af		−3.123e−11			
ag		−1.339e−12			
−32.458	45.808	空气			17.4
ad		−1.5145−05			
ae		2.269e−09			
af		−4.269e−11			
ag		2.142e−14			

efl＝100；　　bfl＝45.81；　　　NA＝−0.1259（$f/4.0$）
GIH＝61.28（半视场角＝31.50°）；　PTZ/f＝−4.862
VL＝52.10；　　OD＝无限共轭距

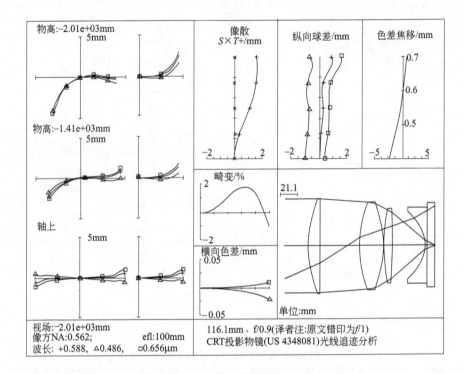

图 19.43 $f/0.9$ 电视投影物镜

这类物镜基本上就是一个强正光焦度透镜加上一个强场致平透镜。用非球面校正像差。为了校正像差，使用额外的弱光焦度零件。在这个例子中，所有零件都是塑料，并且，有两个是非球面。塑料透镜有一个大的问题是，焦点位置对温度变化特别敏感。该透镜的基本形式有一个弱的前置非球面校正板，一个几乎承担着全部正光焦度的球面玻璃透镜和一个非球面场致平校正板，在该设计中，与 CRT 管是光胶合接触，用玻璃零件控制热离焦问题。

116.1mm、$f/1$ CRT 投影物镜（2# Ellis I. Betensky；US 4348081）的结构参数

半径	间隔	材料	折射率	V 值	半孔径值
107.980	14.772	丙烯酸树脂	1.490	57.9	58.3
Kappa（κ）		1.326			
ad		$-4.681e-07$			
ae		$-8.327e-12$			
af		$-1.795e-14$			
ag		$-4.346e-19$			
25294.500	49.837	空气			58.3
143.896	30.256	丙烯酸树脂	1.490	57.9	54.1
-118.000	0.380	空气			51.8
Kappa（κ）		-5.183			

半径	间隔	材料	折射率	V值	半孔径值
ad		−8.768e−08			
ae		−3.073e−12			
af		−1.679e−15			
ag		4.462e−19			
214.441	10.630	丙烯酸树脂	1.490	57.9	46.0
1802.141	42.244	空气			44.9
Kappa (κ)		0.010			
ad		−3.744e−07			
ae		−6.689e−11			
af		6.865e−15			
ag		3.108e−18			
43.843	2.301	丙烯酸树脂	1.490	57.9	41.4
Kappa (κ)		−5.599			
ad		−8.039e−06			
ae		4.937e−09			
af		−2.235e−12			
ag		5.099e−16			
	0.081	空气			47.2
	10.354	K5	1.522	59.5	51.8
	0.255	空气			51.8

efl=100.

bfl=−0.2546

NA=−0.5620 (f/0.89)

GIH=48.82

PTZ/f=−5.116

VL=160.85

OD=4256.60 (MAG=−0.024)

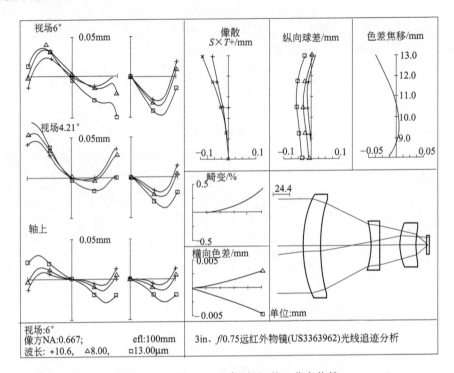

图 19.44 $f/0.75$、12°视场红外三分离物镜

可以把这种物镜视为红外Cooke三分离物镜。正透镜材料是锗，在8～12μm光谱范围内有极高的V值，中间的负透镜材料是碘化铯（CsI）。锗的高折射率（4.0）和碘化铯较低折射率（1.74），以及±三分离透镜的结构布局可以将场曲拉平。由于特别高折射率材料不仅可以减小像差的贡献量，而且，弯曲（成形）时出现的像差最大值和最小值完全不同于低折射率材料的情况，所以，该透镜的形状与普通Cooke三分离物镜的形状不同。例如，在折射率4.0、最小球差时的形状是强弯月形（与该物镜以及图17.38中前透镜一样）。相比之下，如果折射率为1.5，则最小球差时的形状是双凸透镜。

3in、$f/0.75$ 远红外物镜（Ex.2 Thomas P. Vogl；US 3363962）的结构参数

半径	间隔	材料	折射率	V值	半孔径值
167.262	25.488	锗	4.003	779.6	73.2
233.147	73.172	空气			66.3
−129.923	12.523	碘化铯	1.739	180.6	35.0
−22862.688	28.626	空气			34.3
80.063	23.582	锗	4.003	779.6	31.5
137.090	15.448	空气			25.1
	4.167	硫化锌	2.192	17.0	13.1
	0.005	空气			13.1

efl=100； bfl=−0.004675
NA=−0.6640（$f/0.75$）
GIH=10.51（半视场角=6.0°）
PTZ/f=−5.183； VL=183.01
OD　无穷远共轭

第 19 章 物镜设计实例集、分析和说明

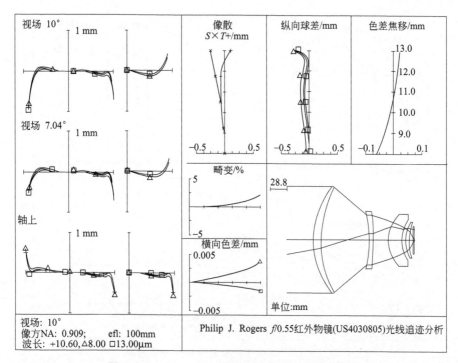

图 19.45 f/0.55、20°视场全锗红外消像散物镜

这类系统本身不仅速度 f/0.55 非常引人注目，而且具有这种速度一类物镜的初始设计就有相当难度。在超高速度下，零件要有很强的光焦度，并且，严重偏离的光线常常会产生像差，使光线经常投射不到后续表面上。此处，锗的高折射率有利也有弊。高折射率意味着有较平的弯曲和较低的像差贡献量，但在锗的折射率等于 4.0 时，临界角只有 14°，全内反射（TIR）可能使光线无法传播到透镜外。该设计中，第四个零件的间隔和高级欠校正球差贡献量已经平衡了欠校正七级球差。还要注意锗在该光谱区的低色散，尽管设计中全部使用锗材料，但该设计聪明地使色差相对于其他像差保持了比较小的量。

f/0.55 红外物镜（Ex.3 Philip J. Rogers；US 4030805）的结构参数

半径	间隔	材料	折射率	V 值	半孔径值
136.368	13.715	锗	4.003	779.6	91.0
181.438	45.720	空气			91.0
	37.387	空气			70.4
−201.977	7.481	锗	4.003	779.6	47.9
−366.057	26.423	空气			48.7
63.474	22.560	锗	4.003	779.6	44.2
58.048	6.840	空气			33.5
62.196	5.837	锗	4.003	779.6	30.5
87.739	6.796	空气			28.9
	1.473	锗	4.003	779.6	23.0
	1.593	空气			23.0

efl=99.98；bfl=1.593；NA=−0.9055（f/0.55）
GIH=17.63（半视场角=10.00°）；PTZ/f=−4.706；VL=−174.23
OD=无穷远共轭

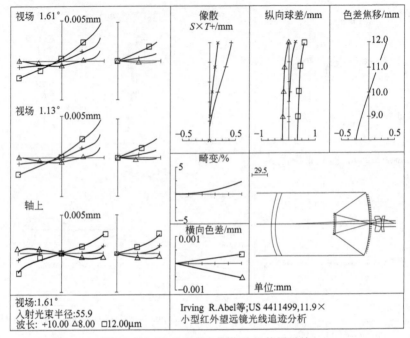

图 19.46 12倍小型卡塞格林红外望远镜

卡塞格林结构布局可以产生一个短的物镜系统。弯月形硫化锌（Maksutov/Bouwers）类型的校正板有助于球差的校正，并且不受外界环境的影响。其他零件都是锗材料，包括第二表面"Mangin"型次镜。正"目镜"产生一个实际的可接近出瞳，可以是杜瓦瓶中制冷探测器冷光阑或者是一个扫描器的轨迹。红外望远镜中使用这种双弯月透镜组的目镜结构是很平常的，并且，在控制畸变和光瞳球差方面是有用的。该系统有三个非球面。

11.9×小型红外望远镜（Irving R. Abel et al.；US 4411499）的结构参数

半径	厚度	材料	折射率	V值	半孔径值
152.400	7.620	硫化锌	2.200	23.0	56.0
144.780	121.900	空气			56.0
	54.500	空气			56.0
−182.016	64.897	反射镜			56.2
Kappa(κ)		−0.751			
−171.653	2.540	锗	4.003	869.1	19.6
−139.065	2.540	锗	4.003	869.1	19.0
Kappa(κ)	−4.700				
ad	1.350e−07				
ae	−1.380e−10				
af	6.731e−14				
−171.653	64.897	反射镜			19.6
	12.698	空气			0.0
−20.777	10.185	锗	4.003	869.1	9.6
−26.594	0.254	空气			13.6
39.218	5.080	锗	4.003	869.1	14.3
Kappa(κ)		−0.356			
59.436	26.416	空气			13.3
无焦自由间隔	0.000	空气			0.0

efl=−1.175e+0.4；bfl=1026；NA=0.0058（f/105.3）；GIH=−330.78
PTZ/f=−0.5364；VL=212.24；OD=无穷远共轭

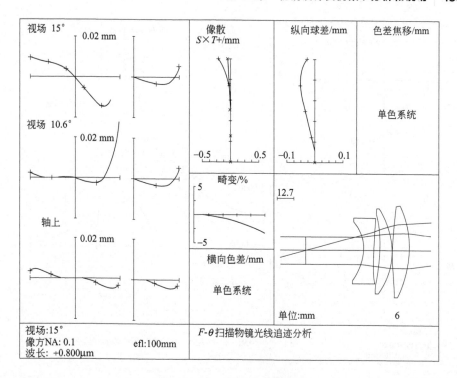

图 19.47　$f/5.0$ $F\text{-}\theta$ 扫描物镜

该设计是一个明显应用于扫描领域的结构布局。位于外部入瞳处（是系统的孔径光阑）的一块扫描反射镜使平行激光束偏转。如果使用一块"理想"物镜，扫描像点的位置应当是 $H=F\tan\theta$。扫描物镜有一定量的桶形畸变，即 $H=F\theta$，所以，扫描光点的速度在视场范围内是不变的，产生一个均匀的曝光。对于单色激光系统，设计不必消色差，并且，可以使用便宜的玻璃，即负透镜使用低折射率的冕玻璃和正透镜使用高折射率的火石玻璃，有助于校正 Petzval 场曲。当然，该系统是多色差的。

$f/5$，efl=100（译者注：原文错印为 efl=55），$H=14.31$，FOV=30° $F\text{-}\theta$ 扫描物镜的结构参数

半径	间隔	材料	折射率	V值	半孔径值
	43.550	空气			10.0
−33.679	7.349	BK7	1.511		21.7
227.078	4.536	空气			24.6
−137.219	9.073	SF11	1.765		27.6
−57.486	0.544	空气			31.7
207.716	12.702	SF11	1.765		31.9
−80.622	129.740	空气			33.8

efl=100
bfl=129.7
NA=−0.1002（$f/5.0$）
GIH=26.79（半视场角=15.00°）
PTZ/f=−31.85
VL=77.76
OD=无穷远共轭

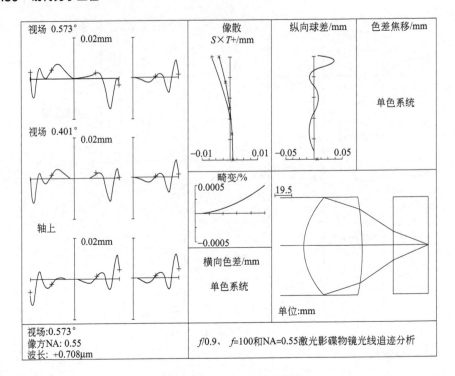

图 19.48 $f/0.9$ 激光影碟物镜

在激光影碟读写物镜单透镜形式（以及其他许多系统）中已经广泛采用玻璃或塑料模压非球面，既经济又能够达到非常精密的水平。很明显，覆盖在被写表面的材料厚度是该设计的一个主要部分，特别是在高速情况下。为了减小薄单正透镜固有的负内凹像散，必须使透镜有大的轴向厚度。由于有两个非球面，所以，可以在小视场范围内得到几乎理想的校正。这些物镜应用几毫米的焦距，以便将已经较小的像差减小至忽略不计的水平。模压塑料透镜的经济性可能会被由温度变化造成的离焦冲淡。

$f/0.9$，$f=100$ 和 $NA=0.55$ 激光影碟物镜的结构参数

半径	间隔	材料	折射率	V 值	半孔径值
71.519	67.467	BAF5	1.601		0.0
Kappa(κ)		-0.379			
ad		$-2.918e-11$			
af		$4.403e-15$			
ag		$-1.489e-18$			
-244.305	36.667	空气			55.5
Kappa(κ)		-73.482			
ae		$-7.716e-11$			
af		$3.097e-14$			
ag		$-6.207e-18$			
	44.000	CARBO	1.577		55.0

efl=100；bfl=0

$NA=-0.5500$（$f/0.91$）

$GIH=1.00$；$PTZ/f=-1.473$；$VL=148.13$

OD＝无穷远共轭

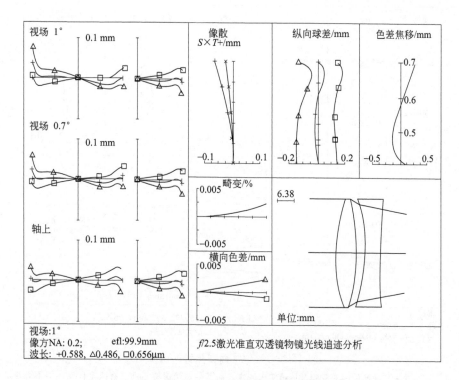

图 19.49　$f/2.5$ 激光准直双透镜物镜

这种高速准直系统基本上是一个望远物镜，利用形状和空气间隔校正球差、慧差和带球差，如第 16 章所述。由于激光是单色光，所以，不需要校正色差，并且，两个透镜都可以使用高折射率火石玻璃材料。该设计不同于前面已经指定没有色球差的设计（M.O.E. 著作第三版图 14.46），因此，该设计得到很好校正，可以用于不同波长。很明显有轴向色差，波长变化时必须重新调焦。

$f/2.5$ 激光准直双透镜物镜的结构参数

半径	间隔	材料		半孔径值
55.381	8.0	LASFN30	800903	20.2
−89.402	2.978			20.2
−68.677	6.00	SF6	799517	20.2
243.105	82.46			20.2

efl=99.94
bfl=82.46
NA=0.200（$f/2.5$）
GIH=1.744（半视场角=1.0°）
VL=16.978

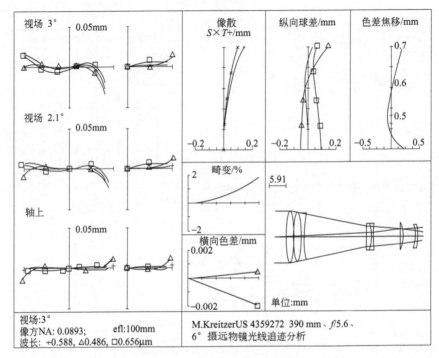

图 19.50 $f/5.6$ 内调焦摄远物镜

摄远物镜是通过移动镜筒内的双胶合透镜实现调焦,而其他透镜保持不动。有两个优点:①不必移动整个物镜进行调焦;②摄远物镜对物距变化敏感。当物镜调焦于特写镜头时,像差校正保持不变。摄远比是精确的 0.66,比 0.80 比较正规的摄远比有更短的物镜长度(也更难于设计)。该物镜可以作为 35mm 照相机 400mm 物镜。

390mm、$f/5.6$、6°摄远物镜(M. Kreitzer;US 4359272)的结构参数

半径	间隔	材料	折射率	V 值	半孔径值
33.072	2.386	C3	1.518	59.0	8.9
−53.387	0.077	空气			8.9
27.825	2.657	C3	1.518	59.0	8.4
−35.934	1.025	LAF7	1.749	35.0	8.3
40.900	22.084	空气			7.8
	1.794	FD110	1.785	25.7	4.7
−16.775	0.641	TAFD5	1.835	43.0	4.6
27.153	9.607	空气			4.5
−120.757	1.035	CF6	1.517	52.2	4.8
−12.105	4.705	空气			4.8
−9.286	0.641	TAF1	1.773	49.6	4.0
−24.331	18.960	空气			4.1

efl=100;bfl=18.96
NA=−0.0892($f/5.6$)
GIH=5.24;PTZ/f=2.097
VL=46.65;OD=无穷远共轭

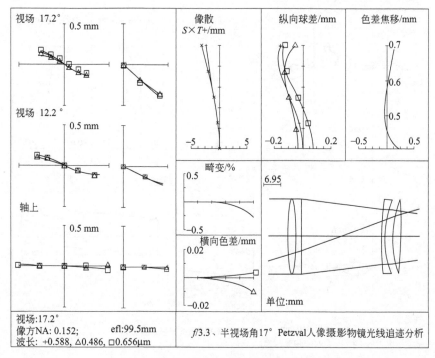

图 19.51 *f*/3.3 Petzval 人像摄影物镜

该物镜是由 Joseph Petzval 于 1840 年（借助"擅长计算的"两个下士和八个投弹手的帮助）为 Daguerreotype 照相机设计。这支队伍在约 6 个月的时间内设计了两种系统，该物镜当时以特别快的速度设计出。前面使用的观景物镜的速度约为 *f*/15，几乎慢 20 倍。具有讽刺意味的是，Petzval 设计之所以受到重视是由于有大的场曲（Petzval 场曲），改进用作 Petzval 放映物镜之后，现在，在高速、小视场情况下像差得到良好校正，所以，该物镜已经得到广泛应用。

f/3.3、半视场角 17°Petzval 人像摄影物镜的结构参数

半径	间隔	材料	折射率	V 值	半孔径值
55.900	4.700	K3	1.518	59.0	15.1
−43.700	0.800	LF7	1.575	41.5	15.1
460.400	16.800	空气			15.1
	16.800	空气			13.1
110.600	1.500	LF7	1.575	41.5	15.0
38.900	3.300	空气			15.0
48.000	3.600	BK7	1.517	64.2	15.0
−157.800	70.731	空气			15.0

efl＝99.52；bfl＝70.73

NA＝−0.1517（*f*/3.3）

GIH＝30.85（半视场角＝17.22°）

PTZ/*f*＝−1.268

VL＝47.50

OD＝无穷远共轭

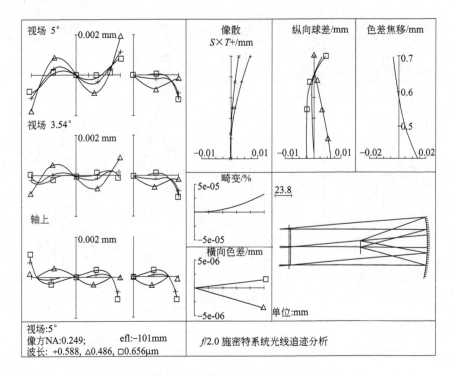

图 19.52　$f/2.0$ 施密特（Schmidt）系统

施密特系统（照相机/望远镜）都是以下面两个原理为基础：①球面反射镜的孔径光阑位于曲率中心，因而没有慧差和像散；②位于孔径光阑处的非球面只影响球差，其他赛德像差不受影响。非球面校正板的四级（和六级）像差项可校正球差，但是，校正板的球差贡献量随折射率变化，产生色球差，校正板的凸面半径恰好引入足够的欠校正色差以平衡色球差。光学性能受限于五级斜球差，这在轴外光线交点曲线图中看得非常清楚。可以有更大的视场，但斜球差随 y^3h^2 变化，所以，成像质量会继续恶化（直至速度降低为止）。

$f/2.0$、$\pm 5°$ 施密特系统的结构参数

半径	间隔	材料		半孔径值
9433.1	3.00	BK7	517642	26
	$ad=-5.9584e-08$		$ae=-1.598e-12$	
平面	198.04	空气		26
-200.00	-99.45	空气		43
-100.22	（像面）			8.8

efl=100.56
bfl=99.45
NA=0.25（$f/2.0$）
GIH=8.8（半视场角=±5°）
PTZ/f=-1.00
VL=201

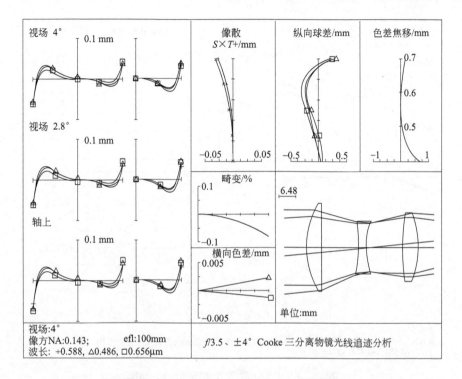

图 19.53 $f/3.5$ 小角度 Cooke 三分离物镜

使用光学自动设计程序很难得到一个小视角的消像散物镜。光学设计程序通常是使物镜在轴上有近乎理想的像差校正,稍有离轴,像质会很差;换句话说,该程序是要设计一个望远镜。摆脱这种困境的一种方法是以具有一个正常视场角的三分离物镜作为初始设计点,并一步一步(以小的增量)减小视场,沿着该方向逐步进行优化。

$f/3.5$、±4°Cooke 三分离物镜的结构参数

半径	间隔	材料		半孔径值
33.14	5.83	SSKN5	659509	16.8
623.0	14.69	空气		16.8
−52.10	2.47	SF63	748277	10.0
26.90	1.98	空气		10.0
光阑	12.59	空气		9.37
90.43	5.83	SSKN5	659509	13.0
−39.76				13.0

efl=100.00
bfl=76.96
NA=0.143($f/3.5$)
GIH=6.993(4.0°)
PTZ/f=−6.29
VL=43.39

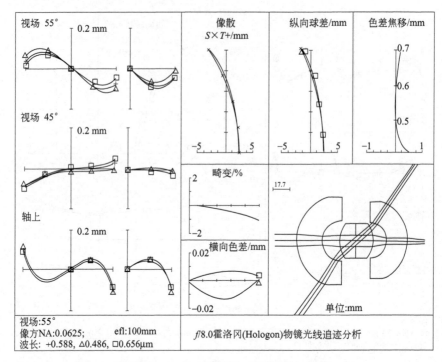

图 19.54 $f/8.0$ 霍洛冈（Hologon）物镜

霍洛冈物镜可以看作是一个倒置的 Cooke 三分离物镜，中心透镜材料是冕牌玻璃，两个外侧透镜材料是火石玻璃。该物镜广角时有特别好的成像质量是源于具有准同心结构。为校正像差必须使用厚透镜。霍洛冈物镜可以看作是充满水的 $f/30$ Sutton Panoramic 球形同心透镜（1859）的改进型。20 世纪 40 年代，Baker 设计了一个不对称、但是同心的实心球透镜。这两种物镜都有同心球形像面，而霍洛冈物镜适用于平的胶片。

$f/8.0$、$\pm 55°$ 霍洛冈物镜的结构参数

半径	间隔	材料		半孔径值
47.41	26.42	SF4	755274	45.3
20.98	18.63	空气		21.0
29.72	17.20	BK7	517642	17.7
光阑	18.23	BK7	517642	5.67
−28.38	15.41	空气		17.7
−19.78	21.13	SF4	755274	19.7
−42.52	(51.27～2.62)			39.1

efl=100.00
bfl=51.27
NA=0.0625（$f/8.0$）
GIH=142.81（$\pm 55°$）
PTZ/f=24.6
VL=117.02

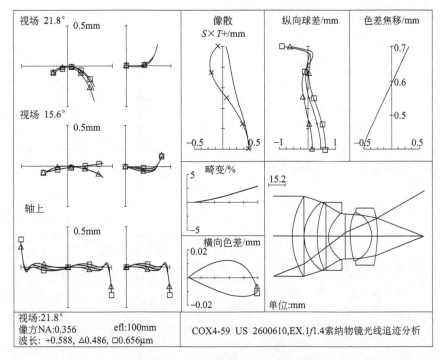

图 19.55 $f/1.4$ 索纳（Sonnar）物镜

索纳改进型七片高速物镜是分裂三片分离物镜前置透镜许多改进型之一，是 Bertele 在 20 世纪 20 年代和 30 年代以 Ernostar 和 Sonnar 名义为 Ernemann 和 Zeiss 公司设计的。Bertele 非常擅长利用不同光焦度的胶合面和折射率差控制高级像差。注意 9#表面是 Merte 表面。

$f/1.4$、±21.8°索纳物镜的结构参数

半径	间隔	材料		半孔径值
75.61	9.65		693430	35.8
450.47	0.30	空气		35.8
37.57	12.09	LAKN14	697554	30.5
80.10	7.87	FK5	487704	30.5
−817.22	1.83	SF18	722292	30.5
24.44	11.07	空气		21.3
光阑	4.06	空气		20.08
平面	4.88	K10	501564	20.3
58.38	19.81	BaFN11	667484	20.3
−22.76	5.08	SK2	607566	21.3
−104.42	(43.12～0.46)			25.4

efl=100.00

bfl=43.12

NA=0.356（$f/1.4$）

GIH=40.0（±21.8°）

PTZ/f=−3.49

VL=76.64

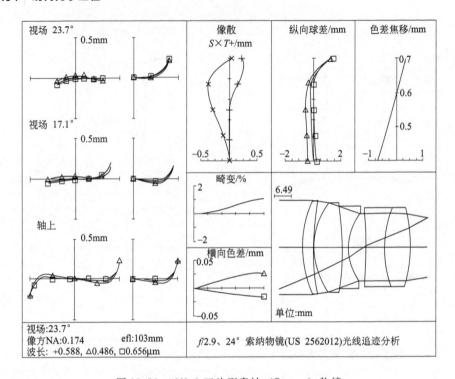

图 19.56　$f/2.9$ 五片型索纳（Sonnar）物镜

这种物镜是分裂 Cooke 三分离物镜前冕透镜而来的许多设计方案之一，并用作早期 35mm 照相机的物镜。前三个透镜类似于双高斯物镜的前三块透镜。

$f/2.9$、24°索纳物镜（US 2562012）的结构参数

半径	间隔	材料	折射率	V 值	半孔径值
46.000	4.300	SK9	1.614	55.2	18.0
110.000	0.210	空气			18.0
29.300	11.000	BAF51	1.652	44.9	17.1
−92.170	2.360	LAFN7	1.750	34.9	15.5
21.680	5.650	空气			13.0
	1.300	空气			12.9
−90.000	7.000	K10	1.501	56.4	13.0
39.500	10.000	LAK9	1.691	54.7	15.0
−70.000	71.265	空气			15.0

efl=103.2

bfl=71.27

NA=0.1718（$f/2.9$）

GIH=45.43（半视场角 23.75°）

PTZ/f=−4.319

VL=41.82

OD=无穷远共轭

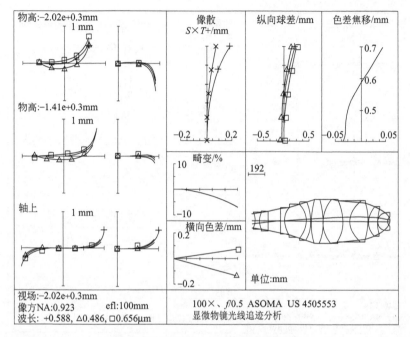

图 19.57　100×、0.92NA 显微物镜

该平场显微物镜利用两个器件实现了一个非常平的 Petzval 表面。①结构基本上是一个反摄远物镜，负双胶合透镜后面是由 9 块透镜组成的正光焦度组件；②在与焦平面相邻的"前置"透镜上的凹表面是另一个 Petzval 校正面，作用相当于一个场致平透镜。注意，该物镜大量使用氟化钙以校正二级光谱。评价像差时要记住，焦距（和像差）约是此处给出值的 1.5%。

100×、0.92NA 显微物镜的结构参数

半径	间隔	材料		半孔径值
物面	9852	空气		
−236.24	48.37	H NBFD5	762403	90.5
210.18	117.51	H FDS9	847238	107.9
−1904.8	156.67	空气		119.7
4406.6	47.00	O LAL14	697555	153.5
277.80	270.1	CaF₂	434954	163.9
−277.85	52.88	O BPM4	613438	202.2
−529.38	5.88	空气		233.6
875.81	145.76	CaF₂	434954	263.2
−875.66	5.88	空气		269.2
473.37	239.13	CaF₂	434954	268.7
−502.26	89.65	KzFSN5	654396	250.9
295.15	227.92	O PHM51	617628	254.7
−767.46	5.88	空气		223.2
257.02	115.07	BK10	498670	185.6
452.04	4.59	空气		152.9
107.34	124.73	SK14	603606	106.9
83.53	33.53			60.0

efl=100.44；bfl=32.5；NA=−0.923（f/0.54）
GIH=20.10（±11.4°）；PTZ/f=+59.3；VL=1645

496　现代光学工程

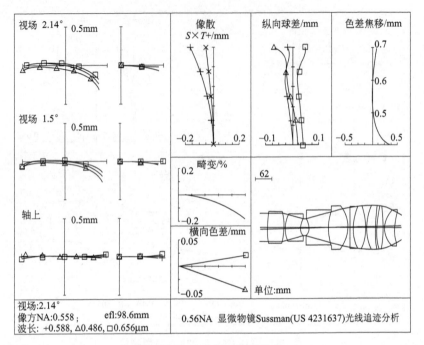

图 19.58　0.56NA 显微物镜

该显微物镜是针对使用中位于无穷远的像校正像差。有效地使用望远镜意味着观察像，并且允许在物镜与望远镜之间安装（分划）板和使光束倾斜的分束镜，由于光束是准直的，所以，不会引进像差。有利于控制 Petzval 场曲的设计因素是第二和第三个透镜，都是后弯月透镜，其工作原理非常类似于双高斯物镜的内双胶合透镜。其他校正 Petzval 场曲的因素是最后一块透镜，也是一块厚弯月透镜。注意，使用具有不寻常局部色散的材料 CaF_2、FK51 和 KzFS4 以减小二级光谱。

0.56NA 显微物镜 Sussman（US 4231637）的结构参数

半径	间隔	材料	折射率	V 值	半孔径值
553.260	64.900	FK51	1.487	84.5	60.6
−247.644	4.400	空气			57.2
115.162	59.400	LLF2	1.541	47.2	52.1
57.131	17.600	空气			34.0
	17.600	空气			33.6
−57.646	74.800	SF5	1.673	32.2	36.0
196.614	77.000	FK51	1.487	84.5	67.0
−129.243	4.400	空气			83.0
2062.370	15.400	KzFS4	1.613	44.3	77.5
203.781	48.400	CAF	1.434	94.9	80.5
−224.003	4.400	空气			83.2
219.864	35.200	CAF	1.434	94.9	86.0
793.300	4.400	空气			84.3
349.260	26.400	FK51	1.487	84.5	83.7
−401.950	4.400	空气			82.7
91.992	39.600	SK11	1.564	60.8	70.0
176.000	96.189	空气			59.0

efl=98.58　　　　　　bfl=96.19
NA=−0.5658（f/0.9）　GIH=3.68
PTZ/f=44.28　　　　　VL=498.30　　　OD=无穷远共轭

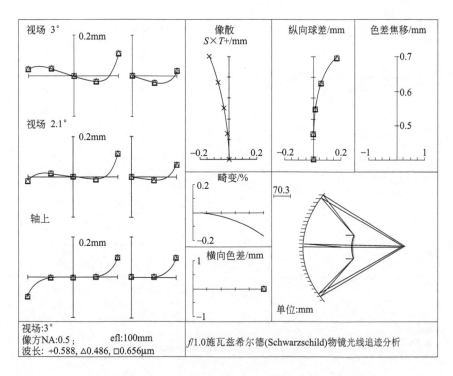

图 19.59　$f/1.0$ 施瓦兹希尔德（Schwarzschild）物镜

该系统全部是由球面组成的施瓦兹希尔德物镜（Schwarzschild），是对三级像差进行了校正的结构布局。设计该例子的公式是 17.2 节公式 17.6～公式 17.11（通过与 Max Riedl 的私人通信）。系统是同心系统，所以，慧差和像散是零。像面是一个球面，凹向入射光，并与其同心。三级球差也是零，但是，正如从光线交点曲线图所看到的，在 $f/1.0$ 时，高级球差相当大。由于基本上是五级球差，所以，在较低速度时，是完全可以接受的。

$f/1.0$、$\pm 3°$ Schwarzschild 物镜的结构参数

半径	间隔	材料	半孔径值
123.61	-200.02	反射镜	50
323.62	423.62	反射镜	222.3

efl＝100
bfl＝423.62
NA＝0.50($f/1.0$)
GIH＝5.24($\pm 3°$)
PTZ/f＝-1.0
VL＝423.60

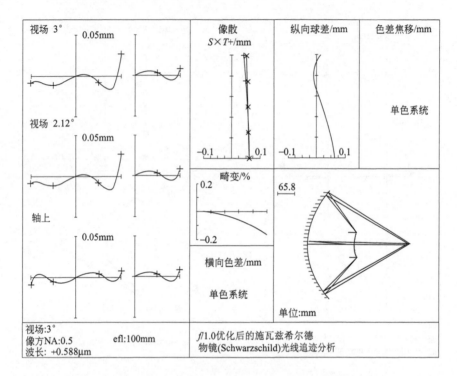

图 19.60　$f/1.0$ 优化后的施瓦兹希尔德(Schwarzschild)物镜

在该例子中，三级施瓦兹希尔德(Schwarzschild)物镜的半径和间隔都进行过优化，并且增加一个弯曲的焦面以补偿基本系统的弯曲场。该表面是球面，并且，有明显的剩余五级球差和慧差，利用一个或两个表面上的六级像差项可能会予以消除。

$f/1.0$、$\pm 3°$ 优化后 Schwarzschild 物镜的结构参数

半径	间隔	材料	半孔径值
120.12	−178.59	反射镜	50
298.31	397.35	反射镜	208
−101.54（像面）			

efl=100
bfl=397.35
NA=0.50($f/1.0$)
GIH=5.24($\pm 3°$)
PTZ/f=−1.006
VL=397.35

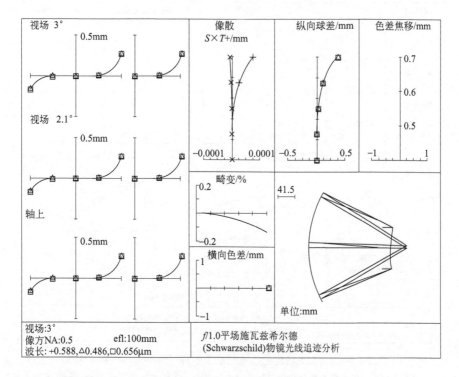

图 19.61 $f/1.0$ 平场施瓦兹希尔德（Schwarzschild）物镜，TOA

使用两个锥面，该三级设计就没有球差和慧差，并且有一个平的 Petzval 面（与 Max Riedl 的私人通信）。正如在光线交点曲线图中可以看到的，高级球差和像散是严重的，如果设计没有得到优化，采用低速系统是合适的。

$f/1.0$、±3°平场三级 Schwarzschild 物镜的结构参数

半径	间隔	材料	半孔径值	
282.84	−199.99	反射镜	50	cc=5.8284
282.84	241.42	反射镜	131	cc=0.17157

efl=100.00
bfl=241.42
NA=0.50（$f/1.0$）
GIH=5.24（±3°）
PTZ/f=无穷大
VL=241.42

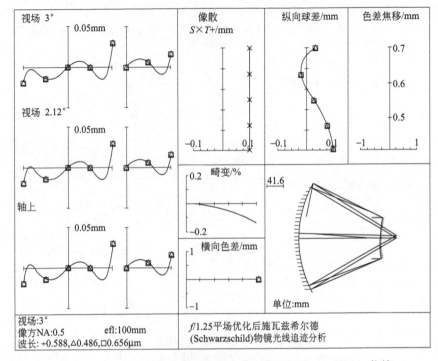

图 19.62　f/1.25 平场优化后施瓦兹希尔德（Schwarzschild）物镜

该设计是对图 19.61 三级系统方案优化后得到的。为了平衡五级球差，已经对半径、间隔和锥形常数进行了调整。与优化后的同心施瓦兹希尔德系统一样，五级球差是主要的剩余像差。

f/1.0、±3°优化后平场 Schwarzschild 系统的结构参数

半径	间隔	材料	半孔径值	
287.85	−204.37	反射镜	50	cc=5.97173
285.58	242.00①	反射镜	131	cc=0.17577

efl=100.00
bfl=242.00
NA=0.50（f/1.0）
GIH=5.24（±3°）
PTZ/f=±181
VL=242.0
① 离焦量−0.1

参考文献

Betensky, E., M. Kreitzer, and J. Moskovich, "Camera Lenses," in *OSA Handbook of Optics*, Vol. 2, New York, McGraw-Hill, 1995, Chap. 16.

Jones, L., "Reflective and Catadioptric Objectives," in *OSA Handbook of Optics*, Vol. 2, New York, McGraw-Hill, 1995, Chap. 18.

Smith, W. J., *Modern Lens Design*, 2d ed., New York, McGraw-Hill, 2005.

第20章

光学工程中的实际问题

这一章主要讨论将一个光学系统付诸实施可能遇到的一些问题。对光学加工过程的描述将放在光学零件（在车间加工中）技术要求和公差确定的讨论之后。接着，阐述光学零件的安装。本章还包括光学实验室测量技术方面的内容。

20.1 光学加工

材料

批量生产光学零件最经常采用的初始工艺是对玻璃毛坯粗模压成型工艺。将一定重量的玻璃块加热到塑性状态，并在金属模具中压成所希望的形状。毛坯尺寸要比完工零件尺寸大以保证加工过程有一定量的材料切除。切除的量必须（最小量地）足以清除掉毛坯中质量较低劣的外层材料，可能还要包括缺陷或者模压过程中使用的粉状耐火土。一块透镜毛坯一般要比完工透镜约厚3mm，直径约大2mm。一块棱镜毛坯要足够大，保证每个表面有大约2mm的切除量，这些加工余量随工件尺寸变化，对于一个规则的毛坯件会小些。如果毛坯件是一种贵重材料，例如硅或比较稀有的玻璃，那么，为了节省材料，毛坯的加工余量要绝对保持到最小值。

虽然，大部分毛坯件都是单块，但对于小零件，采用组或串的加工形式是比较经济的。一组零件可以由5或10个毛坯件组成，用一种薄板（或薄网状物）连接，将薄板磨掉又可以使每个毛坯件单独使用。如果由于批量小或者材料类型问题，不可能得到模压出的毛坯件，那么，可以通过将大块材料切割或锯成适当形状准备粗毛坯。

利用偏光器可以相当满意地检查出粗毛坯件（由玻璃退火不足造成）的应力。对折射率进行精确检查需要在样件上抛光出一个平面，然而，如果知道一炉毛坯是来源于同一炉或同一批玻璃，那么，只需要检查一两件毛坯即可，因为，同一炉玻璃的折射率是相当稳定的。由于最终的退火工艺会提高折射率，所以，低折射率值常常伴有应力的存在。

如果毛坯形状使零件从中心到边缘的厚度有大的变化时，就较难以得到均匀的退火，在毛坯件内部会造成折射率变化。对于某些难以退火的稀有光学玻璃尤为如此。板状光学玻璃容易均匀退火，性质更为一致，因此，对于要求特别苛刻的透镜，经常需要这样做。

粗成形工艺

经常使用金刚石砂轮完成零件的初始成形。对于球面，该工艺称为成形工艺（或者开半径）。将毛坯安装在真空卡盘中，并随卡盘旋转，用一个旋转的环状金刚石轮磨削，金刚石轮的轴线与卡盘轴线成一定角度，如图 20.1 所示。这种结构布局图能够产生一个球形。半径取决于两条轴线之间的夹角以及金刚石刀具的有效直径（通常悬于透镜边缘之上）。当然，厚度取决于工件与刀具之间的距离。使两根轴线平行，用类似方法可以粗磨出平面工件。通过铣切工艺，然后利用金刚石刀具可以得到矩形形状。

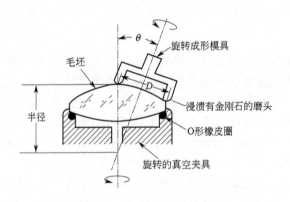

图 20.1　成形工艺示意图

环形金刚石刀具和玻璃毛坯件都在转动。由于它们的轴线相交成某一角度（θ），毛坯件的表面就形成一个半径为 $R = D/2\sin\theta$ 的球面

胶盘（或上盘）工艺

通常，将适当数量的光学零件固定或黏结在一个公共支撑架上一起加工。这样做有两个主要原因：明显的理由是几个零件同时加工，比较经济；不明显的理由是，在较大的胶盘面积范围内等间距上盘加工一些零件，可以得到较好的表面。

尽管也可以使用各种成分的专用蜡和松香，但经常用沥青将零件与胶合模（或胶盘）固定在一起。沥青有一种非常有用的性质，可以牢固地黏结到几乎所有热的物体上而不会黏附到冷的表面上。将沥青急剧冷却，并轻轻地敲击就很容易地使其破碎。典型的做法是将纽扣圆柱形沥青（适当加热后）压按在零件背后，然后，将零件黏结固定在加热的胶合模上，如图 20.2 所示（将黏结有沥青的零件放置在一个具有正确半径的储存附件上，然后，将加热后的胶合模压到沥青柱上，就可以使所有零件表面保持对准）。

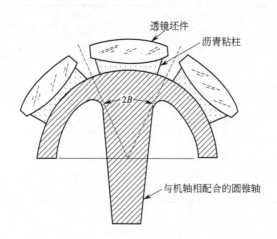

图 20.2　安装有毛坯件的胶合模横截面
用柱形上盘沥青将坯件固定。可以黏结到同一个盘上的最多透镜的数目取决于角度 B［参考公式 (20.2)］

加工一个零件的成本显然与上盘的零件数目密切相关。没有一种方法可以精确地确定这个数目，然而，下面表达式（是"极限情况"的表达式，需要修正以符合实际情况）精确到每个胶合模一个零件：

$$\text{胶盘上的零件数} = \frac{3}{4}\left(\frac{D_t}{d}\right)^2 - \frac{1}{2} \tag{20.1}$$

规整到比该数小的整数上，式中，D_t 是胶合模的直径；d 是零件的有效直径

(对零件之间的间隙，应包括加工余量)。

对球形表面：

$$\text{胶盘上的零件数} = \frac{6R^2}{d^2}\left[\frac{SH}{R}\right] - \frac{1}{2} \quad (20.2a)$$

式中，R 是表面半径，d 是透镜直径（包括间隔加工余量）；SH 是胶合模的弧高。如果胶合模的张角是 180°，SH=R，则公式简化为：

$$\text{胶盘上的零件数} = \frac{6R^2}{d^2} - \frac{1}{2} = \frac{1.5}{(\sin B)^2} - \frac{1}{2} \quad (20.2b)$$

规整到比该数小的整数上，式中，B 是透镜直径（加上间隔加工余量）对表面曲率中心的半张角，如图 20.2 所示。如果胶合模上只有几个透镜，使用表 20.1 是很方便的，对 180°的胶合模会更精确。

表 20.1 固定在胶合模上的毛坯件数目（取决于坯件直径对半径曲率中心的张角，如图 20.2 所示）

胶盘上的零件数	d/D_t 最大值	$\sin B$ 最大值	$2B$
2	0.500	0.707	90°
3	0.462	0.655	81.79°
4	0.412	0.577	70.53°
5	0.372	0.507	60.89°
6	—	0.500	60°
7	0.332	0.447	53.13°
8	0.301	0.398	46.91°
9	0.276	0.383	45°
10	—	0.369	43.24°
11	0.253	0.358	41.88°
12	0.243	0.346	40.24°

磨削工艺

零件表面要继续经过一系列磨削工序精密加工，用水浆状研磨料和铸铁模具完成。如果零件没有事先成形，磨削工序就用一种快速切削粗金刚砂开始。否则，就用中等级别的金刚砂开始，继而使用一种非常细的金刚砂，以便得到一个光滑柔和的玻璃表面。

利用球面的特有性质，即相同半径的凹球面和凸球面都将彼此密切接触而与相对方位无关，因此，使用比较简陋（或粗糙）的设备就可以使球面的磨削（和抛光）达到很高精度。如果两个近似球面的配合表面相接触（在它们之间使用研磨粉），并随机地彼此相对运动，则一般趋势是两个表面将研磨掉其高点，随着研磨过程而逼近一个正确的球形表面（光学加工过程有关相对磨削方面的详细解析,鼓励读者参考本章未列出的、由 Deve 编著的资料)。

一般地,凸面工件(胶合模或者模具)安装在动力驱动的转轴上,凹面工件放置在上面,如图 20.3 所示。上面模具只受到球形压杆(俗称铁笔)装置的约束,当与下面工件(或模具)滑动接触受到驱动时就可以自由旋转,通常假设,与下面工件有相同的旋转角速率。铁笔前后摆动,所以,两个模具之间的相互关系是连续变化的。调整铁笔的偏置量和运动量,光学工人就可以修改玻璃上的磨损图形,因而,影响着研磨过程中半径值和均匀度的精细校正。

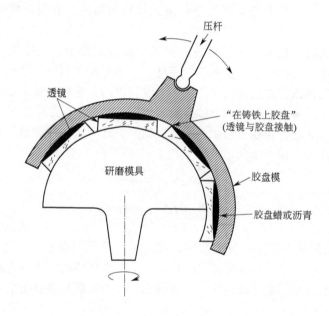

图 20.3 在成形(或抛光)过程中,通过下面(凸面)模具绕其轴的转动以及上面模具(凹面)的前后摆动形成一种半随机的擦洗作用
注意,上面模具可以绕着驱动轴的球端自由转动,并随着下模具转动

连续使用越来越细的金刚石磨料直至前一道工序留下的麻点(或研磨留下的缺陷)消失为止。使用的磨料包括石榴石、金刚砂(碳化硅)、刚玉和金刚石粉。

抛光工艺

抛光工艺的机理类似于研磨工艺。抛光模上布满一层沥青,抛光磨料是水和铁丹(氧化铁)或氧化锶的混合水浆。抛光沥青流动冷却,因此,在很短时间内形成工件的形状。

抛光工艺是一种很独特的工艺，至今还没有完全理解。似乎是，玻璃表面被抛光浆液水解，由此产生的凝胶层被隐藏在抛光沥青中的抛光浆液内的粒子擦洗掉。该分析解释了许多与抛光有关的现象，例如被抛光流浆闭合上的刮伤（或路子）和裂缝，后来加热或暴露于大气中时又会完全打开。如果考虑历史上的抛光模是由诸多材料做成，包括毛毡、铅、塔府绸、皮革、木头、铜和软木，并且，已经成功地使用除铁丹以外的其他抛光剂，同时，许多光学材料（即硅、锗、铝、镍和晶体）又不同于玻璃的化学特性，而似乎各种抛光机理都相当类似。一些抛光剂实际上是对抛光材料的腐蚀，有些材料可以进行干抛光。

连续抛光直至表面没有任何研磨留下的麻点或路子。用样板检查半径精度，这是采用非常精密的方法制造的标准规，预先抛光到一个精确半径，并且是一个真正的球面，精度在几十分之一个波长以内。将样板紧靠在工件上，形状之差取决于二者之间形成的干涉条纹（牛顿环）。两个表面的相对曲率通过观察样板与工件边缘接触还是中心接触来确定。计算出条纹数目，就可以由下列公式近似计算出两个半径之差：

$$\Delta R \approx N\lambda \left(\frac{2R}{d}\right)^2 \qquad (20.3a)$$

$$N = \frac{\Delta R D^2}{4\lambda R^2} = \frac{\Delta C D^2}{4\lambda} \qquad (20.3b)$$

式中，ΔR 是半径差；N 是牛顿环数目；λ 是照明波长；R 是样板半径；C 是曲率（$1/R$）；d 是测量时覆盖的直径。一个牛顿环表明两个表面的间隔变化是半个波长。非圆形条纹图表明是非球面。一个椭圆形条纹图案表明是一个环形面。

需要做一些小的修正，调整抛光机行程，或者刮掉抛光模的一部分，从而使磨损作用集中在工件太高的部位。

定中心工艺

当透镜两个表面都完成抛光之后，要对透镜定中心。通过研磨透镜边缘（或者对透镜磨边）使透镜的机械轴（通过透镜磨边确定）与光轴（两个表面曲率中心的连线）重合。在通常的定中心工艺中，（用蜡或沥青）将透镜固定在一个精密校准的筒形模具上，该模具安装在一个转轴上，将透镜压在模具上时，靠在模具上的表面自动与模具对准，因而，与转轴对准。在沥青还比较软时，操作人员横向滑动透镜，直至外侧表面也安装正确。如果缓慢旋转透镜，根据偏心表面形成的反射像（在靶标附近）的移动就可以探测到该表面的偏心，如图20.4所示。对高精度零件，可以用望远镜或显微镜观察像，以提高操作人员对像运动的敏感度。然后，用金刚石砂轮将透镜边缘研磨到所希望的直径，此时，通常都要进行倒边或保护性倒角。

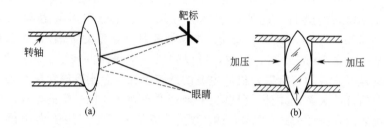

图 20.4　定中心工艺

(a) 在目视定中心方法中，横向移动透镜，直至转动透镜时观察不到透镜表面反射的靶标像的移动；(b) 在机械定中心方法中，将透镜压在空心柱体模具之间，透镜横向移动直至其轴与两个模具的公共轴线重合

对中等精度光学零件的批量生产，使用一种机械定中心工艺。在这种称为"杯形"或"钟形"定中心方法中，将透镜零件夹持在两个精确校准的筒形模具之间。模具的压力使透镜向侧边滑动，直至模具之间的距离最小，因而，使透镜正确地定心。使用诸如 STP 的润滑剂可以提高定中心精度。然后，对着金刚石砂轮旋转透镜，将透镜直径磨到希望的尺寸。

如果透镜是合成部件的一部分，根据需要在表面镀以低反膜并胶合，就完成了该透镜的制造。这些工艺在第 11 章中已经做过概述。

有时，对非寻常材料还需要对标准工艺做些修改。比较脆的材料（例如氟化钙）必须轻轻地处理，特别是在粗磨和精磨阶段。需要使用一种较细、较软的磨料，有时还在磨料中加一些肥皂，并且使用软的黄铜研磨模代替铸铁模。在另一种极端情况下，例如蓝宝石（Al_2O_3），由于具有特别高的硬度，所以，不能用普通的材料进行加工，在研磨和抛光两种工艺中都使用金刚石粉。

对容易受到研磨或抛光浆剂腐蚀的材料，有时会将光学材料浸在浆液中制成饱和溶液，使用这种溶液进行加工。例如，如果一种玻璃容易受到水的腐蚀，可以用水和煮沸过的玻璃粉，或者在水中浸泡几天做成浆液。另外，用一种煤油或油做成的浆液也是很有效的。在浆液中使用的其他液体还包括乙二醇、丙三醇（甘油）和三醋酸酯（甘油三醋酸酯）。

高速加工工艺

对于表面精度要求不高的光学零件，可以加快上述加工工艺。普通的研磨工艺通常花费几十分钟时间，抛光可能花费 1~2h，在难度较大的情况下，甚至需要 8h 或 10h。增大转轴的旋转速度及工件与模具间的压力可以加快工艺进度。模具的磨损和变形是一个问题，所以，要使用非常耐磨和抗变形的模具。研磨工艺中，在模具表面覆盖一层在金属基体中熔结有金刚石颗粒的材料，不使用松软的磨料，这种方法称为球磨。抛光是利用覆盖有一层薄膜（0.01~0.02in）塑料（即聚亚安酯）的金属模具（典型的是铝），加工时间是分钟数量级，在 5min 或 10min 内，可以完成一个表面的成形、研磨和抛光。由于模具是不兼容的，所以，机床生成的透镜半径与金刚石球粒模具的半径必须有一个精确的关系，并且，研磨出的半径要与硬塑料抛光模的半径匹配［在几个条纹之内，按照公式(20.3)的方式］。该工艺广泛应用于太阳镜、滤光片、廉价的照相物镜、目镜等。由于关注的是表面精度，所以，表面形状变得不太重要，固定磨料研磨技术的确会造成一些表面下碎裂，但该工艺快速，并且比较经济。给机床配备成套工具以及对工艺步骤进行精确调整，从而使其应用于大批量生产。

其他技术

还有几种其他用来加工光学零件的工艺。当这些工艺趋于更适合低精度工件制造时，有些工艺已经发展到用于加工衍射受限光学零件。

下垂法。这是一种精度较低的方法。将一块抛光后的平行平板放置在一块铸模（经常是非球面）上面，将玻璃加热直至其下垂到铸模里面，没有与模具接触的表面是要应用的表面。具有较深弧度的大型反射镜可以采用这种方法。在许多情况中，相接触的表面要经过研磨和抛光，使其成为透射元件。施密特校正板就采用了这种加工工艺。

模压法。这种方法的质量要求适合于从聚光镜表面到衍射受限的模压玻璃或塑料零件，例如激光影碟读出镜。许多照相物镜都兼有模压塑料零件，几乎所有的廉价或一次性的照相机都安装有塑料透镜。模压塑料（或玻璃）非球面零件广泛应用于从高速 TV 放映物镜到高质量的线性变焦和照相物镜领域。小零件基本上都适合于模压制造。

复制技术。这是另一类模压方法。制造一块负模板，并将基板机械加工或研磨和抛光成非常接近希望的形状。模板镀上一种脱模剂和任何一种需要的薄干涉膜，模板和基板压靠在一起，在其之间滴几滴低收缩的环氧树脂。当完成环氧树脂的设置后，撤去模板，基板上便留有由模板确定的环氧树脂表面，环氧树脂层厚约 0.001in 以避免收缩问题。基板可以是玻璃、耐热玻璃、熔凝石英或者一种稳定性非常好的金属材料，例如铝。作为反射镜制造系统最有用的复制技术可以将非球面与结构元件组合在一起，并设置在正常研磨和抛光工艺不可能实现的表面上。已经制造出铝基板平面反射镜尺寸达到约 18in 和直径

8in、厚 0.06in、以铝为背衬的非球面镜。

非球面

非球面，柱面和环面都没有球面的通用性，并且加工比较困难。一个球面是通过随机研磨和抛光生成的（因为通过中心的任何一条线都是一条轴线），而光学非球面只有一条对称轴。因此，简单产生一个球面的随机擦洗原理必须被另一种方法替代。一个普通的球形光学表面是一个精度在几百万分之一英寸内的真正球形，对于非球面，只能通过综合使用精密测量和熟练"手修"或者其等效方式得到这种精度。

将工件放置在（一台车床上）中心之间进行加工就可以形成中等尺寸半径的柱形表面。然而，不标准的工艺容易在表面产生沟槽或环带。相对于绕轴的旋转速率而言，提高沿该轴方向的工作速率可以使该问题得到缓解。在加工的柱面体中，难免会有小量的锥形（即一个锥形表面）。大半径的柱面体难以在中心间旋转（或摆动），通常是用一个 x-y 双向摆动机构控制，从而约束工件与刀具轴线的平行度，避免出现马鞍面。

旋转非球面，例如抛物面，椭球面等，如果对表面精度要求比较低，例如目镜，就可以以中等批量生产。通常的技术是使用一种凸轮制导的研磨装置（安装有金刚石砂轮），尽可能精密地形成表面。问题是对该表面进行精磨和抛光而又不破坏其基本形状，难度在于对该表面进行的任何均匀的随机运动都容易使表面轮廓向球面改变。需要能够遵循其表面轮廓的极其灵活的刀具（或模具），目的是希望通过成形工艺使留在表面上、局部的、小的不规则得以平滑，然而，这种非常的灵活性易于违背其初衷。已经证明，气动（即充气，塑料的）或者海绵质模具对于该用途相当成功。

如果需要精确的非球面，"手修"或者"差分校正"就特别必要。尽可能精确地对表面研磨和抛光，然后进行计量。测量技术要足够精密，保证能探测到和定量给出误差。对于高质量的工件，测量必须能表明几分之一个波长的表面变形。傅科（Foucault）刀口仪测量和隆基（Ronchi）光栅测量广泛地用于该项技术中。这些测量通常可以直接应用于非球面，当然，还有许多非球面方面的应用（例如施密特校正板），可以将这些测试应用于整个系统以确定非球面的误差。

如果该表面已接近需要的值，可以使用干涉仪进行测试，如同用样板（当然，这是一个简单的干涉仪）检查一个透镜的球面一样。然而，对于非球面，为了重新使非球面反射的波前成形以便和干涉仪的参考波前匹配，必须做一些调整和布置，对一个锥形表面，要有一个辅助反射镜，以便于使锥形面能够焦点对焦点成像，并且，一个理想的锥面将产生一个理想的球面波前。一种更为一般的可应用的方法是利用一个经过认真设计和非常仔细制造的零透镜，从而使反射后的波前变形为一个精确的球面波前。对于在其曲率中心进行测试的抛物面，零透镜可以简化为一个或两个平凸透镜，其欠校正球差抵消了抛物面的过校正球差。对一般的非球面，可能要求零透镜相当复杂。

当测量出表面误差并确定其所在位置后，可以通过抛光去掉太高的部位以校正表面，在抛光模上刮擦掉与非球面较低部位对应的那些区域就可以完成这种校正（使用全尺寸抛光机和很短的行程）。在制造小孔径抛物面时，例如应用于小型天文望远镜，该表面非常接近球形，以至于通过简单调整抛光机行程就可以影响校正。然而，对大型零件和比较难的非球面，比较好的方法是用小的或者环形磨具直接磨损掉高的区域。该方法需要一定的耐心和技巧，如果工艺持续片刻或者长于所需要时间，结果会造成一个凹下去的环区，从而要求对整个表面重新进行平衡以匹配这个新的凹点。

有几个公司已经研发出或多或少使该工艺自动化的设备。在其中一种技术中，计算机控制的抛光机利用一个小抛光模（或者由三个小模具组成的一个模具，驱动这些小模具，可以绕着其质心旋转），使其专注工件上高出的区域，并将其抛光掉。该位置和停留时间由表面干涉图以及对抛光模形成磨耗图纹的了解程度确定。使用一个由计算机控制的小抛光模意味着该装置并不受工件上正在抛光的环带区的限制，因此，可以有效校正非对称性表面误差。

另外一种计算机控制的工艺称为磁流变抛光。抛光浆液中含有一种磁铁成分，浆液流过旋转透镜，磁场使浆液在透镜上变稠，从而对表面产生一种局部抛光（或磨损）作用。在计算机控制下，透镜在动态浆液中摆动、旋转和前行，就可以将表面抛光到所期望的质量。令局部抛光作用与透镜位置同步，就可以校正非对称表面的质量误差。

单刃金刚石切削技术

现在，特别精密的数控车床和磨床非常适合加工光学表面需要的光洁度和精密外形。使用的切削工具是单晶金刚石，就像利用车床或者磨床高速切削一样加工光学零件。单刃机床加工会留下刀痕——完工后的表面出现皱褶，在某些方面很像衍射光栅。这是该工艺的一个局限性，因此，完工后的表面常常需要做些"后置抛光"以便将切削痕迹抹平。比较严重的限制是，只有几种材料适合这种机床加工，光学玻璃不包括其中。然而，几种有用的材料可以车削加工，包括铜、镍、铝、硅、锗、硒化锌和硫化锌，当然，还有塑料。因此，使用这种方法可以加工反射镜和红外光学零件。红外光学零件并不像可见光波长零件那样需要同样的精确度，简单地说，因为在 $10\mu m$ 波长处红外波长的1/4波长几乎要比可见光大20倍。使用这种工艺加工非球面恰好像制造一个球形表面那样容易。红外光学和军事应用领域已经在很大程度上接受了这种加工技术。

20.2 光学技术要求和公差

当光学设计师把完成设计的元件送往工厂加工时,很多设计要求并不能完美地得以实现。两个最常见的难点就是技术条件要求不充分和技术条件要求太过分。前一种是应当描述的条件描述得不完整,而后一种是确定的公差比必需的公差严格得多。

光学加工是一个不寻常的过程。如果有足够的时间和经费,几乎可以得到任何(可以计量的)精度。因此,必须根据下面的双重基础确定技术要求:①光学系统性能要求确定的极限;②应用上述条件所需要的工时和经费消耗。代表同等难度水平的光学公差在量值上可能会有很大变化。例如,将一个表面的球面度控制到 $0.1\mu m$ 并不困难,(根据难度)厚度公差约为 $100\mu m$ (0.1mm),大三个数量级。为此,很少能在光学图纸上发现"盒式(或封闭)"公差,每个尺寸,或者至少每类尺寸应当单独给出公差。

一个光学零件的每个基本特性都应当清楚地阐明,并且不会引起歧义。光学车间对这些已经非常习惯,如果一份技术要求不完整,那么,还需要浪费时间对技术要求提出质疑以确定其要求是什么,或者车间必须随意地确定一个公差。任何一种都是不希望有的。

下面阐述的内容是对光学零件的技术要求给出一般性的指导意见。讨论包括确定公差的基础,规定所希望特性的传统方法,以及光学车间希望能给出的公差表示方式。

明智地选择光学加工的技术要求和公差是一项特别有益的工作。确定公差的指导思想是根据光学系统性能所容许的要求,给予一个大的公差值,其确定是以尺寸变化产生的影响最小为目的。常常在安装形式上有些简单变化,在不损害系统性能的前提下大大降低制造成本。还应当确定,严格规定的系统尺寸是真正需要的重要尺寸,以便工时和经费没有浪费在毫无意义的坚持精度的要求上。

表面质量

光学表面的两个主要特性是质量和精度。精度是指一个表面外形尺寸特性,就是说,表面半径的值和均匀性。质量是指表面的粗糙度,包括诸如麻点、路子(擦痕)、不完全抛光或者"灰色"抛光、污点等缺陷。质量的含义通常都延伸到零件内的类似缺陷,例如气泡或者杂物。一般地,(除了几乎从不可接受的不完全抛光外）这些因素只不过是表面的，或者是"光学表面缺陷"，所以，可以作为表面质量问题来处理。由这些缺陷造成光吸收或散射所占的百分比，对于通过光学系统的总辐射能量来说，通常是一个完全可以忽略不计的小数。然而，如果该表面位于或者在焦平面附近，就必须考虑这些缺陷的尺寸是否遮挡像的细节尺寸。此外，如果一个系统对杂散辐射特别敏感，则可以假设这些缺陷有一种功能性的重要意义。无论如何，将其面积与系统通光孔径在所讨论的表面上的面积相比较就可以评价一种缺陷的影响。

军用技术规范标准 MIL-O-13830（现已正式废弃不用）和 ISO 10110 在工业界广泛地应用着。用一组数字，例如 80—50 规定表面质量，前两个数字代表容许擦痕的表观宽度，后两位数字表示允许麻点、坑或气泡的直径，单位是几百分之一毫米。因此，80—50 的表面技术要求应当允许擦痕的表观宽度（通过目视比较）与 80#标准擦痕和一个直径为 0.5mm 麻点相对应。技术要求还要限制所有擦痕的总长度和麻点数目。实际上，是通过目视比较一组分等级的标准缺陷来判断某种缺陷的尺寸。当然，使用显微镜可以很容易地测量出坑和麻点，遗憾的是，一条擦痕的表观宽度并非直接与其实际尺寸相关，这项技术要求也并非如所期望的那样容易确定。然而，与标准进行目视比较的概念是一个好而有效的想法。

McLeod 和 Sherwood 是规定这种表面质量及方法的原始倡议者，1945 年在他们的文章中叙述了这种方法：一条擦痕数字等于利用某种技术制造出的一条擦痕的测量宽度，单位 μm。最近，政府部门已经采用一种关系表明，单位为 μm 的宽度仅仅是擦痕数字的 1/10。有一种普遍的（并且是有理由的）怀疑，自 20 世纪 40 年代以来，在近二十年中标准擦痕的宽度（对于玻璃零件）已经变得更小了。

80—50 或者更粗些（即更大些）的表面质量是比较容易制造的。60—40 和 40—30 的表面质量就需要增加成本。要求质量符合技术要求 40—20，20—10，10—5 或者类似组合的表面需要特别仔细地加工处理，并且对零件的苛刻要求会使制造费用更高。这样的技术要求通常是针对场镜、分划板或激光系统使用的光学件。

表面精度

通常根据钠灯（0.0005893mm）或氦氖激光（0.0006328mm）的光波波长规定表面的精度。通过比较该表面与样板的干涉图，计算出（牛顿）环或"条纹"数目，并检验牛顿环的规则度就可以确定表面精度。正如前面所述，每一条环表示工件与样板之间的间隔变化半个波长。将样板放置得与工件相接触，根据看到的条纹数描述工件和样板之间的吻合精度。

样板加工成真正的平面或球面，精度是一个条纹的若干分之一。然而，球面样板半径的精度只能相当于测量它的光机方法的精度。因此，常常认为样板半径只是千分之一或者万分之一的精度。此外，样板是比较贵的（每套几百美元），并且利用率比较低，因此，要常常询问光学车间有什么样的标准半径。

通常，光学车间对表面精度的技术要求是相对于一个具体样板，要求零件必须与样板拟合在一定数量的条纹之内，对于球面（如果是平的表面就是平面），必须在多条条纹以内。5~10 个条纹的一种拟合，1/2~1 个条纹的球面度（或者"规则度"）并不是很难的公差。大批量生产中适当提高一些成本可以达到 1~3 个条纹的拟合，并对应着比较好的规则度。注意，当拟合较差时，很难测量出一小部分环带的不规则度。因此，很少规定 10 个环的拟合和 1/4 个环的球面度，因为拟合必须好于 10 个环许多，所以，不规则度肯定应当小于 1/4 个环。通常采取的比例是一个拟合不能比可接受的最大不规则度的 4~5 倍还差。实际上，比较差的拟合造成的半径变化常常是忽略不计的，例如，直径 30mm 的两个（近似）50mm 半径的表面与 5 个条纹相对应的半径差仅仅约 33μm［由公式(20.3)］。

利用干涉仪很容易测量表面轮廓。使用干涉仪比使用样板更难控制半径，但是，如果用来测试球面度或规则度，则干涉仪要优越得多，因为前者可以调整比较波前的有效半径使与待测表面半径相匹配，另外，干涉仪的观测点总是垂直于表面，没有影响样板读数的倾斜误差。

如果可能，应当避免对厚度-直径之比较小的透镜规定高精度表面。这种零件在加工过程中容易破裂和变形，为了保证精确的表面轮廓，必须采取特别的预防措施。一个普通的经验法则是：对于负透镜，轴上厚度至少是直径的 1/10，有时，如果有一个合适的边缘厚度，则直径的 1/20 或 1/30 也是可以接受的。对于特别精密的零件，尤其是平表面，操作人员更喜欢厚度是直径的 1/5~1/3。

半径误差（就是偏离设计的标准半径）对性能的影响通常不太严重。事实上，某些光学买方的习惯做法不是对某一个特定半径标明公差，而是根据焦距和分辨率规定最终的光学性能。对于一个有良好模具装备的光学工厂，通常（根据其模具清单）审慎地选择出最靠近的半径，就可以制造出等效于标称设计值的结果。如果对半径值规定公差，应当记住，半径产生的最大影响并非正比于 ΔR，而是正比于 ΔC（或者 $\Delta R/R^2$）。举一个简单的例子，对下面薄透镜焦距公式进行微分：

$$\phi = \frac{1}{f} = (n-1)(C_1 - C_2) = (n-1)\left(\frac{1}{R_1} - \frac{1}{R_2}\right)$$

对第一表面，得到下式：

$$d\phi = (n-1)dC_1$$

$$df = f^2(n-1)dC_1 = f^2(n-1)\frac{dR_1}{R_1^2}$$

若比较复杂的系统，由第 i 个曲率变化造成的焦距变化近似等于：

$$df \approx \left(\frac{y_i}{y_1}\right) f^2 (n_i' - n_i) dc_i$$

$$df \approx \left(\frac{y_i}{y_1}\right) f^2 (n_i' - n_i) \frac{dR_i}{R_i^2}$$

本书作者的观点是，如果对系统中所有半径都确定一个均匀公差，那么，均匀公差应当对曲率，而不是半径，所以，半径公差应当正比于半径的平方。例如，已知一个透镜一侧表面的半径是 1in，另一侧的表面半径是 10in，如果 1in 的半径变化 0.001in，那么，对焦距的影响与 10in 半径变化 0.100in 一样。如果第二个表面的半径是 100in，那么，等效半径的变化应约为 10in。

当然，前面例子仅仅考虑到焦距。如果考虑到像差，由于一个系统的某个表面对改变某种像差可能非常有效，而对另一种像差则完全无效，所以很难普遍而论。相对灵敏度是由轴上光线和主光线在表面上的高度、表面两侧的折射率差以及该表面上的入射角确定，利用第 6 章三级表面贡献量公式可以公正地评价任何公差对系统像差造成的影响。

常常用毫屈光度（mD，作为表面的像散）来规定表面的平面度。通过下面公式可以转换成干涉条纹：

$$N = 10^3 y^2 \phi / (n-1)\lambda$$

式中，N 是条纹数；y 是直径一半，单位 mm；λ 是波长，单位 μm；ϕ 是表面的光焦度，单位为 mD；n 是折射率。对于第一表面反射镜，$(n-1)$ 等于 2，对于第二表面反射镜，$(n-1)$ 等于 $2n$。

表面不规则度的影响更容易确定。现在讨论牛顿环不是圆形的情况，这是轴向像散的一种表现，因为在一个子午面内的光焦度要比另一个子午面内的光焦度强，在此，使用瑞利四分之一波判据是非常方便的。表面上高度为 H 的一个凸起所产生的 OPD 等于 $H(n'-n)$，或者根据干涉条纹表示（应当记得，每个条纹或环代表表面轮廓变化 1/2 个波长）：

$$OPD = \frac{1}{2}(\#FR)(n'-n)\lambda$$

式中，(#FR) 是不规则度条纹数。

因此，为了满足瑞利判据，整个系统的总 OPD 应不超过 1/4 个波长，用下面的不等式表示：

$$\Sigma(\#FR)(n'-n)<0.5$$

所以，如果不超出瑞利判据（假设，名义上修正是理想的，不规则度是附加的），一个折射率为1.5的单透镜两表面上可以有1/2个条纹的像散（或其他表面不规则度）。

注意，上述表达式并没有考虑到下面事实：光学系统很可能重新调校以使表面不规则度的影响降至最小，例如，参考15.3节对OPD和球差的讨论。对像散，重新调焦会使OPD减小一半。

当一个球形表面倾斜时，偏离平面会引入像差，主要是像散。倾斜45°时，一个反射面会引入OPD=1.26N个波长，其中N是圆形条纹数。对折射表面，OPD是其值的1/4。一般地，一个倾斜表面（在最佳聚焦状态）将产生一个像散OPD：

$$OPD=(n/n')^2 u_p^2 N(n'-n)\lambda$$

一个球面的斜率等于$\lambda N/y\text{rad}$，光线的偏折量是$(n-1)$乘以斜率。

厚度

通过光线追迹或者三级像差分析已经阐述过厚度和间隔变化对系统性能的影响。厚度变化的重要性对于不同系统完全不同。在Biotar（双高斯）物镜的负双透镜结构中，厚度特别关键，尤其是关系到球差。为此，通常选择冕牌和火石零件使其组合后的厚度非常接近设计的标准值。在另一个极端的例子中，一个平凸目镜零件的厚度变化几乎可以忽略不计，因为通常很少甚至没有任何影响。

一般地，在边缘轴上光线斜率较大的位置，要对厚度和间隔要求严格一些。一般性消像散和特别采用弯月形消像散的容易有这种敏感性。高速物镜、大NA显微物镜等通常是敏感的。

遗憾的是，一个光学元件的厚度并不像其他特性那样容易控制。生产过程中许多零件都在同一个模具上加工，保持均匀的标准厚度需要精确的上盘（或胶盘）和磨削，尽管半径方面足够精确，但研磨过程所延伸的加工范围不好控制。为了严格控制厚度，成形工艺必须精确，后续的每一种研磨工艺都必须加倍精确以便同时达到正确的抛光、半径和厚度。

精密零件合理的厚度公差是±0.1mm（±0.004in），这可能会给工厂在某些透镜形状和较大透镜的加工带来难度。在可能将公差放松的地方，±0.15mm或±0.20mm的公差是比较经济的。对于大批量生产，在整个制造过程小心操作，有可能保持±0.05mm的公差。如果出现最小的故障率，那么，该公差下的废品率可以变得非常小。当然，经过手修和挑选，有希望将零件加工到任何期望的公差水平。作者在中等批量（尽管以有些不太合适的成本）生产中见到过±0.01mm 的公差。

如果透镜的生产量足够大，定点胶盘仪（spot bloker）的效益可能会保证初始模具的加工成本。定点胶盘仪是一种带有机制平底座的金属上胶模具，将零件置于其中胶盘。要记住，该模具为特定零件设计，考虑到底座中被胶盘一侧表面的精确直径、厚度和半径以及另一侧要加工的半径。当透镜被精确研磨后，零件都有正确的厚度。与沥青柱状上盘工艺相比（参考图20.2），定点胶盘仪可以更好地控制厚度。如图20.3所示，"在铁板上上盘"等效于使用定点胶盘仪上盘。

定中心

定中心公差是：①零件的直径；②光轴与机械轴的同心精度。如果对零件定中心（即作为单独工序），使用普通技术可以保证直径公差在-0.03mm，没有正公差，这是大部分工厂的标准公差。采用自由公差会导致小的经济效益，较严的公差虽可以实现，但对普通零件常常是不必要的。

最方便的是用偏离量规定透镜的同心度，这是透镜指向其机械中心的轴上光线偏转的一个角度。由于一组透镜的偏离量就是单个透镜偏离量（矢量）的简单相加，所以，偏离角是对偏心特别有用的一种计量。图20.5是偏心透镜夸大的示意图。光轴和机械轴相距Δ（偏心量），一条平行于光轴的光线通过焦点，所以，沿着机械轴传播的光线的偏离角δ(rad)等于偏离量除以焦距：

$$\delta = \frac{\Delta}{f} \quad (\text{rad}) \tag{20.4}$$

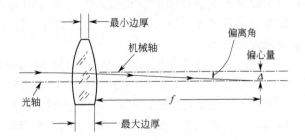

图 20.5　偏心透镜示意图
表示偏心透镜中光轴和机械轴的关系以及偏心与偏离角的关系

注意，偏心透镜可以看作是一个同心透镜和一个薄玻璃光楔的组合，楔形角W由最大和最小边缘厚度差除以透镜直径计算：

$$W = \frac{E_{max} - E_{min}}{d} \quad (\text{rad}) \tag{20.5}$$

薄棱镜的偏离角由 $D=(n-1)A$ 给出,类似地,可以将一个透镜的楔形角与其偏离量联系在一起:

$$\delta=(n-1)W \quad (\text{rad}) \tag{20.6}$$

如果是在一台高产机械(钳位)定心机上对透镜定中心,由此得到的同心度精度限制于柱形钳位夹具决定的剩余边缘厚度差。对大部分机床,将模具和转轴的剩余误差一并考虑,大概在 0.0005 数量级。因此,直径为 d 的透镜的剩余楔形角是:

$$W=\frac{0.0005\text{in}}{d}$$

由此产生的偏离量是:

$$\delta=\frac{0.0005\text{in}(n-1)}{d}$$

因此,对于普通透镜($n=1.5\sim1.6$),下式给出了偏离量的一个合适评估:

$$\delta\approx\frac{1}{d}' \approx \frac{1.67(n-1)}{d}' \tag{20.7}$$

式中,d 的单位为 in,机械方式完成定中心。

如果是目视[如图 20.4(a) 所示]定中心,眼睛探测运动的能力是限定因素。假定眼睛可以探测到 6×10^{-5} rad 或 7×10^{-5} rad,则偏离量近似等于:

$$\delta=(n-1)\left(\frac{1}{R}+0.06\right)\pm(\text{探测误差和转轴误差}) \tag{20.8}$$

式中,δ 单位是分('),R 是外侧表面的曲率半径,单位 in[1]。

$(n-1)/R$ 项是目视无法探测到外侧半径的晃动,$0.06(n-1)$ 项是由于模具倾斜使眼睛不能探测到的模具调整(将一块平玻璃板对着旋转的模具并观察反射像的跳动,以该方法进行测试)。当然,借助于望远镜或显微镜可以进一步减小偏心量,提高的倍数等于放大率。

有时,透镜不单独进行定中心工艺。如果这样,完工透镜的同心度取决于研磨工艺残留的楔形角。若胶盘模具是仔细加工出的,有希望使加工出的透镜楔角(就是两端边厚的差)达到 0.1mm 或 0.2mm 数量级,对廉价的照相物镜、聚光镜、放大镜或者几乎所有简单光学系统的单透镜,常常不再定中心。由圆形窗玻璃做成的简单透镜也经常不定中心。

---

❶ 公式(20.8)假设,外侧半径反射的像是在 10in 处观察。如果 R 是半径大于 20in 的凸面,显然是不可能的,若 R 是一个长的凹半径,也是不实际的,因此,当 $|R|>20$in,应当用 0.05 代替 $1/R$ 项。

棱镜的尺寸和角度

尽管光学表面的光洁度和精度要求会使棱镜加工更困难，但棱镜的线性尺寸公差可以近似等于普通机加零件的公差，通常，0.1mm 或 0.2mm 的公差是合理的，更严格一点也是可能的。

采用好一些的胶盘形式，名义上可以使棱镜的角度公差保持在 5′ 或者 10′ 以内。如果不计成本地设计、加工、校正和使用一种胶盘模具，使角度精确到上述公差的百分之几，虽然非常困难，但也是可能的。通常，保持到几秒（例如屋脊角）公差的角度都是"手修"出的。利用自动准直仪，或者与一个标准角度相比较，或者利用内反射使棱镜成为一个反向导向器，来检验这类角度。在这种方法中，90°和 45°角可以自检，因为其内反射形成 180°偏角的不变偏折系统（如第 7 章所讨论的）。

通常，棱镜的尺寸公差是以必须限制其产生的像位移误差（横向或纵向）为基础。确定角度公差是为了控制角偏离误差。一般地，要在棱镜系统中找到一个或两个比其他角度更重要的角度；该角度要严格加以控制，而其他角度允许变化。例如，对于五角棱镜，反射端面之间 45°角的误差要比入射面和出射面之间 90°角的误差严格 6 倍，其他两个角度对光线偏折没有影响。有时，棱镜的公差是以对像差的影响为基础。由于棱镜等效于一块平行平板玻璃，并且产生过校正球差和色差，所以，在一个标准校正系统中增加棱镜的厚度将会过校正这些像差，有些棱镜的角度误差等效于在系统中引进小楔角棱镜，一个小楔角棱镜的角光谱色散是 $(n-1)W/V$（式中，W 是楔角；V 是玻璃的 V 值），并且，由此产生的轴上横向色差可能会限制所允许的角度公差。

材料

选择折射光学零件材料时，关心的主要特性是折射率、色散和透射率。对于从声誉比较好的厂商获得的普通光学玻璃，可见光光谱范围内的透射率很少有问题。有时，在重要应用中使用重玻璃的厚透镜，必须规定透射率要求或颜色。同样，除了特殊情况，色散或者 V 值也很少有问题，而对于复消色差系统，局部色散比特别关键，需要特别地注意。

最关心光学玻璃材料的折射率，正如第 10 章所述，标准折射率公差是 ± 0.0005 或者 ± 0.001，与玻璃类型有关。玻璃供应商通过挑选或者加工过程中格外小心可以得到比较接近该值的折射率，或者稍微提高一些成本。实际上，玻璃供应商的产品与标准数据很相近，因为一炉或一批玻璃内的折射率完全是一样的。因此，在一批玻璃中，折射率可能只在第四位上有变化，然而，要记住，这种变化可能以与标准折射率值相差 0.0005 或 0.0016 的值为中心。

有时候，如果要求折射率比较严格，那么，接受标准公差并调整设计以补偿多数玻璃折射率的变化是比较经济的。

很少规定透射率和光谱特性。对滤光片和膜层，经常通过图表的方法，就是说，表示出与零件性质有关的反射（或透射）区域与波长的关系曲线来规定光谱反射（或透射）从而避免模棱两可的表示方式，还应表示指定区域外的光谱特性是否重要。例如，在带通滤光片中，指出滤光片的滤光作用必须延伸到长波和短波多远区域是很重要的。

图 20.6 所示为有代表性的公差，可以用作指导性资料。然而，应当记住，表中给出的是典型值，许多特殊情况是这类表格没有涵盖的，工厂里的"公差档案"可能与该表格稍有不同。

表面质量	直径/mm	偏离量（同心度）/(′)	厚度/mm	半径	规则度（非球面度）	线性尺寸/mm	角度
低成本	120～80	±0.2	>10	±0.5	样板	样板	±0.5	度(°)
经济类	80～50	±0.07	3～10	±0.25	10Fr	3Fr	±0.25	±15′
精密	60～40	±0.02	1～3	±0.1	5Fr	1Fr	±0.1	±5′～10′
超精密	60～40	±0.01	<1	±0.05	1Fr	1/5Fr	根据需要	几秒
塑料	80～50		1	±0.02	10Fr	5Fr	0.02	几分

图 20.6 有代表性的光学制造公差

注：表中 Fr 代表条纹。

相对成本因素

对于传统或正常的光学生产方法，一个零件的成本粗略地按照下面表达式变化：

$$数量成本因子 = 1.07 + 2.26Q^{-0.42}$$

$$质量成本因子 = \frac{1.5}{\sqrt[20]{SDPRT}}$$

式中　Q——零件加工的数量；

　　　S——擦痕数目；

　　　D——坑的数目；

　　　P——表面的光焦度公差，单位条纹；

　　　R——表面规则度公差，单位条纹；

　　　T——厚度公差，单位 mm。

这些公式在技术要求发生变化时确定对成本的影响非常有用。

累积公差

在分析光学系统时，可以很容易地计算出系统特性相对于待研尺寸的偏微分，以确定一些特定尺寸的公差，因此，得到（例如）焦距相对于每一个厚度、间隔、曲率和折射率的偏微分值。同样适合于其他特性，包括后截距、放大率视场以及像差或者波前变形。然后，每个尺寸公差乘以合适的微分就表明公差对特性变化的贡献量。现在，如果必须绝对地肯定（例如）焦距的变化不能大于某一个量，就应强制确定参数的公差以便使微分公差乘积的和不大于允许的偏差量。尽管这种"最糟糕情况"法有时是必要的，但利用概率法则和统计组合通常有更大的公差。

作为一个简单的例子，现在研究一摞圆盘，每个 0.1in 厚。假设，每张盘加工到 ±0.005in 的公差，圆盘的厚度概率是 0.095～0.105 之间任一个值，与该范围内其他任一值的概率相同。图 20.7(a) 中的矩形频率分布曲线就代表这种情况。因此，例如，有 1/10 的机会使其中任一个圆盘的厚度位于 0.095in 和 0.096in 之间。如果是两摞圆盘，其组合厚度的范围有可能是 0.190～0.210in。然而，由极端厚度值组合起来的概率是很低的。由于每一个圆盘厚度值在 0.095～0.096in 之间的概率是 1/10，如果随机地选择两个圆盘，两个圆盘同时落在该范围内的概率是 1/10 的 1/10，即 1%。因此，厚度落在 0.190～0.192in 之间的一对圆盘的概率是

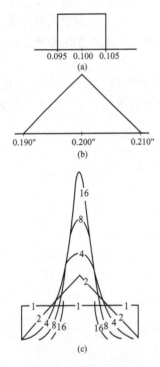

图 20.7 表示装配过程中累积公差组合的方式

图(a) 表示单个零件尺寸的均匀概率。当两个这样的零件组合在一起，由此产生的频率分布表示在图 (b) 中。1、2、4、8、16 块零件装配后的归一化曲线表示在图(c) 中

1%。对于组合后的厚度是 0.208～0.210in 是一样的，组合后厚度是 0.190～0.191in（或者 0.209～0.210in）的概率更小，是 1/400。

代表这种情况的频率分布曲线表示在图 20.7(b) 中，是三角形分布。图 20.7(c) 代表 1、2、4、8、16 块零件装配后频率分布曲线。这些曲线已经进行了归一化，所以，每条曲线下方的面积都是一样的，使其极端变化相等。此处的重要性在于，当进行装配的零件数目增多时，采用极端值参加装配的概率大大降低。例如，一摞 16 个圆盘，其标准的总厚度是 1.6in，厚度可能的总变化

量是±0.080in，随机取出一摞圆盘，其厚度小于1.568in，或大于1.632in（即1.600in±0.032in）的概率小于1%。

设置公差的重要性已非常清楚。在上面列举的一摞圆盘例子中，如果由16个圆盘代表的厚度范围1.568~1.632in是公差允许的最大变化，可以相信，只要每个圆盘的公差确定在±0.002in就可以满足这个要求。然而，如果在大批量生产中可以接受1%的废品率，就可以将厚度公差设定为±0.005in。如果按照较严格公差制造出的零件成本超过较宽松公差制造的零件成本至少1%（加上装配、调试和最后验收成本的1/1600），那么应当说，较宽松公差制造出一个低成本的产品。

在诸如图20.7所示的频率分布曲线中，曲线下两个横坐标之间的面积代表着降落在两个横坐标之间的零件（相对）数目，因此，某种特性落在两个值之间的概率是曲线下两个横坐标间的面积除以曲线下的总面积。

也可以用图20.8所示的两条曲线描述多个组件的"峰态"。图(a)表示组件落在总公差范围区某中心部分的百分比，是该中心部分的函数。每条曲线上都标明了各组件中的零件数目，这些曲线是由图20.7(c)推导出的。图20.8(b)是表示同样数据的另一种方式。如果对10个零件的组件感兴趣，那么，与10相对应的横坐标交点和相应曲线就表示，除0.2%以外的全部（利用99.8%曲线）组件都应当落在（由10个公差之和代表的）总公差范围的0.55之内，并且，超过一半的组件（利用50%曲线）落在总范围的0.15之内。

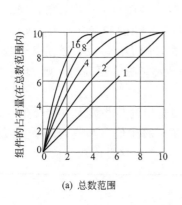

(a) 总数范围

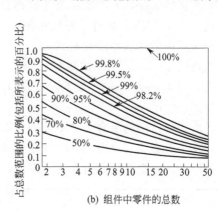

(b) 组件中零件的总数

图20.8 多个组件累积公差的概率分布
详细资料参考本书内容

前面的讨论是建立在不太可能实现的假设基础上：①每个零件都是矩形频率分布；②事实上，每种公差都是相等的，实际中几乎是不对的。当然，频率分布取决于零件制造过程使用的技术和控制措施，并且公差大小可能代表着诸如折射率、厚度、间隔和曲率等不同公差源的偏微分公差的乘积。然而注意，在图 20.7(c) 中，曲线可以在任何一点开始。例如，如果这种方法形成一个三角形分布（例如由两个零件组成的组件所表示的分布），那么，标注有 4 的曲线（代表"4 个零件"）将是两个零件（三角分布）的频率分布，等等。

还注意，随着组件中包含越来越多的零件，该曲线就越来越接近于（在统计分析中非常有用的）标准分布曲线的近似表达式（公差类曲线不像标准曲线那样趋于无穷远的除外）。累积装配标准曲线一个很有用的性质是："其峰态"正比于组件中零件数的平方根，因此，如果希望单个零件的 99% 落在某给定范围，那么，对于一个有 16 个零件的组件，应当希望 99% 落在 $\sqrt{1/16}$ 内，或者总范围的 1/4 内。通过简短分析可以表明，当组件中有几个零件时，即使图 20.7 和图 20.8 假设的矩形分布也遵守该规则。

用于确定公差的经验法则表示如下：

$$T = D\sqrt{\sum_{i=1}^{n} t_i^2} \tag{20.9}$$

常将此法则称为 RSS 法则，是平方和平方根（Square Root of the Sum of the Squares）的缩写。RSS 法则的内容是：如果零件公差的某些百分比（例如 99%）产生的效应小于 t（并按照标准的或高斯分布变化），则组件同样的百分比（在该例子中是 99%）将表现出小于 T 的公差效应。

对大多数情况，T 的实际值［根据公式(20.9)，$D=1$ 的值］通常约高达 40% 或 50%，取决于如何分配尺寸误差。如果 t_i 的值只是正或者负 t（即一个端点分布，中间什么也没有），那么，公式(20.9) 中的 D 等于 1.0；如果所有公差都是图 20.7(a) 所示的矩形（均匀）分布，则 $D=0.58$；若是 2σ 切趾高斯分布，则 D 约为 0.43。显然，当分布峰值比高斯分布更高时，则 D 应当更小些。

下面表格给出的组合公差效应的概率可能会超过某些最大可接受值（S），其中，S/T 是最大可接受（S）与 RSS 值（T）的比值（具有合适的 D 值），F 是采用统计方法得到的组件的对应值，将会大于可接受值。

S/T	F	S/T	F
0.67	50%	1.5	13%
0.8	42%	2.0	5%
1.0	32%	2.5	1%

本节内容似乎与光学工程大相径庭，现在分析一个简单例子，Cooke 三分离物镜有下列影响其焦距和像差的因素（如上给出的）：六个曲率、三个厚度、两个间隔、三个折射率和三个 V 值。对于单色性质总共有 14 个因素，对色

差，有 17 个因素。经过统计处理可以使该系统满足质量要求。注意，这种方法的有效性并不依赖于大的生产量，而依赖一定数量公差效应的随机组合。

RSS 法则有两个明显特征值得注意：一个是平方根效应，如果有 n 个 $\pm x$ 大小的公差效应，则 RSS 法则指出，随机组合将产生其值等于 $\pm x$ 乘以 n 的平方根的效应，例如，已知有 16 个 ± 1mm 的公差效应，应当希望只有 ± 4mm 的变化而不是 ± 16mm；另外一个性质是，较大的效应主导着组合。作为一个例子，现在分析有 9 个 ± 1mm 的公差效应和 1 个 ± 10mm 的公差效应。如果使用 RSS 法则，得到预期变化等于 109 的平方根，或者是 ± 10.44mm。单独一个 ± 10mm 公差的 RSS 值是 ± 10mm，与此相比，增加 9 个 ± 1mm 公差仅仅使预期变化改变了 4.4%。

利用该原理确定公差预算（或编制）的方法如下。

① 计算像差相对于制造公差（半径、球面度、厚度和间隔、折射率、均匀性、表面倾斜等）的偏微分，将像差表示为 OPD（波前变形）。

② 选择初步的公差预算，可以用图 20.6 作公差的指导值。

③ 将单个公差乘以步骤①计算出偏微分值。

④ 对所有像差和每个公差计算 RSS。

⑤ 对步骤④计算出的所有组合效应计算 RSS。

⑥ 直接计算或者根据设计的 MTF、斯切尔比（Strehl）、或者测量起来比较方便的一种性质确定标准设计的 OPD_{DES}。确定 OPD_{SPEC}，这是性能技术要求允许的最大 OPD。由于设计像差和公差效应像差是随机的，所以，可以是 RSS 形式，并且可以解出 OPD_{TOL} 的关系式。因此，由于公差造成的最大可允许 OPD_{TOL} 是：

$$OPD_{TOL} = (OPD_{SPEC}^2 - OPD_{DES}^2)^{1/2}$$

⑦ 调整公差预算，以便使步骤⑥的结果等于所需要的性能。由于比较大的效应主导着 RSS，要使公差严格（在第一回合是完全可能的），应当使最敏感的公差严些（并放松不太敏感的公差）。注意，在不能使成本或价格继续下降的水平上放松公差，不会有任何经济效益。相反，应当相信，如果加工已经成为不可能，就不能再将公差继续定严——因为随着趋于这种加工水平，价格会逐渐接近无穷大。

⑧ 在经过 1～2 次调整之后（步骤②～⑦），公差预算应当收敛到一个既经济合理，又能生产出可接受产品的水平。

如果一个可接受性能的公差过分严格以至加工的经济性不可取，而又必须如此，那么，有几种常用方式可以使之缓解。

① 样板拟合法是利用当前样板半径的测量值重新设计系统，从而消除了半径公差（除了工厂由于样板玻璃"拟合"以及半径测量过程产生的任何误差

之外)。

② 熔炼拟合法可以有效消除折射率和色散变化的影响。这也是一次重新设计,利用实际使用的玻璃零件折射率的测量值,而不是手册上的目录值。

③ 厚度拟合法是利用实际加工出的透镜的厚度测量值进行装配;装配过程中利用这个量对空间间隔进行调整。

④ 反向设计法。测量出组件的像差,包括由于倾斜和安装误差产生的像差。利用光学优化程序确定一种与组件有同样像差的设计方案(包括倾斜和偏心),然后,引进与当前像差方向相反的变化修改组件。在调整多个反射镜组件时,该方法是有用的。

上面给出四种"拟合"方法中的所有重新设计,尽管有一定价值,但在使用光学自动设计程序时并非主要任务。

按照上面方法虽然会使公差得到所期望的放松,但还是应当给出一点提醒。正如前面所述,一炉或者一些玻璃的折射率分布可能或不可能会集中在标准值附近,如果集中在非标准值附近,则前面分析只对其中心值成立,对标准值并不成立;此外,在某些光学工厂,有一种将透镜零件加工到厚度公差高端值的习惯,从而允许对有擦伤表面重新进行处理,当然也推翻了理论概率;另外一种趋势是抛光工人试图得到一个"空心"样板拟合,就是说,在样板与工件之间有一个凸的空气透镜,之所以这样是因为一盘玻璃如果抛光"过头"就很难修复回来。令人惊讶的是,这些非正常分布对公式(20.9)影响非常小(若组件中有足够多的零件的话)。

因此,看起来这种情况是复杂些。尽管如此,只要稍微惦记着公差允许放松的最大限度,还是能够得到丰厚的回报。对于那些不希望进行大量分析的读者,使用公式(20.9)或者甚至假设公差累积不超过最大可能变化的1/2或者1/3,则对超过两三个零件的组件都是相当安全的。首先应当注意,当成本重要时,要使用车间正常生产中保证可以实现的公差。

对于公差预算的例子,请参考20.5节(译者注:原文中错印为20.6节)。

20.3 光学装配技术

概述

就像精密机械装置一样,在光学系统中,最好首先研究一下运动学的基本原理。空间里的一个物体有6个自由度(或可以运动的方式),即沿着三个正交坐标轴的平动和绕着三个轴的转动,当每个自由度的运动都单独地避免出现,则物体完全受到约束而无法运动。如果其中一种运动受到多种机制抑制,该物体就受到过度限制,并且,下面两种情况中会有一种情况出现:除一种约束外,其他全部(多种)约束都无效,或者由于多种约束而使该物体(和/或约束)变形。

图 20.9 所示实验室装配图是一个典型的运动学装配的例子。此处希望使上端零件相对于下端零件能够独特地固定在一起。在 A 处,球形端面的杆刚好放入板上一个锥形凹窝中。这(结合重力或者 D 处类似弹簧的压力)就约束了零件的横向移动。B 处的 V 形槽消除了两种转动,即绕 A 处垂直轴和绕 AC 轴的转动,球端面在 C 处与板间的接触消除了最终(绕 AB 轴)的旋转。注意,没有多余的约束,没有苛刻的公差。距离 AB,BC 和 CA

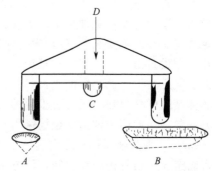

图 20.9 运动学定位装置的一个例子
凳子的三条球形端面腿分别落在 A 处的锥形孔中,B 处的 V 形槽中(与 A 对准)和 C 处的平面上。

可以大范围变化而不会造成任何约束效果。只有一个位置可以使用,可以将零件卸掉和更换,并且,总是假设能够精确地到达同一个位置。

一个理想的运动学系统在实际生活中是不受欢迎的,常常使用半运动学方法,这些装置用小面积接触代替纯运动学装配的点和面接触。必须这样做有两个理由:材料常常不够坚固,不可能经受点接触而不发生变形;并且,无论如何,点接触的磨损很快使其成为面接触。

因此,在设计光学仪器或者其他装置时,最好从确定自由度和受约束的自由度开始。这些都可以根据几何点和轴首先勾画出,然后简化到实际的垫片、轴承等。这类方法对制造公差给予装置功能的影响会有一个全面和清晰的理解,并且常常给出比较便宜和简单的方法,同时保持高精密度。

涂黑工艺

由支架结构和零件边缘反射或散射的光会降低像的对比度(和 MTF),如果反射面是平面,还会形成鬼像。用墨汁将透镜零件的磨砂边涂黑可以减少散射光而不会增大直径。黑漆更好,但漆的厚度会增大直径。将清洁的热零件浸在一种溶液中(按体积计算,其配方是:两份碳酸铜,三份氢氧化铵和六份蒸馏水)可以使黄铜装配组件发黑。可以使铝零件阳极镀黑,用"压纹法"可以使装配件的内表面加工出花纹,或者喷砂使表面变粗糙。一种无光黑漆会减少反射。商标为 Floqui 的无光黑漆型火车用喷漆作为一种专用漆,使用起来非常好。

透镜安装框

光学透镜总是要安装在一个紧配合的镜筒中，采用一些方法将透镜固定在镜筒中。图 20.10 示意性地给出了几种安装方式：(a) 和 (b) 是采用弹簧环固定透镜。在左侧安装图 (a) 中，弹簧卡在 V 形槽中，如果安装适当，弹簧压片（假设自由状态下有较大直径）压紧透镜的端面和槽的外端面，因此，透镜处于轻压之下。(b) 中的平面弹簧限位器不太满意，因为限位器容易滑落，除非弹簧的弹性很强，或者有很锐的边镶进镜筒中。其他适合限定低精度透镜的方法包括从镜筒中伸出的金属铆固耳（staking ears）和金属扁头耳（upsetting ears），将薄金属垫片压在透镜零件上。如图 20.10(c) 所示，聚光镜系统常常固定在三根有槽的杆之间，该方法可以提供一个很宽松的装配，使聚光镜元件随着放映灯的加热自由膨胀而不会受到安装支架的限制，并有利于较冷的空气自由循环，在装配热吸收滤光片时这两点特别重要。

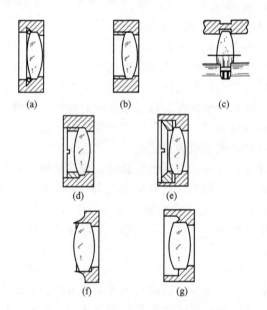

图 20.10 几种固定光学零件的方法
(a) V 形槽中的线弹簧圈；(b) 平弹簧圈；(c) 120°分布的三根有槽的杆；(d) 和 (e) 螺纹挡圈（锁环）；(f) 滚压肩，磨光前和磨光后（虚线）；(g) 正确胶合，带有溢胶槽

如果精度要求高，镜筒要与透镜紧密配合。对于高质量的光学件，透镜直径的公差可以定为 +0.000，-0.001in，镜筒内径公差定为 +0.001，

−0.000in，标称直径之间有 0.001in 或 0.0005in 的间隙。对高精度小尺寸透镜，可以将这些公差减半，但会以比较难加工作为代价。最通常采用的固定透镜的方法是用螺纹挡圈（或锁环），如图 20.10(d) 或图 20.10(e) 所示。有时，挡圈头部有一段没有螺纹，其直径与透镜直径相同，目的是要使透镜对准加工出的底座（或凸台），而不会落在螺纹上。可以用不同的隔圈代替无螺纹的导向头。螺纹零件的配合应当宽松些，以便使透镜是根据凸台和压肩而不是根据常会翘起的螺纹挡圈确定方位。

可以将透镜旋进镜筒中，如图 20.10(f) 所示。在这种方法中，镜筒上有一个凸出的薄滚压肩，高出透镜边缘（更容易滚压固定）。该滚压肩的外边缘处，厚度为千分之几英寸，并且有 10°或 20°的坡口角。装入透镜并使薄肩缘翻转下来，通常，使肩边卷曲的同时旋转镜筒。这种技术需要细心和技巧，但有一些优点，滚压肩的压力容易使透镜与镜筒同心；对精度要求特别高的装配，配合透镜直径加工凸台底座，无需从车床上卸下就可以将透镜正确安装到位；由此得到的结果就是，其同心度可以达到其他任何方法难以达到的数量级。

另一种既经济又有高精度的技术是将透镜黏结到镜座内。这种黏结工艺有一个合适的定中心作用，使用一种优良的塑性胶，可以安全可靠地将透镜固定到位。要小心地留出溢胶槽［图 20.10(g)］以便使过量的胶远离透镜表面。

对于必须经受热和/或振动环境的光学件，镜筒直径要大些，用一种多用途的弹性 RTV 型胶将零件黏结到正确位置就可以完成一种有用的安装形式。在将透镜粘胶到位之前，先将透镜在镜筒中调准，对透镜与镜筒之间的热膨胀系数是一个严重问题时，该技术特别适用于大直径透镜。透镜与镜座之间的 RTV 层要足够厚以承纳膨胀系数之差。

在一个组件中，若使用挡圈固定几个透镜和隔圈，一定要注意，不允许将透镜和隔圈的厚度公差累积得以至于：①外侧透镜超出其凸出底座的限定范围，并且不受底座直径的约束；②外侧透镜落入镜筒中太多，致使挡圈不可能达到对透镜的紧固作用。另外还要注意，一个有较长内径通孔的镜筒口常常是喇叭口（或者钟形孔），位于镜筒口附近的透镜在直径方向的自由度可能比预期值多千分之几英寸。在重要的装配件中，需要非常小心地将透镜放置在镜筒口之内。

当不同直径的透镜装配在一起时，要精心设计镜筒，使之在一次操作过程中完成所有镜座的加工。这不仅易于降低镜筒成本，而且也可以消除透镜彼此之间可能产生的偏心源，如果不同的透镜座分两步以上的工序完成加工，就可能出现偏心问题。

图 20.11 所示的显微镜式透镜的装配阐述了一些有价值的装置。透镜座和每个镜框的外支架直径要在一次工序中加工，的确，在一个高精度系统中，光

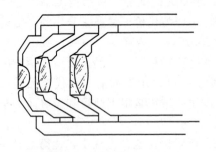

图 20.11 显微物镜的装配细节

学零件可以就地旋转而无需从车床上卸下。（将透镜正确地黏结到底座上可以替代旋进旋出）所有的镜框都安装在主镜框的同一个内径中，用一个厚隔圈使它们与锁环螺纹（没有画出）隔离。所有这些技术都是为了保证一流显微物镜所必需的极高同心度。

装配任何一类光学零件，重要的是要避免零件歪斜和扭转。对透镜零件（实际上是夹持在镜筒肩和挡圈之间，或采用其他等效方法），不会太难，因为压点是彼此相反地对透镜形成挤压。而装配反射镜和棱镜时就要格外注意，在这种情况下很容易不正确地固定反射镜而使其表面变形。避免该类事情发生的方法是，确信对反射镜上每一点都施加了压力，在相反方向有一个垫圈，使之没有扭矩。

图 20.12 表明，利用运动学原理定位一个零件至少必须有几个约束，这种阐述可以应用于锥形零件。XZ 平面内的三个点确定与零件低端面相接触的平面，这三个点形成一个平动自由度和两个旋转自由度。YZ 平面内的两个点形成一个平动自由度和一个旋转自由度。注意，如果在该平面内有三个没有调准的点，那么，在零件 XZ 与 YZ 端面之间就会形成一个角度，若零件有不同的角度，则会有两种方式固定零件。XY 平面内的一点就消除了六个自由度中剩下的最后一个。现在，在该装配中对零件左侧拐角位置的挠性压力将是唯一用来定位零件的。

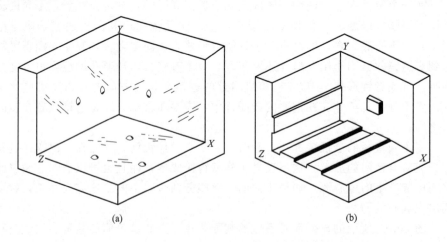

图 20.12 确定一个矩形零件装配的动力学和半动力学位置

图 20.12(b) 显示将这种方法付诸实践的一种方法。用垫片或道轨代替这些点，如图所示，XZ 平面内的两条道轨必须在一道工序中仔细加工以保证其精确共面，这并不困难，如果有问题，则用一个短垫片代替一根道轨就可以消除这方面的难度。

通常，将反射镜和棱镜夹持或黏结到其镜座上。采用夹持安装方法中，通常用一个螺钉并通过一个金属压板施加压力，在玻璃与金属垫片之间放置一块软木或者可压缩的复合材料以便使压力均匀地施加在玻璃上，从而避免压力加载在一点上。有一些非常适合将玻璃零件黏结在金属镜座的胶合剂，在黏结薄反射镜时，如果黏结面积较大可能会使反射镜歪斜（歪成镜筒的形状），所以，设计镜筒时要特别小心。

20.4　光学实验室中的实际问题

光具座

一台光具座主要是一个准直仪（将测试靶标的像成在无穷远）、一个夹持待测光学系统的装置、一台显微镜（观察该系统成像）以及支撑这些组件的设备。每种组件都可以有不同的形式，取决于初始设计的用途。

准直仪有一个校正得非常好的物镜和一个位于物镜焦面处、被照明的靶标。对于目视应用，通常将物镜的色差校正得非常好，如果应用于红外领域，就采用一个抛物面反射镜，常常利用其"离轴部分"，或者赫谢尔（Herschel）结构布局。靶标可以是一个简单的孔（对于星点测试或者能量分布研究）或分辨率板，如果是一个"测焦距"准直仪，就是一个标定过的刻度盘。准直仪提供一个无穷远目标。

镜头支架按复杂程度有不同种类，从简单的平台形式并用蜡将透镜安装到位，到可以形成平像面的 T 形测节器。通常，显微镜至少安装一个测微滑动装置，常常有两个或三个正交的微动机构以便精确地完成测量。

后续章节将讨论一些光具座的应用，并在其应用资料中更全面地介绍光具座组件。

焦距的测量

对于普通的焦距测量，有两种基本的光具座测量技术：测节器法和"测焦距"准直仪法。两种方案都表示在图 20.13 中。

测节器是一种可以转动的透镜支架，装有一个滑动装置，使透镜相对于转轴沿轴向移动（即纵向）。因此，通过透镜前后移动，就可以使其绕着任何一

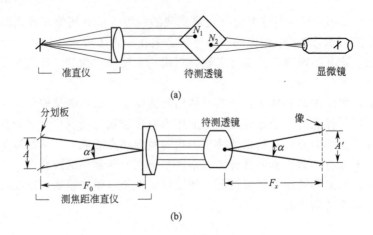

图 20.13 解释在光具座上测量焦距的测节器法（a）和"测焦距"准直仪法（b）

个所希望的点旋转。现在注意，如果透镜绕着其第二个节点转动（如图 20.13 所示），由这点发出的光线（根据定义，从系统出射的光线平行于其入射方向）将与光具座的轴重合（通过节点），因此，当透镜绕着第二节点旋转时，像没有横向漂移。一旦以这种方式确定了节点，透镜就与准直仪的轴线对准，从而确定了焦点位置。透镜位于空气中时，其节点与主点重合，所以，从节点到焦点的距离就是焦距。

该技术是基本的测量技术，可以应用于各种系统。其局限性在于节点位置。摆动透镜，移动其位置，再摆动，依次反复，比较单调，并且，由于是不连续的，所以，很难有精确设定。如果待测透镜的轴不能精确地与测节器旋转轴同心，就找不到使像静止不动的位置。最后，测量旋转轴至空气中像的距离很容易产生误差，除非设备经过仔细标定。

一台测焦距准直仪（或平行光管）由物镜和一个经过标定的、放置在焦点处的分划板组成。必须确切地知道物镜焦距和分划板尺寸。安装待测透镜，用测量显微镜精确测量透镜所成像的大小。由图 20.13，很明显，待测透镜的焦距是：

$$F_x = A' \left(\frac{F_0}{A} \right) \tag{20.10}$$

式中，A' 是测量出的像的大小；A 是分划板尺寸；F_0 是平行光管物镜焦距。注意，可以使用测焦距准直仪测量负焦距和正焦距，简单地，就是使用一个工作距离比待测物镜（负）后截距长的显微物镜。

由公式(20.10)可以明显看出，A'，A 和 F_0 测量值的精度直接反映在由此测得的焦距值内，此外，测量显微镜在焦点处的纵向位置误差也会反映在 F_x 中。应当注意，测节器和测焦距准直仪二者都假设待测透镜没有畸变。如果存有适量畸变，测量必须保持在小角度范围内完成。当然，可能会限制测量精度。

在设置测焦距准直仪时，必须以尽可能高的精度确定准直仪的常数（F_0/A），利用显微镜已经测量出的分划板的间隔 A 值。采用有限共轭方式的测焦距准直仪技术可以高精度地确定准直透镜焦距，如图 20.14 所示，一个精确的刻度盘（或者设计有一对刻线的玻璃板）放置在距离准直仪物镜 20～50ft 处，利用测量显微镜精确地测量出靶板（刻度盘）像的大小，测量出物像距。根据物镜的设计数据或者假设约为透镜（玻璃）厚度的 1/3 计算出主点间的距离 p 值（只要与 D 相比，p 是小的数值，则由 p 不准确引入的误差就比较小）。由于 $D = s + s' + p$ 和 $A : s = A' : s'$，可以确定 s 和 s'，并（适当考虑符号规则）代入下式：

$$\frac{1}{s'} = \frac{1}{f} + \frac{1}{s} \tag{20.11}$$

就可以确定焦距值。如果希望的话，通过测量前焦距，并应用牛顿放大率公式［公式(2.6)］就可以消除 p 值，或者采用另一种方法，测量出前后焦距（如下一段讨论），确定 $p = \text{ffl} + \text{bfl} + t - 2f$，并重复原来计算，经过几次迭代之后，计算便收敛得到精确的 p 和 f 值。

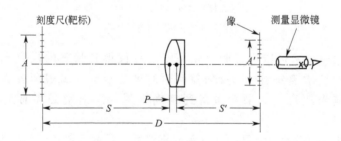

图 20.14　设置焦距的基本测量

准直和前后焦距的测量

采用自准直法是确定焦点的基本方法。正如图 20.15 所示，一个被照明的靶板放在待测透镜焦点附近，一块反射镜放置在透镜前面以便于光线反射后进入透镜中。当反射像聚焦在与靶标同一个面的屏上时，屏和靶标都位于焦面内。对于高精度零件，如图 20.16 所示，自准直显微镜测量会得到一个非常好

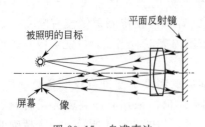

图 20.15　自准直法

自准直法是确定焦点的一种方法。当物体和反射后的像位于同一个平面（焦平面）内，系统就达到自准直状态

的结果。灯和聚光镜照明分划板，分划板由刻划在一块镀铝反射镜上的透明线条组成，成像在显微物镜的焦点处，显微目镜调整到位，使其焦平面精确地与分划板共轭。因此，当显微镜调焦到待测透镜的焦平面上，分划板的像被待测透镜——平面反射镜组合系统自准直，并在目镜焦点处观察到一个清晰的像。然后，移动显微镜使其调焦在待测透镜的后表面上，显微镜的移动距离就等于透镜的后截距。

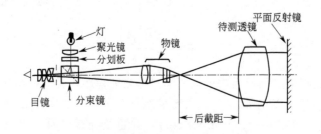

图 20.16　使用自准直显微镜测量后截距

首先调焦在待测透镜的表面上，然后，调焦在位于焦平面处的自准直像上

利用这种技术可以通过调整光具座准直仪得到精确的准直光，当准直仪分划板和显微镜分划板的反射像同时对准焦点时，就表明准直仪得到精确调整。应当注意，如果希望得到精确结果，反射镜必须有一个精密的平面。

对于日常的后截距测量，光具座准直仪可以代替反射镜，如果没有合适的自准直显微镜，可以在待测透镜的后表面撒一点粉，或用润滑脂铅笔做个记号，有助于对该表面的调焦。

即使没有许多有用的实验室设备，仍然有可能对焦距和焦点进行比较精确的确定。简单地，使一个物镜对一个远距离物体调焦就足以得到准直，利用牛顿公式 $x' = -f^2/x$ 可以确定准直误差，其中 x 是小于一个焦距的物距，x' 是确定焦距的误差。借助一组远距离目标，例如建筑物的边棱、烟囱等，可以精确地知道其角间隔，因此，常常可以代替测焦距准直仪来确定焦距。

望远镜倍率的测量

可以用三种方式测量望远镜系统的倍率。如果能够测量出物镜和目镜（包括正像系统）的焦距，则它们的商就等于放大率，入瞳与出瞳直径之比也等于放大率。有时，望远镜中光阑的多样性会引起一些混淆，以至于测量出的光瞳（不知）是否的确与其共轭。在这种情况下，可以在出瞳处（或附近）测量出一块透明刻度板通过物镜的像以确定其比值。如果可以清晰地确定视场，计算目镜处和物镜处半视场角的正切值之比可以确定放大率。注意，望远目镜中不可避免的畸变通常会使这种倍率测量不同于焦距或光瞳直径的测量。在测量倍率之前，应当确定望远镜处于无焦调整状态，一种方法使用低倍率（3～5倍）备用望远镜（或者屈光度计）事先将目镜调焦在无穷远，调焦时可以减少视觉调节的影响。

像差的测量

在绝大多数情况中，在光具座上，通过模拟光线追迹可以很容易地测量待测透镜的像差。为了测量球差或色差，需要准备一系列模板，每块模板上都有一对小孔（直径是mm数量级）。如图20.17所示，这样的模板中心位于待测透镜范围内，并模拟两条"光线"通过。如果用一台显微镜检测所成的像，除了将显微镜调焦在两条光线的交点处，都会观察到两个靶标的像。测量各种孔距模板所形成光线交点的相对纵向位置，就可以确定球差。如果使用红光和蓝光测量，就可以得到透镜的色差和色球差。

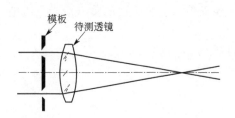

图 20.17 利用双孔模板测量球差
利用双孔模板可以给出透镜某特定
区域的焦点位置，从而确定球差

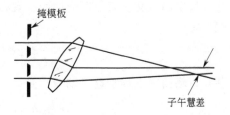

图 20.18 利用三孔模板
测量待测透镜的彗差

图20.18所示为如何利用一块类似的三孔模板测量待测透镜的子午彗差。如果需要，也可以利用多孔模板测量和绘制光线交点曲线。测量场曲的技术表示在图20.19中。光具座准直仪安装有一块分划板，由水平和垂直的直线条组成。测量出待测透镜的焦距，然后，调整透镜使其第二个节点位于测节器旋转

中心之上,并标出焦点位置(使透镜的轴平行于光具座的轴)。使透镜转动某个角度 θ,由图 20.19,很明显,透镜(平)焦平面与光具座轴线的交点移离透镜的量等于:

$$\mathrm{efl}\left(\frac{1}{\cos\theta}-1\right)$$

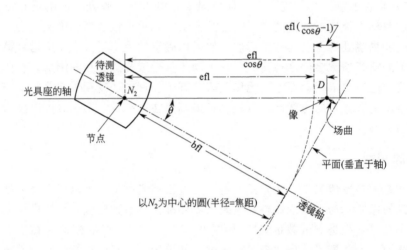

图 20.19 利用光具座测节器测量场曲的几何布局图

使透镜在枢轴上转动角度 θ,利用光具座显微镜测量出焦点沿轴线移动的量 D。有两个量的测量是必需的,一个是弧矢焦点,另一个是子午焦点,这就是分划板采用正交线条图案的原因。现在,像面偏离一个平面的量(沿光具座轴线)等于:

$$D-\mathrm{efl}\left(\frac{1}{\cos\theta}-1\right)$$

并且,场曲(平行于透镜轴线)是:

$$x=\cos\theta\left[D-\mathrm{efl}\left(\frac{1}{\cos\theta}-1\right)\right]$$

将 T 形附件应用于测节器就可以在利用该方法确定场曲的过程中消除许多数字计算方面的工作。十字交叉的 T 形附件作为光具座显微镜的一个导向装置,随着透镜绕枢轴转动,使显微镜调焦在平场位置,因此,可以直接测量出 $x/\cos\theta$ 的值。尽管利用 T 形附件的确使测节器结构复杂化,但消除了上述方法本身固有的几种潜在误差源。测量出 $\pm\theta$ 角时的值以得到倾斜的场。

畸变是一种比较难测量的像差,但是可以利用测节器完成。在测节器上调整透镜,以便透镜有小量转动时不会产生横向像移。然后,当透镜绕着枢轴转动较大角度时，出现的任何横向像移都是畸变的测量。另外一种方法是利用该透镜投影一个直线靶标，测量该直线像的弧高或弯曲，或者测量几种不同角度时靶标的放大率。各种测量畸变方法的难度都在于，总是需要测量非常靠近光轴区域的放大率（或者其他），并且这样小（角度）测量的精度通常都相当低。

星点测试法

如果一个透镜所成像的物体是一个"点"，就是说，其名义上的像点尺寸比艾利斑小，那么，该像就非常近似于衍射斑。对于一个有经验的观察者，用显微镜对这样一个"星点"像进行检测可以获得有关透镜的许多信息。应当确定，显微镜的 NA 要比待测透镜的 NA 大。很明显，在轴上，一个（绕轴）理想对称系统的星点像一定是一个对称图形，所以，轴上图形出现的任何不对称都是系统缺乏对称性的表示。轴上出现火焰形或慧差形图案，一般来说，表明系统中有偏心或倾斜零件。如果轴上图形是十字形或者表示出双焦点形状，可能是由于一个环面、一个倾斜或偏心零件或者折射率不均匀造成的轴上像散。

也可以利用轴上图像确定球差和色差的校正状态。一个经过良好校正的透镜形成衍射斑的外环带不太引人注意，离焦时，该图形最佳焦点的内外侧看起来是一样的。如果存在欠校正球差，该图形在焦点内侧会出现环带，而焦点外侧比较模糊，如果是过校正球差，情况正好相反。若球差是剩余带球差，那么，环带图要比简单的欠校正和过校正球差的情况更严重和更明显。

在欠校正色差情况中，焦点内侧的图形会有一个蓝色的中心和一个红色或橙色的外环眩光。随着显微镜聚焦点移离透镜，图形的中心会转变成绿色、黄色、橙色，最后成为红色，并带有一点蓝色光晕。对过校正色差有相反的顺序。一个校正了色差，但还有剩余二级光谱的透镜表示出的图形特征通常是黄—绿（苹果绿）中心外面环绕着蓝或紫光晕。

轴外星点图会有更广泛的变化范围。传统的彗星状慧差图案很容易识别，由于像散会造成十字形或洋葱形图案。然而，很难找到一个系统只具有一种"纯"轴外（像差）图形，最经常遇到的是所有像差的复杂混合，难以分类整理出来。

星点测试是一种非常有用的诊断工具，要求使用最少的设备，并且，对于熟练的操作人员是非常高效的。然而，应当提醒初学者（或者新手），对相关质量的可靠判断比较难，在安全地依赖星点检验进行（哪怕是）简单的比较性评价之前，必须有相当的实践经验。这种方法不应当用于质量控制验收试验。再次确认，显微镜的 NA 要比待测系统的 NA 大。

傅科（Foucault）检验法

使一个刀口（或剃须刀片）的刀刃在一个小点（或线）源的像内横向移动就可以完成傅科检测法或者刀口仪检测法。眼睛或照相机紧贴着放置在刀口后边，并观察系统的出瞳。傅科检验法的结构布局表示在图 20.20 中。如果透镜是理想的并且刀口稍微放置在焦点前面，则直线阴影将以与刀口相同的方向移动通过出瞳。当刀口位于焦点后面时，阴影移动方向与刀口的方向相反，当刀口正好通过焦点，（一个理想透镜的）整个光瞳均匀变黑。

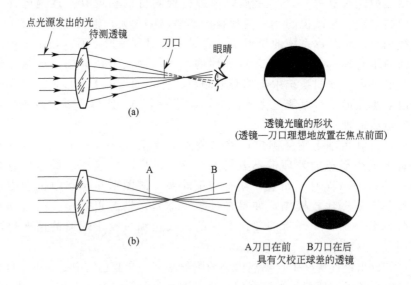

图 20.20　傅科检验法
（a）对于理想透镜，刀口阴影是一个直线边缘；（b）如果透镜存在球差，刀口阴影是弯曲的边缘。刀口通过焦点时，光瞳（或焦点区）均匀变黑

同样的分析可以应用于光瞳的带区。如果随着刀口切入光束，光瞳整个带区或环带突然均匀变黑，那么，刀口就正好切着该特定区域焦点处的轴，这就是使用傅科检验法进行大部分定量测试的基础。通常，使用该技术是将一块模板放置在透镜前面，为了确定被测量的区域，模板上有两个对称的孔。刀口纵向移动直到通过两个对称孔移出光束为止。然后，放置在由模板确定的区域焦点处。对于其他区域，重复该过程，并将测量出的刀口位置与所期望的位置相比较。

在加工大型凹面反射镜时，这种技术特别有用，可以在其焦点或曲率中心进行测试。如果在曲率中心测试，光源是一个紧靠刀口的针孔（图 20.21），需要最小的空间和最少的设备。很明显，如果反射镜是球面，所有区域都有相同的焦点，并且，随着刀口通过焦点，一个理想球面会均匀变黑，如果待测表面是非球面，不同区域所希望的焦点是根据设计数据计算出来的，将测量值与计算值相比较。将这种焦距差转换成表面轮廓误差是比较简单的事，光学操作人员以该方式可以确定透镜或反射镜哪个区域需要继续抛光以降低表面。

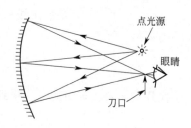

图 20.21　刀口仪检验法应用于
凹面反射镜的检验
（将刀口和光源都放置在曲率中心）

将非球面公式表示成下列形式：

$$x = f(y)$$

过点 (x_1, y_1) 的表面法线方程是：

$$y = y_1 + f(y_1)f'(y_1) - xf'(y_1)$$

式中，$f'(y) = \mathrm{d}x/\mathrm{d}y$，并且，与光轴的交点是：

$$x_0 = x_1 + \frac{y_1}{f'(y_1)}$$

作为例子，假设是一个由下面公式表示的抛物面：

$$x = \frac{y^2}{4f}$$

$$f'(y) = \frac{\mathrm{d}x}{\mathrm{d}y} = \frac{y}{2f}$$

过点 (x_1, y_1) 的法线与光轴的交点是：

$$x_0 = x_1 + \frac{y_1}{(y_1/2f)} = x_1 + 2f = \frac{y_1^2}{4f} + 2f$$

如果在曲率中心测试抛物面（如图 20.21 所示），并且刀口和光源同时沿轴移动，那么，最后一个公式就给出能使半径 y_1 的环带均匀变黑时刀口的纵向位置。

实际上，纵向调整刀口直至反射镜中心区域均匀变黑为止，刀口到反射镜的距离就等于 $2f$。利用半间隔为 y_1，y_2，y_3 等值的模板进行一系列测量，每次测量都会得到一个误差 e_1，e_2，e_3 等值，其中 e 是刀口的期望位置到实际位置的纵向距离。

参考图 20.22，可以很容易地将这些数据转换成表面实际斜率与期望斜率之差。当 e 比较小时，可以（以非常好的近似）写出抛物面例子的表达式：

$$\frac{A}{e} = \frac{y}{\sqrt{4f^2 + y^2}}$$

式中，$\sqrt{4f^2+y^2}$ 是沿法线从表面到轴的距离。现在，实际法线与期望法线间的夹角 α 等于：

$$\alpha = \frac{A}{\sqrt{4f^2+y^2}}$$

代替上面表达式中的 A，得到：

$$\alpha = \frac{ye}{4f^2+y^2}$$

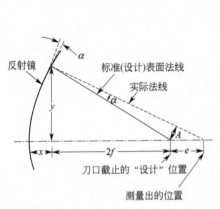

图 20.22　用来确定一个凹（抛物面）面反射镜表面轮廓的刀口检验法的几何图

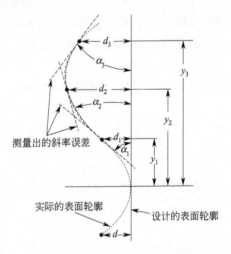

图 20.23　测量出的表面斜率误差（α）转换成实际表面对期望表面的偏离量（d）

注意，α 也是表面斜率的误差量。参考图 20.23，可以确定表面与其期望形状的实际偏离量。使轴上的表面误差是零，y_1 点处偏离希望曲线的量是：

$$d_1 = \frac{-y_1 \alpha_1}{2}$$

在 y_2 处，是：

$$d_2 = d_1 - \frac{1}{2}(y_2 - y_1)(\alpha_1 + \alpha_2)$$

在 y_3 处，是：

$$d_3 = d_2 - \frac{1}{2}(y_3 - y_2)(\alpha_2 + \alpha_3)$$

一般形式可以写作：

$$d_n = \frac{1}{2}\sum_{i=1}^{i=n}(y_{i-1} - y_i)(\alpha_{i-1} + \alpha_i)$$

式中，y_0 和 α_0 假设为零，并且，如果实际表面位于期望表面的上方，d 的符号为正。

上面概述的方法很容易应用于任何凹非球面。由于是以离散间隔检验非球面，当然，必须补充一个条件（或者假设）：确信整个刀口检验过程中，表面轮廓平滑，没有脊状凸起和沟槽。凸面的测试更难些，通常，要选择另外一块反射镜，以便使这种组合能够产生一个可接触到的"中心焦点"。在这种情况下，常常涉及法线的计算，涉及的基本原理是完全一样的。

纹影检测法

实际上，纹影检测法是傅科检验法的一种改进，其中，用一个小的针孔代替刀片，因此，任何没有投射到针孔内的光线都会在光学系统孔径内造成暗区。纹影检测法在检测折射率的小量变化方面，无论光学系统本身还是周围介质（空气），都特别有用。在风洞测试中，风洞设置在准直光学系统和匹配系统之间，匹配系统将像聚焦在针孔中。当利用照相方法记录下该测试结果时，有可能根据胶片的密度测量推导出气流的定量数据。

分辨率测试

一般地，通过测试一个亮暗线交替的图案形成的像来测试分辨率，亮暗线是等宽度的。使用的靶标图案由几组不同间隔的条形图案组成，可以分辨的最细图案（像中的线条数目等于目标中的线条数目）就是待测系统的极限分辨率。

使用中的分辨率图案在两个细节方面会有变化（重要性不太大）：每种图案中的线条数目和线条的长宽比。实际中最常用的是每个图案中使用三线条图（俗称三杆靶）（两个间隔），线条长度是宽度的五倍以上。USAF1951 靶标就是这类图案，并且各图案之间按照一定比例变化：等于 2 的六次方根。（美国）国家标准局 No.533 通告包括两种图案：高对比（25∶1）三杆靶和低对比（1.6∶1）三杆靶图案，这些图案约为 1in 长，图案的变化范围是每毫米 1/3 条线到每毫米约三条线，比值是 2 的四次方根。商业上有的是透明（胶片或玻璃）靶标，大部分靶标都以 USAF 靶标为基础。

图 20.24 所示为两种类型的分辨率测试板。或许 USAF1951 靶标是最广泛得到应用和接受的分辨率板。辐射状靶标也是很有用的一种分辨率板，它能非常好地演示光学传递函数 180°相移。因而可以得到图 20.24(c) 所示的"伪分辨率"，还可以参考图 15.14 和图 15.15。

USAF1951 分辨率板的线对数列于表 20.2 中。每"组"间相差倍数 2。每组有六种三杆靶标图案，各图案之间相差一个倍数：2 的六次方根。

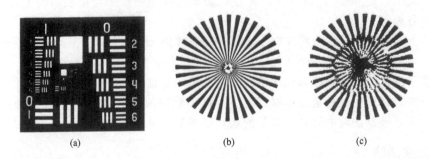

图 20.24　两种类型的分辨率测试板

(a) USAF1951 分辨率板；(b) 西门子 (Siemens) 星点分辨率板；(c) 一个经过良好校正的物镜离焦就可以造成 180°相移，从而使图案的对比反转，应当暗的区域变成亮区，反之亦然

表 20.2　USAF1951 分辨率板的线条数目

零件号	组　号									
	−2	−1	0	1	2	3	4	5	6	7
1	0.250	0.500	1.00	2.00	4.00	8.00	16.00	32.00	64.0	128.0
2	0.280	0.561	1.12	2.24	4.49	8.98	17.95	36.0	71.8	144.0
3	0.315	0.630	1.26	2.52	5.04	10.10	20.16	40.3	80.6	161.0
4	0.353	0.707	1.41	2.83	5.66	11.30	22.62	45.3	90.5	181.0
5	0.397	0.793	1.59	3.17	6.35	12.70	25.39	50.8	102.0	203.0
6	0.445	0.891	1.78	3.56	7.13	14.30	28.50	57.0	114.0	228.0

　　评价一个系统的分辨率时，最重要的是采用一种合理的判据以决定一种图案何时"被分辨"。重点向读者推荐下面方法：当线条可以分清，并且所有粗线条（较低频率）图案也满足这种要求时，该图案就是能分辨。这就含蓄地要求，图像中的线条数目与靶标中一样，也排除掉伪分辨率。评价过程中允许使用的"锐度"、"清晰度"、"明确感"、"清楚分辨"、"对比"或其他同类的词语，这些都是主观的概念，并带有个人解释，从而导致无休止的争吵。应当使用的唯一考虑是"你能认出那条线吗？"。

　　一个照相系统的分辨率是这样测试的：对一种合适的靶标照相，并在显微镜下检验胶片。为了得到最佳结果，必须特别小心完成照相过程，尤其对最佳调焦、曝光和显影的选择，要消除系统中的任何振动。如果测试胶片检验中使用的显微镜倍率近似等于图案中每毫米的线条数，那么，可见光像会有一个每毫米一条线的频率，很容易观察到。

　　可以在光具座上使用带有分辨率板的平行光管测试物镜。对于具有一定角视场的物镜，如果希望得到可靠的轴外结果，准备一台精密的 T 形测节器就特别必要。若测试（视场）覆盖面积小于几英寸（直径）的物镜的分辨率，一种非常方便的方法是将一块分辨率板投影出去，必须保证投影仪的照明系统完全充满待测透镜孔径，否则，结果可能是误导性的。在所有分辨率测试中，使透镜轴线垂直于分辨率板和胶片平面是一个很重要的因素，目视观察相当远距离或准直光中的分辨率板就可检测望远系统的分辨率，因为望远镜的极限分辨率非常接近于（根据设计）眼睛的极限分辨率，所以，实际中最常用的方法是通过一个低倍率辅助望远镜观察像，该望远镜的作用有两个：减少观察者目视锐度对测量结果的影响，同时减少非自主调节（调焦）产生的影响。

经典的分辨率判据，即一个系统将两个等强度的点光源分辨开的能力很少使用（除非在天文学领域），原因是使用线物体测试更容易做到。

调制传递函数测试

原理上，MTF（频率响应）测试是相当直接明了的。设备的基本组成表示在图 20.25 中，测试图的亮度变化是一维正弦函数。准备这样一种靶标并非一件易事，幸运的是，对于大部分应用目的，非确切正弦函数靶标所引进的误差并不重要。有些仪器利用"方波"靶标，待测透镜将靶标图案成像在一条狭缝上，狭缝方向完全平行于靶标图案，利用光电探测器测量通过狭缝的光。

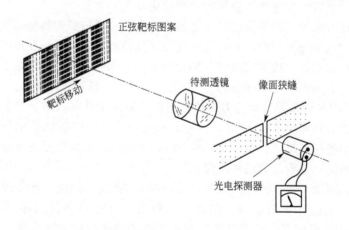

图 20.25　调制传递函数（频率响应）测量设备的基本零件
靶标运动使其像扫描通过一个狭缝，测量出最大和最小的照度。利用不同
空间频率的靶标，就可以得到一条调制传递函数（与频率的）曲线

随着靶标或者狭缝的横向移动，落在探测器上的光能量会发生变化，从而得到像的调制如下：

$$M_i = \frac{\max - \min}{\max + \min}$$

式中，max 和 min 代表光电探测器最大和最小照度。同样，物体调制 M_0 可以根据靶标上的最大和最小照度推导出，MTF（频率响应或正弦响应，或对比传递函数）就是 $M_i : M_0$ 之值。

通常规定改变靶标图案的空间频率以便绘制出响应与频率的关系曲线。可以将系统的靶标部分简单设计成可交换形式，用手左右缓慢移动，或者采用全自动装置移动靶标，同时扫描一定范围的频率。

像平面狭缝不可能恰好是一个狭缝，因为按照窄狭缝要求加工一个狭缝是相当困难的，反而，该像要被有优良成像质量的显微物镜放大，这就有可能使用更宽的狭缝。

显然，狭缝的真实宽度对测量会有一定影响，只要光电探测器的灵敏度允许，就应当尽可能使用窄的狭缝。因为狭缝宽度简单地代表矩形截面的线扩展函数，并且可以根据需要调整数据，所以，狭缝宽度对响应的影响很容易计算出。在频率 ν 时宽度为 ω 狭缝的响应是 $\sin(\pi\nu\omega)/(\pi\nu\omega)$。为了校正狭缝有限宽度的影响，可以用测量出的 MTF 除以该值。

当然，照明光源和光电探测器的光谱响应一定要与待测系统的应用环境相匹配，否则，系统设计需要的光谱范围之外的无用辐射将使测量出现严重误差，通常，准备一组滤光片会给出正确响应。

比上述方法更广泛使用的另一种技术是以刀口仪扫描为基础。使刀口仪通过一个点（或狭缝）的像，并测量通过刀口仪的光。如果将测量出的光量 I 与刀口的横向移动量 y 绘制成曲线，则曲线斜率（dI/dy）就完全等于透镜的线扩散函数。利用 15.8 节介绍的方法，根据该线扩散函数可以计算出 MTF。大部分商用 MTF 设备都直接将刀口仪扫描的数据读进计算机中，对数据进行处理，计算出希望频率下的 MTF。注意，这种技术并不需要正弦靶标，也不需要每种频率换一种靶标。在任何一种 MTF 测量中，光源的光谱分布和光测量传感器的响应一定要与应用相匹配。

也可以利用干涉仪测量出的波前形状确定 MTF。扫描干涉条纹图，并使其数字化，经过计算机处理，就像刀口扫描一样计算出任何希望频率下的 MTF。对于反射镜系统或者以激光波长工作的系统，这种技术也完全能够胜任。而对于利用有限宽度的光谱带或不同波长的系统，其结果是不正确的。

"未知"光学件的分析

实际工作中，常常需要确定一个现有光学系统的结构参数。现在举一个例子，分析简单系统不能实现设计目的的原因。另一个例子是分析一个现有透镜，以便利用该设计数据作为新设计的初始结构。还有另外一个原因在专利方面，绝大部分要测的量是半径、厚度、间隔和系统组件的折射率。

由于所要进行的测量往往是精度勉强能够满足这种目的，所以，测量过程中最好尽量做些相互依赖的核查，第一步应当包括焦距、前截距和后截距，以及像差的精密测量，以便完成所有系统数据测量之后，对整个（测量出）系统的计算可以为该系统总精度的检测提供一个最终的比较值。

系统的厚度和间隔很容易测量。对于小系统，有一台测微计（对于凹表面，安装有球式顶针）就足够了，而对大系统，准备一台测深规（或深度卡尺）或大号柱塞测径器（游标量规）是必要的。如果可以由两种不同的测量简化为一维（作为一种检验），多余的时间就是一种非常有价值的投资。

测量光学表面的半径有许多方法。最简单的是利用一种薄模板，或者黄铜板规，加工成已知半径，并加压与被测表面密切接触。用这种方法很容易探测出模板与玻璃之间的差在百分之几英寸内。除非与表面非常匹配，否则这样的模板是没有用的。

测量半径的传统仪器是球径仪，其基本原理表示在图 20.26 中。球径仪测量出某给定直径范围内的表面弧高，由下列公式计算出半径：

$$R=\frac{Y^2+S^2}{2S} \pm r$$

式中，Y 是球径仪环的半径；S 是测量出的弧高；若球径仪测杆是球形顶针，r 是该球半径。如果表面是凸面，r 是负值，若 $r \ll R$，该式是一个非常好的近似表达式。由于弧高是一个相当小的量，因此，有比较大的测量误差，即使特别小心谨慎，球径仪的精度也不尽如人意。使用球径仪的最好方法是用作一种比较装置，同时测量出未知半径和一个（几乎相等的）经过认真标定的标准半径（一块样板或者一个球）。

屈光度计，或者检镜仪，或者 Geneva 透镜测量仪是一种小巧方便的工具，可以近似地快速测量出表面的曲率。正如图 20.26 所示，包括一个针盘指示器，在两个固定点之间有一个滑动柱塞。屈光度计的度盘经过标定，单位是 D，利用下面公式，可以将读数转换成半径：

$$R=\frac{525}{D} \text{ m}$$

式中，525 是常数，对一种"平均"光学玻璃，对应着 $1000(n-1)$。屈光度计的典型精度是 $0.1D$ 数量级。通过测量几个已经确切知道半径的样板可以标定透镜测量仪。

或许，测量凹面半径的最佳方法是使用自准直显微镜。首先将显微镜调焦在待测表面上，然后调焦在曲率中心（此处，由于该表面的反射，将显微镜分划板的像向后成在自身位置），显微镜在这两个位置之间移动的距离等于半径。该方法的精度可以达到微米数量级；显然，其精度取决于所用测量方法的精

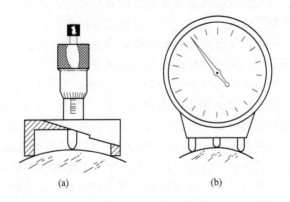

图 20.26 球径仪的基本原理
(a) 通过测量弧高,使用一台简单的环形球径仪就可以确定一个表面的半径;(b) 屈光度计或检镜仪是一台经过标定的可以读出表面曲率的球径仪,单位 D

度。如果使用的显微镜有相当高的倍率(例如 150×、NA=0.3),曲率中心处的反射像质量就能非常好地表现表面的球面度,以这种方法测量出的凸面数据表明,显微物镜的工作距离应比半径大。就此而论,尽管由于焦深增加而使物镜的 NA 降低(长焦距物镜通常有一个小 NA),从而使该方法的精度下降,但是,准备一系列长焦距物镜是非常有用的。如果必须精确确定一个长焦距物镜的凸面半径,可以配对加工一个凹面以便使其理想地配合(由干涉环测量),并且在凹面上完成测量。利用这种方法测量母样板。注意,可以利用公式(20.3)计算干涉环读数之间小的半径差。

如果待分析物镜的玻璃件是可以分离的,就能够相当精确地测量其折射率。在实验室光谱分析仪上测量出样片棱镜的最小偏折量,利用第 7 章的棱镜公式确定其折射率,每种方法都很容易使折射率值精确到小数点后面第四位。如果将测试局限到透镜本身而不能使透镜受损,问题就变得比较困难。对于普通玻璃(即不带"light"的新玻璃),测量零件密度就可以粗略地确定折射率,然后,利用玻璃目录中列出的折射率与密度值就可以(非常近似地)确定对应的折射率。折射率(n)与密度(D)之间的经典关系式是非常近似的,$n=(11+D)/9$。

稍微更一般的方法是测量零件的轴上厚度,然后,利用下面方法测量出表观的光学厚度:首先将自反射测量显微镜调焦在一个表面上,再调焦到另一个表面上。考虑到该表面的折射性质,并且是通过该表面观测第二表面,采用一种简单的近轴计算就能得到折射率值。根据零件厚度的测量得到折射率值时,由于测量表观厚度时存在大的相对不准确度以及玻璃厚度引进的球差，所以，或许小数点后第三位就完全不可靠。

如果仔细地测量半径，并比较好地确定了零件的近轴焦距，就可以求解厚透镜焦距公式确定折射率。这种方法要求具有熟练的实验室技术，得到的结果可以达到小数点第三位，但精度只能到第一或第二位。注意，如果在焦距测量中没有坚持消除球差的影响，由此得到的折射率值易于偏高。另一种无损测量技术就是将零件浸在折射率匹配液中，然后测量液体的折射率。

20.5 公差预算实例

本节将阐述确定公差预算的过程。为简短起见，使用一种比较简单的情况，并做一些简化的假设。其目的是尽可能简单地验证该过程。

利用一个四片型 14mm、$f/1.2$ 激光影碟机物镜，工作波长是 $0.82\mu m$。应用该透镜控制聚焦，移动透镜以保持最佳聚焦状态。因此，离焦和场曲不是问题，但像散和慧差值得注意。性能要求是：在 $0.7mm$ 全视场范围内，Strehl 比必须是 75% 或者更高。75% 的 Strehl 比对应着 0.082λ RMS 的 OPD，或者 0.288λ（峰谷值），利用公式 $S=(1-2\pi^2\omega^2)^2$，式中，ω 是 RMS OPD，并且，RMS 等于 (P-V)/3.5。

列于表 20.3 和图 20.27 中的标准设计值给出的轴上 OPD 是 0.04λ，在视场边缘是 0.23λ。利用 0.23λ 值发现，如果组合后的加工公差产生的 OPD 是 0.173λ，则 0.23λ 和 0.173λ 经过 RSS［公式（20.9）］后得到的 OPD 是 0.288λ。

表 20.3 一个 14mm、NA0.42 的激光记录物镜

	半径	间隔	材料	通光孔径
0	物体	76.539		
1	+50.366	2.80	SF11	11.65
2	-39.045	0.4353	空气	11.62（边缘相接触）
3	-19.836	2.00	SF11	11.62
4	-34.36	0.20	空气	11.90
5	+17.42	2.65	SF11	11.81
6	+79.15	11.84	空气	11.22
7	+7.08	2.24	SF11	5.24
8	+15.663	3.182	空气	4.13
9	平面	2.032	丙烯酸塑料	
10	平面			

改变物镜的每一个结构参数，每次变化一个并改变一个小量（期望公差值

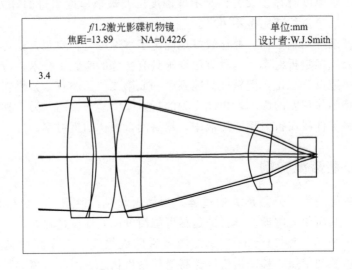

图 20.27 公差预算例子中使用的物镜

几倍数量级），计算出所需要像差的变化量，最后列出"变化表"。对于这个例子，感兴趣的是横向球差（TA）、子午慧差（$Coma_T$）和像散（ASTIG）的变化。编制表 20.4 时使用的变化尺寸是：

① 与样板上 10 个光圈相对应的表面半径的变化［参考公式(20.3)］；
② 0.2mm 间隔的变化；
③ 0.001 折射率的变化；
④ 0.001rad（3.4′）的表面倾斜。

表 20.4 小的参数变化产生的 (P-V) OPD 像差变化　　　　单位：λ

	TA	$Coma_T$	ASTIG	RSS	一类参数的 RSS
R1	+0.014	+0.007	+0.003	0.016	
R2	−0.005	−0.020	−0.002	0.021	
R3	−0.051	+0.027	−0.005	0.058	半径
R4	+0.017	−0.021	−0.005	0.027	0.101
R5	−0.027	−0.010	+0.002	0.029	
R6	+0.028	−0.006	−0.003	0.029	
R7	−0.013	+0.004	+0.003	0.014	
R8	+0.057	+0.017	−0.005	0.060	
T1	−0.001	+0.003	+0.002	0.004	
T2	−0.020	+0.029	+0.000	0.035	厚度
T3	−0.037	−0.004	+0.003	0.037	0.091

续表

	TA	Coma$_T$	ASTIG	RSS	一类参数的 RSS
T4	+0.017	−0.021	+0.002	0.027	
T5	+0.021	−0.029	+0.005	0.036	
T6	+0.037	−0.044	+0.008	0.059	
T7	−0.008	−0.009	+0.002	0.012	
N1	+0.007	0.000	−0.004	0.008	
N3	+0.002	0.000	−0.003	0.004	折射率
N5	−0.005	0.000	0.000	0.005	0.011
N7	−0.004	0.000	0.000	0.004	
TR1	...	+0.043	+0.009	0.044	
TR2	...	−0.069	+0.010	0.070	
TR3	...	+0.179	−0.015	0.180	
TR4	...	−0.093	+0.009	0.093	
TR5	...	+0.101	+0.013	0.102	倾斜
TR6	...	−0.106	+0.006	0.106	0.277
TR7	...	+0.024	−0.014	0.028	
TR8	...	−0.080	+0.010	0.081	
总 RSS	0.110	0.286	0.034	0.308	0.308

绝大部分计算程序可以很容易地给出计算表。

除了较早列表给出像差外，还应包括表面不规则度或非球面度的影响，得到下面的（P-V）OPD：

$$OPD = \frac{1}{2}(\#FR)(n'-n)(\lambda_1/\lambda_2) 波长$$

代入适当的数字，得到：

$$OPD = 0.5 \times 1 \times (1.746-1) \times (0.59/0.82) = 0.275\lambda/\#FR$$

式中，(#FR) 是光圈（或条纹）数；$(n'-n)$ 是该表面两侧折射率差；λ_1 是检测使用的波长；λ_2 是工作波长。由于有 8 个表面，每个表面上 1 个光圈的不规则度（当 RSS 后）产生的 (P-V)OPD 是 0.778λ。

作为初步的尝试性预算，可以简单地用变化表中的值作为公差。正如表格底部和右侧给出值所表示的，将所有的结果进行 RSS 处理后得到的 (P-V) OPD 是 0.308λ。如果将 0.778λ 的不规则度 OPD 与 0.308λ 的公差进行 RSS，就得到 0.837λ。

前面，根据 75% Strehl 比计算得出 0.288λ，由此看出，该值大于 0.288，约为期望值的 2.9×。将所有假设公差都除以 3，就可以得到一个满足技术要求的预算。概预算如下（见表 20.5）：

① 与样板拟合±3 个光圈；
② ±0.07mm 厚度；
③ ±0.0003 折射率；
④ 不规则度±0.3 光圈。

表 20.5　公差预算

公　　差		(P-V)RSS OPD/λ
半径样板拟合	:1 光圈	0.010
表面不规则度	:0.2 光圈	0.156
折射率变化	:0.001	0.011
表面倾斜	:0.0002rad	0.055
厚度公差	T1:0.10	0.002
	T2:0.02	0.004
	T3:0.05	0.009
	T4:0.04	0.005
	T5:0.05	0.009
	T6:0.03	0.009
	T7:0.07	0.004
		RSS 0.167
	设计视场边缘 OPD	0.230
	总 RSS	0.284
	Strehl 比	75.7%

检查一下变化表会发现，公差灵敏度变化范围很宽，从慧差对折射率变化完全不敏感到对厚度和半径变化相当敏感以及对倾斜和不规则度有很强的贡献量。前面已经注意到，较大值的项主导着 RSS 过程，所以，合理的方法是减小对最敏感尺寸有影响的公差，而增大那些影响不敏感尺寸的公差。对影响预算调整过程，有几种比较实际的考虑：一种是样板拟合和不规则度的关系不应大于 4:1 或 5:1，主要原因在于如果样板拟合呈现出太多光圈，很难确定不规则度的大小；另外一种考虑是，绝大多数工厂都有自己习惯的公差表，如果指定的公差比该值大，那么，会有一点或许没有一点儿节俭，零件也将按照工厂的常规公差加工。对于光学玻璃是一样的，而在其他方面，比工厂公差表更严的公差将会付出更高成本，太严公差会将成本推向非常非常高。

如果研究变化表中 RSS 一栏，该栏就表明每种尺寸的相对灵敏度，这就可以用作哪个尺寸需要严公差和哪个尺寸需要宽松公差的指示值，沿着这条线索，就可以得到下面预算，RSS OPD 是 0.167λ，比 75% Strehl 比要求的 0.173λ 稍好一些。

对于与 RSS 求和有关的概率问题，请参考 20.3 节。为了简单起见，已经单独考虑了每一个厚度，并忽略了零件厚度对相邻空气间隔的影响。如果表面不规则度是像散（可能是制造过程产生），则其方位是随机因素，并且，组合后的 OPD 将少约 1/3，若不规则度是一个"鸥翼形"图案，则组合后的随机性较小，公差会更小些。

参考文献

Baird, K., and G. Hanes, in Kingslake (ed.), *Applied Optics and Optical Engineering,* Vol. 4, New York, Academic, 1967 (interferometers).
DG-G-451, Flat and Corrugated Glass.
Deve, C., *Optical Workshop Principles,* London, Hilger, 1945.
Habell, K., and A. Cox, *Engineering Optics,* London, Pitman, 1948.
Hopkins, R., in Shannon and Wyant (eds.), *Applied Optics and Optical Engineering,* Vol. 8, New York, Academic, 1980 (lens mounting).
Ingalls, G., *Amateur Telescope Making,* books 1, 2, and 3, *Scientific American,* 1935, 1937, 1953.
JAN-P-246 Slide Projectors.
Karow, H. Fabrication Methods for Precision Optics, Wiley 1993.
Malacara, D., "Optical Testing," in *Handbook of Optics,* Vol. 2, New York, McGraw-Hill, 1995, Chap. 30.
Malacara, D., and Z. Malacara, "Optical Metrology," in *Handbook of Optics,* Vol. 2, New York, McGraw-Hill, 1995, Chap. 29.
MIL-A-003920 Thermosetting Optical Cement.
MIL-C-48497 Scratch and Dig for Opaque Coatings.
MIL-C-675 Antireflection Coatings.
MIL-G-1366 Aerial Photography Window Glass.
MIL-G-16592 Plate Glass.
MIL-L-19427 Anamorphic Projection Lenses.
MIL-M-13508 Front Surface Aluminized Mirrors.
MIL-O-13830 Scratch and Dig Specifications.
MIL-O-16898 Packaging Optical Elements.
MIL-P-47160 Optical Black Paint.
MIL-P-49 16-mm Projectors.
MIL-R-6771 Glass Reflectors, Gunsight.
MIL-STD-1241 Optical Terms and Definitions.
MIL-STD-150 Photographic Lenses.
MIL-STD-34 Drawings for Optical Elements and Systems.
MIL-STD-810 Interference Filters.
McLeod and Sherwood, *J. Opt. Soc. Am.,* Vol. 35, 1945, pp. 136–138 (origin of the scratch and dig standards).
Offner, A., *Applied Optics,* Vol. 2, 1963, pp. 153–155 (null lens for parabola).
Parks, R., "Optical Fabrication," in *Handbook of Optics,* Vol. 1, New York, McGraw-Hill, 1995, Chap. 40.
Parks, R., in Shannon and Wyant (eds.), *Applied Optics and Optical Engineering,* Vol. 10, San Diego, Academic, 1987 (fabrication).
Photonics Buyers Guide, Optical Industry Directory, annually, Laurin Publishing Co., Pittsfield, Mass.
Rhorer and Evans, "Fabrication of Optics by Diamond Turning," in *Handbook of Optics,* Vol. 1, New York, McGraw-Hill, 1995, Chap. 41.
Sanger, G., in Shannon and Wyant (eds.), *Applied Optics and Optical Engineering,* Vol. 10, San Diego, Academic, 1987 (fabrication, diamond turning).
Scott, R., in Kingslake (ed.), *Applied Optics and Optical Engineering,* Vol. 3, New York, Academic, 1965 (optical manufacturing).
Shannon, R. R., "Optical Specifications," in *Handbook of Optics,* Vol. 1, New York, McGraw-Hill, 1995, Chap. 35.
Shannon, R. R., "Tolerancing Techniques," in *Handbook of Optics,* Vol. 1, New York,

McGraw-Hill, 1995, Chap. 36.
Shannon, R., in Kingslake (ed.), *Applied Optics and Optical Engineering*, Vol. 3, New York, Academic, 1965 (testing).
Shannon, R., in Shannon and Wyant (eds.), *Applied Optics and Optical Engineering*, Vol. 8, San Diego, Academic, 1980 (aspherics).
Strong, J., *Procedures in Experimental Physics*, Englewood Cliffs, N.J., Prentice-Hall, 1938.
Strong, J., *Procedures in Applied Optics*, New York, Dekker, 1989.
The Optical Industry Directory, Pittsfield, Mass., Photonics Spectra (published annually).
Twyman, F., *Prism and Lens Making*, London, Hilger, 1988.
Yoder, P. R., *Mounting Lenses in Optical Systems*, S.P.I.E., Vol. TT21, 1995.
Yoder, P. R., "Mounting Optical Components," in *Handbook of Optics*, Vol. 1, New York, McGraw-Hill, 1995, Chap. 37.
Yoder, P., *Opto-Mechanical System Design*, New York, Dekker, 1986.
Young, A., in Kingslake (ed.), *Applied Optics and Optical Engineering*, Vol. 4, New York, Academic, 1967 (optical shop instruments).
Zschommler, W., *Precision Optical Glassworking*, New York, Macmillan/S.P.I.E., 1984.

第21章

最有效地利用"库存"透镜[①]

21.1 概述

这一章将对使用"目录"或"库存"透镜给出一些指导和帮助,就是说,这些透镜都可以从市场上买到(或许,可以从书桌抽屉里或者在你满是灰尘的实验室贮存柜里找到来源不明的透镜)。该主题的思想是:①常常有一种最佳方式将某个透镜应用于特定环境中;②不同透镜有不同的视场和速率等性能;③有一些测量和检验透镜的简单方法,不一定需要高成本设备。

21.2 库存透镜

对于大多数人,利用库存透镜的优越性(与定制光学零件相反)是很明显的,成本是想到的第一个优点。尽管市场销售的库存光学件的价格已经加有利润率,但是,由于库存光学件是大批量生产而非一两件订购,因此相比之下,其零售成本仍然较低。第二个大的优点是时间,根据定义,光学件通常是有现货的,并且可以马上交货。

当然,也有缺点。最明显的缺点是,库存透镜不是专门为你的应用条件设计,不能期望其能代表最终的性能要求。尽管如此,由库存透镜装配

[①] 这一章的内容改编自 Smith 所著一书 "Practical Optical System Layout",New York, McGraw-Hill,1997。

的许多系统已经为其未来应用表现出相当满意的结果。许多由库存透镜装配而成的系统至多只是粗陋的原理样机，最终会被专门设计和制造的光学零件代替，但这并不意味着它们没有价值；根据对概念或简陋原理样机的验证可以学到更多东西，此处的目的就是要使库存透镜系统达到其应当达到的性能。

使用目录透镜的另一个缺点是需要根据限定的列表清单选择适合光学零件的直径和焦距，尽管有大量的供应目录，乍看似乎很多，但对于解决问题仍是较少的一部分。

现在，许多供应商在其产品目录中会对光学零件给出标准的内容描述，许多光学软件的提供者在其数据库中都包括这些内容。如果这些数据合适，无需制造出样机（或实体模型）就可以（利用软件）评价由库存透镜组成的系统性能。然而，遗憾的是，买到的许多透镜都没有结构参数。在某些情况中（特别是比较复杂的物镜，例如消像散物镜、显微镜光学件和照相物镜），将结构数据看作是专利，即使对大批量OEM（光机电产品）客户也不会给出这些数据。另外，卖方也不可能知道结构数据；通常，这就是光学件作为回收利用产品、当作废料处理或者多余无法处理的情况。

使用库存光学件经常忽略的一个问题是，有限量供应是可能存在的一个事实。如果是回收利用或多余无法处理的透镜，显然，可以预料到这种情况，总的供应量常常局限于手头上的库存。由于卖方有时会在合作基础上共享商品目录清单，所以，当你查对准备使用的光学件的合适数量时，要十分理智地确信：对于同一批透镜没有计算过两次。另外一种可能性是卖方可能决定暂停生产这类透镜，甚至永远都不再生产。如果决定投产一种含有库存透镜的仪器，当发现该产品不再生产时，已经太晚了。

面对这种问题可以采取的一项便宜的保险措施就是存储几套光学件，以便灾难临头时，仍然有合适的生存机会。一个熟练的光学工程师，并有良好的实验室设备，就可以测量样品透镜的半径、厚度、间隔和折射率。即使测量不太精确，还可以使用光学设计程序优化或者少量修改测试数据，以适合使用目的。然后，可以再多加工一些。即使卖方公布了透镜的结构数据，比较理智的做法仍然是保留一两套样品，公布的数据可能准确，也可能不准确。

如果是回收利用的光学件，或许，已经根据直径和焦距的目录清单订购了这种产品。应当清醒地知道两个因素：其列出的清单或许以对某样品透镜进行的测量为基础，或许给出的直径和焦距精度到最接近的毫米值，在卖方的库存中可能会有多个透镜的焦距和直径都满足该精度。下次定购同样的目录产品，可能得到的是不同的透镜，有完全不同的性能。

21.3 一些简单的测量

这一节主要是为没有使用过实验室设备和进行过普通光学测量的读者编写的。为了对一个透镜的成像性质（即高斯性质）进行真正的精密测量，必须准备一台安装有准直仪（或平行光管）和测量显微镜的光具座。然而，有一些简单方法可以近似测量焦距和后截距。

后截距的测量（参考 2.2 节和图 2.1）是比较容易的。如果使用一台光具座，准直仪可以提供一个位于无穷远的目标；先后将光具座显微镜调焦到透镜焦点和最后一个表面上，就可以确定焦点位置。用一个远距离物体（一棵树，一座建筑，一根电线杆）代替一台准直仪，为了得到一个大致的测量，简单地将目标聚焦在一面浅色墙上或一张打印纸上，如图 21.1 所示，并用一根带刻度的尺子测量透镜到像的距离。如果该透镜有球差（大多数简单透镜都有），测量结果将比近轴后截距短一点，若有足够光亮，利用一块模板减小透镜孔径，可以使球差降到最小。

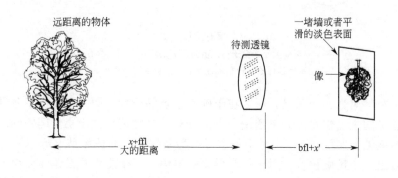

图 21.1 利用一个远距离物体（代替准直仪）和一根尺子，
测量透镜到像的距离就可以测量出一个透镜的后截距
如果物体不是位于无穷远，要从测量中减去牛顿焦移（$x' = -f^2/x$）

利用一个没有被准直的物体（即没有位于无穷远）会使测量产生少量误差。根据牛顿公式 [公式(2.3)]，焦点的位置误差表示为 $x' = -f^2/x$，其中，x' 是误差，f 是焦距，x 是目标的距离。例如，用一个只有 50ft（600in）远的目标测量焦距 2in 的一个透镜的后截距，其误差是 $x' = 2^2/600 = 0.007$in，远远小于后截距粗略测量可能有的误差。即使在该误差相当大的情况下，也总是可以计算出该误差，并从测量出的后截距中减去以提高结果的准确性。

与该技术有关的一个问题是，投射到像面上的杂散光会给观察和调焦带来困难。使用一块带孔的硬纸板屏是解决该问题的一种方法，在暗室里使用灯泡作为目标是另外一种解决办法。图 21.2 所示为一个套有刻度尺的火柴盒,并且可以滑动到最佳焦点位置。利用这种手动工具可以完成测量。

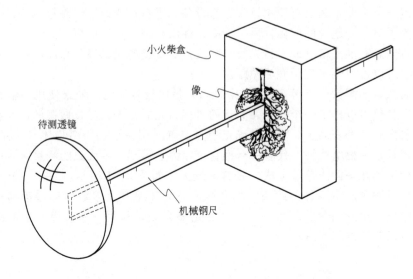

图 21.2 套有刻度尺的火柴盒
一个火柴盒大小的盒子(或者折叠起的广告纸板)套有一根
机械钢尺就构成一种非常方便的、测量透镜后截距的工具

焦距的测量相当困难,原因在于确定主点的位置。图 3.7 给出了各种形状简单透镜的主点位置。对单透镜和大部分双胶合物镜,假设主点间的间隔近似等于透镜轴上厚度的 1/3 [对于单透镜,稍微好一些的估算是 $t(n-1)/n$],就可以做出一个正确评价。对于平凸形式的透镜,一个主点总是位于曲面上,对于等凸透镜,主点均匀地位于透镜内。正如图 21.3 所示,测量出的后截距数值加上适量的轴上厚度,就可以得到焦距的估算值。对于一个消像散物镜,例如 Cooke 三分离物镜或者天塞(Tessar)物镜,比较难估算主点位置,将物镜顶长的 1/2~1/3 增加到后截距上是可以做的最佳预估值。对一个复杂物镜,主点常常是重合的,有时是倒置的。

为了得到较高精度的焦距值,必须测量放大率。简单地说,放大率是像的大小与物体大小之比。使一个已知大小的照明物体成像,测量出像的大小。应当承认,精确完成这项工作说起来容易做起来难,然而,是可以做到的,使用的装置示意在图 21.4 中。测量出物像距(常常称为总的轨道长度),从轨道长度中减去主点间的预算间隔值。缩放该调整后的长度以得到 s 和 s',将调整后的轨道长度 T 除以 $(m+1)$,其中 m 是像距与物距 s 之比;然后 $(T-s)$ 等于 s'。(注意,在这种情况中放大率 m 使用正号)现在,求解高斯公式[公式

(2.4)]得到焦距。

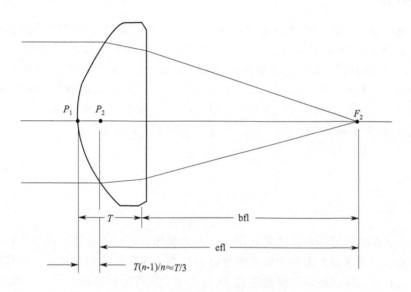

图 21.3 预估焦距的一种方法是将适量的
透镜轴上厚度增加到测量出的后截距上

如果是平凸透镜,凸面应当面对远距离目标以便使球差最小。如果将透镜倒置,测量出的后截距等于焦距,但是球差相当大,会影响测量精度

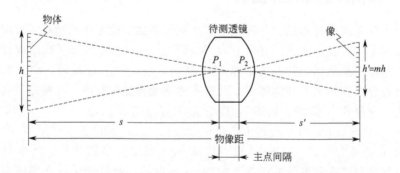

图 21.4 通过测量有限远共轭位置的放大率从而完成焦距测量的装置

测量出放大率(此处定义为测量出的像距与物距之比——倒像为正号)和轨道长度,将总的轨道长度(减去主点间隔)除以放大率加 1 得到 s,从而求得高斯共轭值。然后 $s'=ms$,求解高斯公式得到焦距

如果对几个不同的物像距都精确地完成该测试过程,通过联立求解精确值,有希望消除对主点间隔的预估。

简单计算

物体是一个背后照明的透明刻度尺，15in 长，测量出被透镜形成的像是 3.5in。因此，放大率是 $m = 3.5/15 = 0.2333$。物像距是 40in，透镜 1in 厚。假设，主点间的间隔是透镜厚度的 1/3，即 0.333，则调整后的轨道长度是 39.667in。将轨道长度除以 $(m+1)$，或 1.2333 得到高斯物距 $s = 39.667/1.2333 = 32.162$in 和 $s' = 39.667 - 32.167 = 7.5045$in。将 s 和 s' 代入公式 (2.4)，并求解得到焦距 f。（注意，符号规则要求 s 是负号）：

$$\frac{1}{s'} = \frac{1}{s} + \frac{1}{f}$$

$$\frac{1}{7.504} = \frac{1}{-32.162} + \frac{1}{f}$$

$$f = 6.0847\text{in}$$

测量焦距的另一种方法是利用一个已知张角的远距离物体。测量出物体成像的大小，则透镜焦距等于像高测量值除以物体张角一半的正切值。如果物体不在无穷远，可以应用牛顿校正值 f^2/x（与上面讨论后截距一样）。利用经纬仪可以测量出一个其屋脊上安装有诸如通风口、烟囱、升降台等标志物（通过对这些标志物的测量）的远距离建筑物，也可以通过对一个已精确知道其焦距的透镜进行测量来确定角度。

21.4 系统原理样机和测试

对光学系统进行测试的一种简单方法是用测试实验常用的蜡将零件固定在一根标尺上（或其他方便的直尺上），从而形成一个实体模型（或原理样机）。该材料基本上是蜂蜡，其配方非常便于操作，放在手上温暖时，会变软，可塑，可以黏结到绝大部分物体上，而在室温下变得比较坚硬。这种蜡适合以棒形作为光学操作人员的"红蜡"，或者是未着色的黄棕色。NY, Hichsville, Universal Photonics, Inc 公司生产棒形或块状"红（或白色）棒蜡"，Central Scientific 公司生产 1lb（1lb = 0.45359237kg）或 2 筒装胶状蜡。光学件可以非常方便地黏结在刻度尺的边缘，如图 21.5 所示，通过光学件观察或者将像投影在合适的屏幕上，就可以对性能有一个正确评价。

如图 21.6 所示，利用一根冷轧六角钢可以廉价地制成一台更精细复杂的光具座。两条六角钢彼此平行地固定好，选择间距，使短的承载截面可以沿着六角钢的长度方向滑动。每个承载截面钻有孔以安装一根垂直杆，高度可以调整，并用固定螺钉固紧。用蜡将透镜黏结到竖杆的顶端，或者将一个短的角铁用螺纹安装在杆的顶端用作夹持光学件的 V 形块。该光具座可以快速容易地

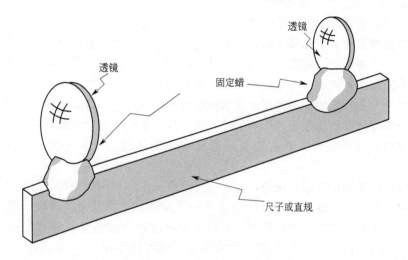

图 21.5 光学系统的实体模型

一根直尺和一些黏结蜡就可以非常方便地构成一个光学系统的实体模型。
对于目视系统，诸如望远镜或显微镜，这种方法特别便利

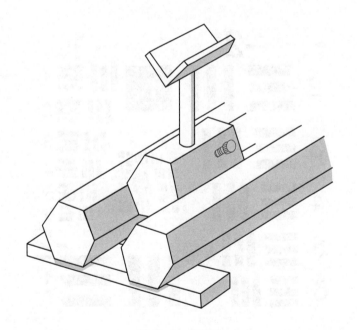

图 21.6 光具座

利用六角钢可以制成一台廉价的光具座。两根六角钢如图所示地固定，以便使短截面可以在其之间滑动。用蜡将光学件黏结在滑块上，或者角铁组成的 V 形块上。用螺纹将 V 形块安装在竖杆上，其高度可以调整。

调整系统的组件间隔，使系统调准。

在搭建系统的实体模型时，使光学件相对于光轴调准是非常重要的。确定物体上一个轴心点，逐渐增加后续组件，一次一个，确信它们形成的每个像都非常好地与光轴同心。与使用氦氖激光束调准一样，用目视方法通过光学系统瞄准也常常是有用的。调整反射镜和棱镜时要特别小心，许多人都错误地低估了一个没有校准的反射组件影响的严重性。如果系统中含有柱面零件，柱面镜轴的方位非常重要，尤其有正交柱面镜或者物体是一个狭缝时，要求更为苛刻。

测试性能最简单的方法是目视评价分辨率。正如前面讨论的，分辨率不是像质评价的最终目标，但该方法很容易快速地测试成像质量。类似于图 21.7 所示的条状分辨率板很容易得到：可以用黑色的绘图纸和白色纸"自制"，或者花费几美元买一张 USAF1951 分辨率板（或者使用图 21.7 的复印件）。在第一表面反射镜的镀铝面上刻出一些细线，并从后面照明也可以制成另外一种测试板，检验一个针孔分辨率板的像就可以分析像差和对准问题（根据轴上不对称弥散斑确定）。

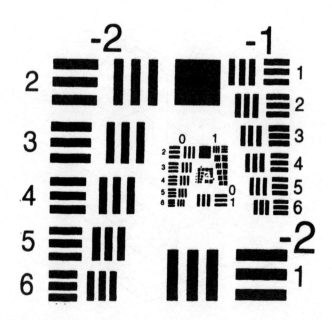

图 21.7　三杆靶分辨率板

每个图案都不同于下一个图案，相差一个 2 的六次方根倍数(1.1225)，因此，六个图案组成一组，其中相邻图案的倍数是 2。这类分辨率板通常制作在薄膜胶片上或将金属镀在玻璃上对于测试目镜、放大镜或类似装置，重要问题是大视场，一张绘图纸就可以制作一个非常好的测试靶板。利用这种靶板很容易评价像的畸变和场曲，以及眼距变化的影响。

研发光学系统过程中经常忽略的一个因素是杂散光的有害影响。这些光来自视场之外，由组件中的某些零件（典型的，就是光学件的镜座）反射或散射进视场内，降低像的对比度或者产生鬼像。在搭建系统的第一个完整模型时，可能令你非常惊奇，因为该系统的实体模型在机械方面完全不同于最终产品，杂散光不可能在实体模型中表现出来。控制杂散光有两种途径：在设计有内光瞳的系统中，如图 9.5 和图 13.8 所示，设置一个防眩光光阑既值得又非常有效，可以将光阑放置在每个内光瞳处，也可以在每个内置像平面处；另一种方法就是简单地将讨厌的（反射）零件涂黑。有时，很难知道何处会产生杂散光，换句话说，将眼睛放在一个位置并向后观察光学件。如果将眼睛放置在一个图像应当是暗的位置，即视场之外，其观察效果最敏感，然后，就可以观察到反光结构（的像）。另一个观察位置是出瞳，可以用一个放大镜检验。光学仪器内壁的像典型地聚焦在出瞳附近。一旦定位了"罪魁祸首"，通常，使用一种无光黑漆（例如 Floquil 牌火车机车用无光黑漆，在当地业余爱好者商店可以买到）就可以解决问题。另一种非常有效的材料是黑色植绒纸，将其粘贴在反射表面上。植绒黑纸是一种非常好的吸收材料，从 NJ，Barrington 的 Edmund Scientific 公司可以买到。

21.5 像差方面的考虑

除了孔径和视场外，绝大部分像差都随物镜零件的形状变化。例如，如果物体位于一个非常远的距离，一个特定形状物镜的球差最小。对于玻璃透镜，这种形状近似于一个平凸形状，并且，凸面朝向远距离物体。球差随透镜形状变化，是折射率的函数，其关系曲线表示在图 17.38 中。

对于远距离物体，双凸透镜和弯月形（一面是凸面，一面是凹面）透镜有较大的球差。但是，若透镜的折射率非常高，例如硅（$n=3.5$）或者锗（$n=4.0$），具有最小球差的形状是弯月形透镜，凸面朝向远距离物体，如图 17.38 所示。如果考虑到不同的物体位置，则具有最小球差的透镜形状也在变化。例如，1∶1 成像，等凸面透镜形状有最小球差。因此，对于光学系统中任何指定零件，一种定位可能比此外的其他定位好得多。图 21.8 表示三种不同透镜形状的角球差弥散随物距的变化。

（译者注：原文图号编排有误，缺少图 21.8 和图 21.9）

相对于透镜的形状，孔径光阑位置对轴外像差（慧差、像散、畸变和横向

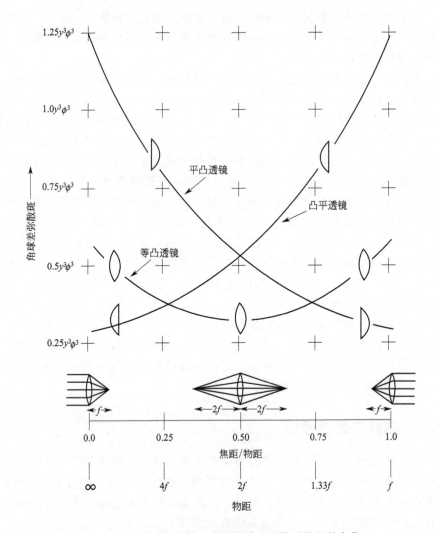

图 21.8 三种不同透镜形状的角球差弥散随物距的变化

球差变化是物距的函数。该曲线绘出了一个透镜三种不同形状的球差变化,折射率 $n=1.80$。注意,对于平凸形状的透镜,当弯曲侧面对较长共轭距时,有最小球差,而对于等凸形状的透镜,在 1∶1 放大率时有最小球差。将角弥散乘以像距可以确定弥散斑尺寸。ϕ 是透镜光焦度,y 是半孔径

色差)有较大影响。常常将一个透镜倒置,使系统视场边缘的性能有相当大的差别,因为该透镜相对于光阑的方位发生了变化。

一般地,透镜的光焦度越大,在系统中产生的像差也越大。所以,减小像差的一种好方法就是用两个小光焦度零件代替一个大光焦度的单块零件,如图

21.9所示。如果利用这种"透镜分裂"的优点使透镜具有合理形状,那么,可以使球差减小大约4/5。对于校正球差,这种分裂透镜的方式是最有效的。减小球差的另一种方法是均匀分布"负荷"(或工作量),此处,"负荷"是指透镜使边缘光线弯折的能力。快速浏览公式(4.1)就会明白,"负荷"简单地就是 $y\phi$,即光线高度和透镜光焦度的乘积。

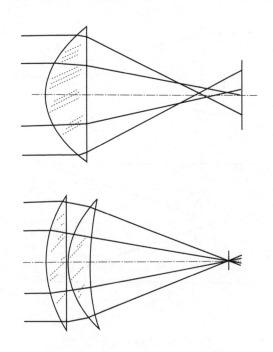

图 21.9　分裂透镜减小像差的方法
将单透镜分裂成两个元件,使每个零件的形状都保持有最小球差,从而将球差减小 4/5 或者更多

　　Petzval 场曲是透镜光焦度和折射率的函数,与其他像差一样,不受透镜形状和物距的影响。其实,(粗略地)等于系统中所有正光焦度之和减去所有负光焦度之和。查看这种方法,很明显,使用库存透镜遇到的普通场曲问题是系统中只有正光焦度的透镜,这就是为什么场曲总是弯向透镜的原因。在对光线斜率不会有太大影响的位置,就是说,在光线高度较低的位置加入负光焦度,即场致平透镜就可以校正这种现象。采用高折射率玻璃,并使正负光焦度分离,就是为了降低光线在负光焦度透镜上(相对于正光焦度透镜)的高度,所以,消像散物镜就可以达到校正的目的。在"库存"系统布局图上,很难摆脱有大量的正透镜,但有一件事是可以做的,就是引入一种场致平透镜。通

常，这是一种放置在焦平面（此处，光线高度很低，透镜对其他像差或者图像大小的影响很小）或附近的负光焦度零件，如图 21.10(a) 所示。一个场致平透镜对具有太大内弯场曲的系统有非常有利的影响。注意，反之也是正确的。还要注意，当一个正会聚透镜有内弯场曲时，一个会聚（凹面）反射镜具有向后弯曲的场曲，并且需要一个正的场致平透镜，如图 21.10(b) 所示。

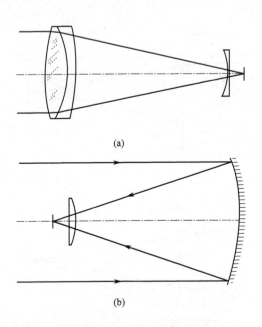

图 21.10　场致平透镜校正法

一个场致平透镜放置在紧靠像平面位置的透镜，除了 Petzval 场曲，对其他像差有比较小的影响。如图(a)所示，一个负透镜可以将正光焦度组件产生的内弯场曲拉平。在图(b)中，凹面反射镜有一个向后弯曲的场曲，可以用一个正的场致平透镜进行校正

21.6　如何利用单透镜（单块零件）

使用"库存"透镜时，对零件的选择非常有限。的确，光学目录提供的是在平凸（或近似该形状）透镜和双凸（或许等凸）透镜之间进行有用的选择，正如图 21.11 所示。在下面讨论中，一个表面比另一个表面弯曲更厉害的双凸透镜将视作平凸透镜。如果两个表面有类似形状，就认为是等凸透镜（尽管在这种情况中，可能还有一个更为感兴趣的方位问题）。

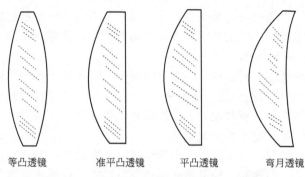

图 21.11　从光学目录中很容易得到的单透镜形式

等凸透镜　　准平凸透镜　　平凸透镜　　弯月透镜

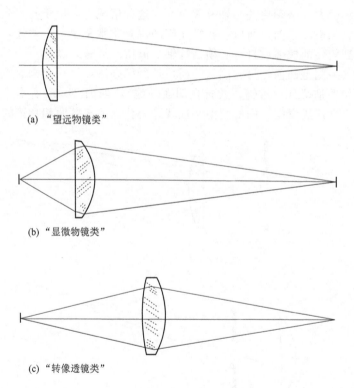

(a) "望远物镜类"

(b) "显微物镜类"

(c) "转像透镜类"

图 21.12　对于小视场应用的三种普通的情况

(a) "望远物镜类型"，物体位于左侧很远距离上，凸面朝向远距离物体的一个平凸透镜使球差最小；(b) "显微物镜类型"，像位于远距离上，平凸透镜的凸表面朝向像面，从而使球差最小；(c) "中继（转像）透镜类型"，彼此共轭距没有大太多，双凸透镜是最好的选择，更弯些的曲面朝向较大的共轭距

初始讨论，首先假设，系统在一个小视场范围内有一个经过良好校正的成像质量，这就意味着，像的球差最小，对轴外像差不必考虑太多。在此讨论图 21.12 中表示的三种情况。

对望远物镜类型，就是说，一个系统面对的物体位于很远的距离之外，或者说比 5 倍或 10 倍焦距还远。选择一个平凸透镜，使其曲面朝向远距离物体。

对显微物镜类型，就是说，一个透镜将使物体放大 5 倍以上。再次选择一个平凸透镜，但是，使平面面向物体。

对转像透镜类型，就是说，一个透镜的放大率位于（−）5× 和（−）0.2× 之间，选择一个平凸透镜。如果透镜不是等凸形式，就使比较弯曲的表面（就是半径较短的表面）朝向较长的共轭距。

若视场较大，必须更关心轴外像差。在这种情况下，由于孔径光阑的位置影响慧差、像散和场曲，所以，孔径光阑的位置非常重要。一般地，为了在视场边缘得到较好的成像质量，必须牺牲轴上像质。通常，选择一个平凸或者弯月形透镜（一侧是凸面，另一侧是凹面）是最好办法，孔径光阑放置在透镜的平面侧（如果是弯月形透镜，放置在凹面一侧），如图 21.13 所示。注意，该透镜是希望设计成弯向光阑的类型，这就是为什么大多数照相物镜的外部形状

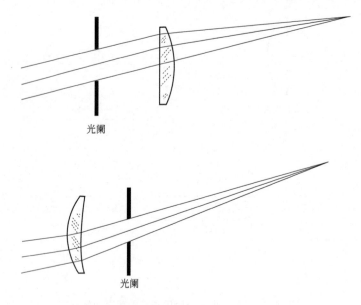

图 21.13　平凸或弯月形透镜

对于大视场应用，主要关心的是视场像差（慧差和像散），并以此确定透镜的方位。与透镜（或者"凹面"或者平面侧，如图中所示）有一定间隔的孔径光阑对轴外像质有显著影响

都采用以光阑为中心的球形。如果没有一个单独分开的光阑,并且物体稍微有些远,使用一个平面朝向物体的平凸透镜常常也会工作得很好(因为像中的慧差会形成场致平效应)。

如果单透镜用作放大镜,并非常靠近眼睛,如图 21.14(a) 所示,那么,选择一个平凸透镜,并且使平面侧朝向眼睛为最好。此时,眼睛瞳孔起着孔径光阑作用,并且透镜是绕着眼瞳的,这种用途与头盔显示器(HMD)一样,也非常类似于望远目镜。然而,如果该透镜距离眼睛是 1ft 或 2ft,如图 21.14(b) 桌面幻灯片观察器或者平视显示器(HUD)中所示,则平面应当远离眼睛。这是因为透镜对眼睛所成的像是系统的光瞳,随着透镜远离眼睛,该像位于透镜较远一侧的表面上。要求平面对着光阑(光瞳),以便透镜围绕着该光瞳。对于一般用途的放大镜,是应用于靠近或远离眼睛两种情况,尽管后面介绍的双透镜型放大镜有更好的性能,但是,对于单透镜结构形式,或许等凸形状的透镜是最好的折中。

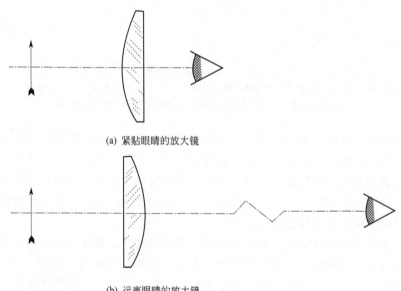

图 21.14 用作放大镜的单透镜的放置方法

当平凸透镜用作放大镜时,最好的方位布局取决于眼睛位置,此时,眼睛的作用是孔径光阑。如果是靠近眼睛,则平面应当面对眼睛,这种方位布局会使慧差、畸变和像散最小。如果远离眼睛,应使凸面朝向眼睛

注意,这些评论也适用于平凸型双胶合消色差物镜。

21.7 如何使用双胶合物镜

绝大多数双胶合物镜的设计都是为了校正色差和球差,当物体位于无穷远时,或许慧差也校正得非常好,换句话说,实际上,它们是望远物镜,并具有小视场。正如图 21.15 所示,外部结构通常是双凸形式,一个表面要比另一个更为弯曲,就是说,接近平凸形状。就像平凸单透镜形式一样,更为弯曲的表面应当面向远距离物体。如果双胶合物镜应用于有限远共轭情况,那么,较为弯曲的表面应当面向较远的共轭距。

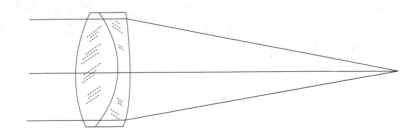

图 21.15 双胶合物镜

绝大部分"库存"消色差物镜的设计都作为望远物镜使用,并且校正了色差、球差以及对无穷远物体校正了慧差。较为弯曲的表面应当面向更大的共轭距

如果两个外侧表面彼此没有一个更为弯曲,那么,该透镜很可能不是应用于无穷远共轭距。可能是对有限远共轭应用进行校正,可能性更大的是,或许曾经是某种较复杂组件的一部分。在此,做些实验是合乎道理的,有两方面的实验:尝试一下方位,并观察其性能。与一块单透镜一样,很可能比较强的表面需要对着较长的共轭距离。

弯月形双胶合透镜很少能在"库存"透镜中找到,这种透镜最大可能是多余的或者回收再利用的,其形状源自作为零件使用时的设计。尽管一个(厚)弯月透镜作为一种透镜设计方式(拉平场曲)非常有用,但这种透镜在你的实体模型系统中不太有用,可以作为目镜的一部分,凹面邻近眼睛或者视场光阑。

21.8 库存透镜的组合

常常使用两个透镜而非一个透镜就可以使系统性能得到很大改善。下面章节就来讨论一些可能性。

高速率（或大数值孔径）的应用

快速系统中普遍存在的问题是球差。利用两块而非一块透镜，并使每块透镜都有最小球差，可以缓解这种状况。光焦度的最佳分配是相等：两块透镜有相同的焦距，其焦距之和等于被代替单透镜的焦距。如果是一个远距离物体，则第一个透镜应当是平凸透镜，凸面对着物体，理想的话，第二块透镜应当是一个弯月形，凸面对着第一块透镜，如图 21.16(a) 所示。但是，由于很难找到弯月形库存透镜，所以，通常利用库存透镜的方案是另一块平凸透镜的凸面也对着物体，如图 21.16(b) 所示。如果一个平凸透镜比另一个更强些，就把它放置在会聚光束中。若其中一个透镜是双胶合透镜，或许应当使其对着远距

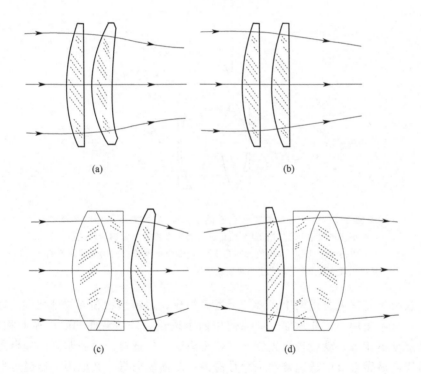

图 21.16 高速率情况下透镜的应用

若透镜应用于高速率（大数值孔径或小 f 数）情况中，球差是常遇到的问题。利用两块而不是一块透镜就可以使球差减小。第一块透镜的放置应当使该物体位于球差最小的位置，并且，第二块透镜应当根据其物体位置确定形状。对于远距离物体，最佳的结构布局表示在 (a)、(b) 和 (c) 中。第一块透镜是平凸透镜，第二块透镜的最佳形状是弯月形透镜；如果第二块透镜也是平凸透镜，就应当如同 (b) 那样安排；如果一个透镜是双胶合透镜，应当像 (c) 和 (d) 那样，面向较长的共轭距

离物体，单透镜在其后，如图 21.16(c) 所示。当两个透镜都是双胶合透镜，就使弯曲比较严重的表面都对着物体。对于显微镜应用之类，结构布局当然正好颠倒过来，如图 21.16(d) 所示。

如果系统工作在有限远共轭距，例如，1∶1 或者较小放大率，那么，最佳布局通常是凸面彼此相对（假设角视场较小）。图 21.17 所示为一对单透镜和双透镜在 1∶1 放大率下工作的例子。这种结构布局允许该组合系统的每半部都以接近于原设计布局工作，就是说，面对物体位于有限远，并且，如果角视场不大，可以变化其间隔以得到所希望的长度。如果放大率不是 1∶1，使用不同的焦距（其比等于放大率）是有利的。

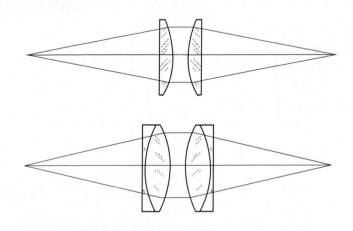

图 21.17　一对单透镜和双透镜在 1∶1 放大率下工作的系统
对于小视场和放大率接近 1∶1 的情况，透镜布局应当如图所示地彼此面对，以便球差最小。如果放大率是 1∶1，则两个透镜之间的光线是平行光，在其他放大率下，几乎不可能是这样

放映聚光镜通常由两个或者三个透镜组成，透镜形状和方位排列都使球差最小。常常使用一些非球面。如果使用两个透镜，较强弯曲的表面彼此相对，若光焦度不相等，就使较强光焦度（较短焦距）的透镜面对照明灯。如果是三个透镜，最靠近灯的透镜常常是弯月透镜，凹面朝向灯，其他两个透镜是平凸透镜，其弯曲面相对。当零件是球面形状，每个透镜都应近似地有相同的光焦度。如果一个是非球面透镜，常常会比其他透镜有更强的光焦度，并紧靠照明灯。

目镜和放大镜

由两个平凸透镜组成、并且曲面彼此相对，如图 21.18(a) 所示，就可以构成一个非常好的放大镜。这种结构布局无论紧贴眼睛还是在一定距离上都可以工作得很好。作为望远镜目镜，它们之间的间隔常常增大到单透镜焦距约 50% 或 75%，以便使一个透镜的作用等同于场镜，如图 21.18(b) 所示，这种增大了的间隔也减小了横向色差，并且有助于慧差和像散的减小。（如果透镜有不同焦距，靠近眼睛的透镜应有较短焦距）这就是典型的拉姆斯登（Ramsden）目镜。若目镜是双胶合透镜，就是图 21.18(c) 所示的凯尔纳（Kellner）目镜，通常，双胶合透镜较平的一侧面对眼睛。这种非常流行的双目望远镜一些形式的目镜间隔很小，一些使用倒置的结构布局。使用方格纸做靶标，并将眼睛放置在出瞳位置，经过很少几次实验就可以知道哪一种结构布局更适合使用库存透镜。

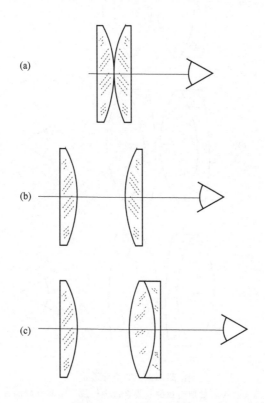

图 21.18 目镜和放大镜

(a) 两块平凸透镜，凸面对凸面就可以组成一个非常好的放大镜，无论是靠近眼睛还是有一段距离都能工作得很好；(b) 如果用作望远目镜，增大之间的间隔以减小慧差和横向色差（并允许左侧透镜作场镜使用）；(c) 凯尔纳目镜使用一个双胶合透镜作目镜以进一步校正横向色差。在普通的棱镜型双目望远镜中常常发现这种目镜

两个消色差双胶合透镜甚至更好。两个相同的消色差双胶合透镜的强弯曲面彼此相对，如图 21.19(a) 所示，就构成一种最佳的通用放大镜和目镜。这种形式就是哈普罗素（Plossl）或"对称型"目镜，由于其具有高成像质量、低成本、多功能性和长的眼距的特点，所以非常流行。根据得到的双胶合透镜形状以及眼距的精确程度，可能需要将其中一个双胶合透镜（不是两个）的方位倒置一下，如图 21.19(b) 和图 21.19(c) 所示。

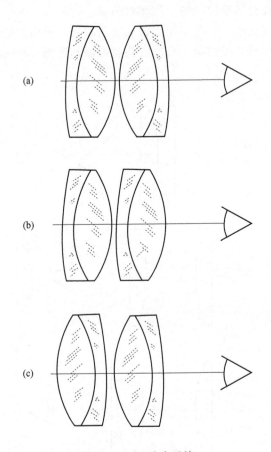

图 21.19 双胶合透镜

(a) 两个由冕牌和火石玻璃组成的双胶合透镜构成一个非常好的目镜和放大镜。这是对称型或哈普罗素（Plossl）目镜。(b) 和 (c) 的形式取决于双胶合透镜的形状和望远镜的眼距，其中任何一种形式作为目镜都工作得很好

正如前面所述，为了得到宽视场必须牺牲视场中心的像质。有两种方法可以用来提高视场边缘的成像质量。一种是设置孔径光阑，另一种是使用对称原理。如果一个系统相对光阑对称（如图 21.20 所示，从左右意义上讲），

则该系统没有慧差、畸变和横向色差。严格地讲，该系统必须在完全对称、单位放大率条件下工作，但是，即使物体位于无穷远，采用对称型结构也会有许多好处。当然，是否采用对称型取决于要求宽视场还是窄视场。在窄视场应用中，为了得到最小球差，要使透镜的"强弯曲面面对"，如图 21.20 (a) 所示，在宽视场应用中，通常使强弯曲面背向，如图 21.20(b) 所示。平凸或者弯月形透镜是该系统选择的形状，该系统的透镜要分开一定距离，但至孔径光阑要有相当大的距离，孔径光阑位于它们中间。间隔比较大，主要原因是其影响像散，有一个最佳位置可以使像散量和场曲致平度之间达到最佳折中。

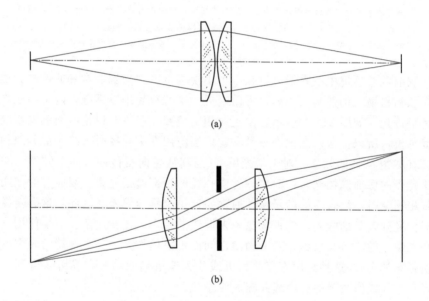

图 21.20　左右对称的结构布局

左右对称结构布局将自动消除慧差、畸变和横向像差。使用两个平凸透镜，对于小视场，(a) 表示的结构布局是最佳的；对于宽视场，(b) 的结构布局通常工作得更好

转像（或中继）系统

对要求特定放大率的转像系统，可以考虑使用两个消色差透镜，使它们的焦距之比等于所希望的放大率，并且，其焦距之和近似等于希望的物像距，如图 21.21 所示。两个透镜之间的光线是平行光，之间的间隔不是很重要的尺寸。注意，在平行光束中放置一块 45°倾斜的平板分束镜，而不会引进像散。如果消色差透镜是对无穷远物距校正像差，那么，中继像

也要经过校正。

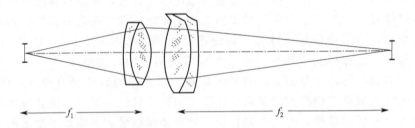

图 21.21 使用两块消色差透镜的转像系统

利用两块消色差双胶合透镜，适当选择焦距使其比等于期望的放大率 $m=-f_2/f_1$，就可以得到一个经过良好校正的小视场转像系统。这样构成系统后，两透镜之间的光线是平行光，每个透镜都在其设计的共轭状态下工作（假设，透镜是为无穷远距离的物体设计）

　　双消色差透镜中继系统可以在一个小视场范围内得到非常好的像质。使用两个照相物镜，仍然是面对面，可以组成一个宽视场中继系统，两个物镜之间也是平行光，如图 21.22 所示。由于照相物镜要比前一节讨论的消色差双胶合透镜更长，所以，必须意识到渐晕问题。当应用在全孔径时，绝大部分照相物镜会有高达 50% 的渐晕。对于斜光束，（当其从左向右传播时向上倾斜）左侧透镜孔径的底部遮挡光束，而右侧透镜孔径的顶部遮挡光束。当面对面使用两个照相物镜时，组合后的渐晕特性通常要比单个物镜更差。因此，这类转像系统都会受到渐晕的限制，使视场比原来期望的要小。还要注意，如果使用一个可变光圈，就应将其放置在两个物镜之间而不是用作其中一个物镜的光圈（除非视场非常小）。这种利用库存照相机或放大镜搭建的结构布局可以得到一个具有非常好成像质量的有限远共轭成像系统。

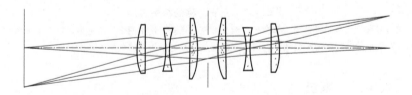

图 21.22 两个照相物镜面对面构成的转像系统

当需要比两个双胶合透镜系统有更宽的视场时，可以使两个照相物镜面对面放置，构成一个具有高质量的转像系统。如果该转像系统有放大率，应当选择它们的焦距，使它们之比等于放大率。如果使用一个可变光圈，应当放置在两个物镜之间（除非视场很小）。注意到，某些物镜的渐晕可能是个问题

使用照相物镜的上述技术可以使它们充分发挥原设计的优点，就是说，一侧的共轭距离在无穷远。对于大部分照相物镜，一直到物距小到焦距的 25 倍时都能够保持成像质量，或多或少取决于设计类型。一般地，高速率物镜对物距相当敏感。慢速率（即小相对孔径或大 f 数）物镜可以成功地应用在比较宽的共轭距离范围内。

近摄（特写）附件

简单地说，近摄附件就是放置在照相物镜前面的一个弱光焦度正透镜。如图 21.23 所示，如果使附件物镜的焦距近似等于物距，则物体（发出的光）被准直（成像在无穷远），并且，照相物镜观察物体仿佛是在无穷远。尽管，一种平凸形式完全可以接受，但是，该附件的理想物镜应是一个弯月形透镜，凹面一侧对着照相物镜（以便使其环绕着光阑）。如果视场相当小，该透镜倒置可能更好。注意，使用一个近摄附件等效于将两个正透镜组合起来得到一个更短焦距的物镜。也可以利用一个弱负焦距的附件以增大照相物镜的焦距，从而解决实际应用中焦距太短的问题。

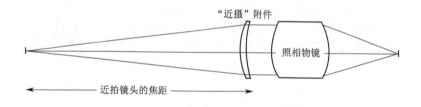

图 21.23 近摄附件

当物体太近时，许多照相物镜都会恶化像质。简单地说，一个"近摄附件"就是一个弱正光焦度透镜，其焦距近似等于物距，以便使照相物镜接受的光是准直光。通常，该附件是一个弯月形透镜，其形状在产生最小球差、最小慧差和像散之间取折中

扩束透镜

简单地说，激光扩束透镜是一个反向使用的望远镜，目的是增大直径和减小激光束的发散度。伽利略形式的望远镜是最经常使用的形式，因为这种望远镜由简单的透镜组成，并且没有内焦点（对于大功率激光器，可能导致大气击穿）。也可以使用开普勒望远镜，其内焦点可以提供一个空间滤波能力，但很难校正像差，因为两个组件都是正的会聚透镜。

由于激光是单色光，束角小，因此，最关心的是校正球差。伽利略望远镜

物镜组件（正光焦度）对球差有很大的贡献量，所以，重要的是其形状能使球差最小。如果扩束透镜是由两个简单的透镜组成，如图 21.24(a) 所示，那么，负透镜必须贡献足够的过校正球差以平衡物镜的球差。因此，常常选择物镜的"库存透镜"是一块平凸透镜，而负透镜是一块平凹透镜，二者的方位组合能使其平面一侧面对激光器。（一个弯月形负透镜会有更多的过校正球差，可以得到更好的校正）对于更高倍率的扩束透镜，必须使用一个经过良好校正的双胶合物镜，并与一个凹面朝向激光器的平凹透镜组合，如图 21.24(b) 所示，以使球差得到过校正。

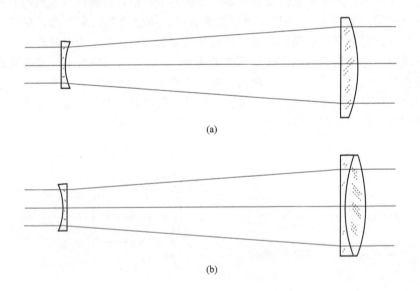

图 21.24　扩束透镜

一个平凸目镜和一个平凸物镜可以组成一个低倍率激光扩束镜，两个平面侧朝向激光束。如果是高倍率系统，使用一个消色差双胶合物镜作为物镜以减小球差，并且平凹负透镜要颠倒放置

21.9　库存透镜的供应商

下面列出一些供应库存透镜的公司，大部分公司都提供目录。一些公司将其目录放在磁盘上，其中许多还包括透镜的结构参数（半径、厚度、折射率），极少数公司还提供免费计算软件，用来计算该公司透镜的性能。

（译者注：为了方便读者与下述有关公司联系，完全保留下述公司的英文资料）

Ealing Electro-Optics, Inc.
89 Doug Brown Way
Holliston, MA 01746
Tel: 508/429–8370
Fax: 508/429–7893
http://www.ealing.com

Edmund Scientific
101 East Gloucester Pike
Barrington, NJ 08007
Tel: 609/573–6852
Fax: 609/573–6233
John_Stack@edsci.com

Fresnel Optics, Inc.
1300 Mt. Read Blvd.
Rochester, NY 14606
Tel: 716/647–1140
Fax: 716/254–4940

Germanow-Simon Corp., Plastic
Optics Div.
408 St. Paul St.
Rochester, NY 14605–1734
Tel: 800/252–5335
Fax: 716/232–2314
gs optics@aol.com

Janos Technology Inc.
HCR#33, Box 25, Route 35
Townshend, VT 05353–7702
Tel: 802/365–7714
Fax: 802/365–4596
optics@sover.net

JML Optical Industries, Inc.
690 Portland Ave., Rochester, NY
14621–5196
Tel: 716/342–9482
Fax: 716/342–6125
marty@jmlopt.com
http://www.jmlopt.com

Melles Griot, Inc.
19 Midstate Drive, Ste. 200
Auburn, MA 01501
Tel: 508/832–3282

Fax: 508/832–0390
76245,2764@compuserve.com

Newport Corporation
1791 Deere Ave., Irvine, CA 92714
Tel: 714/253–1469
Fax: 714/253–1650
pgriffith@newport.com

Optics for Research
P.O. Box 82, Caldwell,
NJ 07006–0082
Tel: 201/228–4480
Fax: 201/228–0915
dwilson@ofr.com

Optometrics USA, Inc.
Nemco Way, Stony Brook Ind. Park
Ayer, MA 01432
Tel: 508/772–1700
Fax: 508/772–0017
opto@optometrics.com

OptoSigma Corp.
2001 Deere Ave.
Santa Ana, CA 92705
Tel: 714/851–5881
Fax: 714/851–5058
optosigm@ix.netcom.com

Oriel Instruments
250 Long Beach Blvd.,
P.O. Box 872
Stratford, CT 06497–0872
Tel: 203/377–8282
Fax: 203/378–2457
res_sales@oriel.com

Reynard Corporation
1020 Calle Sombra
San Clemente, CA 92673
Tel: 714/366–8866
Fax: 714/498–9528

Rodenstock Precision Optics, Inc.
4845 Colt Road, Rockford, IL
61109–2611

Rolyn Optics
706 Arrowgrand Circle, Covina, CA
91722–9959
Tel: 818/915–5707
Fax: 818/915–1379

Spectral Systems
35 Corporate Park Drive
Hopewell Junction, NY 12533
Tel: 914/896–2200

Fax: 914/896–2203

Spindler & Hoyer Inc.
459 Fortune Blvd.
Milford, MA 01757
Tel: 508/478–6200;
800/334–5678;
Fax: 508/478–5980

他们在磁盘上的目录包括有一个软件"Optical Design Program for WIN-DOWS"。

人名地址录

几种人名地址录对于寻找和确定某些光学产品是非常有用的。最完整的就是由 Laurin Publishing Co., Inc. 公司出版的 Photonics Buyer's Guide，该公司的有关信息是：

Laurin Publisher Co., Inc., Berkshire Common, P. O. Box 4949, Pittsfield, MA01202-4949, Tel：413/499-0514, Fax：413/442-3180, email：Photonics@laurin.com。

这是一本四卷集的主导性期刊；分类列出光学产品，给出每种产品的来源。

第二种期刊，Photonics Corporate Guide，列出了生产公司的名字、地址等。Laser Focus World 杂志和 Lasers & Optronics 杂志也给订户公布了购买光学产品方面的内容。

附录 A

光线追迹和像差计算

A.1 概述

由于使用个人计算机设计和分析光学系统非常普遍，因而大大减小了了解和理解光线追迹技术的重要性。现在，如何有效地使用光学设计软件程序（例如 OSLO、ZEMAX 或者 CODE V）要比正确理解进行光线追迹更为重要。尽管如此，了解光线追迹公式也是很有意义的。为了照顾到有可能利用便携式计算器计算一两条光线的读者，在此给出追迹子午光线的公式，就是位于 y-z 平面内的光线，这些公式是为上述目的设计的，不适合自动计算。同时给出了适于计算机设计用的公式［就是说，除了由于下述原因使光线无法计算外不会出现"失常"情况：(a) 光线不与表面相交；(b) 由于在表面上发生全内反射 (TIR)］。近轴光线追迹公式(3.16) 和公式(3.17) 在第 3 章已经给出［公式 (3.1)～公式(3.7) 是一组适合使用台式计算机追迹子午光线的公式］。

该附录还包括科丁顿（Coddington）公式，该公式用于追迹子午主光线周围的近轴类光线（有时称为近轴主光线），并可以计算弧矢和子午场曲。在此也将讨论其他特定像差的计算。

A.2 子午光线

子午光线是与系统光轴共面的光线。光线和光轴同时位于的平面称为子午面，在一个轴对称系统中，一条子午光线通过系统后仍位于该平面内。子午光线的二维性质使其较容易追迹。虽然追迹几条子午光线加上一两条科丁顿（Coddingtong）追迹（参考 A.6）就可以确定一个光学系统的大量信息，但是，考虑到现代计算机的高速度，通常，追迹子午光线是作为斜光线或一般光线追迹的特殊情况。然而，如果使用一台便携式计算器进行追迹，则很明显，是选择子午光线。给出的公式是考虑到这类计算器的三角计算能力（参考图 A.1）。

开始：(1) 给出第一表面的 Q 和 U

或者 (2)
$$Q = -L\sin U \tag{A.1a}$$

或者 (3)
$$Q = H\cos U - s\sin U \tag{A.1b}$$

折射：
$$\sin I = Qc + \sin U \tag{A.1c}$$

$$\sin I' = \frac{n\sin I}{n'} \tag{A.1d}$$

$$U' = U - I + I' \tag{A.1e}$$

$$Q' = \frac{Q(\cos U' + \cos I')}{(\cos U + \cos I)} \tag{A.1f}$$

转换：
$$Q_{j+1} = Q'_j + t\sin U'_j \tag{A.1g}$$

$$U_{j+1} = U'_j \tag{A.1h}$$

结束：
$$L'_k = \frac{-Q'_k}{\sin U'_k} \tag{A.1i}$$

或者
$$H' = \frac{Q'_k + s'_k \sin U'_k}{\cos U'_k} \tag{A.1j}$$

其他：
$$y = \frac{Q[1 + \cos(I-U)]}{(\cos U + \cos I)} = \frac{Q'[1 + \cos(I-U)]}{(\cos U' + \cos I')} = \frac{\sin(I-U)}{c} \tag{A.1k}$$

$$z = \frac{Q\sin(I-U)}{(\cos U + \cos I)} = \frac{1 - \cos(I-U)}{c} \tag{A.1l}$$

$$D_{1 \sim 2} = \frac{t - z_1 + z_2}{\cos U'_1} \tag{A.1m}$$

使用的大部分符号与 3.3 节定义一样，字母大写区别于其小写近轴字母。本节新的符号是：

Q	从表面顶点到入射光线的距离,垂直于该光线,向上为正。
Q'	从表面顶点到折射光线的距离,垂直于该光线。
I	表面上的入射角,光线绕顺时针方向到达表面法线(即半径)为正。
I'	折射角。
z	光线与表面交点的纵向坐标(横坐标),交点位于顶点右侧为正。
$D_{1\sim 2}$	表面1和2之间沿光线的距离。

符号的物理意义表示在图 A.1 中。

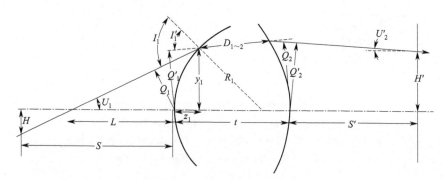

图 A.1 符号的物理意义
该图主要说明子午光线追迹公式中的符号意义

A.3 斜光线:球面

一条斜光线是不折不扣的一般光线,然而,应用术语"斜光线"通常就是将其局限于非子午光线。一条斜光线必须由三个坐标 x、y 和 z 定义,而不像子午光线那样只有 y 和 z 两个坐标。在计算机发明之前,由于计算时间较长,很少追迹斜光线。在计算机上追迹斜光线比追迹子午光线仅仅多花费一点时间,所以情况发生了变化,现在追迹斜光线是一件很普通的事情,并且,追迹子午光线是作为追迹一般光线的特殊情况。下面给出的光线追迹一般公式是在 D. Feder 公式(D. Feder, Journal of the Optical Society of American, vol. 41, 1951, pp. 630-636)基础上稍加改编而成。

由光线与表面交点坐标 x,y 和 z 以及方向余弦 X,Y 和 Z 确定光线,(经常使用的符号是 L,M,N 而不是 X,Y,Z)坐标系的原点位于每个表面的顶点,图 A.2 表示这些量的意义。注意,如果 x 和 X 都是零,光线就是子午光线,并且,方向余弦 Y 等于 $\sin U$。方向余弦是沿光线方向单位长度的矢量在坐标轴上的投影,可以将方向余弦看作是对角线等于 1.0 的矩形实体或盒子的长度、高度和宽度(注意,简单地说,光学的方向余弦就是上面定义的方向余弦乘以折射率)。

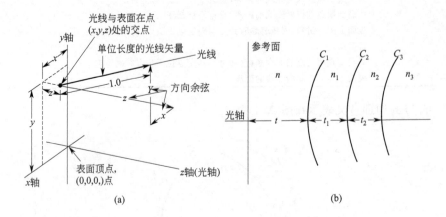

图 A.2 斜光线追迹公式(A.2a)～公式(A.2o) 中使用的符号
(a) 光线与表面交点空间坐标 (x, y, z) 以及光线方向余弦 X, Y, Z 的意义;
(译者注: z 轴为光轴, 图中错印为 "X 轴") (b) 说明脚标注释的坐标系。
注意, 常常使用字母 L, M, N 代替 X, Y, Z。

计算开始首先相对于一个任意选择的参考表面确定 x, y, z 和 X, Y, Z 的值, 参考面可以是平面（通常选择平面）, 也可以是球面, 习惯上选择参考表面在物体上（如果愿意, 可以使用弯曲的物体表面）, 或者第一表面顶点, 或者入瞳处。注意, 公式(A.2a) 就是一个球面公式（因此假设光线原点位于参考面上）, 公式(A.2b) 确信沿光线的单位矢量的平方等于 1.0。

开始（在参考面处）：

$$c(x^2+y^2+z^2)-2z=0 \tag{A.2a}$$

$$X^2+Y^2+Z^2=1.0 \tag{A.2b}$$

转换到第一（或下一个）表面：

$$e=tZ-(xX+yY+zZ) \tag{A.2c}$$

$$M_{1z}=z+eZ-t \tag{A.2d}$$

$$M_1^2=x^2+y^2+z^2-e^2+t^2-2tz \tag{A.2e}$$

$$E_1=\sqrt{Z^2-c_1(c_1M_1^2-2M_{1z})} \tag{A.2f}$$

$$L=e+\frac{(c_1M_1^2-2M_{1z})}{Z+E_1} \tag{A.2g}$$

$$z_1=z+LZ-t \tag{A.2h}$$

$$y_1=y+LY \tag{A.2i}$$

$$x_1=x+LX \tag{A.2j}$$

折射：

附录 A 光线追迹和像差计算

$$E'_1 = \sqrt{1 - \left(\frac{n}{n'}\right)^2 (1 - E_1^2)} \qquad (A.2k)$$

$$g_1 = E'_1 - \frac{n}{n_1} E_1 \qquad (A.2l)$$

$$Z_1 = \frac{n}{n_1} Z - g_1 c_1 z_1 + g_1 \qquad (A.2m)$$

$$Y_1 = \frac{n}{n_1} Y - g_1 c_1 y_1 \qquad (A.2n)$$

$$X_1 = \frac{n}{n_1} X - g_1 c_1 x_1 \qquad (A.2o)$$

没有脚标的项代表参考面和下一个空间。脚标为 1 的项代表第一表面和下一个空间。

符号意义如下：

x, y, z	光线与参考面交点的空间坐标。
x_1, y_1, z_1	光线与 1# 表面交点的空间坐标。
M_1	1# 表面顶点到光线的距离（矢量），垂直于光线。
M_{1z}	M_1 的 z 分量。
E_1	1# 表面上入射角的余弦。
L	沿光线从参考面 (x, y, z) 到 1# 表面 (x_1, y_1, z_1) 的距离。L_j 是从表面 j 到 $j+1$ 的距离。
E'_1	1# 表面上折射角（I'）的余弦。
X, Y, Z	参考面与 1# 表面（折射之前）之间光线的方向余弦。
X_1, Y_1, Z_1	1# 表面折射后的方向余弦。
c	参考表面的曲率（半径倒数 = $1/R$）。
c_1	1# 表面的曲率。
n	参考表面和 1# 表面之间的折射率。
n'	紧跟 1# 表面的折射率。
t	参考表面和 1# 表面之间的轴向间隔。

值得注意，在公式（A.2f）中选择平方根的正值就是选择光线与表面交点中靠近表面顶点的那一个。此外，如果公式（A.2f）根号内的参量值是负值，表明光线没有与球面相交（光线没有投射到球面上），如果公式（A.2k）根号下的值是负值，表明入射角大于临界角，光线属于全内反射（TIR），不可能通过该表面。

计算开始，首先将 c、坐标 (x, y, z) 中的两个量和方向余弦 (X, Y, Z) 中的两个量代入公式（A.2a）和公式（A.2b）中，求解第三个坐标和第三个方向余弦。然后，根据公式（A.2c）～公式（A.2j）确定光线与 1# 表面的交点 (x_1, y_1, z_1)，接着，由公式（A.2k）～公式（A.2o）计算光线在 1# 表面上折射后的方向余弦 (X_1, Y_1, Z_1)，从而完成了光线通过第一个表面的追迹。至此，可以利用公式（A.2a）和公式（A.2b）（用脚标 1）检验计算精度。

为了转换到第二表面，公式(A.2c)～公式(A.2j)中的脚标增加1，并确定和 x_2、y_2 和 z_2。同样，根据公式(A.2k)～公式(A.2o)确定光线在 2# 表面（脚标加1）折射后的方向余弦 (X_2, Y_2, Z_2)。

重复该过程直至得到光线与系统最后一个表面的交点位置，通常都是像面。到此就完成了整个计算。

注意，与光轴相交的任何光线都是子午光线，因此，只是必须追迹轴外物点的斜光线。此外，假设物点位于坐标系的 y-z 平面内，并没有影响一般性（因为假设是一个轴对称系统）。所以，对于任何一条斜光线，都可以从 x 等于零开始。如果这样做，很明显，光学系统的两个半部分，即 y-z 平面之前和之后的两部分彼此互为镜像，通过 x_k, y_k, z_k 的光线 X_k, Y_k, Z_k 有一个镜像 $(-X_k)$, Y_k, Z_k，一定会通过另一半系统的 $(-x_k)$, y_k, z_k 坐标。为此，只需要追迹通过一半系统孔径的斜光线即可，可以使用相同的数据，只需 x 和 X 改变符号就能够表示通过另一半系统的光线。

A.4 斜光线：非球面

从光线追迹的目的出发，习惯上，将一个旋转非球面用下列公式表示：

$$z = f(x,y) = \frac{cs^2}{1+\sqrt{1-(k+1)c^2s^2}} + A_2 s^2 + A_4 s^4 + \cdots + A_j s^j \quad \text{(A.3a)}$$

式中，z 是表面上一点的纵坐标（横坐标）；到 z 轴的距离是 s。利用与 A.3 节相同的坐标系，就可以用下面表达式将径向距离 s 与坐标 x 和 y 联系起来：

$$s^2 = y^2 + x^2 \quad \text{(A.3b)}$$

正如图 A.3 所示，公式(A.3a)右侧的第一项是半径为 $R=1/c$ 的球面公式。后面各项用 A_2、A_4 等作为第二、第四等项以及光焦度变化项的系数代表球面的变形。由于可以包括一些变形项，所以，公式(A.3a)相当灵活，可以表示一些相当特殊的非球面。注意，公式(A.3a)是冗余式，二阶变形项 $(A_2 s^2)$ 对确定表面并非必须，因为它可以隐含在曲率 c 中。含有该项的重要性在于，如果没有这一项，为了表示该表面可能会需要一个大的 c 值（即一个短半径），并且，实际上应与非球面相交的光线可能没有与参考球相交。如果必要，参考球可以是平面。

注意，锥形常数为 k 的锥形面方程是：

$$Z = \frac{cs^2}{1+\sqrt{1-(k+1)c^2 s^2}}$$

利用幂级数也可以表示锥形截面的非球面（抛物面、椭球面、双曲面，更

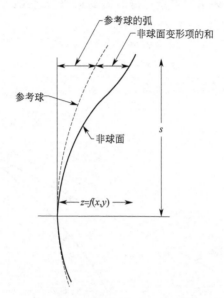

图 A.3　表示公式(A.3a)的意义
根据其与一个参考球的变形定义一个非球面。表面上一点的
z 坐标是参考球 z 坐标之和以及所有变形项之和

详细内容请参考第 18 章)。

通过一个非球面追迹光线的困难在于确定光线与非球面的交点,原因是不能直接确定。在此给出的方法是通过一系列近似,直至近似表达式中的误差可以忽略不计。

第一步是计算光线与(曲率为 c)球面交点和 x_0,y_0 和 z_0,通常,球面与非球面相当近似,利用前一节的公式 A.2c～A.2j 就可以完成这一步(译者注:原文错印为 Ac～Aj)。

然后,将 $s_0^2 = y_0^2 + x_0^2$ 代入非球面公式(A.3a)中,就可以确定与该距离对应的非球面 ($\bar{z}_0$) 到轴上的 z 坐标:

$$\bar{z}_0 = f(y_0, x_0) \tag{A.3c}$$

计算:

$$l_0 = \sqrt{1 - c^2 s_0^2} \tag{A.3d}$$

$$m_0 = -y_0 [c + l_0 (2A_2 + 4A_4 s_0^2 + \cdots + jA_j s_0^{(j-2)})] \tag{A.3e}$$

$$n_0 = -y_0 [c + l_0 (2A_2 + 4A_4 s_0^2 + \cdots + jA_j s_0^{(j-2)})] \tag{A.3f}$$

$$G_0 = \frac{l_0 (\bar{z}_0 - z_0)}{Zl_0 + Ym_0 + Xn_0} \tag{A.3g}$$

式中,X,Y 和 Z 是入射光线的方向余弦。

现在，得到一个表示交点坐标修改后的近似表达式：

$$x_1 = G_0 X + x_0 \tag{A.3h}$$

$$y_1 = G_0 Y + y_0 \tag{A.3i}$$

$$z_1 = G_0 Z + z_0 \tag{A.3j}$$

该过程示意在图 A.4 中。

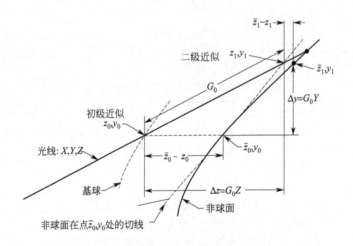

图 A.4 确定光线与非球面的交点

利用一个近似表达式的收敛级数确定交点。在此表示确定了与基本参考球的交点之后，确定第一个近似表达式时所需要的关系

现在，重复近似的过程〔从公式(A.3c) 到公式(A.3j)〕直至误差可以忽略不计，就是说，直至（经过该过程 k 次后）

$$z_k = \bar{z}_k \tag{A.3k}$$

计算到确定的足够精度范围内。

利用下面公式完成该面上的折射：

$$P^2 = l_k^2 + m_k^2 + n_k^2 \tag{A.3l}$$

$$F = Z l_k + Y m_k + Z n_k \tag{A.3m}$$

$$F' = \sqrt{P^2 \left(1 - \frac{n^2}{n_1^2}\right) + \frac{n^2}{n_1^2} F^2} \tag{A.3n}$$

$$g = \frac{1}{P^2}\left(F' - \frac{n}{n_1} F\right) \tag{A.3o}$$

$$Z_1 = \frac{n}{n_1} Z + g l_k \tag{A.3p}$$

$$Y_1 = \frac{n}{n_1} Y + g m_k \tag{A.3q}$$

$$X_1 = \frac{n}{n_1}X + gn_k \tag{A.3r}$$

这就完成了对非球面的追迹。空间交点坐标是 x_k，y_k 和 z_k，新的方向余弦是 X_1，Y_1 和 Z_1。

在公式(A.3d) ～公式(A.3g) 中，l，m，n 是 P 乘以表面法线的方向余弦，在公式(A.3e) 和公式(A.3f) 中，用 [ ] 括起来的项是 s 处的近似曲率。

在公式(A.3m) 和公式(A.3n) 中，$F = P\cos I$（译者注：原文此处少个 I）和 $F' = P\cos I'$。光路等于 $n\left(L + \sum_{i=1}^{k} G_i\right)$。

A.5 科丁顿 (Coddington) 公式

利用一种等效于沿主光线而非轴上光线追迹近轴光线的方法就可以确定子午和弧矢场曲。第 5 章已经指出，光线交点曲线的斜率等于子午场曲 Z_t，追迹两条相邻的子午光线，并计算出

$$Z_t = \frac{H_1' - H_2'}{\tan U_2' - \tan U_1'} = \frac{-\Delta H'}{\Delta \tan U'}$$

就可以确定这个斜率，利用两条相邻的弧矢（斜）光线并采用同样过程，可以得到弧矢场曲 Z_s。❶

科丁顿公式等效于追迹一对无限靠近的光线，公式也明显类似于近轴光线追迹公式。然而，物像距以及面与面的间隔是沿主光线而不是沿轴向计量，由于光线倾斜会使表面光焦度有所修正。

图 A.5 表示一条主光线通过一个表面，弧矢和子午光线扇源自一个物点并会聚于焦点。沿光线方向，从表面到焦点的距离分别用符号 s 和 t 表示物距，用 s' 和 t' 表示像距。符号规则不变：如果焦点或物点位于表面左侧，则距离为负，在右侧是正的。在图 A.5 中，s 和 t 是负，s' 和 t' 是正。

利用 A.2 节的子午公式通过系统追迹主光线就可以完成计算，利用下面公式确定每一面的斜光焦度：

$$\phi = c(n'\cos I' - n\cos I) \tag{A.4a}$$

用公式(A.1m) 确定表面之间沿该光线的距离 (D)。确定 s 和 t 的初始值［在这点上，常常使用公式(A.1m)］，然后，求解下面含有 s' 和 t' 的公式确定焦距：

$$\frac{n'}{s'} = \frac{n}{s} + \phi \qquad \text{（弧矢）} \tag{A.4b}$$

---

❶ 注意到，尽管最近普遍用 z 代表光轴，但仍然用符号 x_t 和 x_s 代表场曲。

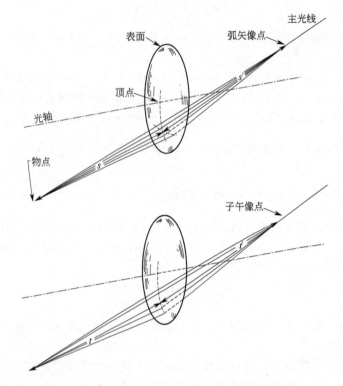

图 A.5 一条主光线通过一个表面，弧矢和子午光线
扇源自一个物点，并会聚于焦点

$$\frac{n'\cos^2 I'}{t'} = \frac{n\cos^2 I}{t} + \phi \quad （子午） \tag{A.4c}$$

下一个表面的 s 和 t 值是：

$$s_2 = s_1' - D \tag{A.4d}$$

$$t_2 = t_1' - D \tag{A.4e}$$

式中，D 是公式(A.1m)给出的值。

对系统每个表面重复计算；最终得到的 s' 和 t' 值代表沿该光线方向从最后表面至最终焦点的距离。最后的场曲（对于参考平面来说，到最后表面的轴向距离是 l'）可由下面公式得到：

$$z_s = s'\cos U' + z - l' \tag{A.4f}$$

$$z_t = t'\cos U' + z - l' \tag{A.4g}$$

式中，最后一面的 z 根据公式(A.1l)确定。

A.6 像差的确定

这一节将简要介绍在第 5 章讨论过的确定各种像差的计算方法。这次讨论有些集中,所以,读者可能希望首先回顾一下第 5 章的内容。

使用在此介绍的一些方法,只需要追迹很少几条光线就能够对系统性能得到相当完整的分析。在个人计算机发明之前这种方法非常流行。

假设,已经确定了近轴焦距(从系统最后表面顶点到近轴像点的距离),预先确定入瞳的大小和位置也是非常有用的。

球差

追迹一条从物体轴上交点(通过系统入瞳边缘)发出的边缘子午光线,并确定其最终的轴上交点 L' 和 l' 或其在近轴焦平面上的交点高度 H',则纵向球差是:

$$\text{LA}' = L' - l' \tag{A.5a}$$

横向球差(TA')是:

$$\text{TA}' = H' = -(\text{LA}')\tan U' \tag{A.5b}$$

如果 $n'\text{LA}'$ 的符号是正的,则球差是过校正,符号是负,就是欠校正球差。

通过 0.707 带区(即光线投射到入瞳上的高度等于 0.707 乘以边缘光线的高度)追迹第二条光线就可以确定带球差,根据公式(A.5a)和公式(A.5b)可以确定带球差。如果需要对系统轴上校正进行更为完整的描述,可以通过其他孔径带区追迹光线。通常选择 $0.707 = \sqrt{0.5}$ 带区光线主要源自下面原因,对大多数系统,纵向球差可以近似地用下面公式计算:

$$\text{LA}' = aY^2 + bY^4 \tag{A.5c}$$

式中,Y 是光线高度;a 和 b 是常数。因此,如果在光线高度为 Y_m 处的边缘球差校正到零,则最大的纵向带球差出现在:

$$Y = \sqrt{\frac{Y_m^2}{2}} = 0.707 Y_m$$

最大横向球差 TA' 出现在:

$$Y = \sqrt{0.6 Y_m^2} = 0.775 Y_m$$

球差是光线高度的函数,所以,通常以一个脚标来区别光线,如 LA_m 或者 LA_z。

慧差

从轴外物点追迹三条子午光线:一条过入瞳中心的主光线,以及通过入瞳最上、最下边缘的上边缘光线和下边缘光线。确定这些光线与近轴焦平面的最终交点高度。慧差（Coma）是：

$$\text{Coma}_T = H'_A + H'_p + \frac{(H'_A - H'_B)(\tan U'_A - \tan U'_p)}{\tan U'_B - \tan U'_A} \quad \text{(A.5d)}$$

对大多数透镜，当光线斜率 U' 是入瞳上光线位置的平滑均匀的函数时，下面的简化公式是足够精确的。用一根直线连接该曲线两端以检查光线交点曲线，以及主光线到该直线形成的弧时，就可以计算慧差：

$$\text{Coma}_T = \frac{H'_A + H'_B}{2} - H'_p$$

式中，H'_p 是主光线的交点；H'_A 和 H'_B 是边缘光线的交点。

通常，弧矢慧差非常接近于子午慧差的 1/3（特别在光轴附近）。通过入瞳 $y=0$，$x=$（入瞳半径）处追迹一条斜光线就可以确定弧矢慧差，那么，像面上距离 H'_p 的交点坐标 y 的位移就是弧矢慧差（注意，在这个距离上，像平面应当是上下边缘光线相交的平面，即 $H'_A = H'_B$）。

对另外的物体高度重复该过程，可以确定慧差随视场角（或像高）的变化，追迹带区斜光线能够确定慧差随孔径的变化。

OSC

违背阿贝（Abbe）正弦条件（OSC）是对光轴附近区域慧差量的一种表示。追迹由轴上物点发出的一条近轴光线和一条边缘光线，并且将数据代入下式就可以得到 OSC：

$$\text{OSC} = \frac{\sin U}{u} \times \frac{u'}{\sin U'} \times \frac{l' - l'_p}{L' - l'_p} - 1 \quad \text{(A.5e)}$$

式中，u 和 u' 是近轴光线的初始和最后斜率；U 和 U' 是边缘光线的初始和最后斜率；l' 和 L' 是近轴光线和边缘光线的最后交点高度；l'_p 是主光线的最后交点（因此，l'_p 是最后表面到出瞳的距离）。如果物体位于无穷远，则初始值用 y 和 Q 代替公式(A.5e) 中的 u 和 $\sin U$。

对近轴区域：

$$\text{Coma}_S = H'(\text{OSC}) \quad \text{(A.5f)}$$

$$\text{Coma}_T = 3H'(\text{OSC})$$

图 A.6 表示：(a) 三级慧差平衡五级（线性）慧差；(b) 三级慧差平衡五级（椭球）慧差。注意，图 A.6 (b) 中的曲线斜率（或倾斜）就是常见的 OSC，这就表明，对于慧差平衡，小量的 OSC 是必要条件，但不是充分条件。

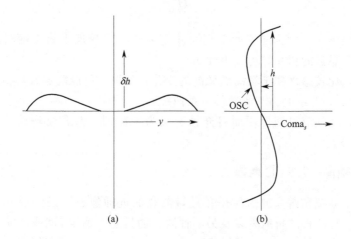

图 A.6 慧差平衡曲线

(a) 表明欠校正五级线性慧差（随 hy^4 变化）被过校正三级慧差（随 hy^2 变化）平衡后的光线交点曲线；(b) 表明过校正五级椭球慧差（随 h^3y^2 变化）被欠校正三级慧差（随 hy^2 变化）平衡后的慧差与视场高度的关系曲线。注意，随着 h 趋于零，OSC=（弧矢慧差）/h

畸变

追迹一条从轴外物点发出、通过入瞳中心的子午主光线，得到其在近轴焦平面上的交点 H'_p 高度就可以确定畸变。为了确定近轴像高 h'，可以从同一物点追迹一条近轴主光线，或者利用第 4 章公式(4.16)所示的光学不变量 Inv，所以：

$$\text{畸变} = H'_p - h' \qquad (A.5g)$$

常常将畸变表示为像高的百分比，因此：

$$\text{百分畸变（或相对畸变）} = \frac{H'_p - h'}{h'} \times 100 \qquad (A.5h)$$

对不同物高重复该过程，就可以得到畸变随像高或视场的变化关系。

像散和场曲

追迹一条从轴外物点发出、通过入瞳中心的主光线，然后，用科丁顿公式（参见 A.5 节）追迹紧靠着的弧矢和子午光线，并相对于近轴像平面确定最终的 z'_s 和 z'_t；对于该像点，z'_s 和 z'_t 就是弧矢和子午场曲。

另外，追迹一条从物点发出、紧贴着主光线通过系统的子午光线，则：

$$Z_t = \frac{H'_p - H'}{\tan U' - \tan U'_p} \quad (A.5i)$$

将非常近似于 z'_t，因为随着两条光线彼此接近，Z'_t 趋近于 z'_t。用同样方法追迹一条非常靠近的斜光线可以得到 z'_s。

通常，比较感兴趣于场曲随像高的变化，所以，可以确定另外物高或视场角的 z'_t 和 z'_s，并绘制出与倾角的关系曲线。

注意，当顺应早期使用而将光轴定义为 x 轴时，常常将场曲（z'_t 和 z'_s）称为 x'_t 和 x'_s。

色差——轴向(或纵向)色差

计算出系统光谱范围内最长和最短波长的近轴像点可以确定近轴纵向色差，利用一种波长的折射率以及另一种波长的折射率确定 l 就能够完成该项任务。对于目视光学系统，长波通常取 C 光（$\lambda = 0.6563\mu m$ 氢谱线），短波长 F 光（$\lambda = 0.4861\mu m$ 氢谱线）。纵向色差是：

$$\text{LchA}' = l'_F - l'_C \quad (A.5j)$$

由下面公式得到轴向色差的横向值：

$$\text{TAch} = -\text{LchA} \tan U'_K$$

或者计算光线在中间波长焦距处的高度，再利用下面公式求得：

$$\text{TAch} = h'_F - h'_C$$

追迹从轴上点发出的每种波长的子午光线，并将最后的轴上交点代入公式(A.5j)，可以得到孔径其他部分的色差。

至少追迹三种波长——长、中和短波长的轴上光线，绘出其轴上交点与波长的关系曲线，可以确定二级光谱。严格地说，只有长波长和短波长的像都位于一个共同焦点时，二级光谱的数值才有效，所以：

$$l'_F = l'_C$$

因此

$$SS' = l'_d - l'_F = l'_d - l'_C \quad (A.5k)$$

式中，脚标 C，d 和 F 分别表示长波、中波和短波的波长。对目视系统，C，F 和 d 代表氢的 C 和 F 谱线，以及氦的 d 谱线 $0.5876\mu m$ 波长。

确定不同波长下的球差就可以确定色球差（球差随颜色的变化）。对于目视系统，色球差是 F 光的球差减去 C 光的球差。

色差——横向色差

追迹一条从轴外物点发出、通过入瞳中心的长波长和短波长两种光的主光线，并计算其与焦面的最终交点高度可以确定横向色差或者放大率色差。因此，对于目视系统：
$$TchA = H'_F - H'_C \tag{A.5l}$$

另外，追迹两种颜色的近轴主光线，将 h'_F 和 h'_C 代入到（A.5i）中可以确定近轴横向色差。下式给出放大率色差计算公式：
$$CDM = TchA / h'$$

横向色差不应当与轴向（纵向）色差的横向表达式混淆：
$$TAch = H'_F - H'_C = -(LchA)\tan U' \tag{A.5m}$$

式中数据是追迹光轴上一物点发出的光线得到的。

光程差（波前像差）

可以（从第 1 章）重新回忆一下，形成一个理想像的波前形状是一个球面，中心在像点，很明显，一个光学系统所成像的像差可以用其波前偏离一个理想球面波前的量表示。光线在折射率为 n 的介质中的速度是 c/n，式中 c 是光在真空中的速度，波前上一点通过一种介质传播距离 D 所需时间等于 nD/c。因此，如果通过一个光学系统追迹由一个物点发出的一束光线，并逐面计算每条光线通过的距离［根据公式(A.1m) 或者公式(A.2g)］，包括从物点到第一表面的距离，那么，$\sum nD/c$ 或者 $\sum nD$ 相等的点就是同一瞬间波前通过的点，这些点形成的平滑表面就是波前的轨迹。

波前偏离理想参考球的量等于到参考球的光路差。因此，从物体到参考球之间进行光线追迹（参考球中心在像点），并按照下式确定其光程差，就可以确定波前像差或者光程差（OPD）：
$$OPD = (\sum nD)_A - (\sum nD)_B \tag{A.5n}$$

注意，参考像点位置的选择对 OPD 的大小有很大影响，因为对于点像，参考点位移等效于（在纵向）调焦或者扫描像面（横向移动参考点时）。

OPD 通常以波长或者小数波长计量。例如，瑞利判据表示如下：如果一个像的光路相对于中心位于所选择像点处的球形相差不到 1/4 波长，那么，该像将"在感觉上"是理想的。为了在 OPD 计算中能够得到显著结果而需要的数字精度是高于普通光学追迹中所需要的精度。该 OPD 习惯上是相对于一个球形表面（中心在参考点，半径等于出瞳到参考点的距离）确定。某些程序等同于使用半径无穷大的参考球以简化计算。如果波前像差比较小，就会给出一个精确的结果。

附录 B

一些器件的标准尺寸

光导摄像管、CCD & CMOS 的规格
(圆括号中是对角线尺寸)

名称	规格
1/4 in	2.4mm×3.2mm(4.0mm)
1/4in	2.7mm×3.6mm(4.5mm)
1/3.6in	3.0mm×4.0mm(5.0mm)
1/3.2in	3.42mm×4.54mm(5.68mm)
1/3in	3.6mm×4.8mm(6.0mm)
1/2.7in	3.98mm×5.27mm(6.60mm)
1/2in	4.8mm×6.4mm(8.0mm)
1/2in CCD	4.2mm×6.4mm(7.66mm)
1/1.8in	5.32mm×7.18mm(8.93mm)
2/3in	6.6mm×8.8mm(11.0mm)
1in	9.6mm×12.8mm(16.0mm)
Pulmicon	12.7mm×17.1mm(21.2mm)
4/3in	13.5mm×18.0mm(22.5mm)

法兰焦距

C-安装方式	17.53mm
奥林巴斯(Olympus)	46.2mm
尼康(Nikon)	46.5mm
宽银幕电影摄录机(Panavision)	51.56mm
阿莱弗莱克斯(Arriflex)	52.0mm
T-安装方式	55.1mm
BNCR	61.47mm

标准显微镜盖板玻璃

厚度:	$t=0.18\text{mm}(0.16\sim0.18\text{mm})$
折射率:	$n_d=1.523\pm0.005$
V 值:	$V=56\pm2$

胶片规格
（圆括号内是对角线数据）

	静物照相机
35mm 照相机"双幅面"	24mm×36mm(43.27mm)
35mm 照相机"单幅面"	18mm×24mm(30.00mm)
	还有 17mm×24mm(29.41mm)和 18mm×23mm(29.21mm)
APS 照相机	16.7mm×30.2mm(34.51mm)
110 照相机	13mm×17mm(21.4mm)
双 16 照相机	10mm×14mm(17.20mm)
米诺克斯(Minox)照相机	8mm×11mm(13.6mm)
120/620 正方形	56mm×56mm(79.2mm)
6cm×7cm	56mm×69.5mm(89.3mm)
120/620 矩形	56mm×82.5mm(99.7mm)
116	63.5mm×107.95mm(125.24mm)
4in×5in	101.6mm×127.0mm(162.64mm)
5in×7in	127.0mm×177.8mm(218.5mm)
8in×10in	203.2mm×254.0mm(325.3mm)
11in×14in	279.4mm×355.6mm(452.2mm)
	电影摄像机
8mm	3.51mm×4.80mm(5.95mm)
Suoer-8	4.22mm×5.77mm(7.15mm)
16mm	7.42mm×10.22mm(12.63mm)
35mm 无声	19.05mm×25.37mm(31.73mm)
35mm 有声	16.00mm×22.00mm(27.20mm)
变形(或宽银幕)电影	18.7mm×22.0mm(28.87mm)
70mm	22.1mm×48.6mm(53.39mm)

专业术语表

下面给出透镜和光学系统领域最经常使用的专业术语词汇表。一个刚刚踏入该领域的光学新手精读该表一定会大有收益,因为光学工程的专业术语(或行话)会不同于物理专业,甚至不同于基础光学方面的术语。这些定义实际上是经过很长时间的磨炼最后才确定的一种基本理解。注意,某些术语的意义是根据其使用内容确定的。

Abbe V-number
阿贝(Abbe)V 值

一种光学材料的倒相对色散。在目视光谱范围,$V=(n_d-1)/(n_F-n_C)$,式中,d,F 和 C 分别表示夫琅禾费(Fraunhofer)波长:$0.5876\mu m$,$0.4681\mu m$ 和 $0.6563\mu m$。常常称为 V 值、ν 值或者 nu 值。

Abbe sine condition
阿贝正弦条件❶

在整个孔径范围放大率是一个常数,并且光轴附近的慧差等于零的一种条件。近轴放大率(u/u')和三角放大率($M=\sin U/\sin U'$)应当相等,所以,$m/M=(u'\sin U)/(u\sin U')=1.0$。偏离该等式就称为违背正弦条件(OSC)。在轴线附近,OSC=(弧矢慧差)/h'。

aberration
像差

一种成像缺陷,从一个点源发出的所有光线并不能在设计位置会聚成一个点像。一个有像差的波前会偏离中心位于设计像点的理想球面。初级像差包

---

❶ 译者注:为避免读者混淆,将原文中"Abbe sine condition(OSC)"中的"(OSC)"即"(违背正弦条件)"移至后面该项术语中表示。

括：球差、慧差、像散、场曲、畸变、轴向色差和横向色差。与理想的近轴像相比，光线像差可以看作是横向位移、纵向位移、角偏离或者波前变形。

achromat
消色差系统
　　一个没有初级色差的光学系统。通常，定义为将不同的两种波长（C 和 F 光）会聚到同一个焦点的系统。一般地，使用不同 V 值的材料就可以实现消色差。

afocal system
无焦系统
　　将一个无穷远物体成像在无穷远的光学系统，就是说，入射和出射光束都是平行光束的系统。望远镜是一个无焦系统，如同一个扩束透镜。一个无焦系统也可以在有限远距离形成物体实像。

air path, equivalent
等效空气层
　　空气中的距离在光学上等效于一种介质中的距离，等于 $\sum (D/n)$。

Airy disk
艾利斑
　　一个点光源形成衍射像斑的中心亮斑。艾利斑尺寸取决于衍射斑第一暗环的直径，等于 $1.21\lambda/NA$（或者非常近似地等于 f 数，单位为 μm）。通常意味着是一个具有圆形孔径的理想透镜或者准理想透镜。

anamorphic
变形（失真）系统
　　在两个互相垂直的子午面内具有不同放大率或焦距的光学系统。由棱镜或者具有柱面或超环面的透镜组成。

anastigmat
消像散透镜
　　严格地说，没有（完全的）消像散。该术语通常应用于一个努力将场曲拉平，并减小像散的透镜系统。一个消像散物镜常常使某些视场的像散为零。

angle of incidence, refraction, reflection
入射角、折射角和反射角
　　入射光线、折射光线、反射光线在光线与表面交点处和表面法线间的夹角。

aperture stop
孔径光阑
  光学系统中最严重限制着通过该系统的轴上光束直径的那个装置。通常，该装置是一个透镜的通光孔径或一种机械孔径，例如照相物镜中可变光阑的直径。主光线在孔径光阑中心处与光轴相交，并通过孔径光阑中心。在许多组合光学系统中（例如望远镜或显微镜），孔径光阑位于物镜上。注意，对于轴外物点，可能有（系统中）更多的实际装置限制（即产生渐晕）光束的尺寸。

aplanatic
齐明透镜（表面）
  一个既没有球差也没有慧差的透镜或表面。

apochromat
复消色差物镜
  三种色光会聚到同一个焦点的物镜。通常，需要使用非寻常局部色散材料。（发音为 APO-chro-mat，不是 a-POCH-ro-mat）曾经暗指对三种波长校正色差，并且对两种波长校正球差。

apodization
切趾
  为了修改衍射图，改变一个系统在孔径范围内的透射率位置。原意是为了消除衍射图艾利斑周围的环带。改变光束的强度分布，例如高斯激光光束中，也可以产生同样的效应。

apparent field of view
表观视场
  用眼睛通过一台望远镜观察到的角视场。表观视场等于实际（物方）视场乘以望远镜的放大率。

aspheric surface
非球面
  一个偏离真正球面形状的表面。锥形（截面）表面（抛物面、椭球面和双曲面）是非球面，并且是更为一般的非球面。常常使用非球面校正像差。

astigmatism
像散
  两个正交子午面内的光线扇聚焦在不同位置的一种像差，是由倾斜成像或者由一个超环面成像造成。初级像散随视场角的平方变化。

axial astigmatism, Coma
轴上像散和慧差
一个倾斜表面或非轴对称表面将会在光轴上产生这些像差，对轴对称系统，只有轴外才有这些像差。

axial chromatic
轴上色差
不同波长的光聚焦在距离透镜不同的位置上的像差。

axial object point
轴上物点
位于光轴上的一个物点。

axial ray
轴上光线
从物体轴上点到入瞳边缘的光线，边缘光线。

axis, optical
光轴
一个光学系统旋转对称的公共轴。对于球面透镜系统，是所有表面曲率中心的连线。

back focal length (bfl)
后截距 (bfl)
从系统最后一个表面顶点到第二个焦点的距离。

baffle
挡板（遮光板）
减少或消除杂散光的不透明屏蔽。为了避免镜座内壁形成的反射光，常常在透镜镜座内表面周围设置一些环状薄片。

Barlow lens
巴洛 (Barlow) 透镜
一种放置在主（望远镜）物镜后面的负透镜，以增大其焦距和望远镜的放大率。

beam expander
扩束透镜
一种用于增大光束直径和减小光束发散度的无焦系统，通常指激光束。

bending

弯曲（透镜）
改变透镜零件形状，而保持其光焦度不变的光学设计方法。

binary optics
二元光学
用阶梯表面近似表示理想平滑（开诺）表面的衍射光学。

blocker
胶盘
在研磨和抛光工序中支撑或承载透镜零件的一种装置。传统上是一种铸铁装置，用沥青将零件紧固在该装置上。定点胶盘是采用精密机械加工方法加工出的金属装置，零件粘胶在胶盘上。

boresight error
瞄准误差
光轴相对于瞄准轴的不重合度，或者两个光轴的不重合度。

buried surface
等折射率异色散胶合面
由折射率非常相近、但具有不同色散的两种材料形成的一种胶合面。一些设计师在设计后期阶段使用该方法（现在很少使用）以校正色差而不影响其他像差。

cardinal points
基点
高斯点。第一和第二焦点以及第一和第二主点。节点也常认作基点。

Cassegrain
卡塞格林（Cassegrain）物镜
一个由凹面主镜（传统上是抛物面）和凸面次镜（一个双曲面）组成的双反射镜物镜，球差得到校正。

catadioptric and catoptric
折反系统和反射系统
只有反射镜，或者由反射镜和折射表面组成的光学系统。完全由折射零件组成的系统称为折射系统。

CDM（chromatic difference of magnification）
放大率色差（CDM）
参考色差和横向色差的定义。

chief or principal ray
主光线
  有几种定义，取决于概念的应用环境：
  通过光学系统孔径光阑中心的斜光线；
  有渐晕的斜光束的中心光线；
  指向入瞳中心的斜光线。

chromatic abberation
色差
  光学系统所用材料的色散产生的一种像差。参考轴上色差和横向色差。

clear apeature
通光孔径
  一个表面、透镜或者一个系统透射（对反射镜，是反射）光束的直径。

coating, low reflection
增透膜（或低反膜）
  减少透镜反射的一层非常薄（一个波长的若干分之一）的光学材料，可能是单层 1/4 波长厚的低折射率材料，例如 MgF_2，或者不同材料组成的多层膜。

coherent
相干光
  等效于真实点光源（空间相干）发出的光，并且/或者是单色光（时间相干）。许多激光束具有相干性。

cold finger
冷凝管
  探测器的制冷支架。

cold stop
冷光阑
  红外系统真空杜瓦瓶内被冷却的孔径，（理想的话）是系统的孔径光阑或光瞳。目的是避免探测器能够观察到除光学件和被成像的物体之外的任何物体，尤其是系统内部（有热量的）结构。

collective surface
聚光表面
  将光线折射向光轴的一种表面；一种会聚表面；一种正光焦度表面；一种

$(n'-n)/r$ 是正值的表面。

collimated light
准直光
　　由一点发出的所有光线都彼此平行，所有波前都是平面的光束。无穷远一个点光源发出的光束就是准直光。不是真正点光源发出的所谓"准直光"将随其传播扩展开来，发散角等于光源尺寸除以光学系统焦距。

Coma
慧差
　　孔径环带区具有不同放大率所产生的一种轴外像差。由此生成的点像看起来像是彗星。倾斜表面会产生轴上慧差。可以参考术语 Abbe 正弦条件和 OSC。

component
部件
　　作为整体装置的一块或多块透镜零件（通常是组成一组）。

concave surface
凹表面
　　一个凹下去的曲面，即一个中心较低、四周高的表面。一个空心球的内表面。

condenser
聚光镜
　　放映系统中的透镜或组件，将光源发出的光会聚到放映物镜孔径处。场镜的一种形式。在科勒（Koehler）照明系统中，聚光镜将光源成像在放映物镜光瞳处，以便使屏幕产生均匀照度。

conjugate
共轭
　　物体和像是一对共轭，其距离互相具有共轭关系。

Conrady$(D-d)\delta n$
康拉德$(D-d)\delta n$ 技术
　　用来控制或校正色差的技术，使边缘光线的光路变化（$\Sigma D\delta n$）等于轴上光线或主光线的变化（$\Sigma d\delta n$），其中，δn 是色散。

converging lens or surface
会聚透镜或表面

使光线折向光轴的透镜或表面。一个正（光焦度）的透镜或表面。

convex surface
凸表面
　　中心比边缘高、向外弯曲和凸出的表面。一个球体的外表面。

Cooke triplet
库克三分离物镜
　　一个三片型消像散物镜，由两个外侧正冕牌透镜和一个中间负火石透镜组成，三个透镜彼此分离。

coordinate system
坐标系
　　光轴是 z 轴，y 轴垂直于 z 轴，x 轴垂直于子午面。通常，一个右手坐标系的坐标原点位于表面的顶点。

cosine fourth
余弦四次方定律
　　一个标准光学系统的像面照度近似地随主光线倾斜角余弦四次方幂变化。假设，像或光瞳没有畸变，并且是小 NA（数值孔径）。

cosmetic defects
外观缺陷
　　不影响（在多数情况下）光学系统功能的擦痕、坑、麻点、杂质等。

critical angle
临界角
　　参考 TIR（内全反射）。$\arcsin n'/n$。

critical illumination
临界照明
　　光源聚焦涉及的范围。

CRT
阴极射线管

crown
冕牌
　　光学车间为凸面零件使用的一种术语。

crown glass

冕玻璃
　　一种低色散玻璃。V 值大于 50（对折射率＞1.6 的玻璃）或者大于 55（对折射率＜1.6 的玻璃）的一种玻璃。

curvature
曲率
　　表面半径的倒数（$c=1/r$）。是偏离平面的一种度量。

curvature of field
场曲
　　像平面对期望平面的偏离。纵向测量，或者按照 Petzval 半径 ρ 度量。

cut-off frequency
截止频率
　　光学系统不能传递信息的频率。等于 $2NA/\lambda$ 或者 $1/\lambda$（$f/\#$）。在可见光光谱范围内，截止频率是 $1800/(f/\#)$ 每毫米线对。

$(D-d)\delta n$
　　参考康拉德（Conrady）$(D-d)$ δn 技术

damped least squares (DLS)
阻尼最小二乘法（DLS）
　　目前最小二乘法技术的改进型，将加权参量变化的平方加到评价函数中。（作为一种补偿，为避免出现较大变化并导致极端解或不可能解时的非线性关系）。

decentered element
偏心零件
　　其主点移离光轴的零件。

decentered surface
偏心表面
　　曲率中心或对称轴不在光轴上的表面。

degree of freedom
自由度
　　设计过程中可以变化的结构参数。

depth of focus (or field)
焦（或景）深
　　像传感器（或物体）的纵向位移可以产生使应用能够接受的像质恶化，该位移称为焦（或景）深。纵向放大率将焦深和景深联系起来。在照相应用中，判据常常以离焦弥散光斑大小与最小可接受或最小可记录的弥散（即胶片颗粒或像素尺寸）相比较为基础。另外一种判据是 OPD 以瑞利 1/4 波长极限为基础，允许焦深等于 $\pm 2\lambda (f/\#)^2$ 或者 $\pm \lambda/2NA^2$。

dewar
杜瓦

为安装有透明入射窗、冷光阑和冷凝管的制冷长波红外探测器设计的一种绝缘真空容器。

dialyte
分离透镜

由（两个）分离的正负透镜或组件组成的一种透镜。

dichroic filter
二向色滤光镜

具有两个单独透明（或反射）波带的一种滤光片。

diffraction
衍射

当一束波前遇到障碍物，例如一个孔径或一个不透明的边缘时，发生扩散或发散的原因。光学系统孔径的衍射会造成艾利斑和周围的环。

diffraction limited
衍射受限

严格地说，表示系统性能仅仅受到衍射的限制。常常非正式地应用于 Strehl 比不小于 0.8，或者光程差小于 1/4 波长的光学系统。

diffraction optics
衍射光学

衍射效应起主要作用的光学领域（与折射相反）。一个衍射透镜面是一个模数为 2π 的菲涅耳面[阶梯高度 $= \lambda/(n'-n)$]。

diopter
屈光度

对透镜或表面光焦度（ϕ）的一种量度。等于透镜焦距（单位为 m）的倒数。对于一个表面，$\phi = (n'-n)/r$。距离（作为倒数）也可以用屈光度（D）表示。

dioptric

折射系统
   由折射表面组成的系统（反射系统是由反射面组成的系统，折反系统是由折射面和反射面共同组成的系统）。

dispersion
色散
   折射率随波长的变化。对于目视应用，通常取作红光和蓝光夫琅禾费氢谱线 C（656.3nm）和 F（486.1nm）的折射率差（$n_F - n_C$）。这是全色散或者主色散。还可以参考局部色散。

dispersive surface
色散面
   使光线折离光轴的表面。一个发散表面。一个负（光焦度）的表面。$(n'-n)/r$ 是负值的表面。

distorsion
畸变
   放大率在视场范围内发生变化造成的一种像差。如果在视场边缘放大率变大，则成为枕形畸变或正畸变，如果减小，则成桶形畸变或负畸变。注意，如果使物与像交换，则畸变改变符号。

diverging lens or surface
发散透镜或表面
   使光线折离光轴的透镜或表面。一个负透镜或表面。一个负焦距的透镜。一个 $(n'-n)/r$ 是负值的表面。

double lens
双透镜物镜
   或者①一对密接的或者胶合的透镜，其中一个正透镜，一个负透镜。或者②两个分离的组件，中间有一个光阑。

effective focallens (efl)（译者注：原文错印为"fel"）
有效焦距
   参考焦距的内容。

element
零件
   一个单片玻璃（或一块反射镜）的透镜。

empty magnification

空放大倍率（或无效放大）

（在望远镜或显微镜中）当放大率大于衍射极限分辨率及眼睛分辨率相匹配时的放大率时，称为空放大倍率。尽管提高分辨率很容易识别图像、定位或者处理，同时降低使用者的目视疲劳程度，但不会增加像的信息内容。对于目视望远镜，当倍率约大于 MP=11D ［其中 D 是物镜直径（单位 in）］时，就是空放大倍率。对于显微镜，当放大倍率约大于 MP=225NA 时，就是空放大倍率（这些关系式中的常数取决于对眼睛的假设分辨率）。

endoscope
内窥镜

通常是用于医学方面的小型潜望镜。

entrance or exit pupil
入瞳或出瞳

从物方空间或像方空间观察到的孔径光阑的像。所有通过系统的光线一定会通过入瞳，并从出瞳出射。主光线通过两个光瞳的中心。

entrance wiondow
入射窗

视场光阑在物方空间的像。

erect image
正像

与原物体上下左右方位都一致的像。

erector lens
正像透镜

将像从一个位置传送到另一个位置，并且，将一个倒像重新倒置过来最终形成正像的透镜。

etendue or throughput
集光率或者光能通过量

光束面积和光束立体角的乘积，光瞳面积与视场立体角的乘积，或者探测器面积乘以透镜速率。通过系统的集光率是个常数（证明亮度-照度-辐射率守恒）。与拉格朗日（Lagrange）不变量的平方有关。参考不变量。

evanescent wave
衰减波

在全内反射（TIR）中，电矢量实际上能够传播进入较低折射率介质中非常小的一段距离（一个波长数量级）。如果该衰减波能够被另一种非常靠近该表面的材料捕获，就可以破坏全内反射。

exit pupil
出瞳
　　从像方空间观察到孔径光阑的像。通过光学系统的所有光线一定从出瞳出射。在目视光学系统中，眼睛必须放在出瞳以便观察到全视场。

exit window
出射窗
　　视场光阑在像方空间的像。

eye box
眼盒
　　专门为眼睛设计并满足技术要求的区域或体积。通常该术语是为没有（成像出的）出瞳的光学系统规定的。

eye relief
眼距
　　出瞳（通常是眼睛的位置）与目视光学系统（例如望远镜和显微镜）最后一表面间的距离或间隔。有时，是一个特定的眼睛位置，例如眼盒中。

fiber optics
光纤光学件
　　一种直径非常小、以全内反射方式传输光的柔软玻璃或塑料圆柱体。通过光的调制传输信息，或者以相干光束传输像，或者以随机光束进行照明。

curvature of field
场曲
　　当由于像散和/或 Petzval 像差使形成的像是曲面时，该像面与平面的偏离量。参考前面"场曲"的术语解释。

field flattener
场致平透镜
　　紧靠像面放置，以便将 Petzval 弯曲拉平，而对像的大小或其他像差又不会有太大影响的一种透镜（通常是负透镜）。在一些反射镜系统中，该透镜是正透镜。

field lens
场镜

放置在光学装置（望远镜、显微镜或者内窥镜）内部像或附近的一种透镜，目的是使斜光束会聚后能够通过后续组件（例如望远镜目镜）的通光孔径。通常，该透镜是正光焦度以增大视场，有时，利用负场镜将 Petzval 场曲拉平并且/或者增大眼距，这就需要一个更大直径的目镜。

field stop
视场光阑

限制或定义被成像物体尺寸的孔径（或装置）。通常位于像面处。

field of view
视场

最终像面包括的那部分物体。可以表示成一个角度或线性量纲，缩写是 FOV。望远镜的"真实"FOV 是物方空间的角视场，"表观"FOV 是与之对应的像方空间视场。

fifth-order aberration
五级像差

参考"三级像差"术语。

first order
初级

应用于近轴计算和性质的一个术语。

fish-eye lens
鱼眼透镜

视场 180°或者更大的一种物镜。一种具有大量桶形畸变的反摄远物镜。

flint
火石

光学车间对凹面形状零件的一种称呼性术语。

flint glass
火石玻璃

V 值小于 50（对折射率 >1.6）或者小于 55（对折射率 <1.6）的一种光学玻璃。典型用途是将碎火石玻璃加到熔料中，制造出精细的餐具用玻璃。

floating lens
浮动透镜

单独移动而与系统平衡无关的一种透镜或组件。通常，在调焦期间或者作为一个调焦装置时会使良好的像差校正状态保持不变。

f-number
f数

一个光学系统的"速度"或相对孔径。有效焦距与入瞳直径之比。一个透镜照明能力的度量。通常，写作 f/n，其中，n 是 f 数，例如 $f/6.3$，或者 1：6.3，或者 f：6.3。有时，缩写成 $f/\#$ 或者 f/no。对于物体位于无穷远的齐明透镜，f 数等于 $0.5/\mathrm{NA}$。具有小 f 数的"快速"透镜可以在一个短时间间隔内记录下一个像，从而，对快速运动的物体产生清晰图像。通常，可变光圈使用的 f 数采用下面系列：1，1.4，2，2.8，4，5.6，8，11，16，22，32，但最大孔径并非来自该系列。还可以参考工作 f 数的有关内容。

focal length
焦距（译者注：经常称为有效焦距）

有效焦距（或等效焦距）是从第二主点到第二焦点的距离，缩写为 efl 或简单写为 f，是 $f=h'/\tan\theta$ 在 h' 和 θ 趋近于零时的极限值，式中，h' 是像高，θ 是无穷远物体的张角。

focal point
焦点

无穷远轴上点源物体的像。第二焦点或后焦点是透镜左侧点源的像，第一焦点或前焦点是透镜右侧一个点源的像。

focus（noun）
聚焦（名词）

最清晰像的（通常是纵向）位置。

focus（verb）
调焦（动词）

改变透镜与传感器间的相对位置以得到清晰像的工作过程。

focus shift
焦移

最佳聚焦位置随孔径尺寸而改变。通常是由于球差的原因。此外，像移是由热或者其他环境条件发生变化所引起。

fraunhofer lines
弗琅禾费谱线

太阳光谱中的一系列暗线，即 C，d 和 F 谱线。光学设计中经常使用的谱线列表如下（波长单位：nm）：

Nd 激光器	1060.0		D	589.29（平均值）
t	1013.98		d	587.56
s	852.11		e	546.07
A′	768.19		F	486.13
r	706.52		F′	479.99
C	656.28		g	435.83
C′	643.85		h	404.66
氦氖激光器	632.8		i	365.01

Fresnel surface
菲涅耳表面

  阶梯形环带区组成的表面，每个环带区表面的曲率和斜率都与一个普通表面的曲率和斜率相对应。在聚光系统、信号发送系统和照明系统中经常使用。使用一种薄的轻型透镜可以形成比较粗糙的像，衍射透镜就是具有菲涅耳面的一种透镜，阶梯高度是 $\lambda/(n-1)$。

front focal length (ffl)
前焦距（ffl）

  光学系统第一表面顶点到第一焦点的距离。

fringes
条纹

  由干涉造成的暗带，用干涉仪或样板观察。

frustrated TIR
防止全内反射

  一种低折射率材料放置在非常靠近全内反射表面处，可以防止或修正该反射。

f-theta lens
f-θ 透镜

  具有桶形畸变的透镜，其像高是 $h'=f\theta$ 而不是 $h'=f\tan\theta$。应用在扫描系统中以便扫描过程中得到均匀曝光。

Gauss objective
高斯物镜

  一种分离型消色差望远物镜，冕玻璃透镜和火石玻璃透镜都是弯月形结构，凸面朝向远距离物体。

ghost image
鬼像

由透镜表面（不希望有的）多次反射所形成的像。是由视场之外的太阳光或其他明亮物体造成的。

global optimum
全局优化

参考下面"全局优化（optimum, global）"的术语解释。

Gregorian
格里高利物镜

由一个凹面主镜（传统上是抛物面）和一个凹面次镜（椭球面）组成的双反射镜物镜，校正过球差，并给出正像。

grinding tool
磨具

一种铸铁磨具（典型的是高级生铁），配以研磨液将光学零件磨削成球面。也可能是一种将许多注入金刚石的金属"纽扣"固定到支撑结构上的磨具。

H-tanU plot
H-tanU 曲线

一种光线交点曲线，是光线交点高度相对于光线倾斜角正切值的关系曲线。

hyperfocal distance
超焦距

一个物镜可以调焦的距离。物距从无穷远变化到超焦距一半的过程中，像都位于焦深之内。

image
像

通过光能量在一个光学系统焦点处的分布而显示一个物体的图形。

incoherent
非相干光

由一个扩展光源（非点光源）和/或非单色光发出的光。

index
折射率

参考下面对"折射率（refractive index）"的解释。

invariant
不变量

一般地，光学系统中处处都有相同值的一种表达式。拉格朗日（Lagrange）或光学不变量等于折射率、像（或者物）高和轴上光束会聚角一半的乘积，表示为 $hnu=h'n'u'$ 或者 $m=h'/h=nu/n'u'$。对一般表面，不变量是 $(y_p nu - ynu_p) = (y_p n'u' - yn'u'_p)$，集光率或产量是三维形式的不变量，可以看作物体（或像）面积乘以照明区的立体角。另一种形式是瞳孔面积乘以视场的立体角，还有一种近轴不变量（应用于光阑移动理论中）是 $\delta y_p/y$，式中，δy_p 是由光阑移动造成主光线在某个表面上的高度变化，y 是轴上光线在该表面上的高度。

inverted image
倒像

该术语的定义还不确定，到目前为止，其定义也都不一致。该术语用来描述一个上下左右都被倒置的像（一个普通透镜形成的实像就是这样），或者，描述一个只在子午面内有倒置的像（例如，平面反射镜反射所成的像）。

iris diaphragm
可变光阑

由薄的旋转弧形叶片组成的机械式可调整孔径。

keystone distortion
梯形畸变

使一个矩形物体变成梯形像的一种畸变，原因是物像平面不平行。

Koehler illumination
科勒照明

将光源成像在放映物镜瞳孔处，形成均匀照明。

landscape lens
风景物镜

一个弯月形单透镜，在凹面上设置一个与之分离的孔径光阑。

Lagrange invariant
拉格朗日不变量

参考"不变量（invariant）"一词的解释。

lateral chromatic (color)
横向色差

像高或放大率随波长的变化。放大率色差。$CDM = \delta h'/h'$。

least squares

最小二乘法
　　一种使评价函数中运算数的平方和最小的一种方法，基于下列假设：运算数与变量参数是线性关系。通常，在参数空间将确定最近的局部最佳值，还可以参考阻尼最小二乘法的解释。

lens hood
透镜遮光罩
　　（通常）一种扩展到物空间的圆柱形防护罩，避免外部杂散光进入透镜。

light pipe
光管
　　通过全内反射方式传输光波、经过抛光的杆状或柱状体，用于"扰乱"照明或使照明均匀。

line spread function
线扩展函数
　　在一条线宽度范围内的照度分布。

longitudinal
纵向
　　沿着（或平行于）光轴测量出的有关距离量。

Lyot stop
立奥光阑
　　位于光瞳处（孔径光阑的像）的一种防眩光光阑。

macro lens
超近摄影镜头（低倍放大摄影镜头）
　　对近距离物体进行校正或者可调整的一种物镜。

magnification, angular
角放大率
　　望远镜放大率。等于像的张角除以物体张角。通常是半角正切值之比。

magnification, lateral, linear, or transverse
横向放大率，线性放大率
　　像高与物高之比，在垂直于光轴方向度量。

magnification, longitudinal
纵向放大率
　　像的纵向运动与物体纵向运动之比，或者像的纵向长度（厚度）与物体纵向长度之比。对小量运动或长度,等于(极限情况下)横向放大率的平方,并总是正值,所以,物和像总在相同方向移动。

magnification, microscopic
显微放大率

在一个显微镜或放大镜中,如果是在 10in 传统距离(假设是明视距离)上观察物体,则等于像的张角与物体张角之比。因此,如果像位于无穷远,MP= 10in/f,式中 f 是放大镜或显微镜焦距,单位为 in。

marginal ray
边缘光线

通过透镜孔径边缘的光线(通常从轴上物点发出)。轴上光线。

Marechal criterion
马雷夏尔判据

Strehl 比大于 80% 就表明,感觉上认为是一个"理想"像。大约对应于瑞利四分之一波长的判据。

medial image
中间像

在天文大圆里,位于弧矢和子午像中间点的一个折中聚焦位置假设为最佳焦点。

member
组

在照相物镜中,前组包括孔径光阑或可变光阑之前的那些零件,后组包括光阑之后的零件。

meridional plane
子午面

包含光轴在内的平面,也称为切向平面。

meridional ray
子午光线

位于子午面内的光线,一条与光轴相交的光线。一条切向光线。

merit function
评价函数

加权项(目标值或运算数)平方和的集合。其中各项可以代表像差、实际尺寸、放大率、像面位置或者可以计算的其他任何特性。经常使用的运算数是计算值与期望值之差。由于每一项分别代表一个不希望有的特性,所以,评价函数最好称为缺陷函数或误差函数。评价函数的目的是用一个单一数字表示光学系统的价值。评价函数越小,系统性能就越好。

microscope, compound
复式显微镜

一个双组件显微镜,物镜将小物体形成放大的像,然后,进一步被目镜放大。

microscope, simple
简单显微镜

一个放大镜。

modulation
调制

物体对比度或像的照度按照正弦规律变化,定义作 $M=(\max-\min)/(\max+\min)$,式中,max 和 min 是最大和最小的照度。

monocentric
同心系统

所有表面有共同曲率中心的系统。

MTF (modulation transfer function)
调制传递函数(MTF)

像的调制(或对比度 M_{image})与物体调制(M_{object})之比,表示为空间频率的函数,其中,物体调制是亮度/发光度/辐射率的正弦变化,像的调制是照度/辐照度的正弦变化。$MTF=(M_{image})/(M_{object})$,MTF 是复光学传递函数(OTF)的实部,其虚部是相位传递函数(PTF)。初始认为是正弦波响应、频率响应和对比传递函数。

NA
数值孔径

参考"数值孔径"一词的解释。

narcissus
冷反射

光学系统一个表面反射所形成的制冷探测器的像,如果正好(或几乎)位于焦点处,会在像中形成一个中心暗斑。

new achromat

新型消色差物镜
正冕牌透镜折射率比负火石透镜折射率高的一种双胶合消色差物镜。会聚的双胶合面不可能校正球差，Petzval 和比旧式消色差物镜或等效单透镜小。

nodal points
节点
两个轴上点，通过第一节点的一条斜光线以平行于其原始方向从透镜出射，似乎从第二节点射出。如果系统位于介质一样的物像空间（例如空气）中，则节点和主点重合。

node
零像散的点
在消像散物镜中，像散为零的像高，即弧矢场曲和子午场曲相交的位置。

null lens
零透镜
将待测系统的标称设计波前转换成理想球面波前的光学系统，目的是使用干涉仪容易测试。

numerical aperture，NA
数值孔径
数值孔径 $NA = n\sin U$，式中，n 是成像空间的介质折射率，U 是成像光锥角度的一半。对无穷远物体，$NA = 1/(2f\text{数})$，$f\text{数} = 1/(2NA)$。

Nyquist frequency
尼奎斯特频率
由数字传感器（例如 CCD）像素的尺寸决定的空间频率分辨极限。尼奎斯特频率等于二倍像素间隔 d 的倒数，或者 $= 1/(2d)$。实际上，$1/(2.8d)$ 是真正的空间频率极限。

object
物体
被光学系统成像的对象。

objective lens
物镜
在照相机、望远镜、显微镜或其他光学系统中，最靠近物体的透镜。

oblique beam or ray
斜光束或光线

从轴外物点发出的一束光或光线。

off-axis

轴外

不在轴上或者不靠近光轴的区域。

offense against the sine condition（OSC）

违背正弦条件（OSC）

参考"阿贝正弦条件（Abbe sine condition）"一词的解释。

old achromat

旧式消色差物镜

一种双胶合消色差物镜，正冕牌透镜的折射率比负火石透镜的折射率低。色散胶合面校正了球差，但Petzval和比单透镜更差。

operand

运算数

评价函数中一个项目或目标使用的名字。通常，定义为期望控制或最小化的一种系统特性。

ophthalmologist

眼科医师

专门从事眼科的医学博士。

optical axis

光轴

一个透镜或者光学系统的公共对称轴。参考前面对"光轴（axis，optical）"的解释。

opticalo glass

光学玻璃

一种非晶态、透明、高透射率的材料，具有精确控制的折射率和色散。

optical path difference（OPD）

光程差

波前像差。实际波前相对于理想球面波前的偏离。两条光线光路 $\Sigma(nD)$ 之差是从物体上同一点出发到与一个参考球交点为止的测量值，其中，参考球中心位于理想的物体处。通常，测量值是几个波长或若干分之一个波长。

optical path length

光路长度

折射率乘以光线的路程长度，OP=∑(nD)。与光线通过系统传播的时间有关。

optical transfer function（OTF）
光学传递函数（OTF）

空间频率的复函数，用来描述一个光学系统的成像。由实部（MTF，或者调制传递函数）和虚部（PTF，或者相位传递函数）组成。

optician
光学工人

加工（粗磨、精磨和抛光等）光学零件的人员。

optimum，global
全局优化

一个光学系统可能有的最佳形式，即可能具有最小的评价函数。实际上，即使对于不太复杂的光学系统，其最佳形式也是不可知的。

optimum，local
局部优化

代表设计问题评价函数最小值的一个解，以至于参数的任何小的变化（或者参数小的变化的任何组合）都会引起评价函数的增大。一个光学系统会有许多局部极小值。

optometrist
验光配镜师

检查眼睛，测量视力，并开出矫正眼镜配方的人员。一个光学博士（O.D.）。

OSC

违背正弦条件。参考"阿贝正弦条件（Abbe sine condition）"一词的解释。

parameter
参数

参考"变量（variable）"一词的解释。

paraxial
近轴区

所有角度都处理为无穷小的区域，所以，$\phi=\sin\phi=\tan\phi$，并且光线追迹公式就是简单的线性（就是非三角）表达式。是"光轴附近一个小的线性区域"，也称为初级或高斯区域。近轴公式是阐述无像差光学系统理想成像的表达形式。

paraxial ray
近轴光线

根据近轴规则进行光线追迹的光线,光线高度和角度是无穷小。近轴光线追迹公式的线性允许对高度和斜率使用虚构的有限的实数。

parfocal
齐焦物镜

通过调焦,使对准后物镜像面(或物面)到安装缘的距离仍然保持不变的一种物镜。

partial dispersion
局部色散

两种波长的折射率差,表示为全色散的分数形式,即 $P_{F,d} = (n_F - n_d)/(n_F - n_C)$。

periscope
潜望镜

通过一个又长又窄的空间对一个较宽视场成像的光学系统。通常包括物镜,紧跟着是交替使用的场镜和中继透镜,最后是目镜或照相机。医用内窥镜就是一个小型的潜望镜。一根相干光纤束或径向折射率梯度杆状透镜可以代替场镜-中继透镜系统。另外一种定义:用来位移,但不使瞄准线发生偏折的菱形棱镜或者一对平行反射镜,例如儿童玩具潜望镜。

periscopic lens
潜望物镜

由两个间隔一定、凹面相对的弯月形单透镜组成的照相物镜,孔径光阑位于两个透镜的中间位置。

Petzval curvature or sum
匹兹伐场曲或匹兹伐和

一个物镜基本场曲的度量。Petzval 和等于 $\sum (n'-n)/nn'r$。Petzval 表面的曲率半径等于(负)Petzval 和的倒数。对于薄零件,$\rho = -n/\phi = -nf$。Petzval 表面是没有像散时像的轨迹。

pixel
像素

一个图像元。在数字传感器中，图像是由很小的探测器元或像素组成的平面阵列感知（或记录）。

point source
点光源

在几何光学中，一个点光源是一个真实的几何点，尺寸为零。在辐射度学中，常常意味着"足够小"。

point spread function
点扩散函数

一个点像的照度分布。

polishing tool
抛光模具

布满沥青、毛毡或聚氨酯的一种金属模具，使用一种抛光辅料，例如红铁粉或者氧化铈，对精磨过的表面进行抛光或擦亮。

power
光焦度

一个透镜的光焦度是其焦距的倒数，一个表面的光焦度（ϕ）等于$(n'-n)/r$，如果量纲是 m，则光焦度的单位是屈光度（D, m^{-1}）。一个正光焦度的会聚透镜或表面使光线折向光轴，一个负光焦度的发散透镜使光线弯离光轴。英文"power"也可以用来表示一个望远镜、显微镜或放大镜的角放大倍率。

principal plane
主平面

透镜中的假设平面。在该平面上，一条平行于光轴的入射光线要发生弯折。如果将入射和出射光线延长直至相交，则其交点位于主平面上。由左侧光线确定第二主平面，右侧光线确定第一主平面。对于真正的三角光线（非近轴光线），该表面是一个曲面，近似地是一个球形，中心在物点或像点。只有在无限小的近轴范围内，该表面才是平面。参考基点和焦距的有关解释。

principal point
主点

主平面（或表面）与光轴的交点。

principal ray
主光线

参考前面对"chief ray"（主光线）的解释。大多数情况下，一条斜光线直接指向第一主点。

pupil
光瞳
　　孔径光阑的像。参考入瞳和出瞳的解释。

rapid rectilinear
快速直线透镜
　　一种对称照相物镜，由两个相同的弯月形消色差双胶合透镜组成，凹面相对，并且是冕透镜相对。

ray
光线
　　参考轴上光线、主光线（chief ray）、边缘光线（marginal ray）、子午光线、斜光线、近轴光线、主光线（principal ray）、边缘光线（rim ray）、弧矢光线、三角（计算）光线、精确光线、切向光线和带区光线的解释。

ray intercept plot
光线交点曲线
　　光线扇交点位置与光线在透镜孔径或光瞳中的相对位置的关系曲线。通常，是对子午光线扇和弧矢光线扇分别作出曲线。绘出的曲线位置都是光线位置与一条基准光线（例如光轴或主光线）位置的差。对于子午光线，绘出 y 坐标，对弧矢光线，是 x 坐标。有时候，给出光线相对于瞳孔的位置与光线斜率正切值的关系曲线，因此，有术语"H-$tanU$"曲线。

Rayleigh criterion: image quality
瑞利判据：像质
　　如果成像波前是理想球面，在 1/4 波长之内，瑞利认为，在感觉上像是理想的。满足四分之一波长判据的系统常常（不正确地）称为"衍射受限"。还可以参考马雷夏尔（Marechal）判据。

Rayleigh criterion: resolution
瑞利判据：分辨率
　　如果两个物点的像相距 $0.61\lambda/NA$，或者其角间隔是 $1.22\lambda/D$ rad，其中 D 是入瞳直径［或者 $5.5/d$ 弧秒（″），此处 D 单位是 in，假设是可见光波长］，则认为这两个点可以被理想光学系统分辨。Sparrow 和 Dawes 判据比瑞利判据约小 20%。

real field of view

实际视场
物空间的角视场。

real image
实像
可以形成在屏幕上的像（与虚像相反，虚像形成在光学系统内部，不能直接接收到）。

refraction
折射
光线从一种介质传播到另一种介质时的弯折或方向改变。折射服从 Snell 定律，$n\sin l = n'\sin l'$，式中 n 和 n' 是介质折射率，l 和 l' 是入射角和折射角。

refractive index
折射率
真空（或者，通常是空气）中的光速与所讨论的介质中的速度之比（$n=c/v$）。光线在表面上的弯折服从 Snell 定律：$n\sin l = n'\sin l'$。

relative aperture
相对孔径
一个物镜的焦距与其通光孔径之比。例如，可以表示成 1∶6.3 或 $f/6.3$ 的形式。在该例中，6.3 称为 f 数。如果物体位于无穷远，f 数 $=0.5/\text{NA}$。

relay lens
转像透镜（或中继透镜）
将像从一个位置纵向转送到另一个位置的透镜，正如在潜望镜或地面用望远镜中一样，中继透镜再次成像并使一个内部实像成为正像。

resolution
分辨率
一个光学系统对微小细节的成像能力。图像中线条的最小间隔。常常规定为每毫米线条数、每毫米线对数或者每毫米周期数。还可以参考截止频率、瑞利判据、调制传递函数等术语的解释。

reversed telephoto or retrofocus
反摄远物镜
后截距比焦距长的物镜系统。由前组负透镜和后组正透镜组成。

reverted
倒像

在一个子午面内倒置。使用该术语时要小心。

rim ray
边缘光线
　　通过孔径边缘的光线。上边缘光线和下边缘光线是通过通光孔径最上端和最下端的斜子午光线。

Risley prisms
里斯利棱镜
　　一对楔形棱镜，逆时针旋转时，线性地使光束偏折。

Ritchey-Chretien
里奇-克雷季昂望远镜
　　两个反射镜都是双曲面的卡塞格林望远系统，其形状可以校正球差和慧差两种像差。

RMS
均方根值
　　平方根英文首字母的缩略词，一组数字平方平均值的平方根，在评价函数中经常用 rms 光斑尺寸和 rms OPD 作为运算数。

RSS
平方和的平方根
　　平方和的平方根英文首字母的缩略词，用来评估多个随机制造误差的综合效应。

sagittal plane or ray
弧矢面或弧矢光线
　　垂直于子午面/切向面并含有主光线的平面。通常在物方空间确定。位于物方空间弧矢面内的光线是弧矢光线。

Scheimpflug condition
沙伊姆弗勒条件
　　确定一个倾斜物体被成像的倾斜像面。

Schwarzschild
施瓦兹希尔德物镜
　　具有一个凸面主镜和一个大凹面次镜的双反射镜物镜。

secondary spectrum
二级光谱

初级色差校正后的剩余色差。例如，红蓝光已经会聚到一个共同焦点，从该焦点到黄绿光焦点的距离就是二级光谱。

Seidel aberrations
赛德像差

三级像差，包括：球差、慧差、像散、Petzval 和畸变，也称为初级像差。

semi-coherent
半相干

从一个非常小但有限大小的光源发出、并且/或具有非常窄光谱的光。当光源的像只是部分地充满物镜光瞳，如在显微镜或者微光刻术中，也会产生这种照明。

simulated annealing
模拟退火

一种受控随即搜索的设计方法。为了确定一个新的最佳值，可以使透镜的设计临时变得更差。

skew ray
斜光线

一条一般地并不局限于子午面内的光线。

sky lens
天空（广角照相）镜头

设计用于对半个天空进行照相的超广角物镜（约 180°）。通常，由一个超强且大的负前透镜组件和一个相距较远的后正透镜组件组成。一个"鱼眼"物镜。

Snell's law
斯涅耳定律

光线通过两种介质界面时的方向变化由 Snell 定律决定，具体形式是：$n\sin I = n'\sin I'$，式中，n 和 n' 是两种介质的折射率，I 和 I' 是入射角和折射角（光线与表面法线的夹角）。

solve
求解

一个光学设计程序利用代数方法求解得到一种结构参数（例如一种曲率或者间隔），从而产生所期望的近轴光线斜率或交点高度的能力。通常选择轴上边缘光线或者主光线。一种"角度求解"或者一种"高度求解"。

speed
速度
　　参考"f 数（f-number）"一词解释。

spherical aberration
球差
　　通过透镜孔径中心的光线（即近轴光线）与通过孔径边缘的光线（或其他部分）的聚焦位置之差。

spherochromatism
色球差
　　球差随波长的变化，或者轴上色差随光线高度的变化。

spot diagram
点列图
　　（从一个物点发出的）光线在像面上交点的曲线，一个斑点代表一个焦点。如果光线在孔径上均匀分布，那么，（如果忽略衍射效应）点列图就是像面照度的一种表示。通常，绘制一份点列图需要几百条光线和几种波长。

stigmatic
消像散
　　理想成像：由一个物点发出的所有光线都通过同一个像点。

stop
光阑
　　参考"孔径光阑（aperture stop）"或"视场光阑（field stop）"的解释。

Strehl ratio
斯切尔比
　　一个有像差透镜点扩散函数的最大强度与一个无像差透镜点扩散函数最大强度的比值。80%的 Strehl 比（称为 Marechal 判据）对应着四分之一波长瑞利判据（对于离焦情况是精确的，对其他像差是近似的）。对于经过良好校正的系统，Strehl 比与其他像质度量有非常好的相互关系。

sun shade
遮阳罩
　　参考"透镜遮光罩（lens hood）"一词的解释。

symmetrical lens
对称透镜

大部分透镜都是旋转对称系统。另一种对称性是"前后对称"或者"反射镜式"对称,孔径光阑前的零件与孔径光阑后的零件是一样的,前后对称的系统可以消除慧差、畸变和横向色差。

tangential plane; tangential ray
切向面;切向光线

参考子午面和子午光线的解释。

telecentric
远心系统

入瞳和/或出瞳位于无穷远的系统,其相关的主光线平行于光轴。系统稍有离焦可以避免图像尺寸发生变化,例如在度量衡学或者微光刻术中。

telephoto lens
摄远物镜

系统第一表面到焦点的距离小于焦距的一种物镜,二者之比称为摄远比。对于一个真正的摄远系统,该比值小于1。该物镜由一个正的前组件和一个负的后组件组成。有时,会将该物镜名字不正确地应用于普通的长焦距物镜中。

telescope
望远镜

对一个远距离物体能够形成一个放大像的无焦光学系统。开普勒或者天文望远镜由两个正光焦度组件组成,形成一个倒像。伽利略或者"荷兰制"望远镜有一个正光焦度的物镜和一个负光焦度的目镜,并形成一个正像。正像望远镜包含有一个转像中继透镜组件。

test plate or test glass
样板或者玻璃样板

一个精密加工出的球面玻璃(典型的,使用 Pyrex 玻璃或者熔凝石英玻璃)测量量规,测量时,与待测表面密切接触。干涉条纹表示样板与工件之间的间隔,非圆形条纹表示一个非球面。"高光圈"意味着样板与工件中心接触;"低光圈"意味着边缘接触。

thin lens
薄透镜

一种进行初期光学系统结构布局设计时非常有用的概念。假设,光学组件的轴上厚度是零,所以,主点和透镜是重合的。

third order

三级像差

随孔径（y）和视场（h）总幂指数等于 3，即 y^3，y^2h，yh^2（译者注：原文中此处多一个 yh^2）和 h^3 变化的像差。对应的 5 个（三级）赛德像差是：球差、慧差、像散、Petzval 和畸变。在五级像差中，幂级数增大到 5 [y^5，y^4h，yh^4（译者注：原文中此处多一个 yh^4）和 h^5]，并多了两种像差：呈椭圆的彗星形像差（y^2h^3）和斜光束球差（y^3h^2）。

throughput or etendue
产光量或集光率

还可以参考不变量一词的解释。瞳孔面积与视场立体角的乘积，或者光束直径和会聚光锥立体角的乘积。与拉格朗日不变量的平方有关。

TIR（total internal reflection）
全内反射（TIR）

当光线从高折射率介质传播到低折射率介质时，如果入射角大于临界角 [等于 arcsin (n'/n)]，则光线完全反射回高折射率介质中。

T-number
T 数

一种包括透射损耗影响在内的等效 f 数。

$$T 数 = f 数 / \sqrt{透射率}$$

total dispersion
全色散

有效光谱带确定的波长之间的折射率差。在可见光光谱区，常常取 F 光和 C 光的折射率差。

track length；total track（TT）
轨道长度；轨道总长度

物像距。

transverse
横向

在垂直于光轴方向度量。

trigonometric ray
三角光线

根据当前的 Snell 定律，对光线进行光路追迹。与近轴光线不同，也称为实际光线。

triplet anastigmat
三分离消像散物镜

三片型物镜，两个冕玻璃正光焦度透镜位于两边外侧，中间是负光焦度的火石玻璃透镜，所有透镜都有一定间隔。一种 Cooke 三分离物镜。

triplet, cemented
三胶合物镜

三个透镜胶合（黏结）在一起，常作为放大镜使用，例如哈斯丁（Hastings）或者科丁顿（Coddington）三胶合透镜。

tube length
管长

在显微镜中，物镜和目镜焦点之间的距离。已经标准化为 160mm 或者 215mm。

tunnel diagram
隧道图（或展开图）

棱镜系统"未折叠"图（或展开图），每次反射都不要折转，以便将通过该棱镜传播的一条光线的路程画成一条直线。参考图 7.16、图 7.17、图 7.19、图 7.38 和图 7.39。

variable
变量

为了改进一个系统的性能可以变化的结构元（例如表面曲率、表面间隔、材料折射率或色散、表面的非球面度等）。一个可以变化的参数。

varifocal lens
变焦距镜头

可以改变间隔从而改变焦距的透镜组件。变焦物镜是一种可变焦距透镜，焦距改变时保持焦点位置不变。

vertex
顶点

在轴对称系统中，表面顶点是表面与光轴的交点。

vertex length
镜顶长度

从系统第一光学表面顶点到最后表面顶点的轴上距离。

vignetting

渐晕

远离光阑的零件孔径对斜光束边缘的机械性限制或遮挡。降低了轴外照度（除余弦四次方下降外）。常常用于降低加工成本以及/或者消除具有大像差的那部分光束。在目视或照相系统中，高达50%的渐晕都很平常。

virtual image
虚像

形成在光学系统中或者之前的像，所以，不可能接触到或者聚焦在一块屏幕上，与"实"像相反，实像可以在屏幕上显示出来。

visible light
可见光

对人眼敏感，并可以感受到的光。通常说的可见光波长范围从380nm到780nm，在该波长范围内的白昼视觉响应比555nm处的峰值白昼视觉响应小0.0001。

V-value
V值

参考"阿贝V值（Abbe V-number）"一词的解释。

wave front
波前

从物点发出的所有光线都有相同光程（$\sum nd$）的表面，就是说，光有同样的相位。

wave front aberration
波前像差

波前偏离一个理想球面的量。参考光程差（OPD）的解释。

working f-number
工作f数

表述物体位于有限远距离上时成像光锥的会聚度，等于0.5/NA。与传统的"无限远"f数相反，该定义尚不确定，请读者斟酌。

zonal aberration
带像差

孔径或视场中间区域（例如0.7）光线的像差，通常，中心和边缘光线的像差得到校正。

zonal ray

带光线

在孔径上的高度等于边缘光线高度 0.707 的光线。

zoom lens

变焦物镜

改变组件之间的间隔以改变焦距，变焦过程中又保持焦点位置不变的一种物镜。